三门峡市·灵宝市

焦村镇志

（1909~2019年）

三门峡市灵宝市焦村镇志编纂委员会 编

黄河水利出版社

·郑州·

图书在版编目(CIP)数据

焦村镇志:1909—2019/三门峡市灵宝市焦村镇志编纂委员会编.—郑州:黄河水利出版社,2021.12
ISBN 978-7-5509-3092-6

Ⅰ.①焦… Ⅱ.①三… Ⅲ.①乡镇—地方志—灵宝—1909—2019 Ⅳ.①K296.15

中国版本图书馆 CIP 数据核字(2021)第 182316 号

出 版 社:黄河水利出版社　　网址:www.yrcp.com
地址:河南省郑州市顺河路黄委会综合楼 14 层　　邮政编码:450003
发行单位:黄河水利出版社
发行部电话:0371-66026940、66020550、66028024、66022620(传真)
E-mail:hhslcbs@126.com
承印单位:河南省黄河印刷有限公司
开本:889 mm×1194 mm　1/16
印张:43
字数:725 千字　　印数:1-1000
版次:2021 年 12 月第 1 版　　印次:2021 年 12 月第 1 次印刷

定价:295.00 元

(版权所有　盗版、抄袭必究　举报电话:0371-66025273)

本书编纂委员会

主　任　杨　娟

副主任　李国旺

委　员　王海涛　张　旭　赵继红　张世伟

张文浜　蔡　伟　杜　军　汪安文

王灵锋　纪江波　鲁　军　吕巧霞

主　编　赵景谋

副主编　张增有

编　辑　苏岩卉　李　娇　王楠淞　李盘铭

张俊芳

摄　影　李盘铭

校　对　李梅朋

焦村镇区域图

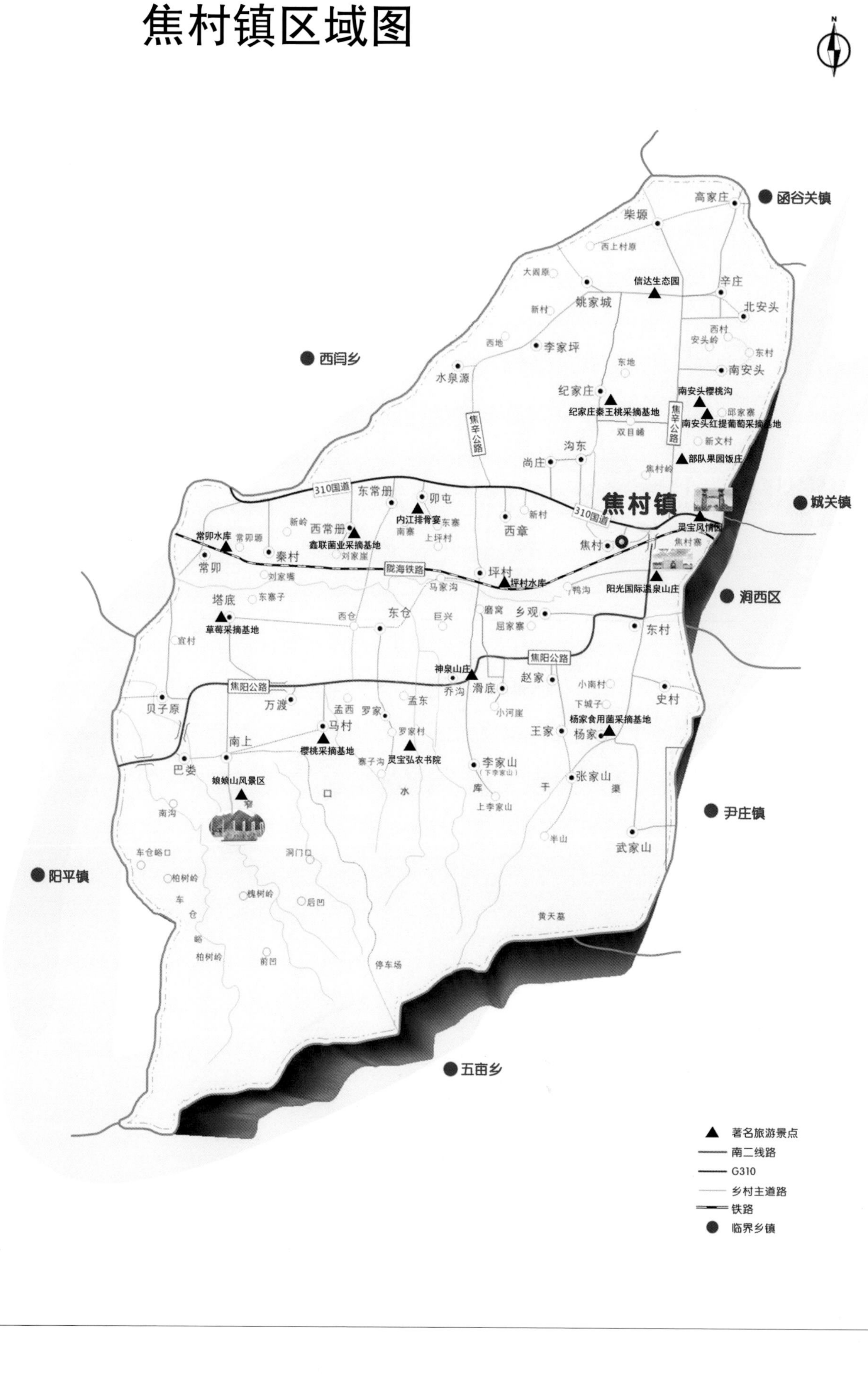

高家庄
函谷关镇
柴塬
西上村原
大阎原
信达生态园
辛庄
姚家城
北安头
新村
西村
安头岭
西地
李家坪
东村
东地
西闫乡
水泉源
南安头
纪家庄
南安头樱桃沟
纪家庄秦王桃采摘基地
邱家寨
焦辛公路
焦辛公路
双目崤
南安头红提葡萄采摘基地
新文村
沟东
尚庄
部队果园饭庄
焦村岭
310国道
东常册
卯屯
焦村镇
城关镇
新岭
内江排骨宴
东寨
南寨
新村
西常册
西章
310国道
灵宝风情园
常卯水库
常卯塬
鑫联菌业采摘基地
上坪村
焦村
焦村寨
秦村
刘家崖
常卯
陇海铁路
坪村
刘家嘴
马家沟
坪村水库
鸭沟
阳光国际温泉山庄
涧西区
塔底
东寨子
西仓
东仓
巨兴
磨窝
乡观
屈家寨
草莓采摘基地
东村
宜村
焦阳公路
神泉山庄
赵家
小南村
焦阳公路
贝子原
乔沟
滑底
史村
万渡
孟西
罗家
孟东
下城子
小河崖
杨家食用菌采摘基地
马村
王家
杨家
南上
罗家村
樱桃采摘基地
灵宝弘农书院
寨子沟
李家山
（下李家山）
巴娄
娘娘山风景区
口
水
库
干
渠
张家山
尹庄镇
上李家山
南沟
窄
车仓峪口
洞门口
半山
武家山
阳平镇
柏树岭
车
仓
峪
槐树岭
后凹
黄天墓
柏树岭
前凹
停车场
五亩乡

▲ 著名旅游景点
南二线路
G310
乡村主道路
铁路
● 临界乡镇

焦村镇党委书记　杨　娟

焦村镇党委副书记、镇长　李国旺

领导班子

焦村镇三套班子成员

焦村镇三套班子会议现场

2018 年 3 月 28 日，河南省残联党组书记、理事长王丽莅临辖区的灵宝精神康复医院调研指导工作。

2018 年 5 月 18 日，河南省妇联党组书记、主席郜秀菊，发展部部长张俊美，办公室主任杨会云，办公室科长张超超，新媒体办科长王昶钧到焦村镇西册村调研“美丽庭院”建设情况。

2019 年 4 月 11 日，原河南省政协副主席、省老年体协主席靳克文，省老年体协副主席王书义到焦村镇检查指导工作。

领导关怀

2019 年 12 月 31 日，灵宝市委书记孙淑芳到焦村镇西册村视察指导“三变”改革及美丽乡村建设工作。

2020 年 4 月 15 日，河南省农业农村厅副厅长陈金剑到焦村镇调研苹果产业发展工作，灵宝市委书记孙淑芳等陪同。

2020 年 4 月 23 日，河南省水利厅副巡视员杜晓琳、监督处处长郭强、河长办科长许强到焦村镇调研河长制及防汛等工作。

2020年2月22日，灵宝市委副书记王跃峰到焦村镇督导苹果产业发展工作。

2020年5月5日，灵宝市委常委、组织部部长李玉林到焦村镇督导脱贫攻坚工作。

2020年6月6日，灵宝市委副书记、市长何军一行，到焦村镇调研抗旱保苗工作。

基础设施

焦村镇人民政府

焦村镇便民服务中心

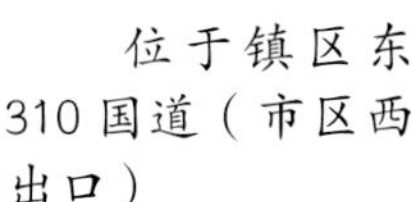

位于镇区东310国道（市区西出口）

位于镇政府驻地南陇海铁路

焦阳路跨陇海铁路桥

基础设施

国家电网焦村换流站

焦村镇供电所

乡村变电设施

基础设施

高标准农田基础设施

常卯水库

窄口水利西灌区供水管道

西章水库

田间道路工程建设

基础设施

灵宝商贸建材城

灵宝市长青汽车商贸城

基础设施

焦村镇中心学校

焦村镇一中

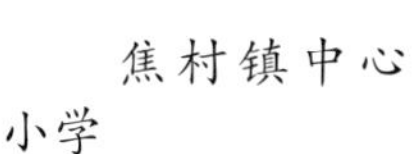

焦村镇中心小学

基础设施

灵宝职专

华苑高中

春蕾幼儿园

灵宝市焦村镇卫生院

灵宝精神康复医院

灵宝仁爱医院

经济农业

灵宝苹果之父李工生雕像

苹果种植示范园

南安头村万亩红提葡萄基地

经济农业

千亩樱桃种植

小杂水果种植

西常册村鑫联菌业

杨家村灵仙菌业

经济农业

牧羊

生猪饲养

灵宝温氏禽业有限公司——焦村种鸡场

焦村镇综合文化活动中心

灵宝市焦村镇庆祝建党90周年文艺演出

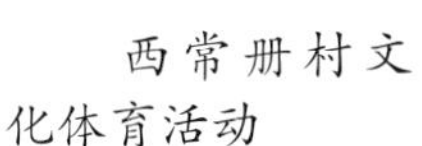

西常册村文化体育活动

罗家村社火
盘鼓表演

西章村社火
舞狮表演

东村村社火表演

南安头灯笼村

沟东剪纸艺人尚水玲

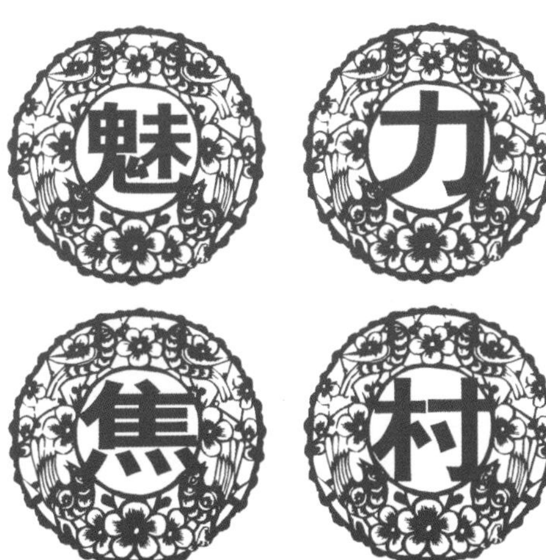

沟东布艺艺人张秀云

民间面塑作品

焦村镇敬老院

函谷颐养苑

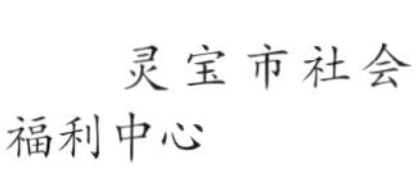

灵宝市社会福利中心

休闲旅游

体育公园

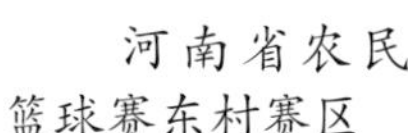
河南省农民篮球赛东村赛区

“体彩杯”河南省第十届农民篮球赛卯屯赛区

娘娘山主峰

娘娘山公园门口

娘娘山俯视图

休闲旅游

红亭驿民俗文化村

西常册村田园综合体

灵宝风情园鸟瞰图

魅力乡村

西常册村

姚家城村

乡观村

东村村

罗家村

序

以史为鉴，可知兴替。盛世修志，自古使然。今时逢国运昌盛，政通人和，社会百业兴旺，百姓安居乐业。为记载历史，传承文明，资政育人，启迪后世，焦村镇党委政府决定编撰《焦村镇志》，以填补焦村镇文字记载历史之空白。

从 2016 年 6 月开始，在市委、市政府关心重视与市地方志业务部门具体指导下，在全镇各行政单位、行政村的密切配合下，历时四年的时间，经编写人员辛勤编纂、精心打磨，《焦村镇志》终于纂修成书，付梓问世。她是焦村镇社会主义精神文明建设又一重要成果，为后世来者了解焦村镇的历史，提供了全面翔实的资料。

焦村镇历史悠久，文化积淀深厚，资源丰富，人杰地灵，素有“苹果之乡”“篮球之乡”“教育之乡”“民间艺术之乡”美称。整个焦村镇境域地处灵宝市西的衡岭塬，位居市区西出口城乡交汇的独特地理位置，陇海铁路、310 国道横穿东西，交通条件便利，自然环境优越。焦村镇焦村村是灵宝苹果的发源地；杨家村香菇开灵宝市食用菌生产之先河；沟东村的剪纸艺术历史久远，曾受到江泽民总书记的称赞；南安头村是豫西一带出了名的灯笼村，中央电视台多次采访报道；灵宝神山娘娘山更是世人休闲旅游的好去处；焦村镇“篮球之乡”的称誉久负盛名，在 20 世纪就曾获得河南省篮球大赛亚军的好成绩，多年来赛事不断，中央台、地方台年年追踪报道……数十年来，焦村镇先后被国家体委授予“全国亿万农民健身活动先进乡（镇）”“全国群众体育活动先进乡（镇）”；被河南省政府授予“乡村旅游示范乡（镇）”、河南省文化厅授予“河南省民间文化艺术之乡（镇）”、河南省食用菌协会授予“食用菌生产先进基地”；被三门峡市委、市政府授予“特色文化产业镇”“食用菌生产先进乡镇”等荣誉称号。

《焦村镇志》记载了焦村镇境域 1909~2019 年以来从战乱到和平，从衰落到兴盛的历史。着重记述了中华人民共和国成立后，焦村镇人民翻身当家作主人，各行各业生机勃勃兴旺发达的历史面貌。1979 年以后，焦村镇也和全国各地一样，沐浴着中共十一届三中全会改革开放的春风，从生产条件的改变到物质生活、精神面貌的巨变，经济实力日趋增强，人民生活大步奔小康。历届焦村镇党委、人大、政府三大班子团结一致，带领全镇广大党员干部和群众始终坚持党的基本路线，拨乱反正，正本清源，艰苦奋斗，大力发展苹果产业，积极新修水利设施，兴文重教，撤乡设镇，创造了辉煌业绩。

进入21世纪以来，焦村镇实现了新的崛起，在中国特色社会主义理论体系指引下，全镇坚持以壮大城郊型经济、转变经济发展方式为主线，以建设美丽乡村为主题，深入实施项目和品牌带动战略，全力打造“现代高效农业、乡村休闲旅游、商贸三产”三大经济品牌，带动城镇、农业现代、第三产业和社会事业全面进步。

焦村镇人才辈出，文风蔚起，历代精英不乏其人。《焦村镇志》中所收录的人物，名人佚事，有的以大义救国闻世；有的以文采出众扬名；有的施政一方、政绩卓著；有的立足平凡岗位，为人民默默无闻地奉献。无论是身居斗室的科教文卫工作者，还是在车间、田头辛勤劳动的工人、农民和分布在国内外的仁人志士，都为国家建设和家乡面貌的改变立下不朽的功勋。

盛世修志，为知时明势，旨在帮助我们认识和研究国情、地情，记述历史发展规律和成败得失。《焦村镇志》坚持以马克思列宁主义、毛泽东思想、邓小平理论、“三个代表”重要思想、科学发展观、习近平新时代中国特色社会主义思想为指导思想，以中国共产党十一届三中全会以来的路线、方针、政策为准绳，实事求是地记述焦村镇境域自然、社会、政治、经济、军事、文化、人文、风土等方面的历史与现状，系统地反映焦村镇全貌，是全镇的百科全书。纵观全志，资料广征博引，反复修订，据事实录。明成功过失，分是非曲直，彰盛事、志伟绩，展示经验教训，反映客观规律。《焦村镇志》文字简明通俗，真实地反映时代特点、地方特点和行业特点，是一部进行镇情教育的好教材。

焦村镇党委政府将与焦村镇五万人民一起同心同德，以史为鉴，与时俱进，开拓创新，用勤劳和智慧创造焦村镇更加美好的未来。

是为序。

焦村镇党委书记 杨娟 李国明

2021年6月

凡　例

一、《焦村镇志》以马克思列宁主义、毛泽东思想、邓小平理论、“三个代表”重要思想、科学发展观、习近平新时代中国特色社会主义思想为主旨，坚持实事求是、与时俱进的思想路线，运用辨证唯物主义和历史唯物主义的观点，全面、真实、系统地反映焦村镇自然和社会的历史与现状。

二、《焦村镇志》记事年代上限为 1909 年（清宣统元年，灵宝县筹备城乡自治，在现焦村镇境域设置卯屯区，驻地卯屯村），某些章节向上延伸至事发年限，下限断至 2019 年 12 月，个别内容延伸到 2020 年 6 月。

三、《焦村镇志》采用章、节、目结构，以求分类科学合理，写法取述、记、志、传、表、录并用体，以志为主，横排竖写。全志共设 24 章 104 节，60 余万字。

四、名称过繁的夹文内注明，各种名称首次出现时用全称，再次出现时用简称。地名一律用现行地名。

五、《焦村镇志》语言文字使用，遵行《中华人民共和国国家通用语言文字法》，采用规范化、标准化的语言文字，使用简化字，以国家语言文字委员会 1986 年 10 月新公布的简化总表为准。行文一律使用第三人称。

六、《焦村镇志》计量单位的使用以 1985 年 9 月全国人大通过的《中华人民共和国计量法》为准。数字使用以 2011 年 7 月中华人民共和国国家质量监督检验检疫总局发布的《出版物上数字用法的规定》为准。

七、人物收录除历任党委书记、镇长和现任两委班子成员外其余全为焦村镇籍，排序以文内标明为主，下限断至 2019 年 12 月。

八、各种数据以资料统计数据和政府相关单位提供数据为准。

九、表序号由表所在的章与位置顺序两部分构成。

目　录

概　况

一

焦村镇位居衡岭塬上，是灵宝市西城乡接合点、灵宝市西出口处的重要镇域。东与涧西区、城关镇相连，南依小秦岭与五亩乡毗邻，西与阳平镇、西阎乡接壤，北和函谷关镇相接。镇政府驻焦村村。

据《通志·氏族略》《广韵》及《史记》所载，西周初周武王立国之后，封神农氏后代裔孙于焦，建立焦国(今陕州区境域)后西虢东迁至陕州时，虢公缩小焦国地盘。公元前655年，虢国被晋所灭时，焦国同时被灭，焦国国君的子孙以国为姓，向西迁移到今天的河南省灵宝市西塬栖居，定名焦村。

焦村镇地处豫西丘陵及中低山区的衡岭塬上，整个地势南北高、中间低，地形可分为三带：北部为塬区，中部低洼，南依小秦岭山脉东端。河流为沙河东支流，由老天沟流域和柳仙凹(柳沟)流域组成。

据志书记载，明崇祯十五年(公元1642年)，灵宝县分别在万渡村、南上村、巴娄村、常册村设里；清康熙十一年(公元1672年)至同治年间，灵宝县分别在巴娄村、塔底村、万渡村、巨兴村设里；清宣统元年(公元1909年)，卯屯村设区，隶属灵宝县；中华民国二十九年(公元1940年)，废区设乡，西章村设乡，隶属灵宝县；中华民国三十六年九月(公元1947年)，中国共产党在灵宝县设各区，西章乡境域隶属破胡区。

1949年10月1日，中华人民共和国成立，原民国时期的西章乡仍归破胡区，隶属灵宝县；1956年1月，在焦村村、万渡村设中心乡，在常册村、辛庄村设普通乡，隶属灵宝县；1957年3月，并万渡中心乡、常册乡、辛庄乡归焦村乡，改称西章乡，隶属灵宝县；1958年8月，西章乡改称西章人民公社，隶属灵宝县；1966年5月，西章人民公社迁址焦村村，设立焦村人民公社；1984年1月，撤销人民公社建置，焦村人民公社改称焦村乡，隶属灵宝县；1993年1月，灵宝县撤县设市，1993年6月，焦村乡撤乡设镇，隶属灵宝市至今。

2019年12月，焦村镇下设焦村、东村、史村、杨家、赵家、王家、乡观、张家山、武家山、滑底、万渡、东仓、罗家、乔沟、李家山、马村、塔底、巴娄、贝子原、西章、坪村、卯屯、东常册、西常册、秦村、常卯、南安头、辛庄、柴家原、姚家城、李家坪、纪家庄、水泉源、沟东、尚庄、南上、高家庄、北安头等38个行政村,70个自然村。

二

焦村镇是一个以传统农业为基础的大镇,自古至今所种植的传统农作物有小麦、玉米、谷子、棉花、薯类、豆类杂粮等。

水利是农业的命脉。焦村镇所居的衡岭塬,除靠小秦岭和沙河东支流的部分村庄有极少数的水浇地外,95%以上的耕地属于十年九旱、靠天吃饭的旱地。

1954年10月,万渡乡就在万渡村修建了全灵宝县第一座水库。1959年11月,西章人民公社也从各大队抽调了党员、干部和部分社员参与窄口水利工程建设,1960年5月完成了坝基截水槽开挖回填项目工程,9月停工。20世纪60年代,焦村人民公社开展了“农业学大寨”运动,其主要内容就是坚持“以粮为纲”,围绕农田基本建设、兴修水利、积肥、农业机械化进行。并提出,农业学大寨要以改土、大办水利为中心,年内完成333公顷大寨田,三年内实现人均一亩目标,五年内把丘陵地全部改造完;采取“蓄、引、提、挖”的办法,以蓄为主,引蓄结合,提蓄结合,大力兴修投资小、用料少、见效快、收益大的小型水库、渠、站、塘工程,争取在1973年底实现一人一亩水浇地。1986年抗旱期间,时任灵宝县委书记苏书卷、副县长雒魁虎,同水电局局长王效云先后四次到水利工程失修最严重、群众吃水最困难的焦村乡辛庄、北安头村、柴家原、纪家庄和坡头乡的梨湾原、西寨、坡头寨等村进行调查研究,具体解决投资物料等实际问题,使失修多年的提灌站很快得到恢复,解决了当地群众吃水的燃眉之急。截至1987年12月,焦村乡各项农田水利工程达400多项,其中机井179眼,提灌站91处(千亩以上提灌站4处,即常卯提灌站、卯屯提灌站、南安头提灌站、周家沟提灌站)。效益面积27605亩。

1968年11月,窄口水利工程复建。从1968年至1980年6月,焦村人民公社水利建设兵团陪同西阎、阳平、涧口三个公社水利建设兵团承担了非常溢洪道土石开挖工程。后参与了窄口灌区修筑任务和焦村倒虹吸工程修建。1992年,焦村水利建设兵团被撤销。1988年至2000年底,焦村镇坚持“以水兴农,粮果富民”的发展思路,组织群众大搞农田水利基本建设。窄口灌区主干渠纵贯全镇南北,极大地改善了该镇的水利灌溉条件,全镇建成灌渠10万余米,拥有各种水利工程设施201项,有效灌溉面积达2682公顷,占耕地总面积的91.9%。

截至2019年12月,焦村镇共有水利工程133处,其中:水库3座,淤地坝29座(骨干坝7座,中型坝22座),提灌站25处,机井76眼。窄口灌区在焦村镇支渠6条(总干三支、总干四支、一干一支、一干二支、一干三支、一干四支),斗渠54条、农渠62条,共计硬化渠道32万米。有效灌溉面积5.5万亩,旱涝保收面积3.8万亩。

畜牧养殖业也由20世纪80年代以前的集体经营过渡到个体化养殖。1956年的农业合作化到1958年的人民公社,各生产大队和生产小队建有专门的饲养室、饲养圈,专门配备了饲养人员。这时期大家畜以牛、驴、马、骡为主体,为农业生产耕作主要使役对象。1984年1月,农村实施行政体制改革,集体的大家畜部分变卖,部分下分到村民各户喂养。20世纪90年代后,大家畜数量伴随着体制改革和农业机械的增多,几尽绝迹。各行政村有村民以养殖商品牛(肉牛)、奶牛为特色的专业商品养殖开始出现,且多成规模养殖,有的发展成为大型养殖专业户。同一时期,生猪的养殖也由过去的单户养殖改变为有规模化养殖,相当一部分村庄出现了多家养殖专业户。

2000年,焦村镇政府出台对畜牧养殖户的奖励政策,每发展一户规模养殖户,政府一次性奖励1000元;每发展一个养殖专业村,政府一次性奖励2000元。在政策的感召下,再加上畜牧养殖业市场行情的渐长,焦村镇的畜牧养殖业很快发展壮大起来。到2001年,焦村镇畜牧养殖业蓬勃发展。年末牛存栏3457头,羊存栏6643只,猪存栏9000头,家禽存栏85638只,兔存栏32000只。其中一代布尔山羊存栏2500只,二代布尔山羊存栏350只;夏洛来、西门塔尔等良种肉牛存栏1450头。发展"猪—沼—果"生态发展新模式1500个;新发展了乡观、西常册两个养猪专业村、203个专业养殖户。2007年,成立了镇畜牧养殖协会,并发展养殖专业村2个、专业户100户、规模养殖场20个;大力发展生猪生产,全镇能繁母猪达3152头。年内,大家畜出栏156头,猪出栏28776头,羊出栏4693只,家禽出笼141825只;年末,大家畜存栏2834头,猪存栏16703头,羊存栏1061只,家禽存笼147933只。全年肉类总产量227万公斤,禽蛋产量52.8万公斤。2015年,畜牧业加大畜禽防疫力度,积极推广高效无公害养殖技术,实现养殖数量、质量和效益同步增长。全镇生猪、牛、羊、鸡分别存栏35600头、634头、18600只、87600只;对全镇饲料门店、兽药门店和规模养猪场进行瘦肉精检测30余次,促进全镇畜牧业健康稳定发展。截至2019年底,全镇各类规模养殖场224个,畜禽养殖户600余家。

与畜牧养殖同步发展的是沼气的推广应用。焦村乡(镇)的沼气始于1973年,西章大队第12小队社员梁锁群建起了全乡第一口沼气池。1976年,焦村人民公社提出"苦战三年,基本实现沼气化"的奋斗目标,要求到1980年,90%以上的农户都能使用沼气。2001年在农村生态沼气应用方面,焦村镇完成了西章、秦村、辛庄、史村等村的沼气池建设工程,配套建成猪舍4至6平方米,改修厕所,整修道路,硬化排水沟,举办培训班多次。农村沼气应用,有效改善了生态环境。2009~2012年,焦村镇出台了专项工作意见,加大奖补力度,推动沼气发展。按照市农业局"全面规划、分步实施、政策引导、示范带动、群众自愿"的原则,抓好"一池三改""四位一体"配套工程,开展综合利用,着力推广"畜—沼—果"生态模式,强化沼气后续服务体系建设及管理,加快农村沼气建设步伐。姚家城村成为灵宝市当年标准高、辐射力强的精品工程村。截至2019年12月,全镇有沼气池2816个,在西章、东村、史村等村,涌现出一批标准高、效益好、辐射力强的样板精品工程,以沼气为纽带的生态农业模式也得到迅速推广。焦村镇的"猪—沼—果"模式区域特色鲜明,产生了显著的经济效益、生态效益和社会效益,沼气越来越受到广大群众的欢迎,并已成为农民增收、农业增效的一个新亮点。

三

苹果是焦村镇主要特色产业之一。焦村镇是灵宝市苹果栽培最早的地方。早在民国十二年(公元1923年),焦村村的李工生先生就从山东青岛引进新品种苹果树苗200株,试种五年,终获成功,促使苹果成为灵宝三大宝之一。

中华人民共和国成立之初,灵宝县就在工生果园的基础上,成立了灵宝县园艺场,成为灵宝县苹果发展的早期基地。1958年实行人民公社化以后,各生产大队和生产队也开始栽植苹果树,最早发展苹果产业的生产大队有焦村、东常册等。1978年党的十一届三中全会后,实行了家庭联产承包责任制,焦村公社逐步地在全公社范围内开展了农业自然资源调查和农业区划研究,经过反复论证,提出了"以果富民,振兴焦村"的经济发展战略,确定果品生产为发展农村经济的突破口。围绕着建立310国道沿线果树带工程,开始大力发展苹果栽植,年均栽植面积在200亩以上。1985年,胡耀邦总书记来灵宝,写下了"发展苹果和大枣,家家富裕生活好"的题词,对焦村乡的苹果发展起到了一个推波助澜的作用。1987年,焦村乡果园已达1540公顷,年总产量达9676吨。并以此为契机,建成了果品加工厂,出现了好多以苹果生产发家的农业万元户。

20世纪90年代,焦村乡开始调整工作重心,由抓果树面积扩张向抓果树管理转移,主攻单产,提高总产,努力增加果品收入。每年乡政府农技站都要多次邀请农业大专院校的专家、教授临灵讲课,并组织乡村干部和果树管理技术员进行技术培训,以不断提高广大果农的生产管理水平。全乡苹果收入达万元以上的户占60%;5万元以上的户占10%;10万元至数十万元的户占5%以上,基本上达到"让少数人先富起来的"形势。

1996年后,苹果销售全面步入低谷,果品生产面临严峻挑战。焦村镇开始大力调整果品产业结构,转移发展重点,提出了"人无我有,人有我优,人优我新"的发展新思路,并且把果品生产重点放在"注入科技,加强服务,增加产量,提高效益"上,坚持"以市场为导向,以效益为中心;内抓质量,外拓市场;依靠科技进步,创造名牌产品;完善经营机制,加速产业化发展"的基本工作方针,采取多种措施,促使焦村苹果上档次,创品牌,努力扩大市场占有份额,不断巩固苹果支柱产业地位。提出了"三个调整"(一是区域调整,稳定平原苹果面积,大力发展优质苹果面积;二是树种调整,由单一化苹果向适量小杂水果方面发展;三是品种调整,针对初期栽植的以秦冠苹果为主的品种结构,进行大面积高接换头,发展华冠、腾牧1号、嘎啦和红星、金冠、乔纳金等早熟品种)和"两项工程"(示范工程和精品工程)。增加了果树管理的科技含量,加大了资金投入力度,发挥了样板辐射作用。截至2000年底,焦村镇苹果栽培面积名列全灵宝市第二,达2474公顷,果品总产量75274吨。其中苹果面积2350公顷,总产量67165吨。

2001年至2010年,焦村镇的苹果生产面临新的挑战,主要做了以下几个方面的工作:一是坚持内抓质量,外拓市场,积极推进品种结构调整,实施高接换头,引进粉红女士、美国八号、短枝花冠等新品种,对苹果实用生产技术广泛推广应用,如果实套袋、苹果贴字、纺锤型树体等,在各行政村建成了精品示范园。巴娄、焦村、东仓等村被灵宝市委市政府授予"果品生产先进村"荣誉称号;授予杨家村杨更士、坪村村王树奇、东村村荆允哲、焦村村张长有"果品生产标准化示范园"荣誉称号;二是重视发挥镇果协的示范带动作用,果协分会发展到18个,注册会员240人,带动果农5000户。在此基础上实施贴近果农,优质服务,推动全镇果园管理水平稳步提升。实施树形改造、新栽果树、发展工艺果等,苹果套纸膜袋技术试验成功,成为生产无公害优质高档果品的重要措施;三是在标准化生产中,实施苹果"231"工程。其核心是大力推广"秋施基肥、树形改造、无公害标准化病虫害防治"三项关键技术。焦村镇荣获"中国优质苹果基地百强乡镇"称号。杨家村被授予"三门峡市无公害苹果标准化生产示范园"荣誉称号。

截至2019年底,焦村镇有苹果1680公顷,主要分布在罗家、巴娄等南部山区,苹果年产量1.3亿公斤,产值1.5亿元。近年来,焦村镇以罗家村为龙头,建设高标准M9T337矮化自根砧的苹果示范园20公顷,达到"两年挂果、三年见效、五年进入盛果期"的目标;以卯屯村为重点,建设以M9T337、M26为主的矮化中间砧苹果示范园。以巴娄和滑底为重点村,下大力气,做好老果园更新改造试点工作,探索经验,逐步推广,统筹兼顾短期效益和长期循环,采取“以园养园”的方法分批更新,在不同区域建立老果园更新改造示范园 66.7 公顷。

在苹果产业经久不衰的同时,焦村镇的小杂水果发展势头良好。20 世纪 90 年代末后,面对苹果销售全面步入低谷,果品生产面临严峻挑战,焦村镇开始大力调整果品产业结构,转移发展重点,提出了“人无我有,人有我优,人优我新”的发展新思路,采取多种措施,重点组织实施了区域调整,由单一化苹果向适量小杂水果方面发展。2004 年,全镇新栽优质小杂水果 114.07 公顷。2006 年,建立了 4 个百亩小杂水果基地。2008 年,建成了南安头红提葡萄和纪家庄秦王桃示范点。2011 年,焦村镇南安头葡萄示范基地被命名为“三门峡市农业科技示范基地”。2013 年,成立了东星、红梨、农丰桃 3 个专业合作社。2014 年,全镇红提葡萄面积发展到 1000 公顷,成为豫西地区最大的红提葡萄生产基地;新成立三灵、慧源、贤达 3 个葡萄专业合作社。2016 年,焦村镇有新文葡萄、宏达樱桃等果品专业合作社 22 个,果品总产量达 1.65 亿公斤。全镇有葡萄种植面积 914 公顷,品种有中、晚熟红提(红地球),美人指,克伦生,玛特,户太八号等十余个品种,主栽品种为红提。葡萄挂果 735 公顷,亩产 2000 余公斤,年产值 1.3 亿元左右。樱桃 120 公顷,挂果 87 公顷,年产值 1350 万元。另有其他小杂水果 54 公顷。

食用菌生产也是焦村镇的一个拳头产业。20 世纪 90 年代中期,焦村镇政府就认准了食用菌致富的这条道路,制定了许多惠民政策和补助办法,鼓励农民发展食用菌生产。最早发展起来并形成规模是杨家村,主要种植平菇、双孢磨菇、猴头菇等。

2001 年,杨家村香菇示范场跨入三门峡市 50 强农业龙头企业行列,申请注册了“灵珍”牌商标和 10 个品种 21 个产品条形码,并印制了统一的产品包装,推出了第一个食用菌产品自有品牌。2002 年,焦村镇被三门峡市政府授予“食用菌工作先进乡镇”,同时,经省技术监督部门评审,被授予河南省无公害食用菌示范基地。当年,焦村镇食用菌种植规模达 200 万袋以上,成为灵宝市食用菌规模种植乡镇,杨家村、西常册村、南上村成为灵宝市食用菌规模种植专业村,发展专业户 50 个。2003 年,焦村镇成为灵宝市菌类生产规模超 300 万袋的重点乡镇。焦村镇食用菌生产示范场进入三门峡市农业龙头企业“50 强”,初步形成了“公司+基地+农户”的产业化发展模式。焦村镇的杨家村、常卯村、西常册村被命名为灵宝市食用菌生产先进乡村。2005 年,焦村镇被河南省食用菌协会授予“食用菌生产先进基地”。

2010 年,焦村镇食用菌规模达到 1000 万袋,其中杨家村超过 130 万袋,成为全灵宝市规模最大的食用菌生产基地。在发展机制中,大力推广“龙头企业+农户”“协会(专业合作组织)+农户”“公司+基地+农户”“规模生产户+基地”等有效的产业组织模式。在运作模式上,形成了以焦村灵仙公司、杨家村基地为代表的龙头企业带动农户型发展食用菌。并建成西常册、贝子原50万袋香菇生产基地2个,全年共完成食用菌栽植1000万袋,其中香菇450万袋,其他550万袋,产业效益达5500万元。2011年,建成西常册、贝子原、常卯、巴娄等村50万袋香菇生产基地4个,10万袋以上规模村10个,5万袋以上栽植大户6个;新建西安、郑州直销点2处。当年,全镇共栽植食用菌1100万袋,其中香菇510万袋、其他590万袋,产业效益达7600万元,食用菌产业化发展明显,杨家村规模超过100万袋。2016年,完成食用菌栽培任务2114万袋,其中香菇2000万袋、其他114万袋,发展种植户2200余户。成立食用菌专业合作社9个,入社会员400余户。全镇建成香菇规范化示范基地14个,其中50万袋以上基地11个,30万袋以上基地3个,拥有冷藏库60个,备案冷藏车15台,常年固定客商30余人,在郑州、西安等地建立外销、直销门店15个。可产经济效益2亿元,从业人员1.5万余人。2020年,食用菌生产完成2500万袋,羊肚菌栽培20公顷。

四

民国时期,焦村镇按当时行政区划为西章乡,全乡设国民完全小学(简称完小)5所,即西章小学、焦村小学、万渡小学、东村小学、纪家庄小学。各个村庄都设有初小,校址多设在祠堂或庙宇中。

1949年10月,中华人民共和国成立之初,东村、纪家庄、西章完小被撤销,仅保留焦村和万渡两所完小。全乡有初小76个班,学生3040人,高年级8个班,学生412人,全乡有在校学生3452人,教师88人。1954年增设纪家庄完全小学。并在东村、辛庄增设了高年级班。1959年王家大队(含王家、张家、赵家、滑底、武家、杨家六个自然村)为方便本大队学生入学办高年级班1个。同年,焦村公社共有初小120个班,学生5400人;高年级31个班,学生1200人;初中12个班,学生700人。全乡共有在校学生7855人,教师187人。

1956年,灵宝县人民政府在焦村建立了本地区第一所初中——灵宝县第六初级中学,共6个教学班,学生300余人,教师32人,校址在焦村小学上院,1960年与东村小学合并,在东村小学建教学楼2幢。1961年又迁回焦村小学校址。1962年4月根据中央“调整巩固、充实提高”的八字方针,该校被撤销,学生分流到娄下、下硙两所中学。

1956年因灵宝六中成立占用焦村小学校舍,焦村小学高年级班并入西章、东村小学。全乡设三个辅导区:西章辅导区、万渡辅导区、纪家庄辅导区,对辖区小学进行教学管理。每个辅导区又分2~3个片,每片设片长1人,负责本片教学活动。1958年,人民公社成立,焦村人民公社在宜村、巴娄建立农业中学(简称农中)。1958年"大跃进"时期,全乡初中、完小实行"四集体",学生一边学习,一边劳动,吃饭、住宿、学习、劳动都在学校。1963年,焦村农中成立,校址在焦村村东(现焦村镇一中院内)。学制二年,设4个班,学生200余人,教师23人。

1968年,全公社25个生产大队,队队办起了初中。1970年,焦村农中改为焦村高中,1971年招生4个班(高一3个班,高二1个班)。1970年,灵宝县在秦村建高中一所,招收一年级新生3个班,校长梁学录,1971年并入焦村高中。此时期,《人民日报》发表了山东省侯振民、王庆余的一封信(简称侯王建议),所有农村公办学校教师回乡,由贫下中农推选,所有教师由大队记工分,国家不再发工资。焦村镇教师多,教师队伍的格局发生了巨大变化。在此新形势下,于1970年焦村镇在现焦村镇一中院内办起了本地区第一所高中,焦村籍的灵宝县著名教师魏相廷、陈孝忠、荆雨水、张虎贤、张伟之、梁敏烈、王道彰、朱正新、王笃生、郎秉元等在校任教,公社党委派杜云煌任校长。学校培养了一大批优秀人才,谱写了焦村镇教育史上辉煌的一页。

1980年,焦村公社将村办初中合并为焦村、东村、纪家庄、万渡五所联办初中。辛庄、巴娄保留村办初中。1974年,焦村公社在李家山建五七高中,招收6个班(高中班2个、卫生班1个、机械班1个,附设初中班2个)。1978年,焦村人民公社在焦村小学开办焦村初中,每年招收两个班,学制二年,在校学生200余人。1981年7月,灵宝县中学布局调整,焦村初中与焦村高中合并,迁至焦村高中院内,成为一所全日制完全中学,更名"灵宝县第九中学"。设高中9个班,初中6个班,在校学生850余人,教职工64人。1985年8月,灵宝县进行中等教育结构调整,高中部改为农职业高中,学校实行分部管理,初中部为三轨制,共9个班,学生670余人,教职工32人。1990年后学校规模逐年扩大。1987年8月,灵宝县第一农职业高中正式挂牌,形成一院两校,灵宝九中成为灵宝县一所重点初中。1992年3月,灵宝县进一步调整中学布局,灵宝县第九中学更名为焦村乡第一初级中学,将焦村联办中学并入,学校发展为15个班,学生1120余人,教职工62人。8月,灵宝县第一农职业高中迁入新校址,两校彻底分离。1993年,焦村乡撤乡改镇,焦村乡第一初级中学改名为灵宝市焦村镇第一初级中学。焦村乡东村联办中学改名为焦村镇第二初级中学。焦村乡纪家庄联办中学改名为焦村镇第三初级中学。焦村乡东常册联办中学改名为焦村镇第四初级中学。焦村乡万渡联办中学改名为焦村镇第五初级中学。这一时期,群众性办学积极性提高,38 个行政村都建立了新校舍,盖了教学楼。2003 年后进一步调整布局,截至 2016 年,全镇学校的建筑面积达 39993 平方米,现有 1 所初中和 7 所小学,教学设施全部达标。职业教育、远程教育、幼儿教育迅速发展。

2009 年 7 月,焦村镇第二初级中学、焦村镇第三初级中学、焦村镇第四初级中学、焦村镇第五初级中学被撤销。

2000 年 7 月至 2011 年 7 月,赵家小学、西常册小学、常卯小学、张家小学、王家小学、姚家城小学、塔底小学、东仓小学、乔沟小学、西仓小学、史村小学、柴家原小学、坪村小学、李家山小学、滑底小学、鸭沟小学、武家山小学、北安头小学、李家坪小学、尚庄小学、秦村小学、乡观小学、沟东小学、东常册小学、贝子原小学、马村小学、罗家小学、南安头小学、南上小学、西章小学、巴娄小学先后被撤销。

2011 年 8 月至 2019 年 12 月,焦村镇有一所中学(焦村镇第一初级中学)、7 所小学(焦村镇中心小学、东村小学、杨家小学、纪家庄小学、辛庄小学、焦村镇第四小学、万渡小学)。拥有教学班 73 个,在校学生 2420 人,教师 311 人。市直的灵宝职专、灵宝二高、华苑高中在镇区设立。

五

焦村是个文化底蕴十分深厚的乡镇。早在 1998 年,河南省文化厅就授予焦村镇“全省民间艺术之乡(镇)”荣誉称号。其主要特色为剪纸和纸扎艺术。焦村镇沟东村村民杨仰溪,是把纸扎与剪纸工艺完美结合的能工巧匠。从 20 世纪 60 年代开始,他的作品先后在《中国青年》《河南日报》《地方戏艺术》《传奇故事》等报刊杂志发表,并多次在县、市、国家展出,各大博物馆多有收藏,还远销法国、新西兰、日本、美国、新加坡等国家。90 年代,他先后加入了中国科学专门协会、中国剪纸学会、中国工艺美术学会、民间工艺美术专门学会、中国民间美术学会、河南分会任常务理事、中国剪纸研究会、豫西剪纸皮影研究会(任副会长),他本人的简介还被《中国现代艺术人才大集》《中国名人录》等选录。他撰写的论文《漫谈灵宝纸扎的前景与 2000 年现状》,在中国民间美术学会河南分会第三届研讨会上获一等奖。同时,他本人被授予河南省民间剪纸艺术家称号。沟东村的尚水玲,1952 年生于焦村镇沟东村,是河南剪纸研究会会员,河南民间美术协会会员。1997 年 7 月 1 日,是香港回归祖国的大喜日子,尚水玲精心剪成《庆祝香港回归》的剪纸作品，在全国举办的庆“七一”迎“回归”民间剪纸艺术大赛中获得一等奖；在纪念老子诞辰举行的民间剪纸艺术展览活动中，她的剪纸作品又多次在函谷关古文化风景区进行展出，受到文化界知名人士以及游客的连连称赞。2001 年，她的剪纸作品在由河南省民政厅、省劳动人事厅、省总工会、省残联共同举办的河南省残疾人技能竞赛中荣获剪纸专业特别奖。焦村镇剪纸艺术代表人物还有沟东村的崔荣青、杨建录，东常册村的品瑞宁、王线营，卯屯村杲转娥等。

南安头村是豫西闻名的“灯笼村”，年年被中央电视台，省、市及地方电视台及各种媒体报道。其村民制作的纸制灯笼有 80 余年的历史，均是纯手工完成。灯笼制作的材料有白纸、纱布、颜料、竹子、浆糊等。根据需要剪裁纸张，制作灯花、灯笼用纸，再用颜料给白纸上色，然后将竹子劈成细竹蔑进行绑箍，并将金纸、灯花等装饰作品粘上去，灯笼就基本上完成，其中莲花灯还需要把纸挤出宽窄不同的褶皱。灯笼种类主要有传统纸张荷叶灯、石榴灯、四柱转灯、喜庆纱灯等。南安头村民孙雪层从其母许亮青处传承，带动周边村民学习制作灯笼，拓宽了群众致富的道路。每年 10 月底进入农闲时节，村里家家户户便开始制作灯笼，有些村民更是全家老小齐上阵，做多少卖多少。元宵节前，周边十里八乡乃至山西、陕西的商户也都会来该村采购灯笼。小小的灯笼成为该村群众致富增收的一大亮点。

焦村镇 38 个行政村先后建成 36 个高标准文化大院，56 个篮球场，36 个农家书屋，27 个广场舞活动点，10 个业余文化剧组，1 个乒乓球俱乐部。2013 年 4 月 12 日，灵宝市弘农书院在焦村镇罗家村揭牌。弘农书院由焦村镇罗家村委会、焦村镇民间 12 社团、江苏吴江众诚实业有限公司、中国人民大学乡村建设中心、中国农业大学农民问题研究所等五个单位发起。弘农书院作为弘扬中华文化的民间人士自愿组成的非营利性民间社团组织，以落实党中央提出的“建设生态文明、建设美丽中国、实现中华民族永续发展”伟大战略目标为指导思想，整合一切有利资源，探索生态文明背景下的农民农业农村可持续发展之路。

焦村镇的戏剧演艺源远流长。民国时期的著名演员杨天心、许宝财，20 世纪出名的女演员李金霞等，都有相当高的艺术造诣。早在 1952 年 2 月，灵宝县文化馆在灵宝县城南关剧院举办全县农民业余剧团汇演，第四区（破胡区）常卯村业余剧团演出的眉户剧《穷人恨》获得二等奖。2004 年 8 月，常卯村业余剧团的《恋花梦》在灵宝市委宣传部、市文化局联合主办的灵宝市“黄金股份杯”首届农民戏剧大赛中获一等奖，演员许刚赞获优秀演员奖。塔底村的业余蒲剧团在 2010 年灵宝市举行的第一届农民戏曲大赛中获得二等奖，在焦村镇举行的农民戏曲大赛中获得一等奖；2012年焦村业余剧团获全市农民戏曲大赛一等奖及在2016年灵宝市文广新局举行第二届农民戏曲大赛获得三等奖。2016年，焦村镇有业余剧团10个。

小秦岭地质公园娘娘山风景区，位于焦村镇政府驻地西南10公里处。2004年5月被批准为省级地质公园。2011年4月，被批准为国家AAA级旅游景区。娘娘山风景区总面积28平方公里，主峰娘娘山海拔为1555.9米。风景区景色优美、人文景观丰富。地表林木葱笼，地下藏金埋银。娘娘山分黄天墓、娘娘庙、马跑泉、砥石峪、苍龙岭、石撞飞瀑、石瀑布7大景区，有五子石、望乡崖、金井、坐佛、十八盘、入云阁、石瀑、芳草甸等34个景点。对外开放的主要是瀑布峪景区和石瀑布景区。瀑布峪景区里芳草凄凄，溪流潺潺，百尺瀑磅礴壮观，地质拆离断层尽显岁月沧桑，北国第一漂滑惊险、刺激；石瀑布景区水体景观多变，自然秀丽，原生节理形成的山体壁立千仞，让人望而生畏；娘娘庙景区以三娘娘的传说故事为主题，常年香火不断，紫烟缭绕。黄天墓景区位于武家山上，山体主要景点有青龙岭、凤凰岭和上天梯等。

灵宝市风情园坐落于灵宝西出口南侧的焦村老寨子，占地3公顷，计划总投资1300万元，2008年7月30日开工建设，建成集住宿、餐饮、旅游观光为一体的休闲娱乐场所。为充分展现古寨文化底蕴，风情园整体建筑效果以仿古建筑为主。2017年1月，开工建设红亭驿民俗文化村，占地面积200亩，总投资8000万元，是集豫秦晋三省特色精品地方民俗小吃、非物质文化遗产、农耕文化、人文景观为地方特色民俗旅游文化的豫西印象体验地，项目建设完成红亭驿站（标志建筑6000平方米建筑面积）、老子书院、青牛观、民俗村文化广场、豫西民俗风情小吃街、儿童水上乐园、大型室外游乐场、卡丁赛车馆、旅游产品展示、百果林采摘园等功能区。2015年，河南省政府授予焦村镇“省级旅游示范乡（镇）”荣誉称号。

六

民国时期，西章乡的医疗卫生事业处于缺医少药，民不聊生的境地，各类传染病、多发病随着战乱频繁的发生，生育死亡率和人口病死率持续升高不降。中华人民共和国成立后，先是在各行政乡设立了联合诊所，又于1956年在卯屯村成立了西章乡联合诊所，1958年迁址焦村村，建立了焦村卫生院，同时在万渡村设立门诊部。为广大人民群众的疾病预防和医疗保健提供了有力的保障。

据资料显示，1983年焦村人民公社有卫生院1处，设病床42张，有医务人员41

名。各大队有卫生室28家,卫生人员达112人。2000年12月,焦村镇卫生院共有职工66人,其中卫生专业技术人员61人。包括中西医主治医师5人,主管药师1人,中西医(药、护、检、技)师21人,西医(药、护)士11人,行政工勤5人。门诊累计489666人次,年平均门诊27203人次。住院累计10763人次,年平均597人次。累计业务收入5712905元,年平均317383元,年人均4808元。有偿服务累计收入1021071元。上级拨款总金额119.1万元。拥有固定资产76.8万元。科室设置有内科、儿科、妇科、五官科、检验科、放射科、心电图室、急诊科、手术室、药剂科、口腔科、皮肤科、B超室等。2016年12月,焦村镇卫生院共有职工75人,其中卫生专业技术人员1人。包括中西医主治医师1人,主管药师1人,初级43人,执业医师19人,助理医师11人,行政工勤5人。开设床位99张。更新医疗设备,卫生院拥数字化X射线摄影系统(DR)、全新数字彩超、十二导心电图、脑电图、最新全自动生化分析仪、多功能麻醉机等大中型检查治疗仪器45台件。

2016年12月,焦村镇卫生院下辖村级医疗机构50家,其中卫生所37家、中医卫生所2家、卫生室9家,个体诊所2家。村级医务人员95名,其中医生79名,护士6名,医技人员10名,本科学历1人,大专学历4人,中专学历75人,高中学历15人,执业医师6人,执业助理医师14人,执业护士5人,乡村医生50人,无职称20人。

焦村卫生院分别获得“河南省卫生先进单位”“三门峡市群众满意基层站所”“三门峡市行风评议先进单位”“灵宝市卫生系统全年工作完成先进单位”等多项殊荣。

焦村镇的人口发展是伴随着社会的发展进步和计划生育工作的普及开展发生着变化。中华人民共和国成立后,社会稳定、生产发展及医疗卫生条件改善,致使人口迅速增长,1953年社会人口出生率达37‰,死亡率14‰,自然增长率为23‰。1978年底,社会人口自然增长率第一次下降到6.55‰;1979年人口出生率降到11.86‰,自然增长率降到4.23‰。1982年,党中央、国务院把人口与计划生育工作规定为我国的基本国策,把推行计划生育写进了新《宪法》。同年,灵宝县出台《灵宝县计划生育工作条例》并于1982年6月24日起执行,1990年7月1日废除,执行《河南省人口与计划生育条例》。1983年到1989年,焦村乡平均每年出生1360人。

1990年至20世纪末,是控制人口过快增长的重要时期,也是人口与计划生育迈向法制建设的重要时期。1990年到1993年期间,《河南省人口与计划生育条例》颁布执行;逐步建立起考核机制;“一票否决”开始执行;计划生育手工台账建立;焦村乡平均每年出生1230人。1994年到2001年期间,计划生育月管理系统运行,建全了辖区全员人口信息;焦村镇平均每年出生 469 人。2002 年到 2010 年期间,焦村镇平均每年出生 424 人。2011 年到 2016 年期间,焦村镇平均每年出生 523 人。2015 年出生人口 497 人,出生率 9.76‰,死亡人口 368 人,人口死亡率 7.22‰,人口自然增长率 2.54‰。

截至 2016 年 8 月,焦村镇辖区总人口 51328 人,其中城镇常住人口 48688 人,城镇化率 94.85%。另有流动人口 2640 人。总人口中,男性 26527 人,占 51.7%;女性 24801 人,占 48.3%;14 岁以下 6274 人,占 12.22%;15 岁~64 岁 37881 人,占 73.84%;65 岁以上 7173 人,占 13.94%。总人口中,以汉族为主,达 51278 人,占 99.9%。

七

灵宝市是著名的篮球之乡,而焦村镇则是篮球之乡的中心地段。

1952 年毛泽东主席号召"发展体育运动,增强人民体质"。当时的灵宝县先后组建了一大批篮球队,其中焦村乡坪村村的"秦岭"队及其他村自发组织了篮球队,利用打麦场作球场,自己用木材做球架、球篮,自己出钱买球开展活动。到 1958 年 8 月,西章人民公社成立,全公社基本达到队队有球队、有球场、有业余比赛。

典型的是 1970 年春节东常册大队两个饲养员自己出钱买锦旗,组织十多个队参加邀请赛。坪村大队第一生产队 1973 年春节邀请 27 个球队进行比赛。马村大队当时有 7 个生产队,1021 口人,就修了 9 个球场,组织了 18 个球队。到了 1975 年,焦村人民公社 29 个生产大队共有篮球队 26 个,比较有实力的篮球队有焦村队、东仓队、万渡队、马村队、常卯队、卯屯队、东村队、常册队、李家坪队等。

焦村镇位于灵宝"篮球之乡"中心地带,篮球技术水平高超的人员层出不穷。据不完全统计,从 20 世纪 50 年代末至 80 年代初,焦村镇篮球精英占灵宝的半壁江山,先后涌现出张公田、姬永康、张灵有、王笃生、杨彪、李行斌、常育贤、梁勤学、王群劳、杨继强、张乐灵、巴金斗、赵三榜、赵彦慈、张项军、张忠学、杨犬民、杨志英、李怀珍、李建直、李守业、李海忠、李广佐、赵治民等一大批优秀的篮球运动员,他们中间大多数是灵宝县的老篮球队员和灵宝县青年篮球代表队队员。

2000 年至 2016 年,焦村镇篮球运动也出现了前所未有的热潮。卯屯村举办的"园林杯"农民篮球赛,东仓村举办的"华冠杯"农民篮球赛,万渡村举办的"飞达杯"农民篮球邀请赛,焦村村举办的"工生杯"农民篮球邀请赛,武家山村举办的"黄金杯"篮球赛等,都在每年的春节前后举行。参赛球队多达 100 支以上,吸引了周边市县、乡镇、十里八乡群众竞相观看,不仅丰富了农民的业余文化生活,而且给焦村镇商贸业经济发展带来了更好的效益。多年来,《人民日报》、新华社、中央电视台、《中国体育报》、《河南日报》、河南电视台、《三门峡日报》、三门峡电视台等多家新闻媒体记者,对焦村镇春节农村群众体育活动进行了实地采访报道。

值得一提的是,1984 年 7 月,在河南省举办的农民“丰收杯”篮球赛中,焦村乡篮球队历经 7 天 6 场比赛,获得了灵宝赛区第一名,授权代表洛阳地区参加河南省的农民“丰收杯”篮球赛,最终以领先周口地区代表队 1 分取胜,获得亚军优异成绩。

姬永康,南安头行政村新文村人,是在省级运动会上为洛阳、灵宝争光的优秀队员。他先后参加了 1964 年河南省举办的第二届全运会、1972 年全国举行的五项球类运动会等,其优异的成绩和精湛的技艺在人们心中留下了不可磨灭的记忆。

卯屯村的梁金牛,是一名农民,儿时患小儿麻痹,左臂落下终生残疾。但他从小热爱篮球,年轻时在篮球场上以投篮准确而著称。从 20 世纪 90 年代起,就积极投身于农村体育事业,尤其是篮球事业。在无经验、无资金的困难条件下,他毅然向村委会提出举办“园林杯”篮球邀请赛的建议。经过一年多的艰苦工作和精心筹备,1993 年春节,首届卯屯“园林杯”篮球邀请赛隆重举行。2009 年 10 月 16 日,有豫西“民间萨马兰奇”之称的焦村镇卯屯村农民梁金牛在山东省济南市全国群众体育先进单位和先进个人代表、全国体育系统先进集体和先进工作者代表表彰大会上,受到中共中央总书记、国家主席、中央军委主席胡锦涛接见。同时,梁金牛还作为特邀代表之一,观摩了第十一届全运会赛事。

除篮球外,焦村镇每年春节和重大节日还会举办乒乓球、象棋、羽毛球、拔河、扑克、秧歌等 10 余种体育比赛项目。在 2006 年 3 月至 9 月,灵宝市举办第九届运动会中焦村镇摘取了乡镇干部职工组篮球、10 人 30 米挑担接力、乒乓球个人单打桂冠和农民组篮球比赛前三名、8 人负重前三名;成年男子乒乓球团体前三名;象棋老年团体前三名;老年乒乓球团体前三名;象棋比赛成年团体前三名的好成绩。

八

焦村镇的商业主要由国营商业、供销合作社商业、私营商业和农村集市贸易组成。20 世纪 80 年代以前,商业主要由供销合作社和农村双代店组成。

1958 年人民公社化时,西章境域的供销社业务从决镇供销社划出。1959 年改为西章供销社。1981 年 1 月,焦村供销社卯屯分销处扩大门面,年营业额成倍上升;6 月焦村供销社在焦村人民公社对面的公路边上新设综合门市部和五金门市部。1982 年新设巴娄分销处。农村体制改革前,焦村供销社在所在地设立生产、生活资料供应及其他门市部11个;在万渡、辛庄、卯屯、巴娄4个村设立了分销处,年销售总额337万元。

1985年至2004年,供销合作社的体制改革跨出了一大步,一是该门店出租给职工从事业务经营。二是打破原专业门店经营范围,让职工放开多业自主经营。三是在自愿基础上,抓好了职工身份置换工作。四是与镇政府合作将原办公院拆除兴建焦村娱乐城,增加收入,提高知名度。五是与云禾公司配合设立农资超市1个,为"三农"提供优质服务。与此同时,农村的私营商业、集市贸易和古庙会贸易异军突起,繁荣了整个社会市场和经济发展。各种商业网点和网上购物也遍布城乡的每个角落。

1958年,西章人民公社成立后,全社大搞水利、大办钢铁、大办工厂。公社成立了钢铁兵团,在巴娄大队捞铁砂、建炼铁土高炉,伐木烧炭,大炼钢铁。随后又组织专业大军去陕县庙沟东风矿大搞钢铁。与此同时,又大兴社办工业,建立了八一机械厂、水泥厂、面粉厂、运输队等。

1987年,焦村乡集体工企业比较发达,有果品加工厂、帆布厂、机械厂、砖瓦厂、面粉厂、选金厂。年产机砖100万块,大型帆布1000块。地方国营义寺山金矿即建在焦村乡境内。全乡拥有镇办黄金选厂6个,年产成品金4000余两。

1988年以来,以矿产业、果品加工业为龙头的乡镇企业蓬勃发展,先后兴建砖瓦厂23个,预制厂13个,石料厂5个,果品加工厂15个,纸箱厂5个,面粉加工厂3个,化工厂6个。2000年,全镇乡镇企业总数达1898个,其中产值在百万元以上的企业有38个;工业总产值达46590万元,比1988年增长9.9倍。2000年,全镇工农业总产值达60385万元,镇级财政收入达995万元,农民人均纯收入达2289元。

2001年,全镇工农业总产值完成4.1亿元,其中农业产值1.4亿元,镇级财政收入349万元,农民人均纯收入2205元。到了2015年,全镇固定资产投资完成13.95亿元;工农业总产值完成241143万元,其中农业总产值完成98522万元;镇级财政一般预算收入887.56万元,农民人均年纯收入12705元。

截至2019年12月,焦村镇共有在册的非公有制企业和民营企业186家。其中实力雄厚、信誉知名度较高的有灵宝市焦村镇温氏集团公司、灵宝阳光产业有限责任公司、河南华新奥建材股份有限公司、灵宝长青汽车商贸城、灵宝商贸建材城、灵宝市燕飞果品包装厂、灵宝市信达果业有限责任公司、鑫联菌业有限责任公司等。

大事记

各历史时期

上古

相传夸父逐日，干渴而死，其身化为一座山，即夸父山（在今焦村镇西南），其杖化为一片桃林（函谷关至陕西潼关间称桃林）。

周

周武王伐纣后，乃偃武修文。归马于华山之阳，放牛于桃林之野。

唐玄宗天宝十五年（756年）

哥舒翰引兵镇潼关，玄宗屡派使者促其出关收复陕洛。哥舒翰不得已引兵出关，在灵宝西原与安禄山将崔乾佑兵相遇。崔乾佑据险以待。唐兵与叛兵会战。当日中，东风急吹，崔乾佑以柴草数十车塞道，纵火，唐兵不能睁眼，自相残杀。而叛兵自南山出唐兵之后击之，唐兵大败，哥舒翰被俘。破潼关，危及长安。

明成化三年（1467年）

万渡村建成永庆寺。

明隆庆三年（1569年）

巴娄村建成永明寺。

明万历七年（1579年）

巴娄村重修玉玄帝祠及三官庙碑记，许赞撰文。

明万历八年（1580年）

巴娄村重修玉岩三官庙碑记，贺贲撰文。

清顺治五年(1648年)

九月,灵宝县农民张对山、张进泽、杜见川等,在于松圪垯寨聚众起义,四镇农民纷纷投奔。十月初一日夜三更,杜见川领导农民起义军600余人偷袭卢氏县城。初二日晚酉时,农民军增援部队五、六百众,围困卢氏县城。因官军严密防守未克,农民军乃退。初六日,张进泽等领农民军起营进至坪村、东村、巴娄、塔底一带,攻占30余寨,起义军发展到5000余人。卢氏、灵宝官军惊慌。初十日晚,农民军一部至岳渡口,举火闹至天明。由史村、南村、东村,打白旗,围困乡观寨。清朝廷慌忙调陕西、河南官兵镇压。十六日,清兵和农民军激战于巴娄、万度寨,农民军败。十七日至十八日,清兵包围浊峪寨农民军,段光吾投降。二十三日至二十四日,官兵在女郎山(娘娘山)与杨宗武、许奎然等带领的农民军激战。二十六日,河南巡抚吴景道,督同寇徽音、孔国养二将进兵松圪垯寨。张进泽、杜见川保护刘道士等退踞石垛山寨踞守。官兵分两路进攻,一路于二十八日午进兵黑山,与农民军争夺矿洞,展开激战。一路进攻石垛山,互相炮击,农民军冲下山迎战,不胜,退回山寨。

十一月初三,吴景道差使至娘娘山安抚,诱杀起义军首领武丕杨、赵士元、杜元、何艺田四人。初四日,清兵进攻钱野洞,农民军力不能支,张进泽妻及儿媳被捕,初九日,大批官兵围石垛山寨,刘道士、张进泽被诱降。夜戌时,杜见川带领农民军奋勇杀敌,终因人少势孤,官兵攻破石垛山寨。激战中杜见川被乱兵杀害,农民起义被残酷镇压。

清嘉庆二十年(1815年)

九月二十日夜(时间为公历10月23日),焦村镇区域地震。资料说地震发生在平陆(北纬34°8´、东经111°2´),震级为6.7级,震中烈度9度。自半夜到天明,共震13次,后一日数震或数月一震,长达四、五年之久。房屋倒塌严重,有死人发生。

清嘉庆二十三年(1818年)

巴娄村建述事碑,记述圣母由来。

清道光乙未年(1835年)

塔地村立碑,刘环城及孺人张太君遗徽碑记,记述县长赠匾一事。

清同治三年(1864年)

是年夏,冰雹大如鸡蛋,击伤人畜无数。

清光绪二年(1876年)

万渡村任宝三考中丙子科(副榜)举人。

清光绪七年(1881年)

六月,大水冲车仓峪,沙石压地130余亩。

清光绪三十一年(1905年)

焦村村张秉义蒲剧戏班成立。

清宣统元年(1909年)

灵宝县筹备城乡自治,设卯屯区,驻地卯屯村,隶属灵宝县。

清宣统二年(1910年)

灵宝县废除区设置,取消卯屯区。

中华民国十年(1921年)

10月,复设卯屯区,驻地卯屯村,隶属灵宝县。

中华民国十一年(1922年)

7月,老洋人张廷献拿下陕县后,即分两路进入灵宝县境。一路于19日中午到达下磑街;20日黎明时进入虢略镇。另一路于18日直奔灵宝县城;19日拂晓,众匪徒进入县城后,火烧县衙大堂,向居民勒索现洋、烟土、枪支,商店、粮行被抢一空,百姓被无辜打死打伤,死伤不计其数。当天下午,两股匪徒会合。23日沿小秦岭山麓西进,焦村乡武家山、李家山、马村、万渡、南上、巴娄等村村民均躲藏于南山或邻近村寨中。众匪徒至潼关南禁沟边,为陕军所阻击,激战数小时,因寡不敌众退出陕西,又折回盘踞虢略镇,前后历时9天,先后血洗了附近的焦村寨、岳渡寨、东村寨还有尹庄镇的杨公寨、涧口寨、留村寨等。洋人及其部下嗜杀成性,残酷无比。凡经过的地方烈火熊熊,鸡犬不留,牲畜残骸狼藉一片,目不忍睹。受害最惨的莫过于妇女,对掳到的年轻妇女,勒令脱光衣服,列队轮奸,稍不顺从,就往肚上捅一刀,即使是未成年的女孩和年逾花甲的老妪也难幸免。

中华民国十二年(1923年)

焦村村李工生从山东青岛引进新品种苹果树苗200株栽培。

中华民国十三年(1924年)

2月,盗匪马明旺(1916年,马明旺曾被进仕公收留作短工)、杨宜山躲藏到磨窝村进仕公家,除吃喝外,还要"借"300个"袁大头"。进仕公的堂孙幸子得知家里藏了两个土匪,便悄悄闯进其藏身的地方,与二匪发生口角。马明旺、杨宜山当即威胁进仕公要杀死幸子。进仕公的堂嫂知道孙子闯下大祸,用拐杖追打孙子。幸子刚遭受马明旺、杨宜山侮辱,现又受祖母杖笞,一怒之下,跑到卯屯村区公所举报,区长李翰镜立即带领区民团前往围捕。28日清晨,马明旺、杨宜山被击毙于磨窝村北沟。

中华民国十九年(1930年)

灵宝县在水泉原设第二区,驻地水泉原,隶属灵宝县。

中华民国二十一年(1932年)

9月,在西章村成立了灵宝县第五完全小学,校长吕士俊。

中华民国二十八年(1939年)

6月,中共灵宝县委在县立简易镇村师范学校(此时学校已迁至今阳店镇李曲村)召开会议,会议由中共地下党张俊杰和中共灵宝县委书记关周光共同主持,主要研究讨论在农村发展党员问题,决定李麟彩(字林影)在西塬(涧河以西、沙河以东)、张长茂在东塬(涧河以东)、张羽在南塬(虢略镇以南)、狄俊民在县东北一带主持发展党员工作。

是年暑期,灵宝县简易镇村师范学校、灵宝县初级中学、灵宝县第一初级小学3校联合组成大众话剧团,在西章乡的巴娄村连续演出话剧《在中条山上》《放下你的鞭子》《卖花姑娘》《保卫豫西》等。

中华民国二十九年(1940 年)

灵宝县设西章乡,乡政府驻地西章村,隶属灵宝县,至中华民国三十八年(公元1949 年)9 月。

灵宝县积极推行国民教育,将原有的县立完全小学改为国民中心学校,西章乡境域内增设了纪家庄、万渡、焦村三所国民中心学校。

中华民国三十年(1941 年)

9 月 21 日(农历八月初一)下午 1 时左右,日全食,焦村乡境域村民皆可看到。

中华民国三十三年(1944 年)

6 月 11 日,日军攻破国民军衡岭塬防线,日军由衡岭塬进入焦村乡境域区村庄,向阌镇县进发。途中,各村均遭到日军的烧杀掠抢。

中华民国三十四年(1945 年)

5 月 20 日,驻灵宝县焦村 40 军副军长 106 师师长李振清和时任灵宝县县长秦延宁、西章乡乡长王步虎等在焦村师部举行紧急会议。会议决定把焦村玉皇阁西南面的麦子割倒,连夜修建一个供美军军事顾问专用的飞机场。当晚,动用焦村、东村、乡观、赵家、杨家、沟东、坪村劳动力五百余人,拉石磙的牲口一百多套连夜劳作,于 21 日清晨,一个南北长 500 米、东西宽 100 米、占耕地 80 亩的美军专用机场建成。

9 月初,西章乡各村村民集会举行活动,热烈庆祝抗日战争胜利。

中华民国三十六年(1947 年)

9 月 13 日,灵宝县城解放后,陈赓、谢富治兵团第 4 纵队第 10 旅、第 38 军第 17 师、太岳军区第 22 旅从灵宝县城南到焦村,兵分三路:一路由南向西堵击灵宝县城漏网之敌,一路攻占阌乡县城南的阳平镇,一路向西阻击潼关东援之敌。当日,阌乡县城解放。

同月 16 日,中共灵宝县委员会和县人民民主政府相继建立。中共灵宝县下辖 4 个区,分别是:城关区、下磑区、虢略镇区、破胡区,破胡区委员会书记宋彪,区长张逸廉,副区长李清。

10 月初,国民党灵宝县西章乡乡长刘秉信参加了李子奎、薛质贤、县参议会议长周永康等3人在五亩塬上大地主杜植三家召开秘密会议,会议召集了虢略镇镇长陈汉川、朱阳镇镇长柳步尧、五亩镇镇长杜志和、寺河乡乡长彭国权、破胡镇镇长杨春芳等,研究部署组织暴动事宜,决定“卢灵阕,九月三,一齐反”。凡驻有土改工作队员的村,要村村响枪,不留一个活的。与此同时,国民党灵宝县县长狄昌伦、保安团副团长王池清召集五帝镇镇长王宗汉、阳店镇镇长王学正秘密商议配合李子奎组织暴动。

同月17日,在苏村和川口镇惨案发生的同时,李子奎等带领匪众在焦村镇区的李家坪、柴家原和附近的白马寨、雷家沟、稠桑、梨园、牛庄用镰刀杀戮土改工作队员和农会干部21人。另有李国俊、李绍芳等在李家山组织众匪枪杀解放军战士5人。

同月下旬,阕乡县的国民党反动势力,勾结李子奎、李厚庵、李绍芳、李生荣、李继唐、杨光华、刘殿基、刘普、王步虎、李志高等地主武装力量,大肆屠杀解放区干部和翻身农民。阕乡县武装大队教导员李增荣带领12名战士从阳平乡向朱阳方向转移,在巴娄村附近遭到李绍芳、张秉信、姚学亮、李永福、尚举鸿、吕葛山、杜青山、姚天相等的袭击,11名战士当场牺牲,李增荣受伤被俘,被敌人用刀割死。

中华民国三十八年(1949年)

6月上旬,国民党国防部暂编第三纵队第1师第2团李厚庵部、第3团孟当石(山西省芮城县陌南镇人)部共计510人,携带电台、枪支弹药,活动于朱阳镇山区;焦村乡刘典性部560人,拥有长短枪295支、轻机枪15挺,活动于李家山一带;此外,有匪徒王全国、王光普,出没于塔底村、李家山村、尚庄村一带计600余人。

7月,灵(宝)阕(镇)剿匪重点区工作委员会指挥机关驻焦村村。8月,居破胡区的焦村境域内逐村建立农会和民兵队。并配合灵宝县民兵飞行小组,全力缉拿匿藏、外逃的匪首恶霸,先后从西安、洛阳等地抓获刘殿基、李厚庵及其他镇匪首10余人。同月下旬,废除保甲制,改为行政村。同月,灵宝县召开知识分子座谈会,动员组织教师队伍,筹备开学,并分别举办学习班,废除“聘任制”,结业后由政府分配工作。

中华人民共和国

1949年

10月1日,中华人民共和国成立,破胡区焦村镇境域内各镇、村均召开群众大会,举行游行庆祝。

12月7日凌晨,解放军突击队直奔李子奎的藏身地点马家寨建治安家,活捉李子奎。

1950年

1月,设置中共灵宝县四区(破胡区),区政府驻地焦村村。3日,第四区政府领导及所辖乡、村各级领导参加了灵宝县第二次各界代表会议,历时五天,通过了《清匪反霸、减租减息、生产备荒的决议》,选举产生了各界代表委员会。

3月12日,破胡区政府领导及所辖焦村区境域领导参加了灵宝县第三次各界代表会议,通过了《关于减租、调整负担、清匪反霸的决议》。会议选举张淮溪、杭有秩、王清琪、周璧诚为出席省各代会代表。

4月29日下午6时,破胡区等5个区及焦村区境域各村突降冰雹。最大的有1斤以上者,麦苗、秋苗均被打坏,受灾严重。

11月9日,破胡区政府领导及所辖焦村区境域领导参加了灵宝县第五次各界代表会议,通过了《开展抗美援朝、保家卫国运动和领导群众冬季生产救灾的决议》。

12月8日,破胡区贯彻省、地关于镇压反革命工作的指示,接着在各乡、村开始了第一阶段的"镇反"运动。27日,破胡区政府领导及所辖焦村区境域领导参加了县委召开的扩大干部会议,通过了《镇压反革命和在全县范围内开展土地改革运动的决议》。从此土改运动在各村开始,至1951年5月20日结束。

是月下旬起至1951年3月10日,为了抗美援朝,焦村青年们积极报名参加中国人民志愿军,赴朝作战。

1951年

2月15日,破胡区委根据灵宝县委召开的扩大干部会议精神,总结上年12月以来土改重点经验,全面铺开土地改革运动,基本上分两个阶段,一是准备阶段,整顿组织,反霸减租;二是划阶级成分,进入分田阶段。

3月6日,各村开始第二阶段镇压反革命工作。

4月,恢复古庙会,组织物资交流。

6月20日,全区各村开始查田定产,丈量土地工作,村村成立丈量土地小组。

10月中旬,灵宝县举办了土改成就展览会,焦村镇境域村民进城参观。是月,在卯屯村建立了兽医联合诊疗所。

12月15日,根据灵宝县政府指示,破胡区各乡、村开始在干部中贯彻《中共中央关于农业生产互助合作的决议》。是月中旬,各村开始土改复查,至1952年4月结束。

1952年

元月上旬,开展"三反"(反贪污、反浪费、反官僚主义)运动。

2月,灵宝县文化馆在灵宝县城南关剧院举办全县农民业余剧团汇演,第四区(破胡区)常卯村业余剧团演出的眉户剧《穷人恨》获得二等奖。

6月,区乡内工商界根据上级指示精神,开展"五反"(反行贿、反偷税漏税、反盗窃国家资财、反偷工减料、反盗窃国家经济情报)整风运动。

7月13日,破胡区政府领导及所辖焦村境域等乡领导参加了灵宝县委召开的互助合作代表会议,历时3天。

10月7日,小学教育开始实行五年一贯制。

1953年

1月17日,根据县委决定,破胡区及各乡各村开始取消反动会道门活动。

3月4日,破胡区政府领导及所辖各乡领导参加了县委召开的扩干会,历时8天,组织动员转向大规模经济建设。

3月30日、4月11日,两次降霜,低洼地麦胎由黄变黑。

4月26日晚8时,暴雨骤来,冰雹突降,大者如枣,积1至2寸厚。

是年,焦村乡民政干事纪文明获得河南省第一届农业劳模会先进个人;焦村乡南上村朱集成获得河南省第一届农业劳模会植棉模范。

是年,灵宝县根据政务院颁布的"全国统一工资标准",对教师实行工资制。

1954年

6月21日,中央人民政府政务院决定撤销阌镇县,将其行政区域划归灵宝县。同月,焦村乡东村五一农业合作社建立了全灵宝县第一个农村俱乐部。

9月,阌乡县、灵宝县合并,称为灵宝县。焦村镇境域隶属中共灵宝县四区,区政府驻地迁居水泉城村。14日,开始实行棉布计划供应,并发放定量布票。

是年,焦村乡东村村杜守荣获河南省第二届劳模会畜牧业模范;焦村乡万渡村中共党员董月仙(女)获得河南省第二届劳动模范。

1955 年

7 月 31 日，毛主席发出了关于农业合作化问题的指示。仅四个月，焦村镇境域各乡、村均实现了农业合作社化。

是年，焦村乡万渡村中共党员董月仙（女）获得河南省第三届劳动模范；焦村乡安头农业生产合作社常项明获得河南省农业先进代表；焦村乡东村五一农业生产合作社李玉龙获得河南省农业先进代表。

1956 年

1 月，撤销区建置，改设中心乡。焦村镇境域内设焦村中心乡、万渡中心乡。

6 月底，各乡、村在上年所办的初级农业生产合作社的基础上，合并建立了高级农业生产合作社，参加农户占总农户的 97.6%。年底加入高级社农户达 99%。

8 月，西章乡焦村完全小学“戴帽”，招收初中班。

10 月，改中心乡建置为乡建置，焦村、万渡两个乡相继成立了 36 个高级农业生产合作社。

是年，焦村拖拉机站建立。当时全县仅有焦村和大王两个拖拉机站。

是年，焦村乡万渡村中共党员董月仙（女）获得河南省第四届劳动模范；焦村乡东村五一农业生产合作社李玉龙获得河南省农业先进代表。

1957 年

3 月，万渡乡被撤销，并入焦村乡，改称西章乡，驻地焦村村。

6 月至 7 月，霪雨连绵，未割的小麦落粒生芽，上场的麦子不能碾打，好多村房屋、窑洞倒塌，造成人畜伤亡。

7 月 4 日 11 点左右至下午 7 时 30 分，西章等 4 个镇，突然乌云密布，顷间暴雨倾盆，倒塌房屋，冲毁土地，水漫庄稼，损害严重。

8 月 1 日，西章乡召开八千人大会，庆祝人民公社成立。同月，灵宝县文管所人员在焦村村采集新石器时代文物玉凿一把，存灵宝市文管所。

11 月 15 日，整风运动正式开始，1959 年 3 月结束，历时 1 年零 3 个月。

是年，根据合作化的发展，全县划为 2 个区、2 个镇、13 个乡，焦村镇境域称西章乡。

是年，灵宝县在西章乡焦村泽地里试验成功了拖拉机耕、耙、播一次性生产过程。

是年,焦村乡万渡村中共党员董月仙(女)获得河南省第五届劳动模范。

1958 年

1 月,西章乡在中小学教师中开展反击右派分子的斗争。

8 月中旬,毛主席作出“人民公社好”的指示,8 月 19~21 日三天时间里,全灵宝县成立了 11 个人民公社。西章乡改称西章人民公社。

10 月 8 日,西章人民公社组织炼铁大军去陕县铁炉沟大办钢铁,至 1959 年 1 月 30 日结束,西章人民公社投入总劳力的 40%。

11 月,全公社掀起“万人教,全民学”的扫盲运动。同月,在全公社教师中开展“反右倾,拔白旗”运动。

是年,全公社各大队陆续办起公共食堂,取消农户锅灶,学校师生实行四集体(集体吃饭、住宿、学习、劳动)。

是年,灵宝县在焦村拖拉机站举办了第一期培训班,参加学员 100 多人。

是年,灵宝县农村人民有线广播站开始在西章人民公社的各生产大队安装小喇叭。

是年,西章公社杨家村大队任登科获得河南省先进代表。

1959 年

1 月,河南省人民政府授予西章人民公社“水利乙等先进单位”荣誉称号。同年,西章公社任登科被河南省人民政府授予“红专工程师”荣誉称号。

2 月,根据灵宝县政府安排,西章人民公社在各生产大队开始贯彻农业八字宪法:水、肥、土、种、密、保、工、管。

4 月,西章人民公社在机关干部和全体教师中开展“挖黑心,换红心”的向党交心运动。

8 月 16 日,西章人民公社根据灵宝县委扩大会议,传达了学习中央和省委指示,在社直各单位开展检查批判右倾保守思想,口号是:反右倾,鼓干劲,力争秋季大丰收,迎接国庆十周年。

是年,西章公社团委董锁柱获得河南省园林先进代表;西章公社东村大队杜项劳在窄口水库建设中获得河南省水利先进代表。

1960 年

6 月 1 日，新陇海铁路正式通车。陇海铁路改线工程，自 1958 年 11 月勘测，1959 年春动工，至本年 5 月 1 日接轨，同时在西章公社境域内设置了焦村、秦村两个车站。

8 月，政府对患浮肿病的教师实行补助，每人 2 斤红糖、5 斤黑豆。

9 月，公社各学校开展种菜、采集树叶等生产自救运动。

是年，焦村乡帆布厂解蜜亭荣获“全国三八红旗手”荣誉称号。

1961 年

3 月 31 日，《河南日报》报道了灵宝县大王镇小南朝大队实行“四固定”“三包一奖”政策，焦村公社各大队也普遍开始“四固定”“三包一奖”。“四固定”是人民公社和生产大队对生产队实行劳力、土地、牲畜、农具四固定。“三包一奖”是包工、包产、包成本和超产奖励。

是年，河南省首次飞机播种造林在娘娘山、朱阳一带开播，两个地方一共造林 159000 亩。

是年冬，在县委领导下，西章公社开展反五风（共产风、浮夸风、一平二调风、强迫命令风、瞎指挥风）运动。

1962 年

春，政府向农民实行借地，作为渡过困难时期一项措施，允许农民每人借地三分，后又按产量借地，一借三年。

4 月，根据中央“调整、巩固、充实、提高”的“八字”方针，焦村中学被精减，仍为完全小学。

1963 年

4 月，灵宝全县中小学贯彻中共中央制订的《全日制小学暂行条例（草案）40 条》和县委有关的指示，以焦村小学（全县共 5 个小学）为试点的总结经验在全县推广。

11 月，西章公社领导干部参加灵宝县委召开的四级干部会议，部署在农村开展社会主义教育运动。

1964 年

12 月,西章公社贯彻《中共中央关于目前农村若干问题的决议》(草案),部署在个别大队开展清工分、清账目、清财务、清仓库的小四清运动。

1965 年

5 月 8 日至 10 日,全公社学校师生学习毛主席的"五七"指示:"学制要缩短,教育要革命,资产阶级知识分子统治学校的现象再也不能继续存在下去了。"

12 月 31 日,马村大队第二生产队姚应选、饲养员赵虎祥,为抢救集体耕牛而光荣牺牲,西章公社上报到灵宝县委,后灵宝县委号召全县人民向他们学习。

1966 年

5 月,西章人民公社改称焦村人民公社(简称焦村公社)。

6 至 8 月,全公社的小学教师集中县城三个月,学习《关于无产阶级文化大革命的决定》(即 16 条)。

8 月中旬,焦村公社全体干部在灵宝县党校,参加县委贯彻《中共八届十一中全会公报》和《关于无产阶级文化大革命的决定》(《十六条》)大会。是月,"文化大革命"开始,公社党政机关瘫痪,学生开始成立红卫兵组织,停课参与"无产阶级文化大革命"串连活动。

10 月,全公社小学学生根据毛主席"造反有理,革命无罪"的指示,相继成立"红小兵"组织。

1967 年

3 月 26 日,焦村人民公社成立抓革命促生产领导小组。

7 月 27 日,《人民日报》以"要勇敢地跳出原来旧机构的圈子"为题,报道了灵宝县所谓"精兵简政"的"经验",焦村公社也相应裁减了工作人员。

1968 年

2 月,"灵宝县革命委员会"成立的同时,焦村公社也相应成立了焦村人民公社革命委员会,各大队也相应成立了大队革命委员会。

11 月 10 日,窄口水库焦村建设兵团同全县其他六个公社的水利建设兵团在长桥广场隆重举行窄口库渠工程复工誓师大会,打响了窄口水库复工的第一炮。

1969 年

1 月至 10 月,根据灵宝县在农村开展整党运动精神,公社和各大队相应落实毛主席“吐故纳新”的指示。

7 月,全县大办广播,焦村公社各生产大队通了广播喇叭,户户安装小舌簧纸喇叭。

11 月中旬,县革委会传达贯彻地区革委会“进一步做好清理阶级队伍的通知”后,并在全县范围内掀起了清队高潮,焦村公社各大队都举办了清理阶级队伍学习班。

该年至 1972 年,全公社 90%的生产大队实行了合作医疗。

是年,根据县委指示精神,实行“村村办小学,队队办初中,社社办高中”,焦村公社一部分大队办起了初中或小学“戴帽”。焦村镇高中开办,招收第一届学生。

1970 年

2 月 17 日,公社干部、社直干部和公办教师参加了灵宝县举办的贯彻中央三个红色文件精神,接着开始举办“一打三反”(打击现行反革命、反贪污盗窃、反投机倒把、反铺张浪费)学习班。

3 月,各校根据毛泽东主席“学制要缩短”的指示:中学由“三三制”改为“二二制”;小学“六年制”改为“五年制”。

1971 年

8 月 7 日至 11 日,焦村公社的个人先进代表和积极分子赴灵宝县召开第三次活学活用毛泽东思想积极分子和第二次“四好”单位、“五好”个人代表大会。

是年,娘娘山顶建起电视差转台。灵宝县广播站组织技术人员 3 个月装配 50 瓦差转机 1 台,并将其安装在海拔 1500 多米高的娘娘山上,建起洛阳地区第一家县级电视差转台。

1972 年

1 月 1 日,娘娘山电视差转台正式转播,取名为“七二·一”(1972 年 1 月)电视差转台,发射功率 50 瓦,8 频道。至此,灵宝县城、焦村公社均能收到电视信号。

2月25日,县委组织宣讲员下乡,向公社机关干部和群众宣讲中央四号文件,发动群众对林彪反革命政变纲领《"571工程"纪要》的革命大批判。

4月3日,焦村公社发生3.3级有感地震。

12月,"七二·一"电视差转台遭受暴风雪侵袭,电视转播受到严重影响。

是年大旱,是近20多年来所未遇到的,特别是7、8两个月,仅降雨77毫米,河道有断流,水库干涸,许多抽水站无水可抽,使晚秋作物受灾减产。

1973年

10月10日至16日,公社召开机关和大队干部大会,动员开展批林整风。

12月,为配合批林整风,在省、地、县委的领导下,全公社各大队掀起了大破"四旧"(旧思想、旧文化、旧风俗、旧习惯)、大立四新、移风易俗的群众运动。

1974年

4月,"七二·一"电视差转台因交通不便,迁址焦村公社安头大队部。

是年,大部分村庄都用上了电。

1975年

8月,继全国农业学大寨会议后,灵宝县委提出"苦战三年,建成大寨县"的号召,焦村公社根据县委精神,各大队掀起了农业学大寨,大搞农田基本建设的新高潮。

是年,在极左思潮影响下,焦村公社也和全县一样掀起了学习无产阶级专政理论热潮,批判资产阶级法权,打"土围子",批"暴发户",割资本主义尾巴,取消社员正当的家庭副业,造成了经济损失,致使社员生活贫困。

1976年

这一年是中共历史上具有里程碑意义的一年,也是全国人民最悲痛的一年,1月8日周恩来总理逝世,7月6日朱德委员长逝世,9月9日毛泽东主席逝世。

4月,"七二·一"电视差转台由焦村公社安头村大队部迁到西华村衡岭塬顶,借用该村抽水站机房转播陕西电视台节目。9月,架起60米高拉线式铁塔天线,并建成瓦房3间。1995年2月3日撤销"七二·一"电视差转台。

9月18日下午3时,全公社社直各机关、团体、学校以及各大队社员冒雨集会,沉痛哀悼伟大领袖毛泽东主席。

10 月 6 日,全公社干部、党员、社员组织起来,庆祝党中央一举粉粹了“四人帮”(指王洪文、张春桥、江青、姚文元),长达十年的“无产阶级文化大革命”宣告结束。

是年,李金霞参加延安地区会演,获特等演员奖,其剧照被刊登在《延安报》上。

1977 年

4 月 15 日,《毛泽东选集》第五卷出版发行,全公社掀起了学习毛主席著作新高潮。

7 月,全国高等学校恢复招生,废除推荐制,恢复“文化大革命”前的考试制。焦村公社有考生参加大中专考试。

9 月 25 日,洛阳地区粮食局在大王粮管所召开各县市粮食局长和部分粮管所所长参加的“办好农村粮管站现场会议”,焦村粮管所在会上介绍了经验。

是年,中共中央提出以“调整”为基础的“八字”方针,灵宝县教育局对各公社高中进行统一编号,焦村公社高中称九中。

1978 年

2 月 16 日,根据中央《关于全部摘除右派分子帽子决定实施方案》精神,灵宝县成立了冤、假、错案平反昭雪领导小组,焦村镇根据这一指示精神,对在 1957 年“反右”斗争中被错划的所有“右派分子”进行“摘帽”改正。开始对“文化大革命”及其他历次政治运动中制造的冤、假、错案进行平反。

7 月 23 日,焦村公社根据灵宝县委召开的 4000 多人县直机关干部、职工大会,动员县直单位开展“一批双打”(揭批“四人帮”,打击阶级敌人破坏活动,打击资本主义势力猖狂进攻)运动的精神,在全公社范围里开展“一批双打”运动。

1979 年

5 至 6 月,县广播站先后更新了焦村至卯屯的广播线路。

12 月 24 日至 30 日,公社党委、政府组织学习、贯彻国务院《关于发展社队企业若干问题的规定(试行草案)》。

是年,焦村公社一中开办,校长尚云波。焦村公社参加了县委举办的五期三级领导骨干学习班,开展真理标准问题的讨论,解放思想,实事求是,将工作重点由以政治运动为中心转移到以经济建设为中心上来。根据对公路运输市场进行计划管理的规定,焦村公社成立了交通运输管理站。焦村镇帆布厂解蜜亭再次荣获全国三八红旗手荣誉称号。

1980 年

春,全公社有90%以上的大队实行了各种不同形式的生产责任制,其中有小段包工、联产到组、联产到劳等形式。

1月15日至18日,焦村公社党委根据灵宝县委指示精神,宣传贯彻《中共中央关于控制我国人口增长问题致全体共产党员、共青团员的公开信》,在全公社范围内开展计划生育宣传工作。

4月中旬,焦村人民公社两次降雨,小麦抗逆力减弱,致使黄萎病迅速蔓延,造成严重减产。洛阳地区有关专家查明,此病害系从陕西传入。

是年,在县委的号召下,全公社各大队开始大搞农桐间作。随着灵宝县乳品厂的建立和业务扩大,是焦村公社各村奶羊饲养户发展高峰期。

1981 年

4月下旬,出现了历史上罕见的高温天气,最高气温达到39摄氏度。5月1日至2日,又遇到6~8级大风袭击。

7月,灵宝县中学布局调整,焦村初中与焦村高中合并,成为一所全日制完全中学,更名"灵宝县第九中学";同月,焦村公社常卯村群众捐献汉代陶器10余件。

8月9日至月底,霪雨连绵,累计降雨量221毫米,致使棉花烂桃,晚玉米不能正常灌浆,一部分玉米青死现象严重。

1982 年

3月,焦村公社人民政府结合灵宝县委指示精神,成立了"五讲四美"活动领导小组,开展第一个全民文明礼貌月活动,各大队普遍订立了《乡规民约》,公社成立了学雷锋小组,好人好事层出不穷,促进了社会风气的好转。

8月,河南省政府批准成立了小秦岭自然保护区,焦村公社包括其中。

是年,根据灵宝县委县政府《关于加强和改革教育工作的决定》,将九中改制为农业职业中学。

1983 年

7 月,焦村村民上缴唐代文物海兽葡萄镜一面,现存灵宝市文物馆。

是年,实行行政体制改革。焦村人民公社改为焦村乡,各生产大队改为各行政村。焦村乡东村农民杜守纪将挖土时发现的唐、宋铜钱 120 公斤送交文管会。县政府奖励自行车一辆。在焦村乡东村发掘汉墓 1 座。出土绿釉陶鼎、壶、仓等文物 6 件。河南省人民政府授予西常册村在灵宝县医院工作人员李志春与多人合作的《灵宝县中药资源普查与研究》河南省科技成果三等奖荣誉。

1984 年

9 月 15 日,灵宝市文管所职员郭敬书在焦村乡收集明代万历年版《通鉴纪事本末前编》,宋体字,陈朝阳编纂,现存灵宝县文管所。

是年,灵宝九中改为“焦村乡农业职业高中”。焦村乡农民篮球队代表灵宝县在洛阳地区农民篮球赛中,荣获冠军,接着又代表洛阳地区参加全省农民篮球赛,荣获亚军;少年男女篮球队双双获得洛阳地区冠军。焦村乡群众体育工作被评为洛阳地区先进单位。洛阳戏校灵宝蒲剧班从五亩乡项城村迁址焦村乡新文村(文家嘴)。建起焦村乡敬老院,开始收养孤寡老人。在焦村乡沟东村发掘一座北周墓。出土墓志、陶俑等文物 50 余件。

1985 年

1 月,根据中央发出(1985) 一号文件,号召农民发展商品生产。2 月,在灵宝县召开的发展商品生产总结表彰暨三级干部会议上,焦村村农民企业家张长有受到嘉奖。2 月 5 日,农民企业家们披红戴花,灵宝县主要领导亲自为他们牵马举行了隆重的游行。1 月至 3 月,灵宝县委根据“强力开发,有水快流”的方针,组织农民开采黄金。

1986 年

1 月 13 日,焦村乡相关领导和专业人士,参加了在郑州召开的关于灵宝县优质果品生产基地县论证会。18 日,三门峡市升格为地级市,灵宝县划归三门峡市管辖,焦村乡从此隶属三门峡市灵宝县。

3 月,乡妇联会组织为儿童募捐活动,企业家张长有、姚安有分别捐赠人民币 6000

元、5000元支持家乡的幼儿教育事业。

10月,经县政府批准,焦村乡农业职业高中改办为“灵宝县第一农业职业高级中学”,副县长雒魁虎兼任校长。

是年,河南省举行戏剧创作评奖会,常卯村许足平创作的剧本《桃花盛开的地方》获河南省群艺馆丰收奖。

1987年

11月28日,国务院“关于做好当前粮食工作”通知中提出粮食实行双轨制的经营方针,即平价经营和议价经营同时开展。从即日起焦村乡开始实施“双轨制”经营。

是年,焦村乡巴娄村被三门峡市委市政府授予“文明村”。

1988年

1月,焦村乡根据灵宝县人民政府(简称县政府)下发《关于改革乡(镇)各种服务站的试行意见》(灵政〔1988〕3号)和《关于改革乡(镇)财政管理体制的试行办法》(灵政〔1988〕5号),对乡(镇)各种服务站实行条块结合、以块为主的管理体制;对乡(镇)级财政实行“划分收支范围、核定收支基数、收支互相挂钩、超收比例分成、超支不予弥补、欠收由镇补齐”的管理体制。

9月10日至20日,焦村乡参加了第二届灵宝金城果会。

是年,焦村乡根据中共灵宝县委指示精神,从当年起在乡直各单位,全面推行目标管理责任制,并制定了具体的考核奖励办法。河南省计生委授予灵宝县计生委赵景谋(武家山村)“全省育龄妇女抽样调查优秀指导员”。

1989年

8月15日,焦村乡坪村建起1座小型飞机场,此飞机场由五亩乡窑坡村张广禄等4户农民集资150万元所建,占地3.33公顷。该机场由陕西航空学校提供飞机和飞行人员,当日举行了首次试航飞行并取得成功;23日,湖南潇湘电影制片厂在灵宝焦村寨子拍摄反映抗日战争题材的故事片《血誓》。

是年,焦村乡获灵宝县目标考评先进单位。

1990 年

7 月 9 日,夏令时 19 时 30 分,焦村乡多个村庄遭受百年一遇的暴风雨、冰雹袭击。暴雨持续近一个小时,冰雹约 40 分钟。农作物受灾面积极大,冲毁水利设施多处,民房倒塌数间。

8 月下旬,焦村乡根据灵宝县委的决定,在全镇农村开展争创十星级文明户评选活动,并成立了领导小组,制定了指导思想、评定标准和实施细则。同月 11 日,下午 5 时许,大风大雨将大树刮倒,电杆刮断,造成线路事故跳闸,设备烧坏,焦村变电站停电。

是年,中国科委授予焦村乡西章村吕佑民"全国科普先进工作者"。

1991 年

4 月 25 日,在焦村乡纪家庄村举行灵宝县窄口灌区续建第一期工程通水庆典大会。该工程于 1990 年 4 月动工,历时 1 年时间。从此年开始,纪家庄将每年 4 月 25 日定为通水节,届时定期举行集会以示庆祝。

7 月 14 日,河南省省长李长春在中共三门峡市委书记王如珍、三门峡市市长张应祥陪同下,先后到焦村乡和寺河乡、东村乡的个别农户和果园进行调研。调查并考察了果品市场建设工地等企业。同月 18 日、21 日、28 日,三门峡市政府组织水利、气象等部门和驻三门峡部队,先后在焦村乡和灵宝县其他几个乡镇实施了 3 次人工降雨。中心区降雨量达 68~145.4 毫米,一般区降雨量 10~30 毫米,使旱情得到缓解。

8 月,法中友协艺术委员会主任吉莱姆夫妇一行 8 人到焦村乡沟东村考察灵宝皮影艺术。

9 月,武家山被三门峡市政府命名为小康村,该村将每年 9 月 1 日定为村庆日届时定期举行集会。

是年,三门峡市委市政府授予焦村镇"三门峡市发展乡镇企业先进乡(镇)";三门峡市人民政府授予焦村水利站"'红旗渠精神杯'竞赛获奖杯单位"荣誉称号。

1992 年

4 月 8 日,美国《基督教科学箴言报》驻北京首席记者史燕华,到灵宝县焦村乡采访群众抗旱斗争事迹,同时到武家山村采访集体黄金产业下的共同致富经验。

7 月 1 日,粮油价格全部放开,粮票不再流通使用;10 日 19 时至 20 时,焦村乡和灵宝县其他5个乡(镇)受到罕见的暴风雨及冰雹袭击,灾情涉及多个村,农田受灾,毁坏树木,房屋倒塌,直接经济损失数万元。

秋,北京电视艺术中心与灵宝县共同投资,5集电视连续剧《一方水土》拍摄场景设在西章村、东村村。

是年,灵宝水利系统25名科技人员获国家水利部颁发的"从事水利工作25年以上"荣誉书和纪念章。其中焦村乡有翟云笑(男,史村人,1961年8月从事水利事业,时任灵宝水电局工程师、副股长。)、姚育泽(男,姚家城子村人,1950年从事水利事业,中共党员,时任灵宝水电局副股长。)、赵瑞祥(男,1958年1月从事水利事业,时任焦村水利站站长。)

1993年

5月12日,经国务院批准,灵宝撤县设市,以原灵宝县的行政区划为灵宝市的行政区划。焦村乡隶属灵宝市。

6月5日,焦村乡撤乡设镇,焦村乡人民政府改称焦村镇人民政府。

8月10日,沟东村民间艺人杨仰溪参加了中国民间艺术学会河南分会第三届研讨会,他的《漫谈灵宝剪纸的前景与现状》获一等奖,并获得河南省剪纸艺术家荣誉称号。

11月,开展中青年教师优质课赛讲,通过基层选拔到市赛讲后,再择优到省参赛。焦村五中赵明旺老师辅导的学生中获得全国初中数学联赛一等、二等奖各1名。

1994年

7月20日,焦村变电所被中共灵宝市委市政府授予文明单位(铜牌奖)。

是年,河南省民政厅授予焦村镇"全省成人教育先进乡(镇)";焦村镇获灵宝市目标考评先进单位。灵宝市义务教育示范镇建设经河南省教委验收,焦村镇获得合格证,得奖金5000元。

1995年

1月26日,灵宝市广电局在焦村镇马村山安装的MMDS1000瓦发射设备及铁塔竣工,传送12套电视节目。

9月29日,窄口灌区二干渠工程经6年建设后竣工通水。二干渠工程南起焦村镇东峪,北至西阎乡大字营村北塬,全长15.6公里。主要工程包括渠首枢纽坝1处、倒虹吸 6 处 5470 米、隧洞 3 座 2548 米、渠道 6323 米,土方总量 40 万立方米,总投资 1200 万元。

11 月 8 日,召开了中国共产党焦村镇第八届代表大会,选举产生了中国共产党焦村镇第八届党委员会,其中委员 11 名,书记 1 名,副书记 3 名;选举产生了中国共产党焦村镇第八届纪律检查委员会,书记 1 名、副书记 1 名。

是年,国家体委授予焦村镇"全国亿万农民健身活动先进乡(镇)";河南省民政厅授予焦村镇"全省村镇建设先进乡(镇)"。

1996 年

3 月 14 日,召开了焦村镇第九届人民代表大会第一次会议,选举产生人大主席 1 名,镇长 1 名,副镇长 4 名。

7 月至 9 月,焦村镇苹果受金纹细娥侵害,大面积果园重度受灾。

10 月 3 日,焦村镇辖区内的三门峡市灵宝园艺职业中等专业学校更名为灵宝市职业中等专业学校(简称"灵宝职专")。更名后学校隶属关系不变,性质不变。

11 月 11 日,全市开展向原焦村镇乔沟小学代课教师李雅玮学习活动,李雅伟生前十分热爱教育事业,曾被评为镇优秀教师;1992 年 12 月患白血病后,仍以惊人的毅力顽强拼搏在工作岗位上。同月 20 日,焦村镇二中民办教师屈吉瑞获曾宪梓教育基金会 1996 年三等奖。

12 月 28 日,根据灵宝市政府下发的《关于深化粮食流通体制改革实行两条线运行实施方案的通知》(灵政〔1996〕78 号),粮食流通体制进行改革,实行政策性业务和商业性经营两条线运作。

1997 年

2 月,焦村镇展开了创建"六好"党委和"五好"党支部活动。

3 月 19 日,召开了焦村镇第九届人民代表大会二次会议,选举产生人大主席 1 名,副主席 1 名,镇长 1 人。

4 月 30 日,在焦村镇南上村举行了城郊公园——娘娘山风景区首游式暨万人登山活动。

6 月 16 日,焦村镇遭受冰雹袭击,受灾面积大。同月 20 日,三门峡市广电局副局长刘瑞玲率三门峡市电视台、公共频道和灵宝、义马、卢氏、陕县、渑池等 7 家市、县电视台30多名记者,到焦村镇娘娘山(女郎山),开展为期两天的采风活动。

8月2日,中央电视台与河南省委宣传部、三门峡市委宣传部及焦村镇党委在乔沟村联合拍摄4集电视连续剧《如果有来生》;20日,电视剧《如果有来生》在焦村镇举行开机仪式,中宣部文化局局长助理张华山、中宣部文艺局理论处处长刘新风、省委宣传部副部长常有功等出席了开机仪式。

12月,灵宝职专首批毕业生38人到深圳特区就业。

是年,河南省信访局授予焦村镇"全省信访工作先进乡(镇)";焦村变电所被中共灵宝市委宣传部授予文明单位;共青团河南省委授予焦村镇果品公司张志强"全省农村青年星火带头人"。

1998年

3月19日,召开了焦村镇第九届人民代表大会第三次会议,选举产生镇长1人。

5月20日至23日,焦村镇降中到大雨,部分村庄降暴雨。这次降雨来势猛,持续时间长,给农作物造成一定损害。

7月24日,根据灵宝市委市政府指示,焦村镇农村土地延包工作全面展开。至9月20日,延包工作基本结束。

11月21日至30日,1998年度东莞名优特优质果品展示会在广东省东莞市举行。焦村镇参加展示会,红富士、秦冠苹果南下角逐,并摘取"中华名果"桂冠。

是年,国家体委授予焦村镇"全国群众体育活动先进乡(镇)";河南省文化厅授予焦村镇"全省民间艺术之乡(镇)"。

1999年

1月26日,召开了中国共产党焦村镇第八届代表大会第二次会议,选举产生了中国共产党焦村镇第八届党委员会,其中书记1名、副书记3名、委员11名;选举产生了中国共产党焦村镇第八届纪律检查委员会,书记1名、副书记1名。

2月3日,召开了焦村镇第十届人民代表大会,选举产生了第十届人大主席团成员7人,人大主席1人,副主席2人;选举产生了镇长1人,副镇长4人。

4月,焦村镇农村电网改造工程全面铺开。

是年,河南省文化厅授予焦村镇"全省科技文化先进乡(镇)";焦村镇被三门峡市委市政府授予"文明镇";巴娄村被三门峡市委市政府授予"文明村"。

2000 年

3 月 26 日下午，焦村镇砥石峪森林发生严重火灾，过火面积 33.33 公顷，其中油松 10 公顷。经公安机关侦查，为四川省一民工吸烟所为。

4 月 25 日，召开了焦村镇第十届人民代表大会二次会议。

6 月 8 日，《中国教育报》公布了首批国家级重点中等职业学校，灵宝职专榜上有名；21 日，焦村灵宝职专被确定为首批国家级重点职业学校。

7 月 27 日至 28 日，中共河南省纪委常委、监察厅副厅长董光锋、省监察厅综合室处长郭友安，在三门峡市委常委、纪委书记吴鸿凯及灵宝市委书记孙宗会到焦村镇焦村村进行“双基”工作调研。

11 月 10 日至 12 日，三门峡市农村党风廉政建设基层基础工作经验交流会在灵宝市电力宾馆召开，焦村镇在会上交流了经验。

是年，焦村镇获灵宝市目标考评先进单位；河南省妇联授予灵宝市妇联许淑霞（女，常卯村）“全省巾帼建国标兵”“三八红旗手”；三门峡市政府授予焦村村张长有“三门峡市四荒开发先进个人”。

2001 年

1 月 5 日，三门峡市领导焦家德、何德祥、李建顺、马仰峡在市领导孙宗会陪同下到焦村镇走访慰问了困难户、伤残军人和城镇低保对象。

2 月下旬，按照中央、省、市安排部署，焦村镇在全体党员干部中开展了“三个代表”重要思想学习教育活动。

3 月 31 日，召开焦村镇第十届人民代表大会三次会议，选举产生镇长 1 人。同月，《石瀑布》剧组在焦村镇南上村等处拍摄外景。

6 月 5 日，35 千伏焦村变电站获河南省电业局“2000 年度农网标准变电站”称号。

9 月 4 日至 12 日，焦村镇组织安排村支部书记赴浙江省考察学习。

12 月中旬，焦村镇焦村村张长有荣获“河南百名优秀农村科技致富带头人”称号。

是年，焦村镇在西章、秦村、辛庄、史村等村完成农村生态沼气应用，改修厕所，整修道路，硬化排水沟，举办培训班，有效改善了生态环境。据测算，每户年可节煤 418 公斤，节电 84 千瓦时，折算金额 125.6 元，年可获经济效益 16 万元。焦村镇经济能人王云龙兴办的九麟银杏开发公司，基地面积达到 200 公顷，并开发出了银杏保健茶，年产茶5000公斤,产品远销福建、天津等省(市)。310国道市区西出口改建工程开始。

2002年

2月17日,省体育局党组书记张振河,三门峡市副市长张君贵、市政府副秘书长刘志星、体育局局长张耀敏到焦村镇卯屯村颁发"全国群众体育先进单位"奖匾。春节期间,焦村镇卯屯村举办了第十届"园林杯"春节农民篮球赛,参赛32支球队300余名运动员;焦村镇东仓村举办了第二届"华冠杯"春节农民篮球赛,参赛34支球队350余名运动员。

3月21日至22日,三门峡市委常委、宣传部部长陈雪平,副部长何松林到焦村镇调研宣传工作;22日,市委书记王跃华到焦村镇检查第四届村民委员会换届选举和土地延包扫尾工作。

4月24日,三门峡市政协领导张兰印、韦守信、任新堂、李鸿滨、李琳、姚龙一行到焦村镇调研畜牧业发展情况。4月,焦村镇根据三门峡市委在全市开展的"三大工程"(头雁工程、先锋工程、形象工程)的指示,继续在全镇开展实施党员先锋工程。

5月4日至5日,市气象局利用有利天气,在焦村镇采取高炮增雨和火箭增雨两套方案,进行人工增雨作业。18日,召开中国共产党焦村镇第九次代表大会,选举产生了中国共产党焦村镇第九届党委员会,其中委员7名,书记1名,副书记3名;选举产生了中国共产党焦村镇第九届纪律检查委员会,书记1名、副书记1名。25日,召开了焦村镇第十一届人民代表大会,选举了第十一届人大主席团成员8人,人大主席团主席1人,副主席2人;选举镇长1人,副镇长4人。

7月,灵宝职专被国家教育部、劳动和社会保障部、经贸委授予全国职业教育先进单位。

9月29日,娘娘山风景区正式向游人开放。三门峡市旅游局局长张跃珍及灵宝市委书记王跃华等有关领导出席了开游仪式。市委书记王跃华为娘娘山名胜风景区揭牌。

当年,焦村镇进入三门峡市50强农业龙头企业的有焦村镇康英奶牛场、焦村镇杨家香菇示范场;焦村镇西章村沼气综合利用示范基地、焦村镇常青苗木繁育基地被列入2002年灵宝市农业科技示范基地名单。焦村镇列入全市200万袋以上的食用菌规模种植乡镇,杨家村、西常册村、南上村等村成为食用菌规模种植村。310国道市区西出口改建工程,全长1.8公里,完成投资1500万元,于10月底建成通车。焦村镇东仓村荣获“省千万农民健身活动先进单位”称号。在组织实施退耕还林工程建设中，主要推广应用生态经济林品种高效设施栽培技术，建设日光温室22个。灵宝市果品公司引进中国农大、山西农大科研成果，组织实施“三果”（工艺果、SOD果、富锌富钙多维营养果）生产试验，在焦村镇巴娄村建立了“三果”试验区。焦村镇卯屯村村民卯魁朝，投资30余万元，从浙江购进高速、光控、全自动制膜机，兴办燕飞膜袋厂，年内建成投产，日产量达30多万只，填补了灵宝苹果生产大市没有果袋生产厂家的空白。

2003年

1月20日，灵宝市委、市人大、市政府、市政协领导到焦村镇看望慰问贫困户。

2月6日，河南省体育局副局长刘世东在三门峡市领导昝武健、郭秀荣陪同下，到焦村镇西章村、卯屯村、东仓村和尹庄镇尹庄村调研农村体育工作。春节期间，焦村镇卯屯村举办第十一届“园林杯”春节农民篮球赛，参赛代表队32支，运动员320余名；焦村镇东仓村举办第四届“华冠杯”农民篮球赛，参赛代表队34支，运动员350余名，新华社、河南电视台、《河南日报》、《三门峡日报》等新闻单位和媒体对灵宝春节百万农民健身活动相继做了报道。

3月13日，灵宝市食用菌生产经验交流会在焦村镇召开。

4月30日，焦村镇根据灵宝市人民政府发布“非典”防治通告，决定在全镇范围内暂停各类集市、庙会、宗教集会等大型群众性活动及来自外地的商业展销、演出、比赛等活动，关闭辖区内所有歌舞厅、茶社、网吧、游戏厅、滑冰场等公共娱乐活动场所，暂停影院、剧院营业。同日，焦村镇向各行政村及各镇办下发灵宝市防治“非典”工作领导小组办公室印发《关于规范入境检查站、外出返镇人员管理有关问题的紧急通知》。

6月3日，召开焦村镇第十一届人民代表大会第二次会议，选举产生焦村镇镇长1人，焦村镇第十一届人民代表大会主席团主席1人。

7月3日，根据灵宝市政府指示，焦村镇对全镇黄金“三小”（小氰化、小混汞、小摇床）进行整顿，时间1个月。27日至28日，灵宝市气象局在焦村、朱阳、五亩等地进行防雹作业7次，发射防雹炮弹283发，全部炮点无冰雹出现。同月，焦村镇卯屯村争取到体育扶持资金13万元（其中省体育局10万元、三门峡市体育局3万元），帮助该村修建了一个总造价30万元，拥有3000个看台和一个标准化灯光球场的卯屯村群众体育活动中心。

8月，焦村镇杨家食用菌示范场成功培育出灵芝盆景并销往西安、洛阳等地。灵芝为名贵中药材,把它培育成盆景销售尚属首例。

9月15日,全灵宝市联办初中工作交流现场会在焦村镇第二初级中学召开。

10月13日,三门峡市“两抓一促”工作检查组一行3人,在三门峡市委宣传部副部长徐龙欣的带领下,到焦村镇检查“两抓一促”工程活动情况;26日,河南省文化厅厅长郭俊民,在中共三门峡市委常委、宣传部长李立江的陪同下,到焦村镇文化活动中心检查文化设施建设工作;28日,灵宝市焦村镇杨家村食用菌示范场顺利通过三门峡市农业龙头企业50强验收;同日,河南省质量技术监督管理局副局长陈学升到焦村镇杨家村食用菌示范场指导标准化生产工作;31日,灵宝市焦村镇工生市场落成剪彩。同日,灵宝市焦村镇农民科技文化体育活动中心竣工落成,并举行剪彩仪式。

11月8日,撤销焦村镇教育办公室,原镇教办正、副主任职务自行免去,同时设立焦村镇中心学校(简称“中心校”)。焦村镇教办主任任焦村镇中心学校校长。

12月10日,灵宝市市长王万鹏、副市长侯乐见到焦村镇就冬季造林、食用菌备料和果树冬管工作进行调研。同月,灵宝市教体局为焦村镇的西章小学、东仓小学、卯屯小学赠送小篮球架多副、羽毛球拍数10副,促进了农村小学体育活动的开展。

是年,焦村镇康英奶牛场、杨家香菇示范场进入灵宝市农业龙头企业50强。在2003年度灵宝市天然林保护工程中,焦村镇分别制作安装了大型宣传牌、线杆宣传牌、防火瞭望台及入山检查站。

2004年

1月,市政府将娘娘山广播电视发射台建设列为2004年为民所办的6件实事之一。同月,市编委行文确定市焦村职业中等专业学校和市第三高级中学为正科级单位。

2月27日,卯屯村科技文体活动中心建成竣工并举行剪彩仪式。当月,灵宝市药品监督管理局在焦村镇西章垃圾厂集中销毁一批假冒伪劣过期失散药品,共计284批次,标值28万余元。是月,在河南电视台“梨园春”节目幸福农家168抽奖活动中,焦村镇和函谷关镇、西阎乡3位农民喜获大奖,分别获得价值4998元的奔马牌农用机动三轮车一辆。

3月9日,召开了第十一届人民代表大会第三次会议,选举产生焦村镇第十一届人民代表大会主席团主席1人;同日,河南省水利厅组织有关专家对灵宝境内老天沟小流域坝系工程项目进行初步评审并提出改进意见。10月29日,老天沟小流域坝系工程开工建设。该工程位于焦村镇南部,涉及焦村村、常卯村等20个村,控制流域面积74

平方公里,分 4 年实施,计划新修、加固骨干淤地坝 9 座、中型淤地坝 18 座、小型淤地坝 16 座,项目总投资 1787 万元。项目建成后,将产生经济效益 5000 万元。

4 月 2 日,娘娘山广播电视发射台举行开工奠基仪式,该台设在娘娘庙,拟建房共 5 间 120 平方米,概算投资 150 万元;11 月 18 日,娘娘山广播电视发射台建成试播。同月 3 日至 4 日,国家林业局速生丰产林管理办公室副主任于宁楼博士和全国造纸审批专家组组长曹宪宾工程师考察了焦村镇西仓沟村速生林场。7 日,三门峡市 2004 年度体育工作会议在灵宝召开,三门峡市副市长乔心冰一行到焦村镇卯屯村检查指导乡镇群众性体育工作。

5 月 25 日,灵宝市青年培训就业服务中心在焦村镇一中成立。24 日,灵宝市召开创建特色学校经验交流会,焦村镇纪家庄小学作了交流发言;27 日,省教育厅厅长蒋笃运到焦村灵宝职专检查工作;31 日,河南省教育厅厅长蒋笃运在中共三门峡市委副书记、纪委书记郭秀荣陪同下到焦村镇灵宝职专检查农村义务教育工作。

6 月 16 日 18 时 04 分到 07 分,焦村镇的多个村庄遭遇冰雹,冰雹最大直径为 6 毫米至 20 毫米,降雨量 21. 2 毫米。

8 月 26 日,河南省人口与计划生育委员会正厅级巡视员刘襄燕到灵宝市焦村等乡镇"农村计生家庭小康工程示范点"检查少生快富和计划生育家庭小康工程建设工作。同月,由市委宣传部、市文化局联合主办的灵宝市"黄金股份杯"首届农民戏剧大赛拉开序幕,经决赛,焦村镇的《恋花梦》(许足平编剧)和程村镇的《果镇情》获一等奖。

9 月 21 日,三门峡市市长李文慧、副市长郭绍伟到焦村镇调研农村计划生育工作。

10 月 21 日,教育厅副厅长崔炳建到灵宝职专调研。

11 月 16 日,焦村镇常卯提水站建设工程启动。18 日,娘娘山广播电视发射台建设工程竣工并正式开播。30 日,三门峡市副市长乔心冰到老天沟流域坝系工程工地检查农田水利基本建设工作。

是年,在优化产业格局,巩固香菇主导品种生产规模的基础上,焦村镇成为食用菌类生产规模超 300 万袋的重点乡镇;焦村镇杨家村成为食用菌生产专业村。焦村镇扩大了食用菌示范场,使焦村镇食用菌示范场进入三门峡市农业龙头企业"20 强"行列。灵宝市果品开发总公司首次开展评选"十大名园"活动,采取镇镇初选申报,市果品开发总公司审核,最后经专家严格评选,确定命名了高标准苹果生产"十大名园",焦村镇罗家村李海生果园榜上有名。

2005 年

3 月 12 日,焦村镇召开了第十一届人民代表大会第四次会议。

4 月 18 日,娘娘山地质公园挂牌仪式和开工奠基仪式隆重举行。

7 月 7 日,窄口灌区末级渠系改造工程开工建设。项目区涉及焦村镇万渡、南上等 6 个村,工程概算总投资 300 万元。11 月,该项目竣工,改善灌溉面积 25.33 公顷。

8 月 24 日,市人大常委会组织部分人大代表到焦村镇视察抗震救灾和农村公路建设工作,市人大副主任王志勇、李志敏、张双虎参加了此次活动。

12 月,在中国食用菌协会举办的"2005 年度全国食用菌行业重大新闻、新闻人物及最具影响力品牌评选"活动中,市灵仙菌业有限责任公司总经理、焦村镇杨家食用菌示范场厂长杨建儒,以其"公司+基地+农户"的龙头企业运作模式,经网上公开投票、专家评审和中国食用菌协会审定,荣获"2005 年度全国食用菌行业十大新闻人物奖"。

是年,在农业信息化建设中,焦村镇建成了焦村信达果业信息服务站,信息服务站可通过农业信息网站发布编辑和整理的农业信息,增加网上销售。在食用菌产业化发展中,焦村镇食用菌类生产规模超过 400 万袋,成为灵宝市的重点乡镇,杨家村成为食用菌生产重点村。市窄口灌区管理局在焦村镇的马村、罗家、东仓、万渡、南上、塔底 6 个村成立了 6 个用水者协会,会员达到 5560 人。由灵宝市广播电台记者周敏撰写的广播专稿《哑女巧手"剪"出五彩梦》,先后荣获河南省好新闻三等奖,三门峡市好新闻二等奖。河南省人口计生委正厅级巡视员刘襄燕到杨家村调研少生快富和计划生育家庭小康工程建设工作;灵宝市农村计划生育家庭奖励扶助金首发仪式在焦村举行。秦村庞宝龙获全国残疾人田径锦标赛铅球和铁饼铜牌。

2006 年

1 月 1 日,焦村镇按照灵宝市委、市政府"自愿参加,多方筹资,以收定支,保障适度,大额为主,兼顾小额"的指示原则,全面启动新型农村合作医疗工作;18 日,焦村镇灵仙菌业有限责任公司总经理杨建儒荣获"2005 年度全国食用菌行业十大新闻人物"。

2 月 9 日,农历正月初一到十六,全市组织开展了以农民篮球赛为主的"希望田野百万农民健身"活动,各媒体记者先后到焦村镇等乡镇进行了现场采访。

3 月 2 日,光明日报社记者崔志坚专程到灵宝采访,先后采访了市体办主任吕随民、焦村镇卯屯村梁金牛,并到焦村镇卯屯村、武家山村,实地采访了农民篮球联赛。3

月20日，在光明日报5版发表了《三门峡：农村有了“NBA”》，对农村群众体育和农民篮球联赛活动进行了宣传报道；22日，省人大常委会农工委主任杨金亮，省供销社党组书记、理事会主任孙立坤，省供销社副主任王国锁一行6人，在三门峡市人大副主任亢伊生等陪同下，先后到焦村镇南安头综合服务社、焦村镇农贸市场等地检查工作。24日，召开了中国共产党焦村镇第十届代表大会，选举产生了中国共产党焦村镇第十届党委员会，其中委员7名，书记1名，副书记2名；选举产生了中国共产党焦村镇第十届纪律检查委员会，书记1名、副书记1名。当月，日本食用菌专家佐藤莫吉先后参观了焦村镇杨家、西常册等村的生产现场，并与市聘总技术员黄连生、杨建儒进行了技术交流。

4月1日，召开了第十一届人民代表大会第五次会议，选举产生焦村镇第十一届人民代表大会主席团副主席1人；选举产生了焦村镇出席灵宝市第十一届人大代表19人。14日，国家林业局林业总站站长、省林业厅副厅长一行到灵宝调研基层林站建设情况，调研组实地调研了焦村镇林站。

5月9日，市委书记王跃华，市委常委、统战部长吕根友先后到焦村镇美林木业有限公司调研民营企业及项目建设工作；10日，三门峡市副市长乔心冰到灵宝调研社会主义新农村建设情况，参观了焦村镇的沼气富民工程。

6月4日至7日，灵宝市在焦村镇的娘娘山槐树岭播区，进行飞播造林，造林树种为油松、侧柏、椿树。

8月6日，焦村镇沟东村杨仰溪经河南省民间文化传承人评选委员会审定批准，入选首批河南省民间文化杰出传承人行列。

9月20日，三门峡市食用菌生产现场会在灵宝市召开，与会人员首先参观了焦村镇杨家村、西常册村香菇示范场，副市长侯乐见作了经验介绍。

10月27日至28日，省农村公路建设检查组到焦村镇检查公路“村村通”工程和县镇公路改建工程。

12月13日，灵宝市召开“2006年度食用菌生产总结表彰大会”。会上，对焦村镇等8个食用菌生产先进乡镇进行了表彰。

是年，焦村镇利用“猪—沼—果”模式发展果业循环经济，成为果农又一全新增收节支途径。焦村镇的沟东、南上等村新建了高标准的文化大院，灵宝市推荐上报焦村镇为省级先进文化乡镇，焦村镇文化站为省级示范文化站，10月26日，经省专家组检查验收全部合格通过。河南省人口计生委主任孟宪臣到焦村镇南安头村检查计划生育优质服务工作和农村计划生育小康工程建设工作。

2007年

1月8日,中国民间文化遗产抢救工程重点项目——首批“中国民间文化杰出传承人”的调查、认定和命名工作全部结束,焦村镇沟东村纸扎艺人杨仰溪获“中国民间文化杰出传承人”称号。

2月28日,三门峡市市长级干部李建顺在灵宝市副市长侯乐见陪同下到焦村镇调研农村信用工程建设情况。

3月13日,河南省农业厅副厅长薛豫宛到灵宝市调研创汇农业发展情况和农民培训工作开展情况。同月,焦村镇农村义务教育阶段贫困学生“两免一补”(免费发放教科书、免杂费,补助困难寄宿生生活费)工作全面展开。

4月24日,召开了焦村镇第十二届人民代表大会第一次会议,选举产生了焦村镇人大主席团主席、副主席、主席团成员和人民政府镇长、副镇长。

5月30日,灵宝市城市西出口通过评审,城市西出口、北出口道路规划由省城市规划设计研究院设计,面积78公顷,通过道路规划,把焦村镇区与灵宝城区连成一片。

6月4日,“关爱灵宝十大环保人物”颁奖晚会在市金蕾幼儿园演播厅举行,焦村村党支部书记张长友获“关爱灵宝十大环保人物”称号。

7月28日,中国农科院农业经济研究所谢晓村教授、国家环保总局《绿叶》杂志社副社长柯岫博士,到焦村镇“猪—沼—果”循环农业生产模式村参观考察。

9月,2007年国家农业综合开发土地治理项目在焦村镇开工实施。该项目位于焦村镇境内,涉及南上、巴娄、贝子原3个村,总投资337万元,其中财政资金239万元,群众自筹98万元,治理内容包括农业措施、林业措施、水利措施、科技措施4个方面。14日,灵宝市2005年秋季义务教育“两免一补”资金发放仪式在焦村一中举行,市委副书记、常务副市长高永瑞等出席仪式;27日至29日,焦村镇工艺品、娘娘山等推介项目,参加了在郑州举办的首届中原国际文化产业博览会。

10月22日,灵宝市被三门峡市政府授予2006年度农田水利基本建设“红旗渠精神杯”竞赛奖杯,焦村镇获竞赛奖牌。同月30日,焦村镇灵宝市灵仙菌业有限责任公司生产的“灵珍”牌黑木耳被省农业厅评为河南省名牌农产品。

12月7日至8日,河南省政府督导组一行在市长助理马保民陪同下,到焦村镇检查农村沼气建设、饮水安全工程、倒房重建和五保户集中供养等重点工作;19日,首届“三门峡市特色文化产业村镇”评选活动揭晓,焦村镇被评为“三门峡市特色文化产业镇”;焦村镇杨家村被评为“三门峡市特色文化产业村”。当月,焦村镇被命名为市级特色文化产业镇;杨家村被命名为市级特色文化村。

是年,杨家村文化大院被评为三门峡市“三星级”文化大院。乡观村沼气建设被评为灵宝市标准高、辐射力强、综合效益好的精品工程,以“猪—沼—果”为模式的生态沼气工程得到迅速推广,形成了鲜明的区域特色,乡观村养猪专业村、西章村良种肉鸡示范厂成为灵宝市规模养殖场。三门峡计生协会会长赵军宝到南安头村小康工程示范园调研计生协会及小康工程工作开展情况。秦村庞宝龙获全国第七届残疾人运动会铅球第二名。

2008 年

2 月,焦村镇卯屯村的第十六届“园林杯”农民篮球赛、东仓村的第八届“华冠杯”农民篮球赛、万渡村的第四届“飞达杯”农民篮球邀请赛相继举行,参赛队都在 25 支以上,吸引了十里八镇群众的竞相观看。另外,焦村镇武家山村的拔河、双升赛,卯屯村的乒乓球邀请赛,参赛者年龄最小的只有 5 岁,年龄最大的已 68 岁。20 日至 22 日,中央电视台记者李林涛等 4 人,对灵宝市焦村镇沟东村剪纸、尹庄镇西车村皮影和阳平镇程村猴鼓进行了拍摄报道。

3 月 26 日,召开了焦村镇第十二届人民代表大会第二次会议,选举产生了焦村镇镇长。

4 月,焦村镇杨家村行政村被授予“十佳科技示范村”称号。29 日,三门峡市供销社在灵宝市召开农村社区服务中心暨农村专业协会建设工作交流会,来自三门峡市各县(市、区)供销社负责人参加了会议,并参观了焦村镇南安头村社区服务中心和焦村果树技术协会;同月,娘娘山小秦岭地质公园被命名为“首批河南省国土资源科普基地”。

5 月下旬“六一”前夕,市关工委领导孙自义、郭文峰、武甲章、王龙水、张英、崔岷等分组到焦村镇辛庄村小学、卯屯小学开展“六一”节日慰问活动,向师生们送去了节日的祝福,并为学校赠送了篮球、足球、乒乓球、羽毛球、跳绳、地球仪等文体用品和慰问金。

6 月,从三门峡市体育局申请到价值 13 万元的体育健身器材,在焦村镇的杨家村和东仓村修建了“健身路径”6 条。

8 月 19 日,灵宝建材大市场在焦村镇开工奠基。该市场占地面积 17.33 公顷,规划设计1200个商铺，总建筑面积约15万平方米，总投资2.6亿元。该市场是集建材、装潢材料、五金、机电等为主的大型综合专业市场。

9月，焦村镇荣获“中国优质苹果生产基地百强镇”称号。此次评选活动由中国果品流通协会组织，河南省共有5个乡镇当选。9日至11日，由中国果品流通协会举办，在陕西渭南召开以“展示名优果品，促进苹果销售，推动果业发展，增加农民收入”为主题的“2008中国苹果年会暨陕西苹果节”大会上，焦村镇荣获“中国优质苹果基地百强镇”称号。

10月10日，教体局在朱阳镇召开全市“惜时增效、轻负高效”教育教学工作现场会，焦村镇中心小学等4个单位在会上做了经验交流。21日，2008年河南省农民体育健身工程体育器材发放仪式在市人民广场举行。焦村镇等11个乡镇的25个村的群众领取了篮球架、乒乓球台案等价值71万元的体育器材。同月，第二届中国郑州农业博览会在郑州国际会展中心闭幕。焦村镇的灵芝盆景和食用菌参展。

12月2日，三门峡市正市级领导李建顺带领农业局、畜牧局负责人到灵宝市就农村土地承包经营权流转和生态环保养猪情况进行调研。李建顺一行先后考察了以土地出租形式的焦村镇信达果业有限责任公司。同时，李建顺还到焦村镇乡观村和东仓村，察看了生态环保养猪的圈舍和养殖情况。1日至3日，灵宝市“金源晨光杯”第二届农民果树技术比武大赛在焦村镇杨家村举行，来自全市15个乡镇的17支代表队约100人参加比赛，并吸引了周围果农300余人前来观看学习；4日，三门峡市果业工作现场会在灵宝市召开，焦村镇杨家村等10个果园被授予“三门峡市无公害苹果标准化生产示范园”。同月，焦村一小等全市32所农村中小学成为三门峡市农村中小学现代远程教育资源应用示范学校。

是年，焦村司法所为国家投资20亿元的重点项目“背靠背换流站”建设工程提供服务，促进了该工程在焦村镇辖区内的顺利实施。

2009年

2月2日至8日，“促和谐、奔小康”2009年河南省“奇胜杯”第七届农民篮球赛暨河南省万村千镇农民篮球北部赛区总决赛分别在焦村镇东村、市体育馆、五亩镇项城村举行。19日，焦村镇宇马选矿设备制造项目开工。宇马选矿设备制造项目是焦村镇2009年确定的重点工业项目，该项目占地2公顷，总投资6686万元，其中固定资产投资5186万元，设计年产选矿设备1000套，年实现产值6120万元，利税1530万元，安排就业人员 300 人。

3 月 17 日，三门峡市人大常委会副主任张高登到灵宝市调研畜牧业发展情况，参观了焦村镇东仓村科兴生态养猪场，并听取了有关情况汇报。23 日，2009 年灵宝市春季文化科技卫生“三下镇”集中服务活动在焦村镇卯屯村启动。市委宣传部、文明办、园艺局、畜牧局、广电局、卫生局、司法局、计生委、科协、文联等单位参加了此次活动。

4 月 1 日，河南省水利厅厅长王仕尧到焦村镇焦村倒虹明埋段工程检查建设情况。2 日，召开了焦村镇第十二届人民代表大会第三次会议。

5 月 19 日，河南省体育局局长韩世英在三门峡市政协副主席、三门峡市体育局局长张景林到万渡村考察农村体育和体育设施建设情况。

6 月 19 日，朝鲜民主主义人民共和国苹果总局副局长李柳真 3 人在国家农业部国际交流中心副处长林罗庚、河南省农业厅外经外事处处长凌中南等的陪同下，到灵宝市考察苹果生产工作。李柳真先后实地考察了焦村镇的优质葡萄生产基地等 8 个标准化苹果管理示范园。

7 月中旬，焦村镇西常册村菇农李永奇从福建引进利用窑洞、果库栽培的茶树菇鲜品上市，这是灵宝市第一个由菇农直接引进的菌品，为灵宝市菌业和百姓餐桌又添新品。

8 月 12 日，三门峡市村级组织推广“4+2”工作法现场会在灵宝市召开。三门峡市领导李文慧、李建顺、赵予辉及灵宝市领导吕均平、任晓云等出席会议。与会人员到焦村镇焦村村实地观摩学习，焦村镇介绍了做法和经验。8 月 15 日至 16 日，中国食用菌协会常务副会长陆解人，副会长姜宝忠、焦长根，副秘书长刘素梅等领导一行 6 人，到灵宝市部分乡镇调研考察食用菌产业发展情况，实地考察了焦村镇香菇标准化示范园。

10 月 5 日，来自北京、河北、山东、浙江、江苏、武汉等全国各地大中城市的 35 位老知青，返回 20 世纪 70 年代曾经生活战斗过的地方——焦村镇常卯村，与第二故乡人民“忆当年、看变化、了心愿”。为欢迎这次知青返村活动，常卯村专门组织了锣鼓队和秧歌队，村民们用传统古朴、热烈隆重的方式迎接知青们的到来。10 月 16 日，有豫西“民间萨马兰奇”之称的焦村镇卯屯村农民梁金牛在山东省济南市全国群众体育先进单位和先进个人代表、全国体育系统先进集体和先进工作者代表表彰大会上，受到中共中央总书记、国家主席、中央军委主席胡锦涛接见。同时，梁金牛还作为特邀代表之一，观摩了第十一届全运会赛事；22 日，三门峡市委书记李文慧到焦村一中调研学习实践科学发展观活动。

是年,农村沼气建设中,焦村镇姚家城成为全市标准高、辐射力强的精品工程。焦村西章良种肉鸡示范场、焦村镇乡观养猪专业村、康英奶牛场成为全市具有规模养殖场。市财政拿出100万元专项奖补资金重点扶持基地建设,扶持单位有焦村镇灵仙公司香菇标准化生产科技示范园。全市食用菌产业化发展进程规模最大的焦村镇超过800万袋,规模最大的杨家村已超过80万袋。秦村庞宝龙获河南省残疾人运动会铅球第一名。

2010年

2月3日,三门峡市人大主任赵继祥、副主任王铁创一行3人及灵宝市领导吕均平、胡冠慈、冯俊珍、刘鸿远到灵宝市焦村镇走访慰问孤寡老人、困难户、困难职工和部队官兵。

3月1日至3日,由三门峡市体育局、文明办、农业局主办的2010年春节"促和谐、奔小康"三门峡市第四届农民篮球赛在焦村镇东村村举行。28日,召开焦村镇第十二届人民代表大会第四次会议,选举焦村镇镇长1人。

4月2日,三门峡军分区参谋长张洪标在市委常委,市人武部政委李凤堂、市人武部部长王宏伟陪同下到市人武部检查民兵基础设备存储情况,并到焦村镇对民兵预备役部队的组织整顿、武器装备、人员编制落实情况进行检查点验。

7月23日21时至24日,焦村镇发生强降水,遭遇历史罕见的特大暴雨,镇降雨量147.9毫米,一小时最大降雨量达到57.5毫米,超历史极限。部分道路塌陷或冲毁,致使交通、电力通信中断。大面积农作物被淹,灾害损失严重。

8月25日,三门峡市政府副市长张建峰到焦村镇卯屯村受灾群众家中察看灾情和了解房屋重建情况。

11月2日至3日,市人大常委会组织部分人大代表视察灵宝市十件实事及重点项目进展情况。人大代表先后查看了焦村镇纪家庄灌区倒虹吸工程等15个具体工程项目,并听取了市政府关于十件实事和重点项目建设进展情况汇报。

12月6日,市委副书记、市长乔长青,副市长王宝炜、曹丽华深入焦村镇的灵宝职专、华苑职高等学校调研工作。

2011年

2月26日,省委书记、省人大常委会主任卢展工到焦村镇杨家村食用菌示范场调研。

3月至9月，市科协在全市组织开展了“灵宝市十大科普人物”评选活动。杨家村杨建儒榜上有名；焦村村李宗文被命名为“灵宝市科普带头人”。15日，省科协副主席梁留科带领省“三创一带”活动检查组到焦村镇杨家食用菌生产示范基地对灵宝市创建全国科普示范市工作进行检查验收。19日，召开了焦村镇第十二届人民代表大会第五次会议，选举产生了焦村镇人大主席团副主席1人。

4月24日，召开了中国共产党焦村镇第十一届代表大会，选举产生了中国共产党焦村镇第十一届党委员会委员，其中委员7名，书记1名，副书记2名；选举产生了中国共产党焦村镇第十一届纪律检查委员，其中委员5名，书记1名，副书记1名；选举产生了出席中共灵宝市第十届代表大会代表24名。

8月19日，河南小秦岭国家地质公园建设开工仪式在灵宝市娘娘山风景区举行。河南省国土资源厅地质环境处处长饶维智，灵宝市委常委、宣传部长杨海让，市人大常委会副主任成居胜，市政府副市长朱振华，市政协副主席马保民等出席开工仪式。按照总体规划设计，分河南之巅、娘娘山、黄河湿地及黄土地貌三大园区，涵盖亚武山、汉山、老鸦岔、娘娘山、函谷关和鼎湖湾六大景区。

10月10日至12日，陕西省延安市果树试验场研究员陈新宝和陕西永泰生物工程有限公司总经理赵福泰应邀到灵宝市传授果树管理技术。两位专家到焦村镇区果园现场操作示范，讲解技术要领，传授果树管理技术，并对果农进行了果树技术培训。

12月18日，三门峡正市级领导李建顺到焦村镇南安头村红提果园等处检查指导果品产业种植和销售工作。

是年，在农村沼气建设中，焦村镇姚家城村成为灵宝市农村沼气建设标准高、辐射力强的精品工程。在畜牧业生产中，焦村镇乡观养猪专业村、焦村西章良种肉鸡示范场、东村康英奶牛场成为全市具有规模化生产的专业村，焦村生猪外调中心的生猪销售企业也成绩卓著。在灵宝市食用菌产业化发展中，焦村镇规模达到1200多万袋，起到了模范带动作用。三门峡人口计生委到焦村镇调研乡所建设；河南省人口计生委主任一行到焦村镇检查药具工作；灵宝市计划生育家庭居家养老首发仪式在焦村举行；灵宝市乡所项目建设现场会在焦村召开。秦村庞宝龙获全国第八届残疾人运动会F42级铅球亚军、男子F42级铁饼第五名，并荣获“体育道德风尚奖”。

2012 年

3月5日,河南省大型灌区改革发展调研组一行3人对灵宝市窄口水务局工程建设情况进行调研。调研组一行先后察看了焦村倒虹吸工程、信达公司的节水灌溉项目和窄口灌区总干渠。29日,召开了焦村镇第十三届人民代表大会第一次会议,选举产生了焦村镇人大主席团主席、主席团成员;选举产生了焦村镇镇长、副镇长。

6月7日,市委常委、政法委书记胡家群到"万名干部进农家"活动联系点焦村镇姚家城村调研,了解该村经济社会发展情况,帮助村民解决难题。

是年,完成了东仓至巴娄段公路改建工程。起点位于焦村镇东仓村,止于巴娄村。全长9公里,总投资311万元。按四级标准公路设计,路基宽6.5米,路面宽5米,6月开工,8月完工。灵宝市创国优先进交流现场会在焦村召开;国优验收组到焦村计生服务中心及万渡村验收创国优工作。

2013 年

1月11日,镇领导参加灵宝市召开的"除火患、保平安"冬春专项行动部署会。焦村镇从即日起至3月16日,在镇区开展了"除火患、保平安"冬春专项行动。16日,灵宝市老干部咨询团30余人,到焦村镇鑫联果业食用菌大棚地进行了实地察看。同日,灵宝市委常委、政法委书记胡家群深入"万名干部进农家"活动联系点焦村镇姚家城村走访慰问贫困户。21日,灵宝市委副书记、宣传部部长杨海让到焦村镇看望正在为元宵节社火表演紧张排练的群众。22日,灵宝四大班子领导及民政局、计生委负责人到焦村镇敬老院走访慰问孤寡老人;到东常册村走访慰问老党员、困难户、计生户。24日,焦村镇参观了《美丽灵宝》大型社火表演。此次社火表演焦村镇有20个行政村与单位共1000余人参加。

2月26日至3月1日在焦村镇东村村体育中心举行河南省第二届万村千乡农民篮球南北争霸赛,参赛范围是在河南省第五届万村千乡农民篮球总决赛南、北赛区中取得前三名的代表队。

3月12日,灵宝市委书记乔长青到焦村镇张家山村生态造林工地现场,实地察看生态造林工作,副市长李赞鹏陪同。15日,焦村镇召开了镇第十三届人民代表大会二次会议。共有74名正式代表、32名列席代表参加了此次会议。会议通过了《政府工作报告、决议》《人大主席团报告、决议》和《财政预决算报告、决议》。28日,灵宝市委书记乔长青、副市长李赞鹏到焦村镇杨家村调研，实地查看了杨家村的食用菌生产基地、新农村社区建设、文化大院，召开了座谈会。同月，灵宝市小秦岭国家级地质公园被国土资源部下文批复，正式命名为“河南小秦岭国家地质公园”。

4 月 12 日，灵宝市弘农书院在焦村镇罗家村揭牌。中国人民大学农业与农村发展学院院长温铁军，中国农业大学人文与发展学院副教授、中国农业大学农民问题研究所副所长、开封市市长助理、兰考县委常委何慧丽，三门峡市人大常委会原主任余文华，原副主任宋育文，三门峡市原政协副主席杨书忠出席揭牌仪式。22 日，由缅甸联邦共和国企业家组成的机械设备考察团到焦村镇新联菌业进行食用菌生产考察，副市长孙会方陪同。

5 月 17 日，小秦岭国家地质公园揭牌开园仪式在焦村镇娘娘山景区广场隆重举行，这是三门峡市首家国家级地质公园。18 日，灵宝市阳光国际温泉山庄建成并开始试营业，成为焦村镇乃至灵宝市旅游业发展新的主力军。同月，由焦村镇党委、镇政府邀请专家和抽调专人负责制作的《魅力焦村》画册初稿已完成，共选取照片 100 多幅，宣传、展现了焦村镇的自然风光、人文景观、民风民俗、风土人情、和谐的社会主义新农村的精神面貌。画册集中体现了以打造城市西花园为突破口，以娘娘山景区为龙头，辐射带动灵宝市风情园、阳光山庄、卯屯排骨宴等特色餐饮蓬勃发展；同时还在坪村水库、常卯水库、滑底水库开展了休闲垂钓游；在南安头葡萄基地、辛庄水果大棚、马村樱桃沟开辟观光采摘游。

6 月 7 日，河南省综治委副主任崔新芳深入焦村镇调研社会治安综合治理工作。三门峡市委常委、政法委书记易树学，市委常委、政法委书记胡家群陪同。

7 月 14 日，三门峡市水利局李国祥局长到焦村镇检查淤地坝运行情况及防汛情况。17 日，三门峡市政法委副书记汤立明到焦村镇万渡村社会管理服务中心调研跨村连片调解机制。18 日，焦村镇娘娘山景区长青山居酒店开门营业，这是灵宝市首家景区内的旅游度假酒店，拥有客房 100 间，大、中、小型会议室 3 个，餐厅可同时容纳 300 人就餐。24 日，义马市特色农业考察团到焦村镇西常册村鑫联菌业考察食用菌生产工作。25 日，三门峡市政法委书记易树学到焦村镇万渡村社会管理服务中心调研跨村连片调解机制。

8 月 7 日，灵宝市新农村建设暨农村环境卫生管理现场会在焦村镇召开。与会人员先后参观了罗家村村容村貌及环境卫生整治工作、杨家村文化大院及新农村建设情况。12 日，灵宝市领导杨海让、杭建民到焦村镇调研“大旅游”工作开展情况，先后深入到娘娘山景区民俗特产展厅、小秦岭地质博物馆、石瀑布景区进行实地查看。21日,三门峡市法制科崔巧霞,到焦村镇计生办调研法制工作。22日,三门峡流动人口科关世峰,到焦村镇张家山村调研流动人口工作。23日,灵宝市委书记乔长青,市委副书记杨海让,市委常委、市委办公室主任吴英民,到娘娘山景区调研。同日,陕县计生委主任南金燕、协会会长张成锁,到焦村镇计生办观看创国优资料。30日,“魅力焦村”文化篝火晚会在娘娘山景区广场举行。此次篝火晚会由焦村镇党委、政府主办,焦村镇各单位、企业员工200余人参与。

9月4日,河南省歌舞演艺集团到焦村镇开展“舞台艺术送农民”下乡演出活动。

10月4日,河南省人口计生委巡视员薛勤功到焦村镇万渡村督导计生工作。

11月8日,三门峡市人大常委会副秘书长宋中奎到焦村镇调研“双联双争三个一”活动开展情况,宋中奎听取了焦村镇活动开展情况汇报,并就如何更好地开展“双联双争三个一”活动提出了建议。24日,三门峡市计生检查组到焦村镇常卯村对2013年计生工作进行检查。

12月初,农业部“美丽乡村”创建试点乡村名单公布,焦村镇杨家村入选。三门峡市仅有3个村入选。12日,三门峡市正市级领导李建顺到焦村镇杨家村调研美丽乡村建设工作,李建顺实地察看了美丽乡村建设情况,详细了解存在的困难和问题,探索推进美丽乡村建设的有效举措。

当年,国家卫计委信息司王江波到焦村调研人口计生工作。沟东村入选河南省“传统村落”名录(2012年9月,经国家传统村落保护和发展专家委员会第一次会议决定,将习惯称谓“古村落”改为“传统村落”。传统村落的精神遗产中,不仅包括各类“非遗”,还有大量独特的历史记忆、宗族传衍、俚语方言、乡约乡规、生产方式等。)。

2014年

1月13日,灵宝市委常委、政法委书记胡家群到焦村镇调研科技防控工作,并到结对帮扶村焦村镇姚家城村进行走访慰问。同月,河南省环保厅授予万渡村“省级生态村”称号。

2月11日,2014年“促和谐、奔小康”河南省第六届万村千乡农民篮球总决赛暨河南省第十二届春节农民篮球赛(北部赛区)开幕仪式在焦村镇东村村举行。13日,2014年“促和谐、奔小康”河南省第六届万村千乡农民篮球总决赛暨河南省第十二届春节农民篮球赛(北部赛区)圆满结束,闭幕式在焦村镇东村村举行。三门峡市政协副主席、体育局局长张景林，灵宝市副市长孙会方，市政协副主席黑素妮等出席闭幕式。

3月6日，焦村镇召开第十三届人民代表大会第三次会议，共有72名正式代表，33名列席代表参加了会议。会议审议通过了《政府工作报告》《人大主席团工作报告》《财政预决算报告》，选举张琳凡同志为焦村镇第十三届人民代表大会主席团副主席。5日，三门峡市政协副主席姚龙带领部分政协委员到灵宝市就农村卫生室建设工作进行专题调研。调研组到焦村镇焦村卫生室进行实地调研，并开展"关于农村卫生室建设现状的问卷调查"。22日，灵宝市新农合慢性病及特殊病种门诊补偿工作正式启动，并对焦村镇各村村民慢性病及特殊病种门诊补偿不设起付线。

4月17日，由市委宣传部、市文明办组织开展的"科技、文化、卫生"集中服务活动在焦村镇南上村拉开序幕。市领导李万征、李东风、朱振华出席启动仪式。

5月15日，河南省科协主席霍金花到灵宝市调研。霍金花参观了焦村信达生态园。希望继续坚持科技协作，主动发挥优势作用，把科普工作与全市农村工作紧密结合起来，进一步提高标准，努力将日常的科学技术普及和推广工作转化成为全民性、经常性、社会性的自觉行动，以全民文化素养的新提高、科学理念的新提升、投身科普事业的新行动，作为推进富民强市、富民强省的新举措。21日，杨建儒先进事迹巡回报告会的首场报告会在焦村镇举行。

6月5日，三门峡市正市级领导李建顺，副市长牛兰英带领市农业局、市委农办负责同志深入焦村镇督导美丽乡村建设工作。李建顺、牛兰英先后到美丽乡村示范村焦村镇杨家村、罗家村，察看美丽乡村建设和村容村貌整治情况。19日，灵宝市领导、焦村籍在外工作人员共19人参加了焦村镇产业布局和发展规划座谈会，与会人员针对焦村镇镇情畅谈发展远景，共商发展大计。

7月17日，河南省人大常委会农工委调研组到灵宝市调研农田水利基本建设情况。调研组到焦村镇西章水库现场实地察看。21日，北京汇源饮料食品集团有限公司董事长朱新礼到焦村镇辛庄村的信达果业了解了基地的物联网产业发展情况。

8月14日，河南省第二批传统村落名录公布，焦村镇南上村榜上有名。

9月2日，灵宝市委副书记杨海让到焦村镇鑫联菌业就食用菌产业发展情况进行调研。30日，焦村镇组织班子成员、全体机关干部、各村支部书记和群众代表200余人，在姚家城村烈士陵园举行烈士纪念日活动，向烈士敬献了花篮，缅怀37位革命烈士的丰功伟绩。

10月28日，灵宝市委副书记、市长杨彤，市政府党组成员樊革民到焦村镇华新奥墙材李家山砖厂,调研职能部门联系帮扶重点工业企业活动开展情况。

是年,秦村庞宝龙获全国残疾人田径锦标赛铅球第二名;同时在河南省第六届残疾人运动会上被聘为田径项目裁判。

2015年

2月13日,召开了中国共产党焦村镇第十一届代表大会第二次会议。

3月3日,三门峡市人口计生委正县级干部张政民,财务科长杨太发到焦村镇调研社会抚养费征收工作。12日,灵宝市正市级领导徐端业到沟东村调研秋季生殖健康进家庭优质服务活动。

4月21日,河南省卫生和计划生育委员会党组成员、巡视员薛勤功到焦村镇调研春季生殖健康进家庭优质服务活动和计划生育基层基础建设工作。

6月13日,焦村镇旅游产品娘娘山推介会在娘娘山景区长青山居举行,灵宝市旅游局副局长李朝晖等出席会议,《东方今报》《河南法制报》《商都网》《乐分网》《济源论坛》等新闻媒体,济源亚泰国际旅行社及焦村镇旅游企业代表参与了推介会。15日,娘娘山景区提升改造总体规划第五次论证会在长青山居召开,论证会主要对河南财经大学旅游与会展学院制订的提升改造总体规划方案进行再次论证,为娘娘山景区整体提升奠定基础。三门峡市旅游局领导张秀丽、市政府党组成员杭建民、市旅游局局长纪向东等领导及部分专家学者出席会议。

7月8日,三门峡市人口计生委正县级干部张政民到焦村镇审计社会抚养费征收管理情况。9日上午,副市长、焦村镇高标准基本农田项目建设指挥部指挥长王高风带领市政府办、国土资源局等相关负责人来到焦村镇高标准基本农田整治项目现场检查指导,并进行现场办公。13日,召开了焦村镇第十三届人民代表大会第四次会议,选举了镇人大主席团主席、副主席和镇长。25日,焦村镇召开第十三届人民代表大会第四次会议,镇人大主席团成员、人大代表、列席代表等100余人参加会议。

8月6日上午,灵宝市畜牧局局长蔡雪高一行3人深入到焦村镇沟东村调研项目建设工作。同日,三门峡市教体局局长聂红超、调研员高金明到焦村镇调研教学工作及学生暑期安全工作。同日,三门峡市人大常委会副主任张朝红到焦村镇调研基层人大建设工作。市、镇两级部分人大代表参加座谈会。13日,市人大副主任贺锁立深入焦村镇调研农村卫生医疗工作,30余人参加座谈会。18日,河南省供销合作总社副主任王国锁莅临焦村镇调研指导农村综合服务体系建设工作。

9月10日，三门峡市人口计生委副主任薛孟生到焦村镇杨家村对秋季生殖健康进家庭优质服务活动进行督导检查。15日，三门峡市政协副主席姚龙莅临焦村镇检查指导地震监测点建设情况，副市长朱振华等陪同。同日，正市级干部徐端业带领市改善人居环境工作推进会参会人员走进焦村镇辛庄村，实地观摩美丽乡村及人居环境建设成效。各乡镇乡镇长、美丽乡村负责人、部分美丽乡村示范村和卫生环境整治达标村书记共120余人参与观摩。16日，市委常委、政法委书记胡家群到焦村镇检查指导平安建设工作。18日，三门峡市副市长牛兰英带领观摩团走进焦村镇西常册村，实地参观"双学双比""巾帼建功"活动开展情况。三门峡市"双协领导小组"成员、各县市区妇联主席、灵宝市各单位主管妇联副职等150余人参与观摩。25日，河南省文化厅公共文化处处长张德祥、省文化厅计财处副处长王长俊、省文化艺术研究院助理研究员祁志潇等10余人，莅临焦村镇检查公共文化服务系统建设情况，灵宝市文广新局局长焦林林、镇党委书记索磊等领导陪同。同日，河南省文化厅公共文化处处长张德祥、文化厅计财处副处长王长俊、省文化艺术研究院助理研究员祁志潇等10余人，莅临焦村镇检查公共文化服务系统建设情况，检查组到焦村文化站、杨家村及马村文化大院检查建设情况、档案资料等工作情况。

10月21日重阳佳节，河南省第五届"三山同登"群众登山健身活动在娘娘山景区隆重举行。22日，山西临汾永宁县人大常委会组织部分常委会组成人员、县人大代表及农工委等有关人员，到焦村镇杨家村参观考察美丽乡村建设。同日，三门峡市委办公室副调研员徐博敏带领市委政研室、市委防范处理邪教办公室等领导，到焦村镇就基层宗教情况进行专题调研。29日，三门峡计生委副县级调研员朱瑞阳到罗家村、南安头村调研协会村民自治工作。

同年，东村村入选河南省"传统村落"名录。秦村庞宝龙获世界残疾人田径锦标赛男子F42级铅球第五名。

2016年

2月26日，焦村镇举办果品社会化科技服务体系及老果园改造工作推进会，提高果树果品生产质量。各片片长、本镇全体机关干部、包村干部、各村党支部书记及果树种植生产先进户共130余人参加。

3月17日，召开了焦村镇第十三届人民代表大会第五次会议。

5月15日，来自郑州大学二附院心血管外科主任赵根尚教授来到灵宝市焦村镇，进行心血管病疑难杂症、常见慢性病义诊,并为群众进行健康体检、健康科普宣传。31日,召开了中国共产党焦村镇第十二次代表大会,选举产生了中共焦村镇第十二届委员会委员;选举产生了新的中共焦村镇纪律检查委员会委员;选举产生了出席中共灵宝市第十二次代表大会代表。

7月18日,河南省委巡视组穆煜山到焦村镇杨家村食用菌生产基地进行视察。

8月16日,三门峡市扶贫办副主任吴琳等5人,到焦村镇南安头村调研农村集体经济发展情况。来到南安头村,在村部与镇村两级干部召开了座谈会,听取了村干部对农村集体经济产业情况的汇报,详细询问了村报账员村集体经济各项指标情况,并做好归档记录,听取了镇相关人员对农村集体经济发展的意见和建议。19日,中欧非高级发展项目夏令营活动座谈会在焦村镇4A级景区娘娘山景区召开。灵宝市副市长杜元恒,旅游局、文广新局、部分乡镇等部门主管领导等参加了座谈会。

9月6日,三门峡市第三巡察组组长曲振群、副组长结峥峥到焦村镇督导检查巡察工作,灵宝市委巡察工作领导小组成员、市委巡察办主任张永军参加会议。9日,河南省气象局党组书记、局长赵国强到灵宝市调研指导气象现代化建设工作,到位于焦村镇南安头村的气象观测站进行察看,详细了解观测站规划建设运行情况。同日,焦村镇召开专题座谈会,庆祝第32个教师节。会议对全镇2015—2016学年度工作进行回顾总结,对教育战线涌现出来的先进单位和先进个人进行了表彰,优秀教师代表、先进单位和幼儿园代表分别进行发言,并为教育事业发展建言献策。27日,灵宝市招商引资工作推进会在焦村镇召开。29日,灵宝市教体局王建波,民政局苏占谋,妇联、共青团市委负责人等到焦村镇辛庄阳光双语幼儿园检查指导工作。

10月4日至5日,灵宝市委副书记、市长何军,市长级干部徐端业到焦村镇调研旅游业发展情况,察看了娘娘山盘山公路建设、景点开发情况等。15日,焦村镇举办脱贫攻坚知识竞赛,镇班子成员、驻村第一书记、驻村工作队、机关干部及省级贫困村代表等参加。经过三轮激烈角逐,灵宝市窄口水务局代表队荣获一等奖,尚庄村、姚家城村代表队分别获得二等奖,人社局、供销社及机关代表队获得三等奖。

12月,杨娟调任焦村镇党委书记、人大主席。

同年,秦村庞宝龙获IPC国际田径大奖赛铅球第二名。

2017年

1月10日,焦村镇召开2017年第一期党性教育大讲堂,镇班子成员、各村支部书记、组织委员、选民登记员、全体机关干部共计150余人参加。14日，市委常委、市委办主任李玉林一行到焦村镇姚家城村走访慰问困难群众，把党和政府的关怀和温暖及时送到困难群众手中。

3月16日，焦村镇第十四届人民代表大会第一次会议召开。杨娟当选为焦村镇第十四届人大主席；张琳凡当选为焦村镇第十四届镇长。21日，灵宝市市委书记一行20余人到罗家村做调研，察看罗家村的5个点：弘农堂、弘农书院、灵宝市现代矮砧苹果示范园、灵宝温氏禽业有限公司、弘农沃土农牧业专业合作社。

4月30日，焦村镇召开贯彻落实市两会精神暨脱贫攻坚整改工作动员会。镇全体班子成员及机关干部、各村支部书记、市帮扶工作队、驻村第一书记等参加会议，会议由镇党委副书记、人大副主席康廷献主持，并对脱贫攻坚整改工作提出了“四个必须”：一是认识必须提起来，二是全员必须动起来，三是作风必须实起来，四是督查必须严起来。

7月13日，焦村镇开展“义务献血、爱心传递、利己利他”的无偿献血活动。焦村镇无偿献血共计208人。29日，由贝子原、巴娄、罗家、万渡、西仓5个村的农业合作社组成的弘农合作联合社挂牌成立。张雪琴的“西仓东西”柿子醋不仅吸引了灵宝市记者的关注，而且吸引了中国人民大学、中国农业大学等高等院校专家教授和支持乡村建设的有志之士。

8月25日，焦村镇第十四届人民代表大会第二次会议召开，全镇74名人大代表和36名列席人员参加了会议。镇党委书记、人大主席杨娟作讲话。大会听取并审议了许学东同志代表焦村镇人民政府作的《政府工作报告》，审议了第十四届《人大主席团工作报告》。

10月11日，市人大常委会副主任黑素妮到焦村镇调研物流发展情况。25日，市人大常委会主任侯乐见到焦村镇调研人大工作及双联双争“三个一”活动开展情况。

11月8日，焦村镇把92名三门峡市级、灵宝市级和镇级人大代表分成9个小组，扎实开展“代表小组活动日”活动。集中学习了党的十九大报告精神，对焦村镇经济社会发展现状、存在问题及前景提出了建设性的意见和建议。22日，三门峡市以案促改工作督查验收组组长刘景平、副组长徐书卿、成员白鹏、张怡佳一行到焦村镇检查以案促改工作。督查组听取了焦村镇以案促改工作开展情况，查阅了活动影像、制度建设等档案资料。

12月，赵少伟任焦村镇党委副书记、镇长。

同年，国家卫计委授予焦村镇卫生院“群众满意的乡镇卫生院”荣誉称号。三门峡市人民政府授予焦村镇妇联“三八红旗单位”。

2018 年

1 月 21 日,灵宝市委十二届四次全会暨市委经济金融工作会议召开。焦村镇被授予“2017 年度全市目标考评先进单位”称号。

2 月 9 日,灵宝市委副书记张华,市委常委、组织部部长王跃峰,到焦村镇红亭驿民俗文化村调研安全生产及非公党建工作开展情况。10 日,市委书记孙淑芳,市委副书记、市长何军,市委常委、市委办主任李玉林等领导到焦村镇看望慰问福利院儿童、老党员及困难群众,并送去了慰问金和米、面、油等生活物资。2 月 25 日至 3 月 1 日,河南省第十届万村千乡农民篮球总决赛暨河南省第十六届春节农民篮球赛在灵宝市焦村镇举行。本届篮球赛历时 5 天,共有 14 支队伍 200 人参赛,经过 54 场紧张激烈的角逐,最终,灵宝市、固始县和南阳市代表队荣获“体育道德风尚奖”,开封市、固始县和南阳市代表队荣获优秀奖,平顶山市、济源市、濮阳市和永城市代表队荣获三等奖,新蔡县、周口市、信阳市和灵宝市代表队荣获二等奖,洛阳市和新乡市代表队荣获一等奖,洛阳代表队获得比赛冠军。

3 月 26 日,焦村镇第十四届人民代表大会第三次会议召开,全镇 72 名人大代表、32 名列席代表及 3 名特邀代表参加了会议,共商焦村发展大计。大会听取并审议了赵少伟同志代表焦村镇人民政府作的《政府工作报告》,审议通过了《人大主席团工作报告》。会议选举赵少伟同志担任焦村镇镇长。29 日,焦村镇召开村“两委”换届选举工作动员会,班子成员、包村干部、各村支部书记和组织委员共计 110 余人参加。

4 月 21 日上午,灵宝市委书记孙淑芳,市委副书记、市长何军,带领四大班子领导、重点市直单位负责人以及各乡镇党委书记,到焦村镇观摩督导第一季度重点项目建设情况。4 月 26 日,由灵宝市总工会主办的“庆‘五一’职工广场舞比赛”在市体育馆顺利举办,焦村镇选送的戏曲舞蹈节目《梨花情》喜获乡镇组金奖。

5 月 4 日,全市“美丽庭院”创建活动流动现场推进会在焦村镇西常册村召开,各乡镇(管委会)妇联主席、专职副主席、“美丽庭院”创建活动试点村负责人共计 100 余人参加。灵宝市委副书记张华,市委宣传部副部长、文明办主任严过慈,扶贫办党组副书记张莉莉,城管局党组副书记谷红伟等出席会议。13 日,灵宝市土地后备资源整理工作现场会在焦村镇召开。市国土资源局、财政局等市直单位负责人及各乡镇党政主要领导、主管副职共 50 余人参加。灵宝市市委常委、常务副市长胡家群,市政府党组成员张磊等出席了会议。会议分现场观摩、座谈交流两个阶段。15 日，市委副书记、市长何军带领市领导及国土资源局、扶贫办、林业局、环保局等相关单位领导，到焦村镇调研当前重点工作推进情况。18 日，省妇联党组书记、主席郜秀菊，发展部部长张俊美，办公室主任杨会云，办公室科长张超超，新媒体办科长王昶钧到焦村镇西常册村调研“美丽庭院”建设情况。

6 月 19 日，焦村镇召开新一届村级干部任职培训廉政教育大会，各村“两委”成员及监委会主任参加。26 日，焦村镇举行庆“七一”脱贫感党恩暨十佳评选表彰大会。灵宝市委常委、宣传部部长王高风，市人大常委会副主任黑素妮，市政协副主席李俊伟，市人大常委会原副主任冯军禄，市政协原副主席刘鸿远，以及市委宣传部、市纪委、市政协、市统计局、市文广新局、市妇联等相关单位领导出席表彰大会，并为“十佳焦村乡贤”“十佳村干部”“十佳敬业标兵”“十佳经济能人”“十佳脱贫先锋”“十佳幸福家庭”“十佳美丽庭院”“十佳孝子、贤媳”颁奖。27 日，三门峡市委副书记吴云一行到焦村镇调研农村人居环境卫生整治工作，灵宝市委副书记、市长何军，市委常委、组织部长王跃峰等陪同调研。同月，在 2018 年全国残疾人田径锦标赛上，灵宝市焦村镇秦村村肢体残疾人庞宝龙以 13.81 米的成绩获得 F42 级铅球冠军，并打破该项比赛的全国记录。

7 月 11 日上午，市委书记孙淑芳、市委副书记张华，带领市委办、民政局、扶贫办等单位负责人，到焦村镇辛庄村调研督导脱贫攻坚工作开展情况。

8 月 30 日，焦村镇第十四届人民代表大会第四次会议召开，来自全镇各条战线的人大代表及列席代表参加了会议。大会听取并审议了焦村镇 2018 年上半年《政府工作报告》《人大主席团工作报告》和《农村人居环境卫生整治情况报告》，总结了镇政府和人大上半年各方面工作取得的成绩及存在的困难和问题，并结合实际，明确了下阶段工作重点和奋斗目标。审议通过了《十四届人大三次会议提案和建议意见办理情况报告》和《2018 年上半年财政预算执行情况报告》。

9 月 29 日，焦村镇首届“醉美焦村采摘季”暨“红提葡萄争霸赛”盛大开幕。市委副书记张华，市委常委、宣传部部长王高风，市文化广电新闻出版局、园艺局、旅游局、妇联、农业畜牧局等单位主要负责人，焦村镇班子成员、机关干部、各村支部书记，农民专业合作社、致富能手、葡萄种植大户代表以及社会各界群众，共 1000 余人参加活动仪式。

12 月 20 日，省政府研究室机关党委副书记、机关纪委书记张治胜，到焦村镇调研乡村振兴工作。27 日，市委书记孙淑芳，市委常委、市委办公室主任李玉林，带领市扶贫办、市委督查室等单位相关领导，深入焦村镇尚庄村，调研脱贫攻坚工作。28 日，市委副书记张华带领市扶贫办相关领导,深入焦村镇尚庄村,调研脱贫攻坚等重点工作。

2019 年

2 月 14 日,“中国体彩·邮储银行杯”2019 年灵宝市农民篮球赛在焦村镇卯屯村隆重开幕。市委常委、政法委书记、副市长、市体育运动委员会副主任郭仙朋,市人大常委会副主任、市体育运动委员会副主任黑素妮,市政协副主席胡滨,市体委办主任赵江峰,焦村镇党委书记、人大主席杨娟,中国邮政储蓄银行灵宝市支行行长闫婷出席开幕式,各乡镇(管委会)主管体育工作的领导、部分企业代表、运动员、新闻媒体以及群众等 800 余人参加开幕式。2 月 18 日圆满落幕。17 日,全市 2018 年度总结表彰暨 2019 年春季工作动员大会在市文化活动中心召开,焦村镇喜获 2018 年度奋进杯铜奖、农业农村工作先进单位、综合治税工作先进单位、脱贫攻坚工作先进单位、平安建设暨信访工作先进单位、效能革命工作先进单位。25 日,灵宝市委副书记、市长何军,市政协主席段青菊,政协副主席胡滨,到焦村镇调研百城提质工作。

3 月 8 日,第 109 个“三八”国际妇女节焦村镇党委、政府主办“舞动衡岭春意浓”2019 年首届广场舞大赛决赛隆重举行。灵宝市妇联会主席李宝丽,共青团灵宝市委书记杨杰伟,市文广新局党组成员、副局长张赞平,市委宣传部宣传科科长袁展展,镇党委书记、人大主席杨娟,镇党委副书记、镇长赵少伟,镇班子成员,机关全体女同志,各村文化专干、妇联主席以及广大群众 1000 余人参加活动。来自马村、东村、辛庄、贝子原、张家山、沟东、南安头、杨家、柴原、秦村、西章、东常册、乡观、焦村、南上等村的 15 支代表队参加大赛决赛。27 日上午,娘娘山 2019 年首届“高空观瀑赏花节”启动仪式在焦村镇娘娘山景区隆重举行。29 日下午,灵宝市委书记孙淑芳带领四大班子领导、重点市直单位负责人以及各乡镇党委书记,到焦村镇观摩督导第一季度各项重点工作开展情况。

4 月 4 日,三门峡市副市长庆志英,文化广电和旅游局副局长胡中州,到焦村镇督导民俗项目建设工作。10 日,省扶贫办开发指导处处长施保清,莅临焦村镇调研产业扶贫工作,三门峡市扶贫办主任王耀文、灵宝市委副书记王跃峰、扶贫办负责人等陪同调研。11 日,省政协原副主席、省老年体协主席靳克文,省老年体协副主席王书义,三门峡市政协副主席卢群召,三门峡市老年体协主席王铁创,到焦村镇检查指导工作。灵宝市市委常委、政法委书记、副市长郭仙朋陪同。

5 月 10 日,在北京落幕的 2019 年世界残奥田径大奖赛(北京站)暨第七届中国残疾人田径公开赛上，灵宝市焦村镇残疾人运动员庞宝龙以 13.73 米的成绩斩获 F63 级铅球金牌。在 5 月 11 日的比赛中，庞宝龙又以 37 米的成绩获得 F63 级铁饼银牌。至此，庞宝龙成为灵宝市首次夺得世界残奥田径大奖赛金牌的残疾人运动员。

6 月 1 日，全国第十届好人论坛在美丽的天鹅城——河南省三门峡市开幕。在开幕式上，来自河南省灵宝市焦村镇的残疾人运动员庞宝龙荣获“2018 年度中国好人”和首届中国“十大折翼天使”称号。29 日晚，为庆祝中国共产党成立 98 周年，焦村镇举行庆“七一”先进模范表彰大会暨红歌合唱比赛。灵宝市委常委、宣传部长王高风，市人大副主任李万征，市政府副市长王伟，市政协副主席杜华卫，以及市纪委、宣传部、统战部、市委办、市政府办、市直工委、市总工会、市妇联等相关单位领导出席活动。全体班子成员、机关干部、镇直镇办企事业单位干部职工、各村村干部及周边群众 1600 多人参加活动。30 日，灵宝市委书记孙淑芳、市委副书记王跃峰、市扶贫办负责人张海民，到焦村镇姚家城村调研脱贫攻坚工作。

7 月 2 日，灵宝市委书记孙淑芳，市委副书记、市长何军，带领四大班子领导、重点市直单位负责人以及各乡镇党委书记，到焦村镇观摩督导第二季度各项重点工作开展情况。7 日，“消夏避暑养生 · 尽在醉美灵宝”2019 年灵宝消夏避暑旅游节推介会在焦村镇阳光山庄举行。灵宝市委副书记、市长何军，市委常委、组织部部长李玉林，市人大常委会副主任黑素妮，副市长蒋立庆，市政协副主席胡滨出席推介会。13 日，灵宝市委副书记、市长何军，到焦村镇姚家城村督导脱贫攻坚工作。18 日，焦村镇完成镇第十四届人民代表大会代表补选工作。按照《选举法》《代表法》等规定，本次人大代表补选工作分别在镇直选区、机关选区、辛庄选区、东仓选区、姚家城选区等五个选区进行，依法开展选民登记、提名推荐、张榜公示、投票选举等工作，采用等额选举、无记名投票的方式，补选李国旺、王海涛、张旭、王灵锋、亢自法等 5 名同志为镇第十四届人民代表大会代表。23 日，焦村镇召开第十四届人民代表大会第六次会议第一次全体会议，来自全镇的 59 名镇人大代表和 31 名列席代表参加了会议，会议审议并通过了《选举办法(草案)》。23 日，三门峡市人大常委会副主任肖群兰，体育局党组书记、局长孔辉，到焦村镇调研全民健身活动发展情况。灵宝市人大主任侯乐见、人大副主任黑素妮、副市长蒋立庆，体委办及政府办相关领导等陪同。24 日，焦村镇召开第十四届人民代表大会第六次会议第二次全体会议，来自全镇的 64 名镇人大代表和 31 名列席代表参加了会议。李国旺同志当选焦村镇镇长，王海涛同志当选镇人大主席，张文浜、蔡伟、杜军、汪安文等 4 位同志当选副镇长。

8月6日,灵宝市委副书记、市长何军,市委常委、政法委书记郭仙朋,副市长张金科,带领市政府办、财政局、自然资源和规划局、住建局、生态环境局、供电公司等单位负责人,到焦村镇调研市看守所项目建设工作。23日,灵宝市委副书记、市长何军带领市政府办、交通运输局、自然资源和规划局等单位负责人,对S312省道建设工作进行实地调研。30日,焦村镇人民政府与中通集团中通优选公司成功签订农产品直供战略合作协议。中通商业副总裁杜海攀,河南中通快递公司市场营销总监张飞飞,三门峡四季丰果蔬有限公司总经理赵彦举,灵宝市园艺局副局长杭万森,焦村镇党委书记杨娟、党委副书记、镇长李国旺等参加签约仪式。

9月4日晚,焦村镇召开中层干部竞职演讲大会。竞职演讲评委团由镇班子成员和部分村支部书记共20人组成,各评委通过竞职人员演讲、现场抽题答辩等形式,从工作实绩、组织协调、责任担当、获得荣誉、语言表达、应变控制能力等方面对竞职人员进行全面评判打分,并现场进行计分宣分。26日,三门峡市人大常委会副主任肖群兰等14人,到焦村镇调研全域旅游发展现状及全域旅游示范区创建工作。27日,省政府办公厅调研室副主任李正秋等3人,到焦村镇开展调研工作,副市长王泉钧等陪同。29日,焦村镇举行"醉美丰收节"2019第二届葡萄采摘季活动开幕式。灵宝市政府副市长王泉钧、市直有关单位主要领导、镇班子成员,全体机关干部、各村支部书记、镇直镇办部门负责人、南安头及周边村群众参加了此次活动。

10月26日,"九三"学社三门峡市调研组到焦村镇调研脱贫攻坚工作。灵宝市政协副主席杜华卫陪同。

11月,2019年第12届亚洲果蔬博览会于11月15日至17日在国家会展中心(上海)8.1H馆举办。焦村镇罗家村弘农沃土合作社种植的凯酷富士苹果、烟富山苹果及灵宝短枝1号苹果,代表灵宝参加展出。22日,灵宝市委副书记、市长何军,副市长王伟、张金科,到焦村镇调研城市西出口道路建设情况。

12月1日,灵宝市委书记孙淑芳在市委常委、办公室主任郭建体,带领市农业农村局、园艺局、林业局等相关单位负责人,到焦村镇调研苹果产业发展情况。2日,焦村镇苹果产业发展研讨会召开。市农业农村局局长李建华、园艺局局长王庆伟、果树管理技术人员及相关村种植大户、经销商参加会议。8日,镇党委副书记、镇长李国旺,主任科员赵继红,副镇长杜军,带领焦村村支部书记、工生果园规划设计方技术人员,赴陕西省乾县唐农苑考察学习。13日,西峡县政府副县长孔维丽等3人,到焦村镇西常册村兄弟菌业考察交流菌棒常压灭菌工作。26日,三门峡市副市长高永瑞、林业局局长骆雪峰到焦村镇督导森林防火工作。30 日，焦村镇召开 2020 年工作务虚会议，全体班子成员、机关干部、镇直单位负责人及各村支部书记参加，市委常委、组织部部长李玉林到会指导并做强调讲话。31 日，市委书记孙淑芳到焦村镇西常册村，考察指导“三变”改革及美丽乡村建设工作。

同年，焦村镇食用菌生产获得“河南省食用菌行业优秀特色乡镇”称号。

2020 年

1 月 1 日，焦村镇西常册村“三变”改革举行第一次股东分红大会。市委书记孙淑芳，市委副书记、市长何军到会祝贺，亲手向股东发放收益；副市长王泉钧、农业农村局局长李建华出席大会。焦村镇镇村两级干部、西常册村股东以及各村群众等 600 余人参加大会。5 日，高山果业集团董事长李世平再次到焦村镇考察千亩矮砧苹果示范园项目。6 日，焦村镇组织全体班子成员，召开苹果产业示范园建设工作研讨会。会议明确了沿 312 省道沿线打造苹果产业示范带的重点村及工作任务，与会人员对人员分配及奖惩措施进行了讨论研究，并组织全体班子成员、抽调机关干部、12 个重点村支部书记，召开苹果产业示范园建设誓师大会。9 日，焦村镇人民政府与中冕控股集团德宝庄园盘活项目签约仪式在市商务局成功举行。参加签约仪式的来宾有中冕控股集团发展部总监徐毅、中冕控股集团河南区域副总张风群；出席签约仪式的领导有市人大常委会主任侯乐见，市委常委、组织部部长李玉林，副市长张金科，市场发展中心主任张端。11 日，三门峡农业农村局局长何耀武、牧原集团相关负责人魏磊到焦村镇调研农业产业发展及乡村振兴工作。15 日，三门峡军分区司令员吕梁到焦村镇西章、沟东等村走访慰问师级以上现役军人家属，并送去慰问品。17 日，焦村镇罗家村召开弘农沃土合作社分红暨最美罗家人表彰大会。19 日，三门峡人大常委会主任王建勋、三门峡市人大常委会秘书长任晓云、三门峡文明办、总工会、民政局、卫健委等单位负责人到焦村镇开展春节慰问活动。同日，市委常委、组织部部长李玉林，市政协副主席杭建民到焦村镇为 3 名灵宝级先进模范人物，乡贤何慧丽、赵根尚和优秀党支部书记闫赞超送去牌匾、荣誉证书、慰问品以及春节的祝福。23 日，为切实抓好新型冠状病毒感染的肺炎防控工作，保障人民群众身体健康和社会和谐稳定，焦村镇召开新型冠状病毒感染的肺炎防治工作推进会，全体班子成员、各村支部书记及村医参加。

2 月 18 日，灵宝市委副书记、市长何军，副市长王泉钧等到焦村镇调研农业春耕生产工作开展情况。19 日，高山果业焦村镇万亩矮砧苹果示范园项目开工仪式在焦村镇乔沟村举行。灵宝市委副书记王跃峰、市人大常委会副主任黑素妮、市政协副主席杜华卫等市领导出席。22日,灵宝市委书记孙淑芳,市委副书记王跃峰一行,到焦村镇督导苹果产业发展工作。

3月5日,三门峡市副市长高永瑞到焦村镇调研苹果产业发展等工作。灵宝市市委副书记、市长何军,副市长王泉钧等陪同。9日,焦村镇举行2020年一季度重点项目集中开工仪式。10日,焦村镇·碧波农业现代苹果产业园项目签约仪式举行。14日,河南碧波农业川口乡、焦村镇现代苹果产业园项目开工启动仪式举行。市委副书记王跃峰,市人大常委会副主任黑素妮,市政协副主席杜华卫出席开工仪式。23日,灵宝市领导孙淑芳、何军、王跃峰、侯乐见、段青菊、徐红梅、郭建体、杜会强、张金科到焦村镇调研苹果产业发展工作。

4月6日,灵宝市委副书记、市长何军,副市长张金科,带领市政府办、财政局、住建局、发改委、自然资源和规划局、卫健委、城管局、供电公司等单位负责人,到焦村镇调研公安"三所"项目建设工作。8日,三门峡市农业农村局局长何耀武到焦村镇调研农业农村工作,灵宝市副市长王泉钧等陪同。11日,市委书记孙淑芳等四大班子、县级领导干部,各乡镇(管委会)党(工)委书记、乡镇长、管委会常务副主任,市直各单位一把手组成观摩团,对焦村镇2020年第一季度重点工作开展情况进行观摩。15日,河南省农业农村厅副厅长陈金剑到焦村镇调研苹果产业发展工作,灵宝市委书记孙淑芳等陪同。23日,省水利厅副巡视员杜晓琳、监督处处长郭强、河长办科长许强到焦村镇调研河长制及防汛等工作。24日,灵宝市委书记孙淑芳,市委常委、市委办主任郭建体带领市委办、农业农村局、生态环境局、菌办等相关单位负责人到焦村镇调研食用菌锅炉煤改气工作。

5月9日,省财政厅农业处处长史素枝,省水利厅水保处处长石海波,省水利厅建设处副处长侯建才,三门峡市水利局调研员赵新生到焦村镇调研淤地坝安全度汛工作。11日,灵宝市首届樱桃品鉴会,在焦村镇马村村成功举办。14日,河南省农业农村厅规划发展处处长马玉琴,三门峡市农业农村局副局长吴林,到焦村镇调研苹果产业发展工作。

第一章　地理环境

第一节　境域位置

焦村镇位于灵宝市西出口的衡岭塬上,东与涧西区、城关镇相连,南依小秦岭与五亩乡毗邻,西与阳平镇、西阎乡接壤,北和函谷关镇相接。镇政府驻焦村村,距市区市政府驻地3公里。地理坐标东径110°21′—111°11′,北纬34°50′—34°61′。陇海铁路、310国道从镇区东西穿行。焦村镇东行90公里可达三门峡市区;西行20.4公里可位于驻地西阎乡的连霍高速、郑西高铁西出口;南行12.9公里,在小秦岭脚下有闻名遐迩的AAAA级娘娘山风景旅游区;北行17.3公里可上连霍高速公路,亦有驰名中外的函谷关风景区。交通条件便利,地理位置优越。

辖区内东西最大跨距11.9公里,南北最大跨距17.6公里,总面积126.5平方公里。其中陆地面积125.6平方公里,占99.3%;水域面积0.9平方公里,占0.7%。

第二节　地貌与土壤

一、地形地貌

焦村镇地处豫西丘陵及中低山区的衡岭塬上,整个地势南北高、中间低,地形可分为三带:北部为塬区,中部低洼,南依小秦岭山脉东端。境内最高峰娘娘峰位于娘娘山风景区,海拔1556.12米,最低点位于常卯水库下流,海拔380米,南北高差1176.12米。地貌形态可分为高山、黄土丘陵原、黄河阶地三大类型。

高山地貌主要分布在焦村镇南与五亩乡接壤的小秦岭山脉。此地貌最高海拔系娘娘山山峰,海拔高度1563米,山坡陡峭,多悬崖及深切沟谷,坡度多在45度以上,某些地方超过80度。

黄土丘陵原地貌:焦村镇95%以上地区均属于此类地貌,主要分布在小秦岭北麓,东、西、北与弘农涧河、沙河、黄河阶地相连,海拔在380—800米,即人们常说的焦村原整体部分。

黄河阶地地貌:在焦村镇面积很小,主要分布在沙河支流老天沟流域,此黄河阶地地貌从东向西直至沙河与西阎乡交界地段。

二、河流

焦村镇境域内的河流为沙河东支流。沙河东支流由老天沟流域和柳仙凹(柳沟)流域组成。

老天沟流域有两个源头:一个起源于滑底村东、李家山村西的老天沟,向北流经乔沟村东至坪村;另一个起源于砥池峪,向北流经孟村自然村东、乔沟西、东仓村至坪村,两个源头汇合向西流经坪村、西章、东常册、西常册、秦村、塔底、常卯等行政村。老天沟流域汇聚了流经各沟壑的溪水,在焦村镇境域内流长约14.5公里。柳仙凹流域起源于罗家行政村的寨子沟与马村行政村之间的柳仙凹(又称柳沟),向北流经马村,再向西南流经万渡、塔底、宜村、常卯等行政村。柳仙凹流域汇聚了流经各沟壑的溪水,在焦村镇境域内流长6.5公里。在常卯行政村西与老天沟流域汇合进入西阎乡贾村境域汇入沙河。

麻子峪流域另起源于马村与南上行政村之间的麻子峪,向西流经南上、巴娄、贝子原行政村进入阳平镇裴张汇入沙河西支流。麻子峪流域汇聚了大峪、铁家峪的溪水,在焦村境域内流长约4公里。

三、山峰

焦村镇与五亩乡交界处即为小秦岭。小秦岭源于尹庄镇的杨公村与焦村镇的武家山村,从东往西,山势渐高,在焦村镇区境域内凸起的山峰依次有黄天墓、娘娘山、五指山、小尖山、大尖山,再向西进入阳平镇境域。

四、山峪

小秦岭自东往西的主要山峪有九道:老天沟峪,位于李家山与滑底村境域,系浅山峪,是老天沟流域的源头;砥池峪,位于罗家村境域,起源于小秦岭,是老天沟流域的另一个源头;柳仙凹峪,位于罗家行政村的寨子沟自然村与马村境域,系浅山峪,是柳仙凹流域的源头;麻子峪,位于马村与南上村境域,起源于小秦岭,是麻子峪流域的源头;朱家峪,位于南上村境域,系浅山峪;小峪,位于南上村,系浅山峪;大峪,位于南上村与巴娄村境域,起源于小秦岭,是娘娘山景区的入口处;铁家峪,位于巴娄村境域,起源于小秦岭;车仓峪,位于巴娄村与阳平镇西常村境域,起源于小秦岭的大(小)尖山。

五、土壤

焦村镇境域的土壤主要为褐土和棕土:褐土由黏化和钙化过程以及植被条件作用

而形成的褐土类，土层深厚，剖面有明显发育层次，一般都由腐殖质层、黏化层、钙积层和母质层组成，呈中性或微碱性反应，酸碱度为 7—8.5 单位。适耕期长，保水保肥性能好，不仅适宜多种农作物生长，也是林果业及牧业的良好生产基地。棕土成土母质为花岗岩、片麻岩和灰岩等风化物的残积、地积物，通过黏化淋浴过程而形成，土壤盐基饱和度呈弱度不饱和，通体呈中性或微酸性反应。其主要性态是：发育层次明显，全剖面为棕色，表层色暗，心土色鲜，有完整的土体构型。土层厚度不一，且低温多湿，养分分解缓慢，可利用率低，仅适宜多种林木、杂草生长。

第三节　气候与物候

焦村镇属暖温带大陆季风型半干旱气候，其主要特点是夏季炎热多雨，冬季寒冷少雪，春秋温和多风，素有十年九旱之称。多年平均气温为 13.5 摄氏度，极端最高气温 42.7 摄氏度，极端最低气温-17 摄氏度。生长期年平均 207 天，无霜期 199—215 天，最长达 215 天，最短 199 天，年平均日照数 2279.1 小时，年总辐射 120.1 千卡/平方厘米。年平均降水量 569.4 毫米，极端最大雨量 950 毫米（1982 年），极端最小雨量 413.9 毫米（1997 年）。降雨集中在每年 6 月至 9 月，7 月最多。

第四节　资　源

一、土地资源

截至 2019 年 12 月，焦村镇辖区总面积 126.5 平方公里，其中陆地 125.6 平方公里，占 99.3%，水域 0.9 平方公里，占 0.7%；境内河道为老天沟流域，流域面积 73.9 平方公里。总耕地面积 5260 公顷。焦村镇是灵宝苹果的发源地，苹果种植总面积 3866 公顷。

二、水资源

焦村镇境内河道为老天沟流域，属黄河流域一级支流沙河流域，流域面积 73.9 平方千米，该流域主沟和较大支沟有常流水，多年平均径流量 1109 万立方米。

焦村镇的地下水分布：（一）山前洪积的砂砾石、块石、粗砂含水岩组。主要分布在焦村镇南小秦岭山前一带，靠近山区水位埋深大，到洪积扇的下部水位埋深较浅，形成泉与沼泽，泉水一般流量为 0.1—0.2 立方米/秒。（二）原间河谷冲积的砂卵石含水岩组。主要分布沙河支流,岩性为卵石、砾石和粗砂等,一般井深30—50米,可见2—5层含水层,厚15—40米。(三)黄土裂隙礓石孔洞含水岩组。主要分布焦村镇土塬地段,地下水位埋藏很深,在100—180米,富水层为古土壤层和礓石层,与下部地下水没有水力联系,故称为上层滞水,涌水量一般小于每小时5吨。(四)塬后缘洼地冲积的细砂、黄土裂隙、礓石含水岩组。主要分布在焦村镇的东村—塔地地段。地形上处于黄土塬面低洼处,含水岩性为粉砂、细砂,厚6—25米,水位埋深5—40米,涌水量每小时小于40立方米。

三、林业资源

焦村镇地处暖温带南沿,为南、北植物成分交会区。受土壤、小秦岭山体影响,形成了垂直分布的多种类生物群落。大体可分为8个植被类型,即水生植被型、草甸植被型、草本植被型、落叶阔叶植被型、常绿针叶林植被型、中高山灌木丛植被型、稀树草地植被型和经济林植被型。在这些植被中,木本植物共有60科、141属、330种,主要有松、柏、杨、柳、椿、楸、榆、桑、国槐、刺槐、泡桐、梧桐、椴、栎、漆树、枫、白蜡树、荆条、紫穗槐等;果树种类有14种,主要有苹果、大枣、梨、桃、杏、葡萄、梅子、灰子、猕猴桃、板栗、石榴、柿子、核桃、无花果等。另外,还有山楂、酸枣、榛子、野葡萄等24个野生果树品种。

四、矿产资源

贵金属矿产主要为金矿,分布在焦村镇南小秦岭,东起武家山,西至巴娄一带。辖区内的金矿区主要有位于武家山行政村的义寺山金矿。

非金属矿产有蛭石、花岗岩和片麻岩。蛭石矿产地在武家山,属中型矿床。花岗岩矿产地位于焦村镇境内的娘娘山岩体,娘娘山岩体花岗岩可采资源量3.6亿立方米,有灵宝白1号、灵宝白2号等品种,属大型花岗岩矿床。片麻岩已探明在焦村镇柏树岭矿区有矿产地1处,储量为9.625万立方米。

化工原料矿产有磷矿:磷矿系小秦岭磷矿区,位于小秦岭北部,东起武家山,西至巴娄村与阳平镇临界,均属小型矿床。另在张家村发现以磷为主的磷矿区1处。

五、旅游资源

历史上灵宝的八大景(老子故宅、关龙逄墓、桃林竖牧、秦岭雪樵、项城暮雨、汉庙古柏、弘农晚钓、秦岭暮云)在焦村镇境域内占有三景,即桃林竖牧、秦岭雪樵、秦岭暮云。

中华人民共和国成立后,特别是改革开放以后,焦村镇历届党政负责人十分注重镇区内的旅游资源开发,利用小秦岭娘娘山自然资源和古文化资源,倾心打造娘娘山景区,使之在很短时间内发展为国家AAAA级风景区。

第五节 自然灾害

辖区内主要自然灾害有地震、干旱、冰雹、暴雨、冻害等,地震的出现多与地方性相吻合;干旱出现概率90%,一般一年一遇;冰雹出现概率30%;冻害发生概率50%。

清光绪七年(1881年)六月,大水冲车仓峪,沙石压地。

1950年4月29日18时,焦村镇境域内各村突降冰雹。最大的有1斤以上者,麦苗、其他秋苗均被打坏,受灾严重。

1953年4月26日晚8时,暴雨骤来,冰雹突降,大者如枣,积1至2寸厚。

1957年7月4日11时左右至19时30分,突然乌云密布,顷间暴雨倾盆,倒塌房屋,冲毁土地,水漫庄稼,损害严重。

1964年9月至10月,降雨量905毫米,超过中华人民共和国成立后10余年来平均降雨量645毫米的40%,进入三季度后,雨量大、时间长,形成灾害,房子倒塌,窑洞坍塌,有牲口伤亡,冲毁耕地。

1972年大旱,是近20多年来所未遇到的,特别是7、8月两个月,仅降雨77毫米,河道有断流,水库干涸,许多抽水站无水可抽,使晚秋作物受灾减产。

1986年遇到了1942年以来最大的一次旱灾。入春后,未降透雨,6月后又遇高温大风。1月至7月,降雨量只有163.5毫米,特别是6、7月两个月降雨量只有57毫米,比大旱的1942年同期的降雨量129毫米减少66%。秋作物大部分减产,一部分绝收。

1988年7月13日晚,突降暴雨1小时,降雨量70—100毫米,受灾面积普遍,冲毁道路及供电线路,房屋倒塌,渠道冲毁,苹果果实坠落。

1990年7月9日夏令时19时30分,焦村镇多个村庄遭受百年一遇的暴风雨、冰雹袭击。暴雨持续近一个小时,冰雹约40分钟。农作物受灾面积极大,冲毁水利设施多处,民房倒塌数间。

1993年6月23日16时,焦村镇36个村遭受暴雨、冰雹袭击,农田受灾严重。

1994年遇到了百年不遇的大旱灾,致使夏粮减产,秋粮绝收,小麦不能如期播种,全镇人吃水困难。

1996年7月至9月,焦村镇苹果金纹细娥大面积重度发生。

1997年6月16日焦村镇遭受冰雹袭击,受灾面积大。

1999年6月16日焦村镇遭受冰雹袭击,受灾面积大。

2001年6月24日18时06分至18时11分,焦村镇遭受冰雹袭击,冰雹最大直径5毫米。8月7日15时55分至15时56分,再次遭受冰雹袭击,冰雹大小差异大,小的如绿豆,大的如黄豆,最大直径5毫米,由于降雹面积较小,历时短,未造成大的损失。

2004年6月16日18时04分到07分,焦村镇发生冰雹灾害性天气,测站冰雹最大直径为6毫米,降水量21.2毫米。另据市民政局报告称,焦村镇的冰雹最大直径20毫米,持续时间约15分钟。

2008年5月17日16时至17时,焦村镇出现冰雹灾害,短短一个多小时中,降水量达到67.7毫米,最大冰雹直径约4毫米。冰雹对正在生长的苹果和即将成熟的小麦造成影响,造成直接经济损失4320万元。

2010年7月23日至24日,全镇降雨量在147.9毫米,其中7月23日晚10时左右至11时多,1小时降雨量为57.5毫米,超过灵宝市历史极值,境内部分房屋、道路、农田水利设施、电力设施、农作物等受到不同程度的损失,受灾人口近1.6万人,直接经济损失610万余元。

2014年9月6日至18日,焦村镇连阴雨天气持续13天,造成房屋倒塌、农作物受灾、水毁道路等经济损失。

第二章　建置沿革与行政区划

第一节　建置沿革

明崇祯十五年(公元 1642 年),在万渡村、南上村、巴娄村、常册村设里,隶属灵宝县。

清康熙十一年(公元 1672 年)至同治年间,在巴娄村、塔底村、万渡村、去兴村设里,隶属灵宝县。

清宣统元年(公元 1909 年),在卯屯村设区,隶属灵宝县。

中华民国二十九年(公元 1940 年),在西章村设乡,隶属灵宝县。

1950 年 1 月,焦村镇境域归破胡区,隶属灵宝县。

1956 年 1 月,在焦村村、万渡村设中心乡,在常册村、辛庄村设乡,隶属灵宝县。

1957 年 3 月,在西章村设西章乡,隶属灵宝县。

1958 年 8 月,在西章村设西章人民公社,隶属灵宝县。

1966 年 5 月,在焦村村设焦村人民公社,隶属灵宝县。

1984 年 1 月,在焦村村设焦村乡,隶属灵宝县。

1993 年 6 月,在焦村村设焦村镇,隶属灵宝市。

第二节　行政区划

一、历史行政区划

明崇祯十五年(1642 年),全灵宝县编户 30 里。焦村镇境域分别隶属万上里、上虢里、巴娄里、常册里等。

清康熙十一年(1672 年)至同治年间,全灵宝县除城关外,分为四牌,每牌 7 里,共编户 28 里,每里十甲。焦村镇境域分别隶属二牌的虢西里,三牌的娄底里、万兴里、西原里,个别村庄属于四牌的宋曲里等。

清宣统元年(1909 年),筹备城乡自治,全县划为八区,其中一个城厢区、一个镇区、六个乡区。焦村镇境域设卯屯区,区驻地卯屯村。

清宣统二年(1910年),城乡自治停办,废除区设置。

中华民国九年(1920年)五月,奉令筹备市区街村自治,十年(1921年)十月,全灵宝县划为六区,焦村镇境域复设卯屯区,区驻地卯屯村。

中华民国十九年(1930年),并六区为三区,焦村镇境域隶属第二区水泉源。

中华民国二十四年(1935年),全县复设六区,区下设数保联合办事处(简称联保处)。焦村镇境域分别隶属第三区水泉源、第四区虢略镇。

中华民国二十九年(1940年)废区及联保处建置,改设乡镇,全县划分两镇十一乡。焦村镇境域设西章乡,乡政府驻地西章村。至中华民国三十八年(1949年)九月。

中华民国三十六年(1947年)九月,焦村镇境域隶属中共灵宝县四区,驻地破胡村。

中华民国三十八年(1949年)六月,焦村镇境域隶属中共灵宝县四区,驻地破胡村。

二、中华人民共和国时期行政区划

1949年10月1日,中华人民共和国成立,焦村镇境域隶属中共灵宝县破胡区,区政府驻地破胡村。

1950年1月,改驻地命名为序号命名,焦村镇境域隶属中共灵宝县四区,区政府驻地焦村村。

1954年9月,阌乡县、灵宝县合并,称为灵宝县。焦村镇境域隶属中共灵宝县四区,区政府驻地水泉城村。

1955年9月,复以驻地命名,焦村镇境域隶属中共灵宝县水泉城区,区政府驻地水泉城村。

1956年1月,撤销区建置,改设中心乡。焦村镇境域内设焦村中心乡、万渡中心乡、常册乡、辛庄乡。焦村中心乡驻地焦村村;万渡中心乡驻地万渡村;常册乡驻地东常册村;辛庄乡驻地辛庄村。

1956年10月,改中心乡建置为乡建置,焦村镇境域内设焦村、万渡两个乡,焦村乡驻地焦村村;万渡乡驻地万渡村。此时期进入农业合作化运动高潮,两个乡相继成立了36个高级农业生产合作社。

1957年3月,万渡乡被撤销,并入焦村乡,改称西章乡,驻地焦村村。

1958年8月,实行政、社合一的人民公社建置,西章乡改称西章人民公社。下设王垛、孟村、西寨、梨湾原、辛庄、安头、李家坪、沟东、焦村、东村、杨家、乡观、西章、坪村、卯屯、常卯、常册、罗家、巴娄19个生产大队,129个生产队。最初,西章人民公社全社按军事化编制,分为5个营(一个行政片为一个营),20个连(较小的大队两个队为一连），到 1959 年取消军事化编制。

1961 年，灵宝县对所属的西章人民公社进行了区划调整，增设了坡头、坡寨、雷家沟、马家寨、高家庄、纪家庄、史村、赵家、秦村、马村、乔沟、万渡、南上、塔底 14 个生产大队。辖区共 33 个大队，237 个生产小队。

1964 年 6 月，坡头、王垛、孟村、西寨 4 个大队划归虢略镇公社。

1966 年 5 月，进入“文化大革命”初期，西章人民公社改称焦村人民公社。

1968 年 1 月，伴随着“文化大革命”的深入发展，于当年 2 月成立了焦村人民公社革命委员会。下设的各生产大队成立了大队革命委员会。

1981 年 1 月，改人民公社革命委员会为人民公社管理委员会。焦村人民公社管理委员会下设各生产大队成立大队管理委员会。

1984 年 1 月，实施行政体制改革，改人民公社为乡，生产大队为行政村。焦村乡下设焦村、东村、史村、杨家、赵家、王家、乡观、张家山、武家山、滑底、万渡、东仓、罗家、乔沟、李家山、马村、塔底、巴娄、贝子原、西章、坪村、卯屯、东常册、西常册、秦村、常卯、南安头、辛庄、柴家原、姚家城、李家坪、纪家庄、水泉源、沟东、尚庄、南上 36 个行政村，74 个自然村。

1993 年 6 月，焦村乡撤乡设镇，焦村乡人民政府改称焦村镇人民政府。下设 36 个行政村。

2013 年，增设高家庄、北安头两个行政村。

2019 年 12 月，焦村镇下设 38 行政村，下辖 70 自然村，310 个村民小组。

巴娄行政村下辖巴娄、槐树岭 2 个自然村；

北安头行政村下辖北安头 1 个自然村；

贝子原行政村下辖贝子原、宜村 2 个自然村；

柴家原行政村下辖柴家原 1 个自然村；

常卯行政村下辖常卯、常卯塬 2 个自然村；

东仓行政村下辖东仓 1 个自然村；

东常册行政村下辖东常册 1 个自然村；

东村行政村下辖东村 1 个自然村；

高家庄行政村下辖高家庄 1 个自然村；

沟东行政村下辖沟东、汉头 2 个自然村；

纪家庄行政村下辖纪家庄、双目峪 2 个自然村；

焦村行政村下辖焦村、焦村岭、焦村寨3个自然村；

李家坪行政村下辖李家坪、大闫塬2个自然村；

滑底行政村下辖滑底1个自然村；

李家山行政村下辖上李家山、下李家山2个自然村；

罗家行政村下辖罗家、西孟村、寨子沟3个自然村；

马村行政村下辖马村1个自然村；

卯屯行政村下辖卯屯、东寨2个自然村；

南安头行政村下辖南安头岭、城子、东村、西村、邱家寨、新文村6个自然村；

南上行政村下辖南上1个自然村；

坪村行政村下辖上坪村、下坪村、马沟3个自然村；

乔沟行政村下辖乔沟、巨兴2个自然村；

秦村行政村下辖秦村、南嘴2个自然村；

尚庄行政村下辖尚庄1个自然村；

史村行政村下辖上史村、下史村2个自然村；

水泉源行政村下辖水泉源1个自然村；

塔底行政村下辖塔底1个自然村；

万渡行政村下辖万渡、西仓2个自然村；

王家嘴行政村下辖王家嘴1个自然村；

武家山行政村下辖武家山1个自然村；

西常册行政村下辖上城子、下城子、刘家崖3个自然村；

西章行政村下辖西章1个自然村；

乡观行政村下辖乡观、磨窝、屈家寨、鸭沟北城、鸭沟南城5个自然村；

辛庄行政村下辖辛庄1个自然村；

杨家行政村下辖杨家、小南村2个自然村；

姚家城行政村下辖姚家城、西上村塬2个自然村；

张家山行政村下辖张家山、半山2个自然村；

赵家行政村下辖赵家1个自然村。

第三章　村镇建设

第一节　组织沿革

1982 年,焦村乡成立了村镇建设环境保护委员会。

1989 年,更名为焦村乡土地所。

1993 年 6 月,撤乡设镇后更名为焦村镇土地管理所。

2008 年,更名为焦村镇村镇建设发展中心。主要业务包括农村宅基地管理、村镇建设管理。

2019 年,更名为焦村镇村镇建设服务中心。

第二节　镇村规划

1983 年 3 月,焦村镇建委编制完成焦村镇镇区建设规划,并经灵宝县人民政府批准付诸实施。

1993 年 3 月,焦村镇委托西安冶金建筑科技大学规划设计研究院高新技术开发中心规划设计室,编制完成焦村镇区及中原果品贸易城建设规划。同年 5 月撤乡设镇,按照"一线三点带村庄"的总体设想。同年 9 月,由西安冶金建筑学院高新科技开发规划设计室设计《河南省灵宝市焦村镇中原果品贸易城总体规划》。

1994 年 3 月,灵宝市人民政府以灵政〔1994〕13 号文《关于<焦村镇区建设与中原果品贸易城建设规划请示>的批复》付诸实施,规划范围:焦村镇东大门,西到秦村村,南以陇海铁路衔接,北至纪家庄南,规划总面积为 27 平方公里,其中镇区面积 6 平方公里。

1995 年 3 月,焦村镇政府委托郑州市水利勘测测绘学院对该镇镇区规划进行第二次修编。同年编制完成 36 个行政村的农房建设规划。同年,河南省人民政府把焦村镇列入省级小城镇建设试点镇。全镇规划区面积 1.26 平方公里。

2008 年,焦村镇政府委托陕西省梓枫城市景观规划设计院对该镇 38 个行政村重新进行村庄建设规划。

2013 年 7 月,焦村镇人民政府委托河南省城市规划设计研究总部有限公司到镇中心社区一期工程(德宝花园)空间发展进行规划。

2019 年,焦村镇人民政府委托三门峡市规划勘测设计院对西常册村、坪村村、西章村、沟东村、巴娄村、东村村进行“实用性”村庄规划编制,并对沟东村进行传统村落保护发展规划编制。

第三节　镇区建设

1982 年 3 月,投资 36 万元,修建自来水厂一座,日供水台能力达 150 吨。

1988 年,投资 1000 万元,修建乡第一中学。

1990 年 8 月,建设住宅楼 21 幢,建筑面积 4640 平方米。

1991 年,建成行政街,长 1000 米、宽 15 米,沥青路面,总面积 15000 平方米。

1993 年,焦村镇区有硬化街道 3 条,大小商业包含服务门店 60 家,个体摊点 40 户,工业企业 12 家,市气象站、林业研究所、窄口灌区管理站等市属单位在镇区设立,灵宝职高、灵宝九中、焦村医院建在镇政府所在地,镇区建有 3.5 千伏变站 1 处,机井 5 眼,影剧院 1 处,卡拉 OK 歌舞厅 5 座。同年 6 月,以镇区建设为重点,镇政府成立了房地产开发公司和镇区建设工程指挥部,对镇区进行改造。开通四条街道,工生路、富士路、衡岭大街、康复路四条主街道;建造临街门面房 200 多座,建筑面积 7.6 万平方米;建造各类房屋 80 幢,包括影剧院、幼儿园、工生纪念馆等服务配套设施;完善镇区排水及绿化美化工程。

1994 年,焦村镇被列入全国小城镇试点乡镇。当年,镇政府投资 960 万元,建成衡岭大道,长 1400 米、宽 28 米,沥青路面,总面积 39200 平方米。

1995 年,建成卫生路,长 1300 米、宽 10 米,混凝土路面,总面积 13000 平方米。当年,镇区共有 3 横 3 纵 6 条街道。

1996 年 5 月,投资 1760 万元,扩建镇第一中学,建筑面积 32600 平方米。

2001 年,焦村镇小城镇建设和集贸市场建设按照“一线三点”布局,加快了小城镇建设和集贸市场建设步伐。310 国道沿线的西章、坪村、卯屯、东常册和西常册等村在国道边建筑门店达 1500 余间,安排 800 个经营户,形成东西约 10 公里的中原果品贸易长廊。焦村镇区、卯屯村、万渡村 3 个市场管理措施不断规范,集市交易量日益扩大。

镇区基础设施得到进一步改善。新建镇区绿地 3600 平方米；投资 6 万元，完成镇区下水道维修工程，镇区及各集贸市场门店实行门前三包，初步实现绿化、美化、亮化、净化，提高了小城镇品位。国家联接华中电网和西北电网的 550 千伏环流变电站工程落户焦村镇。

2003 年，因地制宜，焦村镇区被灵宝市列入“一城两翼”规划范围：东至灵宝市职业中专东，西至美林木业以西，南至陇海铁路，北至焦村岭村，规划总用地面积 214.3 公顷。当年完成了焦村镇区规划修编任务的同时，安装路灯 150 盏，绿化治理 400 平方米，栽植风景树 150 棵。筹资 80 万元，拓宽硬化工生路、文化街 3300 平方米，建起了豫西地区功能最全、规模最大的镇农民科技文化体育活动中心。

2004 年，投资 20 万元，建成工生市场二期工程，新建门面房 20 间。投资 300 万元，建成卯屯、东仓、武家山等村农民文化体育活动中心。投资 110 万元，完成老天沟流域坝系首期工程建设。2004 年 4 月，投资 36 万元，改建镇卫生院，建筑面积 630 平方米。同年 10 月，投资 74 万元，建成焦村镇文化娱乐广场，面积 5000 平方米，能容纳 1500 人。

2005 年，投资 80 万元，建成宿舍楼，建筑面积 5600 平方米；投资 80 万元，建成精神病院一所，总面积 1450 平方米，病房 20 间；投资 1000 万元，扩建灵宝市中等职业技术学校，建筑面积 10600 平方米；投资 50 多万元，完善了工生商贸市场建设，入驻商户达 93 个；实施镇区“亮点工程”，共安装路灯 40 盏，硬化道路 1 公里。至 2005 年底，小城镇建设累计投资 8000 万元，建筑面积 225803 平方米。截至当年，镇区共铺设下水管道累计总长 6000 米。

2006 年小城镇建设投资 8 万元，实施了工生路中通改造工程，拓宽硬化主干道 1000 米，新建垃圾池 3 个，新装路灯 20 盏，初步实现了镇区净化、亮化。

2007 年在镇区修建花坛 2 处，修建垃圾池 2 处；实施灵宝市西出口改造拆迁工程，西出口改造拆迁工程是市委、市政府为提升灵宝城市品牌而采取的重要举措，为此，焦村镇抽调精干力量，成立了拆迁改造指导部。当年，沿街房屋拆迁 10199.3 平方米，发放拆迁补偿金 728.3 万元，占拆迁补偿总额的 86.6%。

2008 年在镇区开展绿化美化和环境治理工作，共硬化水泥路面 2970 平方米，铺设彩砖 193 平方米，添建垃圾池 10 座，栽植草坪 300 平方米，安装路灯 20 盏，铺设排水管 850 米；加强卯屯、万渡市场规范化建设，硬化卯屯市场地坪 500 平方米；启动了城市西出口焦村段拆迁改造工程，为焦村镇融入城市、服务城市、加快发展打下坚实基础。当年，完成了建材大市场、风情园、华苑高中、怡源贮运等项目用地拆迁任务 120 户，拆除建筑面积6000余平方米，拆除树木16000棵及其他土地附属物。7月30日，市风情园项目在焦村镇开工建设。该园坐落于灵宝西出口南侧的焦村老寨子，占地3公顷，是集住宿、餐饮、旅游观光为一体的休闲娱乐场所。8月，投资2.6亿元的市建材大市场项目开工建设。镇村建设方面，各村主巷道、村中心活动场所、村空闲地、农户房前屋后共栽植树木5万余株，建设村中游园2处。新建垃圾池59个，确定垃圾堆放点21个；全年清理垃圾2900余立方米，清理排水管道5000余米，整理主巷道94条4.8万余米；加强基础设施建设，全年硬化道路6.6公里，安装路灯249盏，新建舞台2座、文化大院3个；在辛庄等5个村实施安全饮水工程，解决了2820口人饮水问题，新建沼气池530个；加强农民劳动技能培训，全年开展"阳光工程"培训3期，累计转移劳动力9134人，劳务收入7000余万元。

2009年，启动焦村警亭南段拆迁工程，对项目区涉及的32户安置补偿到位，加大对镇区内违章建筑查处力度，投资80万元建成垃圾液压中转站1座，改善镇区垃圾处理难题。

2011年，投资600万元，改造衡岭大道，绿化、美化、亮化、净化，实现与市区的完美对接。

2012年，投资300万元，对镇区地下供排水系统、主干道、电力设施等进行全面改造。

2013年，投资400万元，对镇区警亭至纪家庄路口1500米长的主干道进行改造，安装高杆路灯90盏；投资535万元，完成镇区供水管网改建工程，新建垃圾中转站1座；投资250万元，实施敬老院扩建工程，建成2层68间宿舍楼；投资1000万元，在镇区原机械厂建设一个果蔬交易、餐饮服务大型市场，开展前期拆迁工作；投资500万元的镇区铁路桥加宽改造项目获审批，完成规划设计工作。

2014年，总投资1000万元，实施镇区铁路桥拓宽工程；总投资3500万元，实施镇区改造工程和农贸市场建设工程；总投资40万元，建设高标准文化体育中心。

2015年实施美丽乡村建设，按照"三无一规范一眼净"要求，在全镇范围内开展农村人居环境卫生整治，建立健全垃圾处理机制，推行具体考核办法和以奖代补措施，加强分类指导，有计划、分步骤推进美丽乡村建设。评定坪村、卯屯等10个村为环境卫生整治达标村，对5个后进村进行彻底整治。

2016年，焦村镇区拥有中学1所，小学2所，幼儿园3所，中等专业学校2所，门诊所3所，卫生院1座，居民活动场馆1处，公共厕所8座，垃圾中转站1个，派出所、农村信用社各1所。各类服务业商店、超市有200余户。

2019年,焦村镇开展创建文明城市活动,机关各部门、镇直镇办各单位按照职责分工,分区域包路段,从墙面到地面立体式打扫卫生、规范停车、疏导交通,开展志愿者服务活动。当年10月29日,焦村镇代表灵宝市各乡镇接受省创文验收。

第四节　新农村建设

1995年,投资1100万元,修建贯穿26个行政村、全长37公里的环镇域沥青道路。

2008年,修编焦村镇各行政村新农村建设规划,规划年限为2009年至2020年。

2009年,加强农村基础设施建设,全年硬化道路及巷道31.16公里,安装路灯132盏;在危险路段制作道路标识牌10块;新建饮水工程8处,打机井2眼,维修机井1眼,硬化渠道36938米,硬化排水沟1500余米,排水沟清淤2800余米,完成农电改造3个村,退宅还田10公顷,新建标准化卫生室23个、2.9万余平方米,建新农村超市1个,在农村改厕380座,新建垃圾池3座,农村环境状况进一步得到改观;新建或维修活动室10个、舞台7座,硬化、维修篮球场5个,硬化活动场地3000余平方米,购置健身器材27件。加强村风建设,提高农民综合素质,刷写精神文明宣传标语232幅,制作新农村宣传版面65块2930平方米,建设新农村书屋8个,新增图书16800余册。

2010年,完成安全饮水工程1处,新打机井1眼,新建提水站4处;硬化渠道1.02万米,硬化生产道路1300米,完成小流域治理200公顷,新增旱涝保收田466.67公顷;完成焦村、史村、水泉源、乡观4个村电气化改造建设任务;筹资600余万元,建成13个村级标准化卫生所;硬化农村道路及巷道17公里,安装路灯105盏,栽植各类苗木11.57万余株;新建垃圾池23个,沼气池300个;拆除旧宅265户、813间,拆除违章建筑15户,制止违章建筑30起,收回闲散土地10.4公顷。

2011年新农村建设,完成安全饮水工程5处,新打机井8眼,新建提水站1处;完成沼气池418个,推广太阳能50套;完成10千伏焦城线、焦巴线农电升级改造任务,建设改造台村区3个;开展大型环境治理4次,建立完善卫生保洁长效机制,兑付奖补资金6900元;新建垃圾池70座,安装路灯160盏;完成总投资1500万元的焦村村新型社区3栋6层14个单元的住宅楼,完成投资320万元的杨家村新型农村社区2栋4层4个单元主体工程。

2012年,在滑底、杨家、常卯等村建成安全饮水工程5处;维修机井2眼,修复管道

1800余米，购置水泵1台；在赵家、塔底、张家山、滑底等8个村新建沼气池260个，推广太阳能340套；完成危房改造310户；修建垃圾池20个。全镇科学规划修编新型社区13个。总投资1.3亿元的焦村新型社区，占地8.67公顷，建筑面积8万余平方米，进行地上附属物清点及赔偿；杨家新型社区一期工程交付使用，安置农户32户，总投资7000万元的杨家新型社区二期工程开工建设；投资1500万元的焦村金煜佳苑新型社区已建成入住。

2013年，建成安全饮水工程14处；在巴娄、西章、西常册等村新打机电井8眼，解决了9870人安全饮水问题；新建沼气池150个，推广太阳能60个；完成危房改造147户；总投资1.3亿元的焦村中心社区，占地8.67公顷，建筑面积8万余平方米，开工建设；总投资5500万元的杨家新型社区二期工程，占地6.67公顷，年内完成投资1000万元；总投资500万元，建设贝子原新型社区，主体工程完工。

2014年，投资9000万元的焦村中心社区，占地8.67公顷，规划商铺150套，住宅1300套，并开工建设；确定杨家、姚家城村为美丽乡村建设示范村，投资2360万元，建设居民楼2栋4层、小院50套；投资473.9万元，对杨家村和姚家城村公共基础设施、文化大院、学校迁建、道路硬化、主要巷道、安全饮水等工程进行建设。

2015年，继杨家村、姚家城村之后，确定辛庄村为创建三门峡市“美丽乡村”示范村，建成商贸街及门面房、主干道、高标准幼儿园、供排水管道，绿化村内三条主干道1500米，安装路灯30盏。

2016年，焦村镇杨家村按照新农村建设规划，新建住宅30座。贝子原村按照新农村建设规划，新建住宅30座。

2016年，按照美丽乡村建设项目《改善农村人居环境工作方案》有关要求，围绕“三无一规范一眼净”标准，在全镇范围内开展农村人居环境卫生整治，推行具体考核办法和以奖代补措施，有计划、分步骤推进美丽乡村建设。西常册村成功创建三门峡市“美丽乡村”示范村。当年，全镇西章、坪村等18个环境整治达标村获得奖补资金。在“百日洁城”行动中，共清理积存垃圾850多立方米，出动洒水车辆13台次，修剪花带5000余米，查处私搭乱建60户，清理占道经营商户50余户，没收店外牌子30块，清理小广告500余条；完善环卫设施，增加镇区环卫工人6名，投资30万元，购置环卫保洁转运车2辆，人力垃圾收集车15辆，街区垃圾箱15个，发放垃圾投放箱300个，并开展常态化巡查督导。

2017年，明确人居环境达标村标准，围绕“三无一规范一眼净”要求，在全镇范围内开展农村人居环境卫生整治。4月在国道及二线路沿线、进村主路、村主巷道、公共场所等重点区域,出动铲车等大型机械180台次,三轮车、架子车等运输工具360余辆,出动劳力9000余人次,开展人居环境卫生集中整治,清扫路面40余公里,清运垃圾50吨;执行"月检查、季评比"的检查制度,定期检查考评,严格兑现奖惩;各村建立健全了定期保洁、门前三包、巷长制、路长制、村规民约、村级考核评比等长效机制,确保农村环境卫生长期干净整洁。截至年底,镇区三门峡市级人居环境达标村34个,三门峡市级美丽乡村示范村4个,西常册村成功创建三门峡市美丽乡村精品村。

2018年,投资258.6万元,集中打造万渡、罗家、乡观、水泉源灵宝市美丽乡村示范村4个;投资475万元,打造姚家城、西常册村三门峡市美丽乡村精品村2个;制订"爱我家乡　清洁家园"环境卫生整治方案,以国道及二线路沿线、进村主路、村主巷道、公共场所为整治重点,清扫路面120余公里,清运垃圾150余吨;积极开展镇区秩序整治,成立城管办,对镇区店外经营下达整改通知书35份,拆除私搭乱建3处,纠正店外经营28处,治理流动摊点42处。

2019年,计划投资5700万元,当年规划设计初评已经结束。主要内容:镇区提升,实施门头改造及绿化美化工程,改造门头2600余平方米,粉刷、涂白墙面56000余平方米,放置景观花盆2000余盆,修建景观花园4处,平整闲散土地15亩。开展环境卫生整治,突出整治环境卫生难点和乱点,治理陈年垃圾点37处。进行户厕改造,在西常册、罗家、乡观、焦村、东村等5个村整村推进户厕改造共2729户。

第五节　脱贫攻坚

2017年5月,脱贫攻坚工作全面铺开,同时建立焦村镇扶贫开发办公室,完善镇村责任体系及工作机制,实行班子成员、机关干部帮扶贫困户、村两委干部分包贫困户、农村党员联系贫困户责任制。2021年12月31日,全镇建档立卡贫困户363户1040人全面高质量脱贫,脱贫攻坚各项政策全部落实到位。

363建档立卡贫困人口中,因病致贫134户383人,占贫困人口的37.0%;缺技术致贫104户319人,占贫困人口的30.7%;因残致贫79户201人,占贫困人口的19.3%;因学致贫23户94人,占贫困人口的9.0%;缺劳力致贫23户43人,占贫困人口4.0%。

焦村镇有姚家城村和尚庄村两个省级贫困村,姚家城村2016年底退出摘帽,现有脱贫户79户265人,尚庄村2018年底退出摘帽,有脱贫户64户213人。

扶贫项目全覆盖,生活产业支撑强。2016年至2020年,共计实施扶贫项目13个,累计使用扶贫资金1117.75万元,全部正常发挥效益。其中,公共服务类建设项目5个,分别为2016年姚家城村文化活动中心,2017年尚庄村文化活动中心项目,2017年姚家城、尚庄村、塔底村3个标准化卫生室;基础设施类项目1个,为2020年310国道至尚庄村三组道路硬化项目;产业项目7个,分别为2016年姚家城村香菇生产、2017年尚庄村香菇生产、2017年温氏养殖大棚、2018年高山合作社种猪繁育、2018年弘农沃土合作社苹果基地、2019年尚庄村食用菌专业菌棒加工示范园、2020年尚庄温氏养殖小区建设项目。13个项目目前已全部完工,项目资金按规定拨付到位,效益发挥正常,极大地改善了贫困群众的生活条件,达到了所有贫困户三个以上长短结合产业项目全覆盖,户均增收累计能够达15000元至20000元,同时提升种养殖技术,增加务工岗位,省级贫困户集体经济有产业项目强支撑。2016—2020年,焦村镇共计为贫困户发放分红308.36万元,为省级贫困村增加集体经济收入40.63万元,多方位助推贫困户高质量脱贫,巩固脱贫成果,稳定生活质量。

多措并举,助推扶贫工作有效开展。2016年以来,宣传培训方面,共计举办政策培训会440余次、发放各类培训资料560余套、悬挂标语40余条、刷写标语110余条,并通过微信公众号、印刷政策宣传版面等方式对脱贫攻坚各项政策进行了全方位的宣传培训。实用技术培训方面,针对贫困户积极开展了葡萄、桃、樱桃、食用菌等多种种植技术培训,累计培训贫困户1850余人次,通过实用技术的培训指导,提高了贫困户种植理论水平,促进了贫困户发展产业促脱贫的信心。健康扶贫方面,实现了城乡居民医疗保险、大病保险、健康服务卡和家庭医生签约服务全覆盖,三年来累计帮助贫困户免费体检3000余人次;办理重症慢性病卡204人;协助落实各项医疗报销政策。综合保障方面,及时落实低保、五保、残疾证的办理,无障碍残疾辅助器械的申请。教育扶贫方面,为建档立卡贫困学生出具证明,协助落实"雨露计划"职业教育及短期技能培训补贴,为学生提供了支持帮助。危房改造方面,累计实施危房改造92户,确保贫困户危房清零。金融扶贫方面,对全镇农户及贫困户进行金融信用评级,建立镇村两级金融服务体系,镇村两级金融扶贫站点有人员、有办公场所、有制度版面,工作运转正常,累计为贫困户办理各类金融扶贫贷款200笔270.25万元,进一步激发了贫困群众自我发展能力,极大的推动了贫困户产业发展,增加了贫困群众收入。务工就业方面,积极联系相关责任部门,开展了数场就业招聘会,其中2018年5月26日,以"助力脱贫攻坚、促进转移就业"为主题的灵宝市2018年脱贫攻坚专项招聘会焦村分会场,市委书记孙淑芳等一行亲临现场指导招聘工作，现场咨询人数达到 1000 余人次，现场达成就业意向签约 46 人；每年协助贫困户办理外出务工及自主创业奖补，共计申请奖补资金十万余元；2020 年镇开发保洁员公益岗 39 个，为不方便外出就业的贫困人员安排家门口公益岗，照顾家人，增加收入。

通过贫困群众自身的不断努力，各级扶贫干部的积极帮扶，各行各业的全方位配合，产业项目的强力支撑下，焦村镇脱贫攻坚工作成效显著，圆满收官，为下一步乡村振兴打下了坚实基础。

第六节　宅基地管理

中华人民共和国成立之初，焦村镇农村的宅院大小、形状不一。农村多为窄长形院子，上房一般为三间一跨，另有两排厢房。后来为了节约土地，方便管理，灵宝县政府对新建宅院的面积、形状做了规定：一、各乡（镇）所在地和人均耕地 1 亩以下的村，平均每户不得超过 2 分地；二、人均土地 1—2 亩的村，每户不得超过 2.5 分地；三、山区每户不得超过 3 分地。住宅的造型在中华人民共和国成立之初的一般特点是：长椽短檩，小瓦平坡，高脊大檐，门窗小而坚固，入深小，起架低。20 世纪 50 年代至 70 年代，农村房屋的特点是："明三暗五祖先堂，上七下八带木楼，利用空间好储粮，前檐外伸砌锅灶，冬通火炕夏乘凉。"80 年代，农村开始出现钢筋水泥等材料结构的楼房，其封顶结构有预制板的，有现浇的。

农房建设管理上的程序是个人申请，村组审核，乡（镇）批准。家在农村的国家职工及村委主要干部需要建房的应逐级报县主管部门审批。此阶段，农村宅基地属无偿、无期限使用。1990 年，根据国务院国发〔1990〕4 号文件精神，县土地局在农村开展了农村宅基地有偿使用试点工作。1991 年，农村宅基地有偿使用工作在焦村镇展开。农村宅基地有偿使用实施办法规定：凡在县辖区内的农村、城区、工矿区、乡（镇）驻地居住的农村居民使用集体土地建造个人住宅的，均为土地使用交费人。宅基用地户标准为 133.3 平方米至 200 平方米。面积在规定标准以内的，每平方米年交纳有偿使用费 0.05 元至 0.10 元；超标准部分，每平方米年交纳有偿使用费 0.20 元至 0.50 元。利用坑、塘废弃地建房的，可免交 2 年至 5 年的宅基地有偿使用费。实行宅基地有偿使用，解决了农村无偿多占、滥占、占好地的问题，增强了村民保护耕地的意识。1993 年 6 月，为减轻农民负担，农村宅基地有偿使用费暂停收取。

2016年,焦村镇行政村建设用地及村民住宅用地审批条例及办法,主要依据《中华人民共和国土地管理法》《中华人民共和国土地管理法实施条例》《中华人民共和国城乡规划法》《基本农田保护条例》《河南省土地管理法实施办法》《河南省土地管理法实施条例》《河南省农村宅基地用地管理办法》《河南省农村宅基地管理条例》等法律法规办理行政村建设用地及村民住宅用地。

第四章　交通运输

第一节　机构设置

焦村镇交通运输站

成立于2000年,主要业务为焦村镇境内的道路交通运输事务。历任站长先后有:谢许吉,男,2000年至2006年任;康克隆,男,2006年至2012年任;李拴江,男,2012年至2018年2月任;陈荣刚,男,2018年3月至今任。

焦村养护站

焦村养护站是焦村镇境内道路路段养护和维护的单位。1994年1月成立焦村镇地方道路管理站,2007年12月易名为焦村镇农村公路管理站至今。位于焦村镇政府驻地西南约5千米处,属焦村镇。该道班在X009线路上。有养护工人8名。于2012年2月始建,2012年10月建成。

第二节　航空运输

焦村飞机场

民国时期的焦村飞机场位于焦村南,建于1945年5月。当月20日下午,国民党第八战区司令长官胡宗南从西安指挥部给驻灵宝县焦村40军副军长106师师长李振清拍来十万火急电报,说是美国军事顾问将于25日凌晨,从西安乘飞机前往灵宝协助指挥对日作战。命令火速建好机场并为其准备好下榻之地。106师师长李振清和时任灵宝县县长秦延宁、西章乡乡长王步虎等在焦村师部举行紧急会议。会议决定把焦村玉皇阁西南面的麦子割倒,连夜修建一个供美军军事顾问专用的飞机场。随即动用焦村、东村、乡观、赵家、杨家、沟东、坪村劳动力五百余人,拉石磙的牲口一百多套连夜劳作,于第二日清晨,一个南北长500米、东西宽100米、占耕地80亩的军用机场建成了。1945年8月14日,日本宣布无条件投降,飞机场土地复耕。

坪村简易飞机场

1988年,经国家民航总局和国家工商行政管理总局批准,灵宝县五亩乡农民张广禄等筹资360万元,在焦村乡坪村修建可供中小型飞机起降的简易飞机场,同时成立灵宝航站。机场占地4公顷,跑道为沙石路面。飞机及飞行人员和机务维修工作由陕西省西安航空学校提供。1989年至1991年6月,几次参与县里组织的抢险、救灾、飞播造林、旅游、宣传等活动。曾开通灵宝至洛阳、郑州、西安等地的试飞航班。1994年6月,张广禄投资2500万元,将飞机场迁往苏村乡原坡村。

第三节　铁路交通

一、陇海铁路

1958年,伴随着三门峡水利枢纽工程的进展,灵宝县境内的陇海铁路属淹没范围,于是就开始了陇海铁路灵宝段南迁工程。该段的改线南迁工程于9月开始施工。参加施工的除郑州铁路局二处、西安铁路局一处等工程单位外,还有从商丘、夏邑、宁陵、项城、民权、淮阳等县调来的民工2.5万余人。1959年,施工单位又增加了开封、南阳、许昌、内蒙古呼和浩特筑路队,河南省公安厅劳改总队等39个单位共6.93万人。1960年8月改建工程全部竣工,正式通车。从此,灵宝境内的铁路由单轨变为双轨。改线后的陇海铁路焦村段,从焦村村与涧西区(原尹庄镇)西华村交界处进入衡岭塬焦村镇地域,从东至西,先后经过焦村、西章、坪村、卯屯、东常册、西常册、秦村、常卯8个村庄,出了衡岭塬进入西阎乡乾头村、北贾村地段,全长12公里,境内沿途有焦村、秦村两个车站。

二、火车站

焦村车站:位于焦村村南、铁路北侧,始建于1959年,2000年被撤销。占地面积4.6亩,主要建筑设施有售票房(连同候车室)、车站调度室、职工宿舍等,站内设置往东、往西两道站台,另有货运场地、煤场销售地等。焦村车站的存在不仅方便了焦村镇临近村民的出行、货运,还一度成为焦村村经济收入(焦村火车站搬运队)的一部分。2000年底,焦村车站撤销,停办客运和货运业务。

秦村车站:陇海铁路从秦村村中穿过,秦村车站位于秦村铁路北侧,始建于1959年,1988年被撤销。占地面积2.6亩,主要建筑设施有售票房(连同候车室)、车站调度室、职工宿舍等,站内设置往东、往西两道站台,另有货运场地、煤场销售地等。相对于焦村车站,秦村车站较小,主要方便了临近村民的出行、货运。

三、铁路过桥

陇海铁路焦村段从东往西先后穿越了辖区内的6道沟壑,从开工至今,架设在铁路沟壑上面的桥梁有焦村桥、乡观桥、坪村桥、东常册桥、刘家崖桥、秦村桥、常卯桥,这些桥梁解决了因铁路沟壑导致的交通不便。

焦村铁路桥

焦村铁路桥位于焦村村南,是跨域陇海铁路连接焦村镇至小秦岭山下众多村庄的主要通道,原桥位于现焦村镇政府驻地南60米处,首次架修于1960年,桥长50米,宽4米,桥面距铁路基部约30米,为钢架结构,铺设钢筋混凝土桥面,两边设置钢架栏杆。1992年,为了便于焦阳公路的更好开通,焦村镇协同焦村村两委呈请上级,由洛阳铁路分局在焦村村东南原坡道处(原桥东330米处)修建新的大桥一座,此桥建于1992年5月,1992年12月竣工通车。该桥属于X009(焦杨线)路上,跨越陇海铁路,单向2车道,焦村立交桥属中桥,全长60米,宽17米(其中行车道宽15米),净空高13米,跨径总长52.7米,最大跨径20米。该桥为3孔组合式梁桥,下部为双柱式墩台、钻孔灌注柱,设计荷载10吨。2015年,再次在紧连着此桥西架设大桥一座,桥长57.5米,宽8米。两桥并列,来往车辆靠右,各行其道,增加了安全系数和通行量。1960年架设的桥同时拆除。

常卯村铁路桥

常卯村铁路桥位于常卯村北陇海铁路路沟上,是村民生产和学生上学的安全通道,也是焦村镇西部连村310公路、焦阳公路的主要通路,是焦村镇环村公路的组成部分。此桥首次架修于1963年,长46米、宽4米,从路基到桥面高43米,为钢架结构,两边有钢架护栏,设置钢筋混凝土桥面。此桥是常卯大队向上级有关申请的同时,在外工作人员王景瑞从中给予了极大的帮助,使铁路桥得以实施架修。由于年久,原桥的桥面负载能力和宽度已经远远适应不了交通运输所需。常卯村再次向上级呈送书面报告,后终于2013年付诸实施,在紧靠原桥的东侧重新架设一座新的钢结构大桥,拆除了原桥。

新的铁路桥长48米、宽7米,从路基到桥面高43米,两边设置有钢架护栏,负载能力25吨。

乡观村铁路桥

乡观村铁路桥位于乡观行政村鸭沟自然村的陇海铁路路沟上,是村民生活和学生上学的安全通道。乡观村铁路桥有两座,一座位于村东,始建于1992年,主要作用是连接窄口水利工程灌溉通道,桥长50米、宽3米,桥面上有两道直径约1.2米的圆形过水管道。另一座位于鸭沟村中,此桥修于2014年,长50米、宽3.64米,为钢架结构,两边有钢架护栏,设置钢筋混凝土桥面。

坪村、东常册、刘家崖、秦村铁路桥

在陇海铁路焦村境域路段上,还有坪村、东常册、刘家崖、秦村四座铁路桥,先后修建于2002年至2004年,桥长46米至60米,桥面宽4米左右。均为钢架结构,桥面左右有钢架护栏,设置钢筋混凝土桥面。方便了村民田间生产和出行。

第四节　公路交通

一、310国道

民国三十一年(1942年),正值抗日战争时期,日本侵略军占领了山西省,由于黄河所阻,不能长驱进入河南,而常用大炮轰击,使灵宝县境内的陇海铁路被截断,火车不能通行,仅有的陕潼(陕西至潼关公路),因无人管理也不能畅通。国民党政府连同军队为了东西交通方便,征用大批民工,在崤山、秦岭山下修筑了3条临时通车公路:一条是从陕县张茅起,经灵宝县的川口、西章、阳平、程村、薛家营、董社等地到陕西省华阴县的张华公路,灵宝县境内长74公里;第二条是从卢氏起,经灵宝县的固水、虢略镇、水泉源到阌乡的卢灵公路;第三条是从灵宝虢略镇起,经朱阳到陕西洛南虢朱公路(其中虢略镇至朱阳33公里)。其中张华公路从涧西区(当时的虢略镇,中华人民共和国成立后的尹庄镇)西华村营田自然村上衡岭塬进入焦村镇(当时的西章乡,中华人民共和国成立后的西章人民公社),自西向东,先后经过了焦村、西章、坪村、卯屯、东常册、西常册、秦村7个村,进入西阎乡永泉埠、干头境域。

中华人民共和国成立后,从1951年起,除对原有的张华公路(洛阳至潼关公路,后

为郑州至潼关公路),进行了修建改善。

1959年,郑潼公路因三门峡水库拦洪,部分路段被库水淹没,致使该路交通中断。为了落实战备和适应国民经济的发展,县境西段重修。重修工程于1970年4月开始详细测量,5月初进行设计。工程由河南省交通局工程队和洛阳地区公路总段第三工程队负责施工,灵宝县抽调830名劳力参加。1970年9月施工全面展开,经过1年多的紧张施工,于1971年10月基本告竣。整个工程在原路的基础上征用焦村镇土地600余亩。新建后的道路路基宽7.5米,路面宽6米,路线最大纵坡为8%,最小半径为20米。路基路面基本符合设计要求标准。1971年10月25日,经有关单位验收后,交付灵宝县公路段养护管理。1972年至1974年10月,对该线路进行了渣油表面处理。

1985年2月至1986年1月,对该路段全部按12米宽度标准进行了加宽。

1993年8月至1995年11月,省交通厅投资,对部分路段进行了改线,将影响陇海铁路扩建工程的焦村段(原K910至K911+500)改线北移(从原来的焦村村南改道为焦村村东)350米,截弯取直,路面宽12米,较原路线缩短500米。

2001年,灵宝市实施310国道市区西出口改建工程。工程东起灵宝市函谷大酒店(K909+103),西与焦村街(K911+098)相接,全长1800米。设计标准为部颁平原微丘二级公路标准,路基宽18米,路面宽17.5米。全线路基土方271110立方米,沥青混凝土路面31.5万平方米,边沟2041立方米/2699米,地下排水1153立方米/290米,防护墙1121立方米/399米,涵洞82.3立方米/138米。工程总投资1398万元,2001年10月开工,2002年12月底建成通车。310国道西出口改建工程将提高公路技术标准,改善线型,彻底解决310国道市区西出口路段坡陡、弯急、路窄、交通不畅、事故频繁的状况,大大提高通行能力,方便过往车辆,并使国道与市区有机结合,对促进灵宝市经济发展,进一步改善投资环境具有积极作用。

2004年,310国道焦村至干头Al标段路面进行中修,工程起止桩号为K933+510M—K945+070M,全长11.56公里。6月10日开工,9月10日竣工。

2010年,310国道焦村至干头大、中修工程,4月28日开工,11月14日竣工。该工程位于310国道K927 +100—K937+000段,起点G310灵宝境的焦村K927 +100处,向西前行,经西章、尚庄、坪村,过卯屯、东常册、秦村后,路线转向北至干头村K937+000处结束,路线全长9.9公里。路面宽12.0米,即11.5米+两侧各0.25米路缘,其中K927+100—K930+300段为中修,K930+300—K937 +000段为大修。路面面层结构为5厘米中粒式沥青混凝土+3厘米细粒式沥青混凝土+1.0厘米沥青下封,路肩结构同路面。

2011年,完成了310国道长安路(科里至焦村)改造工程。6月9日开工,7月9日建成通车,总投资2100万元。工程东起川口乡科里桥,西至焦村镇华苑高中门口,全长8.4公里。路面采取大修处理,基层为18厘米厚二灰碎石,面层为(4+3)厘米沥青混凝土及热熔标线。

2012年,完成了310国道焦村坡洒油罩面工程。

截至2019年12月,310国道焦村段自东向西历经焦村、西章、坪村、卯屯、东常册、西常册、秦村7个行政村,全长5.1公里。

二、焦阳公路

焦村至阳平公路,系县道X009线。"焦阳"公路起自焦村镇焦村村310国道边,往南过陇海铁路焦村天桥,经东村、乡观、赵家、滑底、罗家、万渡、巴娄、东常册、西常册、东坡等村至阳平镇阳平街,全长21.8公里。该路1992年前为砂石路面。1992年5月改建工程动工。1993年1月至10月,阳平镇投资260万元,将阳平街至焦村镇巴娄段7.5公里砂石路改建为水泥混凝土路面。1995年3月至10月,焦村镇投资481万元,市交通部门补贴14.6万元,将焦村至巴娄段1413公里砂石路改建为沥青碎石路面。改建后,该路焦村段路基宽7.5米,路面宽6.5米;阳平段路基宽7米,路面宽6米。有桥梁6座,达四级公路标准。2009年,投资440万元,完成了北部二线公路重修工程。2013年重新改建,道路两旁有排水沟等设施。2018年升级为312省道并实施改建,整治后宽8米,从乔沟、巴娄村北通过。在焦村镇境域内沿途的过桥有万渡桥、巴娄东桥、巴娄西桥。

万渡桥位于万渡村,由万渡村投资兴建。始建于1983年5月,1983年12月竣工通车。单向2车道,属小桥,桥梁全长10米,宽7米(其中行车道宽7米)。该桥为单孔石拱桥,下部为矩形重力式桥墩,设计荷载10吨。

巴娄东桥位于巴娄村东,由巴娄村投资兴建。始建于1977年5月,1977年9月竣工通车。跨越河流,单向2车道,属小桥,桥梁全长20米,宽8米(其中行车道宽7米)。该桥为单孔石拱桥,下部为矩形重力式桥墩,设计荷载10吨。

巴娄西桥位于巴娄村西,由巴娄村投资兴建。1977年5月动工,1977年9月竣工通车。该公路桥横跨小河,单向2车道,为小桥,桥梁全长18米,宽7.5米,(其中行车道宽6.5米)。该桥为单孔石拱桥,下部为矩形重力式桥墩,设计荷载10吨。

三、西高公路

属乡道Y010(西高线)。从公路起点名称(函谷关镇孟村村高速路口)和止点名称

(焦村镇西章村)中各取一字命名。2000年5月动工,2000年竣工,2005年改建。该公路属乡道,四级公路。起于函谷关镇孟村村高速路口,止于灵宝市焦村镇西章村。全长22.452千米,宽6米,是水泥混凝土路面。在焦村镇境域沿途经过高家庄、西章等行政村。该路2009年铺设沥青路面。2019年由焦村镇投资395万元升级为X052线,改建中重铺沥青路面。

四、岳破公路

属乡道Y012(岳破线)。从公路起点名称(西阎乡破湖村)和止点名称(尹庄镇岳渡村)中各取一字命名。1970年5月动工,1970年竣工,2009年改建。该公路属乡道,是四级公路。路程长19.813千米,宽6米,是水泥混凝土路面。在焦村镇境域沿途经过武家山、杨家、东村、焦村、辛庄、柴家原等行政村。2008年焦村镇至辛庄路段铺设沥青路面。2018年,上级政府和焦村镇政府共投资577万元,该路升级为X054线,改建后的路面宽度为6.5米,重新铺设沥青路面。

第五节　乡间道路

2003年,镇村建设年内完成了镇区规划修编任务,安装路灯150盏,绿化治理400平方米,栽植风景树150棵。筹资80万元,拓宽硬化工生路、文化街3300平方米。道路建设完成了焦村至阳平路巴娄段水毁工程的维修任务,拓宽改造了张家山、尚庄进村主路,硬化了史村、纪家庄和东仓村进村道路。

2004年道路建设投资,拓宽、延长、硬化了工生路北段路面;硬化了王家村、东仓村等9个村11.3公里进村主干道路。

2005年,镇区共安装路灯40盏,硬化道路1公里。村村通工程投资600余万元,硬化了27个村的进村道路,总长40公里。同时,完成了焦村至程村公路焦村段13公里升级改造任务,新建涵洞15个,改造涵洞7个。

2006年,小城镇建设投资8万元,实施了工生路中通改造工程,拓宽硬化主干道1000米,新建垃圾池3个,新装路灯20盏,初步实现了镇区净化、亮化。乡村道路建设完成"村村通油(混凝土)路"扫尾任务8个村,全镇36个村全部实现"村村通油(混凝土)路"目标,其中有11个村完成了村中主道和巷道硬化13.09公里;完成了乔沟—坪村、常卯—贝子原二线路连接线的硬化工程,乡村道路纵横成网。全镇累计硬化道路29.14公里,再掀乡村公路建设新高潮。

2007年新农村建设,深入开展村容村貌整治工作,年内各村共安装路灯314盏,修建垃圾池26个,垃圾点96个,整理巷道2万余米,并对进村主路进行了绿化、美化。

2008年,在各村主巷道、村中心活动场所、村空闲地、农户房前屋后共栽植树木5万余株,建设村中游园2处。整治农村环境卫生,新建垃圾池59个,确定垃圾堆放点21个;全年清理垃圾2900余立方米,清理排水管道5000余米,整理主巷道94条4.8万余米。加强基础设施建设,全年硬化道路6.6公里,安装路灯249盏。

2009年,乡间公路筹资68万元,完成了杨家至武家山道路改线工程。完成了Y010线西章至辛庄公路改建工程。起点位于西章,途经水泉源、李家坪、姚家城,终点位于辛庄,路线全长10公里。总投资500万元。该工程按四级公路标准设计,其中路基宽7.5米,路面宽6米,设计速度为20公里/小时。2009年7月1日开工,9月30日竣工。Y012线焦村至辛庄公路改建工程,起于Y012线焦村,止于辛庄,路线全长5公里。总投资250万元。该工程按四级公路标准设计,其中路基宽7.5米,路面宽6米,设计速度为20公里/小时。2009年7月1日开工,9月30日竣工。主要工程数量:铺筑16厘米厚二灰砂砾基层32500平方米;沥青下封层30000平方米;摊铺4厘米厚沥青面层30000平方米。对Y012线东村至岳渡公路改建工程。起于焦村镇东村,途经武家山、杨公寨,止于尹庄镇岳渡,全长11公里。总投资550万元。该工程按四级公路标准设计,其中路基宽6—7.5米,路面宽5—6.5米,设计速度为20公里/小时。2009年7月5日开工,10月31日竣工。完成了Y026线函谷关镇堡里至南安头至函谷关镇西坡公路改建工程,该线路起于Y026线堡里,途经南安头,止于西坡,全长12.5公里。总投资625万元。该工程按四级公路标准设计,其中路基宽6—7米,路面宽4-6米,设计速度为20公里/小时。2009年7月4日开工,10月31日竣工。对路况较差的Y012线焦村至辛庄段21公里公路进行了大修,保证了农村公路养护质量。加强农村基础设施建设,全年硬化巷道31.16公里,安装路灯132盏。

2010年,乡间公路建设完成Y010西章至辛庄公路改建工程,7月10开工,9月10日完工,总投资300万元。位于灵宝市西部焦村镇境内,起于西章,途径水泉源、李家坪、姚家城,止于辛庄,全长6公里,按四级公路标准设计,路基宽6.5米,路面宽5米。主要工程数量有:16厘米厚二灰砂砾基层39600平方米,沥青下封36600平方米,4厘米沥青混凝土面层36600平方米。同时,全年硬化农村道路及巷道17公里,安装路灯105盏。

2011年,积极申请国家项目资金550万元,拓宽改建县道1条,长4公里;乡道2条,长15.5公里;村道7.8公里。乡间公路建设工程完成Y012线东上村至柴家原改建工程。7 月开工,11 月完工,总投资 254 万元。起点位于西阎乡东上村西北,下穿连霍高速公路,止于柴家原村界,全长 2. 1 公里。按三级标准公路设计,路基宽 7. 5 米,路面宽 6. 5 米。完成 X009 线焦村至东仓段公路改建工程。7 月开工,11 月完工,总投资 735 万元。起点位于焦村镇,经东村、乔沟村、乡观村,止于东仓村,全长 7. 8 公里。按三级标准公路设计,路基宽 7. 5 米,路面宽 6. 5 米。

2012 年,乡村公路建设完成了南二线路万渡至巴娄 6 公里道路改造工程,改善了群众交通出行条件;完成了东仓至巴娄段公路改建工程,起点位于焦村镇东仓,止于巴娄村。全长 9 公里,总投资 311 万元。按四级标准公路设计,路基宽 6. 5 米,路面宽 5 米,6 月开工,8 月完成。

2016 年,道路建设投资 500 万元,完成纪家庄、武家山、李家山等村级道路建设改造工程,改善群众出行条件;投资 200 万元,实施镇区改造提升工程。

2017 年,道路建设完成 310 国道——纪家庄村全长 2. 5 公里通村公路建设任务;S312 省道改造工程,完成 14 公里道路勘测及地面附属物的清点工作;完成北二线南安头村——姚家城村 4. 2 公里道路改造工程,两旁路基加宽到位。

2018 年,焦村镇投资 729 万元,完成了北二线(X054)焦辛路改扩建工程,铺修柏油路 5. 3 公里;完成省道 312 改建加宽工程,铺修道路 12. 8 公里;完成呼北高速公路(绕城高速)在焦村境内 10. 6 公里的地面附属物清点工作。

2019 年,完成了投资 700 余万元,实施全长 5. 28 公里的 X052 辛庄至西章段道路改建工程,彻底改变焦村镇交通出行条件。

第五章　电　力

第一节　焦村供电所

灵宝市电业局焦村供电所位于灵宝市以西 5 公里处，承担着焦村镇 38 个行政村，16399 户居民生活和生产的安全供用电，优质服务和电费抄核收管理工作，分三个专业作业班和五个线路维护班运作，电力网收费点遍布每个行政村，利用国都系统、网上银行、支付宝进行收费，通电率达 100%。

焦村镇供电机构始于 1969 年，前身由闫增容主持，焦村公社所有大队用电业务，办公地点设在公社农机站，1973 年乡水电管理站正式成立，办公地点设在焦村火车站旁边，建有 8 间土木房屋，历经电管员、农电站、水电站、农电管理站的演变，1976 年供电所正式成立之后名为焦村农电站，正式职工 5 人，人事调动由乡政府水电站管理。1987 年人、财、物正式移交灵宝县电力公司，名为焦村电业管理所。1998 年，理顺农电体制，实施“两改一同价”工作后，更名为灵宝市电业局焦村供电所，占地面积 588 平方米。2004 年，供电所有职工 6 人，农村电工 38 人，电工班 8 个。1992 年，焦村供电所迁址位于 310 国道旁沟东村，时有职工 10 人，农电工 19 人。

主要职责：贯彻执行上级有关农村电力工作的法规、条例及各项规章制度，严格执行省物价局核定的农村低压电价；农村低压建设和整改规划；开拓电力市场，提高农村电气化水平；农村低压整改资金、维护费和低压降损收益的管理和使用。要严格财务制度，实行收支两条线；农村电工业务技术培训、考核、发证；农村电工的年度考核、聘用和解聘；负责农村电工的工资、奖金、劳保福利的发放审批；组织开展优质服务活动等；农电总站通过各乡镇供电所负责电工的管理和实施；农村电工人身意外伤害保险和线路、设备、配变财产保险理赔；农村电工聘用合同管理和农村电工养老金储蓄管理。

焦村供电所历任所长更迭表

表 5-1

姓名	性别	职务	任职时间(年)	籍　贯
闫增容	男	电管员	1969—1972	灵宝市
杜运才	男	站长	1973—1981	灵宝市焦村镇东村村
张项泽	男	所长	1981—1992	灵宝市尹庄镇开方口村
张天民	男	所长	1993—2001	灵宝市焦村镇焦村村
范参军	男	所长	2002—2004	灵宝市西闫乡范家嘴村
董志超	男	所长	2004—2012	灵宝市函谷关镇南营村
王　佩	男	所长	2012—2015	灵宝市函谷关镇墙底村
苏登峰	男	所长	2015—至今	灵宝市尹庄镇尹庄村

第二节　电力设施发展概况

焦村镇的电力事业在党的改革开放政策指引下，得到迅速发展，40 年来用电量不足 10 万千瓦时，发展到 2016 年 4290 万千瓦时，辖区现有 35 千伏变电站一座(焦村变电站)，主变 2 台，总容量 20000 千伏安，供电所现有职工 10 人，农电工 31 人，低压客户 16399 户，有 10 千伏公用线路 5 条(焦巴线、焦函线、焦专线、焦城线、焦常线)，总长度为 14054 千米，农村 400 伏线路 204 千米，有配电变压器 285 台，总容量 18810 千伏安，其中公用配变 107 台，容量 12080 千伏安，用户专用配变 178 台，容量 6730 千伏安。

1973 年，建第一条 10 千伏线路，由西阎变电站供电，当时全乡只有 5 个村用上电，配电变压器 7 台，550 千伏安，年用电量不足 10 万千瓦时。

2004 年，购电量 1009.2 万千瓦时，售电量 9748 万千瓦时。10 千伏线损率为 2%—4%。400 伏线损率 10.79%。售电均价 0.5268 元/千瓦时。全年应收电费 4654.1 万元，回收率 100%，陈年欠电费回收 15000 元，回收率 5%。功率因数达 0.9 以上。设备完好率 100%。

2016 年，售电量 4290 万千瓦时，综合线损为 3.39%，低压线损率为 8.38%，全年上交电费 20320714.81 元，电费回收率 100%，设备完好率 100%。

2016 年实施电力改造，主要是投资 2000 万元，完成乔沟、王家、沟东、巴娄、尚庄、南安头、西章等9个村的线路和供电设备升级改造。

2017年实施农网升级改造工程,完成焦村、东村、东常册、乔沟、王家等村的新建台区工程,进一步提升供电保障能力。

2019年,总投资844万元的紫东变电站扩建项目,已竣工。计划投资2000万元的变电站项目,将在2019年底开工。

截至2019年12月,焦村变电站10千伏配电线路有:

焦义线,焦村变电站至义寺山配电线路,架空线线路长度6.58公里,导线规格LGJ-50,1999年12月投入运行。

焦巴线,焦村变电站至巴娄村配电线路,架空线线路长度50.27公里,导线规格JYJKLGJ-120^2,2013年5月投入运行。

焦城线,焦村变电站至张家山村配电线路,架空线线路长度25.76公里,导线规格JYJKLGJ-120^2,2013年4月投入运行。

焦常线,焦村变电站至常卯村配电线路,架空线线路长度30.24公里,导线规格JYJKLGJ-120^2,2015年11月投入运行。

焦函线,焦村变电站至三协公司配电线路,架空线线路长度31.09公里,导线规格JYJKLGJ-185^2,2015年11月投入运行。

焦专线,焦村变电站焦村镇政府配电线路,架空线线路长度7.26公里,导线规格LGJ-185,2003年1月投入运行。

焦开线,焦村变电站至开源公司配电线路,架空线路11公里,2GJ-95^2,2005年投运。

第三节　农村电工

一、农村电工配备

20世纪70年代农村电网主要由行政村集体筹资兴建,资产归行政村集体所有,维护和管理由行政村电工负责。农村电工由行政村自选、自管,报酬按大队工副业同等技术人员或高于同等劳动力待遇(统一记工分)。当时由于电力物资匮乏,电网质量差、事故多、损耗大、技术落后等原因,农村触电伤亡事故不断发生。

1987年,农电体制改革,按照灵水电〔1987〕100号文件精神,焦村镇设立了管电委员会,村里成立管电领导小组,村电工受县电力公司和乡管电委员会双重领导,农村电工的工资、福利、各项职责及考核有了明确的规定。

1995 年,灵宝市电业局成立了农村电工统管领导小组,下设统管办,农户首次用上了由河南省电力工业局统一印制的"电费缴费手册"。

1999 年 4 月,各供电所设有一名农村电工统管员。

二、农村电工管理

农村电工采取亦工亦农管理办法,统一聘用培训、统一考试、统一发证、统一使用、统一发放报酬,在各供电所设立了农村电工统管员,通过供电所以各种制度和经济杠杆(指标和工资挂钩方式)对农村电工实施管理。农村电工工资包括基础工资、电量工资、职务工资和目标考核结算,每月工资按时发放,奖罚分明,多劳多得。为了稳定电工队伍,从 2002 年起为农村电工加入了意外伤害保险。

三、农村电工职责

(1)树立"人民电业为人民"的思想,严格遵守《电业部门职工服务守则》《农村电工服务守则》,全心全意为农业生产、为农民生活、为农村经济发展服务。

(2)在班长领导下工作,要听从指挥,自觉遵守纪律。

(3)宣传安全用电知识,搞好电力设施安全运行,维护管理,严禁违章作业,杜绝责任事故的发生。

(4)搞好分类用户的节能工作,做到销售到户、抄表到户、收费到户、服务到户。

(5)严格按照物价局核定的农村低压电价收费,不准代收一切不符合国家规定的价外加价。

(6)遵纪守法、执行政策、落实规章制度。

(7)认真学习业务技术,不断提高自身素质。

(8)积极参加供电所组织的各类活动,完成各项任务和指标。

2019 年焦村镇农村电工一览表

表 5-2

姓名	性别	籍　贯	管辖区域	备注
姚朝科	男	焦村镇焦村	焦村镇区、焦村行政村	
张赞革	男	焦村镇焦村	焦村镇区、焦村行政村	
张建博	男	焦村镇东村	东村行政村	
李民生	男	焦村镇武家山	武家山行政村	

续表 5-2

姓名	性别	籍　贯	管辖区域	备注
闫赞学	男	焦村镇乡观村	乡观行政村	
张泽民	男	焦村镇赵家村	赵家行政村	
翟喜民	男	焦村镇史村	史村行政村	
赵东东	男	焦村镇东仓村	东仓行政村	
李学彬	男	焦村镇罗家村	罗家行政村	
郭东升	男	焦村镇巴娄村	巴娄、贝子原行政村	
任晓阳	男	焦村镇万渡村	万渡行政村	
冯文益	男	焦村镇滑底村	滑底行政村	
寇建民	男	焦村镇南上村	南上行政村	
赵太学	男	焦村镇乔沟村	乔沟行政村	
许钢成	男	焦村镇常卯村	常卯行政村	
张彦瑞	男	焦村镇西章村	西章行政村	
庞宝江	男	焦村镇秦村	秦村行政村	
梁卫星	男	焦村镇卯屯村	卯屯行政村	
尚选泽	男	焦村镇尚家庄	尚家庄行政村	
杨　檬	男	焦村镇水泉源	水泉源行政村	
李孝森	男	焦村镇东常册	东常册、西常册行政村	
杨立东	男	焦村镇沟东村	沟东行政村	
常通渠	男	焦村镇南安头	南安头行政村	
高建宁	男	焦村镇辛庄村	辛庄行政村	
李天旺	男	焦村镇纪家庄	纪家庄行政村	
杨建军	男	焦村镇水泉源	水泉源行政村	
张辉波	男	焦村镇姚家城	姚家城行政村	
柴卫东	男	焦村镇柴家原村	柴家原行政村	
荆新伟	男	焦村镇居民组	焦村街居民户	
宁瑞锋	男	焦村镇李家坪	李家坪行政村	
李卫革	男	焦村镇马村	马村行政村	
焦海东	男	焦村镇贝子原	贝子原行政村	
李怀珍	男	焦村镇焦村	焦村行政村	
李军民	男	焦村镇乔沟村	乔沟行政村	

第四节　电　费

农村低压电费、电价管理。农村低压电价和电费实行“三公开”(电量、电价、电费)、“四到户”(销售、抄表、收费、服务)、“五统一”(电价、发票、抄表、核算、考核)。(1)严格执行电价政策,实行全市一价。1999年,农村低压电价行政村农综未整改台区执行拦头价,每千瓦时0.72元,山区执行每千瓦时0.74元,整改台区经验收合格后执行每千瓦时0.67元;2001年农综台区电价执行每千瓦时0.53元;2002年执行每千瓦时0.51元。按照核准的电价和用电计量装置的记录收电费,不准在农村电价上附加任何费用,也不准代收、代缴电价以外的任何费用。(2)农村用户实行一户一表制,逐户建卡,农村电工抄表到户,收费到户。(3)每月供电所安排电工班在同一时间内,统一抄表、统一电价、统一核算、统一票据、统一收费。(4)实行计算机核算和打印电费汇总表及电费收据。(5)每月必须逐户公布上月电表度数、本月电表底数、用电量、电价、电费及本月公益用电量。(6)农村电网维护费按规定提取,统一上缴市电业局农电总站管理。(7)取缔任何形式的农村电费承包方式。(8)实行储蓄购电台区,抄核后通知储户办理储蓄手续。

据资料记载:

1988年至1991年,照明1.195元/(千瓦·时);非普工业0.113元/(千瓦·时);农业生产0.060元/(千瓦·时);排灌51—100米0.052元/(千瓦·时);排灌101米以上0.042元/(千瓦·时);农村综合0.090元/(千瓦·时)。

1992年,照明1.195元/(千瓦·时);非普工业0.113元/(千瓦·时);农业生产0.060元/(千瓦·时);排灌51—100米0.050元/(千瓦·时);排灌101米以上0.040元/(千瓦·时);农村综合0.088元/(千瓦·时)。

1993年,照明1.195/元/(千瓦·时);非普工业0.113元/(千瓦·时);农业生产0.070元/(千瓦·时);排灌51—100米0.050元/(千瓦·时);排灌101米以上0.040元/(千瓦·时);农村综合0.088元/(千瓦·时)。

1994年至1995年,照明1.195元/(千瓦·时);非普工业0.130元/(千瓦·时);农业生产0.070元/(千瓦·时);排灌51—100米0.060元/(千瓦·时);排灌101米以上0.050元/(千瓦·时);农村综合0.098元/(千瓦·时)。

1996年,非居民照明0.415/元/(千瓦·时);居民生活0.285元/(千瓦·时);非普工业 0.355 元/(千瓦·时);农业生产 0.285 元/(千瓦·时);排灌 51-100 米 0.165 元/(千瓦·时);排灌 101 米以上 0.160 元/(千瓦·时);农村综合 0.435 元/(千瓦·时)。

1997 年,非居民照明 0.505 元/(千瓦·时);居民生活 0.365 元/(千瓦·时);非普工业 0.480 元/(千瓦·时);农业生产 0.435 元/(千瓦·时);排灌 51—100 米 0.405 元/(千瓦·时);排灌 101 米以上 0.401 元/(千瓦·时);农村综合 0.435 元/(千瓦·时)。

1998 年至 1999 年,非居民照明 0.560 元/(千瓦·时);居民生活 0.395 元/(千瓦·时);非普工业 0.530 元/(千瓦·时);农业生产 0.435 元/(千瓦·时);排灌 51-100 米 0.420 元/(千瓦·时);排灌 101 米以上 0.420 元/(千瓦·时);农村综合 0.435 元/(千瓦·时)。

2000 年,非居民照明 0.489 元/(千瓦·时);居民生活 0.440 元/(千瓦·时);商业 0.611 元/(千瓦·时);非普工业 0.495 元/(千瓦·时);农业生产 0.439 元/(千瓦·时);排灌 51—100 米 0.419 元/(千瓦·时);排灌 101 米以上 0.419 元/(千瓦·时);农村综合 0.435 元/(千瓦·时)。

2016 年,调整省峰谷分时电价政策和部分机组上网电价,进一步降低企业用电成本。主要调整:(1)取消化肥优惠电价。按照国家发展改革委《关于降低燃煤发电上网电价和工商业用电价格的通知》(发改价格〔2015〕748 号)相关要求,取消化肥优惠电价。(2)降低部分发电机组上网电价。郑州燃气发电有限公司、华能河南中原燃气发电有限公司上网电价,由每千瓦时 0.659 元降低至 0.60 元;部分燃煤机组的上网电价降至我省燃煤机组标杆电价水平。(3)调整峰谷分时电价政策。暂停执行尖峰电价,尖峰时段并入高峰时段,电价系数按高峰系数 1.57 执行,调整后的峰谷分时电价表。(4)化肥优惠电价全部取消,自 2016 年 4 月 20 日起执行,其余价格自 2016 年 6 月 1 日起执行。全镇严格执行新的电价调整标准,做好电价管理。

第六章 邮政电信

第一节 邮 政

一、发展概况

据《河南邮电史资料汇编》记载:唐代,虢州故城西半里许设红亭驿。焦村镇境域里的公文传递和书信传送业务由红亭驿办理。光绪二十八年(1902 年)后,灵宝各地陆续设立邮政代办所。

民国元年(1911 年),灵宝正式设立邮政局。民国十三年(1924 年 11 月 1 日),开办虢略镇邮政代办所,此时期焦村镇境域里的邮政业务先后由灵宝县邮政局、虢略镇邮政代办所办理。民国三十七年(1948 年),常家湾办起了私营的邮政代办所,可办理焦村镇境域(灵宝县国民政府西章乡)部分区域信函和汇款。

1949 年 6 月,灵宝解放后,中共共产党人民政府接管了民国时期的邮政、电信局。

1959 年,在焦村村办起了邮电所,西章人民公社乃至后来的焦村人民公社境域里的邮政信函、报刊征订业务由焦村邮电所办理。办理的邮政业务包括:函件、包件、汇兑、机要通信、特快专递、报刊发行、邮购、集邮等。

1980 年 7 月 1 日,邮政部门实施邮政编码制度,灵宝县城区邮政编码为 472500;焦村人民公社邮政编码为 472501。村民发寄信函时需要写上镇区的邮政编码。

1998 年 10 月,邮政、电信分业经营。焦村镇的公文和信函传递业务由灵宝邮政局直接办理。

2016 年 4 月,灵宝市焦村邮政支局在灵宝市工商行政管理局注册登记。位于焦村镇东 310 国道北侧。

二、邮政业务

(一)信函。分为平信、挂号信、明信片、印刷品等,按规定贴足邮资,即可寄发。挂号信中允许夹寄票证。超重信函按超重量加收邮资。中华人民共和国成立初期,一件平信按旧制 12 两(16 两为一斤)小米的价格为基价,折合现人民币 0.05 元。1951 年 5 月 1 日起,每件平信资调整为 0.08 元。1980 年 7 月 1 日,邮电部决定在全国实行“邮政编码”制度，焦村乡邮政编码为472501。1990年7月31日起，为改变全国邮政资费偏低，经国务院批准提高国内邮政资费，其中平信每件按0.20元收取。

（二）包裹。分快递小包、普通包件、保价包件、商品包件。寄递包裹时对体积、重量和包装等都有一定的要求和限制，拒收易燃、易爆、易腐物品及活禽、活畜等，对易破、易碎或贵重物品必须按规定包装，价值高的还可作保价包裹寄递。收费视寄达地点的距离和包裹的重量以及所选择的传递方式而定。

（三）汇兑。邮电部规定：除保价信函外，其他信函中一律不准夹寄钱币，只能汇款。汇款业务分三种：一是邮电公事汇款（内部使用，不收汇费）；二是普通汇款，汇费按汇款金额的15%收取，每笔汇款最低汇费2元，最高50元；三是快件汇款。

（四）报刊。民国时期，焦村镇境内没有报刊订阅项目。1960年起，全国报纸、杂志统一由邮局征订、发行、投递，实行邮发合一。1980年以后，焦村乡各机关、学校、企事业单位及个人订阅的报刊杂志总数与日俱增，发行报刊成为邮电部门的主要业务之一。焦村乡报刊发行至各大队和各学校、各社直单位等。

（五）特快专递。国际、国内特快专递邮件业务，是为用户提供的寄递时间性非常强，传递速度最快的一项特殊服务。国内特快专递邮件准寄范围：信函、文件、资料、物品和商品。一般当日交寄，次日投递，边远地区最迟不超过3天。

三、灵宝市焦村邮政支局

灵宝市焦村邮政支局位于灵宝市焦村镇华苑高中112号，占地面积120.33平方米，建筑面积100.75平方米。2016年4月在灵宝市工商行政管理局注册登记的国有企业。属邮政行业，业务范围是邮政基础业务、邮政增值业务、邮政附属业务；农资、日用消费品的连锁配送；通信器材、通信设备（不含无线）的销售、维修及附属材料的销售；计算机网络设备及配套设备的销售、制作、发布、代理国内广告业务；航空运输代理；房屋租赁、农业生产资料的销售；日用品的销售；预包装食品的销售（依法须经批准的项目，经相关部门批准后方可开展经营活动）。法人代表是宋赞弟，编制人员1人。

第二节　电信通信

一、电话

民国二十二年（公元1933年），民国灵宝县政府环境电话局用3部10门西门子交换机，拼凑成30门交换机1部。西章乡公所装有电话，是10门交换机。县环境电话局通往西章乡公所的电话是单线。

1956 年,伴随着社会主义改造基本完成,农业生产合作化高潮的迅速兴起,依靠地方投资,电信通信迅速向农村扩展。焦村镇境域内的焦村中心乡和万渡中心乡开通电话。

1958 年,随着大跃进的开展,实施全民办邮电,通信网路迅速扩展到各生产大队。至 1959 年,完成了乡镇建制后的通信迁并工程,通信网络延伸到西章公社全境,实现了全公社队队通电话。

20 世纪 60 年代至 70 年代,焦村公社贯彻国家“调整、巩固、充实、提高”八字方针,网路建设发展缓慢,但各项业务和服务水平、服务质量在稳步增长和提高。

1984 年,焦村电话总机有交换机一部,容量为 50 门,实际占用容量 34 门,联接电话机 30 部;焦村公社小总机,有交换机两部,容量为 40 门,实际占用 18 门,联接电话 21 部。

1990 年,焦村邮电所被撤销。1999 年,为促进邮政、电信事业的发展,适应改革开放,国务院决定在全国组织实施邮电分营工作。为适应群众需求,灵宝市电信公司,总装机容量扩至 5000 门,在网用户达到 3000 户,通信进一步改善,功能大大加强,所有电话均可全国直拨。程控电话除基本功能外,还有缩位拨号、热线服务、呼出限制、三方通话、闹钟服务、转移呼叫、遇忙回叫、追查恶意呼叫等功能。随着程控电话的普及,无绳电话、传真机也开始大量使用。

2016 年 4 月,灵宝市焦村邮政支局在灵宝市工商行政管理局注册登记。属邮政行业。

二、电报

民国时期,西章乡民间若拍发电报须到灵宝县邮电局办理。如有外地拍来的电报,由灵宝邮电局收译后,通知本人去取。1959 年,西章公社焦村邮电所成立后,逐步开始受理电报业务。焦村邮电所根据电报内容,译成电码后,报到灵宝报房,由报房发出。外地发来的电报,也由灵宝报房话传电码,由焦村邮电所收译后,邮送到本人签收,或通知本人到邮电所领取。20 世纪 90 年代中期开始,由于电话普及率的提高,电报用户日益减少。90 年代末,电报业务消迹。

三、网络

163 网络是中国 internet 的骨干网,它采用 TCR/IP 协议构造,通过高速数字专线与国际 internet 相连。在国内,与其余三个互联网(gbnte、cxtnet、cernet)互联。163 网可提供的基本业务有电子信箱 email、电子文坛 usernet、文件传送 ftp、交换式信息查询 gopher、交换式多用户服务、检索服务 archie、目录服务 wais、远程登录 tel-net 等等。

169 网络依托电信强大的公用通信网络,采用先进的计算机技术和通信技术,面向大众,提供语音、文字、数据、图像等各项信息业务,内联国内各大网络,外联国际因特网,用户只要其备电脑、电话线,拨 169 就可以在浩瀚的信息海洋中畅游。169 网可提供的服务有信息查询、虚拟主机、空间租用、主页制作、独立站点等等。

2000 年,随着经济不断发展,互联网已经逐步走进人民的日常生活。根据市场需求,经过市场调研,投入大量资金,开通宽带设备,实现宽带安装到村到户。各类移动、联通信号基站铁塔纷纷建起,焦村镇除南面小秦岭深处外,通信信号覆盖率达到 98%以上。

第七章　特色产业

第一节　苹　果

一、民国时期的工生果园

不单单是焦村镇，就是在灵宝市，一提到苹果的开始与发展，人们都会想到焦村村的李工生。李工生 1886 年出生在焦村镇焦村一个破落地主家庭，1912 年毕业于北平高等筹边学堂蒙文系。1913 年在北平筹建香山慈幼院，后在山西省太原、大同等地从事高等教育工作。1923 年辞职还乡时，与其夫人英宝珠（满族旗人清室后裔）一起回到灵宝，从烟台、青岛带回优良苹果树苗 200 株，在其家桃园中栽植 20 多亩；又从外地设法购买一些园林学著作，精心研究苹果栽培管理技术，亲自反复实践，积累了一套栽培管理经验，终于获得成功。时隔三五年后，大量结果。李工生先生研究果树，并非为了一己之私，而是主张“实业富民”“兴利富民”。他常利用庙会集日，宣传“早栽苹果早发财，晚栽苹果晚发财，不栽苹果不发财”和苹果栽培管理技术，并在宣传中请人品尝苹果。由此苹果生产在灵宝得到推广和发展，由本村到邻村，由西塬到东塬，民国晚期已在全灵宝县带动发展苹果栽植 200 公顷左右。

二、组织沿革

1981 年，组织成立了焦村人民公社园艺生产领导小组。公社主管领导王瑞彬。事务负责人吴发祥。全乡分四个片各负其责，李睿志（西常册片）、许根蛮（辛庄片）、罗蜜岐（万渡片）、杜帮劳（东村片）。

1986 年至 1992 年 6 月，焦村乡园艺生产领导小组改为焦村乡园艺果品公司，负责人姚继军（姚家城村人）、杜航灯（大王镇人）。

1992 年 7 月至 1995 年，焦村乡园艺果品公司负责人罗蜜岐（罗家村人）。

1995 年 7 月至 2003 年，改焦村镇园艺果品公司为焦村镇园林生产管理办公室，负责人屈聪生（乡观村人）。

2003 年至 2006 年，园林生产管理办公室改称焦村镇园艺站，负责人刘捷战（尹庄镇西车村人）。

2006年，园艺站归焦村镇农业服务中心。历任主任先后为陈荣刚、常赞慈、孙从帅。2006年6月，焦村镇果品生产协会成立。会长先后由罗蜜岐、尚锁峰担任。

2008年，焦村镇被评为全国果品生产百强乡镇。

2016年，焦村镇获得中科院财政部颁发的科普兴村先进单位。

三、焦村镇苹果发展概述

焦村村是灵宝苹果最早的栽培地。早在1923年至1927年间，焦村村实业家李工生先生，从山东青岛引进新品种苹果树苗200株，试种五年，终获成功，促使苹果成为灵宝三大宝之一。

中华人民共和国成立至20世纪70年代，农业生产坚持以粮为纲，苹果发展虽然缓慢，但在焦村村工生果园的基础上，成立了灵宝县园艺场，成为灵宝县苹果发展的早期基地。1958年实行人民公社化，各生产大队和生产队也开始栽植苹果树，但面积很少。1964年，经过三年自然灾害，人民生活有了好转，栽植苹果树生产大队和生产队逐渐多了起来，最早发展苹果的有焦村、东常册等村。

1978年，党的十一届三中全会后，焦村公社逐步地实行家庭联产承包责任制，粮食生产连年丰收，自给有余，能够腾出一部分土地用于发展经济价值较高的苹果生产。焦村公社结合灵宝县政府的投入举措，投入了大量的人力和物力，在全公社范围内开展了农业自然资源调查和农业区划研究，经过反复论证，提出了“以果富民，振兴焦村”的经济发展战略，确定果品生产为发展农村经济的突破口。围绕着建立310国道沿线果树带工程，开始大力发展苹果栽植，年均栽植面积在200公顷以上。1985年，胡耀邦总书记来灵宝，写下了“发展苹果和大枣，家家富裕生活好”的题词，对焦村乡的苹果发展起到了一个推波助澜的作用。乡、村两级对发展苹果、栽苹果树出台了直接补助和集体购置树苗的优惠策略，各行政村开始大面积发展苹果树栽植，基本上达到了一人一亩的标准。到20世纪80年代末期，部分果树结果见效，农民得到实惠后，大部分群众的思想观念才得到彻底转变，由过去的“要我发展”转变为“我要发展”。1985年被国家农牧渔业部确定为优质苹果生产基地。1987年，焦村乡果园已达1535公顷，年总产量达9676吨。并以此为契机，建成了果品加工厂，出现了好多以苹果生产发家的农业万元户。

1988年，苹果面积1809公顷，总产量11050吨。

20世纪90年代，焦村乡开始调整工作重心，由抓果树面积扩张向抓果树管理转移，主攻单产，提高总产，努力增加果品收入。经过多年实践总结，制定了苹果标准化栽培技术规范，并在全乡范围内推广应用，收到了良好效果。每年，乡政府农技站都要多次邀请农业大专院校的专家、教授莅灵讲课,并组织乡村干部和果树管理技术员进行技术培训,以不断提高广大果农的生产管理水平。全乡苹果收入达万元以上的户占60%;5万元以上的户占10%;10万元至数十万元的户占5%以上,基本上达到"让少数人先富起来的"形势。可以说,这一时期是焦村乡苹果发展的鼎盛时期,苹果生产给农村经济发展和村民生活注入了新的活力,群众说:"要想富,种果树,有了果树就能富。"不少果农,利用果品积累资本,盖起了新房子,购置了现代化的家用设备。

1996年后,由于全国各地果树面积迅速发展,果品市场发生了根本性变化,苹果销售全面步入低谷,果品生产面临严峻挑战。对此,焦村镇开始大力调整果品产业结构,转移发展重点,提出了"人无我有,人有我优,人优我新"的发展新思路,并且把果品生产重点放在"注入科技、加强服务、增加产量、提高效益"上,采取多种措施,促使焦村苹果上档次,创品牌,扩大市场占有份额,不断巩固苹果支柱产业地位。期间,根据灵宝市政府的规划,重点组织实施了"三个调整"(区域调整,稳定平原苹果面积,大力发展优质苹果面积;树种调整,由单一化苹果向适量小杂水果方面发展;品种调整,针对初期栽植的以秦冠苹果为主的品种结构,进行大面积高接换头,发展华冠、腾牧1号、嘎啦和红星、金冠、乔纳金等早熟品种)和"两项工程"(示范工程和精品工程)。增加了果树管理的科技含量,加大了资金投入力度,发挥了样板辐射作用。截至2000年底,焦村镇苹果栽培面积名列灵宝市第二,达到2474公顷,果品总产量75274吨。其中苹果面积2350公顷,总产量67165吨。

2001年,焦村镇果园面积发展到3826公顷,其中结果面积2333.33公顷,年产果品7854万公斤。当年,为进一步使果品支柱产业得到巩固,坚持内抓质量,外拓市场,积极推进品种结构调整,当年完成高接换头474.67公顷,引进粉红女士、美国八号、短枝花冠等5个新品种,优质品种果园面积达到1466.67公顷。苹果实用生产技术广泛推广应用,果实套袋1.2亿只,苹果贴字30万个,完成纺锤型树体改造1333.33公顷,建成精品示范园51个,总面积18.67公顷。苹果内销环境进一步优化,对全镇100个能人大户、销售门店实行挂牌保护,并在东莞、无锡、长沙、武汉等市设立了4个苹果直销点,基本解决了苹果难卖问题。当年,被灵宝市委市政府授予焦村镇"果品生产先进乡(镇)"荣誉称号;授予巴娄村、焦村村、东仓村"果品生产先进村"荣誉称号。灵宝市政府分别授予焦村张结义、杨家杨更士、坪村王树奇、东村荆允哲、焦村张长有"果品生产标准化示范园"荣誉称号。

2002年,苹果生产以辛庄村高效设施园艺示范基地为依托,带动西常册、纪家庄等村发展设施园艺。全年完成果树高接换优470公顷,苹果套袋2.5亿只,树形改造867公顷。当年,焦村镇卯屯村村民卯奎朝,投资30余万元,从浙江购进高速、光控、全自动制膜机,兴办燕飞膜袋厂,年内建成投产,日产量达30多万只,填补了灵宝市苹果生产没有果袋生产厂家的空白。

2003年,完成果树品种改良416公顷,其中高接换头85公顷,更新膜袋330公顷;实施苹果套袋3.01亿只,其中套纸袋500万只,发展"贴字"苹果10万个;完成树形改造667公顷;新增设施园艺7公顷;果园种草35公顷。

2004年,在果品产业结构调整上,苹果面积稳步发展,小杂水果面积不断上升的同时,引进果品新品种华红苹果。华红苹果由辽宁果树研究所培育,属国内开发的最新品种,引进后分别在罗家、东常册、塔底等村进行繁育。焦村镇燕飞果袋厂、焦村金果果袋厂都成为具有一定生产规模的果品加工企业。当年,全镇完成老果园更新改造212.68公顷、树形改造686.67公顷,新栽优质小杂水果114.07公顷。完成果实套袋3.2亿只,贴字果130万个,引进松本金苹果新品种1个,推广果树管理新技术4项。果品总产量达10801.9万公斤,其中苹果产量10205.1万公斤。灵宝市果品开发总公司首次开展评选"十大名园"活动,采取乡镇初选申报,市果品开发总公司审核,最后经专家严格评选,确定命名了高标准苹果生产"十大名园",焦村镇罗家村李海生果园榜上有名。

2005年,进行树形改造433.33公顷,新栽果树100公顷,新建16.66公顷设施园艺大棚5个,新建果园管理示范村1个,果实套袋3.7亿只,发展贴字工艺果3.33公顷,举办技术培训班(会)18期,受训2万人次。全年果品总产量达10836.5万公斤。

2006年,重视发挥镇果协的示范带动作用,贴近果农,优质服务,推动全镇果园管理水平稳步提升。当年,实施树形改造543.3公顷,新栽果树96.7公顷,建立了4个百亩小杂水果基地;果实套袋3.6亿只,发展工艺果2公顷;果协分会发展到18个,注册会员240人,带动果农5000户。全年果品总产量11460万公斤,其中苹果产量10802.6万公斤。当年,苹果套纸膜袋技术试验成功。

2007年,新栽果树733.33公顷,推广发展工艺果3.33公顷;苹果套袋3.6亿只,树形改造546.67公顷。全镇果品总产量达10333万公斤,其中苹果总产量9875万公斤。

2008年在标准化生产中,实施苹果"231"工程。苹果"231"工程是一项提质增效、丰产丰收工程,其核心是大力推广"秋施基肥、树形改造、无公害标准化病虫害防治"三项关键技术。(一)秋施基肥。10月25日,在焦村镇召开全市秋施基肥现场会。分别就果树苗木组培繁育、树体改造、果树病虫害防治等方面对果农进行了培训。(二)树形改造。12 月 1 日到 3 日,在焦村镇举办了第二届"金源晨光杯"农民果树技术比武大赛,共有 17 支代表队参赛,其中东村园艺场等 8 支代表队在大赛中获奖。(三)无公害标准化病虫害防治。在苹果生产村配备无公害苹果生产记录员,在市级示范村安装太阳能智能灭虫灯,逐乡举办无公害苹果生产培训班,提高广大果农安全生产意识。同时,灵宝市园艺局制定下发了《苹果标准化生产技术操作规程》《无公害苹果生产管理年历》等一系列技术标准,指导果园科学生产管理。当年,全镇落实新栽果树补贴政策,新栽果树 700. 8 公顷;全年举办果树技能培训班 36 期,培训 1. 5 万余人次;印发技术资料 2 万多份;推广应用新技术、新品种,发展工艺果 3 万个 3. 33 公顷,苹果套袋 4. 6 亿只,树形改造 533. 33 公顷,并建成南安头红地球葡萄和纪家庄秦王桃示范点。全年全镇果品产量达 11261 万公斤,被中国果品流通协会授予优质苹果基地百强乡镇。河南省共有 5 个乡镇获此殊荣。当年,焦村镇杨家村等 10 个果园被授予"三门峡市无公害苹果标准化生产示范园"。

2009 年,完成果树改造 800 公顷,新栽果树 186. 67 公顷;全年举办果树技能培训班 55 期,受训 1. 2 万余人次,印发技术资料 1 万多份;推广应用新技术、新品种,发展工艺果 3 万个 3. 33 公顷,壁蜂授粉 20 公顷,苹果套袋 4. 8 亿只,配方施肥 666. 67 公顷;新建焦村南泽示范园 1. 33 公顷。全镇果品总产量达 10721. 7 万公斤。

2010 年,苹果生产在焦村村和杨家村果园进行了果树肥料试验,(一)增施钾肥对苹果生产结果影响试验。通过半年多的试验,结果表明,红富士苹果亩产 3000 公斤至 4000 公斤,亩栽 30 株至 50 株盛果期果园,每株增施 50%硫酸钾肥料 1 公斤至 1. 5 公斤,对提高苹果产量、促进花芽形成、增进果实着色、改善果实品质有着重要作用。(二)实施生物有机肥、BGA 土壤调理剂、天达 2116 植物细胞膜稳态剂试验。通过实验发现,各种肥、剂均能增加土壤有机质,促进微生物繁殖,改善土壤的理化性质和生物和性,提高果树叶片光合作用,增加叶片抗病抗逆性,使果面光亮,果实品质、糖度及风味大大提高。全年新栽果树 138. 13 公顷,完成树形改造 566. 27 公顷,壁蜂授粉 33. 33 公顷,苹果套袋 4. 8 亿只,全镇果品产量达到 10863. 2 万公斤;共举办果树技能培训班 45 期,培训 1. 8 万余人次,印发技术资料 1. 2 万多份。

2011 年,全年新栽果树 205. 93 公顷,完成树形改造 566. 67 公顷,改造老果园 8 公顷,苹果套袋 4. 8 亿只,全镇果品总产量 11227. 3 万公斤;组织赴陕西洛川、白水、杨凌等地考察学习 2 次;举办果树技能培训班 5 期,培训 1. 2 万人次,印发技术资料 1. 2 万份。

2012 年,新栽果树 266、67 公顷,其中小杂水果 200 公顷、其他 66. 67 公顷;补植补栽 133.33 公顷,树体改造 800 公顷;苹果套袋 6 亿只,其中纸袋 4.5 万只。全年果品产量达 1.4 亿公斤,其中苹果 1.29 亿公斤。当年,灵宝市政府授予燕飞果袋厂"果业发展先进企业";授予信达果业专业合作社果业发展先进企业"果业发展先进专业合作社"荣誉称号。

2013 年,新建示范园 2 个 6.66 公顷;新成立东星、红梨、农丰桃 3 个专业合作社。年内,新栽果树 670 公顷,其中小杂水果 573 公顷、其他 97 公顷;补栽补载 133 公顷,树体改造 800 公顷;苹果套袋 5.4 亿只;完成黑膜覆盖 450 卷,悬挂黄板纸 4500 张;安装毒蛾诱捕器 1 台,诱虫灯 2 台。全年果品产量达 1.48 亿公斤,其中苹果 1.15 亿公斤。

2014 年,新建苹果精品园 7 个;发展果树苗圃 66.66 公顷;新栽果树 540 公顷,其中苹果 133.33 公顷;果实套袋 5.4 亿只,其中纸袋 3000 万只;完成黑膜覆盖 1.5 公顷,铺反光膜 6.66 公顷。当年,灵宝市园艺局、果品产业协会授予焦村镇"灵宝苹果品牌建设先进乡镇"和"灵宝市第五届苹果鉴评会铜奖"荣誉称号。

2015 年,果品产业完成树形改造 800 公顷,新栽果树 560 公顷,在罗家、卯屯、东常册、南安头发展矮砧密植苹果示范园 15 公顷;果实套袋 5.95 亿只,其中纸袋 5000 万只;在西章、南安头新发展果品合作社 2 个,新发展果品家庭农场 1 个;在罗家、巴娄建立苹果质量体系监测点 2 处;举办实用技术培训班,培训果农 1.8 万人次,印发各种资料 1.2 万份,下发《果树管理》技术资料 5 期,编发果树管理信息 12 次。

2016 年,全镇有苹果 1680 公顷,主要分布在罗家、巴娄等南部山区,苹果年产量 1.3 亿公斤,产值 1.5 亿元。以罗家村为龙头,建设高标准 M9T337 矮化自根砧的苹果示范园 20 公顷,达到"两年挂果、三年见效、五年进入盛果期"的目标;以卯屯村为重点,建设以 M9T337、M26 为主的矮化中间砧苹果示范园。以巴娄和滑底为重点,下大力气,做好老果园更新改造试点工作,探索经验,逐步推开,统筹兼顾短期效益和长期循环,采取"以园养园"的方法分批更新,在不同区域建立老果园更新改造示范园 66 公顷。

2016 年,果品生产建立了果品产业社会化科技服务队伍 1 支 10 人,完成树形改造 13 公顷,设立示范园 3 处(巴娄、滑底、武家山)6 公顷;新栽果树 258 公顷,其中苹果 46 公顷,特色小杂水果 212 公顷;完成苹果套袋 8000 万只,其中纸加膜袋 2000 万只。

2017 年,果品生产加快更新换代步伐,积极推广应用新技术、新品种。新栽果园 333 公顷,其中苹果 67 公顷,特色小杂水果 266 公顷;建立示范园 6 个,其中矮砧果园 1 个。发展矮砧苹果 50 亩,完成乔化园改造 1000 亩,果实套袋 6 亿只,其中纸袋 1000 万只。

2018 年,大力推广果品产业社会化科技服务体系建设。发展苹果示范园 6 个,新栽植果树 240 公顷,矮砧苹果 13. 33 公顷;老果园改造 200. 66 公顷。

2019 年,加快更新换代步伐,新栽果树 420 公顷,完成老果园间伐改造 11 公顷,打造 6.7 公顷以上连片栽植示范基地 4 个,3 公顷以上连片栽植示范基地 4 个,上报“一村一品”示范村 5 个。投资 1000 万元建设矮砧苹果示范基地。

2020 年,灵宝市委市政府将焦村镇定位苹果产业发展重点乡镇,焦村镇抢抓机遇,全力改变品种老化、面积锐减、效益低下、发展滞后等问题,倾全镇之力。流转土地 200 公顷,引入高山果业公司、碧波农业公司,开启工生果园、百亩基地、千亩连片、万亩现代矮砧苹果产业园的规划与建设。年底建成工生果园、乡观矮砧苹果示范园、小秦岭苹果公园以及碧波农业矮砧果园,形成了苹果产业发展格局。

四、品种更新换代

民国时期的工生果园主要引进的品种有倭锦、大国光、小国光、青香蕉、红香蕉。

中华人民共和国成立后,灵宝县政府在焦村村工生果园的基础上建立了灵宝县园艺场,伴随着面积的增大,品种不断地更新改良。20 世纪 60 年代进入人民公社集体化时期,各生产大队也建起了自己的苹果园,成为集体经济收入的一部分。此时期,苹果品种多达百余种,分别是:青香蕉、国光、大国光、倭锦、鸡冠、柳玉、印度、红印度、金冠、早金冠、赤阳、红香蕉、红星、红冠、新红星、紫香蕉、红玉、甜红玉、鹤之卵、早生鹤之卵、紫玉、玉霰、醇露、翠玉、祥玉、花嫁、凤凰卵、桔苹、多一露、夏衣夷、美尔巴、甜黄魁、绯之衣、黄金九、法米斯、卢塔斯、克拉普、早生赤、满堂红、耶维林、红祝、祝光、大旭、甜旭、瑞香、伏红、迎秋、纽蕃、马空、秋果、黄魁、早生旭、甘露、伏绵、大星、红塔斯、拉伐木、昆麻斯、冬苹果、史东塔斯、大珊瑚、初笑、新红玉、新倭锦、英格兰、红绞、瑞光、大荔、超英、超美、甜帅、白粉皮、解放、胜利、葵花、老笃、美尔斯特、丹顶、双红、阿特拉斯、小町、磅、赤龙、晨红、香艳、欧沙其、延光、毕屈、金榜、秦冠、延风、红魁、金光、长红、初出之日、伏日、富士、惠、陆奥、金矮生、魁红、艳红、首红、红国光、烟青、金花、荣冠、红花、红丰、可口香、华农一号、英金、长富二号、秋富一号、津轻、乔纳金、王林、北斗、华冠、辽优、秦脆、蜜脆、威海金、华硕、美味、瑞雪、烟富、鲁丽、鸡心果、红色之爱等。

20 世纪 80 年代行政体制改革的同时,各行政村也逐步实施联产承包责任制。1985 年,胡耀邦总书记来灵宝后,写下了“发展苹果和大枣,家家富裕生活好”,对焦村乡的苹果发展起到了一个推波助澜的作用,村民都在属于自家的责任田里建起了苹果园。到 90 年代发展到鼎盛时期,焦村镇果园面积占总耕地面积的 80%以上。此时期,果农为了早结果,早受益,提高经济效益,淘汰了诸多的结果率差、果品质量低的老品种,除倭锦、大国光、小国光、青香蕉、红香蕉、鸡冠、柳玉、印度、红印度、金冠、早金冠、赤阳、红香蕉、红星、红冠、新红星外，大面积发展了秦冠品种，秦冠苹果以其结果早、抗病能力强、修剪量小、果品耐贮存、易运输的优势占据了整个市场，据不完全统计，秦冠占总面积的90%以上。

1988年至2000年，苹果品种先后引进了元帅系阿斯、俄勒岗2号、短鲜、松本锦、未希、2001富士、寿红、惠民短枝、礼泉短枝、美国8号、红津轻、早捷、莫丽斯、藤牧1号、北海道9号、皇家嘎啦、新乔纳金、意大利早红、粉红佳人、红将军、天星、清明、昂林等。经过观察对比和品种结构调整，一部分适栽品种迅速发展起来，尤其是着色系红富士系列品种发展最快，2000年焦村镇红富士果园栽植面积在2000公顷以上。早、中、晚熟苹果品种搭配齐全，结构合理。早熟苹果主栽品种有藤牧1号、红津轻、松本锦、未希等，面积约1667公顷；中熟苹果主栽品种有皇家嘎啦、美国8号、莫丽斯、乔纳金、新乔纳金、意大利早红、俄勒岗2号、金冠等，面积约5000公顷；晚熟苹果主栽品种有粉红佳人、2001富士、短枝富士、红富士、红将军、华冠、秦冠等，面积约26667公顷。2015年至2020年，引进国际苹果矮砧集约栽培技术，引进最新矮化砧木，运用高光效细高纺锤树形和下垂枝修剪技术，辅助宽行立架栽培，综合应用国际通用先进苹果矮砧集约栽培生产模式，引进国内早、中、晚熟最新品种，秦脆、瑞雪、蜜脆、华硕、威海金、烟富、鲁丽、美味、鸡心果、红色之爱等10余个品果。

五、果树管理

（一）管理技术的学习与推广

焦村镇组织苹果生产实用技术推广主要途径有二条：（一）广泛开展技术培训。20世纪60年代至80年代，焦村公社各生产大队都成立有园艺队，发展本大队的苹果产业，建立苹果基地，从各生产小队抽调一些有知识的社员进行集中培训学习，成为园艺队管理苹果园的骨干力量。从1988年开始，焦村乡坚持采取“走出去，请进来”的办法。每年分批组织乡村干部和果树技术员到外地参观学习，并邀请国内、省市知名专家、教授到焦村乡讲学，与其建立长期的技术协作关系。乡农林站、农技站还经常与灵宝晚报社、灵宝电视台等新闻机构联系，让果农定时收看苹果知识讲座，大力普及苹果生产管理知识。同时，坚持组织园艺技术人员，定期开展送科技下乡活动，深入田间地头、集市庙会帮助果农解疑释难。除此之外，每年坚持在苹果生产的关键环节，组织举办短期技术培训班60余期，培训果农1万余人次。灵宝县职能部门并适时对农民技术员进行培训、考核，发给绿色技术证书，实行持证上岗，有偿服务制度。1988年至2000年，全镇共培训农村果树技术员1000余名，均已成为农村苹果生产管理骨干。（二）坚持实施规范化管理。焦村镇长期给果农发放灵宝市编印的《苹果生产管理历》《苹果标准化栽培技术》《苹果技术知识问答》《苹果套袋技术》等技术资料，并组织镇村干部坚持定期检查，督促落实，严格按技术规程，加强苹果田间管理。

（二）果园管理

果园管理的内容很多，主要有五项：（一）深翻松土。多在冬季进行，每年一次。也有部分果农在春季松土清园，但影响果树根系发育。（二）中耕除草。多在夏、秋季进行，每年至少2—3次。2000年，有专家提倡果园种草，蓄水保墒，增加缘肥，每年中耕次数可以适当减少。（三）果树施肥。过去多在冬、春季进行，改为以秋施基肥为主，春、夏季适量追肥。过去多以氮肥为主，现改为氮、磷、钾配方施肥，混合比例为1∶1∶1。过去很少进行叶面喷肥，现多数果农结合喷药，混合施以叶面微肥。引进腐殖氨基酸涂抹树干，效果明显。（四）树干涂白。主要在冬季进行，尤其是山区果园每年至少涂抹一次，既可杀虫杀菌，又可防止冻害。（五）果园灌溉。多在冬、春季进行，有条件的地方每年灌溉1—2次。近年来，山区一些果农利用大流量喷药机，从深沟抽水灌溉，但费工费力费时，成本较高，效益很低。

（三）果树修剪

传统的修剪方法多在冬季进行，后来逐步转变为以夏剪为主。尤其是红富士系列苹果品种，必须高度重视夏季修剪，否则，难以成花，影响丰产。夏剪的主要技术措施有扭梢、摘芯、环剥、环割、拉枝等，主要集中在5—6月进行。

（四）树形改造

焦村镇大部分果园推广应用的是基部三大主枝疏散分层树型，且以密植为主，因而造成多数果园郁闭，通风透光性较差。后经过多年的实践探索，果农普遍采用了小骨架树型，主要以纺锤树型和改良纺锤树型为主，有效地解决了果园郁闭和光照不足的问题。

（五）高接换头

焦村镇苹果发展较早，品种混杂，品质不优。根据市场变化，从1985年开始以秦冠为主要品种。1996年后，开始大面积调整苹果品种结构，主要以红富士品系为主，采用高接换头技术，对传统的老果园、老品种进行嫁接改造。

（六）疏花疏果

疏花疏果是果树丰产的一项关键技术措施，起初，多数果农不够重视。后来，随着果品消费市场的不断变化，疏花疏果技术逐步得到全面推广。重点推广的是以树定产、以花定果、一次性疏花定果技术，主要有人工疏花定果和化学疏花定果两种操作方式，焦村镇大多以人工疏花定果为主。只有在规模化栽植的情况下，方才运用化学和人工相结合的方式进行疏花定果。

（七）苹果套袋

果实套袋是生产无公害优质高档果品的重要措施。焦村镇苹果套袋始于1994年，前期多套用塑料膜袋。到1997年后，逐步套用双层纸袋。2006年，苹果套纸膜袋技术试验成功。套袋时间为每年6月20日前后，脱袋时间为9月20日至10月1日。纸膜袋纸薄，套袋时好操作，苹果套纸膜袋后，因内为黑膜，褪绿快，果面光洁细腻，表光特别好，脱袋后着色迅速，片红富士3—5天，条红富士5—7天就可全面着色，果实挂树期短，风磨、枝磨、刺伤少，套出的果实售价高，增值明显，经济效益相对较高，得到大力推广应用。

（八）病虫害防治

苹果病虫害从发生时间上讲，主要集中在每年的3月中下旬至9月中旬，主要种类有桃小食心虫、红蜘蛛、金纹细蛾、蚜虫、金龟子、霉心病、白粉病、轮纹病、腐烂病、早期落叶病、炭疽病等。桃小食心虫对苹果危害较大，经过多年的实践总结，焦村镇果农已基本掌握了其发生规律和防治措施。从1991年后，苹果桃小食心虫发生率一直控制在2%以下。对苹果病虫害的防治，果农采取的主要措施有：一是清理园内外枯枝、落叶、耕翻土层，减少越冬病虫基数；二是刮治翘皮、粗皮、腐烂病斑、轮纹病斑，涂抹843康复剂；三是喷药防治，每年施药7—8次，主要喷施药物有石硫合剂、蛛百蚧、福星、多氧清、蚍虫啉、乐斯本、杜邦易保、牵牛星、螨死净、杀铃脲、大生、太盛、阿维菌素、必得利、哒螨灵、灭幼脲、甲基托布津、多菌灵、绿色功夫、硝酸钙、桃小灵、铜大师、高效氯氰、农地乐、杀菊酯等。

（九）果园重茬障碍解决技术

2015年至2020年，焦村镇开启果园产业转型升级，刨除大量老苹果园，流转后栽植现代矮砧，中间砧苹果树。为了解决果园重茬障碍技术，通过应用抗重茬砧木、土壤棉隆药剂淌毒，抗重茬生物菌剂13种模式，提高生产效率、保障苹果安全生产。

（十）肥水高效利用技术

2015年至2020年，为了配合苹果国际矮砧集约栽培技术，实施果园覆膜保湿，标准水肥一体化，行间生草提升有机质，科学施肥等标准化生产技术。

（十一）果园全程机械化应用技术

现代矮砧苹果栽培模式的推广，开始引进示范与矮砧集约栽培模式相匹配的风送弥雾机、割草机、开沟施肥联合作业机等多功能果园作业平台和枝条处理联合作业机等树体全生命周期管理作业机械装备,全面提升果园机械化作业水平。

(十二)绿色防控

2018 年至 2020 年,开始重视产品"三品一标"认证,推广应用绿色病虫防控措施,太阳能灭虫灯、性诱剂、杀虫板、诱虫带,补充完善苹果质量安全追溯平台体系建设,推进标准化生产、实施全程质量安全管理,绿色防控,在新栽时代矮砧园中进行全方位推广。

第二节　小杂水果

20 世纪 90 年代末,由于全国各地果树面积迅速发展,果品市场发生了根本性变化,苹果销售全面步入低谷,果品生产面临严峻挑战。对此,焦村镇开始大力调整果品产业结构,转移发展重点,提出了"人无我有,人有我优,人优我新"的发展新思路,采取多种措施,重点组织实施了区域调整,由单一化苹果向适量小杂水果方面发展。

2001 年,李家坪村赵建学在辛庄村建立了 4.06 公顷(61 亩)大棚名优杂果示范基地,建设高标准日光温室大棚 15 个,引进了金寿杏、雪里红桃和京秀葡萄等 15 个名优杂果品种,育苗 200 万株,带动了各村小杂水果发展。同年引进秦王桃,以纪家庄为中心,辐射周边村落。

2002 年,栽植新品种核桃,以东仓、罗家、武家山、巴娄等村为主。

2003 年,开始发展小杂水果。

2004 年,焦村镇新栽优质小杂水果 114.07 公顷。同年发展红提葡萄,以南安头村为中心,辐射辛庄、柴家原、水泉源等村,发展 15000 亩。

2005 年,引进大樱桃,品种有蜜枣、大红灯笼等,主要种植村有马村、南安头、纪家庄、东仓等。

2006 年,建立了 4 个百亩小杂水果基地。

2008 年,建成了南安头红提葡萄和纪家庄秦王桃示范点。

2011 年,焦村镇南安头葡萄示范基地被命名为"三门峡市农业科技示范基地"。

2013 年,焦村镇连片发展红提葡萄 200 公顷。新成立了东星、红梨、农丰桃合作社 3 个。当年新栽小杂水果 573 公顷。

2014 年,焦村镇开展"三创一带"科普示范活动。果品协会组织 18 名果树技术骨干,创建无公害优质苹果标准化示范园区建设 6.67 公顷;加强"红提葡萄"种植基地建设,南安头红提葡萄面积达到333.33公顷,全镇红提葡萄面积发展到1000公顷,成为豫西地区最大的红提葡萄生产基地;新成立三灵、慧源、贤达葡萄合作社3个。新栽葡萄等小杂水果406.66公顷。

焦村镇采取多种措施,发展小杂水果。(一)加快农业结构调整步伐,大力发展特色农业。紧紧依托焦村镇西出口的区位优势,在壮大果、菌、牧产业发展基础上,组织群众到山东、陕西、山西等地考察学习,引进适合本地区气候和地域特点的秦王桃、红提葡萄、阳光玫瑰葡萄、樱桃等优良品种,扩大特色小杂水果种植面积;在纪家庄、万渡、卯屯、东常册等村,发展10余个千亩秦王桃、红不软桃生产基地;在南安头、辛庄等村发展五千亩红提葡萄基地,在马村、南安头等村发展千亩樱桃基地,在秦村发展百亩阳光玫瑰葡萄示范基地,不断调结构、促转型,加快农业结构调整步伐,提升特色农业发展水平。(二)整合涉农资金,加大扶持力度。整合农业、水利、交通等方面涉农资金1200余万元,积极为发展现代农业争取水、电、路等基础设施建设项目;对购置农机、引进新品种、新技术采取以奖代补形式给予扶持,不断加大农业扶持力度。(三)促进农业与旅游高度融合,发展农业观光游。发挥鑫联菌业、灵仙菌业、信达果业等龙头企业示范带动作用,不断出台优惠政策,大力推广“企业+基地+农户”经营模式,积极引导群众发展集农家餐饮、休闲采摘为一体的农业观光游,拓宽群众增收渠道。至2020年,全镇共发展樱桃、红鸭梨、秦王桃、红提葡萄以及早、中、熟等小杂水果2267公顷。

2020年,焦村镇有新文葡萄、马村红樱姐姐、罗家弘农沃土、秦村阳光玫瑰葡萄等果品专业合作社32个,果品总产量达1.65亿公斤。全镇有葡萄面积18000亩,品种有中、晚熟红提(红地球),美人指,克伦生,阳光玫瑰,柴甜无核,蓝宝石巨盏,玛特,户太八号等10余个品种,主栽品种为红提。葡萄挂果1120公顷,亩产2000余公斤,年产值2.1亿元左右。桃种植以中晚熟品种为主,总面积1053公顷。秦王桃占总面积70%左右,阿慕白15%,甘宁、中华寿桃少量。中早熟品种以春美、凤凰王为主,占10%。新引进优良品种有中秋红3号,映霜红等晚熟品种。

第三节　食用菌

一、组织机构

焦村镇食用菌生产办公室(简称菌办)。成立于1998年,菌办主任先后由翟民生、杭润刚、李冰担任。

1999 年,杨家菌种场成立,场长杨建儒。

2007 年,焦村镇成立食用菌生产协会。

2010 年,西常册鑫联菌业专业合作社成立,理事长张志强。

二、发展概况

焦村镇的食用菌栽培起步就灵宝市来说,是起步较早的,发展也较快。20 世纪 90 年代中期,焦村镇政府就认准了食用菌致富的这条道路,就制定了好多惠民政策和补助办法,鼓励农民发展食用菌生产。最早发展起来并形成规模是杨家村,主要种植平菇、双孢磨菇、猴头菇等。1998 年,灵宝市也相应制定了优惠政策,鼓励开发食用菌产业。1999 年,焦村镇的食用菌生产也开始更大面积的栽培生产,全镇栽培香菇 2000 袋,属于家园式经营。2000 年,全镇有 10 多个行政村 200 余户栽培袋料食用菌,在栽培技术上,多采用苹果木屑做为袋料香菇的原料,尚属国内首创,其反季节香菇填补了河南省食用菌产业的空白。

到了 2001 年,杨家村香菇示范场跨入三门峡市 50 强农业龙头企业行列,该场总投资 50 万元,拥有固定资产 30 万元,年产优质食用菌菌种 10 万斤以上,外销香菇 210 万斤,出口保鲜菇 3 万斤,产销率达 100%,实现年利润 20 万元。食用菌龙头企业焦村镇杨家示范场集菌种供应、技术服务和产品销售于一体的发展模式得到推广。成立灵仙菌业有限责任公司,申请注册了“灵珍”牌商标和 10 个品种 21 个产品条形码,并印制了统一的产品包装,推出了第一个食用菌产品自有品牌。食用菌产品成功地打入西安、郑州、兰州、烟台、洛阳、上海等国内大中城市,并已远销日本、美国、加拿大等国家。组织召开了春栽食用菌生产焦村现场会、灵宝市秋季食用菌工作及催菇动员会、食用菌生产经验交流焦村杨家村现场会,形成了比、学、赶、超的发展局面。当年,焦村镇食用菌产业规模进一步扩大。全年发展香菇 140 万袋,平菇 29 万袋,木耳 8 万袋,鸡腿菇 15 万袋,杏鲍菇 10 万袋,其他菌类 58 万袋,初步形成了以香菇为主,多菌发展的生产格局。广大菇农生产技术日益成熟,菇品商品率达到 98%。

2002 年,焦村镇菌类产业围绕产销并重、加工增值、科技兴菌、生态菌业的发展战略,以组织开展春、秋两季食用茵生产集中会战为重点,通过宣传发动、典型带动、行政推动和效益牵动,使食用菌产业保持了良好的发展势头。当年,焦村镇被三门峡市政府授予食用菌工作先进乡镇,同时,经省技术监督部门评审,被授予河南省无公害食用菌示范基地。当年,焦村镇食用菌种植规模达 200 万袋以上,成为灵宝市的食用菌规模种植乡镇,杨家村、西常册村、南上村成为灵宝市食用菌规模种植专业村,发展了 50 个专业户。同时,经过一年多的商标公示,焦村镇灵宝市灵仙菌业有限责任公司"灵珍"牌商标正式在国家工商行政管理局商标局注册登记,并在"商标公告"和"中国商标展示网"上进行了展示。

2003年,焦村镇在推广新技术引进新品种的生产过程中,突出抓好三个"早"(早选出菇场地、早搭建和整修出菇棚、早进行育菇知识培训),以增加出菇茬数,抢抓市场空当,提高菇农收益。同时,大力推广应用"1-2-1"标准化棚架、室外荫棚越夏、遮阳网提前出菇、土墙式温棚出菇4项新技术措施,既减轻了菇农的劳动强度,又延长了出菇时间。杨家村示范场成功栽培了灵芝新品种,并引进灵芝活体嫁接盆景技术。灵芝盆景在省、地、市食用菌市场上引起轰动,受到消费者的青睐。在不断优化产业格局、巩固香菇主导品种生产规模的基础上,优选市场前景好的名优珍稀品种,逐步淘汰了巴西蘑菇、草菇等一些技术不成熟或市场价格低的品种,形成了以香菇为主、多菌发展、全年产菇的良性生产格局。当年,焦村镇的食用菌生产栽培食用菌479万袋,其中香菇201万袋、其他278万袋。全镇有13个村生产规模达到10万袋以上,并引进栽培鹿茸芝新品种,开发了灵芝盆景新产品。焦村镇成为灵宝市菌类生产规模达300万袋的重点乡镇。焦村镇食用菌生产示范场进入三门峡市农业龙头企业"50强",初步形成了"公司+基地+农户"的产业化发展模式。焦村镇的杨家村、常卯村、西常册村被命名为"灵宝市食用菌生产先进乡村"。

2004年,焦村镇在推广新技术与引进新品种方面,大力应用推广"1-2-1"标准化棚架、室外荫棚越夏、遮阳网提前出菇、土墙式温棚出菇和灵芝活体嫁接盆景等技术成果的同时,为提高菌袋生物转化率,延长出菇时间,抢抓市场空当,提高菇农效益,又总结推广了降温隔热延长出菇管理技术和反季节林间夏季出菇技术。当年,焦村镇引进了鹿角灵芝新品种及其栽培技术,并规模试栽成功。在优化产业格局和巩固香菇主导品种生产规模的基础上,适度规模栽培杏鲍菇、白灵菇、金针菇、代料灵芝等市场前景看好的名优珍稀品种,当年,焦村镇成为灵宝市食用菌类生产规模超300万袋的重点乡镇,焦村镇杨家村成为灵宝市食用菌生产专业村。焦村镇食用菌示范场进入三门峡市农业龙头企业"二十强"行列。对焦村镇食用菌示范场培育的"灵仙一号"菌种在上海食用菌研究所备案。中央电视台7套节目"科技苑"栏目对焦村镇食用菌示范场的鹿角灵芝栽培技术做了详细报道,在全国菇农当中引起巨大反响。

当年,坚持春菇为主、多菌发展的原则,采取龙头带动、内抓技术、外拓市场、统一供种、技术捆绑、设施补贴等措施,使食用菌生产规模进一步扩大,当年种植5000袋以上的大户共有 40 多户。全镇全年栽培食用菌总量达 605 万袋，其中香菇 301 万袋，生产成功率达 95%以上。

2005 年，以春菇为主，多菌发展。品种有香菇、金针菇、杏鲍菇、灵芝等 10 余个。当年，全镇食用菌种植 1 万袋规模以上的有 30 多户。栽培食用菌 730 万袋，产品远销郑州、西安、福建等地，成为豫西食用菌生产第一镇。年内，焦村镇被省食用菌协会授予“食用菌生产先进基地”。

2006 年，食用菌生产仍以春菇栽培为主，多菌发展为宗旨，品种有香姑、金针菇、杏鲍菇、白灵菇等 10 余个。依托杨家示范场和水泉源示范场，组建了食用菌协会，规范整合技术力量，提高服务水平。当年，全镇栽培食用菌 840 万袋，其中香菇 325 万袋，产品远销郑州、西安、青岛等地，继续保持全市菌业生产领先地位。使用免割袋栽培，各家各户由原来的 500 袋发展到上万袋，香菇栽培进入发展高潮。

2007 年，焦村镇成立了镇食用菌生产协会，杨家村食用菌工厂化栽培项目和万菌苑也同时开工建设。全年食用菌总产量 113.3 万公斤。

2008 年 5 月 22 日，灵宝市灵仙菌业有限责任公司投资 350 万元兴建的气调食用菌工厂化栽培与“万菌苑”特色餐饮项目投入生产和运营，首批 4 万袋香菇、杏鲍菇、金针菇气调库工厂化栽培取得成功，开创了灵宝市食用菌工厂化生产、全年栽培新模式。在河南省农业厅组织开展的河南省名牌农产品评审中，焦村镇灵宝市灵仙公司“灵珍”牌香菇被评为“河南省名牌农产品”，成为继 2007 年“灵珍”黑木耳之后获得的第二个省名牌农产品。焦村镇灵宝市灵仙菌业有限责任公司申报的杏鲍菇、双孢菇和灵芝 3 个菌品，通过国家农业部农产品质量安全中心检测。检测结果表明，3 个菌品产品符合无公害农产品相关标准要求。全市获国家无公害农产品认证的菌品总数达到 6 个。当年，焦村镇食用菌生产，加大了对食用菌产业的政策扶持力度，建成投资 150 万元的杨家食用菌工厂化栽培项目。全年全镇栽植食用菌 820 万袋，产值 4780 万元，食用菌产业专业化、规模化、标准化发展趋势更加突出。

2009 年，焦村镇对食用菌农业产业化工作按照“建基地，强龙头，扶组织，带农户”的发展思路，充分利用丰富的农业资源，以主导产业链条延长和农产品精深加工为重点，通过市场引导、政策扶持、政府服务，扶大龙、育新龙、兴小龙，进一步做大做强各类龙头企业，辐射带动能力明显提高。焦村镇灵仙菌业有被命名为农业产业化三门峡市级重点龙头企业。在基地建设方面，市财政拿出专项奖励资金，重点扶持焦村镇灵仙公司，使香菇生产科技标准化，加快规模化经营步伐。全年栽植食用菌 885 万袋，产值

5100万元。建成投资270万元的杨家50万袋香菇示范园;新发展规模村10个,新增5万袋以上大户11个。

2009年内,焦村镇西常册村菇农李永奇从福建引进,利用窑洞、果库栽培的茶树菇鲜品上市,这是灵宝市第一个由菇农直接引进的菌品,为灵宝市菌业和百姓餐桌又添新品。

焦村镇联合由西阎乡产销大户侯社阳等乡镇产销大户开辟"灵宝至商丘绿色食用菌快递"正式运营,这条由食用菌产销大户自发开辟的菌品销售运输专线,标志着灵宝市菌品销售进入了专业直销的新阶段。在"全国小蘑菇新农村建设总结表彰会"上,灵宝市人民政府、市菌办王赞峰和焦村镇杨家村作为全国小蘑菇新农村建设先进,分别获得"优秀团体""突出贡献者"和全国"百强村"的荣誉。

2010年,焦村镇食用菌规模达到1000万袋,其中杨家村超过130万袋,成为全灵宝市规模最大的食用菌生产基地。在发展机制中,大力推广"龙头企业+农户""协会(专业合作组织)+农户""公司+基地+农户""规模生产户+基地"等有效的产业组织模式。在运作模式上,形成了以焦村灵仙公司、杨家村基地代表的龙头企业带动农户型发展食用菌。当年,建成西常册、贝子原2个50万袋香菇生产基地,共完成食用菌栽植1000万袋,其中香菇450万袋,其他550万袋,产业效益达5500万元。

2011年,建成了西常册、贝子原、常卯、巴娄50万袋香菇生产基地4个,10万袋以上规模村10个,5万袋以上栽植大户6个;新建西安、郑州直销点2处。年内,全镇共完成食用菌1100万袋,其中香菇510万袋、其他菌类590万袋,产业效益达7600万元。焦村镇规模达到1100多万袋;杨家村规模超过100万袋。2012年,全年栽植食用菌1300万袋,其中香菇650万袋、其他650万袋。全镇有10万袋以上规模村10个,新建50万袋香菇示范基地4个,全镇香菇示范基地总数达到8个;新建直销点4个,形象店2个,年销售鲜菇3000吨;新成立灵宝市鑫联食用菌合作社,全镇已建食用菌合作社3个。

2013年,由焦村镇灵仙菌业有限责任公司等5个市县级农业产业化经营重点龙头企业,26家合作社,30个香菇规模30万袋以上的生产核心基地,7个菌种场和15个木屑加工场组成了灵宝市食用菌产业化集群组,重点开展技术咨询、信息交流、市场开拓、经贸合作、品牌培育、生产资料供应、冷链物流和产品推介等方面的服务,强化集群的内在联结,发挥集群的积聚效应,推动灵宝食用菌产业优化升级。当年,栽植食用菌1500万袋,其中香菇1000万袋、其他500万袋;新建香菇示范基地3个,全镇香菇示范基地总数达到11个;新成立专业合作社3个,全镇已建食用菌合作社6个;新建冷库11个,全镇冷藏库总数达 60 个。焦村镇被评为灵宝市食用菌产业化建设先进乡镇。

2014 年，灵宝市灵仙菌业有限公司，被省农业厅批准升级为食用菌二级菌种生产企业，填补了灵宝市只能生产栽培种，不能生产母种、原种的空白。焦村镇灵仙菌业的灵芝、香菇、猴头菇等产品亮相，提高了焦村镇特色农产品的知名度。当年，焦村镇食用菌协会建成了集科研、技术服务、生产、加工、供应、销售、科技墙训和旅游观光于一体的食用菌生产科普示范基地——万菌苑，形成“基地+公司+农户”的杨家村模式，年产值达 2000 余万元，利润 800 余万元；在全国“基层科普行动计划”活动中，焦村镇设施园艺示范基地被评为“河南省先进农村科普示范基地”。焦村镇食用菌生产完成 2000 万袋，其中香菇 1600 万袋、其他 400 万袋；新建香菇示范基地 4 个。

2015 年，焦村镇的食用菌生产向专业化、规模化、标准化方向迈进。完成栽植任务 2100 万袋，其中香菇 2000 万袋；新建香菇示范基地 4 个（东仓、乡观、卯屯、巴娄），新建精品示范园 1 个；鑫联菌业投资 200 多万元，建冷库 3000 平方米，缓解了菇农卖菇难的问题。其中焦村镇巴娄村 50 万袋香菇生产示范基地占地面积 4 公顷，年可实现产值 400 万元，利润 180 万元。

2016 年，完成食用菌栽培任务 2114 万袋，其中香菇 2000 万袋、其他 114 万袋，发展种植户 2200 余户。成立食用菌专业合作社 9 个，入社会员 400 余户。目前，全镇已建成香菇规范化示范基地 14 个，其中 50 万袋以上基地 11 个，30 万袋以上基地 3 个，全镇冷藏库达 60 个，备案冷藏车 15 台，常年固定客商 30 余人，在郑州、西安等地建立外销、直销门店 15 个。可产经济效益 2 亿元，从业人员 1. 5 万余人。

2017 年，总投资 9500 万元的华农食用菌加工项目，于 2016 年 10 月入驻城东产业集聚区，2017 年投资 5500 万元继续扩大生产，年销售收入达 1. 2 亿元，实现利税 350 万元，产品出口东南亚、韩国等地。当年，全镇成立食用菌合作社 9 个，成立香菇标准化示范基地 16 个，建立直销外销门市 15 个，发展种植户 2200 户，从业人员达 1. 5 余万人。建立食用菌冷库 42 座，直销冷链车 10 辆。

2018 年，食用菌生产 2800 万袋，其中香菇 1800 万袋；发展羊肚菌 3. 33 公顷、猪苓 500 穴。

2019 年，食用菌生产持续扩大规模，完成食用菌生产 2500 万袋，羊肚菌栽培面积 300 亩，获得 2019 年“河南省食用菌行业优秀特色乡镇”称号；新建食用菌产业园项目，总投资 3000 万元，占地 10 公顷，年可加工菌棒 600 万袋，于 10 月投产。

2020 年，食用菌生产完成 2500 万袋，羊肚菌栽培 20 公顷。在西常册村兄弟菌业投资800余万元,建设食用菌净化车间1200平方米,养菌达到无菌点种,减低菌感染率2%。在西常册村建设常乐枫香产业园集香菇栽培、采摘、观光为一体的休闲园区。改造燃气高压灭菌,菌棚加工点7个,将过去的老式燃煤锅炉全部拆除,改造为燃气高压锅炉,省时省力、环保、灭菌彻底。

三、食用菌企业

焦村镇杨家食用菌示范基地

焦村镇杨家食用菌示范基地位于焦村镇南3公里处的杨家村,占地面积4.5公顷,固定资产940万元,共有职工108人,其中高级农艺师2人,中级农艺师15人。建有高标准阳光温室大棚22座,工厂化生产气调库5000立方米,生产性窑洞22孔,拥有年生产30万公斤的菌种厂和1座100立方米的保险冷库。

灵宝市灵仙菌业有限责任公司

灵宝市灵仙菌业有限公司是集品种试验、筛选、研制、培育、技术培训、示范于一体的菌业生产基地,公司年生产香菇30万袋,产值180余万元;金针菇、杏鲍菇、白灵菇80万袋;黑木耳5万袋,产值10万元;灵芝盆景4000盆,产值60万元;购销产品300万斤,产值1300余万元,全年产值1710万元。公司生产的产品在郑州、西安享有很高的盛誉,代表了灵宝食用菌产业对外的形象、实力和信誉。公司对菇农实行品种供应、技术培训、标准化生产、购销产品一条龙服务,使菇农放心生产。

鑫联菌业有限责任公司

灵宝市鑫联菌业有限责任公司位于310国道南焦村镇西8公里处,创办于2012年。公司现有员工38人,大中专以上学历6人,拥有专业技术证书2人,其中食用菌生产技术指导1人,食品检验1人。公司下设总经理办公室、综合办公室、生产部、财务部、销售部、原料部和检验科。企业占地100余亩,注册资金3000万元,现有食用菌现代化的生产大棚30座,高压锅炉、灭菌灶、自动装袋机、高效刺孔机等配套设施一应俱全,年可提供食用菌菌袋100余万袋,生产鲜香菇80余万公斤、干菇60余万公斤。公司先后被评为三门峡市、灵宝市"优秀龙头企业"、灵宝市农业产业化"市级重点龙头企业"、灵宝市"优秀专业合作社"、三门峡"市级农民专业合作社示范社"。

第八章　农　业

第一节　土地制度的变革

一、土地改革

中华人民共和国成立前,封建土地所有制使得绝大多数土地掌握在少数人手里。1949 年 12 月 27 日,焦村境域里的各小乡破胡区政府的直接领导下,在开展镇压反革命的同时,开始了声势浩大的土地改革运动。土地改革按照“依靠贫雇农,团结中农,中立富农,打击地主”的方针政策,本着满足贫雇农,照顾中农的分配原则,做到了“耕者有其田”。1952 年冬和 1953 年春,又进行了土地改革复查运动,随着党和国家政府的贷款扶持、减赋养农、推广先进技术促农等一系列措施的落实,农业生产得到了迅速的发展。在这一时期,为了防止土地向少数人手里集中转换,及时提出了“组织起来,发展生产,走共同富裕的道路”的号召,积极组织了临时互助组和常年互助组。如果说这一时期是实现了农民土地所有制 ,那么紧接着的农业生产合作化运动就是将土地归位于社会主义集体所有制。

二、集体所有制

农村土地集体所有制经历了两个时期,一个时期是人民公社化时期,另一个是联产承包责任制时期。1958 年 8 月 6 日,中共中央主席毛泽东到河南视察了最早的人民公社之一——新乡七里营人民公社,8 月 9 日即发表了“还是人民公社好”的指示。西章公社根据灵宝县政府下达的将高级农业生产合作社改建成人民公社的指示精神,依照“政社合一”的原则,开始实施人民公社化管理,划定了所属的农业生产管理区,统一调配劳力、统一核算,建立集体食堂,取销一家一户的生活方式。例:1959 年 5 月,全武家山村共有公共集体食堂一个,当时在集体食堂吃饭的人数 359 人。随后,根据形势发展开始实行四包(包面积、包投资、包措施、包收入)五定(定土地、定劳力、定牲畜、定家具、定领导),坚持七到田,即生产指标到田、生产措施到田、操作规模到田、技术人员到田、所有劳动力到田、领导到田、检查验收到田。当时的分配制度工分制,人民公社的管理体制和随之而来的“大跃进”运动,带来了“高指标”“瞎指挥”“浮夸风”“共产风”等等一系列的左倾错误,使广大农民的生产劳动积极性受到了严重的挫伤,随之带来的是农村经济的急剧下降。1960 年,公共食堂缺粮断炊,只好以“瓜菜代”来维持生活。1961 年,西章公社全面贯彻了中共中央《关于进一步巩固人民公社集体经济发展农业生产的决定》,特别是贯彻了中共中央《农村人民公社工作条例》后,在人民公社的基础上确定了三级所有,各生产小队都建立实行了包产到组、到户。核算方式和管理体制的调整,调动了广大农民的生产积极性,使农业生产得到了恢复和发展。这种生产形式一直持续到 1978 年的 12 月。

三、联产承包责任制

1978 年 12 月,中共十一届三中全会后,中共中央发布了《关于加快农业发展若干问题的决定(草案)》等一系列新的农村经济政策,不断引导人们清除“左”的思想影响,在农村逐步建立了家庭联产承包责任制。1979 年初,焦村公社按照灵宝县政府下发的中央《关于加快农业若干问题的决定》精神,在各生产小队开始实行推行小段包工,定额计酬的“地段责任制”。1980 年 9 月,中共中央发出了《进一步加强和完善农业和生产责任制的几个问题的通知》,充分肯定了各种责任制的形式,尤其是包产到户和包干到户,并允许和鼓励农民在推广过程中逐步加以完善。把原来只在经济作物承包扩大到粮食作物;把原来只在秋季承包转向全年承包;把原来只搞比例奖罚改为全奖全罚。这种联产承包责任制放开了村民的手脚,使他们把自己的劳动付出和自己的劳动挂钩,更进一步调动了生产积极性。1982 年 1 月 1 日,中共中央批转《全国农村工作会议纪要》(通称第一个 1 号文件),肯定了包产到户的社会主义优越性,指出各种责任制包括小段包工、定额计酬、专业承包、联产计酬、联产到劳、包产到户到组、包干到户到组都是社会主义集体经济的生产责任制。并且申明了两个长期不变:土地等基本生产资料公有制长期不变;实行生产责任制长期不变。1982 年,全乡开始落实和完全推行农村家庭联产承包责任制,不但农用耕地全部承包到户,而且还建立建全了果园、林地、荒山、畜牧牲口、水利设施等集体财产的承包到户、到人的关系。

四、农村土地延包

在建设有中国特色的社会主义新时期,土地使用政策相应发生了变化。一是推行了土地双层经营责任制,二是土地延包的实施。人民公社化时期、家庭联产承包责任制提高了土地公有化的程度,而土地的双层经营体制和延期承包更进一步坚持了土地国有化的力度。1989 年 1 月,灵宝县制定了《关于进一步完善土地双层经营责任制的意见》,焦村乡根据指示精神,实施了“两田制”(口粮田和责任田),明确规定土地承包期

15 年不变,并发放了土地使用证;签订了土地双层经营承包合同书,完善规范了双层经营两个层次的各自职能。土地双层经营责任制的普遍推行,稳定了家庭联产承包经营关系,对壮大集体经济、完善投资机制、发展农业生产起到了很大的促进作用。1990 年,焦村乡根据灵宝县委、县政府的指示精神,推行了农业双向承包责任制。在农业双向承包责任制中,村集体作为土地的发包人,主要承担农资供应、农技培训、科技示范等项责任,为村民提供产前、产中、产后服务。村民作为土地承包人,具有按时交纳各种土地承包费用的义务。1997 年,中共中央办公厅、国务院办公厅发出了《关于进一步稳定和完善农村土地承包关系的通告》,明确指出,在第一轮土地承包 15 年期满后,再延长 30 年不变。1998 年 8 月,中共灵宝市委办公室、市政府联合制定了《关于稳定和完善农村土地承包关系、搞好土地延包工作的意见》和《灵宝市延长农村土地承包工作实施方案》,从指导思想和原则、承包制度和延期承包时限、土地调整、机动地预留和管理、土地附着物处理、土地承包费管理、土地流转形式、发展壮大集体经济和家庭承包权等 16 个方面做出了明确规定。

五、土地流转

早在 2004 年,国务院就颁布《关于深化改革严格土地管理的决定 》,其中关于"农民集体所有建设用地使用权可以依法流转"的规定,强调"在符合规划的前提下,村庄、集镇、建制镇中的农民集体所有建设用地使用权可以依法流转"。

2014 年,中共中央办公厅、国务院办公厅印发了《关于引导农村土地经营权有序流转发展农业适度规模经营的意见》,并发出通知,要求各地区各部门结合实际认真贯彻执行。《意见》要求大力发展土地流转和适度规模经营,五年内完成承包经营权确权。土地流转的基本原则有:(一)坚持确保所有权、稳定承包权、搞活使用权的原则;(二)维护农民的权益,坚持"自愿、有偿、依法"的原则;(三)坚持土地资源优化配置和土地同其他生产要素优化组合的原则;(四)坚持保护耕地重点保护基本农田的原则。土地流转的项目包括:(一)农业用地在土地承包期限内,可以通过转包、转让、入股、合作、租赁、互换等方式出让经营权,鼓励农民将承包的土地向专业大户、合作农场和农业园区流转,发展农业规模经营:(二)集体建设用地可通过土地使用权的合作、入股、联营、转换等方式进行流转,鼓励集体建设用地向城镇和工业园区集中。其要点是:在不改变家庭承包经营基本制度的基础上,把股份制引入土地制度建设,建立以土地为主要内容的农村股份合作制,把农民承包的土地从实物形态变为价值形态,让一部分农民获得股权后安心从事二、三产业;另一部分农民可以扩大土地经营规模,实现市郊农业由传统向现代转型。公有制与市场的深度融合,促进和集体经济的发展。

2016年,焦村镇完成了全镇责任田承包经营确权登记造册备案工作,为新时期的土地流转做好了前期准备工作。

2019年,土地综合整治项目,在一、二季度打违治乱、一户一宅腾退土地基础上,完成建设用地复垦25.6公顷。

第二节　生产制度的变革

一、生产制度和分配制度

1951年9月9日,中共中央召开第一次全国互助合作工作会议,通过了《关于农业互助合作的决议(草案)》。同年12月15日,灵宝县政府印发各级党委试行。1953年2月,中共中央正式下发《关于农业生产互助合作的决议》。《决议》要求,在条件比较成熟的地区,有领导、有重点地发展初级农业生产合作社。初级农业生产合作社以土地入股为特点,一方面在私有财产基础上,农民有土地私有权和其他生产手段的私有权,农民按入股的土地分配一定的收获量,并按入股的工具和牲畜取得合理的报酬;另一方面,在共同劳动的基础上,又有部分社会主义因素,如实行计工取酬,按劳分红,并积累有某些公共财产和资金。其分配制度即实行统一核算,土地入股分红,大牲畜、大件农具作价入社,按组固定作业区,实行包工不包产,按农活定额评工记分。

1956年6月30日,毛泽东主席签发了第一届全国人大第三次会议正式通过的《高级农业生产合作社示范章程》。《章程》规定高级社的规模一般要在100户以上;社员的土地无偿转为集体所有,取消土地报酬;其他重要的生产资料如耕畜、大农具等折价转为集体所有;入社农户可以使用一定面积的公有土地作为自留地,自行经营;生活资料和零星树木、家畜家禽、小农具、经营家庭副业的工具等仍归社员私有;全社按照统一的计划,集体劳动,统一经营,实行评工记分制;全社的当年收入在扣除生产费用、国家税收、公积金、公益金等之后,全部接劳分配,有特殊困难的,应予以照顾。取消了土地分红,实行按劳分配制度。

1958年8月17日至21日,全灵宝县就实现了人民公社化,西章人民公社成立。人民公社的管理体制就是取消生产资料私有制,一切财产上交公社,多者不退,少者不补,在全社范围内统一核算,统一分配,实行部分的供给制(如大办公共食堂、吃饭不要钱。这种做法被称作共产主义因素)。同时,社员的自留地、家畜、果树等,也都被收归社有。人民公社下设营(耕作区)、连(生产大队)、排(生产小队)、班(生产小组)。人民公社是集工、农、商、学、兵和生产、工作、生活为一体的政社合一组织,实行组织军事化、行动战斗化、生活集体化领导管理体制。这种“政社合一”这个政治特点一直延续到 1983 年 12 月乡镇人民政府取代人民公社为止。

人民公社化时期的收益分配政策。人民公社化初期的收益分配政策前后多次变化,但基本上维持“贫富平均”的模式。1958 年,人民公社实行“基本生活供给制与底分工资相结合”的分配办法,即社员个人分配收入,在供给制后的剩余部分,按每个劳动力评定的劳力底分(按年龄大小、劳力强弱、技术高低、劳动态度好坏而定,最高分为每天 10 分)分配,按底分实行统一比例升降;实物则实行按需分配。粮、油、菜、盐、柴等均由生产大队统一调配到食堂,统一供膳、干稀共享,社员称之为“吃饭不要钱”。

到 1960 年,许多食堂已经缺粮断炊,只好以“瓜菜代”来维持生活。1961 年,西章公社根据灵宝县委精神,全面贯彻了中共中央《关于进一步巩固人民公社集体经济发展农业生产的决定》(即十二条),特别是贯彻落实《农村人民公社工作条例》(六十条)后,在人民公社确立了三级所有,队为基础的组织形式,西章公社 80%的社队恢复和建立了三定一奖、定额管理等责任制。核算方式和管理体制以生产队为单位,调动了广大农民的生产积极性,使农业生产得到了恢复和发展。社员口粮的分配方式有五五(人口占一半,工分占一半)、四六(工分占四份,人口占六份)分成和三七(工分占三份,人口占七份)分成。年终以工分获得现金分红。1965 年粮食产量比 1961 年增长 88. 7%。

1978 年 12 月,中共中央发布了《关于加快发展农业若干问题的决定(草案)》和一系列新的农村经济政策,指引人们清除“左”的影响,因地制宜地推行多种形式的生产责任制。并在实践中不断完善和逐步放宽,从而促进了农业生产的迅速恢复和不断发展。焦村公社实行联产承包责任制,经历了一个由不公开到全面落实政策,由试探性的小承包到彻底放开手脚承包到人的曲折过程。1979 年,全公社先是在大多数社队推行了小段包工,定额计酬的地段责任制,但不联产,没有把生产者的收益与他们的生产成果直接联系起来,也未能充分把群众的生产积极性调动起来。1980 年又开始推行联产到劳,把原来只在经济作物承包扩大到粮食作物,原来只在秋季承包转向全年承包,原来只搞比例奖罚改为全奖全罚。这种联产承包责任制放开了农民的手脚,使他们把自己的劳动付出与自已的劳动所得挂上了钩,更进一步调动了农民的生产积极性。又经过一段时间的摸索,大包干逐渐成为责任制的主体形式。联产承包责任制的实行,使农业发生了根本性的转变。1983 年粮食单产 271.4 公斤,比 1949 年增长 4. 1 倍,达到中华人民共和国成立后的最高水平。农村的农民彻底改变了以工分分粮、分红的局面。广大农村已经开始由自给自足的小农经济,逐步向商品经济转化,农村的面貌已发生了根本的变化。

二、五一农业生产合作社

五一初级农业生产合作社最初是以农业互助合作变工组形式出现的,其变工方式有以工换工、以物换工、以畜换工、以膳换工等多种。1952 年 12 月,中共中央《关于农业生产互助合作决议(草案)》公布后,李玉龙互助组积极响应,着手试办农业生产合作社。为此,李玉龙曾先后参加了洛阳专署及县委组织的农业合作化骨干培训班。后因批办社"急躁冒进"而暂时中止。1953 年 10 月,灵宝县委将李玉龙互助组确定为试办初级社的试点。在试办过程中,其做法大体前后经历宣传发动、制订办法、民主选举三个阶段。1954 年 1 月,李玉龙合作社又吸收了 8 户农民入社,取名五一初级农业合作社。1954 年底,破胡区焦村境域加入初级农业生产合作社的户,占农民总户数的 54.47%,常年互助组占农民总户数的 36.77%。

1955 年 10 月,中共七届六中(扩大)会议,审议通过了《关于农业合作化问题的决议》,具体规划了农业合作化运动进展的规模,提出"在有条件的地方,有重点地试办高级社"的要求。1956 年 1 月 23 日,中央政治局印发《一九五六至一九六七年全国农业发展纲要(草案)》。《纲要》要求:"对一切条件成熟的初级社,应当分批分期地使它们转为高级社。不升级就妨碍生产力的发展。"2 月,中共灵宝县委召开各乡主要领导参加的干部扩大会议,进一步学习了中共中央《关于农业合作化问题的决议》《全国农业发展纲要(草案)》及省第五次党代会所做出的决议,宣传介绍了试办红旗高级社的经验,研究讨论了全县农业发展初步规划。会后,焦村中心乡的东村五一初级农业生产合作社通过宣传政策,启发思想;发扬民主,制定办法,并社升级,民主选举;建立制度,组织生产四个阶段,联合了东村、史村、小南村 3 个自然村的其他初级社和互助组,成立了五一高级社,入社 300 多户 1600 余人,土地 3600 余亩。

三、农业学大寨运动

大寨是 20 世纪 60 年代初期党中央、毛泽东树立起来的全国农业战线的一面红旗。随着"农业学大寨"运动在全国范围广泛深入的开展,大寨人自力更生、艰苦奋斗、战天斗地、敢于向大自然宣战的精神极大地鼓舞了全国人民,也影响了一个时代。大寨是山西省昔阳县一个小山村。20 世纪 60 年代初,全大队只有 83 户、365 口人,802 亩土地分布在"七沟八梁一面坡上"。大寨人在党支部书记陈永贵带领下,闸沟垒堰、修坝造地,把 300 亩坡地修成水平梯田,把 4700 多个分散地块整成 2900 块,又增加了 80 多亩良田，使粮食亩产由 1953 年的 25 公斤增长到 1964 年的 405 公斤，为改变农业生产条件、建设社会主义新农村开创了一条新路子。

1965 年 1 月，中共灵宝县委印发了《山西日报》1964 年刊登的《自力更生奋发图强建设山区的旗帜》一文，对大寨人、大寨事迹、大寨精神做了全面介绍。西章公社根据县委精神组织报告团，逐大队向群众宣传大寨经验。同年冬，西章公社根据灵宝县委召开的三、四级干部会议精神，召开大会，对全公社各大队农业学大寨进行部署，提出要把全公社的山岭坡地都建成大寨田。生产大队充分发动群众，把"学大寨人、走大寨路、建大寨田、赶大寨产"作为学习的口号和奋斗目标，男女老少齐动员，向大自然宣战。到处呈现出一派让旱地变水田、坡地改梯田、河滩变肥田的热气腾腾景象。到了 1966 年底，焦村人民公社东村大队被灵宝县评选为"大寨苗子"。

"文化大革命"开始后，"农业学大寨"进一步发展成为一个妇孺皆知的群众性政治运动和生产运动，且成了执行"左倾"农村政策的重要手段。1968 年 11 月 11 日至 18 日，灵宝县革委会在焦村人民公社东村大队召开了农业学大寨流动现场会议。会议参观总结了 6 个大队的基本经验：一是突出政治，开展学习毛主席著作群众运动，用毛泽东思想武装头脑，用毛泽东思想武装灵魂。二是开展革命大批判，批"三自一包"，主要副业由大队经营；批"工分挂帅"，实行突出政治记工方法；批"分光吃净"，扩大公共积累；批"物质刺激"，发扬共产主义风格。三是促进人的思想革命化，精神变物质，物质变精神。会议提出加强思想建设，"学大寨人，立大寨志，走大寨路"。从这次会议起，农业学大寨被"阶级斗争化"和"革命化"，强调学不学大寨是忠于不忠于毛主席、高举不高举毛泽东思想伟大红旗、听不听毛主席的话的政治问题，是革命与不革命的态度问题。当年，焦村公社先后有数百名公社、大队的干部有组织地前往大寨参观和学习。1968 年，地处平原、水位埋藏浅的西章公社成立了专业打井队，掀起了打井热。

焦村公社的"农业学大寨"运动是根据灵宝县的指示精神，自始自终坚持"以粮为纲"，围绕农田基本建设、兴修水利、积肥、农业机械化进行。并提出，农业学大寨要以改土、大办水利为中心，年内完成 335 公顷大寨田，三年内实现人均一亩目标，五年内把丘陵地全部改造完；采取"蓄、引、提、挖"的办法，以蓄为主，引蓄结合，提蓄结合，大力兴修投资小、用料少、见效快、收益大的小水库、渠、站、塘工程，争取在 1973 年底实现一人一亩水浇地。

1971 年 11 月，焦村公社和各大队干部参加了中共灵宝县委、县革委会召开的农业学大寨誓师大会,提出“学大寨、赶昔阳,苦战三年,粮食上‘纲要’、棉花过‘长江’的奋斗目标”。会后,公社主要领导带头深入农业生产第一线“蹲点”,并从公社和社直各单位抽调三分之一的干部包队,与社员群众同吃、同住、同劳动,许多大队成立了“铁姑娘战斗队”“老愚公战斗队”“硬骨头民兵连”和“农田水利基本建设专业队”,掀起了辟山修田、改天换地热潮。上自白发苍苍的老人,下至十几岁的娃娃,人人参与其中,烈日炎炎不收兵,地冻三尺不停工,白天跟着太阳走,晚上随着星月行,节假婚丧平常事,大年初一开门红。

1973 年春,焦村公社农业学大寨水土保持治河工程,重点抓了老天沟流域的小流域治理。

1974 年,焦村公社根据灵宝县委、县革委会农业学大寨指示精神,组织相关生产大队接连打了“四个战役”:(一)夺水之仗。公社水利站采取组织专业队和群众运动相结合的办法,投入在农田水利基本建设工地上,出动劳动力占总劳力的 60%。(二)造田之战。组织沿沙河支流各大队数千名社员,在河床两边摆开战场。筑坝、开挖河道、造田,植树等。在其他大队经大打深翻改土的“人民战争”,新建大寨田、挖丰产堆、丰产坑、丰产沟,占当年秋作物播种面积的 70%。(三)肥料之战。除继续抓好以养猪积肥为主的农家肥料外,焦村公社组织实施了化肥会战。大抓氮肥、磷肥和腐殖酸氨的生产。建立了公社、大队磷肥厂,生产磷肥和腐殖酸氨肥。(四)抗旱保苗之战。当年 7 月 6 日到 8 月 8 日,焦村公社发生了严重的伏旱;8 月中旬到 9 月中旬,又发生了大秋旱,两次干旱时间长达两个月之久。在干旱面前,公社党委发出了“一根扁旦两只桶,双肩担出双丰收”的战斗号召,组织了庞大的抗旱大军,开展了声势浩大的抗旱斗争。

1975 年 9 月,全国农业学大寨会议提出了“全党动员,大办农业,为普及大寨县而奋斗”的号召。11 月,焦村公社党委参加了灵宝县委、县革委会召开的“农业学大寨”会议。会议号召:“下定决心,苦干两年,把灵宝县建成大寨县。目标是思想革命化,大地园田化,农业机械化,荒地都绿化,五业大发展,六畜齐兴旺,社社办工厂,粮棉双上纲。”为实现此目标,焦村公社根据县委的会议精神,提出了“以改土治水为中心,山、水、田、林、路综合治理”的总体思路。并从公社抽调多名干部组成“农业学大寨工作队”,进驻各个生产大队。采取专业队和群众运动相结合的办法,大搞农田基本建设和水利建设。

四、高标准基本农田整治项目

灵宝市焦村镇高标准基本农田整治项目主要建设内容包括:灌溉与排水工程、田间道路工程、土地平整工程、其他工程 4 个方面。涉及到焦村镇 16 个行政村和焦村镇境域内的窄口灌区水利工程。南安头村：田间道路硬化约 640 米，节水灌溉工程滴灌管 1 处。辛庄村：田间道路硬化约 5500 米，提水站 1 处，架设高压线约 500 米，安装变压器 2 台；铺设地埋管道约 10700 米。柴家原村：田间道路硬化约 4100 米，新打机井 2 眼，安装变压器 2 台，架设高压线约 450 米； 铺设地埋管道约 5400 米。姚家城村：田间道路硬化约 1400 米，铺设地埋管道约 5300 米。水泉源村：田间道路硬化约 3000 米，新打机井 2 眼，架设高压线约 530 米，安装变压器 2 台；铺设地埋管道约 5000 米。尚庄村：田间道路硬化约 3800 米，新打机井 1 眼，架设高压线约 450 米，安装变压器 1 台；铺设地埋管道约 3100 米。沟东村：田间道路硬化约 3600 米，新打机井 1 眼，架设高压线约 480 米，安装变压器 1 台；铺设地埋管道约 1900 米。纪家庄村：田间道路硬化约 8300 米，提水站 1 处，架设高压线约 1200 米，安装变压器 3 台；铺设地埋管道约 6500 米。焦村、西章、坪村三个行政村：田间道路硬化约 2300 米，新打机井 2 眼，架设高压线约 1300 米，安装变压器 2 台；铺设地埋管道约 3600 米。卯屯村：田间道路硬化约 6200 米，新打机井 2 眼，架设高压线约 900 米，安装变压器 1 台；铺设地埋管道约 6200 米。东常册村：田间道路硬化约 11700 米，新打机井 2 眼，架设高压线约 400 米，安装变压器 1 台；铺设地埋管道约 5400 米。西常册村：田间道路硬化约 2100 米，新打机井 1 眼，架设高压线约 670 米，安装变压器 1 台；铺设地埋管道约 3000 米。秦村：田间道路硬化约 1600 米，硬化渠道约 340 米；铺设地埋管道约 4200 米。常卯村：田间道路硬化约 3000 米，硬化渠道约 4500 米，提水站 1 处，架设高压线约 140 米，安装变压器 1 台；铺设地埋管道约 7100 米。窄口灌区：一干三支，硬化渠道约 7000 米。

五、高标准基本农田整治项目碑记

焦村镇高标准基本农田整治项目纪念碑，在每一个相关项目实施的行政村都立了造型一样、内容一样的纪念碑。内容如下：

2016 年灵宝市焦村镇高标准基本农田整治项目简介

项目区位于灵宝市焦村镇，涉及 36 个行政村，计划总投资 9545.65 万元，建设规模为 5234.1211 公顷，项目完成后新增耕地面积 1.5270 公顷。

一、项目建设内容

项目区主要建设内容有灌溉与排水工程、田间道路工程、土地平整工程、其他工程四个方面。

灌溉与排水工程

项目区规划新打机井 25 眼，机井配套 4 眼；新建提灌站 12 处，提灌站配套 3 处；埋设输水管道 203 条 122532 米,硬化渠道 45 套 28313 米,跌水 70 处,架设高压线 14544 米,安装变压器 38 台,变压器房 38 座,低压电路长 16525 米。

田间道路工程

项目区田间道标准为:路面宽 3—4 米,边坡比 1∶1。田间道限载重量 6 吨。计年限为 15 年。田间道面层采用 20 厘米厚混凝土,基层采用 30 厘米厚灰土路基,路面高出地面 0.3 米,项目区共新建田间道 132238 米。

土地平整工程

土地平整 19.1206 公顷,新增耕地面积 1.6270 公顷。

其他工程

项目完成后在项目区四界、水利设施、道路设施、新增耕地、土地平整等主要工程位置设立标识牌,共计 306 个。

二、工程实施后效益

该项目区年新增农作物产量总计为 473.83 万公斤,新增经济效益总计为 1707.07 万元,耕地经营管理的直接经济效益较为显著。

项目的实施,完善了项目区基础设施建设,创建了良好的农业生产条件和土地生态环境,增强了农业综合生产能力、抗灾能力和发展后劲,为农业产业结构调整、农民增收奠定了坚实的基础,从而保证土地的可持续利用和生产的稳定性,为我市经济、社会、生态环境协调可持续发展做出了应有的贡献。

第三节　农业科技

一、焦村农技站

焦村镇农技站最早建立于 1958 年,当时名为西章公社农技站,负责人余安齐,男。办公驻地公社政府,主要推广小麦、玉米、红薯新品种农业技术。1965 年,随着政府名称的变迁,更名为焦村公社农技站。农技站的主要工作:每年推广、引进、示范、试验农作物新品种栽培新技能;农药、化肥的田间试验;搞好农业科技培训、到村进行宣传新技能、办黑板报、印发技术材料。当时的农作物试验布局分四个区域:焦村泽地、万渡村北、巴娄村南、西章村北,火车路南主要栽种玉米、小麦、红薯,一年一熟;火车路北主要栽种棉花。小麦品种试验发展主要有蓖麻 1 号、郑州 3 号、小麦 25 号等。1984 年,农技站更名焦村乡农技站;1994 年,更名焦村镇农技站。焦村农技站 1990 年获得“河南省农牧渔业丰收奖”；1991 年获“灵宝市 37 万亩旱地小麦中高产开发技能三等奖”；1993 年获得“三门峡市旱地小麦高产开发奖”；1995 年获“灵宝市小麦规范化栽培技术三等奖”；1997 年、1998 年被灵宝市农牧局评为先进单位；1999 年 1 月被评为“河南省农技推广先进集体”；2002 年 5 月被评为“灵宝市科技推广先进单位”等。2006 年机构改革，成立了焦村镇农业服务中心。

二、粮食作物及种子

2010 年后，焦村镇的粮食作物主要以小麦、玉米、豆类、红薯、花生、芝麻为主，面积基本稳定在 2535 公顷左右，2020 年《河南省委河南省人民政府关于抓好“三农”领域重点工作确保如期实现全面小康的实施意见》提出的“坚决抗稳粮食安全政治责任，稳政策、稳面积、稳产量”有关精神，全镇扩种粮食作物面积 367 公顷，粮食面积基本稳定在 2915 公顷。小麦亩产达到 353 公斤，玉米亩产达到 370 公斤，总产达到 1270.5 万公斤。2015 年后，加大优良品种推广力度依托农业支持保护补贴，选用对路品种，水地以豫麦 49-198、矮抗 58、平安 8 号、丰德存麦系列为主；旱地以众麦 175 和洛旱 6、周麦系列为主。坚持服务跟着种子走，主推种子包衣、测土配方施肥、前氮后移、病虫草害绿色防控等综合防治技术，实行良种良法相配套，优良品种覆盖率达 98%以上，实用技术应用面达 85%以上。

三、蔬菜栽培

绿色无公害高科技无土栽培技术。焦村镇灵宝市七彩智慧农业有限公司为 2020 年优质蔬菜生产基地建设项目实施主体，打造 26.7 公顷优质果蔬生产基地，带动周边村蔬菜产业发展。灵宝市七彩智慧农业有限公司成立于 2019 年 12 月，在寿光市中荷集团无土栽培研究所的支持下，建设有无土栽培智能玻璃温室大棚 1 座、高标准日光温室生产大棚 6 座。第一期占地开发 6.7 公顷，投资 1380 万元，其中自筹资金 500 万元；第二期流转土地 20 公顷。公司立足于农业生产领域，依靠强有力的技术支撑，扩展延长产业链条，打造集生产、科研、采摘、休闲、体验为一体的农村生产企业。焦村镇西章村与寿光市中荷无土栽培研究所达成技术全面托管协议，建成具有世界尖端技术的无土栽培蔬菜基地。蔬菜基地围绕绿色有机无土栽培模式进行生产，严格按照国家及省农业厅制定的《绿色蔬菜生产技术规程》中规定的要求实施，以有机无土配方营养液，使商品完全脱离化肥农药。

四、农产品安全监测

2018 年，焦村镇成立了农产品质量安全监测站，各村配备了监管员，加强农产品生产经营主体管理,全面落实农产品生产企业、农民专业合作经济组织、畜禽屠宰企业、收购储运企业、经纪人和农产品批发、零售市场等生产经营者的主体责任。强化农业投入品监管,严格实行农药、兽药、饲料及饲料添加剂等农业投入品市场准入管理,建立生产经营主体监管名录制度。严格落实农业投入品购买索证索票、经营台账制度,探索建立农药包装废弃物收集处理体系,开展农产品质量安全监测。制定实施主要农产品质量安全监测计划,监测范围覆盖所有农产品生产销售企业、农民专业合作经济组织、生产基地、种养殖大户和收购储运企业及批发、零售市场,农产品生产经营企业和农民专业合作经济组织100%落实产品自检制度。严厉打击违法违规行为,全面推行农业综合执法,强化农产品质量安全监管执法。坚持绿色生产理念,大力推广质量控制技术,推行统防统治、绿色防控、配方施肥、健康养殖和高效低毒农兽药使用。健全农产品质量安全监管体系,加强农产品质量安全监管公共服务能力建设,做好农民培训、质量安全技术推广、标准宣传培训、督导巡查、监管措施落实等工作,建立职责任务明确、考核体系完备的村级质量安全监管员队伍,逐步建立村级服务站点。

五、农业栽培技术开发

(一)测土配方施肥技术。该技术是以麦田土壤测试和肥料田间试验为基础的一项肥料运筹技术。主要是根据实现小麦目标产量的总需肥量、不同生育时期的需肥规律和肥料效应。在合理施用有机肥的基础上,提出肥料(主要是氮、磷、钾肥)的施用量、施肥时期和施用方法。(二)氮肥后移高产优质栽培技术。该技术是将冬小麦底追肥数量比例后移、春季追氮时期后移和适量施氮相结合的技术体系。(三)节水高产栽培技术。该技术是通过选用节水抗旱品种、适当晚播、增加基本苗、足墒播种、增施磷肥、重施底肥等技术的应用,以底墒水调整土壤储水、减少灌溉次数和灌水量、提高水分利用效率的高产栽培技术。

六、落实强农惠农政策

2015年以来开始实施耕地地力保护补贴。农业耕地地力保护补贴(三项补贴)涉及全镇38个行政村、13361户农户。2015年到2018年补贴面积5600公顷,2019年由于焦村镇“三所”征地,涉及焦村、西章、乡观、沟东4个村,占地面积9.87公顷;东村体育综合体占地6.32公顷;312省道修建占地巴娄、乔沟、赵家、万渡、滑底等10个村5.22公顷,共核减面积21.45公顷,实发面积5577.87公顷。2020年绕城高速征地涉及万渡、常卯、东仓、罗家、秦村、西常册、王家等12个村61.72公顷,共计核减面积61.73公顷,实发面积5516.13公顷。每年都按时兑汇到农户一卡通上。2014年、2015年、2017年、2018

年灵宝市承担实施棉花价格补贴，每年价格不一，都按时兑汇到农户一卡通上。

七、农业科普工作

（一）开展“百名科技人员包百村”服务活动。2015 年响应灵宝市“百名科技人员包百村”服务粮食生产科技活动，农业科技人员 8 名，分包全镇 38 个行政村，每名科技人员负责 5 个行政村的技术指导和技术培训，采取进村入户、包片蹲点，面对面指导农民，全力做好春季麦田管理、小麦“一喷三防”示范推广、春耕备播、“三夏”生产、秋田管理、“三秋”生产等工作。（二）技术培训及服务。2020 年，为搞好小麦生产，分别制定下发了“焦村镇小麦生产管理意见”“焦村镇春季小麦管理意见”“关于加强小麦中后期管理意见”“焦村镇小麦条锈病、赤霉病防治技术”“小麦一喷三防关键技术”等各类指导意见，结合小麦关键时期组织技术人员深入田间地头，农贸集市开展技术培训与技术宣传工作，共举办培训班 3 次，培训农民 800 人次，发放技术资料 300 余份，并利用手机短信、微信平台等媒体把小麦高产高效栽培技术宣传到位，提高农民种田技术水平。（三）调整优化粮食新品种、新技术试验示范推广。优化粮食种植结构，科学规划，合理布局，全镇发展优质小麦 533.3 公顷，涉及 10 个行政村，推广小麦优良品种，主推周麦 27、存麦 11、中麦 175、小麦新品种。发展优质玉米 1200 公顷，品种为陕科 6 号、裕丰 303、大丰 30 等；商薯 19，烟薯 25，西瓜红，豫薯 8、13 号等农作物新品种 12 个，大田农作物良种覆盖率达 98%以上。（四）现代信息平台宣传与推广。2020 年为了农业生产技术、气象预报、防灾减灾措施等信息能够及时向社会发布，利用“农业科技网络书屋”“中国农技推广 APP”和手机短信、微信群等网络信息平台，围绕种植主导产业，及时推广发布种植新品种、新技术和粮棉油栽培及管理、病虫草害综合防治等实用技术，并及时关注天气变化，及时发布灾害信息预警。全年共计发送各种信息 150 余条，其中农业技术推广信息 50 余条、灾害预警信息 100 余条。

八、病虫害防治

焦村镇 2015 年利用无人机进行小麦“一喷三防”，防治效果好、用药量少、速度快。

九、基层农技推广体系改革与建设补助项目

结合焦村镇实际，2020 年筛选粮食（小麦、玉米）、蔬菜、油料三大主导产业，主推 10 个品种、3 项技术；选聘了科技指导员 4 名，遴选以种粮大户、专业合作社、家庭农场等新型农业经营主体为主的科技示范主体 5 个，每名科技指导员联系指导科技示范户 1 个以上科技示范主体；科技指导员填写科技指导手册、科技示范户手册，悬挂示范户门牌、基地标牌，完善了示范户档案，并将信息上报上级部门和网络平台。

十、农业机械

(一)传统农具

耕作农具有:木犁(安装铁铧称为耩)、木耙、铁耙、耱、镢头、铁锨等。

播种农具有:三条腿木制播种耧,用于麦播、谷播。

中耕农具有:铁锄,分大锄、小锄、露锄。

收割农具有:木柄铁镰(有笨镰和麦镰)、木镰(木柄、木头安有刀片)。笨镰用于收割玉米、谷子、棉柴、割蒿草;麦镰、木镰用于割麦、割青草。

脱粒农具有:石磙俗称碌碡、木杈、扫帚、木锨、筛子、簸箕、布袋等。

运输农具有:铁轮大车、木轮大车、木独轮小车、扁担、箩筐等。

加工农具有:石磨、石碾、石臼、手罗;用于棉花加工的手工扎花车、人力弹花弓、木制手摇纺花车、木制织布机等。

辅助农具有:牲口用的鞍具、驮架、驮篓,积粪用的粪叉、粪耙等。

(二)农用机械

耕作机械:1952 年后,推广使用七寸犁、八寸犁、山地犁,替代了笨重简陋的木犁。群众编顺口溜说:“山地犁,两边翻,用户越用越喜欢。”在此期间,曾推广使用畜力拉动的双轮双铧犁,由于它体积大,操作不便,适应性差,未得到普遍使用而被淘汰。1956 年至 1980 年,是焦村公社农业机械,特别是大中型机械从无到有、从少到多突飞猛进的阶段。在毛泽东主席“农业的根本出路在于机械化”指示的指引下,全党、全民大力发展农业机械化进入高潮时期。1956 年 3 月成立了灵宝拖拉机站焦村机耕队。1957 年,在西章乡焦村泽的地里成功试验了耕、耙、播一次性生产过程(主要是播玉米生产过程),拖拉机牵引犁多一个犁柱,上面装有点播器,耕后带耙,下种均匀,播行端直,保墒耐旱,经对比在同等条件下,可增产 1—2 成。个别大面积土地可用拖拉机站的 C-45 型拖拉机(波兰制造)、热特-35 型拖拉机(匈牙利制造)、DT-413 型拖拉机(东德制造)带动耕地,即可带动 42 片圆盘耙耕地。1959 年后,开始使用国产东方红拖拉机耕地。1966 年,国产拖拉机普遍使用,焦村人民公社利用距县城近的优点,各大队的大面积耕地,即可做到耕、耙、播一条龙服务。1963 年 7 月,上海螺旋式手扶拖拉机受到广大使用者的欢迎。1973 年,焦村人民公社农机管理站成立。1975 年后,焦村人民公社下辖的各大队、生产队,开始集体购制农业机械,为 40 型东方红拖拉机,主要用于大面积耕地。1981 年实行责任承包制后,各种小型拖拉机在农村的数量急剧增加,农民犁地多已不再使用牲畜。1984 年 8 月,焦村乡农机管理站更名为农机管理服务站。1990 年至2000年后,农村使用中小型拖拉机耕地已遍及全镇。主要用于耕作的机械有:玉米秸秆还田机,配套主机为大型拖拉机;全方位深松机,配套主机为大型履带式拖拉机;鞭式秸秆还田机,配套主机为大型拖拉机;深耕犁等。2010年,焦村镇实施农机化技术推广,示范推广保护性耕作机械化技术;推广特色农机化新机具、新技术。紧紧围绕果、林、牧、菌、烟、菜、药、草八大特色产业,大力引进推广先进适用的微耕机、田园管理机、高效弥雾机、卷帘机、灭菌炉、烟田起垄机、饲料混合机、打捆机、挖坑机等特色农业机械,建立了杨家村食用菌特色农机化示范村,推进特色农业机械化发展;加快推进玉米收获机械化,采取补贴政策拉动、典型示范带动的方法,强力推进玉米收获机械化;扩大玉米秸秆机械化还田面积,继续坚持"禁为先、疏为重、用为本"的思路,把玉米秸秆机械化还田作为"三秋"农机工作的重要内容,采取普遍推广与重点地区突破相结合的办法,促进玉米秸秆机械粉碎还田的大面积实施。

收获机械:1959年,首次使用联合收割机。1965年后,个别大面积农田开始使用康拜音收割机,广泛开始使用小型脱粒机。1970年后,各生产大队、生产队多用拖拉机碾场收打小麦,或用电带、机械动力带动小麦脱粒机。1981年后,有了小型收割机。1990年后,个别大面积耕地使用联合收割机。2000年后,收割机械主要有小麦割晒机,配套主机为小型拖拉机;悬挂式联合收割机,配套主机为小型拖拉机;小麦联合收割机,自带主机;悬挂式联合收割机,配套主机为大中型拖拉机。

运输机械:1956年,焦村乡、万渡乡各初级农业生产合作社、高级农业生产合作社都拥有了胶轮车。1958年后,西章公社各大队都有胶轮车搞农业运输。1960年以后,各大队、生产小队及社员自己开始使用架子车,到70年代,架子车已相当普遍。1973年3月,焦村人民公社成立了农机管理站,主要为东方红-54型履带式拖拉机和大型四轮拖拉机;各大队也开始购置大型拖拉机。1981年后,小型拖拉机、农用三轮车在农村中逐渐多起来。1990年至2000年,相当一部分运输专业户拥有了农用载重汽车,小四轮拖拉机、三轮农用车、三轮摩的车、四轮农用运输车,发展迅速,几乎遍及家家户户。

播种机械:1955年后,焦村乡、万渡乡在农业合作化时便开始使用马拉小麦播种机。1960年后,4行小麦播种机,24行、48行多种播种机广泛使用于各大队、生产队的大面积耕地。1981年后,除播种机外,农户小块田作业均用铁制播种耧,淘汰了传统的木制播种耧。2000年后,流行使用的各种播种机有:(1)谷物施肥播种机,配套主机为小型拖拉机。(2)小麦地腹垄盖沟植播种机,配套主机为小型拖拉机或畜力。(3)麦垄套播机为半自动。(4)玉米座水点播机,配套主机为小型拖拉机。(5)浅旋播种机,配套主机为50型拖拉机。

植保机械:20世纪60年代后,开始广泛使用手摇水式喷雾器、动力喷雾器、背负式手摇喷雾器、肩挎式手摇喷粉器。1990年,踏板式手摇喷雾器开始进入农户。1993年至2000年后,以汽油发动机为动力的担架式喷雾器、机动三轮车带动的柱塞泵喷雾机开始代替了人力的手摇、脚踏式喷雾器。

生活加工机械:20世60年代,钢磨、饲料粉碎机、碾米机已开始使用,后随着电力设施的完善,各大队办起了副业加工厂,服务于广大社员生活,主要有轧花机、弹花机、榨油机、磨面机、粉碎机、碾米机等。2000年后,随着市场经济的开放竞争,许多原有的生活加工机械被淘汰,农村出现了一些专业加工户,机械设备新,产量高,效率好,人们普遍都能到市场上购买自己所需的现成食品。

(三)农机监理

农业机械检验及牌证管理:农业机械检验分初检、年检、临时检验3种,通常采取集中与个别检验相结合的方式进行。初检与临时检验个别实施,合格后发给牌证。年度检验集中实施,一般每年4月1日前由镇农机管理服务站全面检修、喷漆、预检。4月1日起,镇进行正检,逐年检验,填写表格,整理归档。对农业机械驾驶员考核分初考和审验两种形式。初考的内容有挂接农具田间操作、场地驾驶、道路驾驶等,合格后发放驾驶(操作)证。审验随农机检验一同进行。车辆档案、驾驶员档案、文书档案、事故档案及相关资料,全部按牌照号码、驾驶照号码顺序存入档案。档案人员每月填报《月报事故表》及《月报事故及原因分析表》,交上级农机监理机关。

农机事故处理:凡在乡村道路、田间场院、集镇等场所发生的农业机械事故,全部由灵宝市农机监理部门处理,需给治安处罚或追究刑事责任的,移交公安交警部门处理。

农机作业安全监理:(1)田检路查。田检路查是促使机手按章操作、维护人民生命财产安全的重要手段。1988年灵宝县有农机安全监理人员5名。1992年,县农机局和县法院联合组建了灵宝县人民法院农业机械安全管理法规执行室,受理农机安全部门协调办理已发生效力的处理、处罚决定。1994年,执行室停止工作,田检路查暂停。1998年,重新启动田检路查工作,农机安全监理人员增加到16名,分两个外勤监理分队,常年深入田间地头,进行安全监理。(2)农机"三夏"防火。1988年后,农机越来越多地投入到"三夏"小麦收打作业。每年在小麦收打期间,焦村乡政府配合农机部门出动防火宣传车,深入到麦田、麦场进行宣传检查,减少了"三夏"火灾隐患。

第四节　气象服务

一、灵宝市气象局

1977 年 1 月 1 日，因探测环境受到破坏，灵宝县气象局迁至焦村镇焦村村（310 国道北接近焦辛路的位置，现焦村职专内）。业务范围为气象观测，信息网络，天气预报，农业天气。特色服务有公众气象服务，决策气象服务，专业专项气象服务，气象科技服务与技术开发，气象科普宣传。2006 年 1 月 1 日，因探测环境再次受到严重破坏，灵宝市气象局迁至灵宝市函谷路北段。

二、焦村镇无线气象信息发布 LED 显示屏系统

焦村镇无线气象信息发布 LED 显示屏系统安装于 2013 年 6 月，安装位置在焦村镇政府办公楼大门西侧。同时在全镇 38 个行政村配备了防汛大喇叭，每天适时播放气象预报。2015 年 4 月，在镇政府财政所楼顶安装了雨量检测器。无线气象信息发布 LED 显示屏系统所有的数据来源与气象局的数据库对接，系统实时采集并传输到 LED 显示屏实时显示，当前时间气象预警信号图标、实时雨量、热带气旋等信息；实时的滚动文字信息，发布最新的气象、重要的信息、通知、欢迎词等图文信息。气象系统不仅可以满足气象防灾减灾的信息显示要求，而且可以同其他政府部门和各行各业的预警信息发布的平台进行链接；通过气象部门建立一套完整预警信息发布网络后，实现多行业共享，避免行业与行业之间的预警平台重复建设，借助气象行业的网络可以实现各行业的预警信息发布。无线气象信息发布 LED 显示屏系统的特点：（一）可全自动无人值守发布实时气象信息，采用 GPRS 实时在线方式传送信息，能实现当地雨情、灾害、实时气温、湿度、大风、紫外线、大雾能见度等气象信息的 24 小时不断自动播报，无需人工干预。（二）能全自动开成播报语音，手工半自动编辑天气预报信息，并自动同时传送至所有的显示屏。（三）可加密发送方式，气象信息经市气象局审核后直接发出，保证了信息的合法来源和权威性，坚决杜绝违法气象信息。（四）播报方式灵活，文字、图片、动画、表格均可，以多种模式显示的同时还能播放对应的语音。（五）LED 显示设备的大小灵活，室内室外均可，适用不同的用户及安装位置。焦村镇无线气象信息发布 LED 显示屏系统管理人员先后有王楠淞、高飞、闫帅帅。

第五节　畜牧养殖

一、发展概况

民国时期,焦村镇所辖区域家畜家禽均由各村村民自己喂养,包括马、骡、驴、牛、羊、猪、鸡等。富裕农户饲养的大家畜数量多,除牛、驴外还有骡、马,骡、马能拉套、能驮运,出门赶会骑着快且风光体面。中等农户多养牛、驴,因其食量少,经济实惠,耕田犁地多以两家和套(两头牲口拉一张犁)。穷苦的农户没有牲口,靠人力和打工扛活维持生活。

中华人民共和国成立后,经过土地改革运动,政府将富裕农户的土地和大家畜分给村中的雇农、贫农,实现了耕者有其田。后经过互助合作到1956年后的合作化,各村农户将牲口作价全部加入合作社,农业合作社建有专门的饲养室、饲养圈,专门配备了饲养人员,称饲养员。这时期大家畜以牛和驴占大多数,马和骡占少数。

1958年至1983年12月人民公社化时期,最初将合作社的牲口又归各生产队所有,生产队仍设有饲养室和饲养圈,配备贫下中农社员做饲养员。各生产队的大家畜多为牛和驴,亦有少数骡马,主要用于胶轮大车的拉套。后随着农业机械的实施和普及,生产队大家畜逐渐减少。

1984年1月,农村实施行政体制改革,集体的大家畜部分变卖,部分下分到村民各户喂养。这时期的家畜数量伴随着体制改革和农业机械增多和提高,大家畜几尽绝迹。

20世纪90年代,各行政村有村民以饲养商品牛(肉牛)、奶牛且多成规模饲养,有的发展成为大型饲养专业户。同一时期,生猪的喂养也由过去的单户饲养变为有规模化养殖,相当一部分村庄出现了诸多的养殖专业户。

2000年,灵宝市政府出台对畜牧养殖户的奖励政策,每发展一户规模养殖户,政府一次性奖励1000元;每发展一个养殖专业村,政府一次性奖励2000元。在党和政府好政策的感召下,再加上畜牧养殖业市场行情的渐长,焦村镇的畜牧养殖很快发展壮大起来。

2001年,焦村镇畜牧养殖业蓬勃发展。年末牛存栏3457头,羊存栏6643只,猪存栏9000头,家禽存栏85638只,兔存栏32000只。其中一代布尔山羊存栏2500只,二代布尔山羊存栏350只;夏洛来、西门塔尔等良种肉牛存栏1450头。新发展“猪—沼—果”生态发展模式1500个;新发展了乡观、西常册2个养猪专业村,专业户203个。

2002年,全镇新上50头以上肉牛养殖场4个,牛、羊、猪、鸡年末存栏分别达到

3105 头、6500 只、8500 头、8.5 万只；新发展养殖专业村 4 个，专业户 102 个，建立规模化养殖场 23 个。新培育了民生肉牛育肥场，年末存栏肉牛 90 余头，带动了全镇肉牛养殖迅速发展；发展壮大了康英奶牛场、西章良种肉鸡场 2 个畜牧养殖龙头企业，其中康英奶牛场年末存栏奶牛 130 头，日产鲜奶 1300 公斤，成为灵宝市康源乳业公司的重要原料供应基地。当年成立了东村布尔山羊协会、乡观养猪协会、西章养鸡协会。

2003 年，新增畜牧养殖专业村 8 个，规模养殖场 72 个，专业户 604 户，新建青贮池 9000 立方米，青贮饲料 450 万公斤。年内，大家畜出栏 861 头，生猪出栏 10240 头，山绵羊出栏 4612 只，家禽出笼 122753 只；年末，大家畜存栏 2674 头，生猪存栏 7763 头，山绵羊存栏 5759 只，家禽存笼 87814 只。焦村鸡场、恒源奶牛场、继宋肉牛育肥场应运而生。

2004 年，新增畜牧养殖专业村 5 个、规模养殖场 103 个、专业户 367 个；新建青贮池 16 个，新增贮量 110 万公斤。年内，大家畜出栏 1240 头、猪出栏 20245 头、羊出栏 6294 只、家禽出笼 86237 只；年末，大家畜、猪、羊、家禽存栏分别为 4983 头、20600 头、9660 只和 169477 只。全年肉类总产量 186.5 万公斤，牛奶产量 97.1 万公斤，禽蛋产量 79 万公斤，并将乡观种猪场、西章种鸡场作为 2 个党员先锋工程项目。

2005 年，全镇全年新增养殖专业村 6 个、规模场 30 个、专业户 95 个、养殖小区 1 个，冷配点 1 个，并建成了灵宝市生猪外调中心。年内，大家畜出栏 1491 头，猪出栏 23895 头，羊出栏 7659 只，家禽出笼 92055 只；年末，大家畜存栏 5162 头，猪存栏 23471 头，羊存栏 8399 只，家禽存笼 177372 只。全年肉类总产量 223 万公斤，牛奶产量 1 万公斤，禽蛋产量 72.9 万公斤。

2006 年，为适应畜牧业发展新形势，更好地防控重大动物疫病，服务群众，畜牧兽医站建立健全了各项规章制度，建立健全了镇村防疫队伍，落实待遇，加强管理，着力保障产业安全，聘请 6 名乡级动物防疫员，38 个村协防员为畜牧兽医工作的全面、深入开展提供了坚实基础。全年新建养殖小区 1 个、规模养殖场 20 个。年内，大家畜出栏 2357 头，猪出栏 68287 头，羊出栏 7210 只，家禽出笼 186100 只；年末，大家畜存栏 5690 头，猪存栏 25457 头，羊存栏 2044 只，家禽存笼 67100 只。全年肉类总产量 570.8 万公斤，奶类产量 81 万公斤，禽蛋产量 69 万公斤。

2007 年，成立了镇畜牧养殖协会，并发展养殖专业村 2 个、专业户 100 户、规模养殖场 20 个；大力发展生猪生产，全镇能繁母猪达 3152 头。年内，大家畜出栏 156 头，猪出栏 28776 头，羊出栏 4693 只，家禽出笼 141825 只；年末，大家畜存栏 2834 头，猪存栏

16703头,羊存栏1061只,家禽存笼147933只。全年肉类总产量227万公斤,禽蛋产量52.8万公斤。

2008年,组建了镇、村防疫协管队伍。年内,新发展养殖专业村2个、专业户150个、规模养殖场48个;新建养殖小区1个,新建生态养猪场7个;全镇母猪入保7400头,年末能繁母猪存栏4085头。年内,牛出栏18头,猪出栏66139头,羊出栏2317只,家禽出笼267371只;年末,牛存栏563头,猪存栏36549头,羊存栏2359只,家禽存笼114389只。

2009年,灵宝市成立畜牧局,畜牧兽医站人员、编制统一归属灵宝市畜牧局。同年,畜牧兽医站抓住中央投资乡镇畜牧兽医站基础设施建设项目机遇,努力争取,配套了办公桌椅、档案柜、红外测温仪、高压消毒灭菌机、电动消毒灭菌机、药品冷藏柜、低温冰柜、疫苗冷藏包、电子显微镜、动物解剖器械等一系列中央投资基础设施设备,畜牧兽医站面貌焕然一新,依法履行职责,服务群众的能力得到进一步加强。当年的畜牧业生产,组建镇村防疫协管队伍,抓好春秋两季集中免疫工作。转变牧业发展方式,建设生态养猪场23个;全镇规模养殖户达430个,存栏100头以上养猪大户173个,存栏500只以上养鸡大户80个,牛存栏10头以上5户。年内,大家畜出栏145头,猪出栏47030头,羊出栏5085只,家禽出笼172927只;年末,大家畜存栏620头,猪存栏30660头,羊存栏4007只,家禽存笼112015只。全年肉类总产量395.6万公斤。

2010年,全镇畜牧业总产值达1.56亿元,占农业总产值的40%。年内,大家畜出栏236头,猪出栏47275头,羊出栏8046只,家禽出笼423532只;年末,大家畜存栏966头,猪存栏27301头,羊存栏3100只,家禽存笼157105只。全年肉类总产量389.5万公斤。

2011年,由于从2005年起受高致病性禽流感、高致病性猪蓝耳病等重大动物疫情和矛盾日益尖锐的畜产品质量安全问题的影响,畜牧兽医工作得到国家和社会各界前所未有的重视和关注,重大动物疫病防控、能繁母猪补贴、奶牛补贴,政策性能繁母猪保险、奶牛保险,规模养殖场标准化示范创建等一系列惠农政策的实施,为镇畜牧业的持续稳定健康发展提供了强有力的保障和支持。当年,畜牧业生产新建规模养殖场12个,发展专业村2个,培植专业户20个。落实能繁母猪保险财政补贴政策,全年能繁母猪投保4200头,参保金5.04万元。年内,大家畜出栏490头,猪出栏25499头,羊出栏7311只,家禽出笼139049只;年末,大家畜存栏617头,猪存栏25364头,羊存栏4465只,家禽存笼95446只。全年肉类总产量241.7万公斤。

2012 年,重大动物疫病防控工作依法有序开展,形成了春秋两季集中免疫、高温季节消毒灭源与每月补、防相结合的工作机制。高致病性猪蓝耳病、猪瘟、口蹄疫、高致病性禽流感、新城疫等重大动物疫病的免疫达到省定标准,免疫效果监测合格率 100%,全镇 38 个行政村和 220 个规模养殖场全部规范建立免疫监管档案,努力确保全乡不发生区域性重大动物疫情。当年,全镇畜牧业总产值达 1. 6 亿元。年内,大家畜出栏 707 头,猪出 32164 头,羊出栏 12076 只,家禽出笼 195114 只;年末,大家畜存栏 380 头,猪存栏 31654 头,羊存栏 5969 只,家禽存笼 104850 只。全年肉类总产量 272. 1 万公斤。

2013 年,全站干部职工在人员、经费严重短缺的情况下克服困难,依法履行监管职责,对全镇所有规模养殖场户和 3 家饲料兽药经营门店等监管对象细化、强化监管措施,确保不发生畜产品质量安全违法事件。当年全镇畜牧业总产值达 2. 16 亿元。年内,大家畜出栏 310 头,猪出栏 12. 5 万头,羊出栏 1. 8 万只,家禽出笼 30 万只;年末,大家畜存栏 330 头,猪存栏 4. 6 万头,羊存栏 9. 9 万只,家禽存笼 9180 只。全年肉类总产量 5734. 92 吨,禽蛋总产量 440 吨。

2014 年,大家畜出栏 493 头,猪出栏 87188 头,羊出栏 24337 只,家禽出笼 94652 只;年末,大家畜存栏 538 头,猪存栏 43594 头,羊存栏 18337 只,家禽存笼 57808 只。全年肉类总产量 3237. 2 吨,禽蛋总产量 1087. 6 吨。

2015 年,畜牧业加大畜禽防疫力度,积极推广高效无公害养殖技术,实现养殖数量、质量和效益同步增长。全镇生猪、牛、羊、鸡分别存栏 35600 头、634 头、18600 只、87600 只;对全镇饲料门店、兽药门店和规模养猪场进行瘦肉精检测 30 余次,促进全镇畜牧业健康稳定发展。

2016 年,全镇规模养殖场 32 个,生猪存栏 40200 头、牛存栏 450 头、羊存栏 18250 只、鸡存栏 17650 只;加大畜禽防疫力度,促进畜牧业健康稳定发展。

2017 年,实施温氏集团养殖项目,总投资 2 亿元,建设种鸡孵化场,位于罗家村,占地 260 亩,规划建设标准化鸡舍 35 栋,年产值预计达 5 亿元以上,可带动 900 户以上农户实现增收。工程于 2017 年 4 月开工建设,年末已投资 5000 万元,完成主体工程量 80%,计划于 2018 年 4 月份投入使用。总部建设,位于西章村,占地面积 58. 4 亩,计划投资 8500 万元,建设饲料厂、公司行政办公中心、化验检测中心、技术服务中心等。年底已完善土地手续,完成土地招拍挂摘牌,并在圈建围墙,2018 年春后开工建设。温氏养殖小区项目,总投资 298 万元,位于焦村镇乔沟村,占地 53 亩,主要依托温氏集团进行肉鸡养殖,于 11 月 10 日开工建设。

2019 年,全镇规模养殖场 31 个,猪存栏 34968 头,鸡存栏 244346 只,牛存栏 6624 头,羊存栏 5707 只。共检疫猪口蹄疫 31337 头,牛口蹄疫 1069 头,羊口蹄疫 8943 头,鸡禽流感 136001 羽,全年全镇无疫病疫情发生。

二、畜牧兽医站

1951 年 10 月和 1952 年 4 月,灵宝县成立了畜牧兽医站,畜牧兽医工作者协会。焦村境域内建立了卯屯兽医联合诊疗所。1958 年 8 月,卯屯兽医联合诊疗所更名为西章人民公社兽医站。1961 年 12 月,西章人民公社兽医站迁址焦村村。1966 年 5 月,西章人民公社兽医站更名为焦村人民公社畜牧兽医站,位于焦村村南(现焦村镇人民政府东南 50 米处)。1984 年 1 月,焦村人民公社兽医站更名为焦村乡畜牧兽医站。1993 年 6 月,焦村乡兽医站更名为焦村镇畜牧兽医站,位于焦村村西,310 国道南,占地 1.2 亩。2001 年建成砖木结构办公业务用房 9 间,人员、编制归属焦村镇政府。2005 年畜牧兽医站人员、编制统一归属灵宝市农业局。为改善办公条件,在市农业局的大力支持下,建设砖混结构办公业务用房二层 23 间,设置了办公室、会议室、防疫检疫室,重大动物疫情应急物资储备室,检疫申报室。2006 年,焦村镇畜牧兽医站有干部职工 3 人。焦村镇畜牧兽医站负责全镇 38 个行政村的畜牧业发展,重大动物疫病防控,动物及动物产品检疫,畜产品质量安全监管及饲料兽药等畜禽养殖行业投入品监管等工作。

主要职责:一、宣传贯彻执行《畜牧法》《动物防疫法》《草原法》《种畜禽管理条例》《兽药管理条例》《饲料和饲料添加剂管理条例》等法律、法规和有关发展畜牧业的方针、政策;二、畜牧业发展规划、计划的组织实施,畜禽品种改良、良种畜禽繁育、标准化生产、种草养畜、现代畜牧业生产方式的建立和畜牧兽医新技术的推广、指导、服务;三、动物计划免疫、强制免疫的组织实施,动物疫情普查、调查、监测、疫情报告和畜禽圈舍环境的消毒;四、实施动物和动物产品检疫,相关车辆、场所等消毒,死亡动物、染疫动物及动物产品、污染物等无害化处理的实施、指导、监督;五、动物卫生监督执法,适于简易程序现场处罚的实施;六、动物屠宰,动物和动物产品生产、经营、运输,动物产品加工、储存等场所、活动的防疫监督;七、动物诊疗活动的监督管理,村级动物防疫员的业务培训、指导、监督管理;八、兽药、饲料和饲料添加剂、种畜禽、草产品等生产、经营、使用的监督管理;九、无公害畜产品的产地、生产和经营监督管理;十、草原建设、保护、利用,自然灾害预警和防治,维护草畜平衡、依法保护草原等的监督管理;十一、指导、督促畜禽养殖(场)户落实重大动物疫病免疫等防控措施,做好养殖备案、养殖和免疫档案的建立,负责动物免疫标识及有关证章等领取、发放、使用的监督管理;十二、畜禽免疫等畜牧和动物卫生行业信息化管理、畜产品市场信息提供和风险防范、统计、录入、报送。

焦村镇畜牧兽医站历任站长更迭表

表 8-1

姓名	性别	任职时间(年、月)	姓名	性别	任职时间(年、月)
杜宝田	男	1956—1962. 12	翟增固	男	1983. 6—1985. 3
张克功	男	1963. 1—1976. 3	常应时	男	1985. 3—1999. 12
任明志	男	1976. 3—1977. 1	陈跃民	男	2000. 4—2014. 11
王风鸣	男	1977. 1—1982. 5	李勇勇	男	2014. 1—2018. 1
焦民锋	男	1982. 5—1983. 6	刘瑞平	男	2018. 2—至今

三、兽医防疫及兽病治疗

1990 年,三门峡市农业局为灵宝县颁发了控制猪、鸡“两疫”达标书。之后,猪的防疫密度每年均保持在 95%以上,死亡率控制在 1%以下;鸡的防疫密度每年均保持在 90%以上,死亡率控制在 4%以下;牛的气肿疽防疫密度每年均保持在 98%以上,死亡率控制在 1%以下;羊的布氏杆菌病防疫密度每年均保持在 80%以上,死亡率控制在 1%以下。焦村镇主要疫情有:1988 年的鸡法氏囊病;1989 年的羊布氏杆菌病;1992 年的鸡群传染性支气管炎病;1995 年的牛流行热病;1998 年的猪口蹄疫病;1999 年的牲畜口蹄病。在扑灭和控制疫情方面,焦村镇畜牧兽医站采取的主要措施有:关闭牲畜交易市场;封锁疫区,禁止疫区牲畜向外界流通;加强对出入境牲畜和牲畜产品的检疫;对易感动物实行“检疫清群”或紧急免疫注射;对病畜进行捕杀或隔离治疗;对被污染的畜舍和周围环境进行严格消毒;在进出疫点疫区的要道设立检疫消毒站,对过往行人车辆进行严格消毒等,并实行各防治成员单位分包乡(镇)督查的办法,基本做到了有疫不流行,发病不成灾。

主要疾病有:

(一)猪病有猪瘟、口蹄疫、猪肺疫、仔猪副伤寒、炭疽、布氏杆菌病、囊虫病、猪喘气病、猪传染性胃肠炎、猪链球菌病、猪细小病毒病、猪生殖呼吸综合症。

（二）禽病有新城疫、马立克氏病、禽霍乱、雏白痢、球虫病、鸡痘、法氏囊病、喉气管炎、传染性支气管炎、减蛋综合症、禽流感。

（三）牛病有牛气肿疽、口蹄疫、布氏杆菌病、牛肺疫、炭疽、焦虫病、恶性卡他热、破伤风、牛放线菌、牛流行热、粘膜病、牛猝死症。

（四）羊病有布氏杆菌病、炭疽病、羊痘、疥癣、破伤风、口蹄疫、焦虫病。

（五）马病有马传染性贫血、鼻疽、炭疽、马媾疫、钩端螺旋体、马乙型脑炎、破伤风、马腺疫。

（六）犬病有犬温热、狂犬病、细小病毒、传染性肝炎、副流感等。

（七）兔病有兔瘟、巴氏杆菌病、魏氏梭菌病、球虫病、疥癣。

四、沼气建设

1973 年，焦村乡（镇）西章村 12 组村民梁锁群建起了全乡第一口沼气池。1974 年冬，灵宝县革委会成立沼气推广小组，下设办公室，要求各公社抓好 1 到 2 个沼气建设样点，为沼气的推广树立看得见、用得上，既经济、又实惠的典型。1976 年，灵宝县革委会根据国务院国发〔1975〕102 号、省革委会豫革生发〔1975〕42 号和洛阳地区地革委生字〔1976〕1 号 3 个文件精神，印发了《关于推广沼气和太阳能利用的意见》灵革生字〔1976〕4 号文件，提出“苦战三年，基本实现沼气化”的奋斗目标，要求到 1980 年，90%以上的农户都能使用沼气。根据县革委会的沼气推广工作意见，焦村公社及各大队实行专业队和群众运动相结合的办法，有规划地一个大队、一个小队分期分批推进。2001 年，在农村生态沼气应用方面，完成焦村镇西章、秦村、辛庄、史村的沼气池建设工程，配套建成 4 平方米至 6 平方米猪舍，改修厕所，整修道路，硬化排水沟，举办培训班多次。2005 年，焦村镇把实施沼气富民工程作为改善农村生态环境、拓宽农民增收渠道、提高农民生活质量、推进社会主义新农村建设的重要途径。2008 年，沼气建设继续列为灵宝市委、市政府承诺为民所办实事之一。焦村镇根据灵宝市农业局指示精神，按照“全面规划，分步实施，政策引导，示范带动，群众自愿”的原则，在大力宣传、广泛动员的基础上，组织实施沼气普及推广入户工程，建成了村级沼气技术服务点。

2009 年至 2012 年，焦村镇出台了专项工作意见，加大奖补力度，推动沼气发展。以国债项目和大中型沼气建设为带动，抓好“一池三改”、“四位一体”配套工程，开展综合利用，着力推广“畜—沼—果”生态模式，强化沼气后续服务体系建设及管理，加快农村沼气建设步伐。姚家城成为全市标准高、辐射力强的精品工程。

2016 年,全镇有沼气池 2816 个,西章、东村、史村等村成为标准高、效益好、辐射力强的样板精品工程,以沼气为纽带的生态农业模式得到推广。当年,成立了沼气富民工程建设领导小组,设立了专门办公室,具体负责全镇沼气建设的组织、指导、协调、服务等工作,乡镇长为第一责任人,由一名副职具体组织,调配了专职或兼职人员,各有关行政村配备了沼气建管员,负责群众发动、统计报表、上下联系等工作。建起了一级抓一级、层层抓落实的工作机制,形成市、乡、村组织网络健全,上下一心,齐抓共管的良好局面,为沼气建设提供强了有力的组织保障。

第六节　林　业

一、机构设立

1968 年,焦村镇林站成立,在焦村镇政府(原焦村公社)办公,办公 2 间。主要负责在焦村公社境域内植树造林和荒山绿化工程。1980 年,更名为焦村公社工作站,有林业技术工作人员 1 名。1984 年 1 月,更名焦村乡林业工作站。1993 年 6 月,更名焦村镇林业工作站。2001 年,焦村镇林业工作配备各行政村护林员 24 名。2003 年,焦村镇林业工作站办公地点迁址原供销社二楼,拥有办公房屋 20 间。2011 年至 2016 年,焦村镇林业工作站迁址原企业委院内,聘任护林员 24 名。

工作职责:(1)由县级主管部门授权履行国家有关森林和野生动植物资源保护的方针政策和法规。(2)协助乡政府林业发展规划和年度计划,组织和指导农村集体个人开展各项林业生产经营活动。(3)配合林业行政主管部门开展资源调查、造林检查验收、林业统计和森林资源档案管理,掌握辖区内森林资源消长和野生动植物物种变化情况,参与管理和监督林木采伐及其伐区的调查设计和验收工作。(4)配合林业行政主管部门和乡政府做好森林防火和森林病虫害防治检疫,依法保护、管理森林和野生动植物资源,做好深化集体林权制度改革后的集体林木、林地规范流转服务,依法保护湿地资源。(5)协助有关部门处理森林、林木、林地所有权、使用权的争议和查处破坏森林和野生动植物资源案件,以及乡村林场和个体林场的管理。(6)配合乡政府建立健全乡村护林网络和护林队伍的建设与管理,推广林业科学技术,开展培训技术咨询与服务,为林农提供产前、产中、产后服务。(7)承担上级业务主管部门委托的其他工作事项。

焦村镇林站历任站长更迭表

表 8-2

姓名	性别	任职时间(年、月)	姓名	性别	任职时间(年、月)
王新正	男	1968—1986	李占超	男	2011.4—2011.12
赵树理	男	1987—1990	孙从帅	男	2012—2017.2
屈聪生	男	1991—2002	齐建英	男	2017.3—至今
李建强	男	2003—2011.3			

二、发展概况

1960 年 4 月 20 日至 5 月 13 日,历时 24 天,第一次在灵宝进行飞播造林。其中有焦村公社的娘娘山作业区。播种期间,飞机共出动了 32 架次,播下的树种有华山松、紫穗槐、草木栖、马桑、连壳及其他混合种子,每亩投资 5.50 元。

1975 年至 1976 年,在焦村乡衡岭塬边营造了宽 10 米、长 10 公里的防风林带。

1976 年,在山上建立东村、史村、武家山、张家山、乡观、赵家、杨家、滑底、王家、乔沟、李家山、东仓、罗家、马村万渡、塔底、南上、贝子原、巴娄、焦村、西章、沟东、尚庄、纪家庄、坪村、卯屯、秦村、东常册、西常册、常卯 30 个村林场;在北塬边建设防风林带,当年成立了焦村公社底石峪林场。

1979 年,先后 4 次在郑西公路及其他公路两边栽植护路林,树种为泡桐、大官杨、毛白杨,既保护了公路,又为农田起到了防风的作用。当年,焦村公社根据灵宝县委安排,坚决落实"国造国有、社造社有、队造队有、合造共有"和"在生产队指定的地方栽树,永远归个人所有"的政策,大胆放手,明确林权,落实林业生产责任制,并认真总结历年来林木管理经验,针对各种不同的情况,采取相应的管理方式,大力发展了林业生产面积。

1980 年,灵宝县委、县革委确认发展农桐间作是彻底改变灵宝面貌、治穷致富的重要途径,并把发展泡桐作为振兴灵宝经济的"两个拳头"(黄金、泡桐)来抓。焦村公社根据灵宝县委 11 月 15 日联合下发的"关于大力发展农桐间作的决定",在全公社各大队都建立了组织,并制定了育苗、栽植、管护措施,实行山、水、田、林、路统筹安排。

1981 年,"稳定山权林权,划定自留山,确定林业生产责任制"为其主要内容的"三定"工作开始,到 1983 年,焦村公社根据全县统一安排,进行林业定权发证,划分三山

（自留山、责任山、义务山）的工作。由公社书记、社长带领工作人员，深入到各生产大队，帮助完善林业生产责任制。划定自留山、责任山、义务植树山、留出牧坡，为农户颁发了林权证书，明确了山林权属，妥善处理了山权、林权的纠纷。1986 年至 1989 年期间各林场大规模开展荒山造林。2001 年，焦村镇退耕还林进展顺利。全年造林 933 公顷，其中退耕地造林 333.33 公顷，荒山造林 400 公顷，并把发展草业与发展畜牧业、创建无公害苹果生产示范基地、退耕还林结合起来，果园覆草、耕地种草、荒沟种草、退耕还草多策并举，共完成种草 1000 公顷，其中果园覆草 200 公顷。镇林技站在马村荒沟连片栽植紫花苜蓿 5.33 公顷。

2002 年，镇党委、镇政府全面实施巩固大农业基础，实现乡村企业、市场建设、旅游开发三个突破的发展战略，加快农业产业结构调整步伐，促使果、林、牧、菌、药、草 6 大主导产业协调发展，开创了全镇经济和社会事业发展的新局面。

2000 年至 2003 年，焦村镇实施退耕还林工程期间累计退耕还林 9500 亩。

2004 年，荒山造林 366.67 公顷，新建速生杨基地 86.67 公顷。同时，对北部塬边 166.67 公顷核桃基地进行了补植补种。

2005 年，退耕还林 166.67 公顷，封山育林 340 公顷，栽植速生杨 133 公顷。

2006 年，焦村镇的林业生产实行专业队栽植，经济林与用材林相结合，当年完成退耕还林地补植补造 100 公顷，栽植速生杨 150 公顷，全年造林总面积 360 公顷。

2007 年，在完成退耕还林和连霍高速公路可视范围内补植补栽任务的同时，发展精品林 13.33 公顷；完成武家山、张家山城郊大绿化工程 300 公顷。

2008 年，开展林业生态镇建设，组织专业队在武家山村和市区西出口完成大环境绿化 197.7 公顷，在罗家村、李家山村完成水土保持林 133.33 公顷，在巴娄村栽植能源林 200 公顷，同时还对退耕还林地和连霍高速公路可视范围内进行补植补造，在全镇二线路、进村主路栽植侧柏 1 万株、黄杨 5000 棵。

2009 年，组织专业队在武家山及西出口栽植侧柏、香花槐 121.9 万株；完成水土保持林 133.33 公顷，水源涵养林 300 公顷，中幼林抚育 133.33 公顷，能源林 200 公顷，完成退耕还林后续产业 67.3 公顷，廊道工程 40 公顷，在公路、进村主路栽植侧柏、女贞等苗木 20 万株。

2010 年，焦村镇生态造林 375.27 公顷；在柴家原、姚城北塬边坡和连霍高速可视范围内栽植苗木 11 万株；在姚家城林业生态重点村进村主路和村主巷道栽植侧柏、女贞等精品树种 5 万多株；新发展核桃基地 166.67 公顷；完成退耕地补植造林任务

226.67公顷。当年,焦村镇被评为“三门峡市生态乡镇”。

2011年,大力实施林业生态工程建设,在南上山区更新造林22.67公顷;完成退耕地补植补造37公顷,中幼林抚育46.76公顷;在进村主路、二线路绿化苗木12万株;新栽植经济林4.8公顷,栽植核桃166.67公顷;完成633.33公顷退耕地林权证登记、造册、办理等工作。当年,焦村镇党委书记、镇长、林站站长荣立三门峡市委、市政府造林绿化“个人三等功”。

2012年,全镇林业生态建设取得显著成效。完成333.33公顷省级生态能源林、水保林和日元贷款工程新造及补植任务;在罗家山区新造林20公顷,南上村退耕地补植补造20公顷,在东常册村栽植核桃后续产业6.66公顷,新栽经济林核桃80公顷;完成全镇退耕地验收633公顷;完成武家山至黄天墓城郊绿化抚育任务4公里;完成南、北二线公路通道绿化20公里,栽植侧柏6000多株;完成辛庄、姚城等12个村进村道路绿化任务,各村义务植树9000余株。当年,焦村镇被评为“灵宝市林业生态建设先进乡镇”。

2013年,在镇区栽植法国梧桐120株;完成399公顷省级生态能源林和水保林工程的补植补栽任务;新造林23公顷;完成退耕后续产业经济林6.86公顷,新栽植核桃20公顷;完成巷道绿化4.2公里,义务植树25万株,“四旁”植树15万棵,育苗20公顷。当年,焦村镇被评为“豫陕两省八县”森林防火联防先进单位。

2014年,植树造林220公顷,其中水土保持林153.33公顷、特色经济林66.66公顷;完成低效林改造104.66公顷;栽植核桃34.46公顷;完成退耕还林及部分补植补造640公顷;完成通道绿化10公里、“四旁”植树15万株、义务植树25万株,育苗500万株。

2015年,完成农户造林133.3公顷,中幼林抚育269公顷,低效林改造33.3公顷,后续产业11.3公顷,经济林核桃栽33.3公顷,林业育苗500万株,四旁植树15万株,义务植树25万株。

2016年,全镇林木面积6160公顷,山区林地面积5.3万亩,森林覆盖率达到56%。全镇河流、沟渠、县乡道路沿线绿化率达98%以上,镇区绿化率达38%,林业产值达到农民纯收入45%以上。

2017年,完成农户造林60公顷,飞播造林1334公顷,全镇新发展经济林135公顷,林业育苗500万株、四旁植树10万株、义务植树10万株。当年,成功创建“河南省绿化模范乡镇”。

2018 年，完成农户造林 54 公顷，全镇新发展经济林小杂水果 135 公顷，种植花草 16300 平方米，建设纪家庄村、万渡村、乡观村 3 个绿化村，共栽植绿化树种 4753 棵，林业育苗 500 万株、四旁植树 11 万株、义务植树 11 万株。

2019 年，完成农户造林 40 公顷，补植补造 17 公顷；飞播造林 667 公顷，19 个行政村和娘娘山景区种植花草 49950 平方米。310 国道焦村段两侧共栽植苗木 11345 棵，38 个行政村栽植绿化树种 54559 棵。

2020 年，林业生产完成农户造林 10 公顷，补植补造 16 公顷，全镇种植花草 15.26 万平方米，廊道绿化 310 国道，312 省道，052、054 县道共栽植绿化树种 12483 棵，种植草坪 6000 平方米，村庄绿化栽植绿化树种 5 万余株。截至 2020 年，焦村镇共完成山区生态工程建设 1585 公顷、生态廊道网络工程 60 公顷、村镇绿化 79.4 公顷、城郊生态建设 73 公顷；林业产业工程面积 168 公顷，新造林面积 66 公顷。农户造林面积 353 公顷，低效林改造面积 138 公顷，中幼林抚育面积 336 公顷。

三、原生（天然）林及天保工程

焦村镇位于灵宝市西，南依小秦岭东端，有 5 种植被类型；草本植被型、落叶阔叶植被型、常绿针叶林植被型、稀树草地植被型、经济林植被型。在这些植被类型中，所辖各行政村的生长树木类型主要有松、柏、杨、柳、椿、楸、榆、国槐、桑、泡桐、侧柏、油松、刺槐、山桃树、山杏树、唐李树、拐枣树、山榆树、山核桃、苦春树、软枣树、枸桃树等；经济林树种包括苹果、大枣、柿子、核桃、桃、李子、葡萄、杏等。山区主要灌木有连翘、藤条、荆条等。

2000 年，实施天然林保护工程，规划小班林区，聘任护林员。2008 年实施集体林权制度改革，山区实施承包责任制。天然林保护工程结束后，2009 年实施国家级公益林工程，规划面积 50078 亩，全镇聘任护林员 24 人。

四、退耕还林

退耕还林是指在水土流失严重或粮食产量低而不稳定的坡耕地和沙化耕地，以及生态地位重要的耕地，退出粮食生产、植树或种草。国家实行退耕还林资金和粮食补贴制度，国家按照核定的退耕地还林面积，在一定期限内无偿向退耕还林者提供适当的补助粮食、种苗造林费和现金（生活费）补助。

2000 年 5 月，灵宝市被确定为全国退耕还林示范试点市（县），焦村镇的退耕还林工作随即开始，至 2005 年结束。2000 年退耕还林面积 167 公顷，主要为生态林，树种有杨树、刺槐；2001 年退耕还林面积 333 公顷，主要为生态林，树种有杨树、刺槐；2002 年退耕还林面积66.7公顷,主要为生态林;2003年,退耕还林面积67公顷,有经济林和生态林,其中生态林37公顷,经济林30公顷,主要树种有杨树、刺槐、柿树、枣树等,其主要布局在各行政村的山坡、山岭、山沟。补贴标准2000年至2002年,每亩补贴生活补助款20元,小麦100公斤;2003年后每亩生活补助款20元,粮补款140元。生态林前一个周期(8年)每亩生活补助款20元,粮补款140元;后一个周期(8年)每亩生活补助款20元,粮补款70元。经济林前一个周期(5年)每亩生活补助款20元,粮补款140元;后一个周期(5年)每亩生活补助款20元,粮补款70元。2000年至2003年,焦村镇实施退耕还林工程期间累计退耕还林633公顷。2005年,焦村镇退耕还林166.67公顷。

焦村镇退耕还林工程一览表

表8-3　单位:亩

序号	单位	合计	2000年	2001年	2002年	2003年	
			退耕地还林	退耕地还林	退耕地还林	退耕地还林	
			生态林	生态林	生态林	生态林	经济林
1	焦村镇	9500	2500	5000	1000	555	445
2	东册村	467.5	268.5	199			
3	卯屯村	101.4	101.4				
4	水泉源村	357.8	357.8				
5	李家坪村	493	493				
6	姚城村	681.99	320	361.99			
7	柴家原村	459.3	459.3				
8	东仓村	275.73	275.73				
9	李家山村	482.11		407.11		26	49
10	贝子原村	346.63		313.63	33		
11	巴娄村	1212.01	49.43	1109.58		53	
12	南上村	799.4	26	773.4			
13	马村村	559.62	148.84	410.78			
14	罗家村	302.85		242.85	60		
15	张家山村	433.99		220.99	58	155	

续表 8-3

序号	单位	合计	2000 年	2001 年	2002 年	2003 年	
			退耕地还林	退耕地还林	退耕地还林	退耕地还林	
			生态林	生态林	生态林	生态林	经济林
16	西常册村	202.12		202.12			
17	北安头村	601.55		601.55			
18	乡观村	130		106	24		
19	坪村村	51		51			
20	武家山村	387			330		57
21	万渡村	33			33		
22	常卯村	296			173	123	
23	秦村村	85			85		
24	南安头村	204			204		
25	杨家	180					180
26	滑底	159					159
27	王家	198				198	

第七节　中药材生产

焦村镇位于衡岭塬上，南靠小秦岭，中有沙河老天沟支流，山峰沟壑众多，中药材资源比较丰富。1975 年，洛阳地区卫生局和县医药公司，对灵宝县境内的中药材资源进行了调查，初步查出中药材 475 种，而焦村镇可占 90%以上。1981 年，县医药局和卫生局抽出科技人员和生产骨干 36 人，组成中药材资源调查组，历时 13 个月，普查出中药材 798 种。其中根茎类 177 种，全草类 235 种，果仁类 126 种，花叶类 38 种，皮类 43 种，藤木类 27 种，动物类 132 种，矿物类 12 种，其他 8 种。其中产量大的主要品种丹参、连翘、苍术、酸枣仁、穿山龙、生地、黄芪、白术、防风、柏麦、五味子、菖蒲、柴胡、远志、花蕊石和黄芩等 16 种。焦村镇中药材人工种植起步较晚，1995 年前，只有少数群众自发种植，品种仅限于见效较快的板蓝根、丹参、桔梗、黄芩等。

2001 年，随着农业产业结构的不断调整，中药材种植得到快速发展。镇成立了药材发展办公室，提供信息、货款，组织种源，引导和帮助农民发展药材种植。焦村镇建起了沟东村千亩蒲公英和东村千亩黄姜基地。

2002 年，焦村镇共发展药材 200 公顷，在东村建立了 167 公顷黄姜生产基地，并与三门峡市绿宝药业有限公司签订购销合同，实行订单生产。

2003 年，中药材新品种有黄姜、贡菊、四倍体丹参、栝楼、板蓝根。

2009 年至 2010 年，焦村镇利用国家退耕还林政策和果药、林药间作的有利条件，加大扶持引导力度，依托中药材加工经销企业，积极发展订单生产，实施“公司+基地+农户”产业化经营，不断扩大丹参、黄芩、芍药、栝楼等具有地方特色的中药材种植。

2014 年，紧抓国家、省有关中药产业发展的方针政策，利用林权制度改革的有利条件，通过技术指导、龙头带动、典型引导等形式，大力发展订单生产，积极实施“公司+基地+农户”的产业化经营，不断扩大杜仲、杭白菊、丹参、黄芩、芍药等具有地方特色的中药材种植。

2017 年 3 月，西常册村在外工作人员李志春（男，副主编）协同李宏农、马学全、屈鸿鹄等，利用业余时间编写的《河南省小秦岭地区（灵宝）药用植物资源概要》一书，由郑州大学出版社出版发行。此书收录了豫西灵宝境域药用植物 912 种，填补了灵宝药学志书的空白。李志春在灵宝市第一人民医院工作，曾参加“灵宝县中药资源调查与研究”和“灵宝市全国第四次中药资源普查”工作。

第九章　水　利

第一节　焦村水利站

中华人民共和国成立初期，农村基层水利工作由各区、乡农业生产委员管理。1958年，“大跃进”时期，西章人民公社设置水利部；1960年，改水利部为水利站；1971年，水利站易名焦村人民公社水电管理站；1973年，易名焦村人民公社水利站，有院落一座，基础设施建设有房屋12间；1983年，称焦村乡水利站；1994年，称焦村镇水利站。水利站负责镇区内的水利建设、工程管理、农田水利建设、水土流失治理工程、饮水安全等工作。1992年水利站迁移，焦村水利站有院落一座，占地212亩，基础设施有楼房1栋，32间630平方米，吉普车1辆，其他器械7部，固定资产达51万元。当年有职工20人，其中工程师1人，技术员5人，其他人员14人。2005年12月并入焦村镇农业服务中心。

历任焦村水利站站长先后有：陈广治，男，1973年至1982年任；赵瑞祥，男，1982年至1998年任；陈荣刚，男，1998年至2005年任。

历任农业服务中心主任的有：陈荣刚，男，2006年至2015年任；常赞慈，男，2015年至2017年任；孙从帅，男，2017年至今任。

第二节　发展概况

1954年10月，在万渡村修建水库，是灵宝县最早的一座水库，1955年5月竣工。

1959年1月，河南省人民政府授予西章人民公社“水利乙等先进单位”荣誉称号。同年，西章公社任登科被河南省人民政府授予“红专工程师”荣誉称号。

1986年抗旱期间，时任县委书记苏书卷、副县长雒魁虎，同水电局局长王效云先后四次到水利工程失修最严重、群众吃水最困难的焦村乡辛庄、安头、柴家原、纪家庄和坡头乡梨湾塬、西寨、坡头寨村进行调查研究，具体解决投资物料等实际问题，使失修多年的提灌站很快得到恢复，还解决了群众吃水的燃眉之急。焦村乡塔底村六组村民刘民治自筹资金6300元，购买钢管、变压器、电动机、补偿器，架设高压线，在较短时间内，恢复了一座可浇灌40公顷农田的提灌站。

截至1987年12月，焦村乡各项农田水利工程达400多项，其中机井179眼，提灌站91处，其中千亩以上提灌站4处，即常卯提灌站、卯屯提灌站、南安头提灌站、周家河提灌站。效益面积1840公顷。

1991年，三门峡市人民政府授予焦村水利站"'红旗渠精神杯'竞赛获奖杯单位"荣誉称号。

1992年，灵宝水利系统25名科技人员获国家水利部颁发的"从事水利工作25年以上"荣誉书和纪念章。其中焦村乡有翟云笑（男，史村人，1961年8月从事水利事业，时任灵宝水电局工程师、副股长）、姚育泽（男，姚家城子村人，1950年从事水利事业，中共学员，时任灵宝水电局副股长）、赵瑞祥（男，1958年1月从事水利事业，时任焦村水利站站长）。

1993年，焦村镇农民陈留锁到西阎乡祝家营村承包荒坡地5公顷，承包期20年。投资33万元，整地、打井、架电、埋设管道，雇工15人，建养猪场，使生猪存栏达300余头。形成了以水促土、以土促果、以果促畜、以畜养果的良性循环治理模式，创出了水土保持与市场经济接轨的新路子。

1994年，焦村镇东村村民杜治贯和西阎乡祝家营村村民陈留锁等3户合作，以股份制形式筹措资金200万元，承包了祝家营村坡耕地6.67公顷，全部改造成水平梯田，并新打配机电井1眼，埋设输水管道400米，栽植优质苹果树4800棵，建成养猪场1个。

1995年春，焦村镇辛庄村老支书闫雪丽，年过五旬，壮心不已，动员亲戚朋友筹款20余万元，在焦村塬最高处新打300米深井1眼，不但解决了本村和邻近村民1100人的吃水问题，还发展灌溉面积7公顷。当年，焦村镇西常册村村民李小军先后自筹资金59万元，在一连打出了3眼报废井的情况下，他毫不气馁，继续筹款，终于打成第四眼井，发展灌溉面积6.7公顷。

1996年抗旱期间，焦村镇万渡村杨春胜等5户农民自筹资金7万元，新打配套126米深井1眼，配发电机组1台，发展灌溉面积500亩。9月，焦村镇沟东村村民杨选康自筹资金30万元，打成340米深机井1眼（时上水量32吨），埋设管道5000米，发展灌溉面积100亩，并解决了沟东村1000多口人的吃水困难问题。

1988年至2000年底，焦村镇坚持"以水兴农，粮果富民"的发展思路，组织群众大搞农田水利基本建设。窄口灌区主干渠纵贯全镇南北，极大地改善了该镇的水利灌溉条件,全镇建成灌渠 26 万余米,拥有各种水利工程设施 201 项,有效灌溉面积达 2682 公顷,占耕地总面积的 91.9%。

2000 年,焦村镇为灵宝市千亩以上井灌区,全镇配套机电井发展到 500 余眼,有效灌溉面积 4881 公顷。

2002 年,焦村镇农田水利基本建设,完成了窄口灌区节水续建工程施工任务,新发展节水灌溉面积 34 公顷;新打机井 1 眼,新建提灌站 1 处,新增有效灌溉面积 167 公顷;完成了北安头、东常册等 5 个村的人畜饮水工程,解决了 5675 口人和 655 头大牲畜的饮水困难问题。

2003 年,积极争取资金,兴建人畜饮水工程,解决了武家山、史村、张家山、辛庄、卯屯 5 个村 1445 口人的吃水困难问题。在东仓沟村投资 50 万元,建成节水工程 100 公顷,其中灌溉区 46 公顷,微喷区 54 公顷。

2004 年,在李家山、焦村村分别成立灌溉管理站。

2005 年,实施老天沟流域坝系工程,总投资 1787 万元。当年一期工程完成投资 306.39 万元,建成骨干及中型淤地坝 3 座。另有窄口灌区末级渠系改造工程全面完工,完成投资 300 万元。

2006 年,继续老天沟流域坝系工程,总投资 1787 万元。年内二期工程建成骨干坝 6 座、中型淤地坝 23 座;积极争取项目资金,建成了东村、乔沟、万渡、武家山等村安全饮水工程,改善了群众用水困难。

2007 年,农业水利工程建设主要是:总投资 300 万元,在南上、巴娄、贝子原实施农业综合开发项目,新打机井 3 眼,新建提灌站 3 处,硬化渠道 10300 米,地埋管道 9800 米,改良土壤 400 公顷。当年,由于水土流失泥沙淤积、水毁等原因,老天沟、上沟、东仓 3 座水库报废。至年末,焦村镇境内建有小型水库 4 座(万渡、石桥沟、常卯和西章)、机电井 156 眼、抽水站 30 座、水塘 25 座、喷灌工程 1 处。发展有效灌溉面积 4533 公顷,旱涝保收田 1787 公顷,节水灌溉面积 1460 公顷。治理水土流失面积 55.8 平方公里,占总流失面积 67 平方公里的 83%。

2008 年,新打机井 8 眼,硬化渠道 10346 米,建提灌站 3 处,埋设管道 10830 米;完成窄口灌区末级渠道配套硬化 1500 米,建成高标准农田 400 公顷。

2009 年,争取项目资金 500 万元,群众自筹资金 60 万元完成窄口灌区末级渠系配套工程 31 千米。新建饮水工程 8 处,打机井 2 眼,维修机井 1 眼,硬化渠道 36938 米。

2010 年,完成安全饮水工程 1 处,新打机井 1 眼,新建提水站 4 处;硬化渠道 1.02

万米,完成小流域治理200公顷,新增旱涝保收田466.67公顷。

2011年,硬化渠道5600米,铺设地埋管道5500米,完成农田灌溉面积3666.67公顷,在原有基础上新增有效灌溉面积20公顷、旱涝保收田13公顷、节水灌溉面积46.67公顷。

2012年,硬化渠道1000米,铺设地埋管道5000米,完成农田灌溉面积3666.67公顷;完成南上、巴娄水土保持治理面积1.5平方公里,滑底坡改梯田26.67公顷,新增有效灌溉面积20公顷、旱涝保收田13.33公顷;在乡观、东村、李家山等村完成节水灌溉面积46、67公顷;新建乔沟、贝子原、李家山3个村9处提灌站。实施重点县农田水利项目,新建提水站13处,南安头1处、乡观4处、坪村3处、东仓2处、乔沟2处、李家山1处,总投资2081.5万元,新增改善灌溉面积773公顷。

2013年,农业水利基础设施建设方面,铺设管道64.5公里,维修改造渠道13.3公里;完成水土保持治理面积1.5平方公里;总投资2081万元,完成节水灌溉面积700公顷;新建提灌站9处,配套改造6处。

2014年,投资100万元,新建提水站1处,铺设管道5790米,硬化渠道633米,小流域面积治理1.5平方公里,灌溉农田3666.66公顷;投资410万元,完成西章、石桥沟水库、张家山东大峪淤地坝除险加固工程;投资234.8万元,完成东村、张家山、乔沟、万渡、秦村、辛庄、柴家原等7个村饮水安全工程,解决6670人的安全饮水问题;投资13万元,完成11个村的机井、提水站维修及管道延伸。

2015年,总投资600万元,实施了道路交通、安全饮水、水库除险加固工程。实施灵宝市焦村镇高标准基本农田整治项目,总投资9546元,建成提水站12处,新打机井24眼,铺设管道122674米,硬化管道27808米,修田间道路145017米。

2016年,抓好投资9545万元的高标准农田整治项目,10月底全面建设完成;投资300余万元,对塔底小型病险水库进行加固维修。截至12月,焦村镇共有水利工程133处,其中:水库3座,淤地坝29座(骨干坝7座,中型坝22座),提灌站25处,机井76眼。窄口灌区在焦村镇渠道支渠6条(总干三支、总干四支、一干一支、一干二支、一干三支、一干四支),斗渠54条,农渠62条,共计硬化渠道32万米。有效灌溉面积5.5万亩,旱涝保收面积3.8万亩。

2017年,继续实施高标准基本农田整治项目。总投资9545.65万元,涉及36个行政村,2016年6月完工。2017年完成灌溉与排水及田间道路等增补工程,新建机井管理房4间,新打机井3眼,蓄水池3座。

第三节　蓄水工程

一、水塘

焦村公社从在1975年至1980年期间共建造水塘25座,总投资28万元。总蓄水量达17万立方米,有效灌溉面积86.7公顷。其中,杨家大队有水塘3座、南安头大队有水塘7座、纪家庄大队有水塘6座、武家山大队有水塘1座、卯屯大队有水塘2座、东常册大队有水塘2座、西常册大队有水塘2座、巴娄大队有水塘2座。在8个大队中,杨家、武家山、巴娄3个大队所建的水塘均系引用小秦岭山间溪水储蓄,达到旱时灌溉农田之目的,同时可用于社员生活用水。西常册、东常册、卯屯3个大队所建的水塘均系借助常卯水库提灌站渠道引水蓄积,达到旱时灌溉农田之目的。南安头、纪家庄2个大队所建的水塘均系借助尹庄公社跃进渠水源,采用提水站进行蓄水,达到旱时灌溉农田的目的。

二、水库

常卯水库

常卯水库位于焦村镇常卯村的沙河上,流域面积50平方公里。1966年11月动工,1967年8月建成。总库容268万立方米,兴利库容178万立方米,设计灌溉面积1.7万亩,实灌面积0.3万亩,养鱼水面300亩。大坝为均质土坝。坝顶高程400.4米,最大坝高21.7米,坝顶长141米,顶宽6米,防浪墙高0.8米,防洪标准按50年一遇洪水设计,500年一遇洪水校核,达到200年一遇防洪标准。溢洪道设于大坝左侧,梯形。堰顶高程395.4米,堰顶长170米,宽30米,最大泄量310立方米/秒。输水洞设于大坝右岸,进口高程384米,断面直径1.0米,洞长100米,闸门圆孔,人力拉盘,最大泄量1.5立方米/秒。

常卯水库建设总投资23.3万元,其中国家投资5万元,完成工程量60万立方米,混凝土及砌石950立方米。

西章水库

西章水库位于西章村西南,处在黄河支流沙河支流上,距市区约10公里,是一座以防洪为主,兼顾灌溉的小(Ⅱ)型水库,水库由均质土坝、溢洪道和放水设施三部分组成,承担着保护下游陇海铁路、310 国道等重要基础设施,具有较大的防洪作用。西章水库总投资 6.95 万元,1975 年 2 月开工建设,1975 年 10 月竣工投入使用。水库控制流域面积 3.1 公里,设计灌溉面积 46.6 公顷。水库死水位 423.43 米,相应库容 5.99 万立方米,兴利水位 429 米,相应库容 28.51 万立方米,设计洪水位 429.59 米,校核洪水位 430.65 米,水库总库容 53.9 万立方米。坝顶高程 431.5 米,最大坝高 17 米,坝顶长度 106.7 米。

2013 年 6 月 4 日,三门峡市水利局以(三水发〔2013〕84 号)文件,批复了西章水库除险加固工程,核定工程投资 154 万元。主要建设内容:大坝加固工程,溢洪道工程,完善管理设施。总工程量 11550 立方米。其中:土石方开挖 4468 立方米,土石方回填 4230 立方米,砌体 1915 立方米,混凝土及钢筋混凝土 937 立方米。

工程于 2014 年 3 月开工,2014 年 12 月完工,完成投资 129.32 万元,2016 年 7 月通过竣工验收。2016 年 9 月,三门峡市水利局以(三水发〔2016〕122 号)文件予以批复。

乡观骨干坝

乡观淤地坝位于坪村西南 1 公里处,属沙河二级支流、黄河三级支流老天沟上游,淤地坝于 2004 年 9 月由河南省三门峡市水利勘测设计院完成设计。2004 年 10 月动工兴建,2005 年 6 月建成。控制流域面积 3.97 平方米 ,设计总库容 52.8 万立方米 ,淤积库容 31.19 万立方米 ,淤积年限 20 年,可淤地 5.4 公顷。工程由大坝、溢洪道、放水设施三部分组成,大坝为碾压式均质土坝;放水工程采用斜卧管型式;溢洪道为开敞式溢洪道。

乡观淤地坝现状坝顶高程 410.05—411.37 米(现状坝顶混凝土道路的高程),最大坝高 17.7 米,坝顶长 115.8 米,坝顶宽 4 米,上游坝坡坡比 1∶1.62—1∶1.84,下游坝坡坡比 1∶1.56—1∶1.77。下游坝坡排水沟损坏,贴坡排水损坏严重。放水工程布置在右岸,由卧管、消力池、涵管和明渠四部分组成。溢洪道布置在左岸,由进口段、陡坡段、消力池三部分组成。

石桥沟水库

石桥沟水库位于焦村镇万渡村西南,系沙河支流,控制流域面积 6 平方公里。石桥沟水库总投资 2. 58 万元,1957 年 6 月开工建设,1958 年 10 月竣工投入使用,大坝系均质土坝,坝底长 100 米,坝顶宽 4 米,坝体高 15. 1 米,总库容 41. 5 万立方米,兴利库容 27. 5 万立方米,防洪标准设计 20 年,校核 300 年。设计灌溉面积 500 亩,有效灌溉面积 13.3 公顷。

万渡水库

万渡水库是灵宝县修建最早的一座水库,始建于 1954 年 10 月,竣工于 1955 年 5 月,总库容量为 80 万立方米。该水库 1966 年已经淤平。

第四节 提水工程

一、提灌站

常卯提灌站:位于焦村镇常卯村西北 1. 5 公里处乾头村,始建于 1969 年,投资 83 万元,引用常卯水库水源,有管理人员 10 人。提灌站 2 级抽水,装机 8 台,计 750 千瓦;提水扬程 178 米,提水量 600 吨/时;有干渠 2 条,长 9 公里;支渠 3 条,长 3 公里;设计灌溉面积 666.7 公顷,有效灌溉面积 166.7 公顷。90 年代后,因灌溉投资金额昂贵和灌溉机井的增多,失去利用价值,年久失修废弃。

卯屯提灌站:位于卯屯村南,投资 10. 1 万元,有管理人员 4 人。提灌站 1 级抽水,装机 1 台,计 100 千瓦;提水扬程 75 米,提水量 280 吨/时;有干渠 1 条,长 4 公里;支渠 4 条,长 8 公里;设计灌溉面积 133.3 公顷,有效灌溉面积 80 公顷。

南安头提灌站:位于焦村镇南安头村东,始建于 1976 年,投资 9. 5 万元,引用跃进渠水源,装机 6 台,共 390 千瓦,扬程 170 米,有效灌溉面积 133.3 公顷。2000 年后,因灌溉投资金额昂贵、灌溉机井的建成及窄口水库灌区工程设施的到位,提灌站废弃。

周家沟提灌站:位于焦村镇东村,始建于 1958 年,投资 3. 5 万元,引用自然河水水源,有管理人员 8 人。提灌站 3 级抽水,装机 6 台,计 390 千瓦;提水扬程 170 米,提水量 550 吨/时;有干渠 1 条,长 4 公里;支渠 4 条,长 6 公里;设计灌溉面积 133.3 公顷,有效灌溉面积 106.7 公顷。2000 年后,因窄口水库灌区工程设施的到位,提灌站废弃。

常卯村陈家沟提灌站:位于常卯村南的陈家沟,始建于 1978 年,利用常卯水渠水源建站,原归集体所有,其有效灌溉面积 40 公顷。1998 年,由于管理不善等原因,该站供电线路、变压器、配电盘等设备先后三次被盗,造成该站报废,40 公顷农田一直得不到有效灌溉。2003 年 10 月,常卯村决心修复该站,又苦于没有资金。在灵宝市水利局的指导下,总结经验教训,通过村民代表大会,决定将该站对外发包,期限为30年。通过公开招标,该村村民王转让以1.5万元中标。承包后,王转让投资5.5万元,配置了变压器、电动机等设施,加强了维修管护,并主动开展灌溉服务,合理收费。第二年春,他灌溉农田20公顷,取得了较好的经济效益,达到了承包户、农户双满意的效果。

二、井灌

中华人民共和国成立以后,焦村人民积极兴建水利设施,使农田灌溉面积逐年扩大。自1966年起,焦村乡对地下水源较为丰富的地区开展机井建设。1973年,焦村公社机井队成立,隶属焦村公社水电站管理,人员16人,打井机2台。先后在适宜打井的巴娄、马村、乡观、史村、东村、南上等6个行政村,打成机电井138眼,井深一般70米左右,最深的南安头井286米。焦村机井队于1990年被撤销。2007年底,焦村镇共打配机井156眼,装机3021千瓦,纯井灌面积525公顷,占全镇总有效灌溉面积的12%。打井配套累计投资196万元,其中国家补助16万元。截至2016年,全镇现有机井共107眼,有效灌溉面积713公顷。

三、节水灌溉

重点喷灌工程:(一)焦村镇千亩自压喷灌工程。位于焦村镇南部,1988年10月动工兴建,1989年11月竣工开灌。水源为砥石峪河水,利用河流地势自然落差,铺设主管道310米,支管道3700米,安装喷头86个,灌溉罗家村、马村耕地70公顷。总投资24万元,其中国家投资11万元。(二)焦村镇万亩自压喷灌工程。分布于焦村镇的杨家、东村、乡观、焦村、沟东、西章、纪家庄、史村等8个村,由窄口灌区提供水源,共铺设地埋管道30万米,安装喷头560个,投资1012.2万元。该工程被国家水利部列为1995年喷灌示范工程,1995年10月开工,1998年底建成。

末级渠系改造项目:农业供水末级渠系改造项目是随着国家加大农业投入,调整产业结构新出现的一项惠农政策。2005年,窄口灌区农业供水末级渠系改造项目被列入河南省大型灌区农业供水末级渠系改造试点项目之一,实施于2005年5月18日通过省发改委、水利厅批复,被确定为灵宝市2005年八件实事之一。项目总投资300万元,其中中央专项资金100万元,省配套资金200万元。该项目位于焦村镇境内,涉及万渡、南上、马村、东仓、罗家、塔底6个行政村的6个用水者协会5560人。工程于2005年7月开工,11月底完工。完成斗渠25条,长9548米,农渠69条,长30762米,斗渠以上建筑物167座,投资300万元,工程量8.5万立方米。项目实施后,新增和发展灌溉面积10880亩,灌溉水利用率提高15%以上,实现灌溉用水定额管理,按方计量收费,农民实际水费支出降低15%以上,对促进灌区农业和经济发展起到积极的推动作用。

焦村镇节水灌溉示范工程:焦村镇节水灌溉示范工程位于东仓水库下游的沟谷内。工程于2003年4月18日开工,2003年6月竣工。利用东仓水库水源,建抽水站1座,配泵250QJ140T－32两台,时上水量140立方米,建26平方米管理房1间,架设400伏线路80米,埋设主支管道11373米,其中直径160毫米塑料管道5886米,直径110毫米塑料管道5487米;布设微喷带6600米。工程总投资62.9万元,工程量1.06万立方米。发展节水灌溉面积1500亩,其中管道输水灌溉面积700亩,低压微喷灌溉面积800亩。

第五节　小流域治理

大峪小流域治理位于焦村镇西南8公里秦岭山下,系丘陵沟壑区区域,控制流域面积22.36平方公里,从1991年至1995年进行治理,治理前水土流失面积达16.66平方公里,治理面积13.67平方公里,经过三年治理,水土流失得到了有效控制,取得了良好的生态效益、经济效益和社会效益。

老天沟小流域位于焦村镇南部,是河南省第一家坝系工程建设项目。属黄河一级支流沙河流域,涉及焦村镇南上、焦村、乡观、东仓、罗家等20个行政村,总面积73.9平方公里。该坝系工程于2004年10月29日开工,2008年底基本竣工。新建、加固淤地坝43座,其中新建玉女湖、东仓、贝子原、万渡、砥石峪、乡观骨干坝6座,加固常卯、西章、李家山3座;新建中型淤地坝11座,加固7座;新建小型淤地坝16座。总投资1769.42万元,其中国家补助957万元,地方配套812.42万元,完成工程量130万立方米。该工程控制流域面积68.37平方公里,流域坝系的整体防洪能力进一步提高,拦泥656.46万立方米,泥沙控制率达87.2%,新增淤地1998亩,生态效益、经济效益和社会效益良好。

第六节　窄口水利工程

一、窄口水库建设

中华人民共和国成立前夕,焦村镇基本没有灌溉蓄水工程。中华人民共和国成立后,党和政府十分重视蓄水设施建设,1954年10月至1955年5月,焦村乡建成全灵宝县第一座可蓄水80万立方米的万渡水库后,灵宝县的蓄水工程建设便接连不断。

窄口水库始建于1959年11月,西章公社从各大队抽调了党员、干部和部分社员进行了施工,1960年5月完成了坝基截水槽开挖回填,9月停工。1968年11月,经河南省革命委员会批准复工。工程是在边勘测、边设计的情况下进行施工。1970年10月,大坝筑至595米高程时,在导流洞未完成情况下,大坝提前合龙。1971年为了汛前大坝增高到633米度汛高程,省委派省第一水利工程队负责大坝施工,并委派工程技术人员与洛阳地区水利勘测设计队一道进行全面规划设计,于1972年提出了《窄口水库整体扩大设计》方案。1973年成立了水库技术领导小组,时任中共灵宝县委第二书记胡兆群为组长,省水利厅副总工程师何家濂为副组长,全面领导水库的施工。为减轻大坝合龙后的压力,采取先筑半坝的施工方案,1971年3月,每日上工人数达3万余人,最高每日进度为1.38万立方米。由于大坝升高速度过快,1973年4月7日,大坝筑至654.5米高程时,出现了下游坝体沉陷,心墙严重裂缝,最大缝宽166.3毫米,错距110.3毫米。故对坝中段647米高程以上全部挖掉重新填筑处理。1975年8月,豫南特大暴雨灾害发生后,遵照上级指示,重新进行复核,提出了《窄口水库加固工程设计方案》,将大坝加固加高2.5米,并增设了非常溢洪道,防洪标准提高到万年一遇。大坝由省水利第一工程队及各民兵团进行施工。大坝筑高至74.5米后,发现心墙及坝两端裂缝和倒挂井塌壁事故,1978年12月26日至1979年8月,做了开挖回填处理。

焦村公社从每个大队抽调强壮男劳动力30—50人,组成了窄口水利焦村兵团。当时,带队的公社领导先后有焦村公社社长、副书记等。

1969年3月,焦村水利兵团为主承担泄洪洞掘进工程,施工中得到中国人民解放军8217部队的支援,同时聘请义马矿务局井下技术工人为技术指导,洛阳地区水利工程队负责衬砌,工程完成顺利,于1971年11月24日竣工通水。

1972年,焦村水利兵团联同西阎、涧口、阳平公社水利兵团承担主溢洪道工程。1973年,由河南省水利第一工程队完成混凝土浇筑;1982年8月至1983年4月,由洛阳地区水利工程队完成了闸门预制安装任务。

1975年12月至1980年6月,焦村水利兵团陪同西阎、阳平、涧口三个公社水利兵团承担了非常溢洪道土石开挖工程,其自溃坝的填筑由河南省水利第一工程队完成。

1992年,焦村水利建设兵团被撤销。

窄口灌区主体工程分两个阶段建设。1958年至1979年为第一阶段,建成总干渠一条,长16.33公里,设计流量21.4立方米/秒,投工358万个,完成工程量120万立方米,投资860.5万元,发展灌溉面积1万亩,后因多种原因而停建。1986年至1995年为第二阶段,1986年灵宝县委、县政府决定续建窄口灌区工程,并委托洛阳水利勘测设计院完成了地质勘测、试验及规划设计。1988年12月27日,省计经委、水利厅通过了“窄口灌区续建工程可行性研究报告”。1989年2月,省水利厅以豫水计字〔1989〕11号文批准续建第一期工程。是年10月15日正式开工,至1995年9月底竣工。完成的配套工程有:总干渠渠首至焦村镇马村麻子峪,长24.37公里;一干渠花沟至坡寨,长16.3公里;二干渠东峪至大字营,长14.14公里;支渠17条,小型提灌站11处,干渠以上建筑物113座。完成工程量278.53万立方米,投资5513.5万元。使尹庄、城关、焦村、西阎、函谷关、五亩6个乡(镇)116个行政村的20.65万亩土地得到灌溉。

二、窄口灌区

总干渠由水库出口沿小秦岭南麓穿五亩乡至焦村镇东峪,全长24.373公里。渠首设计流量为21.4立方米/秒,设计灌溉面积6万亩,受益有城关、尹庄、五亩3个乡镇35个行政村。至1978年底,建成了渠首至武家山段,总干渠长16.335公里。1989年3月复工后,将原顺河渡槽改线,新建盘龙1号、2号隧洞和1座渡槽,全长2142.3米。1991年4月,盘龙改线工程全部完成,武家山以北至东峪段长8038米,主要渠系建筑物共30座,其中隧洞3座,渡槽4座,倒虹吸3座,桥、涵、闸20处,明渠长2300米。其中任务艰巨咽喉工程有2处:(1)寨子沟隧洞。全长2300米,在进口土洞与石洞交接处,因大量地下水涌出,造成严重塌方,施工困难。由于专业施工人员的不懈努力和义马矿务局的大力协助,终于使工程顺利完成。(2)老天沟倒虹吸工程。全长372.23米,因受场地和地质条件的制约,改预制管道安装为混凝土现浇。1993年10月,总干渠全部建成通水。

一干渠:自武家山分水,向北穿越焦村倒虹吸、陇海铁路及310国道,过函谷关隧洞至函谷关镇西寨村,全长16.29公里。渠首设计流量3.3立方米/秒,渠道上设隧洞2座、倒虹吸1处、竖井提灌站9座,明渠289米。受益单位为焦村、函谷关两个镇的52个行政村,灌溉面积6万亩。主要工程有:(1)焦村倒虹吸工程。全长6476米,最高水头92.38米。于1990年4月5日开工,由灵宝县主要领导带领县直机关2100多名职工同焦村乡的万余名群众同心协力,奋战半个月,投工13.2万个,完成了开挖回填任务。1991年4月25日竣工。(2)函谷关隧洞。全长9153米,是三门峡地区最长的水利隧洞。工程于1992年11月5日动工,由于土质松散,施工难度大,经常出现塌方事故,施工中有6位同志为建洞而牺牲。1994年8月13日全线贯通。从此,结束了函谷关塬区“水贵如油”的历史。

二干渠:自焦村东峪分水,跨沙河、穿陇海铁路至西阎乡大字营村,全长15.61公里,渠首设计流量2.5立方米/秒。工程布设有渠首、隧洞2处,总长2584米;倒虹吸6处,总长5470.7米;暗渠400米,明渠7200米。受益为西阎乡26个行政村,灌溉面积10.65万亩。

三、焦村倒虹吸工程碑记

焦村倒虹吸工程简介

焦村倒虹吸工程,是窄口水库灌区渠系配套工程之一,于一九九零年四月五日动工兴建,一九九一年四月二十五日竣工通水。

本工程南起秦岭脚下,穿过焦村洼地,跨越陇海铁路,三一零国道及国际通讯电缆,北到焦村塬纪家庄村。

倒虹吸主要建筑物有进口、出口、镇墩、泄水消能箱、泄水渠、桥式倒虹、交通桥等工程二十一处,管道采用双排预应力钢筋混凝土管二千五百三十四根,一万二千六百七十米,钢管一百六十一点五米,管径为一米。工程总量三十万立方米,其中挖填土二十九点五万立方米,渠砌砖石一千八百立方米,混凝土和钢筋混凝土二千二百五十立方米。投工二十四点五万个,投资八百五十万元。

倒虹吸最高水头九十二点三八米,全长六千四百七十六米,设计流量三立方米每秒,通过七条支渠、二十六个放水口,可浇灌耕地六万九千余亩。由此结束了焦村塬“用水贵如油”的历史。

灵宝县窄口灌区工程指挥部

一九九二年五月

注:碑高75厘米,宽1.6米,正文竖写26行,满行15字楷书。碑镶于灵宝县焦村镇境内倒虹吸出口处房的东墙壁上。

四、窄口水利建设中献身的焦村镇籍部分水利战士

张敏法

张敏法,男,1941年生,原赵家大队人。生前系窄口水利焦村兵团赵家连战士,1971年3月,在修窄口水库时被放炮巨石砸伤身亡。

常天位

常天位,男,1951年生,安头村人。生前系窄口水利焦村兵团安头连战士,1971年

7月3日夜,在修窄口水库运土时塌方身亡。

常　举

常举,男,1952年生,沟东村人。生前系窄口水利焦村兵团沟东连战士,1971年7月3日夜,在修窄口水库运土时塌方身亡。

王发宪

王发宪,男,1929年生,巴娄村人。生前系窄口水利焦村兵团巴娄连战士,1971年7月,在修窄口水库大坝拉料时中暑身亡。

赵大虎

赵大虎,男,出生年月不祥,东仓村人。生前系焦村公社东仓大队社员,1971年,在修花苑涵洞中塌方身亡。

武增中

武增中,男,1930年生,史村人。生前系窄口水利焦村兵团史村连战士,1972年2月18日,在修窄口水库过溢洪道时,崖上滚石砸破头颅身亡。

常跃宾

常跃宾,男,1945年生,南安头村人。生前系窄口水利焦村兵团南安头连战士,1972年6月2日,在窄口水库竖井工区触电身亡。

张吉胜

张吉胜,男,1952年生,原赵家大队人。生前系窄口水利焦村兵团赵家连战士,1972年8月12日,在修窄口水库溢洪道,下游打炮眼施工中身亡。

梁应会

梁应会,男,1927年生,卯屯村人。生前系窄口水利焦村兵团卯屯连战士,1972年11月13日,在修窄口水库溢洪道拉料时翻车身亡。

郭让智

郭让智,男,出生年月不祥,巴娄村人。生前系焦村公社巴娄大队社员,1976年10月10日16时,在修窄口水库武家山库渠洞时火药燃爆身亡。

王志民

王志民,男,出生年月不祥,坪村村人。生前系焦村公社坪村大队社员,1976年10月10日16时,在修窄口水库武家山库渠洞时火药燃爆身亡。

王润士

王润士,男,出生年月不祥,详细籍贯不祥。生前系焦村公社社员,1976年10月10

日16时,在修窄口水库武家山库渠洞时火药燃爆身亡。

第七节　安全饮水工程

一、行政村饮水

2005年国家启动了农村饮水安全项目,按照规划,从2006年开始,国家计划用十年时间解决全国3亿农村人口饮水不安全问题。河南省政府计划解决3000万人,灵宝市到2015年要解决农村29.1万人的饮水不安全问题,平均每年解决2.9万人。为了加快解决饮水安全步伐,经灵宝市申报,2007年11月,经省政府批复,灵宝市被确定为河南省"农村饮水安全工程示范县(市)",计划用3至5年时间解决灵宝市饮水安全问题。

第一批工程于2005年8月开工建设,2006年6月底竣工,焦村镇武家山、乔沟村、西仓村、东村为受益村。其中:武家山饮水工程2005年12月开工建设,2006年6月建成引水主管道、支管道1200米,建蓄水池1座,蓄水量达100立方米,工程总投资10.9万元,其中中央投资4.8万元、省补1.8万元,工程建成后可使300人、30头家畜受益;乔沟村饮水工程2006年4月开工建设,2006年6月建成机井1眼,深200米,上水量32吨/小时,埋设引水管道300米,工程总投资10.6万元,其中中央投资4.8万元、省补1.8万元,工程量0.04万立方米,工程建成后可使300人、30头家畜受益;西仓村饮水工程2006年4月开工建设,2006年6月建成机井1眼,深150米,上水量32吨/小时,工程总投资9.5万元,其中中央投资4.8万元、省补1.8万元,工程量0.06万立方米,工程建成后可使300人、30头家畜受益;东村饮水工程2005年12月开工建设,2006年6月建成机井1眼,深250米,上水量32吨/小时,埋设引水管道500米,工程总投资10.3万元,其中中央投资4.8万元、省补1.8万元,工程量0.04万立方米,工程建成后可使300人、25头家畜受益。

第二批工程于2006年8月开工建设,9月底竣工,焦村镇不在计划内。

第三批工程于2006年12月开工建设,2007年3月底竣工,焦村镇不在计划内。

第四批工程于2007年4月开工建设,7月底竣工,涉及焦村镇纪家庄(双目峪)、李家坪。纪家庄饮水工程2007年4月开工建设,2007年7月建成,购置水泵1台,扬程300米,埋设引水管道2400米,工程总投资23.4万元,其中中央投资10.5万元、省补3.8万元、三门峡市投资2.6万元、灵宝市投资1.3万元,工程量0.22万立方米,工程建成后使600人、120头家畜受益;李家坪饮水工程2007年4月开工建设,2007年7月建成，购置60方水罐1座，埋设引水管道2400米，工程总投资18.5万元，其中中央投资8.8万元、省补3.2万元、三门峡市投资2.1万元、灵宝市投资1.1万元，工程量0.26万立方米，工程建成后可使500人、100头家畜受益。

第五批工程于2007年9月开工，12月底竣工，焦村镇姚家城、水泉源、南上村、西常册、南安头、秦村6个村为受益村。其中：姚家城饮水工程2007年9月开工建设，2007年11月建成，工程内容包括购置变压器2台，净化设施2套，管理房2间，配水泵2套，60吨水罐2个，埋设塑料管道1500米，工程总投资34.8万元，其中中央财政投资15.7万元、省财政补贴5.7万元、三门峡市补贴3.8万元、灵宝市补贴1.9万元，工程量0.12万立方米，工程建成后使870人、150头家畜受益；水泉源饮水工程2007年9月开工建设，2007年11月建成，工程内容包括购置变压器1台，建120立方米蓄水池1个，净化设施1套，配水泵1套，埋设塑料管道1450米，2.5吋塑料管道450米，工程总投资16万元，其中中央财政投资7.2万元、省财政补贴2.6万元、三门峡市补贴1.8万元、灵宝市补贴0.9万元，工程量0.12万立方米，工程建成后使400人、80头家畜受益；南上村饮水工程从2007年9月开工建设，2007年12月建成，工程内容包括购置变压器1台，净化设施1套，管理房1间，配水泵1套，建120立方米蓄水池1个，埋设塑料管道6000米，工程总投资30万元，其中中央财政投资13.5万元、省财政补贴5万元、三门峡市补贴3.3万元、灵宝市补贴1.7万元，工程量0.59万立方米，工程建成后使750人、150头家畜受益；西常册饮水工程2007年9月开工建设，2007年12月建成，工程内容包括购置变压器1台，净化设施1套，管理房1间，配水泵1套，建180立方米蓄水池1个，埋设塑料管道1770米，工程总投资24万元，其中中央财政投资10.8万元、省财政补贴4万元、三门峡市补贴2.6万元、灵宝市补贴1.3万元，工程量0.19万立方米，工程建成后使600人、120头家畜受益；南安头饮水工程2007年9月开工建设，2007年12月建成，工程内容包括购置变压器1台，净化设施1套，管理房1间，配水泵1套，建150立方米蓄水池1个，埋设塑料管道3920米，工程总投资20万元，其中中央财政投资9万元、省财政补贴3.3万元、三门峡市补贴2.2万元、灵宝市补贴1.1万元，工程量0.39万立方米，工程建成后使500人、80头家畜受益；秦村饮水工程2007年9月开工建设，2007年12月建成，工程内容包括购置变压器1台，净化设施1套，管理房1间，配水泵1套，建100立方米蓄水池1个，埋设塑料管道3000米，工程总投资20万元，其中中央财政投资9万元、省财政补贴3.3万元、三门峡市补贴2.2万元、灵宝市补贴1.1万元，工程量0.30万立方米，工程建成后使500人、80头家畜受益。

二、焦村镇供水工程

焦村镇供水工程位于焦村镇焦村村(310 国道旁),供镇直、镇办、学校及焦村村下村自然村 5000 口人饮水,其中镇直、镇办 3000 人。该工程于 1981 年 6 月建成,总投资 52.8 万元,打 260 米深井 1 眼,配 200QJ32-280/14 水泵 1 台,埋设 6 吋塑料管道 2200 米,4 吋塑料管 1000 米,建成后一直由镇自来水公司管理。随着农村水利工程体制改革的不断深入,该工程于 2002 年实行承包管护,有管理人员 3 人。供水方式采取白天全天供水,晚上停止供水,日供水 10 个小时。水费计量收取,农村住户用水每吨 2.0 元,镇直、镇办用水每吨 2.3 元。采取"制度、收费标准上墙,统一票据,明确标价,开票到户"的一票收费制,做到"水价、水量、收费"三公开,减少中间环节,实行微利经营,自我维持。

第十章 商贸业

第一节 焦村供销社

一、发展概况

焦村供销社最早成立于 1951 年 7 月 13 日，社址设在西章村，名为西章供销社。9 月，西章供销社与东村、辛庄供销社合并后，迁址焦村，社名变更为焦村供销社。这一时期，正面临国家严重的财政经济困难。在县委和政府的支持下，焦村供销社主要做了以下几方面的工作：一是扶助农业生产。引进、调剂种子，供应生产、生活资料，帮助搞好春耕、度过春荒。二是组织农村富余劳力，就地取材，开展群众性副业生产和手工业生产，增加农民收益。三是组织农民开展生产自救，帮助农民推销农副产品和手工业产品。组织收购草席、木耳、柿饼、红枣、苹果、蜂蜜与其他废旧物资等。四是开展独立经营业务，通过供销网络，组织地区交换，当时主要经营、交换商品有土产山货、干果、粮食等。

1955 年，焦村供销社分两摊并入决镇供销社和常家湾供销社。这一时期，供销社经过“一化两改”发展了合作事业。“一化”是通过购销业务，开展城乡物资交流，为农业生产服务，以支援国家工业化，巩固工农联盟。“两改”是根据国家计划和价格政策，通过有计划的供销业务和合同制度，引导小农经济和个体手工业逐步纳入国家计划的轨道，领导农村市场，逐步实现对农村私商的改造，并代替资本主义商业在农村阵地，逐步切断农民与城市资本主义的联系。2 月至 8 月，全国总社先后通过《省合作社联合社示范章程（草案）》《县合作社联合社示范章程（草案）》《基层供销合作社示范章程（草案）》。这些章程（草案），体现了平等自愿、互助、互利，一切生产资料属于社员集体所有，由社员群众享用，为社员群众管理的原则，体现了供销合作社独立核算、自负盈亏、自主经营、民主管理的原则。通过以上章程（草案），明确了社员的权利和义务，确定了各级合作社的组织机构、资金来源、盈利分配、亏损处理等问题。

1957 年底和 1958 年初的人民公社化时，焦村供销社从决镇供销社划出，成立西章商业部。这时在党内批判所谓“反冒进”的情况下，“大跃进”随即产生。1959 年，西章商业部改为西章供销社。1960 年,供销合作社与国营商业合并,西章供销社又改为西章综合商店。1961 年,国营商业与合作社分家改名西章供销社,11 月恢复焦村供销社名称。1968 年随着“文化大革命”运动的深入开展,灵宝县大搞“精兵简政”帷幕也已拉开,灵宝县供销社被精简撤销,直归县革委“抓革命促生产”指挥部领导。焦村供销社下放归焦村人民公社领导。人民公社的基层社管理办法是“两放、三统、一包”。即下放人员、下放资产,统一计划、统一政策、统一流动资金的管理,包括财政任务。供销社里的人员和资产(包括固定资产和流动资金),一律转归人民公社使用。这样,基层供销社就成了“官办”商业,不再是群众性的经济组织。由于割断了原供销社系统上下之间的联系,致使商品经营与流通不畅,经营管理混乱,各方面功能降低与削弱。1966 年,焦村供销社把坡头分销处交归决镇供销社。1977 年,国营商业与供销合作社分家,恢复了供销合作社系统。恢复后的焦村供销社在组织机构、管理制度、经营活动等方面重新进行修订和完善,并进一步明确了供销合作社服务宗旨、工作任务等。主要开展工作有:(一)组织农业生产资料和生活资料供应。焦村供销社根据群众需要,制定农村供应商品必备品种、数量。在供应方法上,除定点供应外,采取赶集赶会摆摊、下乡送货、收售结合等形式,把适销的农村商品及时送到农民手中,把农民出售的废旧物资、畜产品、农副土特产品收上来,推销出去。(二)组织农村副业生产。副业产品大多数是小产品,很难完全纳入统一的国家计划。而供销社根据国家计划总要求和市场需要的情况,对多种副业产品进行排队,区别哪些是需要发展的,哪些是要按计划生产的,哪些需要以销定产的,把排队结果反馈给生产队和社员群众,让群众根据需要来发展生产。据统计副业产品有:花生、生漆、蜂蜜、苇席、核桃、柿饼、果蒌、小件农具加工、大枣、果品、药材、瓜果、烟叶等 20 种之多。(三)改善经营管理。焦村供销社改变“大购大销”“盲目生产、盲目收购”局面。狠抓制度建立,实行分级管理,狠抓典型引路,加强经营核算,从而使供销社的费用逐步降低,消灭亏损,增加盈利。(四)加快基层供销社全面建设步伐。加强干部、职工政治思想工作和业务知识培训。配备指导员,成立政治办公室,提高政治业务素质,改善服务态度,提高服务质量,加强劳动纪律。焦村供销社班子纳入乡镇党委政府班子管理。完善焦村供销社经营与财务管理等方面制度。强化商品购售措施,做好保障供应工作。扩大供销社社员股金,做好股金分红工作。对焦村供销社陈旧设施设备进行更新改造。抓先进典型并让典型带路,督促面上工作。

1981 年 1 月,焦村供销社社卯屯分销处迁址洛潼公路(310 国道)北侧并扩大门面,年营业额成倍上升。6月焦村供销社在焦村公社对面的公路边上新设综合门市部和五金门市部。10月,根据全国总社印发的《关于实行经营责任制的意见》,焦村供销社根据县社指示精神,逐步建立了以承包为主,责、权、利相结合的经营责任制,提出了以下五种形式:(一)利润包干,盈亏自负。除上交承包的利润外,一切费用、工资、福利等自理。这种形式用于饮食服务业网点、小加工业网点及边远地区经营困难的分销处。(二)联销计酬。按销货额提取一定比例的手续费。这种形式用于一些小分销店。(三)五定管理。即定人员(门店人数)、定资金(门店库存商品)、定费用(除工资外的直、间接费用数额)、定任务(购销额)、定利润(上交社利润)。月月社组织财务、业务、统计有关售货员逐门店盘点核查,对购销利润完不成的以完成数额比例计发工资。(四)五定管理、联购联销计酬、联利奖罚。多数门店在实行"五定管理"后,出现了购销完成利润没有完成、购销没完成利润完成、购销完成利润超额完成等状况。曾已调动起来的职工积极性又受到了挫伤。为此,在总结基础上进一步完善了"五定管理"责任制形式。其"联购联销计酬"是按百元购销额含工资计发。"联利奖罚"是超利税后企业和承包门店人员三、七分成。奖金分配、罚金兑现以及"五定"中的超额奖励,都分别制定了具体办法。(五)全员风险抵押承包。1982年,焦村供销社新设巴娄分销处。1983年3月,建立了焦村供销社食品加工厂。同年将供销社在焦村公社各大队的15个代购代销点资金全部收回,同时在所在地设立生产、生活资料供应及其他门市部11个,在万渡、辛庄、卯屯、巴娄4个村设立了分销处,年销售总额337多万元。

由于承包门店的商品是企业的,从1985年底到1986年初,承包门店不同程度出现了由不负责任而造成商品损失等问题。为此,县社在调查、了解、总结的基础上,提出参加承包人员根据承包门店商品总额人人上交50%~60%风险抵押金。属合理损失且由几方共同鉴定后归企业承担,若因个人行为造成损失的,每月月底从风险抵押金中扣除。以上经营形式,取得了明显效果,对于打破"大锅饭",克服平均主义,调动干部职工积极性,增强企业活力,提高经济效益和社会效益,促进商品生产,开拓服务领域,都起到了积极作用。

1990年至2004年,焦村供销社的经营形式随管理体制的改革,而发生了很大的变化。(一)推行"社有自营"(租壳卖瓤)经营责任制。此种形式是把经营设备设施、场地出租给职工,将门店所有商品一次性按进价卖给职工,一次或限期抽回商品资金。在管理上,企业为经营职工建立财、统数字上报,安全保卫,劳动人事,企业资产保护,公益事业统派,合同兑现,文明优质服务等管理制度。(二)实施“四项改造”改革。在上级党政和主管部门的指导下,供销社经过多年多次改革,最终都没彻底打破旧的经营机制与管理体制。对“三农”工作虽有贡献,但真正与农民结成经济利益共同体仍有一定距离。所以根据上级要求,开始启动实施“四项改造”改革。即:以参与农业产业化经营改造基层社;以实行产权多元化改造社有企业;以实现社企分开、开放办社改造联合社;以发展现代经营方式改造经营网络。(三)改革原则与改革形式。改革坚持“五条”原则。即:为农服务原则;实事求是、因企因地制宜原则;坚持依法改革与循序渐进原则;坚持既积极大胆又稳妥确保稳定原则;坚持多种经济经营成份合作,联合共谋企业发展原则。改革主要形式有:组建专业社与行业协会;组建产权多元化股分合作制企业;兼并;托管以经济区组建中心社(厂);依法破产;其他形式,如拍卖、出租、开放办社、吸纳社会能人领办企业等。这一阶段,焦村供销社改革跨出了一大步,该门店出租给职工从事业务经营。打破原专业门店经营范围,让职工放开多业自主经营。在自愿基础上,抓好了职工身份置换工作。与镇政府合作将原办公院拆除兴建焦村娱乐城增加收入,提高知名度。五是与云禾公司配合设立农资超市1个,为“三农”提供优质服务。焦村供销社从1985年至2004年19年间年均总销售额为540万元。

二、焦村轧花厂

焦村轧花厂位于焦村镇焦村村西一公里处,面积47亩。下设行政、收购、加工3个组,原来以收购、加工棉花为主,兼营农副产品收购。因种植结构调整,现以冷库储存、卖水、场地租赁为主要业务。1980年前厂里最多时有干部职工46人,棉花收购量最高达130多万公斤。

1959年9月建厂,有天津产80型轧花机和60马力柴油机各1台,轧花后由决镇厂打包。1960年建厂房45间,添置美产81型轧花机1台、机腿打包机1台、60马力汽油机和120马力柴油机各1台、脱绒机3台,并在万渡设收购点1处。从1961年至1980年20年间,又建厂房38间,建打包楼4间,建水塔1个,架上高压电,购置60马力汽油机、32台电动机,并配备杂质分析机1台,32寸皮辊轧花机1台,80型轧花机1台、德产水压打包机1台等设备,同期厂里技术革新,把原来的制辊筒清花机改装成三辊筒清花机,自制清杂机1台,安装自动喂籽和双锯筒。

1981年建籽棉仓库384平方米,1982年建油房1处,并购榨油机和粉碎机各2台,同年增添60型皮辊轧花机,轧花车间安装了自动绞笼输籽设备。1983年建办公宿舍楼 2 层 20 间达 500 平方米，同年打 250 米机井 1 眼。1987 年建检验室及职工宿舍 20 间，同年投资 100 万元与兰州白银有色金属公司建选厂一座。1988 年在厂里建果脯厂，生产山楂糕。1989 年选厂、果脯厂被撤掉，当年栽植苹果树 10 亩。1992 年建 50 吨冷库一座。1993 年将厂里 19 亩（包括生活区）租给精细化工厂（1997 年倒闭），同年将轧花脱绒、打包等设备处理。2003 年成立中意果业有限责任公司。2004 年中意果业有限责任公司及苹果储蓄库项目因全国总社人员变更手续办不通而放弃。2009 年 10 月，灵宝市民政局在焦村轧花厂内承建灵宝市社会福利中心，属民政局二级机构。

第二节　焦村粮管所

1954 年，焦村镇区域系破胡区辖，当时灵宝县政府在破胡村北的常家湾建立了常家湾粮店，同时在万渡村建立了分店。1957 年，常家湾粮店改称常家湾粮管所。1958 年，在西章人民公社建立了西章粮管所，在修筑陇海铁路复线时迁址卯屯村。1961 年迁址焦村村。1963 年，改西章粮管所为焦村粮管所。1968 年，焦村粮管所有仓库 4 座，建筑容积 150 万公斤，实际容积 140 万公斤；1979 年，有仓库 7 座，容积 140 万公斤；1992 年，有拱式仓 8 座，容积 48 万公斤，有立筒仓 6 座。2000 年，焦村粮管所有职工 11 人，其中女工 6 人，设所长 1 人。有粮仓 6 座，容积 1375 万公斤，其中含当年报废仓 3 座，容积 780 万斤。同时下设焦村粮食经管站，2000 年有职工 15 人，其中女工 4 人，设站长 1 人。2004 年 3 月，焦村粮管所在系统购销改制中并入灵宝市粮油有限责任公司函谷关分公司。

灵宝市军粮供营站：根据灵政会〔1999〕2 号市政府第 13 次政府常务会议决定事项的通知，成立灵宝市军粮供应站，将军粮供应业务从一一零九河南省粮食储备库和原直属粮店中分离出来。军粮供应站为事业性质，实行企业化管理，人员编制 26 人。灵宝市军粮供应站于 1999 年 4 月成立，于 2011 年 5 月迁至焦村镇原焦村中心粮管所院内，占地 4.5 亩，拥有面粉生产线一条，535 平方米的军粮中转钢板仓 1 栋，职工 19 人，内设办公室、财务科、军粮供应门市部。军粮供应门市部位于灵宝市黄河路南端。军粮供应站本着“保障军粮供应，当好部队的后勤”的宗旨为部队做好粮油供应工作，多次荣获河南省粮食局、省财政厅以及济南军区后勤部嘉奖。

焦村粮管所历任负责人更迭表

表 10-1

职称	姓名	性别	任职时间(年、月)	籍贯
粮管所所长	许万江	男	2001. 1—2001. 2	灵宝市
	陈有才	男	2001. 2—2004. 11	灵宝市
经营站站长	陈有才	男	2001. 1—2001. 2	灵宝市
	谢中跃	男	2001. 2—2004. 11	灵宝市
军粮供营站长	种增礼	男	2001. 1—2004. 3	灵宝市
	张景辉	男	2004. 3—2010. 7	灵宝市
	邵万锁	男	2010. 8—2017. 5	灵宝市
	黄黎明	男	2017. 6—至今	灵宝市

第三节　票　证

一、粮食票证

为了保证粮食定量供应政策的贯彻执行，中央和地方政府根据需要制定和印发了一些关于粮食购销的票证。“四证”“三票”是城乡居民粮食供应所用的票证简称。

“四证”是市镇居民粮食供应证、工商行业用粮供应证、市镇居民粮食供应转移证、市镇饲料供应证。用来记载居民粮食数字转移，工商行业用粮，牲畜饲料用粮标准、数量、供应时间和地点的凭证。一律不许转让，如有遗失，需要报经发证单位审查核实后方可补发。

“三票”是全国通用粮票、河南省通用粮票、河南省料票。全国通用粮票可在全国通用，分四两、半市斤、壹市斤、伍市斤等票面，其中 30 市斤含食用油 0. 5 斤；河南省通用粮票可在河南省地方通用，分一两、二两、三两、四两、半市斤、一市斤、二市斤、伍市斤、拾市斤票面；河南省料票在河南省地方通用，是购买制成品及饲料的凭证。

除此以外，相类似的票证还有肉票、蛋票，糖票，各种豆制品票及各种蔬菜票等，什么样的商品就用对应的粮票去购买，对号入座，缺一不可。在粮票中，还有一些更细的分类，如大米票、面粉票、粗粮票、细粮票、小米票等。其他各类商品票证通常分为“吃、穿、用”这三大类。吃的除了粮票，还有肉票、蛋票、糖票、各种豆制品票及各种蔬菜票等。用的有手帕、肥皂、手纸、洗衣粉、火柴、抹布、煤油等票,各种煤票、商品购买证、电器票、自行车票、手表票等。五花八门,涉及各个领域的方方面面。总之,那时的大多数商品都是凭票供应的。1992 年 4 月 1 日,国家同时提高粮食的定购价格和销售价格,基本上实现了购销同价,在此基础上,各地陆续开始放开粮价,取消粮票。

二、布票

布票,村民称之为布证。20 世纪 50 年代初物资比较匮乏,为保证人人能买到基本生活用品,对紧俏物资采用发票证的办法。布票就是村民常用的一种,50 年代初发行的布票称为“棉布购买证”“购布票”“购布证”等;60 年代初称为“布券”或“布票”,其后统称“布票”。焦村乡社员使用的布票系由河南省商业厅分年发行,是村民用来购置布料时除人民币外必需持有的票证。票额以尺为单位,最大票额达拾市尺。到了 80 年代,随着改革开放的深入,生产力解放,商品越来越丰富,各种“的确良”等化学纤维布料大量出现,布票悄悄地退出了历史舞台。

第四节　农村双代店

农村双代店又称代购代销店,是生产大队接受国家委托办的社会主义集体性质的商业,是供销社网点的组成部分,它受生产大队和供销社的双重领导。代购代销工作是社会主义商业在农村实行亦农亦商劳动制度的一种形式,它既不是队办商业,也不是队办副业,代销员亦不同农村的小商小贩,而是由群众推荐、基社考核、公社党委同意、县社批准、工资由供销社支付、从事农业劳动的生产者,又是在供销社的管理下,从事商业活动的营业员。

1951 年至 1954 年,代购代销经营形式是结合生产自救,供销社组织有代销组(员)为供销社代销小百货,提取一部分手续费作为收入,通过走乡串户,便利群众。

1955 年,对私人资本主义工商业的社会主义改造开始后,安排代购代销是作为一种改造的组织形式。当时对日用杂货、小五金、小百货、副食品业均安排代销店(组)与供销社共同从事经营,代购代销员工资报酬主要从销售额中提取适量手续费。从此,代购代销店作为农村供销商业的组成部分来发展。当时供销社按照商业网点设置,在大村大队没有供销社门市部的,增设代购代销店,经营方式、特点与好处是:店小占用资金少,商品勤进快销周转快,接近群众,供应及时。经营商品主要是生活必须品:油、盐、酱、醋、茶、烟、小百货、小五金。代购土特产品和废品,节约劳力,有利生产。1967 年,焦村人民公社所辖的各生产大队除有供销社分销处，均设有代购代销店，供应所有自然村的生活用品和日用百货。这种不增加国家人员编制，节省国家投资，又解决农村商业网点和人员不足的好途径，深受人民群众欢迎。对各大队双代店的管理与领导，焦村供销社配有专职商政干部，负责对代购代销员的思想政治教育和组织检查指导工作。对代购代销员的管理办法，按全国总社规定的 7 不准的制度执行，即不准赊销予付，不准挪用资金，不准私自变价，不准克扣群众，不准为生产队和个人代销商品，不准私自销售收购的商品，不准商品“走后门”。

代购代销员的工资支付形式：(1)按购销额 3%—4%提取手续费；(2)实行金额补助，整日者每月 24 元，半日者 12 元。焦村公社采取提取手续费的办法，按经营额平均 3%提取，每人每月工资 25 元左右，高者 40 元，低者 15 元。收入分配大体有：全部交队按同等劳力记工；收入按比例分成，一般 80%交队，20%归个人；收入全部归己，拿钱买工参加农业分配。

十一届三中全会后，随着党在农村各项经济政策不断贯彻落实，市场开放经济搞活，允许城乡个体户经商办企业，焦村供销社把部分“双代店”资金回收，转变为个体经销点。鉴于个体经营异军突起，双代店逐年减少。

1998 年，双代店全部从各行政村中退出。

第五节　新型农村商贸业

一、新合作超市

新合作商贸连锁集团有限公司成立于 2003 年 11 月，是由中华全国供销合作总社联合全国供销社系统和知名企业共同投资，按照现代企业制度组建的全国性连锁超市集团，为中华全国供销合作总社的直属企业，注册资本 2. 82 亿元，第一大股东为中国供销集团，第二大股东为江苏悦达集团。公司坚持“走向农村，贴近生活，服务农民”的方向，运用现代流通方式，对全国供销社系统传统的经营网点进行改造、整合、提升、优化，重点在县(市)建立直营中心店和配送中心，辐射、带动县以下各类经营网点入网加盟，形成城乡结合、上下贯通、合纵连横的“新合作”连锁经营网络，把质优价低的日用消费品送下乡和名、优农副产品带进城，为农民提供综合服务。公司采取“直营带加盟”、“小超市、大连锁”的发展方式，以“小商品、大事业”为目标，通过“行政力推动，市场化运作”。

2010 年 11 月 25 日，灵宝市新合作超市有限责任公司成立，地处灵宝市城关新华西路，经营范围包括日用百货、文体用品、工艺品、化妆品、服装鞋帽销售，预包装食品兼散装食品、乳制品（含婴幼儿配方乳粉）的批发兼零售等。伴随着灵宝市新合作超市有限责任公司的成立，焦村镇也迅速崛起，在焦村镇区、各行政村和自然村逐年发展新合作网点经营，截至2016年12月，焦村镇有新合作经营网点78个。

二、农村淘宝网

"农村淘宝"是阿里巴巴的战略项目。为服务农民，创新农业，阿里巴巴计划在三至五年内投资100亿元，建立1000个县级服务中心和10万个村级服务站。阿里巴巴集团将与各地政府深度合作，以电子商务平台为基础，通过搭建县村两级服务网络，充分发挥电子商务优势，突破物流、信息流的瓶颈，实现"网货下乡"和"农产品进城"的双向流通功能。"农村淘宝"可以用"五个一"来概括：一个村庄中心点，一条专用网线，一台电脑，一个超大屏幕，一帮经过培训的技术人员。

2015年，焦村镇为支持电子商务落地农村，提高电子商务在农村的应用范围，实现"网货下乡"和"农产品进城"的双向流通功能，紧紧围绕"工业品下乡、农产品进城和农村综合服务需求"，以"政府引导、示范引领、突出特色、创新发展"为原则，以"整合资源、协调发展、全面推进"为路径，三措并举，扎实部署，确保"农村淘宝"在农村遍地开花，惠及于民。召开"农村淘宝"专题会议，制定下发了《焦村镇"农村淘宝"项目实施方案》，明确责任，落实专人，确保"农村淘宝"项目平台得到充分利用。采取措施：（一）利用微信平台、喇叭广播、发放宣传单、张贴标语等多种方式，重点宣传"农村淘宝"项目实施的意义、内容、保障措施，增强干部群众对"农村淘宝"的认知和了解，为"农村淘宝"扎根农村营造了浓厚的宣传氛围。（二）按照全市"农村淘宝"项目总体发展规划，制订可行计划，明确工作流程，督促各村认清电子商务发展现状及前景，要求各村及时谋划本村电子商务的产业链、路线图，做好村级服务站点的选址、建设及各项后续推进工作，同时认真摸底区域内有责任心和创业理念的人，并鼓励报名加入村站合伙人行列，加入农村淘宝，实现创业梦想、共同致富。当年，焦村镇"农村淘宝"项目完成第一批示范站点7个。

2016年，镇区有10户村民获得第二批农村淘宝服务店运营资格，通过6个电子商务服务店的带动，有120多人通过手机、电脑客户端发展电子商务，通过网络销售红提葡萄、苹果、秦王桃、樱桃、食用菌等，年销售额达500余万元。

2018年，全镇涉农电子商务从业者60余人，年网上交易600多万单，经济往来资金达8000余万元，销售农特产品1000余万公斤。

第六节　重点商贸业

河南省黄河印刷有限公司

1986年,18岁的魏增辉就职于灵宝市印刷厂。从此与纸质印刷结下不解之缘,努力的工作中,收获了人生第一个愿望——光荣加入中国共产党。在那个鼓励经济能人下海经商的浪潮里,魏增辉创办了灵宝县黄河印刷厂。经过23年的不懈努力,黄河印刷厂在周边县市小有名气。2009年,发展为河南省黄河印刷有限公司。30多年的摸爬滚打,魏增辉始终秉持"诚信、团结、求实、创新"的经营理念,积极开拓市场、热心服务社会,不断更新生产设备、完善管理体系、提高服务水平,使公司成为豫西地区唯一一家集企业创意设计、后期加工为一体的综合性高新技术印刷企业。特别是全新进口的小森印刷机和电脑直接制版设备CTP,技术靠前,设备领先。因印刷质量好、图像清晰、色彩丰富、交货速度快等特点,不但获得业界人士的认可,且颇受广大消费者信赖。同时,公司紧盯市场需求和行业标准,主动改进业务,不断创新发展。新成立的创意部更是精益求精,从企业LOGO、形象宣传、产品包装定位等方面全方位为企业提供优质高效服务,赢得一致好评。诚信经营,水道渠成。在公司业务能力提升的同时,个人和企业影响力也越来越大,事业上的机遇也越来越多,公司发展的前景也越来越广阔。

河南省黄河印刷责任有限公司先后荣获三门峡、灵宝市诚实守信企业荣誉称号的同时,各级政府和职能部门的表彰奖励纷至沓来。他并没有就此满足,他觉得还有更多的事情值得去做。因为在他看来,一个人的价值大小,不只是取决于他创造的经济价值,还有社会价值和人生价值。他的每一个决定,都出于本心,起于决心,行于信心,成于耐心。他致富不忘乡亲,积极投身公益事业,带头做好事善事。汶川地震,公司正在起步阶段,魏增辉慷慨解囊,向灾区捐款3000元。他做公益的心思,一发不可收拾。紧接着为灵宝市福利院捐款2000元;先后为巴娄村58户贫困户送去价值2.6万元生活必需品;为家乡赞助修桥补路等累计捐款4万余元。参与"金秋助学"活动,资助贫困大学生3000元;资助困难群众、白血病患者等累计3万多元;重阳节带着慰问品到川口乡敬老院为老人送温暖。2018年,为解放村捐赠1000元;到三门峡中心医院为重大交通事故伤者梁某资助5000元。2019年12月被河南省精神文明建设指导委员会办公室评为"河南好人",2020年2月被三门峡市精神文明建设指导委员会评为"三门峡好人"。企业安排就业人员 50 余名。疫情期间,魏增辉代表河南省黄河印刷有限公司到市民政部门捐赠 10000 元。去年,身为巴娄村党支部书记的魏增辉在“百企帮百村”精准扶贫对接五亩乡杜家洼村贫困户的节骨眼上,自掏腰包,拿出 5000 元给杜家洼村投入庭院提升工程;为南田村文化活动中心捐赠 1000 元;2021 年,为巴娄村清明节文化活动捐赠 10000 元;向环卫工人资助 3000 元;2021 年 9 月向贫困大学生捐款 4000 元。予人玫瑰,手有余香。魏增辉看到身边谁有困难,能帮就帮一把。他从不计较个人得失,热衷于关爱弱势群体,扶危济困,体现了一名共产党员的责任与担当。近年来,魏增辉累计捐赠金额达 20 万元以上,赢得社会各界尊重和广泛赞誉,光荣当选为灵宝市十三届政协委员。

2021 年 1 月,魏增辉在担任灵宝市十三届政协委员,市工商联执委,河南省黄河印刷有限公司董事长、总经理的同时,开始担任焦村镇巴娄村党支部书记、村主任。随着乡村振兴战略的实施,魏增辉被推选为焦村镇巴娄村党支部书记,并获得焦村镇“优秀党务工作者”荣誉称号。巴娄村党支部被评为灵宝市“先进基层党支部”,巴娄村被评为焦村镇“土地流转先进村”。

欢乐家超市

焦村镇欢乐家超市位于焦村镇政府驻地东 0. 75 公里处的 310 国道南(灵宝市职业高中对面),创建于 2012 年 9 月,经营面积 1000 平方米。是至 2019 年底焦村镇最大的一家生活超市。超市的经营区域为二层,一楼经营各种饮食用品,包括糕点、调味品、乳制品、米、面、油,各种类杂粮、各种蔬菜,另设置了双汇冷鲜肉批零、各类面食糕点的加工专柜等。二楼经营各类生活用品、图书文具、种类布匹及床上用品等。超市里的环境设施达到规范化标准,各种手续齐全。2017 年,超市有管理人员 3 名,营业员 20 余名。年营业额达到 500 余万元。建店以来,超市坚持以服务顾客为中心,以员工为根本,以供应为战略合作伙伴的经营理念,诚信、务实、服务至上,深受广大顾客欢迎。

龙光酒店

龙光酒店位于焦村镇政府驻地东约 1 公里处的 310 国道南,东临灵宝市风情园,西行 2 公里可达灵宝市红亭驿、阳光山庄,地理位置优越,交通便利,设施齐全,环境优雅,是顾客休闲温馨的港湾。龙光酒店建于 2014 年,投资 1000 余万元,建筑面积 4000 平方米,是一幢 6 层建筑。一楼为办公大厅,二楼至五楼为客房,共 84 间。其中大型标准间 17 间,棋牌室 8 间,电脑室 10 间,豪华套间 12 间,标准间 37 间。酒店设施和服务执行三星级标准。酒店自开业以来,加强科学管理,学习和借鉴酒店的管理经验,完善酒店管理机制,提高管理水平和经营和服务标准。发扬龙光人团结奋进、敬业爱岗的精神,不断提高酒店的经济效益和社会效益。

第七节　集市与古庙会商贸

一、集市商贸

焦村街商贸市场:焦村街商贸市场的面积比较宽泛,包括镇政府门前的行政街、村子里的南北街和东西小街,以及连接灵宝市区改造后的310国道,形成的灵宝市西出口工程。行政街不仅有各种门店,还有食品肉类蔬菜市场;村子里的南北街原是文化活动广场和饮食市场,2015年,饮食市场迁址东西小街东;改造后的310国道以及连接国道向南至铁路北,都改造为商业区。沿街三星级标准的龙光大酒店、欢乐家超市、德邦物流、移动营业厅、村镇融资银行、华苑高中、灵宝汽贸城、建材城、盛源物流、裕海酒店、灵宝市风情园的运营和绿化、亮化工程的实施,强化了市场风貌,不仅促进了焦村镇的经济发展,还为居民民提供了物质和精神享受。

万渡集贸市场:始建于1951年,位置在城壕东西两头(城壕东头曾建有戏台),以后又迁至河泊及北崖路边。因当时有戏才有集(戏大多是村民自导自演的乡土剧目)后中断。1964年,又经工商部门批准,在万渡戏台及供销合作社周围建立集市,每月阳历的逢五为集市日。到改革开放后的1985年,又改成每月的阳历3日、8日为集市日,延续至今。万渡集贸市场是附近村民商业贸易、物资交流的最佳场所,对活跃村民经济和社会经济起着重大的作用。

卯屯集贸市场:卯屯村从2004年建立了集贸市场,公历每月的逢1日逢6日为集市日,市场位于村东的310国道南,占地面积约30余亩,有固定门面商铺50余家,逢集市日有临时摊位100余个,丰富了市场经济,增加了村民收入。

辛庄集贸市场:辛庄村2015年开始设立集市,农历十日、十六日为首个集市日,以后每逢星期六为固定集市日,集市引来了四乡八村商户前来经商,农闲时赶集人数超过万人,不仅繁荣了行政村的商贸业,还增加了村民经济收入。

罗家村集贸市场:罗家村每月逢阳历3日、8日为集市日,很多村民选择到集市上购买日常商品物品。零售店会依据本村村民的实际消费情况和需求情况有选择的进货,包括牛奶、啤酒、零食和少量的日常用品等,月收入几百块钱左右,售量较大的时期是村里孩子每周放学、寒暑假，过年过节的时候。

二、古庙会商贸

农村古庙会是历史遗留下来的商贸文化产物。据不完全统计，焦村镇古庙会约有40余个，且大多数庙会都有剧团助兴演出。古庙会除了丰富人们的精神生活，还是一个集中进行商贸交易的场所和平台。其物资交流的种类繁多，应有尽有，如日用百货、五金、服装、布匹、农具、家具、牲畜、瓜果、蔬菜、粮油、饮食、传统小吃等等。每逢庙会，周围方圆几十里的村民，扶老携幼，成群结队，到庙会上购物、看戏。神庙内灯火通明，香烟缭绕，鞭炮声声，上供的祭品琳琅满目。求神拜佛，烧香还愿，抽签相卜，游人如织。焦村镇规模较大的古庙会有孟村、罗家、乔沟、东仓、西仓、李家山几个村轮流筹办的正月二十三砥石峪山神庙会，万渡村五月二十六日祀雨会，西章村三月二十五的“文书寺”和老爷庙会，焦村村二月初二的文闾阁庙会，巴娄村清明庙会，常卯村、秦村村的农历二月十三日老爷庙会，南上村的三月十八日是娘娘庙会等。

焦村镇各村古庙会一览表

表 10-2

行政村	时间	地点	庙会名称
焦村	二月初二	村文化活动中心	文昌阁庙会
焦村	九月九日重阳节	村文化活动中心	关老爷庙会
东村	五月初五	东村村	端阳节庙会
史村	二月十五	史村村	土地庙会
武家山	公历九月一日	武家山村	新村落成纪念日
万渡村	五月二十六日	万渡村	祀雨会，龙王庙会
乔沟村	五月十五	乔沟村	关老爷庙会
孟村、罗家、乔沟、东仓、西仓、寨子沟、巴家沟、巨兴、上李家山、下李家山、坪村、马家沟	正月二十三日	原为十二社组织的敬奉砥石峪山神庙的庙会，十二个自然村轮流承办祭祀之祀	砥石峪山神庙
马村	六月初九	马村村	铁君庙会
塔底村	二月初五	塔底村	瘟神庙会
塔底村	六月初九日	塔底村	火神庙会
塔底村	十月二十三日	塔底村	关老爷庙会
塔底村	十一月十八日	塔底村	娘娘庙会

续表 10-2

行政村	时间	地点	庙会名称
巴娄村	清明节	巴娄村	娘娘庙会
巴娄村	四月初五	巴娄村	太阳庙会
巴娄村	五月十九	巴娄村	铁君庙会
巴娄村	六月二十三	巴娄村	火神庙会
巴娄村	九月十八	巴娄村	利市庙会
巴娄村	十月初三	巴娄村	瘟神庙会
巴娄村	腊月初八	巴娄村	关老爷庙会
贝子原村	三月初一	贝子原村	龙王庙会
西章村	三月二十五	西章村	“文书寺”和老爷庙会
卯屯村	二月十八	卯屯村	关老爷庙会
东常册村	十月十八日	东常册村	关老爷庙会
常卯、秦村	二月十三日	老爷庙位于两个村子中间的常卯塬村,古会位于两个村	关老爷庙会
常卯村	七月十六	常卯村	火神庙会
常卯村	十一月二十六	常卯村	娘娘庙会
南安头村	九月十八日	南安头村	马王爷庙会
纪家庄村	公历四月二十五日	纪家庄村	1990 年开始的通水节
纪家庄村	十月初四	纪家庄村	娘娘庙会
沟东村	八月十五	沟东村	碧霞娘娘古庙会
南上村	三月十八日	南上村	娘娘庙会
南上村	二月初八	南上村	山神庙会

第十一章　工业企业

第一节　组织设置

乡镇工业企业是指乡(镇)、村、组、联户和个体所办的工业企业。1978 年,焦村人民公社、各大队所办的企业有了较大的发展,在灵宝县社队企业管理局成立的同时,焦村人民公社成立了五小企业办公室。

1987 年 11 月,焦村乡企业金融服务部成立,隶属县企业委二级机构。在人民银行监督下开展业务活动,实行独立经营,自负盈亏。1997 年 8 月歇业,历时 11 年。期间,以 0. 7%—1. 8%的利息共吸收民间资金,然后又以 2. 4%—3. 3%不等的利息向社会放贷。11 年间,由于贷款本息难以回收,吸收存款高息付出,造成账面亏损。

1991 年 1 月,成立了焦村乡企业委员会,主管焦村乡的工业企业发展。1993 年 6 月更名为焦村镇企业委员会,下设黄金公司、企业公司、石材公司、药材公司等二级机构。

2006 年,焦村镇企业委员会更名为焦村镇经济发展办公室。

第二节　发展概况

1958 年,西章人民公社成立后,在"总路线""大跃进"的形势推动下,掀起了"一天等于 20 年""超英越美"的"大跃进"浪潮,全社大搞水利、大办钢铁、大办工厂。为保"钢铁元帅升帐",西章公社党委书记挂帅,大搞群众运动,推动钢铁生产。公社成立了钢铁兵团,在巴娄大队捞铁砂、建炼铁土高炉,伐木烧炭,大炼钢铁。随后又组织专业大军去陕县庙沟东风矿大搞钢铁。与此同时,公社又大兴社办工业,建立了八一机械厂、水泥厂、面粉厂、运输队等。

1958 年 4 月,地方国营灵宝县武家山蛭石矿建立。后因矿石品位不高,运输困难,于 1961 年初停办。

1966 年至 1976 年"文化大革命"期间,焦村公社工业企业发展处于停滞状态。

1987年,焦村乡集体工业企业比较发达,有果品加工厂、帆布厂、机械厂、砖瓦厂、面粉厂、选金厂。年产机砖100万块,大型帆布1000块。1985年工业总产值1727.6万元。

1988年,焦村乡帆布厂和县供销合作社所属焦村轧花厂,成为灵宝县骨干轻纺企业。1991年至1992年,由于受国际经济形势和市场影响,纺织行业主导产品大幅度减少。1993年至1994年,焦村帆布厂停产。

1993年,焦村镇焦村村杨建生兴办木材加工厂,是灵宝市第一个生产桐木拼板和压缩板的厂家,改写了焦村镇乃至灵宝县以往木材加工只能生产板材的历史。当年10月,灵宝市委、市政府组织17个乡(镇)党委书记和市乡镇企业委负责人到沿海地区参观学习发展乡镇企业经验,并在山东威海市召开会议,研究制定了灵宝市乡镇企业的发展思路。会上决定在涧东新区建立工业示范区,要求17个乡(镇)和市乡镇企业委等18个单位,一年内在涧东新区各建成一个投资在100万元以上的高科技、无污染的工业企业,号称"十八罗汉闹新区"。1994年1月,焦村镇万国保健食品公司在新加坡外商投资下,于3月8日兴建了河南泰安森保健食品有限公司,项目总投资2400万元,注册资金1680万元,外方投资150万元,主要产品甲鱼牌挂面。

1995年9月,焦村镇黄金公司在外商美国远东矿业公司的投资下,创建了河南威宝金属冶炼有限公司,总投资2520万元,注册资金2520万元,外方投资2520万元,主要产品矿产品。

1988年至2000年,焦村镇拥有镇办黄金选厂6个,年产成品金4000余两。以矿产业、果品加工业为龙头的乡镇企业蓬勃发展,先后兴建砖瓦厂23个,预制厂13个,石料厂5个,果品加工厂15个,纸箱厂5个,面粉加工厂3个,化工厂6个。2000年,全镇乡镇企业总数达1898个,其中产值在百万元以上的企业有38个;工业总产值达46590万元,比1988年增长9.9倍。

2001年农业产业结构调整,围绕果、菌、烟、枣、牧、药、菜等主导产业,发展专业基地,兴办龙头企业,促进了农业产业化进程。焦村镇经济能人王云龙兴办的九麟银杏开发公司,不断扩大规模,基地面积达到200公顷(3000亩),并开发出了银杏保健茶,年产茶5000公斤,产品远销福建、天津等省(市)。当年,焦村镇乡镇企业和非公有制经济,坚持巩固提高、挖潜增效的总体方针,加强东西合作,开展"四引一联",调整产品结构,培植新兴企业,乡镇企业总产值达到2.7亿元,上缴税金145万元,产销率达97%。全镇非公有制经济已发展到1500个,年产值1.35亿元,从业人员4800余人,涉及种养殖、餐饮和商贸等各个行业。大洋公司由纸箱生产转向根雕生产；巴娄石料场增添了破石设备和振动筛选设备；镇机械厂新上一套钢门钢窗生产线；原泰安森保健食品有限公司，明晰产权，政企分离，更名为绿源保健食品有限责任公司，由镇信用社注入启动资金200余万元，重新生产部优、省优甲鱼牌挂面；私营企业九麟银杏开发公司在驻马店市全国乡镇企业经贸洽谈会上与浙江省温州市包装厂达成合作协议，由对方提供印制高档银杏茶产品外包装；新上通用塑料包装公司、卯屯村发泡网厂、燕飞发泡网厂3个企业，年产值800万元，可实现利税70万元。

2002年，卯魁朝膜袋厂建成投产。焦村镇卯屯村村民卯魁朝，投资30余万元，从浙江购进高速、光控、全自动制膜机，兴办燕飞膜袋厂，年内建成投产，日产量达30多万只，填补了灵宝苹果生产大市没有果袋生产厂家的空白。当年，乡镇企业实力不断壮大，全镇共引进资金500万元，新上燕飞发泡网厂和西章农氨有机肥厂2个百万元产值企业，完成东西合作项目2个。镇机械厂实行技术改造后，打出了"和运"门业品牌，扭亏为盈。至2002年底，全镇乡镇企业营业收入完成57400万元，其中工业产值完成49800万元，比上年增长10%，规模以上工业产值完成3408万元，实现利润589万元，实缴税金150万元。非公有制经济稳步发展，全镇各类非公有制经济组织总数达到1277个。

2003年，新建新上乔沟选厂、美菱离子水厂、洁净型蜂窝煤厂3个投资150万元以上乡镇企业，焦村鸡场、恒源奶牛场、继宋肉牛育肥场、焦村杨木拼板厂、桐木拼板厂、彩色地板砖厂6个10万元以上中小企业，并筹资35万元，在市区西出口建立了灵宝市工生市场，占地3000平方米，拥有3个标准化商贸大棚，可入住商户200个，增加就业岗位400个。年内乡镇企业及非公有制企业总收入69835万元，其中采矿业完成产值36060万元，制造业完成产值19106万元。焦村镇康英奶牛场、杨家香菇示范场分别荣获"灵宝市农业龙头"称号，并进入三门峡市50强农业龙头企业。

2004年，美林木业有限责任公司建成投产。在甘肃省酒泉全国东西合作经贸洽谈会上，焦村镇与山东省曹县美林木业有限责任公司签订合同，投资547万元兴建美林木业有限责任公司。美林木业有限责任公司属私营企业，位于焦村镇区西部，占地面积1.33公顷。2004年5月由江苏客商李学建投资筹建，10月竣工投产。总投资600万元，其中固定资产投资370万元。企业拥有生产车间3个，大小设备20余台，年可生产建筑模板和胶合板（装簧板），产值700万元。产品主要销往广东、浙江等沿海地区。镇党委、政府把招商引资上项目纳入重要议事日程，抽调精兵强将，成立了项目办，专门负责招商引资工作。同时,充分发挥经济能人和在外人员两支队伍的作用,内外资并引,大小项目齐抓。年内,全镇新增中小企业9个,并全部建成投产。投资在600万元项目1个,即美林木业有限责任公司;投资在百万元以上项目2个,分别是金城印刷厂和耀明塑管厂;投资在10万元以上项目6个,分别是焦村镇九鼎笔业制造厂、焦村镇鲜果包装袋厂、卯屯鲜果包装袋厂、西章废旧塑料回收加工处理厂、巴娄煤厂、焦村果汁厂。同时,焦村机械厂、康英奶牛场投资技改资金50万元以上,年新增产值150万元,实现利税20万元。坚持内部消化和对外输出相结合的原则,进一步健全完善了镇村劳务输出工作网络体系,全年组织劳务输出6468人;通过上项目、办企业,就地转移农村剩余劳动力650人。年末,全镇共有中小企业1290个,年总产值7500万元,上缴税金180万元。非公有制经济单位1270个,年销售收入7300万元,上缴税金120万元。

2005年,镇两委班子进一步强化工业意识,强力实施项目带动战略。当年吸引内资3500万元,新上500万元以上工业和旅游开发项目各1个,分别是华奥环保墙体建材有限公司和娘娘山地质公园;新上投资500万元以下项目5个,分别是美林木业公司二期工程、长天苑休闲娱乐中心、江达果品包装厂、焦村蛋鸡厂、西章复合肥厂。年末,全镇共有中小企业578个,年总产值67433万元,上缴税金202万元;非公有制经济单位1268个,年总产值61308万元,上缴税金190万元。在发展中小企业同时,大力发展劳务经济,全年转移劳动力7858人次,实现劳务收入4428万元。2000年至2005年,焦村镇发展非公有制经济,镇企业委出台了一系列非公有制经济发展优惠政策,优化经济发展环境,吸引镇内外客商投资上项目、办企业。新上了燕飞包装厂、美菱离子水厂、阳光煤厂、乔沟选厂、空心砖厂、美林木业公司等投资100万元以上的工业企业。新上了丰源奶牛场、焦村蛋鸡场、长天苑等一批非公有制经济项目。截至2005年12月全镇工农业总产值完成9.5亿元,比1997年完成的3.8亿元,增加了5.7亿元,增长150%,其中工业总产值完成4.7亿元,比1997年完成的1.2亿元增加3.5亿元,增长290%。

2006年,组织外出考察学习,深入开展“学百强,赶先进,促发展”大讨论活动,进一步强化工业意识。先后制定了《焦村镇招商引资目标责任制及奖励办法》《进一步加快工业及非公有制经济发展的意见》等,规定各村招商引资项目,村集体可以享受镇级税收40%的返还;印制了招商宣传册,印发了焦村籍在外人员名册,建立了专职招商队伍,落实经费、待遇。聘请焦村籍能人大户,组建焦村镇经济发展顾问团,拓宽项目渠道。加大项目建设督查落实力度,调动各方力量,利用各种关系和资源,全力跑项目,千方百计上项目。当年,吸引内资4202万元,新上固定资产投资在3000万元以上工业项目1个——鑫鹏石化设备项目;新上投资在500万元以上项目3个,分别是蜂蜜深加工及苹果脱水项目、武家山采石厂、巴娄采石厂;新上投资在500万元以下项目6个,分别是鑫军强门业、桃林面粉有限公司、废旧塑料加工厂、腐竹加工厂、美菱离子水瓶装生产线、美林木业二期项目。年末,全镇共有中小企业407个,年总产值43000万元,上缴税金250万元;非公有制经济单位1268个,年总产值65796万元,上缴税金312万元。在发展中小企业同时,大力发展劳务经济,深入开展劳务技能培训,突出抓好劳务输出,全年转移劳动力7608人次,实现劳务收入5710万元。

2007年,全镇招商引资5500余万元,新上、续建千万元以上项目2个,即鑫鹏石化有限责任公司兴建的石油化工设备项目,投资3400万元,2006年6月开工建设,2007年3月建成投产,设计年产值4460万元,利税669万元;灵宝市华奥墙体建材有限责任公司兴建的新型墙体建材项目,投资1650万元,于4月开工建设,年底建成投产,设计年产值2000万元,利税500万元。新上投资100万元以上项目3个,即娘娘山景区二期建设工程、灵仙菌业有限公司食用菌工厂化栽培项目和秦村冷库项目。

2008年,焦村镇新上项目2个,分别是昌达钢结构项目,总投资3900万元;阳光煤业连锁项目,投资1357万元。新上100万元以上项目2个,分别是东仓砂石厂和东常册木材加工厂。总投资2.6亿元的灵宝建材大市场项目在年底完成土方回填工程;投资2850万元的东村生态庄园项目建成并投入试营业;投资2730万元的灵宝风情园项目年底完成主体工程。

2009年,总投资2.6亿元的灵宝建材商贸城项目完成投资1.3亿元,建成18栋商业用房主体框架;总投资127400万元的灵宝背靠背换流站二期工程如期建成;总投资6686万元的宇马选矿机械制造项目完成投资5445万元,进入设备安装调试阶段。灵宝市阳光产业有限责任公司分别投资2000万元建设的灵宝风情园和东村阳光生态山庄投入运营;盛源有限责任公司投资1500万元的怡源储运项目和好运来有限责任公司投资1600万元的好运来食品项目处于施工之中。

2010年,总投资2.1亿元的灵宝金煜商贸城21幢商住楼建成并投入使用;总投资2.1亿元的鸿升石业花岗岩石材加工项目办好入驻豫灵产业集聚区前各项手续;总投资1.2亿元的灵宝汽车商贸城完成投资8000万元,4栋商铺楼主体竣工;投资7000万元的工生综合市场项目正在建设;总投资6000万元的华苑职业高中建成运营;总投资5000万元的阳光混凝土搅拌站项目办好入驻城东产业集聚区前各项手续;投资3000万以上的辛庄玉欣商贸市场项目正在建设;投资2000万元的宏旺汽修项目正在建设;

投资1000万元的阳光产业商贸楼主体正在建设；新上投资500万元的PVC管道加工项目已建成投产；新上固定资产投资100万元以上项目5个，分别是西章塑料管厂、西章木屑加工厂、纪家庄金银首饰加工厂、万渡商贸城、部队果园饭店。此外，好运来食品加工项目、盛源物流项目处于施工之中；衡岭大道改建工程推进顺利。

2011年，焦村镇新建重点项目建设3个，分别是巴娄村创建的鸿升实业石材开发项目，占地面积100万平方米，当年建成投产；在焦村镇城东产业集聚区建设的阳光混凝土搅拌站项目，占地面积6.67公顷，已建成投产；在辛庄村建设的焦村辛庄农贸市场项目，占地面积0.67公顷，已建成投入使用。当年，总投资2.5亿元的汽车商贸城，完成投资1.8亿元，有11个品牌4S店成功入驻并投入试运营；总投资3600万元的风情园二期工程和总投资3200万元的轩悦大酒店项目竣工；总投资3200万元的金汇选矿设备项目实现租地运转；总投资2000万元的宏旺汽修项目进行室内外装潢及招商；盛源物流二期工程、好运来食品有限公司总店、西出口综合专业市场进行装修；总投资1500万元的娘娘山国家地质公园项目处于建设中。至2011年末，全镇工业总产值完成19.9亿元。全镇规模以上工业企业达6家，职工1098人。主要是鑫鹏石化、华奥墙材、昌达钢结构、宇马选矿等，灵仙菌业工厂化栽培、阳光煤业、秦村冷库、鑫军强门业、东常册废旧塑料加工厂、东仓砂石厂、东常册木材加工厂、PVC管道加工厂、宏旺汽修、纪家庄金银首饰加工厂等一批非公有经济项目。实现工业增加值增长17%，其中规模以上工业增加值增长19%。全年完成招商引资项目资金2.85亿元，其中省外资金1.5亿元。

2012年，总投资2.5亿元的长青汽贸城项目二期工程，年内投资1.3亿元，工程完工投入使用；总投资9200万元的灵宝市华新奥建材项目，占地5.3公顷，11月开工建设；总投资8000万元的阳光山庄温泉休闲项目，年内已完成投资7200万元；投资3500万元的娘娘山长青山居宾馆及游客服务中心项目，进入室内装饰阶段；投资3200万元的焦村镇物流仓储项目进入试运营；投资3100万元的好运来食品加工项目已投产见效。

2013年，投资9800万元的阳光国际温泉山庄建成运营；总投资9200万元的灵宝市华新奥建材项目，投产运营；总投资6800万元的金保新型节能矿山装备制造项目，占地2公顷，处于工前筹备工作之中；总投资5000万元的灵宝市鑫联香菇示范基地加工项目，占地6.67公顷，年可放置香菇100万袋，已建成并投入生产。灵宝市首家景区酒店“长青山居”建成运营。

2014 年，中小企业与非公有制经济先后有总投资 6 亿元的巴娄石材开发加工项目，占地 100 公顷；总投资 6000 万元的阳光风味小吃城项目，建筑面积 8000 平方米，已建成运营；总投资 3600 万元的娘娘山景区续建工程，紫云阁、玉皇殿、压山石、五指槽等景点已完工；总投资 3000 万元的兴隆彩钢瓦复合板项目，投产运营，安置就业人员 60 余名。

2015 年，全镇固定资产投资完成 13.95 亿元，工业总产值完成 142621 万元。截至 2016 年 12 月，焦村镇共有在册的非公有制企业和民营企业 186 家。

2018 年，焦村镇新上项目 3 个，分别是位于焦村镇区 310 国道南，总投资 5100 万元的洁净型煤配送项目，主要从事洁净型煤加工及销售业务，占地面积 3000 平方米，配套建设储煤场、成型车间等，已建成投产。灵宝市嘉益石材项目，总投资 9000 万元，年可开采加工 5 万立方米麻岩矿石，对矿山废弃石料进行再加工利用。总投资 298 万元的温氏扶贫养殖项目，位于焦村镇乔沟村，占地 3.53 公顷，至年底，已建成高标准养殖大棚 9 个，肉鸡出栏 18 万羽。

2019 年，企业发展迅速，总投资 1200 万元的灵宝品宿 · 隐心居民宿项目，10 月 1 日正式运营；总投资 3300 万元的小酥酥食品加工厂扩建项目，5 月已完工投产；总投资 2 亿元的灵宝市嘉益石材加工项目，该年投资 9000 万元，新建 3 条生产线，9 月底正式投产；总投资 8000 万元的温氏种鸡孵化场续建项目，8 月全面建成投产，已上鸡苗 8 万羽；投资 3000 万元的阳光山庄改造提升项目，新建 1000 平方米草坪婚礼场地，扩建万人宴会厅，对阳关山庄进行全面提升改造，年底建成投用；总投资 3500 万元的华新奥新型墙体建材改造提升项目，已正式投产，当年实现产值 500 万元。

2020 年，新建项目 4 个，分别是万渡拌和站项目，总投资 3000 万元，建成混凝土搅拌站及智能滚焊机等 2 个大棚，共计 1 万余平方米；温氏养殖小区项目，总占地 15 亩，分别在李家坪、东村、西章建成 3 个养殖小区，新建高标准养鸡大棚 80 个（其中双层棚 17 个）；高山果业、碧波农业焦村现代化苹果产业园项目，总投资 8000 万元，占地 1000 亩，建成集体休闲、采摘、旅游、研学销售服务发展为一体的乡村旅游经济带，已建成 600 亩新优品种示范区一个；七彩智慧农业，总投资 3500 万元，种植秋葵 500 亩，已种植 70 亩，双膜标准化日光暖棚的建设及水井、电路等的修建及 3000 平方米玻璃温室智能示范大棚正在建设中。

第三节　黄　金

一、发展概述

焦村镇东临灵宝市区，南部小秦岭山区蕴藏着丰富的矿产资源，主要有金、银、铜、铁、花岗岩等，是灵宝市产金乡镇之一，地方国营义寺山金矿即建在该镇境内。

1982 年，乡工业办公室工作人员杨建长，在张家山村的义寺山发现清朝古采硐口，硐口内还有古人当时生产生活残留的痕迹。1986 年 3 月，武家山在东岭发现氧化矿，开启了武家山采金史。同年，灵宝县矿管局在焦村乡分别设立了焦村矿区管理站、义寺山矿区管理站。1988 年，李家山村以组为单位进行开采，此区域矿石易开采、品位高、效益好。李家山村民收入增加，整体生活水平迅速提高。但由于管理松散，开采活动无组织、无计划，导致山上遍布开采坑口，且都是表皮矿，很快便开采一空，两年后矿产业衰落。

1990 年，在罗家村底石峪发现矿脉，当时镇上将山坡地皮分给 25 个行政村，此处开采便由罗家村和划分到地皮的西章村开采。底石峪的秤杆沟出矿多，品位高，1990 年至 2001 年，共出矿约 2000 余吨，群众的致富情绪出现了空前的高涨。1995 年，黄金开采相关政策调整，不允许私人开采，加上矿山渐渐出矿量少，底石峪金矿也逐渐衰落。

1990 年 1 月，义寺山金矿划归灵宝县黄金局管理，升格为地方国营金矿。同年 2 月，撤销焦村矿区管理站，该区的工作归入阳平矿区管理站。

1991 年至 1992 年，巴娄小字峪发现矿脉，先后有村民和外地人投资开采，但由于矿量少、品位低，后无人再进行开采。

从 1988 年至 1992 年，在焦村镇金矿开采鼎盛时期，迅速建起了 10 个黄金选矿厂，其中镇办 1 个，巴娄、李家山、道南各 1 个，罗家、乔沟、焦村各 2 个。最大规模选厂为道南选厂。同时也涌现出一批采矿、选矿带头人，如东村的杜贯兴，李家坪村的薛群佐，焦村的杨建生、刘金山、张明山、张宗敏、李建强等。1992 年后，由于选厂过多，矿源不足，黄金政策调整，获批准的选厂只有杨建生负责的底石峪金矿选厂和杜贯兴负责的车仓峪金矿选厂。

1993 年至 1994 年，焦村镇政府邀请河南省地调一队对车仓峪、底石峪的金矿及石材矿藏进行评价。

1995 年，河南省黄金管理局为义寺山金矿颁发了黄金矿山开办证。同年 9 月，焦村镇黄金公司在外商美国远东矿业公司的投资下，创建了河南威宝金属冶炼有限公司，总投资2520万元，注册资金2520万元，外方投资2520万元，主要产品为矿产品。同年10月河南省地质矿产厅为其颁发了采矿许可证。义寺山金矿聘用70余人，进行采矿工作。投资420万元，建成规模为日处理矿石50吨的选矿厂，主要开采范围为张家山矿区603号、606号脉线，矿石储量7.4万吨，金属量561千克，服务年限9.7年。

1996年7月，焦村镇的车仓峪金矿为全市29个乡(镇)集体黄金企业之一。

二、义寺山金矿

义寺山金矿成立于1982年，初期为焦村公社社办企业，矿区面积13.3平方公里。当时的义寺山金矿平均品位7克/吨，储量500公斤。1990年1月归灵宝县黄金局管理，为地方国营金矿。2004年5月18日，义寺山金矿划归灵宝黄金投资公司。义寺山金矿实行矿长负责制，下设综合办公室、生产经营科、安全环保科、矿山管理科、保卫科、考核督查办公室和质检科7个科室。1989年12月，企业被河南省黄金管理局评为基础建设先进单位；1996年3月，企业被灵宝市委、市政府命名为文明单位。

义寺山金矿矿区范围包括焦村镇境内的武家山、李家山、张家山，矿区面积13.3平方千米。辖东矿区、武家山、西山沟、张家山、砥石峪五个矿区，有金矿脉40余条，分布在西区张家山矿段、东区武家山矿段和高山沟矿段；主要矿脉为S402号脉、S403号脉、S404号脉、S419号脉、S425号脉、S425－1号脉、S603号脉、S615号脉。建矿初期，经过河南省冶金地质六队和焦村公社对该地区所做的地质勘探工作，掌握的C+D级金矿石储量7407吨，黄金储量561千克，矿石品位7.57克/吨，其中，C级储量占61%。1988年，河南省冶金地质六队在武家山地区投入勘探，获得黄金储量1100千克。

1988年5月，义寺山金矿由三门峡市黄金局完成设计任务书立项建设报告，设计采选生产规模为50吨/日。设计矿山分为张家山和武家山两个矿区。张家山矿区，主要开采对象为603号脉、606号矿脉，武家山矿区作为后备矿源。张家山矿区采用平硐溜井开拓，开拓中段有852米、830米、809米、788米和767米5个中段，其中767米为主运平硐。采矿方法为浅留矿法，通风采用自然通风。1990年，50吨/日选厂竣工投产。1994年，义寺山金矿对武家矿区401号、403号、425号矿脉及张家山矿区南省冶金地质六队地质勘探的601号脉、602号脉、603号脉、604号脉、605号脉、606号脉、607号脉进行资源整理，圈定矿石量10余万吨，金金属量500余千克。上报河南省黄金公司立项批准后新建100吨/日选矿厂。该项目论证报告由长沙有色设计院完成，由长春黄金设计院设计，项目总投资为1100万元，建设周期8个月，于1995年4月18日竣工投产，形成150吨/日的生产能力。选矿生产采用混汞+浮选工艺，选厂流程为二段一闭路,设备由破碎设备、筛分设备、磨矿设备、分级设备、搅拌设备、浮选设备、脱水设备和砂泵组成,产品为合质金+含量金。1995 年义寺山金矿产金 183.156 千克,1996 年至 1998 年,黄金产量保持在 206—250 千克。1997 年,义寺山金矿面对黄金价格两次下调和原材料、电价上涨影响企业效益近 300 万元的不利形势,大胆推行成本管理新机制,变“吨矿核算”为“两金核算”,追求矿山采矿品位和选厂实际金属量,把矿山采矿量、采矿品位和选厂处理矿量、金产量完全捆绑在一起。1997 年的前 8 个月,企业实行“两金核算”使总成本从 180 万元下降到 144 万元,实现增效 36 万元。

三、黄金生产与武家山村变迁

1985 年,武家山村村民在西山沟、六洞沟开始寻找矿源。同年 11 月,村民李贯祥、赵秦山几个人在西山沟用人工开挖坑口,由于矿石品位极低,后废弃。1986 年 3 月,刘方林、毋文革、王怀亮 3 人到东岭寻找矿源,发现草地上有黑色的小蜂窝状的石块,拾起来一看,发现这些石块像马蜂窝的氧化矿。于是就用锤和镐在周围敲击着,很快挖出一个 3 米多深的坑,暴露出一处岩石壁,用铁镐一捅,就有一个小石洞出现。初步断定,这就是一处古时的采金洞。传说这里之所以叫六洞沟,就是因为附近有 6 个金洞口而得名。几个人点亮蜡烛,沿着石洞往里走,大约在十七八米的地方,出现了一个宽大的场地,有两间房子大小,在这里发现了金矿石,从此开始进行采挖。与此同时,还有毋勤治、赵铁未也在东岭发现金洞口,开始挖掘。1987 年 7 月,武家山东岭出现金矿的消息在本村及周围村传开。很快,东岭到处都是找矿、挖矿的人。当时的武家山村 700 多人,70%的人都上了山。邻近杨公寨也出动了数百人参与了寻找金矿的行动,不时有外乡人来山上偷矿、抢矿。为此,村两委组织成立武家山村矿山管理小组,组长武权育,会计武世科,现金保管武赞民。矿山管理小组对矿山实行统一管理。1987 年 9 月,矿山管理小组成立没多久,时任村党支部书记的张治发因事退职,村两委班子群龙无首,矿山秩序再次陷入了混乱局面。在村民的举荐下,赵云生出任武家山村矿山管理小组组长。新的矿山管理小组针对矿山实际情况,将所有坑口收归集体所有,然后对出矿的坑口根据出矿量大小进行合理分配,达到武家山村民户户有坑口,人人有分红。当时,根据出矿量和平均品位分成 62 户、41 户、32 户、12 户、8 户、5 户、2 户 7 个坑口,再用抓阄的办法决定各户的具体坑口。在生产实践过程中,根据各坑口出矿石的数量,品位高低及所出售的经济价值,核算出具体的收入,再按比例给村集体上缴管理费。

武家山村依靠黄金生产富裕起来后,在村两委班子领导下,于 1988 年开始建设新村。村聘用技术人员进行规划设计,做到统一规划,统一管理,统一施工,历经 2 年苦干,新村基本建成。200余座居民小楼整齐排列,一条南北通道贯穿村中,道宽8米,道路两旁安装路灯。1988年5月,村集体投资22.5万元兴建武家山村舞台剧场,当年10月建成。剧场硬化面积达800平方米,有砖混水泥台座20排,可容纳1000余人观看演出。同时,投资26万元,建成武家山村教学楼,1988年11月1日竣工。教学楼为二层楼,建筑面积571平方米。1992年3月,在村口建成了一座新颖别致的步云楼。1992年,法国友人慕名参观了武家山新村。1993年5月,三门峡市召开小康村命名大会,武家山村被命名为三门峡市首批小康村。1995年,武家山村被河南省建设厅命名为"中州新村"。

第四节　乡镇企业

广东温氏灵宝畜禽业有限责任公司

广东温氏集团创立于1983年,2015年上市。为农业产业化国家龙头企业、中国500强企业、广东大型企业竞争50强,拥有7个国家级畜禽品种,5个省级农业类名牌产品,100多项专利和计算机版权登记。温氏品牌已成为中国畜牧业最具影响力的品牌,是焦村镇2016年引进的重点项目。

灵宝市(焦村镇)温氏集团养殖项目,总投资10亿元。一期投资2亿元,其中:租赁焦村镇罗家村13.3公顷土地,用于建设核心种鸡场,场内建设标准化鸡舍35栋,总面积17640平方米存栏种鸡15万羽,发展农户出栏肉鸡1500万羽。征用焦村镇西章村土地4公顷,为项目总部用地 。建设饲料厂、公司行政办公中心、员工宿舍、化验检测中心、技术服务部、食堂等配套设施。二期投资8亿元,建设核心种猪场一个,于2016年3月签约,项目采用"公司+农场主+客户"的合作模式,以实现"政府、企业、百姓"三方收益。

阳光产业简介

灵宝阳光产业有限责任公司成立于2008年,下属"阳光国际温泉山庄""灵宝风情园"等经济实体。公司注册资金1亿元,累计固定资产投资达2亿余元。

阳光国际温泉山庄投资8000万元,占地面积200亩,园区内建有温泉主楼、宴会厅、贵宾楼酒店、民俗小吃街等配套建筑,室内外大型游泳池3个,各类型私密露天泡池48个,绿化面积86.7亩,是集地方特色餐饮、传统文化体验、田园住宿、温泉养生、竞技垂钓、观光农业为一体的综合性文化产业生态园。

灵宝风情园投资6000万元，占地面积60亩，建筑面积达10000平方米，内含餐饮中心、皇家KTV、空中客房、独立的豫西风情民间院落、关帝庙、地坑院，原门古寨、水车、驴拉石磨等建筑以及尽显弘农历史的民俗展览中心，是集村寨旅游观光、地方特色风味餐饮、民俗文化展览、商务、娱乐、商业店铺、住宿为一体的休闲度假胜地。

2015年，阳光产业投资8000万元，打造集民俗文化展示、休闲体验、文化旅游为一体的红亭驿民俗文化村，总占地面积400余亩，含民俗村文化广场、豫西民俗风情街、生态儿童乐园、民俗小吃文化街、休闲垂钓区、百果林采摘园、养生温泉、主题客栈、民俗演艺广场等九大功能区域，2017年1月正式营业。

多年来，阳光产业坚持旅游发展理念，整合资源，加快转型，先后荣获"河南省园林式酒店""河南省服务行业领军企业""三门峡市文化产业示范基地"等多项荣誉。

河南华新奥建材股份有限公司简介

华新奥建材股份有限公司创建于2005年，是一家以粉煤灰、煤矸石等工业废料为原料生产烧结砖、烧结砌块的新型墙体材料企业，是河南省新型墙体材料定点生产企业、河南省资源综合利用企业、河南省节能减排科技创新示范企业，公司占地面积100余亩，注册资本2200万元，共有员工200余人；公司拥有东村、李家山两条现代化生产线，年产各种型号烧结砖2.4亿块(折标)。公司坚持走"科技兴企"之路，注重新技术、新设备的引进和新产品、新技术的研发。拥有有关烧结砖生产核心技术的一项发明专利和6项实用新型专利，是河南省墙材行业唯一一家省级"节能减排科技创新示范企业"。公司已通过GB/T 19001—2000—ISO9001质量管理体系认证，生产的"华材"牌烧结砖赢得了市场需求。

灵宝长青汽车商贸城

灵宝长青汽车商贸城位于灵宝市西出口中段北侧，紧邻310国道，是2010年灵宝市重点招商引资项目。该项目于2010年3月开工，占地210亩，由长青产业公司投资2.5亿元，通过招商出租的方式建设运营，是集整车、零部件销售，维修服务，汽车科技，经贸洽谈于一体的大型综合性汽车贸易城。

该项目分两期工程建设：一期工程投资1.2亿元，占地59.7亩，建筑面积6万平方米，主要用于车辆展销和汽车维修；二期工程投资1.3亿元，占地150亩，总建筑面积 6 万平方米，主要以仓储和汽车展销为主。汽贸城入驻北京现代、江淮、雪铁龙、吉利帝豪、奇瑞、英伦、东风标致等 30 个品牌 4S 店，维修、装饰等店面 10 家，金储企业 10 家。

汽贸城可存车 7000 余辆，年可销售汽车 2500 余辆，销售收入达 3 亿元，创造就业岗位 450 个，成为豫秦晋金三角地区规模大、功能全、档次高、商户多的一流汽车专业市场，对进一步完善灵宝市城市功能，促进车市消费、繁荣地方经济，具有深远而重大的意义。

灵宝商贸建材城

2008 年 8 月 19 日，灵宝建材大市场开工。2010 年 10 月 13 日投入运营。

商贸建材城是由灵宝市委、市政府与灵宝万通达置业有限责任公司联合开发建设的集建筑装潢材料、五金机电批发营销为主的大型专业市场。总投资 1.5 亿元，规划总占地面积 187 亩，分为南北两区两期工程。是一座集建材、装潢材料、五金、机电等为主的大型综合专业市场，规划建设商业门面房、仓储、住宅等，总建筑面积约 15 万平方米，1200 个商铺，是灵宝市设施齐全、规模最大的建材原料集散地。

灵宝市燕飞果品包装厂

灵宝市燕飞果品包装厂位于灵宝市焦村镇卯屯村，创建于 1999 年，是豫西地区最早专业生产果袋企业。该厂引进国内先进单层果袋机、双层果袋机、膜袋机，集中技术人才开发出燕飞牌苹果、桃、梨、葡萄、石榴等果实袋系列产品，年生产果袋能力达 2 亿多只；同时生产各种规格的果品发泡网。建厂多年来，企业秉承“创新领域，品质取胜”理念，依靠先进的设备、过硬的生产技术和严谨高度的敬业精神，生产出的燕飞牌系统果袋质量可靠，产品畅销豫、陕、晋、湘、鄂等省。2005 年至 2009 年承担国家农业部《苹果套袋关键技术应用补贴项目》，供应优质双层纸袋 9000 万只。

灵宝市信达果业有限责任公司

灵宝市信达果业有限责任公司（以下简称信达果业），创建于 2001 年，位于灵宝市焦村镇辛庄村西岭。注册资金 3000 万元，截至 2013 年底，总资产已达 1000 余万元，是 2012 年三门峡市农业产业化重点龙头企业。

信达果业主要从事各种名、特、优、新小杂水果品种引进、实验、示范和推广。公司下属生产基地“焦村镇设施园艺示范基地”，占地300亩，建有12座高效日光大棚，先后引进桃、杏、李、葡萄、樱桃等40多个品种。年产各种优质水果400余吨，已成为三门峡地区标准最高、品种最新、技术比较全面的示范基地，推动了三门峡设施水果和小杂水果的发展，先后接待参观学习人员2万余人次，技术人员外出讲课40余次，培训了大批技术人员，带动发展了2万余亩小杂水果和1000余亩大棚水果的栽植。年实现社会产值1.6亿元，年新增社会利润近亿元。

2005年，公司在灵宝市城区富士路北段和310国道交叉口设立“信达果业营销部”，直接向市场提供各种桃、杏、葡萄、梨等名优种苗和时令水果，年销售水果2000余吨。2006年，信达果业在生产销售反季节水果的基础上，又开发出了一个旅游观光项目。该项目充分发挥了丰富多彩的设施园艺的特长，利用温馨诱人的田园风光和朴实可口的农家饭菜，吸引周边地区的游客前来观光、就餐和采摘。每天平均接待游客300余人次。2008年10月，信达果业董事长兼总经理赵建学发起组建了“灵宝市信达果业专业合作社”，带动了6个乡镇18个行政村，共340余户农民入社。合作社与南京国际有机认证中心合作，严格制定了有机水果生产标准。规范了有机水果操作流程，引导农户转变观念，逐步推进生产绿色水果向有机水果转化，商品水果向精品水果转化。实施“统一生产资料，统一生产技术措施、统一产品质量标准、统一产品包装和统一销售”的“五统一”产业化经营模式。至2019年底，合作社已发展有机水果10多种，包括桃、杏、李、梨、樱桃、石榴、苹果、葡萄、枣、核桃等，种植面积已达1500余亩，并形成了“公司+专业合作社+基地+农户”的农业产业化模式。2011年，公司投资80余万元，在示范基地安装节水滴灌设施，使水的利用率达到95%以上，提高肥效一倍以上。当年，公司又投资130余万元，在示范基地安装了“物联网”系统，对高效日光温室大棚内的空气以及土壤的温湿度进行自动精准远程调控，并对整个生产过程进行实时监控记录，提高了果品品质和生产效率，实现了产品的可追溯性，提高了食品安全性，提升了公司的竞争力和影响力。

信达果业于2008年注册“XD”水果商标，水果销售至北京、西安、洛阳、郑州等大中城市。2012年10月，信达果业在首都北京开设了“专卖店”，位于海淀区田村路118号（西五环西黄桥东头），为三门峡地区名、特、优、新产品销售到首都北京打开了一条“绿色通道”。公司先后被评为“中国农学会科技示范园区分会的理事单位”“河南省科技支农富农先进单位”“河南省级农民专业合作社示范社”“河南省科普示范基地”“三门峡市农业产业化重点龙头企业”“共青团青年创业见习基地”“三门峡设施园艺示范基地”“灵宝市设施水果专家大院”“灵宝市共青团农业示范基地”等。公司董事长赵建学先后被评为“全国农村青年创业致富带头人”“河南省科技致富带头人”“三门峡市劳动模范”“三门峡市优秀共产党员”,同时当选为中国农学会农业科技园区分会理事会理事等。

焦村镇工企业一览表

表 11-1

编号	企业名称	法人代表（负责人）	性别	注册资金（万元）	经营地址（住所）
1	焦村镇乔沟选厂		男		乔沟村
2	灵宝市美林木业有限责任公司		男		焦村村西
3	北京日益通速递有限责任公司河南省三门峡灵宝市第一营业部	吉朝辉	男		灵宝市长安路西段南侧
4	河南车君美汽车销售有限公司	柴英森	男	300	灵宝市长安路西段长青汽贸城
5	河南瑞粮农资有限公司焦村分公司	张高峰	男		灵宝市焦村镇焦村街
6	灵宝函谷大酒店有限公司	吴公霞	男	20000	灵宝市长安路西 315 号
7	灵宝浩汶物流有限公司	任纪新	男	15	灵宝市长安路西段南侧
8	灵宝红亭驿旅游开发有限公司	师学锋	男	3000	灵宝市焦村镇东村
9	灵宝宏伟商贸有限责任公司	申宏伟	男	10	灵宝市长安路西段
10	灵宝嘉丰农资有限公司	侯志华	男	20	灵宝市焦村镇焦村街
11	灵宝静威汽车销售有限公司	权静国	男	100	灵宝市长青汽车商贸城东排 3 号
12	灵宝龙翔汽车销售有限公司	王柏松	男	50	灵宝市长安路西段北侧
13	灵宝市安邦汽车销售服务有限公司	孟晓宇	男	3000	灵宝市长青汽车商贸城
14	灵宝市百家乐农资有限公司	樊　莎	女	50	灵宝市焦村镇坪村 310 国道北
15	灵宝市包装装璜印刷厂	许智弟	男	38	灵宝市长安路西
16	灵宝市宝鼎商贸有限公司	张旭东	男	50	灵宝市焦村镇焦村
17	灵宝市宝华布艺有限公司	范宝华	男	100	灵宝市焦村建材商贸城 7 号楼 8 号

续表 11-1

编号	企业名称	法人代表（负责人）	性别	注册资金（万元）	经营地址（住所）
18	灵宝市抱朴子食品有限公司	张照杭	男	500	灵宝市焦村镇东常册村 9 组
19	灵宝市昌盛汽车服务有限公司	郭娟丽	女	100	灵宝市长青汽贸城
20	灵宝市车神广告服务中心	建深青	男	10	灵宝市长安路西段
21	灵宝市诚和汽车销售有限公司	何亚立	男	100	灵宝市长青汽贸城
22	灵宝市诚捷实业有限公司	苏晓丽	女	100	灵宝市长安路西段
23	灵宝市城西加油站	张树康	男	30	灵宝市长安路西
24	灵宝市持盈防盗门销售部（普通合伙）	马娟娟	女	80	灵宝市长安路西段
25	灵宝市春茂木业有限责任公司	袁西亮	男	100	灵宝市焦村街道南
26	灵宝市地球城网吧有限责任公司	李　刚	男	30	灵宝市焦村镇新街
27	灵宝市点点网络科技有限公司	张宾宾	男	79	灵宝市焦村半坡好运佳缘二楼
28	灵宝市鼎辉彩钢有限公司	王付强	男	120	灵宝市长青汽贸城院内
29	灵宝市东泽化工有限公司	张东辉	男	500	灵宝市焦村镇西章村
30	灵宝市东泽石英石有限公司	张泽辉	男	500	灵宝市焦村镇西章村 310 国道边
31	灵宝市风帆铝塑安装有限公司	张　帆	男	100	灵宝市焦村镇焦村街
32	灵宝市福禧珠宝有限责任公司	李社新	男	30	灵宝市焦村镇纪家庄
33	灵宝市福鑫汽车新能源有限公司	李明雷	男	500	灵宝市焦村镇焦村街
34	灵宝市福源汽车销售服务有限公司	王项锁	男	500	灵宝市长青汽贸城
35	灵宝市富强矿产品有限责任公司	王跃战	男	500	灵宝市焦村镇乔沟村
36	灵宝市工生供水有限公司	崔雷风	男	10	灵宝市焦村镇镇区
37	灵宝市广超汽车服务有限公司	史广超	男	200	灵宝市长青汽贸城
38	灵宝市广通橡胶制品有限公司	祝振东	男	200	灵宝市长安路西段
39	灵宝市海丽商贸有限公司	孟　治	男	300	灵宝市长安路工生小区 2 号楼

续表 11-1

编号	企业名称	法人代表（负责人）	性别	注册资金（万元）	经营地址（住所）
40	灵宝市海丽商贸有限公司富士路分公司	孟　治	男		灵宝市富士路北段
41	灵宝市好运来食品有限责任公司	段胜建	男	200	灵宝市长安路西段北侧
42	灵宝市好运来食品有限责任公司步行街分公司	李纪华	男		灵宝市步行街
43	灵宝市好运来食品有限责任公司黄河路分公司	李珍珍	女		灵宝市黄河路与康乐路交叉口
44	灵宝市好运来食品有限责任公司三仙鹤分公司	赵欢欢	男		灵宝市三仙鹤商业西二街
45	灵宝市好运来食品有限责任公司新华东路分公司	苏欢庆	男		灵宝市新华东路
46	灵宝市好运来食品有限责任公司新华西路分公司	陈永红	男		灵宝市新华西路罗门对面
47	灵宝市好运来食品有限责任公司新华西路桃林街分公司	刘俊茹	女		灵宝市新华西路桃林街口
48	灵宝市好运来食品有限责任公司新华中路分公司	翟娟茹	女		灵宝市新华东路市一小对面
49	灵宝市好运来食品有限责任公司新灵街分公司	李凯菲	男		灵宝市新灵西街老区邮电局东 50 米
50	灵宝市好运来食品有限责任公司尹富市场分公司	商方方	男		灵宝市尹富市场
51	灵宝市昊隆汽车销售有限公司	沙金龙	男	50	灵宝市长青汽车商贸城 A3 号楼第 44—46 号
52	灵宝市和运门业有限公司	李志春	男	30	灵宝市焦村镇镇西加油站西
53	灵宝市弘源水暖安装部	康增良	男	3	灵宝市长安路西段
54	灵宝市宏旺废品收购有限公司	朱二红	男	500	灵宝市长安路西段北侧
55	灵宝市宏远广告有限公司	王伟华	男	500	灵宝市长安路西段
56	灵宝市鸿苑置业有限责任公司	李柏林	男	2000	灵宝市焦村镇焦村街
57	灵宝市华烨煤炭有限公司	张刚刚	男	150	灵宝市焦村镇焦村街
58	灵宝市怀强养殖厂	王怀强	男	50	灵宝市焦村镇西常册村北四组

续表 11-1

编号	企业名称	法人代表（负责人）	性别	注册资金（万元）	经营地址（住所）
59	灵宝市皇轩汽车服务中心（普通合伙）	张玉琳	男	150	灵宝市长安路西段（长青汽贸城）
60	灵宝市惠生餐饮有限公司	潘丽红	女	300	灵宝市焦村镇焦村街
61	灵宝市佳源化工有限公司	王正齿	男	200	灵宝市焦村镇卯屯村
62	灵宝市嘉达药业有限公司	吕政民	男	200	灵宝市焦村镇西章村
63	灵宝市嘉益建材有限公司	董光华	男	100	灵宝市焦村镇巴娄村
64	灵宝市江海餐饮管理有限责任公司	张海江	男	100	灵宝市焦村职专
65	灵宝市焦村镇西加油站	何永辉	男	100	灵宝市焦村镇镇西 500 米处 310 国道南侧
66	灵宝市金城市政建设工程有限责任公司	张长有	男	2018	灵宝市焦村镇焦村街
67	灵宝市金海汽车销售有限公司	任保乐	男	100	灵宝市长青汽贸城
68	灵宝市金鸿装饰有限公司	王振伟	男	300	灵宝市长安路西段建材商贸城
69	灵宝市金华物业管理有限公司	尚　瑞	男	50	灵宝市长安路西段南侧
70	灵宝市金汇选矿设备有限公司	马维轩	男	2000	灵宝市焦村镇工业区
71	灵宝市金茂华置业有限公司	水润仙	女	800	灵宝市焦村镇焦村村
72	灵宝市金庆科技有限公司	屈德波	男	50	灵宝市焦村镇纪家庄村
73	灵宝市金星矿业有限公司	刘　梅	女	500	灵宝市长安路西段
74	灵宝市锦林机电有限公司	陈巧霞	女	100	灵宝市焦村镇坪村村
75	灵宝市九州实业有限公司	杨东丹	男	300	灵宝市焦村镇卯屯村
76	灵宝市居益家装饰有限公司	陈文亮	男	300	灵宝市长安西路（焦村半坡）
77	灵宝市聚和食品有限公司	江大国	男	500	灵宝市焦村镇西章村
78	灵宝市君创煤炭有限公司	雷世敏	男	10	灵宝市长安路西段
79	灵宝市开拓防腐设备有限公司	杜　攀	男	50	灵宝市焦村镇西章村
80	灵宝市凯旋物业管理有限公司	赵彩丽	女	50	灵宝市焦村镇焦村村
81	灵宝市乐尔康餐具消毒配送中心	梁碧齐	男	30	灵宝市焦村镇坪村村

续表 11-1

编号	企业名称	法人代表（负责人）	性别	注册资金（万元）	经营地址（住所）
82	灵宝市乐分享网络科技有限公司	刘艳锋	男	20	灵宝市长安路西段商贸建材城 SZ4 号楼 502 号
83	灵宝市乐丰农资有限公司	鲍梁红	男	50	灵宝市焦村镇坪村 310 国道路北
84	灵宝市乐佳建材有限公司	张建刚	男	10	灵宝市灵惠路西段
85	灵宝市雷曼特汽车销售有限公司	种卫宝	男	500	灵宝市长青汽贸城
86	灵宝市灵发菌业有限公司	张冬元	男	300	灵宝市焦村镇万渡村
87	灵宝市灵西酒店用品有限公司	张锁成	男	50	灵宝市焦村镇西章村
88	灵宝市灵仙菌业有限责任公司	杨国军	男	50	灵宝市焦村镇杨家村
89	灵宝市龙源汽车销售服务有限公司	刘宗伟	男	500	灵宝市长青汽贸城
90	灵宝市绿源造林有限责任公司	李江华	男	10	灵宝市焦村镇焦村街
91	灵宝市美菱饮品有限责任公司	王海斌	男	10	灵宝市焦村镇坪村村
92	灵宝市美菱饮品有限责任公司北区分公司	梁海林	男		灵宝市天宝路 10 号
93	灵宝市美菱饮品有限责任公司销售部	阎娟丽	女		灵宝市新灵街中段
94	灵宝市森鑫畜牧有限公司	闫艳丽	女	300	灵宝市焦村镇乡观村
95	灵宝市名凯汽车销售有限公司	李娜娜	女	300	灵宝市长青汽贸城
96	灵宝市南山物语土特产有限责任公司	贾秋香	女	300	灵宝市焦村镇娘娘山景区
97	灵宝市南天装饰有限责任公司	陈龙龙	男	250	灵宝市长安路西段
98	灵宝市娘娘山旅游有限责任公司	张朝辉	男	1500	焦村镇娘娘山
99	灵宝市鹏程建筑安装有限责任公司	张长有	男	3580	灵宝市焦村镇焦村街
100	灵宝市鹏程汽车销售有限公司	张战胜	男	30	灵宝市长青汽贸城
101	灵宝市群旺木业有限责任公司	苏群旺	男	500	灵宝市长安路
102	灵宝市人和汽车销售有限责任公司	任海增	男	20	灵宝市焦村半坡长青汽贸城

续表 11-1

编号	企业名称	法人代表（负责人）	性别	注册资金（万元）	经营地址（住所）
103	灵宝市荣达汽车销售有限公司	黄　星	男	50	灵宝市长安路西段北侧
104	灵宝市瑞丰货运信息有限公司	朱二红	男	500	灵宝市长安路西段
105	灵宝市三磊建材店（普通合伙）	李娟萍	女	100	灵宝市长安路西段建材市场
106	灵宝市三灵土特产有限公司	张艳凤	女	30	灵宝市焦村镇万渡村
107	灵宝市盛世矿业有限公司	刘　岩	男	500	灵宝市焦村镇南上村
108	灵宝市盛源物业管理有限公司	李高慈	男	500	灵宝市长安西路
109	灵宝市世虎矿产品有限公司	王世虎	男	100	灵宝市焦村镇滑底村七组
110	灵宝市世纪鑫源酒店有限公司	伍永强	男	30	灵宝市焦村半坡北侧宏旺汽配楼一楼
111	灵宝市舒心餐具消毒有限公司	梁碧齐	男	200	灵宝市焦村镇坪北村村北
112	灵宝市顺达加油站	严赞民	男	100	灵宝市焦村镇
113	灵宝市顺发塑料筐厂	席原波	男	10	灵宝市焦村镇沟东村二组
114	灵宝市四方商贸有限公司	王垚鑫	男	500	灵宝市长安路西段北侧
115	灵宝市苏灵电器设备安装有限公司	张　瑞	男	100	灵宝市长安路西段
116	灵宝市泰和物业管理有限责任公司	马　泰	男	50	灵宝市长安路西段
117	灵宝市韬新农业有限公司	赵　涛	男	100	灵宝市焦村镇李家坪村
118	灵宝市天策矿业有限公司	刘振锋	男	2000	灵宝市长安路西段
119	灵宝市天海汽车销售有限公司	姚海姣	男	100	灵宝市长安路长青汽贸城
120	灵宝市天和计算机有限公司	张卫星	男	100	灵宝市焦村镇焦村街
121	灵宝市天坤矿产品有限公司	梁建卫	男	100	灵宝市焦村镇卯屯村街道北
122	灵宝市天美化工销售有限公司	王赞博	男	100	灵宝市焦村镇政府东侧
123	灵宝市通盛汽车销售有限公司	赵万林	男	500	灵宝市长安路西段
124	灵宝市土源素电子商务有限公司	张春艳	女	100	灵宝市焦村镇王家村
125	灵宝市万惠建材店（普通合伙）	马保中	男	80	灵宝市长安西路建材市场门面房
126	灵宝市万通石材有限公司	江和炎	男	1000	灵宝市焦村镇企业委院内

续表 11-1

编号	企业名称	法人代表（负责人）	性别	注册资金（万元）	经营地址（住所）
127	灵宝市乡观种猪场	闫赞超	男	50	灵宝市焦村镇乡观村
128	灵宝市新源农牧有限责任公司	毋进方	男	200	灵宝市焦村镇武家山村
129	灵宝市鑫邦汽车服务有限公司	张玉琳	男	1000	灵宝市长青汽贸城
130	灵宝市鑫锋菌业有限公司	刘占锋	男	100	灵宝市焦村镇东村
131	灵宝市鑫合餐饮有限公司	韩有华	男	50	灵宝市长安路西段（职专）
132	灵宝市鑫联菌业有限责任公司	张志强	男	3000	灵宝市焦村镇西常册村
133	灵宝市鑫马选矿设备有限公司	马西明	男	40	灵宝市焦村镇秦村 310 国道南
134	灵宝市鑫玛商贸有限责任公司	王青华	男	100	灵宝市长安路西段
135	灵宝市鑫鹏汽车销售有限公司	许高波	男	100	灵宝市长青汽贸城
136	灵宝市鑫盛源汽车服务有限公司	雷晓辉	男	500	灵宝市长青汽贸城
137	灵宝市信达果业有限责任公司	赵建学	男	3000	灵宝市焦村镇辛庄村西岭
138	灵宝市兴隆钢结构材料有限公司	李妮旦	女	100	灵宝市焦村镇焦村街
139	灵宝市幸福建材有限责任公司	关增江	男	300	灵宝市长安路西段
140	灵宝市雅莉三和汽车销售有限公司	梁开拓	男	200	灵宝市长青汽车城
141	灵宝市燕飞果品包装厂	卯奎朝	男	50	焦村镇卯屯村
142	灵宝市阳光煤炭连锁有限责任公司	张志华	男	800	灵宝市长安路西段 15#
143	灵宝市艺家钢结构工程有限公司	张建饶	男	800	灵宝市长安路西段
144	灵宝市永成苗木有限公司	张勇勇	男	300	灵宝市焦村镇焦村
145	灵宝市永诚门业有限公司	程江帅	男	200	灵宝市焦村镇焦村街
146	灵宝市永丰建材有限公司	郭永卫	男	50	灵宝市焦村镇巴娄村北

续表 11-1

编号	企业名称	法人代表（负责人）	性别	注册资金（万元）	经营地址（住所）
147	灵宝市永琰商贸有限责任公司	白冰冰	女	100	灵宝市焦村半坡盛源物流服务中心
148	灵宝市宇鸿建材有限公司	姚宏伟	男	150	灵宝市焦村镇焦村
149	灵宝市宇辉商贸有限公司	刘春丽	女	50	灵宝市长安路西段
150	灵宝市宇龙春食品有限公司	李高军	男	300	灵宝市焦村镇东常册村
151	灵宝市豫之众汽车服务有限公司	张　瑾	男	500	灵宝市长青汽车城
152	灵宝市源盛果木有限责任公司	李亚锋	男	20	灵宝市焦村镇西章村
153	灵宝市跃华汽修有限责任公司	朱宏跃	男	30	灵宝市长青汽贸城
154	灵宝市粤港汽车维修有限责任公司	杨安格	男	100	灵宝市长青汽贸城
155	灵宝市长金汽车销售有限公司	程　渝	男	10	灵宝市焦村镇长青汽车商贸城东排 34—36 号
156	灵宝市长青矿业有限公司	张晨辉	男	2000	灵宝市焦村镇焦村街
157	灵宝市长青山居酒店	张朝辉	男	500	灵宝市焦村镇南上村
158	灵宝市长青园林绿化有限责任公司	孙凯瑞	男	4000	灵宝市焦村镇焦村街
159	灵宝市兆业电子商务有限公司	赵增民	男	50	灵宝市焦村镇常卯村 8 组
160	灵宝市珍珠泉水电安装有限公司	李海生	男	160	灵宝市焦村半坡
161	灵宝市震郁冷藏有限公司	张怀民	男	30	灵宝市焦村镇西章村
162	灵宝市正工暖通设备安装有限公司	张建波	男	300	灵宝市长安路西段
163	灵宝市正阳轻钢管道工程有限责任公司	袁雷刚	男	30	灵宝市长安路 145 号
164	灵宝顺达石化有限责任公司	严赞民	男	300	灵宝市长安路西段
165	灵宝腾达油漆技术服务有限公司	赵铁功	男	3	灵宝市长安路 42 号
166	灵宝天紫汽车销售服务有限公司	王长河	男	1000	灵宝市长青汽贸城

续表 11-1

编号	企业名称	法人代表（负责人）	性别	注册资金（万元）	经营地址（住所）
167	灵宝万宝盛华汽车销售有限公司	孙振青	男	200	灵宝市长青汽贸城
168	灵宝温氏禽业有限公司	赖伟青	男	1000	灵宝市焦村镇杨家村
169	灵宝祥瑞之星汽车服务有限公司	赵笑乐	男	1000	灵宝市长青汽贸城
170	灵宝新中源建材有限公司	陈兴吾	男	200	灵宝市城西建材城
171	灵宝阳光混凝土有限公司	王敬国	男	3000	灵宝市长安路西段
172	灵宝裕隆汽车销售服务有限公司	牛景孝	男	100	灵宝市长青汽贸城
173	灵宝长来汽车销售服务有限公司	权静华	男	1000	灵宝市长青汽贸城
174	灵宝卓昕汽车服务有限公司	雒玫玫	女	1000	灵宝市长青汽贸城
175	三门峡北辰矿业有限公司	刘跃东	男	500	灵宝市长青汽贸城中门北
176	三门峡飞驰新能源汽车有限公司	任亚鹏	男	50	灵宝市长青汽贸城
177	三门峡福美装饰有限公司	刘少锋	男	100	灵宝市长安路西段
178	三门峡三和汽车销售服务有限公司	梁开拓	男	1000	灵宝市长青汽车城
179	三门峡时尚博地汽车销售服务有限公司	江军伟	男	1000	灵宝市长青汽贸城
180	三门峡市金瑞汽车销售有限公司	杨　帆	男	500	灵宝市长青汽贸城
181	三门峡市豫华职业安全科技有限责任公司	彭磊珠	男	333	灵宝市长安路西段灵宝职专豫华教育培训中心
182	三门峡亿人网络服务有限公司	李东兴	男	10	灵宝市长安路蓝盾驾校院内西南边
183	三门峡易宝电子商务有限公司	谢宝国	男	1000	灵宝市长安西路翰林华府二道街西三铺
184	苏州第一建筑集团有限公司灵宝分公司	张冠忠	男		灵宝市长安路西段
185	灵宝市美林木业有限责任公司	郑向荣	男		焦村轧花厂

第十二章　金融财税

第一节　历史货币

一、清代币制

清代沿袭古法，仍以银、钱为本位币。前期制钱沿用旧制，后期发行机制银元和铜元，并建立了银行。清代末年，制钱、铜元、银两和银元通用。①制钱。别名方孔钱，又称麻钱，由官炉所铸，千文为一串，咸丰三年铸五十、当百、当千大钱，当百、当千的大钱又称元宝。②铜元。清末制，无孔，又称铜板，俗称大板。正面有“光绪元宝”四字，背面有蟠龙纹。③银两。以银锭为主要形式的一种称量货币。④银元。又称洋钱、大洋等，以银为币材。

二、民国币制

民国初期，货币仍以银两和银元为主，辅以铜元。“袁头”与“孙头”银元曾流通一时。1933 年，废两改元。1935 年实行法币。①法币。即中央、中国、交通三行(后来又加中国农民银行)所发行的纸钞。中央银行发行法币面额有壹分、伍分、壹元、拾元、伍拾元、伍佰元、伍仟元、壹万元等。中国银行发行法币面额有壹元、伍元、拾元、伍拾元、伍佰元等。交通银行发行法币面额有拾元、贰拾伍元、壹佰元等。中国农业银行发行法币面额有壹角、壹元、拾元、伍拾元等。后因物价飞涨，抗战前夕法币停止使用。②关金。关金是海关单位换券之简称。1931 年国民党政府授权中央银行发行。1942 年以壹元关金折合法币贰拾元的比率投入市场流通。1948 年停止发行。其面额有拾分、贰拾分、伍佰元、伍万元、贰拾伍万元等。③金元券。1948 年，国民党政府鉴于法币、关金信用低微，进行了币制改革，规定以金元为单位，发行金元券。以金元券壹元折合法币三佰万元的比例收回法币，并用以强收民国金银外币，收兑率为纯金一市两合金元券二佰元；纯银一市两合金元券三元；银币每枚合金元券二元；美钞每元合金元券四元。中央银行发行的金元券面额有壹角、伍角、伍元、贰拾元、壹佰元、壹佰万元等。④银元券。1949 年，国民党政府发行银元券，规定银元券一元可兑换伍亿元金元券，兑法币一千伍佰亿元。发行面额有贰角、壹元、伍元、拾元等。

第二节　中华人民共和国币制

一、人民币

中华人民共和国自发行人民币以来，历时50多年，随着经济建设的发展以及人民生活的需要而逐步完善和提高，至今已发行五套人民币，形成纸币与金属币、普通纪念币与贵金属纪念币等多品种、多系列的货币体系。除1、2、5分三种硬币外，第一套、第二套和第三套人民币已经退出流通，如今流通的人民币，是中国人民银行自1987年以来发行的第四套人民币和1999年发行的第五套人民币，两套人民币同时流通。

1948年12月1日，中国人民银行成立并发行第一套人民币，共12种面额62种版别，其中1元券2种、5元券4种、10元券4种、20元券7种、50元券7种、100元券10种、200元券5种、500元券6种、1000元券6种、5000元券5种、10000元券4种、50000元券2种。统一发行人民币是为迎接全国解放采取的一项重大措施，它清除了国民党政府发行的各种货币，结束了国民党统治下几十年通货膨胀和中国近百年外币、金银币在市场流通买卖的历史，促进了人民解放战争的全面胜利，在中华人民共和国成立初期经济恢复时期发挥了重要作用。

第二套人民币于1955年3月1日开始发行，同时收回第一套人民币。第二套人民币和第一套人民币折合比率为1∶10000。第二套人民币共有1分、2分、5分、1角、2角、5角、1元、2元、3元、5元、10元11个面额，其中1元券有2种，5元券有2种，1分、2分和5分券别有纸币、硬币2种。为便于流通，自1957年12月1日起发行1分、2分、5分三种硬币，与纸分币等值流通。1961年3月25日和1962年4月20日分别发行了黑色1元券和棕色5元券，分别对票面图案、花纹进行了调整和更换。由于大面额钞票技术要求很高，在当时情况下3元、5元、10元由苏联代制，第二套人民币设计主题思想明确，印制工艺技术先进，主辅币结构合理，图案颜色新颖。主景图案集中体现了新中国社会主义建设的风貌，表现了中国共产党革命的战斗历程和各族人民大团结的主题思想。在印制工艺上除分币外，其他券别全部采用胶凹套印，凹印版是以我国传统的手工雕刻方法制作的，具有独特的民族风格，其优点是版纹深、墨层厚，有较好的反假防伪功能。

第三套人民币于1962年4月20日发行，共有1角、2角、5角、1元、2元、5元、10元7种面额、13种版别，其中1角券别有4种（包括1种硬币），2角、5角、1元有纸币、硬币2种。1966年和1967年,又先后两次对1角纸币进行改版,主要是增加满版水印,调整背面颜色。第三套人民币票面设计图案比较集中地反映了当时中国国民经济以农业为基础,以工业为主导,农业、轻工业、重工业为序发展国民经济的总方针。在印制工艺上,第三套人民币继承和发扬了第二套人民币的技术传统、风格。制版过程中,精雕细刻,机器和传统的手工相结合,使图案、花纹线条精细;油墨配色合理,色彩新颖、明快;票面纸幅较小,图案美观大方。

为了适应经济发展的需要,进一步健全中国的货币制度,方便流通使用和交易核算,中国人民银行自1987年4月27日,发行第四套人民币。共有1角、2角、5角、1元、2元、5元、10元、50元、100元9种面额,其中1角、5角、1元有纸币、硬币2种。与第三套人民币相比,增加了50元、100元大面额人民币。为适应反假人民币工作需要,1992年8月20日,又发行了改版后的1990年版50元、100元券,增加了安全线。第四套人民币在设计思想、风格和印制工艺上都有一定的创新和突破。主景图案集中体现了在中国共产党领导下,中国各族人民意气风发、团结一致,建设有中国特色的社会主义的主题思想。在设计风格上,这套人民币保持和发扬了中国民族艺术传统特点,主币背面图景取材于中国名胜古迹、名山大川,背面纹饰全部采用富有中国民族特点的图案。在印制工艺上,主景全部采用了大幅人物头像水印,雕刻工艺复杂;钞票纸分别采用了满版水印和固定人像水印,它不仅表现出线条图景,而且表现出明暗层次,工艺技术很高,进一步提高了中国印钞工艺技术水平和钞票防伪能力。

1999年10月1日,中国人民银行陆续发行第五套人民币,共有1角、5角、1元、5元、10元、20元、50元、100元8种面额,其中1角、5角、1元有纸币、硬币2种。第五套人民币根据市场流通需要,增加了20元面额,取消了2元面额,使面额结构更加合理。第五套人民币继承了中国印制技术的传统经验,借鉴了国外钞票设计的先进技术,在防伪性能和适应货币处理现代化方面有了较大提高。各面额货币正面均采用毛泽东主席建国初期的头像,底衬采用了中国著名花卉图案,背面主景图案通过选用有代表性的寓有民族特色的图案,充分表现了中国悠久的历史和壮丽的山河,弘扬了中国伟大的民族文化。

二、国库券

国库券是指国家财政当局为弥补国库收支不平衡而发行的一种政府债券。1950年国家发行了最早的国家债券“人民胜利折实公债”, 1954年至1958年间又发行了

“国家经济建设公债”,均已按期偿还,付给利息。1981年至1996年的十多年内,发行的国库券都是实物券,面值有1元、5元、10元、50元、100元、1000元、1万元、10万元、100万元等。从1992年国家开始发行少量的凭证式国库券;1997年开始就全部采用凭证式和证券市场网上无纸化发行。自1998年开始,停止了票面式国库券的发行。

第三节　焦村财政

一、焦村镇财政所

焦村镇财政所成立于1988年,办公地点位于焦村镇政府院内西侧财政楼。办公面积600平方米,有电脑8台,内部信息网络,对外电话1部,办公室桌椅、会议室桌椅各1套。

2010年底,焦村镇财政所共有干部职工7人,其中党员5人,大专学历以上5人,本科学历1人,助理会计师3人。设所长1人、副所长1人、预算会计1人、会计4人。

2016年12月,焦村镇财政所共有干部职工9人,其中党员8人,大专学历以上5人,助理会计师3人。设所长1人、副所长2人、预算会计1人、会计4人。2020年6月,焦村财政所共有干部职工7人,其中党员5人,大专以上学历7人。设所长1人、副所长3人。

财税所主要职能:贯彻执行国家财政、税收的方针、政策,综合管理镇财收支,制定全镇统一开支标准;制定镇级财政年度预算草案,监督镇级财政预算的执行,审编年度财政决算,对镇级财力进行综合平衡;落实农税政策和法规,并负责具体实施、依法征税、依率计征,全面完成各项税收任务;管理好国家对农民的一切补助、补贴资金发放和政策落实;管理全镇各单位事业经费和行政经费,监督镇级各部门的财政活动,对违反财税纪律的事项进行检查、上报。

主要业绩有:足额完成历年税收任务;保障历年财政收入逐年提高,保障政府工作正常运行;有力监管了财政性资金;对镇直各单位、各行政村的财务进行了统一管理和监督;严格认真地贯彻落实各项惠农政策。2005年被评为“三门峡市级文明单位”。

焦村镇财政所历任所长及现任成员一览表

表 12-1

姓名	性别	职务	任职时间(年、月)	籍　贯
翟兆鹏	男	所长	1962.6—1995.5	灵宝市城关镇建设村
彭绪民	男	所长	1998.5—2003.4	灵宝市阳店镇下庄村
李再锋	男	所长	2003.4—2009.9	灵宝市阳店镇南卿村
苏畔江	男	所长	2009.9—2019.9	山西省芮城县
董志坚	男	所长	2019.9—至今	灵宝市寺河乡

二、财政收入

1995 年至 1998 年灵宝市乡(镇)财政实行“统收统支”管理模式,乡(镇)所有收入全部纳入市级管理,所有支出由市财政统一支付。1999 年实行乡(镇)分税制财政体制改革,乡(镇)事权,财权明确。紧密配合国税、地税部门,加强税法宣传,始终围绕财政收入这一工作主线,紧盯收入目标不放松,积极培植税源,不断加大税收征管力度,搞好税源排查,防止税收跑、冒、滴、漏。

焦村镇 1995—2019 年一般预算收入统计表

表 12-2　　单位:万元

年度	25%增值税	营业税	企业所得税	个人所得税	城市维护建设税	车船税	房产税	屠宰税	土地使用税	资源税	印花税	土地增值税	城市教育附加	税收滞纳金罚款收入	契税	耕地占用税	行政性收费	罚没收入	农特税收入	烟叶税	环保税	其他收入	合计
1995	8	57		36	2	1			2					25					195			1	327
1996	30	63		14	2	1	2	1	2	5						1		2	471				594
1997	8	65		26	3	1	2	1	2	6									263				377
1998	7	36		18	3		1	1	1	1					1				269				338
1999	6	16	144	13	1	1		1							1				264			1	448
2000	4	50	27	17	2	2	2	1										1	202			2	310
2001	3	38		13	1	2	3	1					1		1			5	182			1	251
2002	2	15		5	1	1	1										21	4	401				451
2003	3	71		3	2	1	1				1		3				42		183				310
2004	3	118		5	2	1	1				1		4			41	42		112				330
2005	3	177		4	5		1				1		3		6		44	2					246

续表 12-2

年度	25%增值税	营业税	企业所得税	个人所得税	城市维护建设税	车船税	房产税	屠宰税	土地使用税	资源税	印花税	土地增值税	城市教育附加	税收滞纳金罚款收入	契税	耕地占用税	行政性收费	罚没收入	农特税收入	烟叶税	环保税	其他收入	合计
2006	15	228	1	8	6		2				1		4				39						304
2007	50	130	117	29	7		1						4			13	46						397
2008	63	344	9	5	9		1		1							100	46						578
2009	54	191	18	2	7		1		1	3					50	18	32						377
2010	77	264	23	4			1		36		2	56			50	22							535
2011	64	247	52	2					59		1	85			50		16						576
2012	78	326	38	1			8		7	3	2	17					35	5		12			532
2013	83	350	68	2		16	5		2		2						33	4		21			586
2014	90	292	71	3			4		10		5	21			300	20	22			21			859
2015	111	322	35	3			15			2	3	7			300	18	9			21			846
2016	177		22	2		38	3		5	2	5	2			177	9	3						445
2017	317		4	6		23	2		14		4	20			300	58				14			762
2018	522		24	53		10	3		5	2	5	24				113				17	3		781
2019	860		54	28	26		8		7	6	8	17					2			10	3	6	1035

三、财政支出

焦村镇财政按照“量入为出”的原则，进一步调整和优化支出结构，合理安排支出预算，努力解决好事关人民群众切身利益和社会稳定的突出问题，确保了重点支出需要。(一)重点保障工资发放和机构正常运转;(二)注重政策实效，惠农、支农措施得到全面落实;(三)加大财政投入力度，促进了各项社会事业的发展。

焦村镇 1995—2019 年一般预算支出统计表

表 12-3　　单位:万元

年度	一般公共服务	文化体育与传媒	社会保障和就业	医疗卫生	环境保护	城乡社区事务	农林水事务	住房保障	交通运输	国土海洋气象	教育	其他支出	合计
1995	40			6			5				222		273
1996	42			8			6				271	6	333
1997	37		10	9			6				297		359
1998	48		13	12			21				381	19	494

续表 12-3

年度	一般公共服务	文化体育与传媒	社会保障和就业	医疗卫生	环境保护	城乡社区事务	农林水事务	住房保障	交通运输	国土海洋气象	教育	其他支出	合计
1999	36	5	16	15			27				380	11	490
2000	34	5	29	28			22				421	19	558
2001	51	6	18	32			50				471	14	642
2002	47	49	34				313					28	471
2003	73	52	29				46					107	307
2004	135	53	29	5			40					87	349
2005	178	50	28	2			34					89	381
2006	218	58	42				62					106	486
2007	363	9	35		19	13	157					1	597
2008	493	32	44		13	68	264					312	1226
2009	474	11	53		3	34	255					1	831
2010	618	14	56		81	33	266						1068
2011	520	17.5	67.2			40	252.5					15	912.2
2012	439	19.9	82		85.5	26.7	332.3						985.4
2013	458	25	84		82	53	332					1.5	1035.5
2014	765.4	54.6	88.7	13.1	81.6	31.7	343.8					36.4	1415.3
2015	371.2	80.5	113	173.8	81.6	34	398.5					222.1	1474.7
2016	601.6	28.2	111.5	47.9	64	66.5	692.8					11	1623.5
2017	371.3	28.6	22.9	51.2	30.3	295.8	1033.9	13.6	35.2				1882.8
2018	483.3	34.4	98.6	414	103.2	853.3	1205.1	16.6		130		1	3339.5
2019	647.4	32.4	55.9		151.1	2353.7	1363.8	33.7		1000			5638

第四节　焦村农村信用社

灵宝市焦村农村信用社位于焦村镇焦村街310国道旁，占地面积460平方米，建筑面积1233.33平方米。1985年12月成立，2007年9月在灵宝市工商行政管理局注册登记，更名为灵宝市焦村信用社。2019年11月15日，焦村信用社更名为焦村农商银行。

隶属焦村镇,股份制企业(非法人)。业务范围是吸收公众存款;发放贷款;办理国内结算;办理票据贴现;代理其他银行业务;代理发行;代理兑付;承销政府债券、金融债券;从事同业拆借;代理收付款项及代理保险业务;提供保险箱业务;经营银行监督管理机构批准的其他业务。负责人张建龙。周围主要道路或交通线有 310 国道。员工数量有 25 人,获得的荣誉有组织资金先进单位。

第五节　基层财务

一、概述

1957 年农业合作化后,焦村乡下辖各农业生产初级社及后来的高级社都设有会计、保管,专门管理农业社的财产收入、支出及劳动日值的分红。

1958 年人民公社化以后,实行政社合一,各类收入支出由人民公社会计核算。

1961 年,开始实行“三级所有,队为基础”的管理体系,改人民公社核算为各生产队核算,在经营管理上实行“土地、劳动力、牲畜、农具”四固定,各生产大队、小队均设有会计、保管直至 1980 年。

1982 年,实行家庭联产承包责任制,各行政村设文书,各村民小组设组长、会计。

2001 年 2 月 26 日,为了贯彻落实上级“收支两条线”的决定,加强镇村财务管理,强化党风廉政建设,从源头上遏制腐败现象,焦村镇党委政府建立会计核算中心。开展组级财务集中整顿,实行组账村管,村账镇审,会计集体办公等制度。

2002 年,镇政府根据三门峡市委、市政府《关于继续深化农村党风廉政建设基层基础工作的意见》精神,制定了“六百乡镇标准”(村财镇审达 100%;组财村管达 100%;建立会计核算中心,镇部门财务总管达 100%;镇财务公开达 100%;村务公开达 100%;组务公开达 100%),出台了“村纪检小组标准”“廉政监督员条件”。开展村组财务集中整顿活动,全面落实村账镇审、组账村管的各项规定,使其日益规范化。

2003 年,焦村镇推行镇村财政财务管理体制改革,成立了镇村财务管理体制改革领导小组,负责组织领导全镇财务管理体制改革工作,实行会计集中核算的运行方式。7 月 25 日,镇党委政府出台了《焦村镇农村财务管理实施办法》。并针对个别村组不及时结账、不按时会审、坐收坐支等有章不循问题,继续开展村组财务集中整顿活动。至年底,完成了镇村财务管理体制改革,从根本上化解了这一矛盾。

2004 年 11 月 15 日,焦村镇成立了理财领导小组,以规范财政收支管理,提高镇理财透明度,促进镇经济发展,增加镇财政收入。组长由镇党委书记担任,副组长由镇党委副书记、镇长担任。

二、社队会计辅导

1957 年农业合作化后,县农业部门委托中国人民银行协助搞好社队辅导工作。

1967 年县农业局将农村人民公社会计辅导工作移交银行后,县银行在机构上即设置会计辅导股,各营业所设会计辅导员,以大队单位建立会计辅导站。社队会计培训以公社为单位,由各营业所农闲时期安排时间,每年培训一次,各大队会计、生产队会计参加,时间 10 天至 15 天,辅导内容以《农村人民公社生产队会计试用教材》《现金收付记账法》为主。坚持理论联系实际,课堂讲授,实践体验,以师带徒,边教边学,与此同时,县银行还派出人员,协助社队会计搞好财务管理。

1978 年中共十一届三中全会后,县银行成立了理财小组,对各级财会账目定期检查,检查内容有账目、现金管理、财产管理、资金管理及使用等。

三、镇村财务管理体制改革

2003 年 11 月 28 日,焦村镇党委政府根据《河南省人民政府办公厅转发省财政厅关于在县乡两级全面实行会计集中核算意见的通知》(豫政办〔2003〕86 号)和《三门峡市人民政府办公室关于全面推行乡(镇)村财务管理体制改革的通知》(三政办〔2003〕49 号)以及《灵宝市人民政府办公室关于全面推行乡(镇)村财务管理体制改革的通知》(灵政办〔2003〕48 号)的精神,在焦村镇全面推行镇村财务管理体制改革,实行镇村会计集中核算。(一)基本原则是:依法办事,权责公明的原则;集中管理,统一开户,分户核算的原则;票据分离,收支两条线的原则;权钱分离,权事分立的原则;公开透明,公正公平的原则;群众参与,强化监督的原则。(二)组织领导及机构设置:镇村财务管理体制改革实行统一领导,分级管理,镇成立镇村财务管理体制改革领导小组,负责组织、领导镇村财务管理体制改革工作。镇财政部门承担镇村财务管理体制改革的组织实施,依托镇财政所成立镇村财务服务中心(以下简称中心),人员编制 5 人,中心和镇农业税大厅合署办公,实行市(县)范围内定期交流和回避制度。(三)运作模式:(1)全镇财政拨款的行政事业单位和行政村、组采用计集中核算模式,具体概括为:规范程序,钱权分离;网络监督,集中管理;专业服务,公开透明;互相制约,关口前移。成立镇村财务服务中心,归口财政所领导,实行会计集中核算。(2)纳入中心集中核算的单位包括:镇财政拨款的行政机关、直属机构、事业单位和社会团体,非财政供给的行政村、组。纳入中心集中核算的资金包括:镇财政供给的行政经费、事业经费及专项经费,上级拨款,预算外收入及其他收入;村、组集体经济收入,农业税附加收入,转移支付收入(财政补助收入),对外投资收益(分红收入),上级支农专项资金,发包及上缴收入,土地占用补偿收入,捐赠收入,“一事一议”专项资金及其他收入。(3)会议集中核算的形式和内容为:中心负责全镇行政事业单位和行政村、组的会计核算。对镇行政事业单位实行“集中核算”;对村、组实行“村账镇理”。(4)会计集中核算的运行方式是:在单位(包括村、组,下同)会计主体、资金使用权、民主理财及审批权不变的前提下,取消原行政事业单位、行政村、组的会计、出纳岗位,在行政事业单位、行政村设置报账员;撤销单位银行账户,由中心按照“集中管理、统一开户、分户核算”的办法,集中办理会计核算和监督业务。

第十三章　中国共产党焦村镇委员会

第一节　党委会工作

1947年9月灵宝第一次解放后，中共灵宝县委员会建立了4个区委会，焦村乡境域隶属破胡区委。各行政村在中国人民解放军驻村工作队的领导下，纷纷成立农会组织，与国民党地方政府做政权斗争。11月初，人民解放军主力出击陕南、豫西南。国民党陕东兵团疯狂地向豫陕鄂解放区进行扫荡，当地地主武装配合行动，对解放军工作队和地方农会干部进行毒杀报复，制造了老天沟事件。

1949年6月，灵宝第二次解放。焦村乡境域隶属破胡区党委。焦村乡境域各小乡、行政村在破胡区委领导下，党员及广大人民群众经过镇反、剿匪、反霸，稳定社会秩序，恢复和发展工农业生产，人民生活开始得到改善。同时，各基层党组织建设也相应得到了发展。焦村乡境域人民在破胡区党委领导下积极开展剿匪反霸、支援前线、恢复生产、维护社会秩序，积极稳妥地建立基层政权，使人民的生产、生活发生了翻天覆地的变化。

中华人民共和国的成立，揭开了中国历史新的一页。在中共破胡区委的领导下，焦村乡人民历经了剿匪反霸、土地改革、抗美援朝、镇压反革命、“三反”、“五反”等一系列政治运动及整风运动，稳定了社会秩序，改善和提高了人民生活，基本完成了党对农业、手工业和资本主义工商业的社会主义改造。恢复和发展农业生产，开始有计划地、全面地进行社会主义经济建设。随着社会主义革命和社会主义建设事业的蓬勃发展，焦村镇境域的基层党组织进一步发展和壮大。从1950年开始，就把发展党员重点放在农村基层干部和各条战线上的优秀先进分子中。1952年，根据灵宝县委贯彻中共中央关于“积极慎重”的建党方针，对在土改、镇反中涌现出来的积极分子，经过培训，将符合党员条件的人吸收入党。

从1953年开始，对农业、手工业和资本主义工商业进行社会主义改造，到1956年7月基本结束。焦村乡先后成立了农业生产合作社，入社农户占全区总农户的99.29%，所有的手工业者、个体工商户逐步走上了联营化社会主义道路。1957年9月，焦村中心乡、万渡中心乡、常册乡、辛庄乡根据灵宝县委的精神，在全乡开展了党内民主整风运动。11 月，开展反“右倾”斗争，在这场斗争中，各乡错划了许多“右派”分子。

1958 年 8 月，西章人民公社成立，实行了政社合一的领导体制。随之而来的以“高指标”“瞎指挥”“浮夸风”“共产风”“以钢为纲”为标志的“左倾”思潮，在党内泛滥，给党的思想、组织建设带来了不良影响。各生产大队开始大办钢铁、大办水利、大办集体食堂及集体福利事业，由于盲目的浮夸，追求高指标，使大量劳动力浪费，所谓的高指标成了空话。在三年经济困难时期，西章公社各基层党组织贯彻党中央提出的“调整、巩固、充实、提高”方针，开展反“五风”运动，向农民实行借地等措施，取得了一定的成就。

党的八届十中全会以后，党的指导思想以阶级斗争为纲。1964 年 12 月，在全公社范围内贯彻了《中共中央关于目前农村若干问题的决议》（草案），全公社各大队普遍开展了以“小四清”为主要内容的社会主义教育运动。1965 年 9 月，在中共洛阳地委“四清”工作总团的领导下，“四清”工作队进驻焦村公社各生产大队展开“四清”运动，在“反‘右倾’”“小四清”“四清”运动中，混淆了是非和敌我界线，把许多基层干部视为阶级斗争的对象，使不少基层干部错误地受到批判和斗争。

1966 年 5 月，无产阶级“文化大革命”运动逐渐展开，西章人民公社改称焦村人民公社，随着运动的深入开展，焦村公社同全灵宝县一样，党的基层组织经历了一场灾难，部分干部被扣上“走资本主义道路当权派”的帽子，受到批判和斗争，党的干部被夺权，党的各级组织处于瘫痪状态，党员停止了组织生活。1966 年 8 月，各学校出现了“红卫兵”组织。9 月“红卫兵”组织逐渐遍及各大队、机关。10 月以后“红卫兵”不断冲击党政机关，揪斗所谓“走资派”，致使学校无法上课。“红卫兵”四处串联，社会秩序混乱，极少数党政机关干部也参加了揪斗“走资派”运动，正常的工作秩序被搞乱。

1967 年，在上海“一月风暴”的冲击下，焦村公社各级党政领导机关被夺权。3 月，焦村公社抓革命促生产领导小组成立。1968 年 1 月，焦村公社革命委员会成立，包揽全公社党、政、财、文大权。

1970 年 3 月，成立中共焦村公社革命委员会核心小组。1974 年 11 月，焦村公社各级党组织突击发展了一批党员，突击提拔了一批干部。1975 年，焦村公社根据县委指示精神开始全面整顿，各条战线出现了新的转机。但接着又开展一场“批邓反击右倾翻案风”运动，致使又一批持不同观点的干部受到批判和打击，严重地挫伤了广大党员和干部群众的积极性，使整顿后萌发的生机被扼杀，全公社又陷入了混乱状态。

1979 年 8 月，焦村公社根据灵宝县委召开的农村工作会议精神，贯彻了《中共中央关于加快农业发展若干问题的决定》《关于进一步加强和完善农业生产责任制的几个问题》等文件，建立健全农业田间管理责任制，全公社90%以上的生产队建立了各种不同形式的生产责任制，不少生产队实行了"五定一奖"联产计酬制，落实完善农业生产责任制。1980年2月，灵宝县委召开了县、社、大队、生产队四级干部会议，焦村公社就进一步加强和完善农业生产责任制，召开了各种会议，采取集中训练、广播讲座等形式进行宣传教育，全公社28个大队，296个生产队。至1981年4月底实行联产到劳的占87%、联产到组的占2%、包产到户和大包干的占5%、小段包工的占6%。牲口作价到户的生产队，占31%。极大地调动了社员生产积极性。1982年实行大包干到户的生产队占总队数94.2%，出现了一批专业户、重点户和经济联合体，占总农户的7.5%。

1984年到1985年，焦村乡越来越多的农民跨入农民企业家、专业户的行列，全乡专业户发展到占总农户的24%，并向"一村一品"方向发展。1985年5月到1987年2月，焦村乡配合灵宝县委完成了县、乡、村三级整党工作。整党任务是统一思想，整顿作风，加强纪律，纯洁组织。受教育群众达95%以上。查处了一批案件，纠正了一些不正之风，清出了农村贪污、挪用款项等不合理开支，并对行政村软弱涣散的党支部班子进行了调整。1988年开始，焦村乡根据县委县政府的指示精神，不断深化农村改革。在农村试行"双田制"和"三田制"，完善土地联产承包责任制。具体将农户承包的土地划分几种类型分解负担。"双田制"，即口粮田和商品田；"三田制"即口粮田、商品田和任务田。商品田主要用于发展商品生产（包括完成棉花定购任务）；任务田主要是完成粮油订购任务。口粮田按农户实有人口分配。实行"双田制"和"三田制"，调动了农民经营土地的积极性，克服了短经营行为，并有利于土地使用权的合理流动。西章行政村在实行"双田制"后，群众投资3000元修筑硬化渠道300米，修坝一道，恢复水浇地900亩，新发展水浇地300亩，平整土地500亩。在农村改革的新形势下，焦村乡不断完善双层经营和服务体系，农技站、农机站、种子站、农经站、园艺站、林技站、水利站、电管站、畜牧兽医站等服务组织，在开展农村商品生产社会化服务方面起了极大作用。实践中采取简政放权，增强活力，转轨变型，搞好服务的原则，把完善农业服务体系的重点放在行政村一级。坚持"五不变"（所有制性质、财产所有权、业务渠道、人员身份及待遇，上级主管部门下拨的经费和用途不变），使原来的行政管理型变为经营服务型。

1993年焦村撤乡设镇。

1993年至2000年的反腐败工作中，焦村镇党委坚持以服务经济建设为指导，认真贯彻从严治党，从严治政的方针，强力推进违纪案件查处，领导干部廉身自律和纠正不正之风几项重点工作,有效地维护了社会政治稳定。

在领导干部廉洁自律方面,焦村镇党委当时的主要得力措施有三:(一)加强党风廉政教育,通过看录像、图片展览等形式,使党员受到教育,提高防腐意识。(二)继续抓好领导干部廉洁自律四项工作:(1)禁止用公款“吃喝玩乐”,加强监督,落实好有关规定;(2)巩固整顿成果,做到“三不”(不乱购车、不多集资建房、不用公款安装住宅电话及购置移动电话、不准报销个人电话费用);(3)设置举报箱,确定专人管理,每 15 天开箱一次,对举报的问题及时查处;(4)开展“四个一”活动(过好一次廉洁自律民主生活会,做好自查自纠工作;6 月至 7 月中旬开展一次廉洁自律民主测评活动,主要对象是领导班子和基层站、所负责人,解决倾向性、苗头性问题;进行一次思想作风纪律整顿,促进工作开展;开展一次“电教月”活动,提高党员防腐意识)。(三)监督好农村“三公开”活动,在监督中做到“三个保证”(保证时间;保证公开内容、政务、政绩、财务;保证解决好“三公开”中查处的问题)。

在纠风治乱方面,焦村镇党委结合实际多次集中开展了专项治理活动。1993 年,灵宝市监察局下发了《关于对减轻人民负担工作进行监督检查的意见》,焦村镇政府组织人员分组对所辖行政村农民负担情况进行了检查。1995 年 11 月,根据灵宝市监察局转发的三门峡市监察局《关于加重农民负担行政处分暂行规定》,焦村镇党委对检查出的问题做了相应的处理。与此同时,镇党委联合镇教办对所辖区域的各学校实行市教委对全市中小学实行的“一证、一卡、三统一、六不准、一坚持”(一证,即收费许可证;一卡,即收费明白卡;三统一,即统一票据、统一收费、统一管理;六不准,即不准设账外账、不准公款私存、不准对学生进行经济处罚、不准为任何部门代收费、不准超标收费、不准收费不开票据;一坚持,即坚持定期公布账目、接受监督)管理。1998 年至 2000 年,焦村镇党委多次组织人员对公路街道“三乱”(乱设点、乱罚款、乱收费)进行了清理整顿,对建筑市场、医药市场、文化市场,以及征兵招干等工作中的“三乱”现象进行了监督检查。

党风党纪教育工作,焦村镇党委坚持每年在政府机关和领导班子中集中开展一次思想作风纪律整顿,针对查摆出的问题,建立完善规章制度;坚持开展党纪政纪教育录像片“播放月”活动,组织党员干部集中观看了《冰城反腐行动》《贿赂忧思路》《欢声笑语学准则》《融入春秋》《权利失去监督的时候》等 100 多部电教录像片,总计播放 500 余场,使所有的党员干部及机关工作人员受到了教育,除此之外,年年有目的、有重点的开展一至两次形式新颖、内容丰富的党纪教育活动。

在党风廉政建设上,焦村镇组织建立了民主监督委员会,实行村务公开。首次提出加强农村党风廉政建设基层基础工作(简称农村“双基”工作),主要包括农村党风廉政组织网络建设、转变干部作风、农村财务民主管理、乡(镇)政务公开、村务公开和组务公开等项内容。农村党风廉政组织网络主要有:乡(镇)民主监督委员会、纪检小组(纪检委员会),村纪检小组、村民小组廉政监督会、党员议事会、村民议政会、民主理财组、民主监督组。

在2000年3月至5月的“三讲”教育中,焦村镇党委根据市委的统一部署,在镇机关和领导班子中开展以“讲学习、讲政治、讲正气”(简称“三讲”)为主要内容的党性党风教育活动。“三讲”活动分思想发动、学习提高,自我剖析、听取意见,交流思想、开展批评,认真整改、巩固提高四个阶段。其目的在于解决领导班子思想、工作、作风、纪律等方面存在的突出问题。在“三讲”教育活动中,全镇领导干部按规定学习了《江泽民同志论讲学习、讲政治、讲正气》等66篇文章。

2001年2月28日,焦村镇党委根据灵宝市委的统一部署研究决定,用2年左右时间在全镇各机关部门、各行政村和镇直各单位中开展学习江泽民“三个代表”重要思想的学习教育活动,并出台实施方案。镇党委专门成立了“三个代表”重要思想教育活动领导小组。学习的主要对象有:镇机关所有干部及各站所所有干部及农村党支部委员会和村民委员会成员。2003年9月5日,焦村镇政府为了更好的贯彻落实《中共中央关于在全党兴起学习贯彻“三个代表”重要思想新高潮的通知》精神,在全镇兴起了学习贯彻“三个代表”重要思想新高潮,并下发通知到各机关和单位。

2004年3月22日,焦村镇根据市委组织部灵组〔2004〕20号《关于认真做好保持共产党员先进性教育活动开展前调研工作的通知》精神,制定下发了《焦村镇保持共产党员先进性教育活动开展前调研工作实施方案》,成立了调研督导小组。调研方法采取听取汇报、实地察看、人户走访、召开不同层次座谈会、发放问卷等形式,全面了解和掌握全镇党员队伍建设的真实情况。2005年7月2日,焦村镇成立了保持共产党员先进性教育活动领导小组,出台了《焦村镇开展保持共产党员先进性教育活动实施方案》。该活动的实施共分三个阶段:第一阶段从7月开始至12月结束;第二阶段从8月开始至9月结束;第三阶段从9月20日开始至10月22日结束。主要任务是:始终坚持学习实践“三个代表”重要思想这条主线,牢牢把握“取得实效”和“成为群众满意工程”这个关键,按照“提高党员素质、加强基层组织、服务人民群众、促进各项工作”的总体要求,确保先进性教育活动取得实效。

2006年5月8日，为了全面贯彻落实党的十六大和十六届四中、五中全会精神，巩固先进性教育活动的成果，建立保持共产党员先进性的长效机制，充分发挥党员在镇产业结构调整中的先锋模范作用，根据灵组〔2006〕33号《关于进一步深化"党员先锋工程"活动的意见》精神和要求，焦村镇党委决定在全镇继续深入开展"党员先锋工程"活动。具体内容为：（一）深化"党员先锋工程"活动，不断为党员队伍注入生机和活力。（二）深化"党员先锋工程"活动，不断改进党员教育培训的内容和方式。（三）进一步深化"党员先锋工程"活动，不断完善党员管理工作的方案和途径。（四）进一步深化"党员先锋工程"活动，不断提高党员发挥先锋模范作用的渠道和载体。8月20日，为进一步发挥农村党员干部现代远程教育为镇社会主义新农村建设服务的作用，根据灵组〔2006〕17号文件精神，焦村镇党委决定在全镇开展"三坚持三成为活动"。主要内容为：在农村两委班子中开展"强素质、讲奉献"活动，使其成为带领农民群众致富奔小康的坚强战斗堡垒。在农村党支部书记中开展"讲政治、学先进"活动，使其成为农民致富奔小康的带头人。在农村党员中开展"三个一"活动，使其成为"双强"党员。

从2006年焦村镇十一次党代会至2011年焦村镇第十二次党代会开始，焦村镇坚持以党的十七大和十七届三中、四中、五中全会精神为指导，紧紧围绕建设"生态焦村、富裕焦村、和谐焦村"总目标，以发展城郊型经济为主题，以建设新农村为主线，着力做大做强"豫西商贸名镇、休闲旅游大镇、现代农业强镇"三大经济品牌，全面和超额完成了焦村镇第十次党代会制定的各项目标任务。

在党的建设方面，先后调整12名党支部书记，向10个村下派村党组织第一书记，配备39名大学生村干部，改善村级班子年龄和知识结构，增强了两委班子的凝聚力和战斗力。健全党支部"三会一课"制度，建成39个远程教育终端站点、72个入户站点，结合政治理论学习和产业发展所需，制订学习培训计划，真正实现"干部受教育，群众得实惠"。

在项目带动、城镇化驱动和特色旅游方面，（一）新上了鑫鹏石化、华奥墙材、昌达钢构、宇马选矿等一批支撑镇级财力的骨干工业企业，灵仙菌业工厂化栽培、阳光产业、秦村冷库、纪家庄金银首饰加工厂等一批非公有制经济项目蓬勃发展。（二）建设建金煜商贸城、汽车商贸城、灵宝风情园、工生综合市场、宏旺汽修、好运来食品、盛源物流等一批商贸项目，吸引西北—华中背靠背换流站、灵宝市社会福利中心、华苑职业高中、罗门摄影文化产业园、灵宝市精神病医院等一批国家重点工程、社会事业和文化产业落户焦村。（三）娘娘山3A景区初验顺利通过；信达生态园、南安头葡萄采摘游、阳光山庄、万菌苑、果园饭店、卯屯农家饭店等集农业休闲观光和特色餐饮于一体的“农家乐”游，已成为城镇居民城郊休闲体验的热点；以休闲垂钓、特色鱼宴为主的乡村生态休闲旅游长足发展，连续三年举办钓鱼大赛，极大提高了焦村旅游的知名度和影响力。

在新农村建设方面，投资150万元，改造了镇卫生院；投资135万元，扩建敬老院；筹资400万元，建成镇一中综合楼、中心小学公寓楼、万渡小学餐厅等；投资840万元修南部二线路，投资600万元重修北部二线路，投资68万元改线杨武路以及其他自然村、组、巷道间的路面硬化。

在农村经济发展方面，累计栽培食用菌4400万袋，建成了3个50万袋食用菌生产基地；新增养殖专业村10个，规模场150个，专业户220个；建成林业生态村4个。发展露地菜3000余亩，日光大棚54座；累计举办镇级果、菌、牧、菜等技术培训班100余期，培训农民3万余人次；注册成立灵宝市瑞丰兔业、灵仙菌业、兄弟菌业、信达果业、兴安葡萄、凯达果蔬等6个专业合作社。

从2011年焦村镇十一次党代会至2016年，焦村镇党委坚持以党的十八大和十八届三中、四中、五中全会精神为指导，以壮大城郊型经济、转变经济发展方式为主线，以建设美丽乡村为主题，按照“一带、一线、一基地、两园区”的产业布局，深入实施项目和品牌带动战略，全力打造“现代高效农业、乡村休闲旅游、商贸三产”三大经济品牌。

在项目建设和产业转型方面，(一)西出口项目建设建成总投资2.5亿元的灵宝长青汽贸城、投资3600万元的灵宝风情园二期工程、投资3200万元的轩悦大酒店、盛源物流二期工程、西出口综合市场等项目。(二)工业项目建设建成投资3200万元的金汇选矿设备项目、投资2000万元的宏旺汽修、投资9200万元的华新奥墙体建材、投资3000万元的兴隆彩钢瓦复合板等项目。(三)乡村旅游发展。制定了整体发展规划，娘娘山景区累计投资1.3亿元，加强景区基础设施和景点建设，2015年8月成功创建国家4A级风景区；投资2.1亿元，在阳光产业方面建成温泉、餐饮、住宿、娱乐等配套设施；投资8000余万元，加快建设红亭驿民俗文化村。2015年10月被评为省级“乡村旅游示范镇”。

在镇区建设方面，投资600万元完成衡岭大道改建工程，投资500万元对镇区地下供排水系统、主干道、电力设施等进行改造，对警亭至纪家庄路口长1500米、宽10米的主干道进行铺油改造，安装高杆路灯90盏；投资3500万元完成镇区改造工程和农贸市场建设；投资1000万元对镇区铁路桥进行拓宽改造。

在农村基础设施方面,完成饮水安全工程 33 处,新打机井 8 眼、提水站 3 处,解决饮水困难人口 1. 8 万人;完成投资 2081 万元的小农水重点县万亩节水灌溉项目,新建 9 处提灌站,配套改造 6 处提灌站,维修改造渠道 13. 3 公里,铺设管道 64. 5 公里,发展节水灌溉面积 1. 05 万亩。顺利完成 10 千伏焦城线、焦巴线农电升级改造,完成东仓村、滑底、李家山支线改造工程,以及张家山、南安头、沟东、乡观 4 个村台区改造任务;完成西章、武家、北安头、万渡 4 个村农网改造工程,架设 10 千伏线路 7500 米,提高了全镇供电保障能力。硬化杨家、南上、秦村、沟东等进村道路 36 公里。投资 40 万元,建设高标准文化体育中心;新建东村、南安头两个高标准村级卫生室;新建沼气池 418 个;完成危房改造 1255 户。申报"一事一议"筹资筹劳财政奖补项目 66 个,总投资 1080 万元,申请财政奖补资金 368 万元。

在惠民工程方面,投资 150 万元实施焦村、乡观、东村环保联片整治,修建垃圾池 20 个,受益村庄达 10 个;完成投资 500 万元的常卯水库除险加固工程;投资 332 万元拓宽改建南二线路 7. 8 公里;累计投资 1700 余万元,完成中小学基础设施建设及改造工程;投资 6000 万元建成灵宝市精神病院;投资 250 万元实施敬老院扩建工程;投资 410 万元,对西章、石桥沟两个水库、张家山淤地坝进行除险加固。

文化体育事业方面,充分发挥"文化之乡"优势, 开展全民健身、全民阅读、书香焦村、文化科技卫生"三下乡",送电影、送戏下乡活动,科教文体法律卫生"四进村"等活动。承办"万村千乡"农民篮球赛,组织大型社火表演;成立弘农书院,开办道德讲堂,大力弘扬传统文化;完善村级文化大院,落实文化惠农项目,成立广场舞、女子腰鼓队、盘鼓队等民间文化团队,丰富群众精神文化生活。

2017 年 4 月,焦村镇召开贯彻落实市两会精神暨脱贫攻坚整改工作动员会。镇全体班子成员及机关干部、各村支部书记、市帮扶工作队、驻村第一书记等人员,深刻学习领会灵宝市两会精神,强化行动自觉、提质增效责任,把脱贫攻坚整改工作作为一项重要的政治任务来抓,以新的要求、严的标准、硬的作风抓好扶贫攻坚整改工作。时至 7 月,焦村镇扶贫攻坚整改工作第一段落圆满结束。

2018 年,焦村镇党委在党建及精神文明建设方面,(一)抓好基层组织和阵地建设,顺利完成各行政村党支部换届工作。(二)开展党建示范村建设,全镇创建三门峡市级党建示范村 3 个、灵宝市级党建示范村 5 个,建设党员群众服务中心 2 个。(三)推进村级活动场所建设,新建西章村部 1 座,翻新整修高家庄、东仓、常卯等村级活动场所;更新室内制度版面 300 余块,制作大型"三年强基工程"和十九大宣传版面 70 余块,村部周围宣传版面20余块,刷写墙体标语70余条。(四)积极开展群众性文化活动,举办了“醉美衡岭”、“迎国庆、庆丰收”爬山竞赛,参与群众约4000余人,利用春节、元宵节相继开展了篮球、拔河以及民俗社火表演等节目120余场,组织群众开展广场舞表演活动800余次。

2019年,在党建及精神文明建设方面,(一)抓教育,强化思想政治建设。推进“两学一做”,学习教育常态化、制度化,党委中心组学习每月2次,专题研究党建工作12次。开展“不忘初心、牢记使命”主题教育,领导干部带头上党课18次,检视整改问题23个,为群众解决25件难点、痛点问题。(二)抓提升,夯实基层基础。深化“三年强基”工程,累计投入150余万元,新建辛庄村级场所1个,改造提升9个;申报五星支部9个。软弱涣散村整顿,对软弱涣散村万渡村按照“六步工作法”开展集中整顿,选优配强村委班子,打造一座5000平方米的党建主题公园。党员干部队伍建设,规范村党员活动日、“三会一课”、党员积分管理及“四议两公开”、村干部值班等制度。(三)抓创新,提升整体水平。每季度开展一次“逐村观摩”活动;全镇成立52支党员志愿者服务队,全年开展公益活动315次;开展村级组织活动场所“点亮唱响”行动;开展各类文体活动60余场次,参加群众20000余人次。

截至2019年,焦村镇被市委、市政府多次评为“党建、经济重点工作先进单位”“灵宝市科技先进乡镇”。先后被命名为“河南省先进文化乡镇”“河南省文化产业镇”“河南省民间艺术之乡”“全省先进基层党组织”“全省食用菌行业先进基地乡”。焦村镇教育事业连续数十年稳居灵宝市农村乡镇中招成绩之首。

第二节 组织沿革

一、灵宝第一次解放时期

1947年9月,中共灵宝县委员会建立了中共四区(破胡)。区委书记宋彪、李清;副书记王斌。

二、中华人民共和国成立初期

1949年10月1日,中华人民共和国成立的同时中共灵宝县委员会在破胡村建立了中共灵宝县破胡区委员会,时任区委书记李清。1950年1月中共破胡区委员会改称中共灵宝县第四区委员会。1952年7月,驻地由破胡村迁址焦村村,时任区委书记李清、冯福顺、王秉政;区委副书记冯福顺、侯志英、闫元旦。

1954 年 9 月,原阌乡县并入灵宝县。1954 年 9 月,中共灵宝县第四区委员会机关驻地由焦村迁址水泉城村,期间时任区委书记闫元旦,区委副书记苏可智。

1955 年 9 月,中共灵宝县第四区委员会改称中共灵宝县水泉城区委员会,期间时任区委书记赵建成,区委副书记苏可智。

1955 年 12 月,各区委员会被撤销,中共灵宝县委员会下设 20 个中心党支部,焦村境域内当时下设 2 个中心党支部:焦村中心乡党支部,时任党支部书记席长生,党支部副书记孙有时;万渡中心乡党支部时任党支部书记尚友三,党支部副书记王云喜。

1956 年 10 月至 1958 年 8 月,中共灵宝县委员会对农村基层党组织做了三次较大的调整,(一)1956 年 10 月,20 个中心乡党支部被撤销,建立了两个镇委、两个区委、23 个乡党委,时任焦村乡党委书记祁金吾、党委副书记尚吉未;时任万渡乡党委书记余安才、党委副书记周振民。(二)1957 年 3 月,23 个党委合并为 13 个乡党委,中共万渡乡委员会并入中共焦村乡委员会,改称中共西章乡委员会,时任西章乡党委第一书记崔宽心、第二书记姬庆厚、书记祁金吾。(三)1958 年 3 月,改镇区为乡,全县下设 11 个乡党委,中共西章乡委员会时任党委书记崔宽心、党委副书记姬庆厚。

三、人民公社化时期

1958 年 8 月,在人民公社化运动中,全灵宝县 11 个乡党委改为 11 个政社合一的人民公社党委,中共灵宝县西章人民公社委员会时任党委第一书记先后为李广成、李崇道(代理);党委书记先后为崔宽心、雷振烈、祁金吾、黄克强、卢世勋、祁金吾、黄金贵(兼任);党委副书记先后为王兴祖、李湖水、焦解书、王志贤、杜项牢、张立身、马殿英、郭勤红(女)、祁金吾、李金玉、黄克强、王迎恩、周世英。

四、“文化大革命”时期

此时期,党委书记为黄金贵(兼任)、楚公伟;党委副书记为周世英、徐益顺。

1966 年 8 月至 1970 年 5 月,公社党委组织瘫痪。

1970 年 5 月,接中共灵宝县革命委员会核心小组的通知,焦村公社革命委员会核心小组成立,组长楚公伟,副组长周世英。

1972 年 3 月,回复基层党组织建设,中共焦村人民公社委员会重新建立,第一书记王忠泽(兼任);书记先后有楚公伟、王效云;副书记先后有谢玉锁、卯豁然、徐益顺、周世英、王长戌、杨亭(女)、翟安未、王醒民、赵文义、张天池。

1976 年 10 月,历时十年动乱的“文化大革命”结束,开始了社会主义现代化建设新时期,焦村人民公社召开了两次党员代表大会,中共焦村人民公社委员会班子成员随着代表大会的召开,有不同程度的调整。党委第一书记王忠泽;党委书记先后有苏可智、赵文义、王振礼、孙育英;党委副书记先后有王长戌、杨亭(女)、翟安未、张天池、赵文义、王醒民、赵金卯、强书勤、张宽礼、孙万科、阎安仁、李安民、高西安、孙忠芳、时喜乐、赵荀旺。

五、行政体制改革时期

1984年1月,实施行政体制改革,政、社分设,焦村人民公社改称焦村乡,各生产大队改为各行政村。中共焦村乡委员会党委书记先后有孙育英、高西安、李好祥;党委副书记先后有赵荀旺、高西安、陈宽金、李好祥、雷振兴、任嫦娥(女)、张跃烈、张解放、张英池、董引栓、郭宝忠、张建庄;党委委员先后有王建民、赵永贤、白增宽、骆书奎、张项林、何怀旺、姚继军、王春荣(女)、张胜民。

六、撤乡设镇时期

1993年6月,焦村撤乡设镇,中共焦村乡委员会改称中共焦村镇委员会。担任镇党委书记的先后有高运良、赵致祥、王宝炜、杭建民、伍春生、王先层(女)、索磊、杨娟(女)。

党委副书记先后有张跃烈、郭宝忠、张建庄、高运良、毋军委、赵云生、白玉基、刘守宽、张建华、吴创业、徐新愿、狄玉华、李建强、伍春生、强自义、苏福、李知恒、黄宝鸿、王先层(女)、索磊、张琳凡、康廷献、许学东、赵少伟、李国旺、张旭。

党委委员先后有白增宽、骆书奎、何怀旺、董引栓、张安民、严江菊(女)、纪敏孝、段建强、索磊、彭志民、杨占强、许海江、张安民、李赞锋、索磊、彭志民、康廷献、董军鹏、樊志刚、谢许吉、赵继红、纪斌强、李晓晓、张革龙、赵娜娜、张栓旺、刘煜、赵继红、张世伟、杨雪茹、蔡伟、王艳华、王海涛 、张文浜、王灵锋、纪江波。

历任党委书记更迭表

表13-1

姓名	性别	任职时间(年、月)	籍贯	工作单位
宋　彪	男	1947.9—1948.7		灵宝县四区委
李　清	男	1949.7—1952.7		灵宝县破胡区委
冯福顺	男	1952.7—1953.5		灵宝县四区委
王秉政	男	1953.5—1954.9		灵宝县四区委
闫元旦	男	1954.9—1955.9		灵宝县四区委
赵建成	男	1955.9—1955.12	灵宝市西阎乡大阎村	灵宝县四区委
席长生	男	1956.1—1956.10	灵宝市大王镇	焦村中心乡党支部

续表 13-1

姓名	性别	任职时间(年、月)	籍贯	工作单位
尚友三	男	1956. 1—1956. 10	阳平镇东横涧村	万渡中心乡党支部
祁金吾	男	1956. 10—1957. 3	灵宝市焦村镇	焦村乡党委
余安才	男	1956. 10—1957. 3	灵宝市焦村镇	万渡乡党委
崔宽心	男	1957. 3—1958. 9	山西省长治市	西章乡党委
李广成	男	1959. 5—1959. 10	山西省安泽县	西章人民公社党委
李崇道	男	代理,1964. 2—1965. 7	河南省渑池县	西章人民公社党委
黄金贵	男	兼任,1966. 5—1966. 8	河南省渑池县	焦村人民公社党委
楚公伟	男	1966. 8—1968. 1		焦村人民公社党委
楚公伟	男	1970. 5—1972. 8		焦村人民公社党委会核心领导小组组长
王忠泽	男	兼任,1974. 3—1978. 1	灵宝市西闫乡张家城	焦村人民公社党委
楚公伟	男	1972. 3—1973. 8		焦村人民公社党委
王效云	男	1973. 8—1976. 10	灵宝市阳平镇裴张村	焦村人民公社党委
苏可智	男	1978. 6—1979. 1	灵宝市尹庄镇尹庄村	焦村人民公社党委
赵文义	男	1979. 1—1979. 10	灵宝市西闫乡大闫村	焦村人民公社党委
王振礼	男	1979. 10—1982. 8	灵宝市尹庄镇	焦村人民公社党委
孙育英	男	1982. 8—1984. 1	灵宝市大王镇	焦村人民公社党委
孙育英	男	1984. 1—1984. 8	灵宝市大王镇	焦村乡党委
高西安	男	1984. 8—1990. 12	灵宝市大王镇	焦村乡党委
李好祥	男	1990. 12—1993. 5	灵宝市大王镇	焦村乡党委
高运良	男	1994. 3—1995. 10	灵宝市尹庄镇	焦村镇党委
赵致祥	男	1995. 10—1997. 7	灵宝市朱阳镇秦池村	焦村镇党委
王保炜	男	1998. 12—2001. 11	灵宝市尹庄镇留村	焦村镇党委
杭建民	男	2001. 11—2002. 11	灵宝市阳店镇下磑村	焦村镇党委
伍春生	男	2002. 11—2011. 6	灵宝市五亩乡庄里村	焦村镇党委
王先层	女	2011. 11—2014. 9	灵宝市大王镇神窝村	焦村镇党委
索　磊	男	2014. 9—2016. 12	灵宝市阳平镇北营村	焦村镇党委
杨　娟	女	2016. 12—至今	灵宝市五亩乡	焦村镇党委

第三节　党代会沿革

中国共产党焦村镇第八届代表大会

1995年11月8日在焦村镇政府机关礼堂召开了中国共产党焦村镇第八届代表大会,本次党员代表大会听取和审议了中国共产党焦村镇第七届党委工作报告;听取和审议了中国共产党焦村镇第七届纪委工作报告;选举产生了中国共产党焦村镇第八届党的委员会,委员11名、书记1名、副书记3名;选举产生了中国共产党焦村镇第八届纪律检查委员会,书记1名、副书记1名。

党委书记:赵致祥

党委副书记:张建庄、毋军委、刘守宽

党委委员:赵致祥、刘守宽、毋军委、张建庄、白增宽、骆书奎、严江菊(女)、张安民、吴创业、纪敏孝

纪委书记:张建庄

纪委副书记:骆书奎

中国共产党焦村镇第八届代表大会第二次会议

1999年1月26日在焦村镇政府机关礼堂召开了中国共产党焦村镇第八届代表大会第二次会议,本次党员代表大会正式代表72人,列席会议10人。代表大会听取和审议了中国共产党焦村镇第八届委员会1998年党委工作报告;听取和审议了中国共产党焦村镇第八届纪律检查委员会1998年纪委工作报告;选举产生了中国共产党焦村镇第八届新的党的委员会,委员11名、书记1名、副书记3名;选举产生了中国共产党焦村镇第八届新的纪律检查委员会,书记1名、副书记1名。

党委书记:王宝炜

党委副书记:吴创业、狄玉华、徐新愿

党委委员:白增宽、狄玉华、张安民、徐新愿、吴创业、王宝炜、严江菊(女)、纪敏孝、段建强、索磊、李建强

纪委书记:徐新愿

纪委副书记:纪敏孝

中国共产党焦村镇第九届代表大会

2002 年 5 月 18 日在焦村镇政府机关礼堂召开了中国共产党焦村镇第九次代表大会,会议有正式代表 124 名,列席代表 5 名,实到正式代表 117 名,本次党员代表大会听取和审议了中国共产党焦村镇第八届党委工作报告;听取和审议了中国共产党焦村镇第八届纪委工作报告;选举产生了中国共产党焦村镇第九届党的委员会,委员 7 名、书记 1 名、副书记 3 名;选举产生了中国共产党焦村镇第九届纪律检查委员会,书记 1 名、副书记 1 名。

党委书记:杭建民

党委副书记:伍春生、李建强、强自义

党委委员:杭建民、李建强、严江菊(女)、段建强、索磊、纪敏孝、伍春生、强自义

纪委书记:李建强

纪委副书记:段建强

中共焦村镇第九次代表大会各代表团名单:

东村片:郭英明、夏云草(女)、杜万鹏、孙富生、严金祥、翟榜兴、纪敏孝、赵雷生、赵慎丰、李赞峰、杨建儒、纪金玲(女)、李来存、张文远、张兴仁、赵军榜、陈榜民、冯来法、闫榜智、王金凤(女)、何福顺、杨会霞(女)、陈榜森;辛庄片:常赞慈、任玉芳(女)、许培元、赵益民、索磊、高运孝、岳明申、高建辉、张治业、李彩花(女)、姚悟林、杜景泽、杨英格、纪拴鱼、李文泽、纪兴盈、曾欢丽(女)、杨培民、尚应荣(女)、尚志强、尚恩泽、高清明;常册片:纪占牢、张长有、姚花层(女)、张顺田、姚芒科、吕秋照、李亚峰(女)、纪建校、张书理、李彦森、庞小玲(女)、梁永正、卯寅生、段建强、彭绪民、李锁森、李军旺、秦党民、赵来顺、耿浩英(女)、赵英杰、张建刚、张瑞金(女)、许正华;万渡片:杨万森、杨要森、杨敏霞(女)、罗密岐、刘孝义、汪世明、阳凤霞(女)、武亮东、郭彦杰、张公平、仇银霞(女)、屈聪生、朱自安、寇增旺、王春荣(女)、赵有胜、陈彦士、杨月桂(女)、王生旺、王登榜、李云生、强自义、薛宝国、赵玉林、王普选、张锁牢、李建朝、李项明、陈荣刚;镇直:杭建民、伍春生、李建强、杨敏生、刘焕森、杨好勇、王生芳、刘增旺、王青霞(女)、刘华荣(女)、尚云波、杨好敏、张高卫、杨卫华、勾平均、张科赞、严江菊(女)、赵根榜、张安民、陈有才、林宝平、骆书奎、王南林、蒋沛然、赵自法。共 124 人。

中国共产党焦村镇第十届代表大会

2006年3月24日在焦村镇政府机关礼堂召开了中国共产党焦村镇第十届代表大会,会议有正式代表128名,实到代表124名,本次党员代表大会听取和审议了中国共产党焦村镇第九届党委工作报告;听取和审议了中国共产党焦村镇第九届纪委工作报告;选举产生了中国共产党焦村镇第十届党的委员会,委员7名、书记1名、副书记2名;选举产生了中国共产党焦村镇第十届纪律检查委员会,书记1名、副书记1名。

党委书记:伍春生

党委副书记:李知恒、强自义

党委委员:伍春生、李知恒、强自义、张安民、李赞锋、索磊、杨占强

纪委书记:强自义

纪委副书记:杨战强

中共焦村镇第十次代表大会各代表团代表名单:

东村片:杨建儒、卫丽红(女)、纪斌强、赵军榜、何育森、李肖刚、冯吉丁、王金凤(女)、耿浩英(女)、赵雷生、赵革民、杜创英、孙富生、夏云草(女)、张安民、屈纪民、杨会霞(女)、屈永超、翟榜兴、翟宪民、李再锋;辛庄片:纪拴鱼、纪勤学、张继法、张引霞(女)、赵秀丽(女)、高运孝、陈榜森、许偏行、杨英格、李赞锋、赵本参、张项锋、雒发元、杨继时、杨培民、任玉芳(女)、常锁文、常文举、赵益民、张继祥、高清明、高犬盈、姚悟林;常册片:李锁森、李军锋、刘会峰、康廷献、梁永正、卯寅生、李艳琴(女)、王孝民、王满刚、李运孝、刘雷旺、赵英杰、赵明芳、汪世明、王道春、张建刚、张瑞金(女)、张长有、李相直、姚花层(女)、郭英朝、张松强、彭志民、吕继忠、吕书胜、李亚锋(女);万渡片:杨生义、杨建雄、杨敏霞(女)、杨占强、刘孝义、刘卫军、武亮东、郭彦杰、张公平、李发群、陈荣刚、赵有胜、赵治森、赵竹红(女)、王普选、张锁牢、薛宝国、赵卫星、赵继红(女)、焦应彬、李建朝、李高益、罗增顺、胡花生、王高中、张拴旺、索磊、朱自安、寇增旺、寇东生、蔡伟;镇直:伍春生、李知恒、纪占牢、强自义、周俊民、董海燕(女)、张科赞、马明义、赵建学、张岩、李银霞(女)、僧进军、袁灵杰、熊净和、常赞慈、许竹楞(女)、常松林、刘增旺、卢白琼(女)、王生芳、蔡朝霞(女)、李少强、屈春芳(女)、杨好敏、李勤学、杨卫华、杨好勇。共128人。

列席代表:张文波、刘焕森、尚云波、张高卫、郭宏伟5人。

中国共产党焦村镇第十一届代表大会

2011 年 4 月 24 日在焦村镇政府机关礼堂召开了中国共产党焦村镇第十一届代表大会，本次党员代表大会代表名额 125 名，其中党员干部代表占 60%左右，各类专业技术人员代表占 30%左右，各条战线先进模范人物占 39%左右；妇女代表占 20%左右；45 岁以下代表占 50%以上。党代会听取和审议了中国共产党焦村镇第十届党委工作报告；听取和审议了中国共产党焦村镇第十届纪委工作报告；选举产生了中国共产党焦村镇第十一届党的委员会委员，委员 7 名、书记 1 名、副书记 2 名；选举产生了中国共产党焦村镇第十一届纪律检查委员，委员 5 名、书记 1 名、副书记 1 名；选举产生了出席中共灵宝市第十届代表大会代表 24 名。

党委书记：伍春生

党委副书记：王先层、索磊

党委委员：伍春生、王先层、索磊、杨占强、康廷献、彭志民、董军鹏

纪委书记：索磊

纪委副书记：杨占强

纪委委员：索磊、杨占强、苏畔江、汪世明、陈天平

出席中国共产党焦村镇第十一届代表大会代表：

东村：杜创英、孙富生、陈彦平、夏云草（女）；史村：翟榜兴、翟书民、陈天平；杨家：杨建儒、杨赞波、卫丽红（女）、赵继红（女）；张家山：李晓刚、张霞英（女）；武家山：赵雷生、毋治发；乡观：闫赞超、杨绘霞（女）、屈纪民、纪斌强；王家：张文波、张向奇；赵家：赵军榜；滑底：冯泽生、王金凤（女）、耿浩英（女）；辛庄：高运孝、岳明申、荆娟萍（女）；北安头：高泽民、杨占强；高家庄：高清明；姚家城：姚梧林、李冉草（女）、朱献辉；柴家原：张项锋、雒发启、李彩花（女）；水泉源：杨英格、杨英仕、赵益民；李家坪：蔡伟；尚庄：尚永强、张继祥、董军鹏；纪家庄：张军锋、纪勤学、李文泽、张引霞（女）、康克隆；沟东：程金仓；南安头：常广民；焦村：张长有、王保才、姚花层（女）、张黎明、李纪亚；西章：王宏太、吕书胜；坪村：常赞慈；卯屯：梁永正、卯寅生、梁建星、谢许吉；东常册：李锁森、李发强、杨彩民（女）、陈荣刚；西常册：李选齐、卢瑞格（女）；秦村：赵英杰、刘为民、刘少泽；常卯：王道春、王建设、张瑞金（女）、张拴旺；万渡：杨建雄、张春阳、阳犬牢、苏畔江；塔底：刘焕森；李家山：李建朝、梁雪宁（女）；乔沟：王高泽；东仓：薛宝国、赵喜仕、纪江波；罗家：罗增顺、王登波、罗亮风（女）、王艳华（女）；马村：赵自法；南上：朱自安、李守业、

寇建民、彭志民;贝子原:焦应斌、康廷献;巴娄:武亮东、郭彦杰 郭增让、仇银霞(女);机关:伍春生、王先层(女)、索磊、汪世明、陈榜森;企业委:李志春;政法:杨民强、熊净和;工商所:张科赞;卫生院:何社军、李亚峰(女);信达果业:赵建学;鹏程公司:贾秋香(女);教育:王生芳、李少强、李亚刚、赵丽焕(女)、刘增旺、吴海荣(女)、屈春芳(女)、纪剑学、杨好敏、杨卫华。共125人。

焦村镇出席中国共产党灵宝市第十一届代表大会代表(按姓氏笔画为序):王生芳、王先层(女)、王红太、成居胜、闫赞超、朱自安、伍春生、苏畔江、杜创英、李锁森、杨英格、杨建儒、张长有、张引霞(女)、陈荣刚、武亮东、罗亮风、赵丽焕(女)、赵继红(女)、姚梧林、索磊、高运孝、梁永正、薛宝国24人。

中国共产党焦村镇第十一届代表大会二次会议

2015年2月13日在焦村镇政府礼堂召开了中国共产党焦村镇第十一届代表大会第二次会议,本次党员代表大会代表名额112名。党代会听取和审议了中国共产党焦村镇第十一届委员会2014年工作报告;听取和审议了中国共产党焦村镇第十一届纪律检查委员会2014年工作报告;审议了2014年镇党委政府领导班子述职述廉报告(书面),并对其进行民主测评;通过了中国共产党焦村镇第十一届委员会2014年工作报告的决议和中国共产党焦村镇纪律检查委员会2014年工作报告的决议。

中国共产党焦村镇第十二届代表大会

2016年5月31日在焦村镇政府机关礼堂召开了中国共产党焦村镇第十二次代表大会,本次党员代表大会代表名额128名,其中妇女代表29人。党代会听取并审议索磊同志代表中共焦村镇第十一届委员会所作的《党委工作报告》;听取并审议赵娜娜同志代表中共焦村镇纪律检查委员会所作的《纪委委工作报告》;选举产生了中共焦村镇第十二届委员会委员;选举产生了新的中共焦村镇纪律检查委员会委员;选举产生了出席中共灵宝市第十二次代表大会代表;通过中国共产党焦村镇第十一届委员会工作报告的决议和中国共产党焦村镇纪律检查委员会工作报告的决议。

党委书记:索磊

党委副书记:张琳凡、康廷献

党委委员:赵娜娜、赵继红、张世伟、杨雪茹、蔡伟、王艳华

纪委书记:赵娜娜

纪委副书记:王艳华

纪委委员:王楠淞、陈天平、苏畔江、建红谋、陈荣刚

中国共产党焦村镇第十二届代表大会代表:

东村:杜创英、杜赞革、杜振庆、王楠淞、夏云草(女);杨家村:杨赞波、杨建谋、谢许吉;赵家:赵军榜;张家山:李晓刚、张霞英(女);史村:蔡伟、翟榜兴;武家山:赵革民、李民生;王家:张文波、张向奇;乡观:闫赞超、杨会霞(女)、闫晓飞、赵娜娜(女);滑底村:王宏江、冯泽生、王金风(女)、牛军兴;辛庄村:王艳华(女)、高运孝、荆娟萍(女);北安头:高泽民、陈荣刚;尚庄:尚中国、尚志强;姚家城:姚梧林、李冉草(女)、苏畔江;高家庄:高清明;柴家原:张项峰、李彩花(女);李家坪:赵治民;水泉源:刘煜、杨英格、张拴智;沟东:杨项勤、程战峰;纪家庄:纪赞革、张引霞(女)、张迎春、李建祥;南安头:常国武、张项牢、常伟格;焦村:张长有、王保才、张亚芳(女)、李战革、李琪、康克隆;西章:王红太、吕湘定、吕高森、吕天腾、赵继红(女);坪村:常赞慈、王军星;秦村:赵英杰、刘权牢;卯屯:梁永正、梁宝生、李伟朋(女)、张拴旺;东常册:李春孝、李发强、常改变(女);西常册:李选齐、卢瑞格(女)、杨雪茹(女);常卯:王道春、许世龙、张瑞金(女);万渡:杨建雄、杨敏霞(女)、杨泽峰;塔底:刘有民、刘丹丹(女)、韩利强;李家山:李江锋、梁雪宁(女);乔沟:王高泽、李晓晓;东仓:薛宝国、杨靓茹(女)、赵卫星;罗家:王登波、王卫萍(女)、建红谋、王项义;马村:杨卫华、齐红霞(女);贝子原:焦应斌;南上:朱自安、寇增旺、寇建民、纪江波;巴娄:温振民、仇银霞(女)、李存生、孙从帅;镇机关:索磊、张琳凡、康廷献、张世伟、汪世明、陈榜森;企业委:王敬国;信达果业:赵建学;鹏程公司:贾秋香(女);政法:徐向泽、熊净和;卫生院:李伟、赵锐琴(女);教育:李增民、李民强、乔占江、侯艳丛(女)、王君成、李少强、冯莹妍(女)、张帅(女)。共128人。

焦村镇出席中国共产党灵宝市第十一届代表大会代表:常赞慈、陈荣刚、杜创英、侯艳丛(女)、荆娟萍(女)、康廷献、李民强、李选奇、刘丹丹(女)、苏畔江、索磊、王红太、薛保国、闫赞超、杨建雄、杨雪茹(女)、杨英格、杨赞波、姚梧林、张琳凡、张引霞(女)、张长有、朱自安23人。

第四节　中国共产党焦村镇纪律检查委员会

焦村镇纪律检查委员会是负责全镇党的纪律检查工作的专门领导机关。它履行党的纪律检查和政府行政监察两种职能。其主要职责:(一)贯彻落实党和国家有关纪

检、监察工作的法律法规、方针政策,研究制订全镇有关纪检、办法和制度、监察工作的政策,并负责组织实施、监督执行。(二)负责全镇行政监察工作。监督检查镇政府各部门及其国家公务员,镇政府及各部门任命的其他人员执行国家政策和法律法规、国民经济和社会发展计划及执行区政府颁发的决议、命令情况。(三)负责全镇党的纪律检查工作,协助镇党委整顿党风,检查党的路线、方针、政策的执行情况,重点检查监督科级党员领导干部执行党的路线、方针、政策的情况以及思想作风等方面的问题。(四)负责调查处理镇政府各部门及国家公务员、镇直属企事业单位及由国家行政机关任命的领导干部违反国家政策、法律、法规及违反政纪的行为,并作出撤职及撤职以下的行政处分(对涉及选举产生的领导干部,按法定程序办理);受理监察对象不服政纪处分的申诉;受理个人或单位对监察对象违纪行为的检举、控告。(五)负责检查并处理镇党委各部门、镇政府各部门、各单位和镇党委管理的党员领导干部违反党的章程及其他党纪条规的案件,决定或取消对这些案件中党员的处分;受理党员的控告和申诉。(六)负责做出关于维护党纪政纪的决定,制定党风党纪廉政教育规划,配合有关部门做好党的纪检、政策的宣传工作、监察工作,以及对党员及国家工作人员进行遵纪守法、为政清廉的教育;表彰奖励党风廉政建设成绩突出的单位和个人。(七)负责对党的纪检监察工作理论及有关问题进行调查研究。

1962 年,西章人民公社监委书记李湖水;监委主任郭勤红。

1966 年,“文化大革命”开始,焦村人民公社撤销监委,监察工作负责人徐益顺、卯豁然、王长戌、翟安未、张天池、张宽礼。

1978 年,焦村人民公社纪委负责人白宗孝、李好祥、李伴学。

1984 年 4 月,根据中央军委指示精神,将中共灵宝县委纪律检查委员会升格为中共灵宝县纪律检查委员会,1985 年,焦村乡纪律检查委员会建立,时任纪律检查委员会书记李好祥、苗喜林、张解放、张应直、郭保忠。

1993 年 6 月,焦村撤乡设镇,中共焦村乡委员会改称中共焦村镇委员会。时任纪律检查委员会书记郭保忠、张建庄、徐新愿、李建强、苏福旻、强自义、索磊、赵娜娜(女);纪律检查委员会副书记骆书奎、纪敏孝、索磊、段建强、杨占强、王艳华(女);纪律检查委员会委员苏畔江、汪世明、陈天平、王楠淞、建红谋、陈荣刚。

历任纪检书记更迭表

表 13-2

姓名	性别	任职时间(年、月)	籍贯	备注
李湖水	男	1962. 1—1966. 5	焦村镇焦村村	监委书记
郭勤红	男	1962. 1—1966. 5	焦村镇	监委主任
徐益顺	男	1966. 5—1972. 3	故县镇	监察工作负责人
卯豁然	男	1972. 4—1973. 7	焦村镇	监察工作负责人
王长戌	男	1973. 8—1974. 6	焦村镇	监察工作负责人
翟安未	男	1974. 6—1976. 8	城关镇	监察工作负责人
张天池	男	1976. 9—1978. 11	阳店镇	监察工作负责人
张宽礼	男	1978. 12—1980. 12	尹庄镇大岭村	监察工作负责人
白宗孝	男	1978. 12—1980. 5	函谷关镇	纪检负责人
李好祥	男	1980. 12—1982. 1	大王镇	纪检负责人
李伴学	男	1982. 1—1982. 8	尹庄镇	纪检负责人
李好祥	男	1985. 3—1987. 11	大王镇	
苗喜林	男	1988. 1—1988. 8	豫灵镇	
张解放	男	1988. 8—1990. 12	焦村镇	
张应直	男	1990. 12—1991. 12	大王镇	
郭保忠	男	1991. 12—1994. 4	阳店镇	
张建庄	男	1994. 4—1999. 1	阳店镇下磑村	
徐新愿	男	1999. 1—2000. 10	故县镇	
李建强	男	2000. 10—2003. 4	川口乡湾底村	
苏福旻	男	2003. 4—2005. 11	故县镇张家山	
强自义	男	2006. 3—2010. 1	阳平镇强家村	
索　磊	男	2010. 1—2013. 6	阳平镇北营村	
张琳凡	男	2013. 6—2015. 6	苏村乡	
张革龙	男	2015. 6—2016. 5	焦村镇焦村	
赵娜娜	女	2016. 5—2018. 12	焦村镇武家山村	
未设置		2018. 12—至今		

第五节　党组织建设

1997年7月,焦村镇党组织有党总支1个,党支部51个,党员1256人。

2001年,焦村镇党委下设党支部51个(其中农村党支部37个),党员1650名。在党组织建设方面:(一)坚持"约法三章,六项要求"。按照"五好"党支部标准,调整村两委班子8个,使村级班子发挥作用率达100%,组级发挥作用率达85%,全镇创建一类达标支部13个,二类支部24个。坚持"十六字"方针,发展新党员48名。"百、千、万"帮扶活动深入开展,机关103名干部、职工联系帮扶100个特困户,12个镇直职能部门分包12个落后村,共提供帮扶资金10万元,兴办实事143件。(二)建立会计核算中心。开展组级财务集中整顿,实行组账村管,村账镇监督,会计集体办公等制度。镇专门成立了打击农村经济犯罪办公室。

2002年,焦村镇基层党组织有党总支部1个,党支部51个,党员总数1690个,其中女党员202名,占11.9%。使全镇党员总数达到全镇总人口3.2%。党建和基层组织建设不断加强:(一)实施党员先锋工程,重点培养水泉源、东村、杨家等8个先锋支部,确定了康英奶牛场、信达果业公司等87个先锋工程项目。共产党员、经济能人杜创英投资150万元,引进良种奶牛200头,年产值80多万元,安置就业人员30多人。在其带动下,全镇建起了4个养牛专业场,年产值200万元。(二)开展下访谈心办实事活动,镇、直、站、所班子成员每人走访群众达80户以上,全镇468名学教对象累计走访群众9200户,查摆问题130个,接受建议80条,整改110条,为民办实事126件。(三)调整充实了张家山、坪村、常卯、王家等村级班子。(四)加强党风廉政建设,出台了《干部下乡实行工作餐的有关规定》和《村级干部廉洁自律十项规定》。(五)开展村组财务集中整顿活动,全面落实村账镇审、组账村管的各项规定,使其日益规范化。

2003年,中共焦村镇委员会,下辖51个基层党组织,共有中共党员1696名。当年的党建及精神文明建设:(一)抓好干部教育工作。在基层干部中开展建设小康社会大讨论活动,并分批组织镇村干部赴巩义、偃师、珠江三角洲小榄镇考察非公有制经济发展,赴山西省夏县、陕县过村、大王镇五原崤考察果品生产。(二)实施"两抓一促"工程,广泛开展政策、科技、文化、法律、卫生五入村活动。全镇有21个镇直镇办单位和28个行政村参加,共编排优秀节目56个,演出20余场,制做宣传版面36块,发放各类材料6万份,受教育群众3万人次。(三)实施"双强"工程,开展"五好"党支部达标竞赛活动。共培养“双强”型农村党支部书记26名,其中三门峡市级1名、灵宝市级2名;全镇“五好”党支部达标29个,达标率达80.6%。(四)强力推进“党员先锋工程”,加大兴村富民力度。当年重点培养了焦村、东村、杨家、西章等8个先锋支部,确定了87个重点先锋工程项目。(五)加强党员队伍建设,当年发展新党员62名。(六)抓好党风廉政建设,进一步规范了通信话费补助制度、公务接待制度、交通费补助制度、民主生活会等制度。邀请市委党校、市检察院领导举办预防职务犯罪培训班3期。全年查处违纪案件并立案3起,处理3起。(七)继续开展村组财务集中整顿活动。至年底,完成了镇村财务管理体制改革。

2004年,中共焦村镇委员会下辖51个基层党组织,共有中共党员1717名。党的建设:(一)党员干部思想教育。7月,组织各村党支部书记赴豫南南街村、豫北刘庄、唐庄镇、京华实业公司、回龙村、红旗渠学习考察。(二)农村基层组织建设。抓好“双强”村党支部书记的培养,全镇共确定“双强”后备干部55名;深入开展“五好”支部创建活动,申报市“五好”支部28个;强化党员先锋工程,将乡观种猪场、西章种鸡场2个党员先锋工程列为一类项目;严格标准,全年发展新党员56人;加大违纪案件查办力度,全年立案2起,处理2起。

2005年,中共焦村镇委员会下辖54个基层党组织(其中总支1个),共有中共党员1736名。当年,党的建设以开展保持共产党员先进性教育活动为载体,开展了“保持先进性、岗位做标兵”专题大讨论活动,进一步加强了农村基层组织建设。深化“双强”工程,确定“双强”后备干部84名,“双强”支部书记28名;抓好党员先锋工程,确立一类项目6个,二类项目28个,三类项目36个,参与党员216名。在发展党员工作中,率先在全市实行了党员票决制和公示制,全年发展党员53名。创新党员教育载体,36个村中有19个村建成了现代远程教育终端接收点,受教育群众1.5万人次。发扬民主,严格程序,圆满完成了农村党支部和村委会换届选举工作。

2006年,中共焦村镇委员会下辖54个基层党组织,共有党员1806名。当年,党建工作主要是扎实开展第三批保持共产党员先进性教育活动,组织举办了“保持共产党员先进性,我为焦村做贡献”演讲比赛活动,强化了教育效果;深化“双强”工程,确定“双强”后备干部114名,“双强”党支部书记27名;抓好党员先锋工程,确定一类项目6个、二类项目18个、三类项目28个,参与党员920名;实行党员票决制和公示制,全年发展党员62名。36个村全部建成了现代远程教育终端接收点,受教育群众3.4万人次。

2007年,中共焦村镇委员会下辖54个基层党组织,共有党员1821名。当年,党的建设是以学习贯彻党的十七大会议精神为主线,不断提高党员干部的政治思想素质。全年培养“双强”后备干部84名、“双强”党支部书记29名,发展新党员56名。

2008年,中共焦村镇委员会下辖54基层党组织,共有党员1910名。党的建设主要以学习贯彻党的十七大精神和解放思想大讨论学教活动为主,全镇党员干部思想政治素质进一步提高,引领发展能力进一步增强。深入开展农村基层组织集中建设活动,圆满完成第六届村民委员会换届选举任务。年内,确定培养“双强”后备干部84名、“双强”支部书记29名;发展新党员50名,非公有制企业党建覆盖率达100%。以创建“平安焦村”为主题,健全镇、村、组三级治安网络组织;以“法律六进”活动为载体,深入开展普法教育活动;健全矛盾纠纷排查调处机制,扎实开展“大下访、大接访、大包案、大解决”活动,解决群众信访问题和矛盾纠纷。

2009年,中共焦村镇委员会下辖54个基层党组织,共有中共党员1958名。当年,主要以深化“三级联创”,加强村级组织和党员干部队伍建设,实施“双强”工程和党员先锋模范工程为主,全镇确定“双强”后备干部84名,“双强”支部书记29名;落实离任村党支部书记待遇、现任村组干部工作报酬,体现党的关怀;发展新党员58名,转正60名;健全党风廉政建设机制,深入开展“三资”清理整顿活动,规范农村财产、财务监管。以创建“平安焦村”为主题,广泛深入开展普法教育活动,落实领导干部接访、矛盾纠纷排查、信访会审、科级干部包案等信访工作制度,加大信访案件办理及查处力度,促进社会和谐稳定。

2010年,中共焦村镇委员会下辖53个基层党组织,共有中共党员2048名。党的建设是加强村级组织和党员干部队伍建设,实施“双强”工程和党员先锋模范工程,全年发展新党员63名,转正84名;确定“双强”后备干部16名,“双强”支部书记20名。

2011年,焦村镇党委下设1个总支、53个党支部,其中农村党支部38个,镇直党支部12个,非公有制企业党支部2个,共有党员2048人。当年,党建工作:(一)圆满完成了党委和农村党支部、村委会、监委会换届选举工作;(二)全年新发展党员61名;(三)庆祝建党90周年,组织开展慰问困难党员活动,举办“党在我心中”大型歌咏比赛;(四)加强党风廉政建设,落实各项责任目标,强化农村“三资”监管,全年办结纪检信访件7件,立案3起,给予党纪处分3人。

2012年,中共焦村镇委员会下辖54个基层党组织,共有中共党员2043名。当年的党建工作:(一)深化创先争优活动,开展了“党在我心中”大型演讲比赛和党的知识竞赛等主题活动;(二)加强党组织建设,当年发展新党员61名;(三)积极开展基层组织建设年活动,建立杨家、东村、镇一中等基层党建工作示范点 8 个;(四)加大纪检案件查办力度,全年办结纪检信访件 7 件,其中立案 3 起,给予党纪处分 3 人,挽回经济损失 5600 元。

2013 年,中共焦村镇委员会下辖 54 个基层党组织,共有中共党员 2053 名。党建工作:(一)加强党组织建设,当年新发展党员 46 名。(二)积极开展村级组织活动场所建设,一类场所达 23 个,二类场所达 13 个。全年共组织农业实用技术和职业技能培训班 42 次,培训人员 6370 人(次)。(三)加大纪检案件查办力度,全年办结纪检信访件 5 件,给予党纪处分 5 人,挽回经济损失 21.6 万元。

2014 年,焦村镇党委下辖 54 个基层党组织,全年新发展党员 39 名,共有中共党员 2278 名。党建工作以扎实开展党的群众路线教育实践活动为主,加强党组织建设,全年新发展党员 39 名。

2015 年,焦村镇党委下辖 59 个基层党组织,发展新党员 29 名,共有中共党员 2279 名。党建工作主要是扎实开展农村党员积分管理工作。(一)将全镇 1782 名农村党员分为五类,其中普通党员 904 人,村组干部党员 279 人,年老体弱党员 284 人,流动党员 294 人,不参加积分管理党员 21 人。普通党员有 671 人申报加分事项 3340 件,村组干部党员有 262 人申报加分事项 2400 件,年老体弱党员有 137 人申报加分事项 635 件,流动党小组党员有 73 人申报加分事项 221 件。(二)规范党员发展工作。严格程序,严肃纪律,全面推行发展党员票决制、责任追究制,提高党员发展质量,发展新党员 29 名。(三)先后开展“灵宝要发展,我们怎么办”“四问四做起”“我为三门峡发展做贡献”等解放思想大讨论活动。围绕讨论主题,制订活动方案,通过开展集中学习、座谈讨论、征求意见建议等方式,确保大讨论活动的顺利开展。在活动中,组织集中学习 12 场次,观看远程教育 8 次,机关干部撰写笔记 2.5 万字,共征集意见建议 7 大类 62 条。

2017 年,中共焦村镇委员会下辖 51 个基层党组织,共有中共党员 2278 名。

2018 年,中共焦村镇委员会下辖 56 个基层党组织,共有中共党员 2270 名。当年顺利完成 38 个村支部换届工作,新发展党员 26 名,预备党员转正 26 名。全镇创建三门峡市级党建示范村 3 个、灵宝市级党建示范村 5 个,建设党员群众服务中心 2 个。

2019 年,中共焦村镇委员会下辖 51 个基层党组织,共有中共党员 2207 名。当年,中共焦村镇委员会下辖 52 个基层党组织,其中一个党总支:焦村镇教育党总支部; 51 个党支部,其中教育系统 5 个党支部:焦村镇中心学校党支部、焦村镇中心小学党支部、焦村镇小学第二党支部、焦村镇小学第三党支部、焦村镇一中党支部;镇直镇办企业单位8个党支部：焦村镇政法党支部、焦村镇卫生院党支部、焦村镇鹏程有限责任公司党支部、焦村镇燕飞包装厂党支部、焦村镇信达果业党支部、焦村镇机械修造厂党支部、焦村镇乔沟选厂党支部、焦村镇灵仙菌业党支部；行政村38个党支部：焦村党支部、东村党支部、史村党支部、杨家党支部、赵家党支部、王家党支部、乡观党支部、张家山党支部、武家山党支部、滑底党支部、万渡党支部、东仓党支部、罗家党支部、乔沟党支部、李家山党支部、马村党支部、塔底党支部、巴娄党支部、贝子原党支部、西章党支部、坪村党支部、卯屯党支部、东常册党支部、西常册党支部、秦村党支部、常卯党支部、南安头党支部、辛庄党支部、柴家原党支部、姚家城党支部、李家坪党支部、纪家庄党支部、水泉源党支部、沟东党支部、尚庄党支部、南上党支部、高家庄党支部、北安头党支部。

镇直镇办党总支、支部书记更迭表

表13-3

单位名称	姓名	性别	任职时间(年、月)	籍　贯
机关党支部	张宽礼	男	1976.5—1978.12	灵宝市尹庄镇
	李好祥	男	1979.2—1984.4	灵宝市大王镇
	任嫦娥	女	1984.5—1987.6	灵宝市城关镇
	苗西林	男	1987.7—1989.3	
	张解放	男	1989.4—1992.2	灵宝市焦村镇
	郭宝忠	男	1992.3—1994.12	灵宝市阳店镇
	张建庄	男	1995.1—1998.10	灵宝市阳店镇
	徐新愿	男	1998.11—2000.9	灵宝市故县镇
	李建强	男	2000.10—2002.7	灵宝市川口乡
	强自义	男	2002.7—2010.1	灵宝市阳平镇
	索　磊	男	2010.6—2013.6	灵宝市阳平镇
	张琳凡	男	2013.6—2016.6	河南省封丘县
	康廷献	男	2016.6—2019.6	灵宝市大王镇
	张　旭	男	2019.6—2020.6	灵宝市阳店镇
信用社党支部	屈广民	男	1996.10—2001.2	灵宝市焦村镇
	赵福敏	男	2001.3—2001.12	灵宝市阳店镇
	蒋沛然	男	2002.1—2002.6	灵宝市故县镇

续表 13-3

单位名称	姓名	性别	任职时间(年、月)	籍　贯
信用社党支部	刘金堂	男	2002. 6—2002. 7	灵宝市故县镇
工商所党支部	许建平	男	1999. 4—2002. 4	灵宝市大王镇
	张科赞	男	2002. 4—2002. 7	灵宝市尹庄镇
粮管所党支部	许万江	男	1998. 10—2001. 3	灵宝市
	陈有才	男	2001. 4—2002. 7	灵宝市
卫生院党支部	张成波	男	1966. 8—1982. 9	山西省
	杨　亭	女	1982. 10—1992. 10	焦村镇万渡村
	杨增春	男	1992. 11—1997. 9	灵宝市焦村镇
	赵根榜	男	1997. 10—2002. 7	焦村镇赵家村
派出所党支部	董茂才	男	1985. 3—1989. 9	灵宝市川口乡
	曹建新	男	1989. 9—1992. 3	灵宝市城关镇
	卫军武	男	1992. 3—1998. 9	灵宝市城关镇
	王可立	男	1998. 9—2003. 7	灵宝市阳平镇程村
	袁灵杰	男	2003. 7—2006. 6	灵宝市镇关镇
	杨民强	男	2006. 6—2013. 6	灵宝市阳店镇
	徐向泽	男	2013. 7—2019. 4	灵宝市阳平镇
	亢自法	男	2019. 4—2020. 6	灵宝市尹庄镇
灵宝市信达果业有限责任公司党支部	雒景强	男	2002. 7—2004. 6	焦村镇纪家庄
	赵建学	男	2004. 6—2020. 6	焦村镇李家坪
康英奶牛场党支部	杜创英	男	2002. 7. 1—2002. 7. 31	焦村镇东村
焦村镇教育总支	张立屯	男	1980. 7—1982. 11	焦村镇焦村村
	赵省三	男	1982. 12—1997. 11	焦村镇滑底村
	刘焕森	男	1997. 11—2002. 7	焦村镇塔底村
	杨好勇	男	2002. 8—2008. 6	焦村镇沟东村
	王生芳	男	2008. 7—2013. 6	焦村镇坪村村
	李增民	男	2013. 7—2016. 6	灵宝市阳平镇
	李　戈	男	2016. 7—2020. 6	灵宝市川口乡

续表 13-3

单位名称	姓名	性别	任职时间(年、月)	籍　贯
中心学校党支部	张立屯	男	1980. 7—1982. 11	焦村镇焦村村
	赵省三	男	1982. 12—1997. 11	焦村镇滑底村
	刘焕森	男	1997. 11—2002. 7	焦村镇塔底村
	杨好勇	男	2002. 8—2008. 6	焦村镇沟东村
	王生芳	男	2008. 7—2013. 6	焦村镇坪村村
	李增民	男	2013. 7—2016. 6	灵宝市阳平镇
	李　戈	男	2016. 7—2020. 6	灵宝市城关镇
焦村一中党支部	李忠来	男	1982. 7—1989. 8	焦村镇焦村村
	杨生春	男	1989. 9—1991. 7	焦村镇沟东村
	李崇孝	男	1991. 9—1995. 7	焦村镇焦村村
	武新社	男	1995. 9—1996. 7	焦村镇武家山
	杨好勇	男	1996. 9—2002. 7	焦村镇沟东村
	王生芳	男	2002. 8—2008. 6	焦村镇坪村村
	李亚刚	男	2008. 7—2011. 6	灵宝市阳平镇
	张选伟(副书记)	男	2011. 7—2013. 6	焦村镇滑底村
	张　波(副书记)	男	2015. 7—2016. 7	焦村镇焦村村
	李民强	男	2016. 8—至今	灵宝市函谷关镇
焦村二中党支部	尚云波	男	1981. 8—2002. 7	焦村镇尚家庄
	李少强	男	2000. 8—2005. 7	焦村镇塔底村
	屈转照	男	2005. 8—2009. 7	焦村镇乡观村
东村辅导区支部	屈转照	男	2009. 8—2015. 7	焦村镇乡观村
焦村三中党支部	杨选民	男	1982. 7—1985. 7	
	纪锁盈	男	1985. 7—1989. 7	焦村镇纪家庄
	尚继奎	男	1989. 7—1999. 7	焦村镇尚家庄
	杨好敏	男	1999. 7—2009. 7	焦村镇水泉源村
纪家庄辅导区支部	纪建学	男	2009. 8—2015. 7	焦村镇纪家庄村

续表 13-3

单位名称	姓名	性别	任职时间(年、月)	籍　贯
焦村四中党支部	冯克敏	男	1981. 8—1990. 7	焦村镇卯屯村
	李成玉	男	1990. 8—1999. 7	焦村镇东常册村
	闫发佐	男	1999. 8—2001. 7	焦村镇乡观村
	张选伟	男	2001. 8—2006. 7	焦村镇滑底村
	李勤学(副书记)	男	2006. 8—2009. 7	焦村镇西常册村
卯屯辅导区支部	杨好敏	男	2009. 8—2015. 7	焦村镇水泉源村
焦村镇小学第三支部(纪家庄、卯屯区支部合并)	赵建国	男	2015. 8—2020. 6	焦村镇柴家原村
焦村五中党支部	刘焕森	男	1981. 8—1990. 7	焦村镇塔底村
	赵明旺	男	1990. 8—1994. 7	焦村镇马村村
	杨卫华	男	1994. 8—2009. 7	焦村镇万渡村
万渡辅导区支部	杨卫华	男	2009. 8—2015. 7	焦村镇万渡村
焦村镇小学第二支部(东村、万渡区支部合并)	赵选泽	男	2015. 8—2020. 6	焦村镇滑底村
焦村小学党支部	王月法	男	1993. 1—1996. 12	焦村镇王家村
	刘增旺	男	1997. 1—2015. 7	焦村镇东仓村
	李少强	男	2015. 8—2020. 6	焦村镇塔底村

第六节　历任党委书记简介

从 1956 年 1 月成立焦村中心乡、万渡中心乡至 2016 年 12 月的焦村镇党委会，历时 60 年，先后担任党委书记(包括中心乡、乡、人民公社、乡、镇)的有 24 人，依此为席长生、尚友三、祁金吾、余安才、崔宽心、李广成、李崇道、黄金贵、楚公伟、王忠泽、王效云、苏可智、赵文义、王振礼、孙育英、高西安、李好祥、高运良、赵致祥、王保炜、杭建民、伍春生、王先层、索磊。

席长生

席长生，男，汉族，1925年5月生，灵宝市大王镇人，中共党员。1950年至1952年6月在大王乡土改队工作；1952年6月至1954年10月任苏村区民政协理员、党委组织委员；1954年10月至1955年10月在阳店区委工作，任副政委；1955年10月至1956年10月任焦村中心乡党委书记；1956年10月至1957年3月任娄下乡党委书记；1957年3月至1957年12月任五亩乡党委书记，领导全乡开展农业合作化运动；1958年1月至1959年8月在灵宝县委组织部工作；1959年8月至1963年在决镇公社工作，任干事；1963年后在窄口灌区工程指挥部等单位工作。1980年7月退休。

尚友三

尚友三，男，汉族，1921年6月生，灵宝县阳平镇东横涧村人，初中文化，1953年6月加入中国共产党。1951年4月至1951年8月，任阌乡县张村区队长；1952年9月至1955年9月，任张村区副区长；1955年9月至1955年12月，任水泉城区区长；1956年1月至1956年10月，任万渡中心乡党支部书记；1956年11月至1957年，任常家湾中心乡书记；1958年3月至7月，任阳平乡党委副书记；1958年7月至1965年7月，先后任水泉城公社党委书记、副书记、社长；1965年7月至1966年7月，任朱阳公社党委书记；1973年12月至1978年6月，任西闫公社党委副书记。1981年退休。

祁金吾

祁金吾，男，灵宝市焦村镇人。1954年9月到1955年9月任灵宝县苏村区区委副书记；1957年3月至1958年3月任西章乡党委书记；1959年11月至1962年9月任西章人民公社党委书记；1961年12月至1964年9月任西章人民公社党委副书记。

余安才

余安才，男，灵宝市焦村镇人。1956年1月至1956年10月任灵宝县万渡中心乡乡长；1956年10月至1957年3月任中共灵宝县万渡乡党委书记；1957年3月至1958年3月任灵宝县西章乡乡长；1958年8月至1960年10月任灵宝县西章人民公社社长。

崔宽心

崔宽心，男，1925年生，汉族，山西省长治市人。中共党员，历任公社党委书记、灵宝县副县长、县革委副主任、县委书记处书记、书记等职。1958年至1959年，任副县长兼焦村公社党委书记时，提出“涧水上西原”的主张，勘测一个流量的涧西渠线，带领全乡干群投入劈山开渠的施工高潮，完成了大部渠基工程。1959年至1960年，任县委书记处书记主抓农业时，同县委领导一起研究请示兴建窄口水库工程。1968年至1971年，任县革委副主任期间，在县委五次全会上，提出复建窄口库渠工程。经省水利局同意，同年11月窄口水库复工，经多次组织发动，展开了声势浩大的大坝填筑和泄洪洞开挖两项工程的施工。1973年至1978年，任县委书记时，继续大搞库渠建设，对工程实行大包干，县委常委分工包片。1994年病故，享年69岁。

李广成

李广成，男，汉族，山西省安泽县人。1954年12月至1956年5月任中共灵宝县委委员，其中1955年1月至1956年5月任中共灵宝县委员会常务委员。1959年5月至1959年10月任中共灵宝县西章人民公社党委第一书记；1956年4月至1960年12月任中共灵宝县政法党分组书记，兼公安局长（在1956年5月26日至6月1日中共灵宝县第一次代表大会上被选为中共灵宝县委员会委员、常务委员）；1957年6月至1958年5月任灵宝县政府党组副书记，兼任灵宝县公安局长；1958年8月至1959年12月任灵宝县政法公安部部长、公安局长；1959年12月至1960年11月任中共灵宝县委书记处书记（期间1959年1月至1959年8月任中共灵宝县委政法部部长）。

李崇道

李崇道，男，汉族，河南省渑池县人。1959年2月至1965年7月任中共灵宝县监察委员会副书记；1964年2月至1965年7月代任中共灵宝县西章人民公社党委第一书记（在1965年7月9日至7月14日的中共灵宝县第二次代表大会上被选为中共灵宝县委员会委员）；1965年7月至1966年7月任中共灵宝县委宣传部部长，兼任中共灵宝县委统战部部长；1966年7月至1968年1月任中共灵宝县监察委员会书记（期间1966年11月至1968年1月任朱阳人民公社党委书记）；1968年2月至1970年5月任朱阳人民公社革委会主任。

黄金贵

黄金贵,男,汉族,河南省渑池县人。1966年1月至1966年5月兼任中共灵宝县西章人民公社党委书记;1966年5月至1968年1月任灵宝县政府办公室副主任,兼任中共灵宝县焦村人民公社党委书记至1966年8月;1968年2月至1968年6月任灵宝县革命委员会内务组组长;1970年3月至1970年10月任中共灵宝县革命委员会核心小组成员(在1970年10月28日至11月1日的中共灵宝县第三次代表大会上当选为委员、常务委员);1973年10月至1974年春任中共灵宝县委副书记。

楚公伟

楚公伟,男,汉族,1956年7月至1958年1月任灵宝县公安局副局长;1958年1月至1958年12月任灵宝县政法公安部副部长;1958年12月至1966年5月先后担任灵宝县公安局副局长、指导员、局长;1959年1月至1959年8月任中共灵宝县委政法部副部长;1960年5月至1966年8月任灵宝县人委委员,兼任灵宝县公安局长、党组书记(期间1960年12月至1962年3月任中共灵宝县公检法党组副书记;1966年2月至1966年5月任中共灵宝县公安局党组书记;1966年5月至1968年1月任中共灵宝县委员会委员,同时担任中共灵宝县政法领导小组副组长,兼任焦村人民公社党委书记);1968年2月至1973年8月任焦村人民公社革委会主任;1970年5月至1972年3月任中共灵宝县焦村人民公社革委会核心小组组长;1972年3月至1973年8月任中共灵宝县焦村人民公社党委书记;1973年10月至1976年10月任中共灵宝县常务委员、县委副书记;1976年10月至1980年1月任中共灵宝县委委员、常务委员(期间1976年10月至1979年9月任中共灵宝县委副书记);1981年5月至1985年7月任灵宝县水电局副局长、协理员。

王忠泽

王忠泽,男,汉族,灵宝县西阎乡人。1971年8月至1976年10月任中共灵宝县常务委员;1974年3月至1976年10月兼任中共灵宝县焦村人民公社第一书记;1976年10月至1978年1月任中共灵宝县委委员、常务委员、共青团书记,兼任焦村人民公社第一书记。

王效云

王效云，男，汉族，1932年7月出生，灵宝县阳平镇裴张村人，初中文化程度，1949年8月参加工作，1952年10月加入中国共产党。1949年8月至1955年12月在灵宝县东常乡、阳平区委工作，任工作队员、组织委员、宣传干事、副政委等职；1956年1月至1957年1月在灵宝县人民委员会工作，任秘书；1957年2月至1959年1月任故县乡党委书记；1959年2月至1962年6月任灵宝县机械厂党委书记；1962年7月至1964年12月任故县公社党委副书记；1965年1月至1966年8月任四清工作队组长；1966年9月至1968年7月任灵宝县水利局支部书记、副局长；1968年8月至1972年5月在川口林场、灵宝水泵厂工作，任负责人、书记；1972年6月至1973年8月任中共灵宝县阳平人民公社党委书记、革委会主任；1973年8月至1976年10月任中共灵宝县焦村人民公社党委书记、革委会主任；1976年10月至1977年9月任焦村人民公社党委书记、革委会主任；1977年9月至1978年1月任苏村人民公社党委书记、革委会主任；1978年1月至1978年10月任涧口人民公社党委书记、革委会主任；1978年10月至1980年8月任阳店人民公社党委书记、革委会主任；1980年9月至1982年9月在灵宝县委农工部、县农委工作，任代部长、副主任；1982年10月至1984年9月任灵宝县政府办公室主任；1984年10月至1986年2月任灵宝县经联社副主任；1986年3月至1990年3月任灵宝县水电局局长、党委书记；1990年3月至1993年3月任灵宝县烟办主任。1993年4月离休，享受副县级待遇。

苏可智

苏可智，男，灵宝市尹庄镇尹庄村人。1955年12月至1956年10月，任灵宝县万渡中心乡党委书记；1956年10月至1958年8月任阳店乡党委书记；1958年8月至1966年12月先后任阳店人民公社、涧口人民公社党委书记；1968年1月至1976年10月任灵宝县涧口人民公社革命委员会主任；1970年6月至1976年10月任灵宝县虢略镇人民公社革命委员会主任、党委书记；1976年10月至1984年1月任焦村人民公社革命委员会主任、党委书记。

赵文义

赵文义，男，汉族，灵宝市西阎乡大闫村人。1964年11月至1966年5月任中共灵宝县阳平人民公社党委副书记；1966 年 7 月至 1968 年 1 月任阳平人民公社党委副书记；1970 年 5 月至 1972 年 12 月任阳平人民公社革委会副主任；1971 年 10 月至 1976 年 3 月任中共灵宝县阌底人民公社党委副书记；1976 年 3 月至 1976 年 10 月任中共灵宝县焦村人民公社党委副书记、革委会副主任；1976 年 10 月至 1979 年 1 月任焦村人民公社党委副书记；1979 年 1 月至 1979 年 10 月任焦村人民公社党委书记、革委会主任；1979 年 10 月至 1983 年 2 月任故县人民公社党委书记、革委会主任；1983 年 2 月至 1984 年 7 月任灵宝县农业委员会副主任、农业局局长；1985 年 12 月至 1987 年 11 月任灵宝县农业畜牧局协理员。

王振礼

王振礼，男，汉族，河南省孟津人。1966 年 9 月至 1968 年 1 月任阳平人民公社党委副书记；1968 年 1 月至 1972 年 12 月任阳平人民公社革委会副主任；1970 年 5 月至 1971 年 10 月任中共灵宝县寺河人民公社革委会核心小组组长；1971 年 10 月至 1976 年 10 月任中共灵宝县寺河人民公社党委第一书记；1976 年 10 月至 1979 年 1 月任寺河人民公社党委书记、革委会主任；1979 年 1 月至 1979 年 10 月任中共坡头人民公社党委书记；1979 年 10 月至 1982 年 8 月任焦村人民公社党委书记、革委会主任；1982 年 8 月至 1987 年 11 月先后任灵宝县科学技术委员会副主任、协理员；1986 年 9 月至 1987 年 11 月任灵宝县科教文卫工作委员会副主任；1987 年 11 月至 1990 年 2 月任灵宝县科教文卫工作委员会副主任。

孙育英

孙育英，男，汉族，灵宝市大王镇人。1976 年 6 月至 1976 年 10 月任中共灵宝县苏村人民公社党委副书记；1978 年 10 月至 1980 年 7 月任苏村人民公社党委副书记、革委会副主任；1980 年 7 月至 1982 年 8 月任大王人民公社副书记、革委会副主任；1982 年 8 月至 1984 年 1 月任焦村人民公社党委书记；1984 年 1 月至 1984 年 8 月任焦村乡党委书记；1984 年 9 月至 1986 年 8 月任灵宝县农村经济委员会副主任；1984 年 8 月至 1987 年 11 月任灵宝县农业畜牧局局长；1987 年 10 月至 1990 年 4 月任灵宝县农业局局长；1990 年 3 月至 1993 年 2 月任灵宝县第八届人民代表大会常务委员会副主任。

高西安

高西安，男，汉族，1947 年 7 月生，陕西省西安市人，1963 年 12 月参军入伍，1967 年 2 月加入中国共产党，大专文化。1963 年 12 月至 1978 年 10 月在中国人民解放军甘肃军区独立师服役；1978 年 10 月至 1990 年 12 月先后任焦村乡党委副书记、乡长、党委书记；1991 年 1 月至 1992 年 12 月任灵宝市人武部政委；1992 年 12 月至 1996 年 3 月任灵宝市委常委、人武部政委、政法委书记；1996 年 3 月至 2001 年 12 月任灵宝市委常委、政法委书记；2001 年 12 月任灵宝市人大常委会党组成员；2002 年 3 月至 2007 年 7 月任灵宝市人大常委会副主任；2007 年 7 月退休。

李好祥

李好祥，男，汉族，1949 年 8 月生，灵宝市大王镇人。1969 年至 1970 年在成都军区步兵 20 团服役；1970 年 11 月至 1973 年 7 月在四川省军区 7 团服役；1973 年 8 月至 1978 年 1 月在四川宜宾军分区任排长；1978 年 12 月至 1984 年 11 月在焦村乡任科员；1984 年 11 月至 1987 年 4 月任焦村乡党委副书记；1987 年 4 月至 1990 年 12 月任焦村乡党委副书记、乡长；1990 年 12 月至 1993 年 5 月任焦村乡党委书记、人大主席团常务副主席；1993 年 5 月至 1994 年 11 月任灵宝市司法局党支部书记、局长；1994 年 11 月至 1996 年 7 月任灵宝市司法局党支部书记；1996 年 7 月任司法局正科级协理员。

高运良

高运良，男，汉族，1955 年 4 月生，灵宝市尹庄镇前店村人。1974 年 7 月至 1978 年 4 月在尹庄镇政府工作；1978 年 4 月至 1980 年 6 月在灵宝师范语文专业学习；1980 年 6 月至 1981 年 9 月在灵宝十五中任教；1981 年 9 月至 1986 年 9 月在灵宝县政府办公室工作（期间，1984 年 6 年至 1986 年 7 月在河南广播电视大学党政管理干部专修班学习）；1986 年 9 月至 1987 年 2 月任朱阳镇副镇长；1987 年 2 月至 1990 年 5 月在县政府办公室工作（1987 年 2 月任副科级秘书，1988 年 5 月任副主任）；1990 年 5 月至 1992 年 6 月在三门峡市委办公室工作；1992 年 7 月至 1993 年 5 月任灵宝市委办副主任（正科）；1993 年 5 月至 1995 年 10 月在焦村镇工作（1993 年 5 月任党委副书记、镇长，1994 年 3 月任党委书记、人大主席）；1995 年 10 月至 1998 年 12 月任阳店镇党委书记、人大主席；1998 年 12 月至 2003 年 4 月任市委宣传部副部长

(2000年9月兼任文化局局长、总支书记,2002年3月任文化局党组成员、书记);2003年4月至2004年12月任经贸委主任、党委副书记;2004年12月至2006年7月任工业经济发展局局长、党组书记。

赵致祥

赵致祥,男,汉族,1952年5月19日出生,朱阳镇秦池村人,大专文化,1971年7月参加工作,1984年6月入党。1971年7月至1982年7月,在朱阳镇秦池中学任教;1982年9月至1984年7月,在洛阳师专学习;1984年8月至1988年2月,在灵宝三高任教;1988年3月至1991年7月,任灵宝县农委办公室主任;1991年8月至1995年9月,在灵宝县委办公室任秘书、副主任;1995年10月至1998年12月,任焦村镇党委书记、人大主席;1999年6月至2007年8月,任灵宝市纪委副书记、监察局局长、灵宝市人民政府党组成员。

王保炜

王保炜,男,1964年4月生,汉族,灵宝市尹庄镇人,大学本科学历,经济师。1983年7月参加工作,1987年5月加入中国共产党。1983年7月至1988年5月,任灵宝县寺河乡团委书记(期间:1985年9月至1987年7月,在中共三门峡市委党校大专班学习);1988年5月至1991年12月,在灵宝县委组织部工作(期间:1989年9月至1991年7月,在中共河南省委党校行政管理本科班函授学习);1991年12月至1995年3月,任程村乡党委副书记;1995年3月至1996年6月,任程村乡党委副书记、人大主席;1996年6月至1998年12月,任函谷关镇党委副书记、镇长;1998年12月至2001年11月,任焦村镇党委书记、人大主席;2001年11月至2006年6月,任豫灵镇党委书记、人大主席;2006年6月至2008年7月,任灵宝市窄口灌区管理局局长(副县级)、党委副书记;2008年7月至2009年9月,任灵宝市窄口水务管理局局长、党委副书记;2009年9月至2011年6月,任灵宝市人民政府党组成员、副市长(期间:2009年,在三门峡市平安建设工作中作出突出贡献,获三门峡市委、市政府嘉奖);2011年6月至2016年4月,任三门峡市湖滨区委常委,湖滨区政府常务副局长;2016年4月至2019年1月,任三门峡市住房和城乡建设局局长。

杭建民

杭建民,男,汉族,1961 年 11 月生,灵宝市阳店镇人,1982 年 8 月参加工作,1984 年 7 月加入中国共产党,大学文化。1982 年 8 月至 1985 年 3 月在灵宝县故县镇工作(期间:1984 年 2 月至 1985 年 3 月任故县镇副镇长);1985 年 3 月至 1988 年 9 月任灵宝县文指办副主任;1988 年 9 月至 1995 年 10 月任灵宝市五亩乡党委副书记,1992 年 10 月兼任乡长;1995 年 10 月至 2001 年 11 月任灵宝市窄口灌区工程指挥部党委委员、副指挥长,2000 年 6 月兼任窄口水库管理局局长、党总支副书记;2001 年 11 月至 2002 年 12 月任焦村镇党委书记、人大主席;2002 年 12 月至 2010 年 1 月任灵宝市人民政府办公室副主任,函谷关古文化旅游区管理处党委副书记、主任(期间:2007 年 8 月任函谷关古文化旅游区管理处党委书记);2010 年 1 月至 2010 年 12 月任灵宝市人民政府办公室副主任、函谷关古文化旅游区管理处党委副书记(期间:2010 年 9 月享受副县级待遇);2010 年 12 月至 2015 年 6 月任灵宝市人民政府党组成员、函谷关古文化旅游区管理处党委书记;2015 年 6 月至 2016 年 3 月任灵宝市人民政府党组成员;2016 年 3 月任政协灵宝市委员会党组成员、副主席(2020 年 2 月任三级调研员)。

伍春生

伍春生,男,汉族,1967 年 2 月出生,灵宝市五亩乡人,1987 年 7 月参加工作,1991 年 8 月入党。全日制教育:中原机械工业学校(中专),在职教育:中央党校经济管理专业(大学)。1985 年 8 月至 1987 年 7 月中原机械工业学校学习;1987 年 7 月至 1989 年 6 月在洛阳嘉陵摩托车厂任技术员;1989 年 6 月至 1995 年 7 月任灵宝市尹庄镇文教助理、团委书记;1995 年 7 月至 1997 年 8 月任灵宝市尹庄镇副镇长;1997 年 8 月至 1998 年 12 月任灵宝市尹庄镇党委委员、副书记;1998 年 12 月至 2000 年 12 月任河南省灵宝市阳店镇党委委员、副书记、镇长;2000 年 12 月至 2002 年 11 月任灵宝市焦村镇党委委员、副书记、镇长(期间:2000 年 8 月至 2002 年 12 月在中共中央党校经济管理专业函授学习并毕业);2002 年 11 月至 2003 年 4 月任灵宝市焦村镇党委书记、人大主席;2003 年 4 月至 2003 年 12 月任灵宝市焦村镇党委书记;2003 年 12 月至 2005 年 9 月任灵宝市焦村镇党委书记、人大主席;2005 年 9 月至 2006 年 3 月任灵宝市焦村镇党委书记;2006 年 3 月至 2011 年 6 月任灵宝市焦村镇党委书记、人大主席;2011 年 6 月至 2013 年 4 月任河南省陕县人民政府党组成员、副县长。2013 年 4 月 7 日,在河南新密市密州大道与嵩山大道交叉路口西500米处发生车祸,不幸殉职。

王先层

王先层,女,汉族,1968年3月生,灵宝市大王镇神窝村人,1988年9月参加工作,1993年1月加入中国共产党,在职研究生学历。1988年9月至2005年11月在故县镇工作,先后担任妇联副主席、主席,镇党委委员,副镇长,镇党委副书记等职务;2005年11月至2010年1月任灵宝市人口和计划生育委员会党组成员、副主任;2010年1月至2011年11月任焦村镇党委副书记、镇长;2011年11月至2012年3月任焦村镇党委书记、镇长;2012年3月至2014年9月任焦村镇党委书记、人大主席;2014年9月至2016年6月任朱阳镇党委书记、人大主席;2016年6月至2016年7月任灵宝市委党校常务副校长(副县级),朱阳镇党委书记、人大主席;2016年7月至2019年2月任灵宝市委党校党总支书记、常务副校长,市行政学校校长;2019年2月任灵宝市委党校正科级干部。

索　磊

索磊,男,汉族,1970年5月生,灵宝市阳平镇人。1987年9月至1990年7月,在三门峡市卫生职业中专医士专业学习;1990年7月至8月毕业待分配;8月至1999年9月灵宝市焦村镇工作(1992年11月任助理干事;1994年4月任干事;1999年9月至2003年12月,任灵宝市焦村镇党委委员;2003年12月至2006年3月任灵宝市焦村镇副镇长;2006年3月至2010年6月任灵宝市焦村镇党委委员、副镇长;2010年6月至2012年3月任灵宝市焦村镇党委副书记、纪委书记、人大副主席;2012年3月至2014年9月任灵宝市焦村镇党委副书记、镇长;2014年9月至2015年6月任灵宝市焦村镇党委书记、镇长;2015年6月至2016年12月任灵宝市焦村镇党委书记、人大主席;2016年12月至2019年4月任灵宝市故县镇党委书记(期间,2016年9月至2019年1月在国家开放大学行政管理专业大专班函授学习);2019年4月至2019年5月任灵宝市产业集聚区管委会副主任,故县镇党委书记;2019年5月至2020年6月任灵宝市产业集聚区党工委委员、管委会副主任,川口乡党委书记,市城东产业园党总支书记、管委会主任;2020年6月至2020年8月任灵宝市人大常委会党组成员、副主任,川口乡党委书记;2020年8月任灵宝市人大副主任、工会主席。

杨　娟

杨娟,女,1970 年 9 月生,灵宝市五亩乡人,中共党员,1991 年 7 月参加工作。1989 年 7 月至 1991 年 7 月在洛阳师范高等专科学校数学专业学习;1991 年 7 月至 1993 年 8 月在灵宝市五亩乡政府任科员;1993 年 8 月至 1998 年 10 月在灵宝市妇联会任科员;1998 年 10 至 1999 年 9 月在灵宝市焦村镇任办公室主任;1999 年 9 月至 2003 年 12 月在灵宝市函谷关镇党委委员(1999 年 8 月至 2001 年 12 月在中央党校经济管理专业本科班函授学习);2003 年 12 月至 2006 年 3 月任灵宝市函谷关镇政府副镇长; 2006 年 3 月至 2010 年 6 月任灵宝市函谷关镇任党委委员、副镇长; 2010 年 6 月至 2011 年 4 月任灵宝市函谷关镇党委副书记、纪委书记,人大副主席;2011 年 4 月至 2013 年 6 月任灵宝市大王镇党委副书记、纪委书记,人大副主席;2013 年 6 月至 2015 年 6 月任灵宝市苏村乡党委副书记,乡长;2015 年 6 月至 2016 年 12 月,任灵宝市苏村乡党委书记,人大主席;2016 年 12 月至 2017 年 2 月任灵宝市焦村镇党委书记;2017 年 2 月至 2019 年 6 月任灵宝市焦村镇党委书记、人大主席;2019 年 6 月至今任灵宝市焦村镇党委书记。2015 年 7 月荣获三门峡市三八红旗手荣誉称号;2016 年 1 月在“红旗渠精神杯”竞赛中授予嘉奖。

第十四章　焦村镇人民政府

第一节　人民代表大会

一、人大主席团

乡(镇)人民代表大会是乡(镇)基层政权的最高权力机关。乡(镇)人大代表名额按照基数为40名,每1500人增加1名代表名额的原则选举委员会确定。乡(镇)人民代表大会每届任期3年,会议的主要内容是审议通过本届乡(镇)人民政府工作报告、乡(镇)财政预决算执行情况报告、乡(镇)人大主席团工作报告,乡(镇)人大代表议案、建议、批评和意见办理情况报告。选举产生新一届人大主席团成员、主席、副主席及乡(镇)长、副乡(镇)长,推选人民陪审员,并通过相关决议。乡镇人大主席团是一级基层行政组织,多由乡镇党委书记或者副书记兼任主席,按规定应该有人大工作相关科室,但由于人员编制的限制,通常由党政办公室处理相关事务。平常召开乡镇人大主席团会议,就由党政办公室发放通知。

1990年1月,焦村乡开始设置乡人大主席团,主席先后有高西安、李好祥、王建民;副主席张解放。

1993年6月,焦村乡撤乡设镇,焦村镇人大主席团主席先后有王建民、赵致祥(兼)、王保炜(兼)、杭建民、伍春生、李建强、伍春生、强自义、伍春生、王仙层(女)、索磊、杨娟、王海涛;副主席王春荣(女)、骆书奎、强自义、索磊、张琳凡、康廷献。

历任人大主席更迭表

表14-1

姓名	性别	任职时间(年、月)	籍贯	备注
高西安	男	1990.1—1990.12	灵宝市大王镇	兼任
李好祥	男	1990.12—1993.2	灵宝市大王镇	兼任
王建民	男	1993.2—1997.3	灵宝市西闫乡	
赵致祥	男	1997.3—1998.12	灵宝市朱阳镇秦池村	兼任

续表 14-1

姓名	性别	任职时间(年、月)	籍贯	备注
王保炜	男	1998. 12—2001. 11	灵宝市尹庄镇留村	兼任
杭建民	男	2001. 11—2002. 11	灵宝市阳店镇下磑村	
伍春生	男	2002. 11—2003. 4	灵宝市五亩乡庄里村	
李建强	男	2003. 4—2003. 12	灵宝市川口乡湾底村	
伍春生	男	2003. 12—2005. 9	灵宝市五亩乡庄里村	
强自义	男	2005. 9—2006. 3	灵宝市阳平镇强家村	
伍春生	男	2006. 3—2011. 6	灵宝市五亩乡庄里村	
王先层	女	2011. 6—2014. 9	灵宝市大王镇神窝村	
索　磊	男	2014. 9—2016. 12	灵宝市阳平镇北营村	
杨　娟	女	2016. 12—2019. 6	灵宝市五亩乡	
王海涛	男	2019. 6—至今	河南省驻马店市上蔡县	

二、历届人代会

第九届人民代表大会

焦村镇第九届人民代表大会第一次会议于 1996 年 3 月 14 日召开,会议正式代表 72 名,实到代表 68 名,大会听取并审议通过了《政府工作报告》《人大主席团工作报告》《财政预决算(草案)报告》。选举产生人大主席 1 名,镇长 1 名,副镇长 4 名。

王建民同志当选为焦村镇第九届人民代表大会主席团主席;

白玉基同志当选为焦村镇第九届人民政府镇长;

王春荣(女)、张胜民、马项绳、孟占国当选为焦村镇第九届人民政府副镇长。

二次会议

焦村镇第九届人民代表大会二次会议于 1997 年 3 月 19 日召开,参加本次大会正式代表 74 人,列席代表 52 人,特邀代表 4 人。大会听取并审议通过了《政府工作报告》《人大主席团工作报告》《财政预决算(草案)报告》。选举产生人大主席 1 名,副主席 1 名,镇长 1 人。

赵致祥同志当选为焦村镇人民代表大会主席团主席;

王春荣(女)同志当选为焦村镇人民代表大会主席团副主席;

刘守宽同志当选为焦村镇人民政府镇长。

三次会议

焦村镇第九届人民代表大会于 1998 年 3 月 19 日召开了第三次会议，参加本次大会正式代表 72 人，列席代表 51 人，特邀代表 4 人。大会审议并通过了刘守宽同志作的《政府工作报告》，王春荣同志作的《人大主席团工作报告》，卯军仕同志报告了镇九届人大二次会议代表提案议案的办理情况。马项绳作了关于提案收集汇总情况的报告，九届人大三次会议共收到代表建议和批评意见 20 件。选举产生镇长 1 人。

吴创业同志当选为焦村镇第九届人民政府镇长。

第十届人民代表大会

焦村镇第十届人民代表大会于 1999 年 2 月 3 日在镇机关礼堂召开。参加本次大会的 74 名人大代表中，党员代表 48 人，占代表总数 65%；妇女代表 17 人，占代表总数 23%；干部代表 19 人，占代表总数的 26%；非党员代表 26 人，占代表总数 35%；科技人员代表 8 人，占代表总数 11%；年龄最小的 25 岁，最大的 56 岁，充分体现了代表的先进性和广泛性。另外，本次大会还有列席代表 51 人，特邀代表 3 人。在本次大会上，听取审议了吴创业同志代表上届政府作的《政府工作报告》；听取审议了王春荣同志代表上届人大主席团作的《人大主席团工作报告》，审议了彭绪民同志作的《关于焦村镇 1996 年—1998 年财政决算和 1999 年财政预算（草案）的报告》；审议了马项绳同志作的关于九届人大一次会议以来代表提案议案办理情况的报告。本次大会选举产生了十届人大主席团成员 7 人，人大主席 1 人，副主席 2 人；选举产生了镇长 1 人，副镇长 4 人。镇长、人大主席团和主席团成员选举为等额选举，副镇长、人大主席团副主席为差额选举。

王保炜同志当选为焦村镇第十届人民代表大会主席团主席；

王春荣（女）同志、骆书奎同志当选为焦村镇第十届人民代表大会主席团副主席；

王晓峰、刘焕林、姚忙科、徐新愿四位同志当选为焦村镇第十届人民代表大会主席团成员。

吴创业同志当选为焦村镇第十届人民政府镇长；

马项绳、李来存、李选举、李建强四位同志当选为焦村镇第十届人民政府副镇长。

二次会议

焦村镇第十届人民代表大会二次会议于 2000 年 4 月 25 日在镇机关礼堂召开，参加本次大会正式代表 71 人，列席代表 45 人，特邀代表 4 人。大会审议并通过了《政府工作报告》《人大主席团工作报告》《财政预决算（草案）报告》。大会听取了副镇长李选举所作的关于镇十届人大一次会议以来提案议案办理情况的报告,听取了副镇长强自义作的关于提案议案收集汇总情况的报告。

第十届人民代表大会第二次会议代表:

正式代表:杜贯兴、夏云草(女)、常石阳、翟建民、常汉民、李建强、赵天赦、王宝炜、陈榜民、张忠民、赵奔牛、牛军兴、阎邦录、杨绘霞(女)、常占慈、常香妮(女)、骆书奎、张春艳(女)、王春荣(女)、高建泽、王晓峰、赵建成、董银学、许美丽(女)、李文泽、关哲法、薛群贵、尚应荣(女)、杨培民、杨英佳、耿浩英(女)、姚忙科、姚花层(女)、纪占牢、李亚峰(女)、贺天性、王君兴、王榜军、梁勤风、李瑞杰、彭绪民、李运孝、庞跃功、王道春、李艳红(女)、梁仕会、阳犬牢、任淑芳(女)、刘汉杰、王选祥、温振民、仇银霞(女)、李守业、陈榜森、陈彦士、王华斌、吕风勤(女)、薛启明、杨海瑞、李建朝、吴创业、徐新愿、汪世明、李世运、曾欢丽(女)、李选举、王可立、李银霞(女)、刘焕森、杨好勇、杨海霞(女),共 71 人。

列席代表:翟榜星、屈战国、王立中、李拴子、冯启芳、许偏行、张治业、姚悟林、杨宗孝、尚榜慈、高清明、高灵敏、吕秋照、李春校、王英瑞、王道六、杨万森、武亮东、李云生、薛保国、强自义、纪敏孝、李来存、张安民、严江菊(女)、段建强、索磊、武臻恒、许万江、马敏忠、崔瑞莲(女)、张灵刚、许建平、张天民、张书铭、刘增旺、尚云波、杨好敏、闫发佐、杨卫华、王楠林、勾平均、赵福敏、常应时、李青林,共 45 人。

特邀代表:王建民、陈广治、李宽录、王建忠 4 人。

三次会议

焦村镇第十届人民代表大会三次会议于 2001 年 3 月 31 日召开,大会经过讨论一致通过伍春生同志作的《政府工作报告》,王春荣同志作的《人大主席团工作报告》,彭绪民同志作的《财政预决算(草案)报告》。选举产生了镇长 1 人。

伍春生同志当选为焦村镇人民政府镇长。

第十一届人民代表大会

焦村镇第十一届人民代表大会于 2002 年 5 月 25 日在镇机关礼堂召开。参加本次大会的 75 名人大代表中,党员代表 48 人,占代表总数 65%;妇女代表 22 人,占代表总数 30%;干部代表 13 人,占代表总数 18%;非党员代表 26 人,占代表总数 35%;科技人员代表 8 人,占代表总数 11%;年龄最小的 23 岁,最大的 59 岁,体现了代表的先进性和广泛性。在这次大会上,听取审议了伍春生同志作的《政府工作报告》,听取审议了王春荣同志作的《人大主席团工作报告》,审议了彭绪民同志作的《关于 1999—2001 年财政决算和 2002 年财政预算(草案)的报告》,审议了李来存同志作的关于十届人大一次会议以来代表提案建议办理情况的报告。本次大会选举十一届人大主席团成员 8 人,人大主席团主席 1 人、副主席 2 人,选举镇长 1 人、副镇长 4 人。镇长选举采取等额选举办法,副镇长采取差额选举办法,选举采取无记名投票方式进行。

杭建民同志当选为焦村镇第十一届人民代表大会主席团主席;

王春荣(女)同志、骆书奎同志当选为焦村镇第十一届人民代表大会主席团副主席;

纪拴鱼、杨好勇、李建强、赵有胜、闫榜治、梁仕会、曾欢丽、薛孝文八位同志当选为焦村镇第十一届人民代表大会主席团成员。

伍春生同志当选为焦村镇第十一届人民政府镇长;

李来存、张安民、纪敏孝、李赞峰四位同志当选为焦村镇第十一届人民政府副镇长。

焦村镇第十一届人民代表大会一次会议代表:

东村村:张榜、夏云革(女)、杜贯兴;史村村:曾欢丽(女)、翟榜兴;杨家村:王育娥(女)、杨东民、伍春生;武家山村:赵雷生;王家村:李彩凤(女);张家山村:张群榜;赵家村:赵军榜、常石阳;滑底村:王金凤(女);乡观村:闫焕文、闫榜治、杨绘霞(女);南安头村:李巧鱼、李建强、常赞慈;辛庄村:庞增义;北安头村:高犬盈;李家坪村:薛孝文;柴家原村:张治业;姚城村:李冉草(女);水泉源村:杨英革;高家庄村:高清明;纪家庄村:纪拴鱼、张引霞(女)、骆书奎;沟东村:尚应荣(女)、杨继时;尚庄村:尚敏学;焦村村:李英强、王金娥(女);西章村:梁相科、李亚峰(女);坪村村:王雷刚;西常册村:李运参;卯屯村:李伟朋(女)、梁仕会、耿浩英;东常册村:彭绪民、李春孝、尚锁峰;秦村村:李文亚(女);万渡村:杨万森、张少敏;塔底村:刘孝义;乔沟村:王天祥;贝子原村:王淑萍(女)、焦应斌;巴娄村:王石宁、郭增让、仇银霞(女);南上村:李守业、朱赞平、王春荣(女);马村村:赵有胜、杨月桂(女);罗家村:倪中益、冯少阳(女);东仓村:强自义、薛宝国、赵自尚;李家山村:李建朝;镇机关:杭建民、纪占牢、王敏刚;卫生院:张岩;派出所:王可立;电信支局:张江宁(女);中心小学:刘增旺;镇一中:李玉霞(女);镇教办:杨好勇,共 75 人。

列席代表:李来存、纪敏孝、冯来法、陈榜民、郭英朝、罗密岐、严江岐、赵继宋、索 磊、姚悟林、张安民、段建强、李运孝、赵来顺、许正化、吕秋照、屈聪生、王孝民、李赞锋、王普选、李云生、汪世明、林宝平、康廷献、王生芳、张科赞、杨苗丰、蒋沛然、范参军,共 29 人。

特邀代表:王建民、陈广治、张长有、杨建儒、梁永正、高运孝共 6 人。

二次会议

第十一届人民代表大会第二次会议于 2003 年 6 月 3 日召开,与会出席代表 73 人,列席代表 32 人,特邀代表 7 人。大会听取并审议通过了《政府工作报告》《人大主席团工作报告》《财政预决算(草案)报告》。会议选举产生了焦村镇人民政府镇长 1 人,焦村镇第十一届人民代表大会主席团主席 1 人。

李建强同志当选为焦村镇人民代表大会主席团主席;

李知恒同志当选为焦村镇人民政府镇长。

三次会议

第十一届人民代表大会第三次会议于 2004 年 3 月 9 日召开,与会出席代表 72 人,列席代表 34 人,特邀代表 9 人。大会听取并审议通过了《政府工作报告》《人大主席团工作报告》《财政预决算(草案)报告》。选举产生焦村镇第十一届人民代表大会主席团主席 1 人。

伍春生同志当选为焦村镇人民代表大会主席团主席。

四次会议

第十一届人民代表大会第四次会议于 2005 年 3 月 12 日召开,与会出席代表 71 人,列席代表 39 人,特邀代表 9 人。大会听取并审议通过了《政府工作报告》《人大主席团工作报告》《财政预决算(草案)报告》。

五次会议

第十一届人民代表大会第五次会议于 2006 年 4 月 1 日召开,与会出席代表 70 人,列席代表 48 人。大会听取并审议通过了《政府工作报告》《人大主席团工作报告》《财政预决算(草案)报告》。选举产生焦村镇第十一届人民代表大会主席团副主席 1 人;选举产生了焦村镇出席灵宝市第十一届人大代表 19 人。

强自义同志当选为焦村镇人民代表大会主席团副主席。

第十二届人民代表大会

焦村镇于 2007 年 4 月 24 日召开了焦村镇第十二届人民代表大会第一次会议。正式代表 75 人,列席代表 26 人。会议听取了李知恒同志作的《政府工作报告》;听取了伍春生同志作的《人大主席团工作报告》;审议通过了政府、人大主席团和财政预决算三个报告决议;听取了李赞峰同志作代表提案、议案收集情况的报告;依法选举产生了焦村镇人大主席团主席、副主席、主席团成员和人民政府镇长、副镇长。

伍春生同志当选为焦村镇第十二届人大主席团主席；

强自义同志当选为焦村镇第十二届人大主席团副主席；

杨好勇、张长有、张岩、张项锋、屈纪民、武亮东、耿浩英七位同志当选为焦村镇第十二届人大主席团成员。

李知恒同志当选为焦村镇第十二届人民政府镇长；

张安民、李赞峰、索磊、薛玉荣、彭志民五位同志当选为焦村镇第十二届人民政府副镇长。

焦村镇第十二届人民代表大会第一次会议代表：

东村村：孙富生、夏云草（女）、杜小立；史村村：翟宪民；杨家村：杨赞波、杨淑宁（女）；武家山村：赵革民；王家村：张文波；张家山村：李肖刚；赵家村：赵军榜；滑底村：冯吉丁、耿浩英（女）；乡观村：屈纪民、闫焕文、杨绘霞（女）；南安头村：任玉芳（女）、常增计；辛庄村：岳明申；北安头村：焦占云（女）；柴家原村：张项锋；姚城子村：董银学、李再锋；水泉源村：杨金斗；纪家庄村：薛晓妮（女）、李江革；沟东村：杨安有；尚庄村：尚永强；高家庄村：高清明；焦村村：张长有、张亚民、张亚芳（女）；西章村：李亚峰、吕书杰；坪村村：王孝民、梁赞娥（女）；卯屯村：梁仕会、卯奎朝、纪占牢；东常册村：李春孝、杨彩民（女）、陈荣刚；西常册村：李运孝；秦村村：赵英杰、强自义；常卯村：王道春；万渡村：杨建雄、杨敏霞（女）、杨项民；塔底村：何普学；贝子原村：王勤劳；巴娄村：武亮东、仇银霞（女）、纪斌强；南上村：李守业、李知恒；马村村：赵有胜；罗家村：王登波、罗亮凤（女）、李密选；东仓村：赵锁祥、赵继红（女）；乔沟村：唐孝前；李家山村：李增超；卫生院：张岩；工商所：张科赞；信用社：杨艳峰（女）；派出所：袁灵杰；中心学校：杨好勇；镇一中：余国英（女）；镇二中：屈转照；镇机关：伍春生、康廷献、陈榜森；企业：张拴旺、李世运，共75人。

列席代表：杜创英、杨建儒、薛玉荣、崔雷风、高犬盈、杨英格、纪拴鱼、杨继时、赵本参、李赞锋、熊净和、吕选录、张安民、南彦博、刘卫军、焦应斌、李建朝、彭志民、赵秀丽、赵瑞东、王生芳、何向龙、董志超、郭宏伟、索磊、杨占强，共26人。

二次会议

焦村镇于2008年3月26日在焦村镇机关礼堂召开了焦村镇第十二届人民代表大会第二次会议。正式代表73人，列席代表26人。会议听取了李知恒同志作的《政府工作报告》；听取了伍春生同志作的《人大主席团工作报告》；审议通过了政府、人大主席团和财政预决算三个报告决议;听取了李赞峰同志作代表提案、议案收集情况的报告;依法选举产生了焦村镇人民政府镇长。

黄宝鸿同志当选为焦村镇第十二届人民政府镇长。

三次会议

2009年4月2日在镇机关礼堂召开焦村镇第十二届人民代表大会第三次会议。正式代表72人,列席代表33人。会议听取审议了黄宝鸿同志作的《政府工作报告》;听取审议了强自义同志作的《人大主席团工作报告》;审议了李再锋同志作的《财政预决算工作报告》。

四次会议

2010年3月28日在东村阳光农业山庄召开焦村镇第十二届人民代表大会第四次会议。大会应到正式代表72人,实到正式代表65人,列席代表42人。会议听取审议了《政府工作报告》《人大主席团工作报告》《财政预决算工作报告》。经组织提名,代表酝酿讨论,无记名投票表决,选举产生了焦村镇人民政府镇长1人。

王先层同志当选为焦村镇人民政府镇长。

五次会议

2011年3月19日在东村阳光生态山庄召开焦村镇第十二届人民代表大会第五次会议。大会应到正式代表71人,实到正式代表65人,列席代表35人。会议主要议程:一是听取审议王先层同志所作的《政府工作报告》;二是听取审议了镇人大主席团主席伍春生同志所作的《焦村镇人大主席团工作报告》;三是经过审议,同意镇财政所所长苏畔江所作的《焦村镇2010年财政预算执行情况和2011年财政预算(草案)》的报告。经组织提名,代表酝酿讨论,无记名投票表决,选举产生了焦村镇人大主席团副主席1人。

索磊同志当选为焦村镇人大主席团副主席。

第十三届人民代表大会

2012年3月29日在东村阳光生态山庄会议室召开焦村镇第十三届人民代表大会第一次会议。正式代表75人,列席代表30人。会议听取审议了索磊同志作的《政府工作报告》;听取审议了王先层同志作的《人大主席团工作报告》;审议了《焦村镇人民政府关于镇十二届人大五次会议代表建议、批评、意见办理情况的报告》;审查批准了苏畔江作的《焦村镇2011年财政预算执行情况和2012年财政预算(草案)的报告》;选举产生了焦村镇人大主席团主席、主席团成员;选举产生了焦村镇人民政府镇长、副镇长。

王先层同志当选为焦村镇第十三届人民代表大会主席团主席；

王先层、索磊、朱自安、李锁森、杨民强、张项锋、耿浩英、翟榜兴等八位同志当选为焦村镇第十三届人民代表大会主席团成员。

索磊同志当选为焦村镇第十三届人民政府镇长；

彭志民、杨占强、薛玉荣、谢许吉、朱献辉五位同志当选为焦村镇第十三届人民政府副镇长。

焦村镇第十三届人民代表大会第一次会议代表：

东村村：孙富生、夏云草（女）、李万治；史村村：翟榜兴；杨家村：王先层（女）、杨赞波；武家山村：赵革民；王家村：张文波；张家山村：李肖刚；赵家村：赵军榜；滑底村：冯泽生、耿浩英（女）；乡观村：杨绘霞（女）、屈新民、闫焕文；南安头村：常文举；辛庄村：索磊、荆娟萍（女）；北安头村：高泽民；柴家原村：张项峰；姚家城村：苏畔江、李冉草（女）；李家坪村：吕春师；水泉源村：赵继红（女）、杨金斗；纪家庄村：张引霞（女）、李建祥、纪赞革；沟东村：杨海森；尚庄村：尚永强；高家庄村：高清明；焦村村：王保才、张亚民、张亚芳（女）；西章村：杜艳琴（女）、梁占芳；坪村村：常赞慈；卯屯村：纪斌强、卯奎朝、李伟朋（女）；东常册村：李锁森、李高军；西常册村：李选奇、卢瑞格（女）；秦村村：王转青（女）；常卯村：王道春；万渡村：杨建雄、阳赞苗（女）、赵万立；塔底村：刘有民；贝子原村：焦应斌；巴娄村：武亮东、吴少民、仇银霞（女）；南上村：彭志民、朱自安、李守业；罗家村：王登波、王艳华（女）、冯少阳（女）；东仓村：薛宝国、陈荣刚；乔沟村：王高泽；李家山村：李建朝；派出所：杨民强；卫生院：何社军、马淑蓓（女）；工商所：张科赞；教育：建艳红（女）、刘增旺、李小明；镇机关：汪世明；企业：康克隆、王敬国、陈年太，共75人。

列席代表：杜创英、杨建儒、闫赞超、薛玉荣、张社森、高运孝、姚梧林、杨英格、张军锋、程金仓、杨占强、董军鹏、朱献辉、张长有、王红太、梁永正、赵英杰、谢许吉、张拴旺、杨卫华、罗增顺、李建升、康廷献、王生芳、张建龙、王沛、李团结、齐宽民、王冰毅、熊净和，共30人。

二次会议

2013年3月15日，焦村镇召开了镇第十三届人民代表大会二次会议。共有74名正式代表、32名列席代表参加了此次会议。会议听取和审议了焦村镇人民政府的《政府工作报告、决议》；听取和审议了焦村镇人大主席团的《人大主席团报告、决议》；审议了焦村镇人民政府关于镇十三届人大一次会议代表建议、批评、意见办理情况的报告；审查和批准了《焦村镇2012年财政决算及2013年财政预算情况的报告》。

三次会议

2014年3月6日,焦村镇召开第十三届人民代表大会第三次会议,共有72名正式代表,其中妇女代表18名。列席代表33人参加了此次会议。会议审议通过了索磊同志作的《政府工作报告》;王先层同志作的《人大主席团工作报告》;苏畔江同志作的《焦村镇2013年财政预算执行情况和2014年财政预算(草案)的报告》;审议了第十三届人大第二次会议建议、批评、意见办理情况的报告,选举张琳凡同志为焦村镇第十三届人民代表大会主席团副主席。

四次会议

2015年7月13日在东村阳光生态山庄召开焦村镇第十三届人民代表大会第四次会议。大会应到正式代表71人,其中妇女代表16人。听取并审议了镇长张琳凡同志代表镇人民政府所作的《政府工作报告》;听取并审议了镇十三届人大主席团主席索磊同志所作的《焦村镇人大主席团工作报告》;审查和批准苏畔江同志所作的《财政预决算报告》;会议听取和审议了焦村镇人民政府关于第十三届人大第三次会议建议、批评、意见办理情况的报告;会议选举了镇人大主席团主席、副主席和镇人民政府镇长。

索磊同志当选为焦村镇第十三届人大主席团主席;

张琳凡同志当选为焦村镇第十三届人民政府镇长;

康廷献同志当选为焦村镇第十三届人大主席团副主席。

五次会议

2016年3月17日在东村阳光生态山庄召开焦村镇第十三届人民代表大会第五次会议。大会正式代表70人,其中妇女代表16人,列席代表39人。大会认真听取并审议了镇长张琳凡同志代表镇人民政府所作的《政府工作报告》;听取并审议了镇十三届人大主席团主席索磊同志所作的《焦村镇人大主席团工作报告》;同意镇财政所所长苏畔江所作的《焦村镇2015年财政预算执行情况和2016年财政预算(草案)》的报告;听取和审议焦村镇人民政府关于第十三届人大第四次会议建议、批评、意见办理情况的报告。

第十四届人民代表大会

焦村镇第十四届人民代表大会第一次会议于2017年3月16日举行。参加正式代表75人,其中女代表20人。会议审议讨论了张琳凡同志作的焦村镇第十三届人民政府工作报告,结合讨论,提出意见和建议;审议讨论了杨娟同志作的焦村镇第十三届人大主席团工作报告,结合讨论,提出意见和建议。会议选举了焦村镇第十四届人大主席1人,人大副主席1人,主席团成员7名;选举了焦村镇第十四届人民政府镇长1人、副镇长4人。

杨娟当选为焦村镇第十四届人大主席;

康廷献当选为人大副主席;

赵娜娜、杨雪茹、徐向泽、翟榜兴、杨建雄、杨英格、梁永正当选为人大主席团成员。

张琳凡当选为焦村镇第十四届人民政府镇长;

赵继红、张世伟、李晓晓、张拴旺当选为副镇长。

代表名单:

东村村:赵娜娜(女)、孙富生、李万治;乡观村:杨绘霞(女)、闫万森、屈园园;滑底村:冯文宗、王金凤(女);史村村:翟榜兴;杨家村:杨赞波、王秀梅(女);武家山村:赵革民;王家村:张文波;张家山村:李晓刚;赵家村:赵军榜;南安头村:常国武、常选民;李家坪村:赵治民;北安头村:高泽民、武文娟(女);柴家原村:张项峰;沟东村:杨项勤、杨雪茹(女);尚家庄村:尚中国;纪家庄村:纪赞革、张元妮(女)、张江民;辛庄村:王振平、吕巧霞(女);高家庄村:高清明;姚家城村:张琳凡、赵秋苗(女);水泉源村:杨英格、苏畔江;焦村村:王保才、张亚民、李卫芳(女);西章村:梁占芳、冷风枝(女);坪村村:常赞慈、王满刚;西常册村:李选奇;卯屯村:梁永正、李伟朋(女);东常册村:李春孝;秦村村:赵英杰;常卯村:王道春;万渡村:杨娟(女)、杨建雄、王赞茹(女);塔底村:刘有民、纪江波;贝子原村:焦应斌;乔沟村:王高泽;李家山村:李江峰;马村村:赵尚学;巴娄村:温振民、仇银霞(女)、王茂森;南上村:朱自安、寇拴仕;罗家村:王登波、王卫萍(女);东仓村:康廷献、薛宝国;镇直:徐向泽、常保春、李艳红(女);教育:李民强、杭树珍、纪晓晓(女);镇机关:苏岩卉(女);企业:孟凡伟、席帅锋;居民小区:贾娟茹(女),共75人。

参加灵宝市十四届人民代表大会代表:

张长有、严过慈、杜创英、李玉林、王婵妮(女)、冯站军、高运孝、纪启森、姚梧林、张琳凡、王红太、李全青(女)、杨娟(女)、阳满增、倪甜甜(女)、李戈、侯乐见、王海红(女),共18人。

三次会议

焦村镇第十四届人民代表大会第三次会议于2018年3月26日举行。参加正式代表74人,其中女代表20人。会议听取了赵少伟同志作的政府工作报告;听取了杨娟同志作的人大主席团工作报告;审议了财政预决算报告(书面);审议了第十四届人大第三次会议建议、批评、意见办理情况的报告(书面);听取了代表提案意见建议收集情况报告;选举产生了焦村镇第十四届人民政府镇长。

赵少伟当选为焦村镇第十四届人民政府镇长。

五次会议

焦村镇第十四届人民代表大会第五次会议于2019年5月16日举行。参加正式代表73人,其中女代表20人。会议听取了赵少伟同志作的政府工作报告;听取了杨娟同志作的人大主席团工作报告;审议了财政预决算报告(书面);审议了第十四届人大第五次会议建议、批评、意见办理情况的报告(书面);听取了代表提案意见建议收集情况报告。

六次会议

焦村镇第十四届人民代表大会第六次会议于2019年7月23日举行。参加正式代表75人,其中女代表19人。会议选举产生了焦村镇人大主席、焦村镇人民政府镇长、副镇长。

王海涛当选为焦村镇人大主席;

李国旺当选为焦村镇人民政府镇长;

张文浜、蔡伟、杜军、汪安文分别当选为焦村镇人民政府副镇长。

第二节　人民政府

一、组织沿革

1947年9月,中国人民解放军第一次解放了灵宝,灵宝县人民民主政府成立了四区(破胡)区政府,时任区长张逸廉、史文鉴,副区长李清、段世智、张逸廉。

1949年6月,中国共产党领导的中国人民解放军第二次解放了灵宝。1949年10月1日,中华人民共和国成立,灵宝县政府下辖七个区政府,焦村镇境域隶属破胡区,时任区长李海清。

1950年1月,各区名称以数字为序,破胡区改称四区,期间1952年7月,区政府驻地由破胡村迁址焦村。时任区长先后有狄俊民、杜有道、张守财、姬庆厚,副区长孙生润、姬庆厚,第一副区长杨云鹏,第二副区长薛志英(女)、吉长荣。

1954年9月,阌乡县辖区并入灵宝县,全县下设12个区政府1个镇政府,四区人民政府驻地机关由焦村迁址水泉城村,时任副区长杜克侃、杨云鹏、薛志英(女)。

1955年9月,区号名称改数字为地名,四区改称水泉城区,时任区长尚友三,副区长薛志英(女)。

1955 年 12 月，区人民政府被撤销。1956 年 1 月，焦村镇境域设焦村、万渡两个中心乡人民委员会。时任焦村中心乡乡长薛志英(女)、副乡长任登科；万渡中心乡乡长余安才、副乡长庞天喜。

1956 年 10 月，撤销中心乡建置，重设区、镇、乡建置。时任焦村乡乡长常项明、副乡长任登科；时任万渡乡乡长杨亭(女)、副乡长庞天喜。

1957 年 3 月，焦村乡改称西章乡，驻地焦村，同时将万渡乡并入西章乡。时任西章乡乡长余安才、副乡长杨亭(女)。

1958 年 8 月，实行政、社合一的人民公社建置，西章乡改称西章人民公社。社长先后有余安才、王志贤、谷子英、焦解书；副社长先后有王志贤、李湖水、梁起群、孙振国、董侃、郭勤红(女)、刘子敬、任玉亮、薛鸿喜、张立身、杨亭(女)、索好旺。

1966 年 5 月，进入“文化大革命”初期，西章人民公社改称焦村人民公社。1966 年 8 月，“文化大革命”进入高潮，此时期的社长焦解书，副社长先后有张立身、杨亭(女)、索好旺、周世英、郭勤红(女)。

1968 年，伴随着“文化大革命”的深入发展，2 月焦村人民公社革命委员会成立，历任革委会主任的先后有楚公伟、王效云，副主任先后有焦解书、周世英、徐益顺、卯豁然、谢玉锁、赵金卯、杨亭(女)、翟安未、王醒民、赵文义、王长戌、张天池。

1976 年 10 月，结束了十年动乱的“文化大革命”，焦村人民公社革命委员会主任先后有王效云、苏可智、赵文义、王振礼，副主任先后有翟安未、杨亭(女)、王醒民、张天池、赵金卯、王长戌、张宽礼、强书勤、焦民丰、孙万科、阎安仁、李安民、张云峰、陈广治、张高登。

1981 年 1 月，人民公社革命委员会改为人民公社管理委员会，焦村人民公社管理委员会主任先后有张宽礼、赵苟旺，副主任先后有焦民丰、孙万科、张云峰、陈广治、张高登、李安民、孙忠芳、杨兴春、马引来。

1984 年 1 月，实施行政体制改革，改人民公社为乡，生产大队为行政村。焦村乡历任乡长先后有高西安、陈宽金、雷振兴、李好祥、张耀烈、高运良，副乡长先后有刘传增、王瑞斌、王宝学、马君发、王占荣、赵彦文、王建民、张应池、李建强、王春荣(女)、张胜民，协理员先后有王长戌、陈广治、王惠民。

1993 年 6 月，焦村乡撤乡设镇，焦村乡人民政府改称焦村镇人民政府，历任镇长先后有高运良、白玉基、刘守宽、吴创业、伍春生、李知恒、黄宝鸿、王先层(女)、索磊、张琳凡、张少伟、李国旺；副镇长先后有赵彦文、李建强、王春荣(女)、张胜民、马项绳、孟占国、马创建、李选举、李来存、强自义、张安民、李赞锋、纪敏孝、索磊、薛玉荣、彭志民、朱献辉、杨占强、谢许吉、樊志刚、康廷献、张革龙、赵娜娜、赵继红、张世伟、李晓晓、张拴旺、张文浜、蔡伟、杜军、汪安文。

政府历任领导更迭表

表 14-2

姓名	性别	职务	任职时间(年、月)	籍贯	备注
张逸廉	男	区长	1947.9—1948.6		灵宝县四区
史文鉴	男	区长	1948.6—1949.3		灵宝县四区
李海清	男	区长	1949.10—1950.1		灵宝县破胡区
狄俊民	男	区长	1950.1—1950.12		灵宝县四区
杜有道	男	区长	1950.12—1951.7	灵宝市阳店镇杜家沟村	灵宝县四区
张守财	男	区长	1951.8—1952.7		灵宝县四区
姬庆厚	男	区长	1952.12—1953.5		灵宝县四区
(未设)			1954.10—1955.9		灵宝县四区
尚友三	男	区长	1955.9—1955.12		灵宝县水泉城区
薛志英	女	乡长	1956.1—1956.10		灵宝县焦村中心乡
余安才	男	乡长	1956.1—1956.10		灵宝县万渡中心乡
常项明	男	乡长	1956.10—1957.3		灵宝县焦村乡
杨　亭	女	乡长	1956.10—1957.3	灵宝市焦村镇万渡村	灵宝县万渡乡
余安才	男	乡长	1957.3—1958.8		灵宝县西章乡
余安才	男	社长	1958.8—1960.10		灵宝县西章人民公社
王志贤	男	社长	1960.10—1961.12		灵宝县西章人民公社
谷子英	男	社长	1961.12—1962.5		灵宝县西章人民公社
焦解书	男	社长	1962.5—1966.5	灵宝市大王镇冯佐村	灵宝县西章人民公社
焦解书	男	社长	1966.5—1968.1	灵宝市大王镇冯佐村	灵宝县焦村人民公社

续表 14-2

姓名	性别	职务	任职时间(年、月)	籍贯	备注
楚公伟	男	主任	1968. 2—1973. 8		灵宝县焦村人民公社革委会
王效云	男	主任	1973. 8—1977. 9		灵宝县焦村人民公社革委会
苏可智	男	主任	1978. 6—1979. 1		灵宝县焦村人民公社革委会
赵文义	男	主任	1979. 1—1979. 10		灵宝县焦村人民公社革委会
王振礼	男	主任	1979. 10—1981. 1		灵宝县焦村人民公社革委会
张宽礼	男	主任	1981. 1—1983. 7		灵宝县焦村人民公社管委会
赵荀旺	男	主任	1983. 2—1984. 1		灵宝县焦村人民公社管委会
高西安	男	乡长	1984. 2—1985. 7		灵宝县焦村乡
陈宽金	男	乡长	1985. 7—1985. 11		灵宝县焦村乡
雷振兴	男	乡长	1985. 12—1987. 2		灵宝县焦村乡
李好祥	男	乡长	1987. 2—1990. 12	灵宝县大王镇	灵宝县焦村乡
张耀烈	男	乡长	1990. 12—1991. 1(代) 1991. 1—1993. 5	灵宝县大王镇	灵宝县焦村乡
高运良	男	乡长	1993. 5—1993. 6	灵宝市尹庄镇	灵宝市焦村乡
高运良	男	镇长	1993. 6—1993. 7(代) 1993. 7—1994. 4	灵宝市尹庄镇	灵宝市焦村镇
白玉基	男	镇长	1994. 4—1996. 7	灵宝市西闫乡	灵宝市焦村镇
刘守宽	男	镇长	1996. 7—1997. 3(代) 1997. 3—1998. 3	灵宝市川口乡	灵宝市焦村镇
吴创业	男	镇长	1998. 3—2001. 1	灵宝市阳店镇	灵宝市焦村镇
伍春生	男	镇长	2001. 1—2002. 11	灵宝市五亩乡	灵宝市焦村镇
李知恒	男	镇长	2003. 4—2007. 8	灵宝市苏村乡	灵宝市焦村镇
黄宝鸿	男	镇长	2007. 8—2010. 1	灵宝市阳平镇	灵宝市焦村镇
王先层	女	镇长	2010. 1—2012. 3	灵宝市大王镇	灵宝市焦村镇

续表 14-2

姓名	性别	职务	任职时间(年、月)	籍贯	备注
索　磊	男	镇长	2012. 3—2015. 6	灵宝市阳平镇	灵宝市焦村镇
张琳凡	男	镇长	2015. 6—2017. 8	灵宝市苏村乡	灵宝市焦村镇
赵少伟	男	镇长	2017. 12—2019. 5	灵宝市大王镇	灵宝市焦村镇
李国旺	男	镇长	2019. 6—至今	河南省卢氏县	灵宝市焦村镇

第三节　内设机构

一、设置沿革

1956 年 1 月至 1957 年 3 月的焦村乡、万渡乡,1957 年 3 月至 1958 年 7 月的西章乡,乡政府分别设置正、副乡长;下设文书、民政股、武装股、调解股、生产股等。

1958 年 8 月,西章人民公社机构设置分人民公社党委会和管理委员会。人民公社党委会下设党委办公室、组织部、宣传部、营(管理区)总支部、连(大队)支部,设置党委书记、副书记、组织委员、宣传委员、党委秘书、营总支书记、连支部书记等。人民公社管理委员会下设办公室、工业交通部、农业水电部、财政贸易部、文教卫生部、公安政法部、人民武装部、营(耕作区)、连(大队),设置社长、副社长、营长、连长。连下面设排(生产队)、班(作业组)。

1961 年 11 月,废除军事化管理,西章人民公社对下辖的各生产大队实行“四固定(劳动力、土地、牲畜、家具)”。

1968 年 2 月,焦村人民公社革命委员会成立,革委会设置主任、副主任、委员,下设政工组、军管组、办事组、农业组(抓革命促生产领导小组)、财贸统管组、宣教组等。

1984 年 1 月,行政体制改革,恢复乡镇辖村建制。焦村人民公社改称焦村乡人民政府,设置正、副乡长;乡辖行政村,行政村设村委会主任、副主任。

1995 年 10 月,焦村镇政府设镇长 1 人,副镇长 3 至 5 人。内设机构有党政办公室、城乡建设委员会、农业生产办公室、计划生育委员会、乡镇企业委员会、黄金矿业公司、财政所、民政所、司法所、综合治理办公室、教育办公室、园艺办公室、农经审计站、统计站、土地所、环保所、环卫所、敬老院、救灾扶贫储金会等 20 余个单位。乡镇政府下辖行政村。同年,焦村镇根据灵宝市统一安排,设置 3 个综合办事机构、5 个综合事业单位和2个派出机构。镇机关行政编制精简27%。3个综合办事机构为:党委办公室、政府办公室和负责经济工作的办公室。5个综合事业单位:(一)撤销农经站、农技站、农机站、水利站、畜牧兽医站、林技站、园艺站,组建“农业服务中心”,实行财政差额预算管理;(二)撤销广播站、文化站、教办,组建“文化教育服务中心”,实行财政差额预算管理;(三)撤销土地管理所、建设管理所,组建“村镇建设发展中心”,实行财政全额预算与收支两条线管理;(四)计划生育技术指导站更名为“计划生育技术服务中心”,实行财政全额预算与收支两条线管理;(五)根据工作需要,保留各乡镇财政所(农税所),实行财政全额预算管理。2个派出机构为镇公安派出所、镇司法所。

1997年至2002年,焦村镇内设机构有党政办、信访办、妇联会、团委、财政所、农税所、司法所、果品办等22个部门,镇直有派出所、信用社、电管所、粮管所、电信所、卫生院、工商所、教育办、地税所、兽医站、农机站等11个单位。

2003年5月,焦村镇设劳动保障事务所。

2005年,灵宝市按照省委、省政府部署,进一步深化完善乡镇机构改革,通过改革,焦村镇根据灵宝市机构改革意见,设立党政办公室、社会事务办公室、经济发展办公室;镇事业单位设立四大中心:农业服务中心、文化服务中心、村镇建设发展中心、计划生育技术服务中心;另有劳动保障民政所、财税所。

2016年,焦村镇政府内设机构有7个:党政办公室(下辖督查办公室、人大办公室)、经济办公室(下辖企业委办公室)、信访综治办公室(下辖群众工作站)、农业服务中心、文化服务中心(下辖旅游办)、村镇建设中心、计划生育服务中心。下派机构有10个:财政所、劳保所、民政所、司法所、林站、畜牧站、电管所、卫生院、派出所、中心学校。

二、内设机构

(一)党政办公室

1994年以前,镇党委办公室、政府办公室分别设置,政府办公室主要负责政府系统各项工作综合协调以及信息调研、文密档案、民政、总务、督查、信访等工作。后镇党委办公室与政府办公室合并为党政办公室,主要负责组织、纪检、宣传、人大工会、妇联、共青团、政法、信访等工作,围绕党委系统工作中心,做好上情下达;协助镇党委抓好基层党组织和作风建设;抓好调查研究、督促检查、综合协调、公文处理、人民信访、机要保密、档案、会议组织等工作,搞好机关党务管理,当好党委参谋助手。

(二)社会事务办公室

社会事务办公室负责焦村镇政府日常事务,按照建立社会主义市场经济体制和社会发展的要求，切实转变政府职能，实行政企、事企分开，围绕政府系统中心工作，做好上情下达，抓好调查研究、督促检查、综合协调、公文处理事务管理，当好政府参谋助手。

（三）经济发展办公室

经济发展办公室最初的名称为焦村镇工业管理办公室，后更名为焦村镇乡镇企业委员会，2006 年命名为焦村镇经济发展办公室。负责全镇经济发展规划、组织、协调、指导，负责经济信息的收集、处理、反馈，负责项目的立项、论证、入库、组织实施，做好招商引资工作，负责管理镇财政，指导并监督集体经济的财务管理。

（四）综合治理办公室

综合治理办公室是焦村镇综合治理委员会常设的议事机构，负责办理社会治安综合治理日常事务。

（五）农业服务中心

2005 年 12 月根据机构设置改革精神成立农业服务中心，合并了原来的园艺站、农机站、农技站、农林站、水利站、农经站，主要职责是做好农业技术的引进、推广应用，搞好技术服务；做好农业基础设施的建设、维护，农业水利的规划、设计、实施；做好林业、果品、畜牧等技术的引进、推广、应用；合理调整农业结构，建立健全镇、村两级农业政策法规及合同管理工作，促使农业生产和农业经济活动纳入法制轨道。

（六）文化服务中心

文化服务中心设置于 2005 年 12 月，主要职能是研究制定全镇文化、广播电视、教育规划，并组织实施；抓好精神文明建设，加强文化市场管理，丰富群众文化生活；做好广播、电视及有线电视推广；改善教育教学条件，加强教师队伍管理、培训，提高教育教学质量。

（七）村镇建设服务中心

村镇建设服务中心的前身为焦村镇城乡建设委员会，主要管理项目有土地、规划建设、环境卫生、环境保护、交通管理、商贸市场等。后更名焦村村镇建设服务中心，负责环境保护、建筑市场管理、土地管理及纠纷查处，查处私修滥建。

（八）计划生育技术服务中心

原名焦村镇计划生育办公室，主要管理焦村镇计划生育的宣传、发动和政策执行情况，办公室设主任一人。后更名为焦村镇计划生育服务中心，主要职能是做好计生政策宣传工作。

（九）财税所

焦村财税所现在焦村镇政府院内办公，财税所主要职能是贯彻执行国家财政、税收的方针、政策,综合管理镇财政收支,制定全镇统一开支标准;制定镇级财政年度预算草案,监督镇级财政预算的执行,审编年度财政决算,对镇级财力进行综合平衡;管理好本辖区耕地占用税的征管工作,落实农税政策和法规,并负责具体实施、依法征税、依率计征,全面完成各项税收任务;管理好支农周转资金及国家对农民的一切补助、补贴资金发放和政策落实;管理全镇各单位事业经费和行政经费,监督镇级各部门的财政活动,对违反财税纪律的事项进行检查、上报。

(十)劳动保障民政所

镇劳动保障民政所主要职能是宣传贯彻劳动和社会保障工作方针、政策和法规,承担辖区劳动保障服务工作的组织实施;开展就业培训工作,开发就业岗位,拓宽就业渠道;提供下岗失业缴费、失业保险金申领、保障金发放等社会保障服务。贯彻落实民政工用政策和规章,组织镇救灾工作,做好灾情的勘查上报工作;接收分配救灾款物,组织灾民开展生产自救。负责农村"五保户"、特困群众的救济、救助,优抚对象优待抚恤,退休义务兵、军地两用人才开发使用以及最低生活保障工作;贯彻落实村民委员会组织法,指导村民委员会开展自治工作;负责本辖区行政区划、地名管理、民办非企业登记管理以及婚姻登记工作。

(十一)焦村镇中心学校

镇中心学校原名为焦村镇教育组,后改名称为焦村镇教育办公室,后更名为焦村镇中心学校,原址在焦村村东,现在位于行政街南,主要业务为指导全镇教育教学工作。

(十二)农经审计站

农经审计站部分业务由财政所代管,主要业务:(1)农经统计;(2)村务、财务、政务三公开;(3)农民负担监督管理;(4)农经审计;(5)农业信息化管理;(6)农经档案管理;(7)土地承包合同管理。2005年被撤销合并于农业服务中心。

(十三)焦村统计站

统计站主要负责管理镇生产总值、人均收入总值、第三产业划分、农民人均收入等为核心的国民经济核算,与经济发展办公室合署办公。

(十四)土地所

土地所主要工作为在焦村镇区域内负责贯彻实施国家的土地法规、政策,编制焦村镇土地利用规划,管理焦村镇建设用地,查处土地纠纷和违法案件,监督检查土地的开发与保护工作等。2005年归并村镇建设发展中心。

（十五）焦村镇园艺站

园艺站是指导全镇的果树生产、科研、试验、示范的科研单位，引进和推广果树先进技术、优良品种苗木，负责全镇果农冬季培训和果农技术员考核发证工作。

（十六）焦村镇农技站

农技站全名为焦村镇农业技术推广站，主要负责焦村镇农业技术指导、推广，新技术、新品种的试验，建立示范田，负责全镇农业科学技术的普及和培训、科技信息的传播、省市各级科技项目的实施。

（十七）焦村镇农机站

主要负责项目：（1）对全镇农业机械进行全技术检验，对驾驶操作人员进行考核和审验，办理核发牌证和各项相关手续；（2）对全镇进行农机安全检查，纠正违法、违章行为；（3）对全镇驾驶操作人员进行农机安全生产教育；（4）在全镇范围内推广新型、先进的农业机械。

（十八）焦村镇林业站

林业站全名为焦村镇林业工作站，负责全镇林业技术推广、服务、指导，培育和保护森林资源。

（十九）焦村镇水利站

主要负责焦村镇区域内各项水利工程的建设、维护和管理，在全镇推广新的水利技术，为农业生产服务。

三、机构改革

2019 年 7 月 29 日，焦村镇根据《中共三门峡市委办公室、三门峡市人民政府办公室关于印发〈灵宝市乡镇机构改革方案〉的通知》（三办文〔2019〕69 号）精神，对中共焦村镇委员会、焦村镇人民政府职能配置、内设机构和人员编制作出了新的规定。（一）中共灵宝市焦村镇委员会（以下简称焦村镇党委）、灵宝市焦村镇人民政府（以下简称焦村镇政府）是主管焦村镇辖区工作的机关，为正科级。（二）调整职能转变。加快职能转变，将经济工作重心转到做好发展规划、推进产业升级、营造良好营商和人居环境上来，促进经济发展、增加农民收入。突出基层治理和公共服务职责，着力解决工业化和城镇化发展进程中的各种问题。加强和完善经济发展、综合执法、市场监管、公共服务、平安建设、生态环境保护、应急管理和安全生产、宣传思想文化等方面职能，加快推进城乡发展一体化、公共服务均等化。行使对市直各部门派驻机构综合执法的指挥调度权，多部门协同解决的综合性事项统筹协调和考核督办权，市直各部门派驻乡镇机构负责人任免前征求意见权和工作情况考核评价参与权，下沉资金、人员的统筹管理和自主支配权。

焦村镇党委和政府撤销原焦村镇农业服务中心、焦村镇文化服务中心、焦村镇村镇建设服务中心、焦村镇计划生育技术服务中心、焦村镇劳动保障民政所5个事业单位。设立综合办公室、党建工作办公室、经济发展办公室、文化和旅游开发办公室、生态环境办公室、应急管理办公室、扶贫开发办公室七个单位。

四、职责及其职能

（一）焦村镇党委职责

（1）宣传和贯彻执行党的路线方针政策和党中央、上级党组织及本镇党员代表大会（党员大会）的决议。（2）讨论和决定本镇经济建设、政治建设、文化建设、社会建设、生态文明建设和党的建设以及乡村振兴中的重大问题。需由镇政权机关或者集体经济组织决定的重要事项，经镇党委研究讨论后，由镇政权机关或者集体经济组织依照法律和有关规定作出决定。（3）领导镇政权机关、群团组织和其他各类组织，加强指导和规范，支持和保证这些机关和组织依照国家法律法规以及各自章程履行职责。（4）加强镇党委自身建设和村党组织建设，以及其他隶属乡镇党委的党组织建设，抓好发展党员工作，加强党员队伍建设。维护和执行党的纪律，监督党员干部和其他任何工作人员严格遵守国家法律法规。（5）按照干部管理权限，负责对干部的教育、培训、选拔、考核和监督工作。协助管理上级有关部门驻镇单位的干部。做好人才服务和引进工作。（6）领导本镇的基层治理，加强社会主义民主法治建设和精神文明建设，加强社会治安综合治理，做好生态环保、美丽乡村建设、民生保障、脱贫致富、民族宗教等工作。（7）承办市委交办的其他事项。

（二）焦村镇人民政府职责

（1）执行本级人民代表大会的决议和上级国家行政机关的决定和命令，发布决定和命令。（2）执行本行政区域内的经济和社会发展计划、预算，管理本行政区域内的经济、教育、科学、文化、卫生健康、体育事业和财政、民政、公安、司法行政等行政工作。（3）保护社会主义的全民所有的财产和劳动群众集体所有的财产，保护公民私人所有的合法财产，维护社会秩序，保障公民的人身权利、民主权利和其他权利。（4）保护各种经济组织的合法权益。（5）保障少数民族的权利和尊重少数民族的风俗习惯。（6）保障宪法和法律赋予妇女的男女平等、同工同酬和婚姻自由等各项权利。（7）承担市政府及其职能部门依法下放的县级经济社会管理权限。（8）承办市政府交办的其他事项。

（三）综合办公室职能

负责机关日常运转工作，承担公文处理、文电、会务、机要、保密、档案、信息、政务公开、机构编制、干部人事、统计、督查督办、财务、后勤服务等工作；负责人大代表建议和政协委员提案办理工作。

（四）党建工作办公室职能

负责党的政治建设、思想建设、组织建设、作风建设、纪律建设、制度建设、党风廉政建设和反腐败工作；负责组织、宣传、统战、人民武装、群团、老干部管理等工作，负责指导和协调村级组织建设；指导党组织关系隶属乡镇管理的基层机关企事业单位党的建设。

（五）经济发展办公室职能

拟定经济发展、产业结构调整规划并组织实施；推进产业升级、产业融合，促进经济发展、农民增收；承担乡镇财政税收运行、招商引资、项目建设、企业服务、农村科技创新等工作。

（六）文化和旅游开发办公室职能

研究制定全镇文化旅游、广播电视、教育体育事业发展规划并组织实施；统筹协调文化旅游、广播电视、教育体育等相关工作。负责全域旅游工作。

负责文物保护工作；负责非物质文化遗产保护、传承、普及、弘扬和振兴等工作；加强农村文化设施建设；开展文明村镇、文明家庭创建活动，推动移风易俗，弘扬时代新风。

（七）生态环境办公室职能

负责辖区生态建设、环境保护、污染防治、城镇管理等工作。负责生态环境保护制度建立健全和实施、生态环境问题统筹协调和监督管理、减排目标落实、生态环境污染防治监督管理、生态保护修复、生态环境宣传教育等工作；负责农村垃圾处理、收集转运设施建设和日常运行等工作。

（八）应急管理办公室职能

承担辖区安全生产（含矿山）、消防安全、食品药品安全等综合监管和统筹协调工作；负责安全生产类、自然灾害类、公共安全类等突发事件和综合防灾减灾救灾应急处置与救援综合协调等工作。

（九）扶贫开发办公室职能

负责脱贫攻坚的组织实施与统筹协调，承担贫困人口建档立卡、精准扶贫、行业扶贫协调、机关企事业单位和社会团体定点扶贫协调、产业扶贫、易地搬迁扶贫、金融扶贫、贫困劳动力技能培训、扶贫干部教育培训、扶贫开发宣传等工作。

五、人员编制

焦村镇核定行政编制35名。领导职数11名,党委领导班子职数9名,政府领导班子职数5名,交叉任职3名。其中党委书记1名,副书记2名(1名兼任乡镇长);党委委员6名(1名兼任纪委书记,1名兼任人大主席),副乡镇长4名(其中2名由党委委员兼任)。根据工作需要,其他班子成员兼任组织委员、宣传委员、政法委员、武装部长。正股级职数7名。

焦村镇核定事业编制53名(单列人才专项编制3名),经费实行财政全额预算管理。共设置事业单位5个,均为焦村镇政府所属公益一类事业单位,机构规格均相当于正股级。

灵宝市焦村镇便民服务中心(含灵宝市焦村镇退役军人服务站、灵宝市焦村镇社会保障服务站):核定全供事业编制8名,其中:主任1名,副主任2名。主要职责:承担行政审批事项办理、政务服务和公共服务等社会民生事务以及便民服务平台建设等工作;承担退役军人就业创业、优抚帮扶、权益保障、信息采集等相关事务性工作。承担辖区内人力资源开发、劳动力技能培训与转移、城乡居民养老保险、医疗保险、社会救助、最低生活保障、卫生健康和计生等服务性工作。

灵宝市焦村镇农业服务中心:核定全供事业编制15名,其中:主任1名,副主任3名。主要职责:承担农业农村、林业、水利等相关事务性工作;开展森林防火、防汛抗旱、农业技术推广、农村集体经济组织经营管理、动植物疫病防治、农产品质量检测等服务性工作;组织实施人居环境改善、美丽乡村建设等相关工作。

灵宝市焦村镇村镇建设服务中心:核定全供事业编制16名,其中:主任1名,副主任3名。主要职责:承担乡镇规划、村庄规划编制和实施;承担村镇建设、镇区绿化、公用设施的维护与管理工作;承担乡村道路的建设和养护等工作;承担危房改造、违规建筑拆除等事务性工作。

灵宝市焦村镇社会治安综合治理中心:核定全供事业编制6名,其中:主任1名,副主任2名。主要职责:承担维护稳定、平安建设、法制建设、扫黑除恶、综合治理、矛盾纠纷排查调处、突发事件和群体性事件的预防处置和反邪教等相关事务性工作;受理群众来信来访,负责信访件的具体处理工作。

灵宝市焦村镇综合行政执法队:核定全供事业编制8名,其中:主任1名,副主任2名。主要职责:代表镇政府统一行使由镇政府承担或委托的行政处罚权以及与行政处罚权相关的行政强制措施权、监督检查权,并具体负责相关行政管理事项的日常监督。

第十五章　行政村

焦　村

焦村行政村位于灵宝市西出口，是焦村镇政府所在地。东与涧西区西华村、焦村镇辛庄行政村接壤；南与焦村镇东村行政村、乡观行政村相连；西与焦村镇西章行政村、沟东行政村毗邻；北与焦村镇纪家庄行政村连接。东西长 4 公里，南北长 3 公里，总地域面积 12 平方公里。村南紧靠陇海铁路，310 国道从村中东西穿过。

相传尧舜时期，大禹治水时在此发现千蛟，逐名蛟村，后演变为焦村。

焦村地理位置优越，是中原通往西北地区的交通隘口，自古为军事要地，现焦村一中后院曾是古时的校场。抗日战争和解放战争期间，村中都曾驻扎过部队。抗日战争时村民曾在营田沟帮助部队埋地雷，焦村南泽里曾建飞机场。

焦村行政村由焦村岭、后城子、长学、壕里、西头、姚家城子、下塬、东崖上、前巷、后巷、焦村寨 11 个居民点组成，下设 19 个村民小组，截至 2020 年村中有人口 3875 人。村中主要姓氏有李、张、姚三大姓，另有王、屈、赵、杨、郭等二十多个姓氏。

焦村村共有耕地面积 240 公顷，属壤土、土层厚、光照好，焦村南泽地土质好、活土层厚、水位高、耐干旱，适宜种植小麦、玉米，每年两茬。岭地主要种植棉花、谷子和栽植果树。村民世代农耕，土地使用形式从中华人民共和国成立前的封建私有制到现在，经历了土改、互助组、农业合作社、人民公社、联产责任制等过程。作物的种植从以粮棉为主转变到以果树为主。20 世纪 50 年代，灵宝县的第一个拖拉机站就建立在焦村村，它对焦村村后来的农业生产机械化作业起到了至关重要的作用。

随着农业生产的发展，村里的水利也进一步加强。1959 年在南泽打井 10 余眼，用牲口拉水车的方式提水灌溉，1970—1975 年打井 16 眼，用电力提水。又在焦村寨南沟、彭家崖各建抽水站 1 个，同时实施南水北调工程，通过三级提水将南沟的水引到焦村岭上。1990 年的倒虹吸工程建成后，基本解决了农田的灌溉问题。截至 2015 年 12 月，焦村共有机井 20 眼（包括已废弃的），2017 年实施土地资源整治，平整土地 34 公顷，并配备灌溉设施，分别在东泽、南泽及焦村寨地中打机井 3 眼，全部投入使用。同时硬化田间道路 4000 余米。村民从 1980 年开始饮用自来水，2015 年 9 月，村投资 50 余万元在通往焦村岭的路边新凿机井一眼，使焦村岭和西崖上的村民都饮用上本村的机井水。

焦村村是灵宝苹果的发源地。1921 年村民李工生从山东青岛、烟台等地引进苹果树苗，创建“工生果园”，在他的带动下，周边村相继栽植苹果树，逐步扩大到灵宝各个乡村，使苹果成为“灵宝三大宝”之一，李工生也被誉为“灵宝苹果之父”。20 世纪 90 年代，焦村村的苹果种植面积从中华人民共和国成立前的 26.7 公顷扩大到 200 公顷，苹果产业成为村民经济收入的主要来源。2000 年以后，随着苹果价格的下滑，苹果的种植面积逐年减少，村民开始发展小杂水果，主要有桃、核桃、葡萄、樱桃等，截至 2020 年，全村有苹果面积 20 公顷、桃树 100 公顷、核桃树 20 公顷、葡萄 6.7 公顷。

焦村村民历来重视教育事业。民国时期，村里张、李、姚三大宗族的祠堂里都设有蒙学，1940 年村民李崇义、李子儒兴办焦村国民小学，村民入学人数增多，人才辈出。在灵宝流传着“上了营田坡，焦村秀才比驴多”的俗语。中华人民共和国成立后原灵宝五小并入焦村小学，学校扩大招生，不受年龄限制。后来很多学有所成的村民参加了教育工作，焦村被誉为“教师之乡”。1956 年灵宝六中在焦村小学开办，1961 年灵宝六中被撤消，焦村小学恢复。1969 年焦村公社在焦村小学上院开办联中。1978 年，焦村乡政府在焦村小学院内设焦村乡初中，1980 年初中并入灵宝九中，1989 年灵宝九中改为职业高中迁入新校址。1992 年焦村联中并入焦村初中。改革开放后焦村小学的办学设施逐步完善，1989 年村投资 20 万元建三层教学楼一座，1996 年村投资 160 万元建教学楼、职工楼，2009 年投资 150 万元建公寓综合楼一座，教学设施一应俱全。截至 2015 年，在焦村境内，除焦村小学外，焦村一中、灵宝职专、灵宝二高、华苑高中在西出口国道边形成了一条教育长廊。

改革开放后民营企业蓬勃发展，村里以张长有、杨建生、李世运、姚旭芳等为代表的新型农民，开始领办乡村企业，经营建筑、加工、旅游、餐饮等领域。长青产业集团公司、灵宝市娘娘山旅游有限责任公司、灵宝市生源产业有限责任公司、灵宝市金都实业有限公司、和运门业有限公司等企业，春茂木业有限责任公司、福客来酒楼在衡岭塬都有很高的知名度。在城市化建设过程中，商贸业逐年发展，衡岭大道两旁商铺林立，村文化广场西、南，老国道，镇政府门口至火车桥及焦村小学周围遍布大小商铺。许多村民还办了家庭旅馆、家庭手工业作坊。

从 20 世纪 90 年代起，村里进一步改善村民的生活环境。1994 年村投资 25 万元修建了村两委办公楼，1995 年拓宽了村中主要道路，硬化村民巷道。2003 年，投资 80 余万元,建成了新型的舞台和文化大院;2006 年至 2007 年,结合灵宝市西出口工程的建设,焦村村也立足打造城郊经济发展区,投资 21 万元,硬化了张家巷口至姚家城子、信用社往北至焦村小学西、焦村小学门前往东到焦村寨、310 国道至焦村岭、老国道至敬老院的道路共 3000 余米,并对街道实施了亮化、绿化工程;2009 年,建成了金域佳苑、工生花苑小区。龙光大酒店、欢乐家超市、好又多超市、德邦物流、移动营业厅、融丰村镇银行等相继入住衡岭塬。

2018 年,村投资 45 万元,建成重阳广场,广场中有篮球场、健身器材,广场的舞台上设有老年活动室和图书阅览室。2019 年,投资 48 万元,建成焦村岭花园,同年投资 30 余万元,完善了村西道路排水设施并建小花园一座,又硬化了焦村寨子道路 500 米、村中心道路 300 米,至此村中所有路段和巷道全部实现硬化。2019 年起,全村厕所改造 765 个,达到环保、卫生、节能标准,村里的环境卫生整治全面铺开。2019 年打违治乱拆除违章建筑 2000 余平方米。

村历届领导班子十分重视传承中华民族孝亲敬老的优良传统,开展各种活动教育村民孝亲敬老。从 2015 年起,村干部于春节前慰问 70 岁以上老人,给每位老人发慰问金 200 元。2018 年启动重阳敬老活动仪式,村 80 岁以上 91 位老人于村舞台合影留念,村里为每位老人发 200 元慰问金。

焦村村先后被河南省命名为“全省民主法治示范村”“省社会主义新农村建设档案工作示范村”“省民调工作先进单位”“新农村建设先进单位”;被三门峡市授予“人口和计划生育示范村”光荣称号;被灵宝市评为“非公有制经济先进村”“平安创建工作先进村”;授予“先进基层党组织”“党建经济重点工作先进单位”光荣称号;2019 年荣获“焦村镇先进党支部”称号。

东　村

东村行政村位于焦村镇政府南 1 公里处,东分别与尹庄镇涧西行政村、周家沟自然村及城关镇西华行政村大寨自然村相毗邻;南与史村行政村、西南与杨家行政村相接壤;西与乡观行政村、鸭沟自然村相连接;北与焦村行政村相衔接。行政村为一个自然村。下设 13 个村民小组,612 户,2405 口人,耕地面积 237 公顷。村住宅总面积 47.7 公顷。村中主要姓氏有杜、孙、张、李、董五大姓。

东村原址在现村西约 300 米处,因宋姓在此立村,故名宋村。村落地势低洼,常年水患,故宋氏家族携同杜、仁、孙、张等姓氏向东迁居,宋氏另一支携王姓向南迁居。迁居以后分别名为东宋村、西宋村。后宋氏无后，村中有杜、孙、张等姓杂居，故将宋字去掉，始名东村。西宋村只有王姓，故更名为王家村。村中有古寨永兴寨：位于村中心，东西宽80米，南北长100米，面积8000平方米，寨门处正南方城墙正中，城墙四角及墙中间分别有炮眼。传说修建于明万历年间，为防匪患所建。

东村行政村是个以传统农业为基本经济来源的乡村，主要农作物有小麦、玉米、谷子、棉花、红薯等。1986年至1990年，开始大面积种植苹果，面积达133公顷，占总耕地面积的三分之二。后随着苹果价格的下滑，2013年大面积果园开始挖树复耕。后随着农业结构调整，村民致富项目开始转向商贸业、菌业和其他产业。

随着社会的发展进步，东村的交通道路基础设施比原来大为改观。村中主要交通要道有焦阳公路（焦村至阳平，现称009县道），自村西通过。行政村内于2015年实施村村通工程，水泥硬化村主要道路长1800米、宽5米，同时修筑了3600米长边沟配套设施。村内道路西与焦阳公路连接；东与西华行政村大寨子自然村相连，直通灵宝市区；南同史村行政村道路相通；北与焦村镇衔接。2016年8月完成田间生产路硬化工程8条，长6500米，宽3米至4米。

行政村自2006年开始推行新型农村合作医疗，本村居民612户2405口人全部参加合作医疗，村中有村级新农合定点卫生所3家，于2011年按国家政策开始办理农村居民养老保险业务。

东村教育教学历史悠久，传说民国二十年办有私学，后因学员增多，于民国三十一年私学合并，迁至现东村小学（关帝庙所在位置），成立了东村国民初小。中华人民共和国成立后至今，学校一直位于此处。学校占地面积1.2公顷，2014年由政府投资修建三层教学楼。

电力：东村村于1962年开始办电，电源线路从现尹庄镇涧西村周家沟引至村中，属灵宝西塬首家通电村庄。

水利：（一）1966年修建了周家沟抽水站，原由东村及城关镇、西华村大寨子合建，可灌良田53.3公顷。后因窄口水库倒虹吸修建停用。（二）窄口水库水源。1981年窄口水渠通入本村；1986年，窄口倒虹吸自南向北经村西通过；2011年，行政村开始对原渠道整理修缮，至2016年，共埋压PVC管道1100余米，硬化渠道15000余米。（三）窄口水库修建。1969年参加会战，东村组织社员参与施工修建，称为焦村兵团东村连，共投入人力、物力无数，村民立下汗马功劳。（四）村民安全饮水工程。村中自来水始建于1983年。原水井位于村西北，后因管道、水井故障，于2006年将自来水井移至村东南,2013 年原旧砖厂凿一深水井,并完善其配套设施,2014 年全村自来水管道重新铺设,村民饮水问题彻底解决。

村中企业有 1994 年建的花木公司,其中花木基地占地 103 亩,大棚菜占地 90 亩。2007 年,花木公司改建为阳光温泉山庄,经营餐饮、住宿、休闲及温泉疗养。2016 年,阳光山庄以东初步建成"红亭驿"供市民休闲娱乐。

文化体育及其他:(一)舞台剧场。原来的舞台位于舞台西边,舞台面积窄小,年久失修,2005 年坍塌。2008 年,村集体投资重建舞台及村部,建筑面积 342 平方米,坐南朝北。村部建筑面积 280 平方米,房屋 10 间,坐北向南,共居同一院内。院内有文化活动广场及体育健身器材,活动广场面积 3570 平方米。(二)戏剧演出。于 1967 年成立村办剧团(当时称毛泽东思想宣传队),曾演出过大型剧目:《红灯记》《沙家浜》《智取威虎山》《杜鹃山》等八大革命样板戏,剧组当时有 30 余人,曾在三门峡水库、窄口水库建设中及周边乡村义演,受到观众好评。(三)体育设施建设。村中的灯光篮球场于 2008 年修建,位于村中十字路西北部。自建成之日至 2016 年,先后举办县级农民篮球赛 3 次,省级农民篮球赛 2 次。2009 年和 2013 年春节期间经村两委多次申请,在东村举办了河南省西部篮球赛和河南省第二届"万村千乡农民篮球赛"南北争霸赛,取得了圆满成功。河南省体育局彭德胜局长在 2009 年观看了在焦村镇东村举办的球赛后,激动不已,挥笔写下了"篮球之乡,生机无限"的题词。(四)社火表演。东村村社火历史久远,中华人民共和国成立前已有传承和演出。中华人民共和国成立后的 60 年代就参与了灵宝县组织的社火表演。改革开放后,多次参加灵宝市社火表演,现作为东村村非物质文化遗产,流传后世。

东村行政村获得的主要荣誉:70 年代,东村大队在毛主席"民兵是胜利之本"的号召下,于 1975 年代表灵宝县参加河南省民兵大比武,获射击、列队等奖项,曾被《河南日报》报道;1994 年因经济能人办企业"花木公司"及"农户大棚菜",先富带后富,《河南日报》曾以"东村现象"头版报道。

史　村

史村行政村位于焦村镇南 2. 77 公里处,东与尹庄镇南营行政村和岳渡行政村毗邻,南和武家山行政村接壤,西和东村行政村、杨家行政村相连,北同东村行政村衔接。南北长约 2. 5 公里,东西宽约 1 公里,总面积约 1700 亩。行政村辖上史村、下史村 2 个自然村,下设 4 个村民小组,有居民 196 户,780 口人,其中男 405 人、女 375 人。主要民族为汉族。史村行政村因史姓早居，故名史村，后逐渐发展，村中主要姓氏以翟姓为主，约占全村人口的 95%，此外还有尚、严、刘三大姓及其他个别姓氏，约占全村人口的 5%。

民国时期，史村隶属灵宝县西章乡管辖。中华人民共和国成立后，1949 年 6 月至 1958 年 7 月，史村隶属破胡区东村小乡；1956 年 1 月至 1958 年 7 月，史村隶属西章乡东村高级农业生产合作社；1958 年 8 月至 1961 年 12 月，史村隶属西章人民公社东村大队；1962 年 1 月至 1962 年 12 月，史村与小南村合并成为史村生产大队，隶属西章人民公社；1963 年 1 月至 1963 年 12 月，史村隶属焦村人民公社杨家生产大队；1964 年 1 月，史村与武家山从杨家大队分离出来合并为史村大队，隶属焦村人民公社；1982 年 12 月，武家山从史村大队分离出去，成立武家山大队；1984 年 1 月，行政体制改革，焦村人民公社改制为焦村乡，史村生产大队改称史村行政村，隶属焦村乡；1993 年 3 月，灵宝县撤县建市，同年 6 月，焦村乡撤乡设镇，史村行政村隶属灵宝市焦村镇至今。

史村行政村从历史到民国，至中华人民共和国成立后的互助组、合作化、人民公社，都是一个以传统农业为主的山村，种植的传统农作物有小麦、玉米、谷子、棉花、豆类、红薯等。史村行政村有耕地面积 80 公顷，其苹果产业，自李工生引进苹果后，村里就有百亩以上成规模的果园。20 世纪 60 年代，苹果生产为村里的集体经济发展做出了很大贡献。到了 80 年代中期至 90 年代初，苹果种植达鼎盛时期，面积发展到 900 余亩，成为村里的一项支柱产业，亦是村民致富奔小康的经济资本。2000 年后，行政村随着经济的发展，畜牧养殖业也迅速崛起，村民兴办了 5 个成规模的养猪场和 3 个羊养殖场地，为养殖户带来了较好的经济效益。行政村开始发展食用菌生产和小杂水果种植，它是继苹果产业之后的又一项经济支柱产业，香菇、苹果、桃成为村里特色农业。

行政村的电力发展始于 1964 年，当时仅有一台 20 千瓦变压器，其他配套设施相对比较落后；村中安装电磨、家家安装上了电灯；进入 70 年代，变压器增伏 50 千瓦；2000 年，实施第一次农网改造，村里增加了 2 台 50 千瓦变压器，更换了配套设施，变不规格线路为规范线路，并为用电户安装电表，抄表收费；2010 年，实施第二次农网改造，行政村又增添了 2 台 100 千瓦变压器及其配套设施，解决了由于电源不足引起的一系列生产生活难题。

水利是农业的命脉，亦是村民的生命之源。早在 20 世纪 60 年代后期至 70 年代初，史村大队先后投资数万元建造了南营抽水站和打机井 4 眼，其灌溉面积达数百亩；

体制改革后，水利设施建设更是如虎添翼，飞速发展，1983 年，由政府出资村民出力，修建一条 1000 米长的灌溉渠道；1990 年，为了改变全村人畜安全饮水，村集体投资铺设自来水管道 1000 米；2000 年，又修建 2500 米的灌溉支渠道，完善了行政村的耕地、果园灌溉设施；2003 年，由于水位下降，旧机井报废，村集体再次投资，多方筹资 20 余万元，凿造一眼 200 米的深水井，并完善配套设施，修建蓄水池 2 个，购买 20 吨压力罐 1 个，彻底解决了村民饮水难、人畜安全饮水问题；2011 年，随着窄口灌区水利工程的完善，行政村又投资重新修缮了 3500 米长的田间渠道，使灌溉质量和灌溉面积得到进一步提升；2013 年，在上史村凿造一眼 200 米深的深水井，配置 100 千瓦变压器一台，以备人畜安全饮水问题的后期维修；2015 年，村集体再次投资，重新完善更新饮水设施，铺设自来水管道 4000 米，彻底解决了饮水设施陈旧老化问题。

要想富先修路。2003 年村自筹资金硬化进村道路（史村—杨家）长 740 米、宽 4 米水泥路，解决群众出行难的问题。2006 年又对主要巷道进行硬化 600 米。又对上村至武家山道路的连接段硬化道路 800 米。2010 年对西沟道路进行硬化 400 米。

百年大计，教育为本。史村小学兴建于 1962 年，占地 0.2 公顷，当时有教室 10 间。1994 年，伴随着经济的迅速发展，村民拆除了设施破旧的校舍，群众集资 20 余万元，在上下村之间占地 6 亩建起了一座有教室 22 间的教学楼，改善了村中学生的学习环境。2007 年，史村小学被撤销，并入东村小学。在教育人才方面，有翟云朋（1925 年生）、翟云英（1926 年生，已故）、翟鸿飞（1924 年生，已故），三位都是中华人民共和国成立前参加教育工作，先后在西章乡各村学校教书，中华人民共和国成立后属县教育局管理，先后在焦村乡西章、乡观、纪家庄、焦村、东村等任教三十余年，为焦村乡培养了无数的人才，20 世纪 80 年代后相继退休，在教育事业上贡献了他们的一生。

史村的新型农村合作医疗开始于 2006 年，每年的参合率都在 100%。2016 年，行政村有新农合定点卫生室 1 家，位于村部旁边，建筑面积 100 平方米，有主治医生 1 名，负责人杜瑞妮。新农合定点卫生室设置有诊断室、治疗室、观察室、卫生防疫保健室、药房等，有常用西药和中成药多种，可方便村民就医，对村民的常见病、多发病有特殊的治疗措施和效果，并承担行政村的卫生防疫、医疗保健、爱国卫生运动、新农合相关的具体事宜，保障了村民的身体健康。

2010 年，村中投资 20 余万元建立了占地 1500 平方米活动广场，广场设有舞台、健身器材、球场。

行政村的公共设施有文化大院、村委办公处，办公处设有书记办公室、村主任办公室、党员活动室、远程教育播放室、康检室、新农村书屋，不仅给村民提供了科技致富的场所，还给村民带来了精神的享受。

2018 年，村投资 20 万元对村部进行改造装修，院内硬化修建花池等，修建厕所一座。又投资 3 万元建文化舞台一座，丰富村民文化生活。2019 年，村又新建卫生室一座，并增加了新的医疗设施。2020 年，村投资 3 万元装监控设备（含 6 个摄像头），保障村民生活及财产安全。同年又为全村居民安装了天然气，家家户户都能享受到做饭、洗澡、取暖的便利条件。同年 4 月又筹资 15 万元实施亮化工程，安装太阳能路灯 45 盏，5 月完工，改善了村民生活条件。同时近 2 年村里又投资 15 万元栽花种树进行环境整治。

杨　家

杨家行政村位于焦村镇政府驻地南 3.5 公里处，东邻史村行政村，西接王家行政村，南与武家山、张家山接壤，北与东村行政村连接。杨家行政村地势南高北低，地形以川为主，间有岭地，居住分东沟、西沟两个部分，住房多坐北朝南，2016 年新农村建设居住小区建成竣工。杨家行政村下辖杨家村、小南村 2 个自然村，下设 6 个村民小组，全村共计 256 户，1058 口人。

相传元代末年，黄河南岸灾害连年，再加上战乱不断，老百姓生活贫困交加，多迁居他乡谋生。明洪武年间，山西洪洞县向河南移民，一杨姓家族来到桃林县娘娘山下的榆树林居住，日复一日，年复一年，随着岁月的变迁，形成了一个以杨氏家族为主要居民的大型村落，当时，村庄五谷丰登，商贸鼎盛，故有“杨家街”之称。明末清初遭遇洪水，多数人南迁至现在的五亩乡闫李村行政村韩疙瘩自然村，与焦村镇武家山行政村为邻。剩余的杨氏族人在原地重建家园至今，形成了现在的杨家村。

杨家村共有 14 个姓氏，杨、张、赵、王、韩、闫占大多数，其中杨姓贯穿于 6 个村民小组中，约占全村总人口的 50%；张、赵、王、韩、闫占全村总人口的 40%；另有姓氏常、骆、袁、翟、刘、李、任等占全村总人口的 10%。

杨家行政村民国时期隶属西章乡。灵宝县解放后，1949 年 6 月至 1958 年 7 月，杨家村先后隶属破胡区、焦村中心乡、焦村乡、西章乡；1958 年 8 月，西章人民公社成立，杨家生产大队下辖杨家、武家山、张家山、赵家、王家、滑底 6 个自然村；1961 年，王家村、赵家村、滑底 3 个自然村从杨家大队分出，另设生产大队；1964 年，史村、武家山 2 个自然村从杨家大队分出，成立史村大队；1966 年 5 月，西章人民公社改称焦村人民公社，杨家大队隶属焦村人民公社；1984 年 1 月，实施行政体制改革，杨家大队改称杨家村，隶属焦村乡；1993 年 6 月，焦村乡撤乡设镇，杨家村隶属焦村镇至今。

民国时期，杨家村是一个"多见石头少见人，出门足踏羊肠道，一不小心往下滚，吃饭嘴里石打牙，饮水里面有畜粪"的穷苦山村。中华人民共和国成立后，杨家村历经了土地改革、剿匪反霸、互助组、合作化、人民公社，以及后来的体制改革、经济开放，村容村貌发生了翻天覆地的变化。用村民自己的话说，"村部楼上红旗飘，村里村外竞妖娆，村民拧成一股绳，随着号令向前跑。村中穿行柏油道，大车小车上面跑，安全饮水家家通，吃面就要雪花粉。电视电脑家家有，网上购物不用愁。"从民国到中华人民共和国成立初，杨家村都是一个以种植传统农作物为主的山村，是改革开放的春风吹开了村民的致富之门。原来的小麦、玉米、谷子、棉花、红薯、豆类杂粮等农作物，只能填饱肚皮，维持温饱。改革开放的 80 年代，村两委班子本着邓小平的"发展才是硬道理"，结合本村实际情况发展苹果生产。中华人民共和国成立前的杨家村仅有 1.7 公顷苹果园，1958 年大跃进时期发展到 16 公顷，1985 年至 1997 年，全村共发展苹果园 66.7 公顷，成为杨家村一大经济支柱产业。苹果的主要品种有秦冠、红富士、嘎啦、红星、花冠等，2008 年，灵宝市农村工作领导小组授予杨家村"无公害苹果标准化生产示范园"。1999 年，杨家村两委审时度势，大力实施农业结构调整这一有力举措，在党支部书记杨建儒的带领下，开始发展食用菌生产，经过三年的艰苦创业，到 2001 年，灵仙菌业责任有限公司应运而生，它秉承"公司+基地+农户"的经营理念，不但加快了科技成果的转化，而且逐步适应了市场经济现代化的发展。2001 年，食用菌示范场实验成功，香菇品种包括春菇、夏菇、秋菇；2002 年，高级农技师杨建儒攻克了苹果窑洞常年生产金针菇、杏鲍菇的技术难题，解决了食用菌市场断档的问题，同年食用菌示范场研发出了杏鲍菇新品种"灵仙白玉"；2003 年，食用菌生产场研发出金针菇新品种"灵仙玉针"；2004 年，杨建儒参与实施的"香菇木屑栽培技术研究与推广"项目获河南省农业项目丰收奖一等奖、三门峡市科技进步二等奖；2005 年，食用菌生产场研发出了食用菌新品种"灵仙"，杨建儒参与实施的香菇双胞菇标准化推广项目，获得国家农业部农渔业丰收奖二等奖；2006 年，食用菌生产场研发出了灵芝新品种"灵仙紫云"，2003 年至 2005 年，灵仙菌业有限责任公司被三门峡市政府命名为"农业龙头 50 强企业"，跻身于三门峡市"农业 20 强企业"之列；2007 年，食用菌生产场研发出了食用菌黑木耳新品种"灵仙黑凤"，填补了食用菌生产的空白；2008 年，杨家行政村在香菇生产的大好形势下，创办了"万菌苑大酒店"，总投资 280 余万元，建筑面积 1800 余平方米，内设标准化餐厅22间，能容纳500人的宴会就餐，三楼的豪华会议室可容纳250人参会就座；2009年，灵仙菌业责任有限公司总经理杨建儒申请创办了一个50万袋香菇示范生产园区，投资266.6万元，占地面积2.7公顷，拥有20个全自动化日光大棚，自动控温，改善香菇生产环境，提高冬季香菇产量；2016年，杨家村香菇栽培达到了200万袋。

杨家行政村基础设施建设跟随着经济的发展腾飞发生着翻天覆地的变化。（一）道路设施建设。早在1988年，杨家村两委带领村民修通了南北生产道路，总长3000余米、宽5米；1993年，杨家村新村规划建设拓宽东西大道至18米宽、长400余米；从20世纪90年代起，焦村至武家山公路就自北向南穿村而过；2005年至2010年，伴随着村村通工程的实施，杨家村硬化了与邻村之间的乡间通道，期间2007年，村里硬化巷道2400余米长，同时安装路灯，2008年在村中道路边植树4000余棵、种花1200余株，绿化了环境，美化了村庄，2009年实施了小南村南北主巷道硬化工程；2015年投资300余万元，建成了3000米长、3.5米宽的高标准农田生产道路。（二）电力设施建设。民国时期，杨家村村民多用棉籽油灯照明，甚至连棉籽油也买不起。有"月亮出来照窗上、老婆坐在纺车旁"的歌谣。中华人民共和国成立后，村民逐渐用上了煤油灯、马灯和蜡烛。1966年，杨家村投资1.2万元架设了2.5公里的高压线路，安装了一台100千伏的变压器，因小南村较远，低压电不能满足村民要求，又架设了0.5公里的高压线路，安装一台50千伏的变压器，彻底解决了村民的生产生活用电问题；1995年，村里投资3万余元，架设了小南村1200米的线路改造；2007年，在硬化巷道的同时安装了路灯。（三）水利设施建设。1967年，杨家大队投资修建了村中水塘，历时8个月，利用小秦岭溪水积蓄可灌溉耕地面积5.8公顷；1970年，杨家大队凿造一眼70米深的机井，解决了社员吃水问题；1974年，历时11个月，建成了小南村水塘，可灌溉农田2.7公顷；1992年，窄口灌区水利工程主渠道修到小秦岭山下，杨家村参与倒虹吸工程的修建，新修灌溉渠道600余米，使村民的旱地全部变成水浇地；1996年5月，村两委班子投资12万元，凿造190米深井一眼，改善了村民自来水供水装置；1997年，投资1万元，为小南村铺设饮水管道1000余米，使家家户户都用上了自来水；1998年，投资12万元，在村南建成了一座抽水站，可灌溉耕地33.3公顷，并于第二年继续完善修水渠架渡槽后期工程。（四）新农村建设。2011年，村集体投资360余万元，建成了占地2000平方米、建筑面积达4000平方米的新型农村居住社区；2013年，杨家行政村被国家农业部认定为"全国美丽乡村示范村"。

十年树木百年树人,杨家行政村的教育事业蓬勃发展。早在民国二十五年,杨家村便创办了国民初小,学校位于西沟后石坡崖的一孔小窑洞里,教学设施简单,有教书先生1名。民国三十四年,杨家国民初小迁居村中的老舞台上。中华人民共和国成立以后,学校仍在老舞台上教学。到了1967年,杨家大队为改善教学设施和条件,筹资建盖了6间土木结构瓦房,学生学习用的桌凳用木板和砖块砌成。1978年,由于生源的大量增加,原来的教室已不够用,大队投资3000元修建了砖木结构瓦房9间,学生读书用的桌凳全部换成新的木质桌凳。1990年,杨家村党支部村委会发动村民集资办学,投资22万元建起了一栋面积750平方米的10间二层教学楼,同年11月10日,三门峡市原副市长李景森、三门峡市原教委主任李发碌、灵宝县原常务副县长刘高增、灵宝县原教育局副局长王项志、焦村乡党委书记高西安、乡长李好祥等领导及各行政村领导干部前来参加剪彩仪式。2009年,杨家小学占地面积2250平方米,建筑面积750平方米,有教室16间,办公室10间,伙房1间,标准化篮球场一座,桌椅板凳120套,有教学设施仪器110件,电教器材106件,体育器材425件,远程教育器材59件,图书885本,取暖设施18套,基本上满足了教育教学的需求。2012年冬,杨家村两委通过集资及申请上级拨款,在行政村文化大院东建成了占地面积达6500余平方米,建筑面积达1300平方米的新型杨家小学,并成为武家山、张家山、王家、史村、杨家村5个行政村的中心小学。

杨家行政村畜牧养殖业从1956年的高级农业生产合作社到1958年的人民公社,杨家大队各生产队均建有饲养室,饲养的大家畜有牛、驴、骡、马,主要用于农业生产的运输和耕作。小家畜有猪、鸡、羊、狗等,多为自家红白喜事准备,很少出售。体制改革实施家庭联产承包责任制后,农业机械的迅速发展使大家畜的数量相应减少,养猪、养牛均为食品加工所用。1995年,村民赵跃恩投资5万元办起了养鸡场,年出售肉鸡5万余只。2005年,村民杨建谋投资20余万元办起了一个规模养猪场,年出售生猪100余头,2009年,他又投资20余万元办起了一个奶牛场,购买奶牛100余头。

杨家村的工商企业最早为生产大队所办的粮油食品加工厂,占地面积200平方米,有土木结构瓦房14间,购置了磨面机、轧花机、榨油机、碾米机、粉碎机等一系列加工器械,安置社员10余名,它的建成不仅增加了大队的经济收入,而且便利了社员的生活,1981年停办。1969年,杨家村请来了名人赛新国,在村里办起了杨家大队帆布加工厂,厂房车间200平方米,安置社员30余人,每年可为集体增加经济收入3万余元。改革开放后,村民自筹资金办起了个体小型企业加工厂和商业门店。2007年,村集体办起了万菌苑大酒店、气调库，以此增加食用菌的加工和保鲜，并以此增加村集体经济收入。

医疗卫生及爱国卫生运动：中华人民共和国成立后，党和政府十分重视人民健康，大力发展医疗卫生事业。1962 年，杨家大队成立了大队卫生所，有坐诊医生杨永治、杨小随、刘成敏 3 人。1968 年，开始实施大队合作医疗，大队卫生所改称合作医疗站，两年后自动解体，实施自负盈亏的经营模式。1981 年，杨家大队卫生所有医生张书勤 1 人。1994 年，行政村村部大院建成后，卫生所迁址村部楼下，占房屋 6 间，医疗设备有心电图、常规化验设备等检查仪器，卫生所下设治疗室、防保室、观察室、药房，有医生 3 人，张书勤任所长，另外两人均为医学中专大专毕业生。杨家卫生所是杨家行政村新农合定点卫生所，主要负责村里的儿童免疫、妇幼保健和新型农村合作医疗，从 2006 年元月开始，杨家行政村开始实施新农村合作医疗，每年新型农合参保率达到 100%。2006 年，灵宝市卫生局授予杨家村卫生所先进卫生所荣誉称号。

2006 年，灵宝市交通局帮扶杨家村进行新农村建设；2007 年，村中投资兴建了村民健身娱乐场所，有健身娱乐器材 10 余件；2008 年，行政村投资 40 余万元，在村口东边修建了杨家村舞台剧场，并以此为中心建成了一个三门峡市级三星级文化大院；2009 年，持续完善村文化大院的设施设备。杨家村文化大院内有舞台，舞台两边配备有演员化妆室、住宿室及伙房设备。文化大院设置了办公室、党员活动室、远程教育播放室、农业科技文化培训室、妇女健康检查室、计生学校、新农村书屋等；2015 年，再次投资 60 余万元，建成了一座高标准化的灯光篮球场、儿童娱乐场、门球场。

赵　家

赵家行政村位于焦村镇政府驻地西南 3 公里处。东与杨家行政村毗邻，南至王家嘴行政村接壤，西与滑底行政村衔接，北与乡观行政村相连。赵家行政村在民国时期隶属灵宝县西章乡至 1949 年 6 月。1947 年 9 月中国共产党第一次解放灵宝时，将灵宝县划分为四个区，赵家村隶属破胡区。1949 年 10 月 1 日中华人民共和国成立以后，赵家村隶属破胡区东村小乡；1955 年 12 月，灵宝县下设 20 个中心乡，赵家村成立初级农业生产合作社隶属焦村中心乡；1956 年 10 月，撤销中心乡建制，赵家村隶属焦村乡杨家高级农业生产合作社；1957 年 3 月，赵家村隶属西章乡杨家高级农业生产合作社；1958 年 8 月，成立人民公社，赵家村隶属西章人民公社杨家生产大队；1961 年，赵家村、王家嘴村、滑底村从杨家大队分出，另设赵家生产大队，隶属西章人民公社；1966 年 6 月，赵家大队隶属西章人民公社;1966 年 5 月赵家大队隶属焦村公社;1984 年 1 月,撤销人民公社建制,改制为焦村乡辖行政村建制,赵家行政村隶属焦村乡;1993 年 6 月,灵宝县改市,焦村乡撤乡设镇,赵家行政村隶属焦村镇至今。赵家村因为赵姓早居建村,故名赵家村;后于明末清初村庄遭受水灾,村庄向南迁移,后称赵家南村;后于 20 世纪 80 年代又改为赵家村沿用至今。赵家行政村以赵姓居多,约占全村人口的 70%,其他姓氏有许、张等。赵家村地域面积 0.93 平方公里,地貌多姿,半山半塬,黄土层深厚,适宜于果品生产和各种农作物种植。2016 年,赵家村下设 5 个村民小组,有 170 户村民。人口约 600 人,男 320 人,女 280 人。全部由汉族人员构成。

从 1949 年的土地改革到 1952 年成立互助组,以及 1953 年到 1956 年的初级农业生产合作社到高级农业生产合作社,以至 1958 年成立人民公社到 1984 年的行政体制改革、经济开放,赵家村一直是个以农业种植为主要收入的小山村,种植的主要农作物有小麦、玉米、谷子、棉花、红薯、油菜、芝麻以及各种豆类杂粮。主要收入来源于农业。实行家庭联产承包责任制后,赵家村农作物种植面积稳定在 64 公顷,粮食亩产量由原来的 250 公斤左右增长到 500 公斤左右,年粮食总产量维持在 600 万公斤以上,村民生活有了很大改善。1985 年开始,紧跟农业形势发展开始大力种植苹果树,1990 年苹果种植面积达到 33.3 公顷,种植品种主要有秦冠、花冠、红香蕉,到了 2000 年后,开始大力发展红富士,对于老化的果园实施高位换头嫁接的办法提高其经济效益。与此同时,还发展小杂水果,主要品种桃、葡萄、核桃等。畜牧业方面,在人民公社化时期,主要以大家畜为主,有牛、驴、骡、马等。联产承包责任制以后,随着农业机械的发展,大家畜逐步淘汰,村民田间耕种多用微耕机、拖拉机以及联合播种机,收获庄稼也用联合收割机,畜牧业以发展生猪养殖、圈养羊为主,由刚开始的个体零星饲养变为集约式规模养殖,2016 年底全村有小型养猪场 9 个,年存栏 1500 多头。

从 20 世纪 50 年代起,赵家村学校一直设在庙宇和村戏台上,当时有 3 名教师,70 多名学生,实施五年一贯制教学。1993 年,村党支部和村民委员会集资 7 万余元,在村东崖上建新校,盖起上下两层。6 间教学楼及 8 间教师办公室。2000 年后,因学生人数逐渐减少,校点合并,2004 年村校停办,学生全部集中到东村小学或乡观小学,个别家庭学生到县城等地上学。1977 年恢复高考制度至 2016 年,全村初中高中文化水平普及率达到 90%。全村有研究生 6 人,本科生 15 人,大专、中专学生 160 人。

赵家村村民自古爱好文艺戏剧。从中华人民共和国成立之初的 1951 年,村民就自发组织成立赵家村业余蒲剧团。负责人赵甲丰,主演剧目有历史古装剧《打金枝》《破华山》《游西湖》《白蛇传》《大登殿》等等。到1966年后，剧团变成了毛泽东思想宣传队，排演了革命歌曲、舞蹈和革命样板戏，曾多次被邀请到其他村进行演出表演，1976年蒲剧团解散。2003年，村民再次组织成立赵家村蒲剧团，主要负责人张学盈、赵铁礼、赵俊茂等，组织村民继承弘扬戏曲艺术，排演了历史古装剧目多部，每年春节农闲时在本村剧院表演，并被邀请到邻村演唱。

村中的基础设施建设也随着经济的富裕发生着惊人的变化。2004年，村党支部书记赵军榜、村委会主任张泽民、村民许志民等人集资2万余元，在村中修建第一条水泥硬化路，全长600米、宽3.5米。2008年，在村党支部、村民委员会的努力下，积极申请移民基金8万元，修建了东崖上的水泥硬化路一直连接到村中的道路。交通的改变，方便村民出行的同时，也为村民的农业土特产销售提供了便利，使村民经济迈上了更新一个台阶。

2012年，在第一书记张万高组织领导下，集资10万元重建村舞台、文化大院。同年响应国家号召饮用水安全项目，20万元打了一口深层水井，集资8万元铺设贯穿全村各户的管道，使全村村民各家各户用上自来水。如今的赵家村，家家住的砖混结构楼房，在文化大院可通过远程教育和新农村书屋，学习到更多的农业科技知识，提高村民自身的文化素质和农业科技素质。2012年赵家村荣获焦村镇全面工作先进单位称号。

2018年至2019年在屈庆阳书记带领下，先后筹措35万元建起五间两层村部，完善配套设施。在舞台前广场安装健身器材15套，丰富群众文体活动，建设高标准卫生院一所、公厕一座，方便群众生活就医。2020年创建美丽乡村，项目实施后，可使赵家村人居环境更上一个台阶。

王　家

王家行政村位于焦村镇政府驻地南4公里处，东与杨家行政村接壤，南与张家山行政村衔接，西与滑底行政村毗邻，北至赵家行政村相连。地貌多姿，半山半塬，黄土层深厚，适宜于农作物生长及果树种植。面积约0.8平方千米。X009县道沿村南而过，耕作条件优越，出行交通便利。

王家村原名王家嘴村。相传，明清时期和东村村相邻，名为西村，后因洪水灾害举村南移，迁址秦岭有老虎盘踞的一个山嘴上，村民赶走老虎后在此居住得名老虎嘴，因老虎为兽中之王，故而演变为王家嘴村。又传说，很久以前在山嘴处居住着一户姓王的人家,故名王家嘴村。根据民国《灵宝县志》记载,清代时期,王家村曾与史村、武家山、五亩街、宋曲等村同属灵宝县宋曲里,村名为王家凸,距老灵宝县城 26 公里。王家行政村在 1949 年 6 月至 1955 年 12 月的土地改革、互助组、初级农业生产合作社时期隶属破胡区杨家小乡;在 1956 年 1 月至 1958 年 7 月高级农业生产合作社时期先后隶属万渡乡、西章乡;在 1958 年 8 月至 1961 年 1 月"大跃进"、人民公社早期隶属西章人民公社杨家生产大队;在 1961 年 1 月至 1982 年 1 月,和滑底村同隶属焦村人民公社赵家生产大队;1982 年 1 月成立王家生产大队至 1983 年 12 月,隶属焦村人民公社;1983 年 12 月至 1993 年 5 月,体制改革、经济开放时期,王家行政村隶属焦村乡;1993 年 6 月至今的致富奔小康时期,王家行政村隶属焦村镇至今。行政村下设 6 个村民小组,286 户,893 口人,耕地面积 95 公顷,果园面积 52.8 公顷。近年来,随着村村通工程和高标准农田项目的实施,全村水泥路硬化至田间地头,生产生活条件得到了极大改善。

王家村主要经济收入以种植和养殖为主。主要种植苹果、核桃、桃、红薯、小麦、玉米、香菇,养殖以牛、羊、猪、鸡为主。王家村火凹红薯因海拔高、沙土土质种植、甜香绵软、回味悠长等特点,深受市场欢迎,历来便有"要吃红薯焦村塬,王嘴红薯就是甜"的美誉。香菇种植为近年来所兴起,自 1999 年杨家村原支部书记杨建儒同志开办香菇菌种厂以来,王家村便有小规模栽植,王家村现有香菇大棚 15 座,从业人员 70 人,香菇生产已经成为王家村村民增收的重要途径之一。

王家村村中原有关帝庙一座。20 世纪 70 年代,村办小学成立,在关帝庙原址建起了王家小学,有上下两层教学楼,6 间教室,5 个年级。王家小学开办数十年,培养了一大批优秀人才,现奋战在全国各地各个行业中。

王家村地处旱塬,但造化神奇,村西有多口老井常年蓄水,大旱年井水位仍然不落,且用水桶还时常能捞到小虾,令人啧啧称奇,但井水仅能满足人畜饮水需求,农业生产用水仍有很大缺口。20 世纪 70 年代,王家村选派优秀青年随焦村兵团参与窄口水库建设,第一村民组张敏法、第三村民组张吉胜为灵宝的水利事业献出了年轻的生命。现窄口水渠二线工程灌溉设施从村南穿过,基本可以满足村民的农田和果园灌溉需要用水。

2005 年,实施村村通工程,村里修建硬化了从 X009 县道至王家村部 1. 2 公里长的进村主通道。2007 年,铺设硬化了村主要通道 2000 米。2008 年,修建了人畜饮水工程,打机井一眼,铺设饮水管道 1500 米。2015 年实施高标准农田项目,修筑田间水泥路面 3700 米,同时建提灌站 2 处,埋设灌溉管道 3200 米,修筑灌溉渠 2500 米,修缮机井一眼。生产路主要硬化了王家村至赵家村、王家村至滑底村两条道路,水泥路直接修到田间地头,极大地方便了村民下田生产和劳动运输。

2010年后,王家行政村投资修缮了村部大队和文化大院,村部包括党支部办公室、村委会办公室、远程教育播放室、计划生育康检室、党员活动室、新农村书屋;还安装配备了体育健身活动器材。多次获得灵宝市委市政府和焦村镇党委政府的表彰。

乡　观

乡观行政村下辖乡观、鸭沟北城子、鸭沟南城子、屈家寨、磨窝五个自然村,各自然村村名来源各异。乡观村原名香官村,位于沟北崖上,据传在古时候,沟北有座观音庙,经常有人到庙内烧香拜佛,求神保佑年年平安,风调雨顺,村民的日子比较顺心,同一时间村里也有人在朝内位居高官,因此称村名为香官村,后来演变为乡观村;200多年前,靠村北边有个寨子,寨子三面环沟,通往寨门只有一条五六米宽的路,寨子中住的人大部分姓屈,故名屈家寨;古时,村西有一条大沟,沟底四季泉水喷涌,形成了溪流,当时溪水中有好多野鸭子和水鸟在水中嬉戏,故名鸭沟,有村民在此沟的南边建村居住,称其为鸭沟南城;有村民在此沟的北边建村居住,称其为鸭沟北城;据传,磨窝村清代以前,是为官兵加工面粉的地方,后取名磨窝村至今。

乡观行政村位于焦村镇政府驻地西南2000米处,东至二线路与东村行政村接壤;南与赵家行政村毗邻;西过老天沟与乔沟行政村衔接;北依陇海铁路与焦村行政村相连。境域面积约3.21平方千米。行政村三面环沟,一条8米宽的柏油路从东直通村部穿越村中央,路两侧各三排村民二层小楼整齐一体化,村中央两条6米宽的水泥巷道,两侧尽是居住房。二层小楼的村部建在村西侧,村部后方有文化大院及舞台。行政村下设15个村民小组,总户数612户,总人数2368口,地域面积169公顷,耕地面积140公顷,其中果园面积66.7公顷,村民共有大小轿车185辆。村中主要姓氏有:闫、石、刘、李、张、段、金、宋、梁、王、陈、屈、冯、杜、贾、路、柯、郑、赵、史、骆、靳、雷、薛、杨、高、邓、翟等30余个。

乡观行政村在1949年6月至1955年12月的土地改革、互助组、初级农业生产合作社时期隶属破胡区;1956年1月至1958年7月高级农业生产合作社时期先后隶属万渡乡、西章乡;1958年8月至1966年4月,乡观生产大队在"大跃进"、人民公社时期隶属西章人民公社;1966年5月至1983年12月,隶属焦村人民公社;1983年12月至1993年5月,体制改革、经济开放时期,乡观行政村隶属焦村乡;1993年6月至今的致富奔小康时期，乡观行政村隶属焦村镇。在中华人民共和国成立初期的抗美援朝战争中，乡观村共有8人参加了中国人民志愿军，奔赴朝鲜战场为保家卫国做出了贡献和牺牲，他们分别是：屈启华、闫春华、闫兴隆、闫换福、屈治斌、闫天续、屈学玉、屈朋信。

乡观行政村原以传统农业为主要经营模式，主要传统农作物有小麦、玉米、谷子、棉花、红薯、豆类杂粮等。1985年开始大量发展苹果产业，成为当时村民致富的主要经济来源。到了2000年，随着苹果价位的滑波，村民在村两委班子的带领下，开始调整产业结构，在实施苹果更新换代、高位嫁接换头的同时，开始发展多种经营，多渠道致富。种植的小杂水果有桃、葡萄、核桃等，截至2016年，乡观村有优质苹果面积56.7公顷，葡萄面积2公顷，桃面积9.3公顷。各种水果平均每年净收入18万元。同时，村领导班子还利用村里的自然条件，建渔塘6个，南沟2个、北沟3个、老天沟1个，总面积12公顷，平均每年净收入3万余元。

畜牧养殖业是乡观行政村的一大特色产业，20世纪90年代，村中的生猪养殖从原来的零散户养到规模化养殖，村中出现了数十家养殖专业户。1995年，乡观村被灵宝市政府命名为生猪养殖专业村。多年来，养殖业经久不衰，由此带动了沼气业的发展，出现了“养殖—果业—沼气”的良性循环。2016年，村中生猪养殖专业户达140多家，猪舍面积达400亩，年生猪出栏率达3万余头，年净利润收入达500万元，成为村民经济腾飞的一项主要支柱。食用菌生产也是一个新兴的致富产业，2014年，村两委班子带动村民开展食用菌生产。2016年，村中有31户种植食用菌，每年种植量达45万袋，净利润达60万元。

行政村有6条主要道路：一条是和二线公路紧相连接的通往村内的交通要道，为东西方向，长600米，宽8米，1995年铺设柏油路面。第二条路是从二线公路往北直通鸭沟、北城子的南北通道，长800米，宽4米，2015年实施水泥硬化。第三条路是乡观村至南城子通道，长360米，宽3米，命名渠北路，2007年实施水泥硬化。第四条路是乡观村往南直达赵家村口通道，长为500米，宽3米，名为杨家斜路，2015年实施水泥硬化工程。第五条路是乡观村直通磨窝村通道，长380米，宽3米，名为沟西路，2003年实施的硬化。第六条路是乡观村通往屈家寨通道，长350米，宽3米，名为西寨路，2014年实施硬化。

村中的水利设施有大型水库3个，每个库都建有抽水站，上水量每小时300吨，具体分布在南沟、北沟、南城子沟，每个站有专人管理，每遇到天旱，能及时启动，保证农田和果园的灌溉。村中另有深机井3眼，用于村民安全饮水工程，村民全部安装自来水，保证了村民人畜饮水安全环保。

2016年，乡观村在电力设施方面共有变压器10台，其中生产加工和生活用电照明6台，农田水利灌溉4台，高压、低压线路全都符合国家标准和规划，并有专业电工闫赞学负责，收购电费和线路维修安装，保证了电力设施安全运行。

新型农村合作医疗是2006年兴办的，村中办起了新农合定点卫生室，医生由屈晓平同志担任。从2006年至今，村民每年参合率均在98%以上，2016年全村612户全部参加合作医疗，参合率达100%。卫生室常年有医生坐诊，平时利用黑板报、广播为群众宣传疾病预防知识，群众看病既方便，又能享受到国家补贴。村卫生室按照上级政府要求，实施四室分开，有诊断室、治疗室、观察室、药房，承担着全村的疾病诊疗、预防接种、爱国卫生及新农合报销事宜，深受广大村民的欢迎。

乡观村的文化大院建设，由村中在外工作人员、灵宝市新凌铅业董事长陈云飞同志个人投资110万元，于2008年5月16日择日动工，同年10月23日胜利竣工。占地面积达2600多平方米。文化大院内有舞台、阅览室和两层14间的村部办公楼，还有集休闲健身为一体的多功能游乐场地。

党的十九大以来，乡观村三委领导班子及广大村民积极响应党的号召，不忘初心牢记使命，建设一个文明和谐的美丽乡村。2017年投资5万元在村口盖起了门楼，又投资15万元在进村道路两旁植树栽花，筑起了地脚线，防护木架带，既保护了植物生长，又美化了环境，并在进村道路两旁，村中各条主巷道都安装太阳能路灯，在村中央井边盖起了休闲场所，扩建了各条巷道的地下排污管道，对各户的厕所也进行了改造，彻底防治了污染。在精准扶贫活动中，村三委积极努力，深入到群众中去，为贫困户找项目，寻路子，现在12户贫困户，已有8户脱贫，并且年收入人均在1万元以上。2019年至2020年，乡观村三委班子，响应上级党委号召，发展高山果业，栽培优质苹果园53.3公顷，发展经济奠定了可靠的基础。在村容村貌的改变中，村投资20多万元对各条巷道和主巷道进行了补修、硬化，大大改善了村容村貌，美化了环境，促进了经济发展。

张家山

张家山行政村位于焦村镇政府驻地西南4.4公里处，东至武家山行政村接壤，南翻越秦岭与五亩乡相连，西与李家山行政村毗邻，北至杨家行政村衔接。行政村下辖张家山、半山两个自然村。下设 5 个村民小组，有 205 户居民，796 口人，其中男 410 人、女 380 人。由汉族人员构成。农业耕地面积 1100 亩，其中果园面积 500 亩。1949 年 6 月张家山村隶属破胡区；1956 年 1 月至 1958 年 7 月，实施农业合作化时期，张家山村隶属杨家小乡；1958 年 8 月张家山村隶属为西章公社杨家生产大队；1966 年 5 月张家山村隶属焦村公社杨家生产大队。1982 年，从杨家大队分出，成为焦村公社张家山生产大队。1983 年 12 月体制改革，隶属焦村乡，大队改称张家山村民委员会。1993 年 6 月，灵宝县设市，焦村乡设镇，焦村镇张家山村民委员会隶属焦村镇至今。村中主要姓氏有张、任、李、翟四大姓，另有史、赵姓等少数村民。张家山村因张姓早居，村子又居秦岭山根，故名张家山村。半山村因居秦岭半山，故名半山。

中华人民共和国成立后的 1950 年 12 月至 1953 年，张家山村响应党中央毛主席的号召，青年人积极参加抗美援朝战争，先后有第一组村民张国庆、第二组村民张兴颜、第五组村民翟行参加了中国人民志愿军，赴朝作战。

张家山行政村自古以来就是个以传统农业为主的小山村，主要农作物有小麦、玉米、谷子、棉花、红薯和各种豆类杂粮等。1985 年，胡耀邦总书记来灵宝写下了“发展苹果和大枣，家家富裕生活好”的题词，对灵宝县的苹果产业发展起到了一个推波助澜的作用。至 1990 年，张家山村也和全县各村一样，开始大面积种植苹果，鼎盛时期苹果面积可达 40 公顷，占总面积二分之一。到了 2000 年，随着苹果品种的老化，其产品价格很快下滑，村民出现了刨树热，大面积果园开始挖树复耕。2010 年后，随着农业结构调整，村民致富项目开始转向小杂水果的栽植、商贸业、菌业和其他产业。2016 年，张家山村种植桃树 6.7 公顷、黑李子树 1.3 公顷、红提葡萄 2 公顷、核桃树 6.7 公顷。其中桃种植以中晚熟品种为主。村中有香菇种植户 4 家。大多数村民以外出打工为主要经济收入来源。畜牧养殖业是张家山村的一个特色产业，从 20 世纪 90 年代，村民就开始发展养殖业，并建起了沼气池。2016 年，张家山村有生猪养殖专业户 38 家，其中第二村民组史高增、第一村民组张群革每年母猪存栏达 30 余头，育肥猪存栏达 300 头以上，相当一部分村民依靠养殖业走上了致富之路。

张家山村电力发展较晚。1970 年，村中第五村民组在外工作人员翟象（在新疆解放军某部兵团任职），个人出资 2800 元，开始从杨家大队接高压线路到村中，村民从此结束了点煤油灯照明、用牛拉磨磨面的历史。1996 年，村中首次开始实施农村电网改造工程，2006 年实施第二次农村电网改造工程，2011 年村里第三次实施农村电网改造工程，先后更换了电杆、电线、变压器、电表，规范了村民用电、管电的秩序。2016 年底，村中共有变压器 2 台,均用于生活用电。

张家山村位于秦岭脚下,自古以来,村民就利用山上的溪水进行自流灌溉。20 世纪 70 年代,为了扩大耕地灌溉面积,村里的干部组织社员修建了三座蓄水塘,用于储存从秦岭山上引下来的溪水,可增加灌溉面积 40 公顷。2016 年,配合焦村镇高标准农田水利建设工程,村集体在村西修建了提灌站,利用窄口水库的水源,建成后提高灌溉面积 15 公顷。村里的人畜安全用水,始建于 2003 年,从山上引溪水到村中,并建立了蓄水池,实施了村民饮水工程,结束了肩膀挑水的历史。2008 年,村集体投资在村北凿造了机井一眼,用于人畜安全饮水双配套,既可用机井水,也可用山泉水。

张家山村的道路建设始于 2005 年,当年硬化了进村主通道,从杨家村选厂到村中,全长 3000 米,路基宽 3. 5 米,其中有 1000 米的路基宽 4 米;2008 年,硬化村中主巷道 1200 米,路基宽 3. 5 米;2016 年,随着高标准农田水利建设项目的实施,村中硬化了 5 条生产路,方便了村民的生产劳动和收获运输,5 条生产路全长 3800 米,路基宽 3 米,其中 1000 米路基宽 4 米。

中华人民共和国成立初期,张家山村小学位于村西沟,有土窑洞 6 眼。1978 年校址移到村东,修建了土木结构瓦房 12 间;1993 年,村集体投资在学校原址建起了砖混结构 2 层 18 间教学楼。2004 年,张家山小学撤并,村里的孩子在杨家小学就读。张家山村 2010 年办起了属于自己村的卫生所。从 2006 年开始实施新型农村合作医疗,每年的参合率都在 100%,解决了村民大病支付不起医疗费的困难,保障了村民身体健康,安全养老问题。张家山村新农合定点卫生所位于村部院里,伍平萍担任新农合定点卫生所医生,并根据要求实施诊断室、观察室、治疗室、药房四室分开,配备了各种常用医疗器械,其主要业务为农村常见病、多发病的治疗,同时承担全村的医疗保健和卫生防疫。

2016 年,张家山村的文化大院和文化活动中心落成。里面设置有村两委办公室、党员活动室、远程教育播放室、计生学校、科技文化学习室、新农村书屋等。院里有篮球场、乒乓球台等。村民在农闲和晚上可以去村里的远程教育播放室学习新的农业科技知识,也可以从新农村书屋借阅相关的书籍回家学习,提高自身的文化素质和农业科技素质及自身科技致富能力。

武家山

武家山行政村位于灵宝市西南 6 公里、焦村镇南 6 公里处。东与尹庄镇岳渡村接壤;南靠秦岭与五亩乡、尹庄镇岳渡村石家山相连;西与张家山、杨家村毗邻;北与杨家村、史村衔接。东西长 5 公里,南北长 5 公里,总地域面积 25 平方公里。

村党支部下设四个党小组,有党员 48 名。行政村下设 5 个村民小组,居住 226 户,857 口人。主要有姓氏赵、武、卫、毋四个。行政村共有耕地面积 120 公顷,其中果园面积 6.7 公顷。1958 年 8 月至 1966 年 5 月,武家山村和杨家村一个生产大队,称杨家大队;1966 年 5 月至 1981 年 3 月,武家山村与史村一个生产大队,称史村大队;1981 年 3 月,武家山村独自成为一个大队至今。武家山村原是以传统种植为主的,主要农作物有小麦、玉米、谷子、棉花、红薯及各类豆类杂粮等。从 1995 年开始发展特色农业香菇种植,2016 年村中共有香菇种植 15 户,种植量 25 万余袋,年可增加村民纯收入 100 万元。

武家山村原是一个居住条件十分简陋、三面环沟、一面靠山的穷山村,1988 年以后,随着矿山的发展,村里有了旧宅还田、扩建新村的规划,后来形成现有的新村。村中的小学始建于中华民国二十四年(公元 1935 年),中华人民共和国成立后几经改造,于 1988 年在紧随着新村建设规划的实施,村投资修建了占地 0.4 公顷的校舍,建成了砖混结构、二层 22 间、建筑面积 571 平方米的教学楼,改善了教学环境、提高了教学质量。同时修建了新舞台和村委办公楼。

武家山村用电较早,从 1975 年 3 月,窄口水库焦村兵团进驻开始就用上电,后经过三次农网改造,现有变压器三台分别用于村民生活用电和农田水利灌溉。水利方面:1958 年行政村南修建了南沟水库;1970 年 10 月至 1971 年 10 月修建了村池塘,当时可灌溉耕地 24 公顷;1991 年,窄口灌区引水工程在武家山村用于农田灌溉,可灌溉耕地 800 余亩;村中现有机井 2 眼,同时用于农田灌溉和村民安全饮水。村中主要乡间道路有:武家山至焦村路,2009 年 5 月硬化,路基宽 6 米,到杨家路途长约 1. 8 公里;武家山至岳渡村路,2008 年 8 月拓宽路基至 6 米,同时铺设水泥路面,路面宽 6 米。

1988 年 2 月,武家山村建起了占地面积 0.37 公顷的农村文化大院,内有舞台剧场、村委办公楼、篮球场、乒乓球场、健身器材场地等,设置有远程教育播放室、新农村书屋、报刊阅览室、党员活动室、计生学校。文化大院的建立,大大地活跃了村民文化体育生活,同时为村民提供了生产科技信息学习场地,增强了村民的科技致富能力。从 2003 年到 2016 年共连续举办了 13 届村两委组织的“黄金景点旅游杯篮球赛”,每年春节期间,邀请邻村篮球队参加,本着“友谊第一,重在参与,互相切磋,提高球艺”的宗旨,增强了村民体质。村中原来没有古会,从 1989 年 9 月 1 日起,开办一年一度的文化艺术节(新村落成纪念日),每年都邀请著名剧团前来助兴演出。

1992年,武家山村被中共三门峡市委、市政府命名为灵宝县首批“小康村”荣誉,并颁发牌匾;1995年,被河南省建设厅命名为“中州新村”荣誉称号。武家山村还先后被灵宝市委、市政府,焦村镇党委、政府授予“创先争优五好农村党支部”“2006年度招商引资暨项目建设先进单位”“2007年度单项工作先进单位”“2009年度年度项目建设先进单位”“2010年度科技防控先进村”“2012年度信访民调工作先进单位”等荣誉称号。

滑　底

滑底行政村位于焦村镇政府驻地西南5公里处,东临王家嘴行政村、赵家行政村,南接李家山行政村,西邻乔沟行政村,北边紧挨屈家寨、蘑窝自然村。东西长2000米,南北宽6000米,总面积3平方公里。滑底行政村民国时期隶属西章乡。灵宝县解放后,1949年6月至1958年7月,滑底村隶属杨家行政村,杨家村先后隶属破胡区、焦村中心乡、焦村乡、西章乡;1958年8月,西章人民公社成立,滑底村隶属杨家生产大队;1961年至1981年,滑底村隶属赵家生产大队;1981年,滑底村从赵家大队分出,成立滑底村,隶属焦村人民公社;1984年1月,实施行政体制改革,滑底生产大队改称滑底行政村,隶属焦村乡;1993年6月,焦村乡撤乡设镇,滑底行政村隶属焦村镇至今。滑底村有老爷庙一座,后于2016年进行了重建。

行政村党支部下设3个党小组,有党员50名。滑底行政村下设8个村民小组,居住着1080口人,主要姓氏有冯、牛、杨、焦、张、刘等,其中以冯姓居多。多年来,滑底村在村两委的带领下,与时俱进,锐意改革,注重科学发展,村容村貌日新月异,村民生活如芝麻开花节节高。

滑底村是个以农业种植为主的山村,村中现有耕地133公顷,其中果园面积有66.7公顷。村民种植的主要传统农作物有小麦、玉米、红薯以及豆类杂粮等。20世纪80年代开始大面积发展苹果栽植,主要苹果品种由最初的倭巾、小国光、大国光、青香蕉、金冠等,后来形成了以秦冠为主体栽植的模式,到了90年代,实施品种更新换代,主要品种为红富士,在操作上一是对原有的果树进行高位嫁接换头,二是新发展矮化砧红富士果园,以早结果和提高果品质量为主要目的。到了2000年,随着苹果价位的下滑,村两委带领村民开始栽植以桃、葡萄、核桃为主体的小杂水果,同时大量发展食用菌产业,2016年有8户人家种植香菇,大约10万袋,产值80万元左右。畜牧业发展也是随着社会进步和科学发展而发生着变化,在集体制时期,各生产队的大家畜有牛、驴、骡、马等,猪和鸡的饲养主要是一家一户的散养,鸡的饲养多为柴鸡,主要用于产蛋;猪的饲养每个家庭一年也就是一至两头,一是长大后卖给公社的食品站,二是作为嫁娶设宴席备用。到了改革开放以后,随着农业机械的发展普及,原来分到各户的大家畜也逐渐淘汰,农业耕作和农作物运输多以三轮车、拖拉机为主。猪的饲养也由散养发展到规模养殖,出现了好多养鸡、养猪专业户。

滑底村介于沙沟和老天沟之间,中间还有三条沟,很早以前人们因地制宜,在崖壁上挖窑洞,在平地上挖地坑院,经济条件好一点,盖几间木架房,土木结构居多。改革开放以后,条件好转都盖起来砖混结构的平房,有一层还有二层的。滑底村用电比较早,早在 1970 年前后,有几位村民把电引进了滑底村,从此以后就摆脱了小油灯,近几年争取上级资金 100 余万元,对该村的农电网进行了升级改造,大大改善了照明、灌溉、生产生活。1991 年窄口罐区引水上西塬,实现了自流灌溉,可浇地 100 公顷。

近年来村三委在冯泽生书记的领导下,打深井三眼,铺设主管道 3000 米,从此滑底村村民喝上了自来水,改变了饮用井水的老习惯。2013 年村自筹资金 40 余万元,收回旧宅,开发荒芜土地,共平整出土地 5.3 公顷,在国家惠农政策下,为村硬化水泥路 4600 余米;2020 年对进村主路进行了加宽硬化,硬化村水渠 6000 余米,极大地改善了村民出行和生产生活条件。

2016 年 4 月,村自筹资金建起了滑底村文化大院,文化大院内有简易舞台、篮球场、乒乓球场、健身器材 12 件,另外还设置了新农村书屋(有阅览室三间)、党员活动室、远程教育播放室、计生学校等。2020 年新流转 7 亩土地,扩建新活动场所 3500 平方米,极大地活跃了村民文化娱乐生活,使村民在提高身体素质的同时提高了文化素养和农业科学致富本领。

2018 年共安装了太阳能路灯 43 盏,美化了各家各户外墙,绿化了巷道两边;争取水利资金 130 余万元,对滑底村上下沟淤地坝进行了加固;争取“三块地”项目资金新建提灌站一个,可灌溉周边 40 公顷农田。

教育工作方面,在历任校长冯海生、杨敏超带领下,通过冯俊民、冯海民、王囤祥等老教师的努力,学校从最初的在庙会、戏台办学,到 1990 年迁至村中建筑面积 108 平方米砖混结构的一层小楼,1996 年又扩建到 300 平方米,极大地改善了教学条件。

滑底村在党的建设、农业生产建设和村民素质建设方面取得了良好的成绩。2010 年滑底村荣获“2010 年村镇建设工作先进村”称号,获“2010 年度全面工作先进村”称号;截至 2020 年共 6 次获得“焦村镇先进村”荣誉。在灵宝市举办的第十届运动会上勇创佳绩,在乡镇男子 4×100 米接力赛中获得“冠军”称号,女子组 4×100 米比赛获得第三名。

万　渡

万渡行政村位于焦村镇政府驻地西南九公里处的小秦岭娘娘山脚下。东与孟村行政村、东仓行政村接壤,西与塔底行政村、贝子原行政村毗邻,南越小秦岭娘娘山与五亩乡王义沟相交界,北过沙河南支流与秦村行政村隔河相望。行政村辖区由四沟、一河、三岭、三斜组成,境内地势东高西低。溪流从村中流过,分南、北寨和北崖三部分,行政村辖万渡、西仓两个自然村,下设 11 个村民小组(其中西仓自然村有两个村民小组),583 户, 2053 口人,其中男 1000 人、女 1053 人。在住户中含回族 5 户,17 人。整个地域面积约 4. 2 平方公里,耕地面积 280 公顷,娘娘山景区 133.3 公顷。万渡村东行 10 公里可达灵宝市区,西行 10 公里可抵阳平镇,省道 312 公路从村中间穿过,是灵宝到阳平之间的政治、经济、文化、商品聚散的中心地带,地理位置相当优越。行政村居民主要姓氏以杨姓、任姓为主。1950 年至 1957 年是万渡乡政府驻地。

万渡村名的来历有二。一曰:相传在一百万年前灵宝西原曾是个湖,境内的老天沟河和沙河是两大主要水系湖泊。万渡村的位置恰好是个良好的渡口,各种水上交通工具均可在此停靠,行人亦可在此随意渡往各地,后人称此处的村落为“万渡村”,村名延续至今。这从塔底村沟底崖根的白土层,以及西仓沟南北崖边向下各五、六米处的碳化灰土层,证明原来是湖中的植物及微生物腐蚀后而形成,可见原来万渡、东西仓,并和其在同一等高位置上广阔地域是湖的面积,这一推理已被国家权威地质专家周权昆教授 1998 年在考察灵宝后证实。二曰:据原档案局局长李孝民先生《说话灵宝》一书中说,女娲娘娘(秦岭上的娘娘庙)的神话传说有超百万年的文化根基,和上万年的文明起步。女娲娘娘在洪荒时代捏土造人,炼五彩石补天,普渡众生,号称“万渡”。

农业及特色产业。万渡村原是一个以传统农业为主要种植业的乡村,20 世纪七八十年代种植苹果,2000 年后随着农业结构调整,主要经营的农业项目以小杂水果为主,桃以秦王、红不软、沙红等为主;苹果以红富士为主;其他是粮食和油料作物。2016 年,行政村有桃树面积近 133.3 公顷,苹果园面积 66.6 公顷,其他农作物面积 66.6 公顷。桃年产量 350 余万斤,产值 300 余万元 ;苹果年产量 200 余万斤,产值 200 余万元;食用菌年产值达 100 余万元。

基础设施建设。(一)水库。万渡村从 1953 年后半年起,利用人担、牲口驮,到

1955 年建成了灵宝县第一座小型水库，有效灌溉面积 133.3 公顷。后来又在老河道上、下游分别建起三个水库。这三个水库均是本村水利技术员杨保胜设计和施工的，是万渡村农业水利的命脉。（二）电力。1958 年，万渡村在老爷庙西边崖根用锅驮机带动发电，主要用于照明，1960 年困难时期停办。1968 年又开始恢复办电，架设高压线路，配备变压器及各种电力设施，主要用于生活用电和农副产品加工至今。（三）道路。村境域内二线公路（现为省 312 道）从村中间穿过。村村通工程主要是万渡村到西仓村交通道路，全长 2500 余米，宽 4 米。1992 年冬，在河滩修坝，使村之间的沟壑南北变通途。（四）医疗卫生。解放初期就有崔向荣先生，每天早晨用广播筒在北寨子四周，向人们宣传爱国卫生运动，勤洗手、脚、脸，打扫卫生。1954 年，农业合作化时期，村集体在村东借用民宅（没收地主的房屋）建起诊疗室，有五六个从业人员。1958 年，西章人民公社在村西办起了西章卫生院万渡分院，有房屋十余间，占地面积 600 余平方米，有十余个从业人员，大大方便附近村民的就医。与此同时，又办起了西章乡兽医站万渡分站，地址在东沟，占用三孔土窑洞，四五个从业人员。

1974 年，万渡大队就办起合作医疗，每人每年交 10 元，村补助 2 元，1979 年结束。2006 年开始新农合，行政村村民百分之百的参合率，每人每年交 120 元，大病住院由国家按医院等级分别补 60%~90%。万渡村新农合定点医疗室由村医张建庄负责。

集市贸易及商企业。（一）万渡集。万渡集市始建于 1951 年，位置在城壕东西两头（城壕东头曾建有戏台），以后又迁至河泊及北崖路边。因当时有戏才有集（戏大多是村民自导自演的乡土剧目）后中断。1964 年，又经工商部门批准，在万渡戏台及供销合作社周围建立集市，每月阳历的逢五为集市日。到改革开放后的 1985 年，又改成每月的阳历 3、8 日为集市日，延续至今。万渡集市是附近村民商业贸易、物资交流的最佳场所，对活跃村民经济和社会经济起着重大的作用。（二）万渡供销社。万渡村供销合作社始建于 1951 年，首任负责人任明治（万渡村人），当时由社员入股，有 1 元、2 元、3 元、4 元、5 元、6 元六个股，个人随便选那个股，即股份制，并发给股金社员证，定期分红。供销社隶属灵宝县第四区。供销社合作社地址在老爷庙东，门朝南。1959 年改出北门，扩大营业，占地七八百平方米，从业人员十多名，有房屋 18 间，主要经营百货、布匹、日杂、农资及收购药材、棉花等，到 1962 年，社员入的股数已达到 516 股，促进了当时社会农村经济发展。万渡供销合作社一直运作到改革开放的年代，随着经营体制的改革而进一步发展。（三）信用社。万渡村的信用合作社也在同一时间发展起来，由社员入股，共设 1 元、2 元、3 元、5 元四个股，由信用社发给社员股金证，进行定期分红，首任负责人赵月祥(东仓人),后来的负责人任正印参加了1964年的河南省先进信用社会议。万渡村的信用合作社一直运作,从未间断,是灵宝农商银行设在行政村级的分理处。(四)万渡乡粮店。1951年,上级政府又在万渡村的南寨子办起万渡乡粮店,仓库在西头民宅(没收地主家的房屋)和风家的门房和腰房,办公地点设在村民阳保团家门房东间。1957年被撤销。(五)轧花厂、农业科学试验站。1958年西章人民公社在万渡村西水库南办起轧花厂,从事万渡周围村的棉花收购及加工,1964年停办。轧花厂址改建成万渡大队农业科学试验站。1968年,改建成砖瓦场,后因土源不足停办。(六)万渡面粉厂。1987年5月,村民杨胜满建起万渡面粉厂,"万渡牌"挂面在灵宝最先上市,其中甲鱼挂面获农业部优秀产品,并申请专利号,从业人员60余名,建立起灵宝故县、豫灵对外销售点4处。

进入新世纪,万渡村商贸又有了更大的发展,后在二线公路两边盖起70余间两层门面房,现有糖烟酒超市7处、饭店9处、理发店4个、五金电料3处、电信服务3处、医疗室6个、农资化肥7处、香菇收购点13处。万渡村生机盎然,蒸蒸日上。

教育及文化事业。(一)万渡村完小。万渡村完全小学始建于1932年,由村贤达志士商议,刘尚武校长负责(教育局长董云青),借自北崖大路两崖边固有的黄花老祖庙、三官庙的前后殿、对面的高戏台以及相邻的杨家祠堂为基础,又拆了马村、万渡寺院,建成了"万渡完全小学"。学生来源以灵宝西原上的村为主,如北贾村、李家坪、东常册、张家山等,先后培养出各种出类拔萃人物。进入20世纪70年代,万渡大队紧跟教育形势先后办起了小学、初级中学,现在为万渡中心小学。(二)万渡村业余剧团和舞台。万渡村的戏曲发展可分为三个阶段。一是解放初期排演的"十大恨"(如收租恨、征粮恨、早婚恨)、"幸福家庭"等节目,大大提高了村民的思想觉悟,以及对共产党和新社会的热爱。二是20世纪60年代初期,排演的剧目有《社长女儿》《擦亮眼睛》《文风帕》《张连卖布》等,在周围村庄独树一帜。三是"文化大革命"时期成立的毛泽东思想宣传队,经过著名蒲剧导演(当时被下放)和三门峡市著名乐器导演阳光普和任丙居两位先生的精心指导和编排,所演的样板戏《红灯记》《沙家浜》等革命样板剧目,在邻近乡和窄口水库演出,均受到很高评价。业余剧团前期的团长为阳宝国,后期的团长为孙增义。1964年建起灵宝唯一的仿古舞台。2009年,由村长阳满增出资,盖起万渡大戏院。(三)万渡村篮球队。在20世纪60年代和70年代,万渡大队篮球队由任聚财队长领队,无论在业务水平或人员素质上在焦村乡都是名列前茅,大队除了在农闲时间组织球赛外,还时常参加周围乡镇、村组织的篮球赛,并多次获奖。

抗美援朝及对越自卫还击战。在1950年12月至1953年的抗美援朝战争期间，万渡村参加志愿军的有张育森、刘有才、张俊青、郑林汉（牺牲在朝鲜战场上，后追认为烈士）、任广文、杨本荣、杨忠保、杨方玉、杨方成、杨虎站、杨顺。在1979年的对越自卫还击战中，万渡大队青年任翻身作为在役战士参加了战斗。

民国时期的万渡村文化底蕴丰厚，教育名人济济，任宝三为周围村庄带出了为数众多的得意门生，万渡村从此也被称为"文风村"。1985年4月，万渡村又被中共灵宝县委、灵宝县人民政府命名为文明村。

东　仓

东仓行政村位于焦村镇政府驻地西南7公里处，东与乔沟行政村、巨兴自然村接壤，南与罗家行政村、孟村自然村毗邻，西与万渡行政村、西仓自然村相连，北与卯屯行政村、坪村行政村衔接，东西长约4公里，南北长约4公里，总地域面积16平方公里。东仓村党支部下设四个党小组，有党员35名。村下设8个村民小组，居住235户，940口人，主要姓氏有赵、孟、杨、钱、刘、李、薛、邢、姚、芦、梁十一个。村共有耕地面积116.7公顷，其中果园及杂果66.7公顷。1978年前东仓村和罗家村一个生产大队，称罗家大队。分开后成立东仓大队，体制改革后称东仓行政村至今。东仓村原是以种植传统农业为主的乡村，主要农作物有小麦、玉米、谷子、棉花、红薯及各类豆类杂粮等。从1990年开始发展苹果园，鼎盛时期面积达1000余亩，2000年后果园老龄化，品种淘汰，苹果经济收入呈滑坡趋势。村民们顺应时势，2006年开始发展樱桃、桃、核桃及养殖业。2014年开始发展特色农业——香菇种植，至今村中共有香菇种植户30多家，年种植量达100万袋，年可增加农民纯收入200万元。

东仓村是一座古村落，传说建于春秋时期，当年晋国的晋献公宠爱奸妃丽姬，奸妃想让自己的儿子奚齐继承王位，用"蜜蜂计"害死了太子申生。二太子重耳已感知大祸临头，连夜在介子推等人的卫护下逃离皇宫，曾逃到秦岭北麓的砥石峪土地堂。因穷途亡命，就在此处上演"刮股奉君"壮举一幕。在养病期间，君臣二人均发现此地是一方风水宝地，便产生"屯兵图报"思想。组建国家雏形、招兵买马、广积粮草，于是就产生了东西两处库地，就是如今的东仓村和西仓村。

东仓村原是一个三面环沟的穷村，村中的小学始建于清道光二十五年（公元1845年），中华人民共和国成立后，村中曾在祠堂中办学。历经世事沧桑，村集体领导审时度势，再穷不能穷教育，再苦不能苦孩子，于1990年紧随着村建设规划的实施，对原校舍进行改造的同时,建造了二层12间、建筑面积达100余平米的教学楼,改变了教学环境,提高了教学质量。1999年,又投资修建了教师宿舍。2006年,伴随着教育形势发展,小学重新布局,东仓小学撤校。

东仓村从1979年开始用电,先后开设了电力加工、磨面、粉碎、榨油等业务,改革开放后,集体加工业被个体户所代替。2000年至今,村先后经过三次农网改造,现有变压器3台,分别用于村民生活用电和农田水利灌溉。在水利方面:1973年在村北修建了北沟水库;2009年打机井1眼,用于村民安全饮水及农田灌溉;2012年建抽水站2个,用于农田灌溉。道路建设:2003年,对进村道路及村民主要道路铺设柏油路面,长度达2公里;2015年,实施村村通工程,硬化了村至西仓、至坪村道路,长度达2公里。

东仓村于2002年开始修建篮球场(体育中心),可容2000人,从2002年起成立了东仓村篮球队,队长赵海波,先后荣获过镇村篮球赛二、三、四等奖。2015年,村建起了党群服务中心和文化活动中心,更利于服务群众文化生活和精神生活。从2000年起,村两委班子成员本着"发展体育运动,增强人民体质""友谊第一,比赛第二"的原则,春节期间连续举办十几届"华冠"杯篮球邀请赛。从1999年起东仓村还多次被灵宝市焦村镇评为五好党支部、先进单位;2004年荣获三门峡市体育先进单位称号;2005年荣获河南省体育先进单位称号。

罗　家

罗家行政村位于焦村镇政府驻地西南约7公里处,东与乔沟行政村接壤,南依秦岭山与五亩乡相连,西和马村、万渡行政村毗邻,北与东仓行政村相接。罗家村属暖温带半干旱大陆性气候,受季风影响,春夏秋冬四季分明,年平均气温13.9摄氏度,最低气温零下17摄氏度,最高气温42.7摄氏度,年平均降雨量为624毫米,年平均蒸发量为1479毫米,年平均日照时数2277.9小时,光热资源充足,气温条件好,年平均无霜期215天。

罗家行政村下辖罗家、寨子沟、孟村三个自然村。罗家村名来历有两种说法:一种说法是根据村内老年人所描述,罗家村村民先祖来自山西洪洞县,明初洪武年间,先民从洪洞县大槐树下移民而来,因此地土壤肥沃、水源丰富,遂举家迁徙,挪家至此,得名挪家村,后谐音"罗家村"。另外一个说法是远在春秋时期,晋国公子重耳遭陷害逃难至此,休养生息。重耳把兵马集中在盟村(后称"孟村"),屯兵养将的地方设在寨子沟(后称"寨子沟村"),盟誓返京。重耳在外逃难十九年后复朝当了皇帝——史称晋文公，成了春秋五霸之一，而忠臣介子推却离开他归隐豫陕晋山区——绵山和小秦岭一带。晋文公重耳在位期间非常怀念介子推，于是他又来到此地，落驾于此，遂得名落驾村，后称“罗家村”。至今村里老年人还传说着，在砥石峪山神庙附近，建有用于屯兵和生活的东、西廊房，古戏台的宏大建筑群，其遗址现今仍清晰可辨。孟村村名又一来源，根据该村北边挖出古墓碑记载，宋宣和四年（公元 1122 年）叫西孟村，后简称孟村。关于寨子沟，另一种说法为旧时社会动乱，人们为避难，在村西南沟边建了一个寨子，这个寨子易守难攻，故称寨子沟。

罗家村居住人口主要是汉族，20 世纪 60 年代有少数回族人口居住，后迁出。2014 年村里有一外籍居民（系中外联姻娶回的柬埔寨女人）。罗家村现有李姓、罗姓、何姓三大姓，另外还有王、周、樊、朱、郭、刘等姓氏。2016 年，罗家行政村下设 13 个村民小组，其中孟村 6 个、寨子沟 3 个、罗家村 4 个。据 2015 年 4 月底人口统计，罗家村总人口 1821 人，其中农村户口有 1800 人、城镇户口有 21 人。

罗家行政村是一个以传统农业种植为主的山村，在国家实行家庭联产承包责任制之前土地为集体所有制的经营方式，农村实行记工、计分制；改革开放以后，土地仍为集体所有，村民承包土地进行自主经营。1980 年罗家村正式施行土地分配，土地分配人员包括当时已婚嫁到本地的人口。土地分配面积按照土地肥沃程度的优劣、产量的高低以及土地面积总数实行人均分配，每人分到的土地面积为 0.1 公顷。当时开始征收农林特产税，最高达人均每年几百元，直到 2002 年取消农林特产税。2013 年村庄开始增加种粮补贴，村委组织上报个人土地面积，实行土地合理分配和利用。2014 年，大规模土地流转，村民一共转让约 6 公顷土地，村集体建设了高标准百亩示范园。原来的主要农作物有小麦、谷子、玉米和红薯；经济作物种植棉花，采用人工耕种方式，在山上放羊还可用羊粪来做农作物的肥料；有少量家户养猪，用种植的玉米做喂养猪的饲料。旧时的山林常有狐狸、豹子、老鹰、野兔、蛇和野鸡等动物出没，个别村民曾为猎人；山上有连翘、五味子、覆盆子、党参、蒲公英等中药材，满山遍野地生长。后来逐渐发展苹果和食用菌等其他产业。

罗家村苹果种植历史悠久，从 20 世纪 70 年代罗家村苹果一直没有大规模种植。直到改革开放以后，伴随各种条件的成熟，这里开始大规模种植苹果。90 年代后，村庄主要经济作物是苹果，在 213.3 公顷左右的耕地面积中，70%到 80%的土地用来种植果树，其中大规模地种植苹果，苹果的品种以秦冠和富士为主。虽然苹果是这个村庄的主要收入来源，但近些年来农药、化肥的大量投入也给本村的经济带来了很大的影响，每亩地农药、化肥、雇工等投入在 800 元左右,收入分大、小年,平均下来年纯收入 15000 元/公顷。剩下的土地种植梨树以及少量的玉米、小麦等粮食作物。因为地处苹果种植产区,苹果产量的相对过剩以及农民对于市场信息的不了解,苹果的销售主要依靠外地客商来本村收购,村民几乎不会自己到集镇或市里零卖,而且由于对市场信息、苹果售价等信息的极度不了解,以及苹果生产销售的小家庭经营方式,苹果收购价格由外来客商确定,自己没有定价权。因为苹果卖价不一,还曾引起村民之间的矛盾。开封、商丘、漯河等二三线城市是罗家村苹果的销售地,最初是以物换物的形式进行销售,比如用苹果换小麦换玉米的方式。2010 年后,面对苹果品种老化、生态种植等一系列问题,村党支部书记兼村长王登波用前瞻性的眼光审视它,提出建设百亩生态示范园,引进荷兰苹果品种,更换栽植模式,统一化管理,意欲为罗家村的苹果种植开辟一个新的模式。百亩示范园从 2013 年开始筹备,2014 年前半年出去参观学习,2014 年后半年开始着手落实,主要是从市园艺局获得技术的推广。

罗家村的食用菌生产源于 2013 年,部分村民在巴娄村香菇种植成功户的激励下,开始学习香菇种植技术。村中的种菇方式主要是分散以户为单位养菌,没有养菇组织。销售渠道完全依靠村民自己解决,售价依据市场行情来判断,如果遇上市场行情不好或者天气不适合香菇生长的情况下,菇价就会下降。其方法为:木渣和麸子经过粉碎,锅炉蒸够 36 个小时,拉到养菌棚里,用大布蒙上,使温度升高。把菌种接在菌棒上,套膜,菌自动发热加上人工的加温,开始养菌。把握菌种的温度很重要,因为一年出菇量的多少主要依据的是菌种培育的质量如何。将养菇袋上刺上小孔,养菌完成以后放在园子里。温度在 20 度以下后开始注水(天气在 25 摄氏度以下),经过冷水的刺激马上出菇。从注水到出香菇,要一个月,十天后下次注水。一个菌窝一年能出四茬蘑菇。温度高溯水,温度低要捂棚。香菇每年可以收获四茬。木渣为 500~600 元一吨,如果是一万袋左右的香菇,估计需要 18 吨到 20 吨左右的木渣。一万多袋香菇一年的投入估计为 4 万左右,第二年估计为 3 万,这是因为第一年很多东西都是新买的,第二年不必再投资。一袋一年整个过程能结 2 斤多,投资估计为 4 元钱,卖出 7 元钱,净挣估计为 3 元钱。截至 2015 年底,罗家村已有香菇种植户 30 多家,香菇的销售也由最初的农户自己联系买家,到现在的客商主动上门收菇。香菇种植业也成为罗家村的一项经济产业。

罗家村养殖业借助于自然环境起步较早,养猪和养羊业一直是部分村民的主要副业。罗家村依山傍水,山中茂盛的草木适合羊群的放养,村民很早就开始在山上养羊,根据自家条件的不同有在山上放养和自家专门设置养圈养殖两种方式。随着国家天然林保护政策的实施,禁止生畜放养啃吃林木已成为大势所趋。按照现在的价格,百斤左右的羊养一只可以卖到 600~700 元,羊毛一斤可以卖到 2 元。在养殖过程中,如果圈养,每年要喷 3 至 4 次的高锰酸钾以防病,而散养的羊抗病率很高。截至 2016 年,村中存栏猪 100 头以上养殖户 6 家,存栏羊 50 只以上养殖户 16 家,存栏鸡 1000 只以上养殖户 6 家。

工业与服务业。20 世纪 90 年代,在寨子沟村东边,有一个投资 260 多万元的矿产加工厂,属私营企业,2013 年后停业。2016 年,罗家行政村共有小卖部 5 家,其中寨子沟 1 家、罗家 2 家、孟村 2 家,方便了村民消费购买日常商品。2014 年,罗家村弘农沃土农牧业合作社成立,合作社设立了资金互助部,组织引导村民发展生态农业,在苹果生产过程中,不打药、不用化肥、不锄草,使生态农业的理念在罗家村落地生根。目前合作社已举办培训活动 20 余期,吸收会员 150 人,发展生态实验果园面积 6.67 公顷,生态产品包括苹果、核桃、樱桃、蜂蜜、酵素等,在深圳、广州等大城市举办苹果道义流通展销会。2015 年该村硬化通往苹果示范基地的道路 3 公里,建高标准示范园 20 公顷;在田间地头铺设管道 133.3 公顷,对苹果园实施滴灌工程 20 公顷。

罗家村教育发展变迁。民国时期,村民大多家庭贫困,上不起学。由于重男轻女思想严重,只要家中有男孩,会尽量送到私塾中接受启蒙教育。私塾中的教书先生因为掌握文化而受村里人的尊重,因此社会地位比较高。私塾是我国古代社会一种开设于家庭、宗族或乡村内部的教学处所。经济条件较好的人家孩子会读五至六年,一般的家庭最多读 3 年。农忙时停课,女孩基本不上私塾。私塾教育以识字、写字、算数为主,教授的课本有《三字经》《百家姓》《千家诗》《千字文》《教儿经》《童蒙须知》等。1949 年中华人民共和国成立以后,在全国范围内开展扫盲运动,20 世纪 50 年代初扫盲班在罗家村轰轰烈烈地开展,人们投入到文化学习中。首先是运用“以民教民”使农民在农忙之余互相学习,通过这种方法解决扫盲运动的师资问题,并充分利用青年团中的有文化的青年力量协助扫盲,在扫盲运动中发挥积极作用。扫盲运动充分调动了妇女参与学习的积极性,为农村妇女求自由求解放开通了道路。罗家村的小学教育开始于 20 世纪 60 年代,当时在 4 个自然村(罗家村、孟村、寨子沟村、东仓村)里每个村里都有一所小学,到 1979 年东仓村从罗家村分离出去,罗家行政村里就剩下 3 所小学。当时小学是五年制,学习科目为语文、数学、政治。直到 1985 年改为六年制,但是由于学生人数太多,教师资源过少,教学质量得不到保障等因素,在 1992 年上级部门决定将三所村小学合并成一所小学,选址在罗家自然村,名为罗家村中心小学。当时学校的师资队伍除两名公办教师外，均为民办教师。校园设施建设有一座两层的教学楼，教室共6间。1994年罗家村中心小学招生规模达到高峰，邻村的学生争相涌向罗家村中心小学，学生总人数达到270余人，当时的升学率在周围村小的排名评比中依然可以位列前三名，并且这样的成绩保持了较长一段时间。2000年开始罗家村中心小学生源开始减少，学生人数骤降到140至150人；2006年，学校便只剩下了60名学生，有公办老师8人、民办老师2人；2007年学校约有40名学生，只保留了公办老师8人：2009年学校被撤销。村中孩子就读一为万渡小学，二为焦村镇中心小学，三为灵宝市区的小学。教育的另一种新形式新产物为灵宝市弘农书院。2013年4月12日，灵宝市弘农书院在焦村镇罗家村揭牌。弘农书院由焦村镇罗家村委会、焦村镇民间12社团、江苏吴江众诚实业有限公司、中国人民大学乡村建设中心、中国农业大学农民问题研究所等五个单位发起。以落实党中央提出的“建设生态文明、建设美丽中国、实现中华民族永续发展”伟大战略目标为指导思想，整合一切有利资源，探索生态文明背景下的农民农业农村可持续发展之路。

罗家村文艺活动丰富多样。早在20世纪70年代，罗家大队就成立了毛泽东思想文艺宣传队，排演革命舞蹈和革命样板戏。罗家村的文艺队于2012年12月由何慧丽发起，樊栓社组建，并于2013年春正式组成。文艺队的前身是盘鼓队，由最初的罗家自然村的21人发展为罗家行政村的100余人。表演种类由盘鼓表演增加至秧歌、腰鼓和盘鼓等多种表演形式。现有孟村的腰鼓队20余人、罗家村男盘鼓队40余人、罗家村女秧歌队20余人以及寨子沟的秧歌队20余人。文艺队成员年龄构成在15岁至72岁不等，其骨干成员有樊栓社、樊少欢、刘巧珍、王世斌等。盘鼓队教练由衡生喜担任，训练时间多集中在晚上。另外还有广场舞、手绢舞等多种文艺活动形式。

2016年，罗家行政村居住人口462户，1821人，劳动力约1200人，其中外出务工人口约160人。村民人均年消费6800元左右。罗家村213.3公顷的耕地，533.3公顷的山地，机井配套5眼，渠系配套5000余米，灌溉面积186.7公顷。村内、田间道路已硬化5.8公里，2015年硬化8公里。建有老人门球场1个，篮球活动场1个，文化大院1个，群众阅读书籍1500余套，电力配套4台区，沼气池兴建100余户，太阳能安装100余户。一条村级公路自村庄中部通过，路宽6米，村村通公路北部与焦巴公路连接，为水泥路面。其余支路与其相连，路宽均为3.5米至4米。罗家村现有三个供水分区，同一供水系统，孟村和罗家村均由村南高位水池向村庄供水。寨子沟由后沟山区引水至村南高水位水池向村庄供水。村庄内主干管采用DN65毫米供水管道向村庄各组供水，用水人口1300多人，平均日用水量约65立方米。目前村庄供水水源水质较好，符合生活饮用水水质标准。村庄内现有10千伏变压器11座，5座为村庄生活用电变压器，另有6座为机井和抽水站、煤厂专用变压器。村庄生活用电变压器除一座100千伏安外，其余容量均为50千伏安。电源均引自村庄中间的焦巴线罗家村10千伏干线，主要供村庄生活以及生产用电。目前，村庄内有线电视已接入，用户400多户。公用设施有舞台、文化大院、卫生所、弘农书院，为村民的生活及经济发展提供了良好的场所。

乔　沟

乔沟行政村位于焦村镇政府驻地西南方向4.43公里处，东至滑底行政村，南与李家山行政村下李家山自然村相连，西与罗家行政村西孟村自然村毗邻，北至坪村行政村马家沟自然村衔接。行政村下辖乔沟、巨兴两个自然村。行政村东西长约2.0公里，南北宽1.96公里，整体面积约4平方公里。行政村下设5个村民小组，有200户居民，756口人，其中男390人、女366人，主要由汉族人员构成。农业耕地面积110公顷，其中果园面积46.7公顷。1949年6月乔沟村隶属破胡区；1956年1月至1958年7月，实施农业合作化时期，隶属万渡乡。沟西村与孟村、罗家、东仓同属一个高级农业生产合作社；1958年8月，人民公社化时期，乔沟与李家山成立了乔沟生产大队，隶属西章人民公社；1966年5月，西章人民公社改称焦村人民公社，乔沟生产大队隶属焦村人民公社；1981年12月，李家山村从乔沟大队分出，成立了李家山生产大队；1983年12月，行政体制改革，乔沟村民委员会隶属焦村乡；1993年6月，灵宝县撤县设市，焦村乡撤乡设镇，乔沟村民委员会隶属焦村镇至今。乔沟村党支部下设3个党小组，有党员36名。

村中主要姓氏有张、杜、李、王、刘、任、唐姓，其中张、杜、李、王主要分布在乔沟自然村；刘、王、任主要分布在巨兴自然村；唐姓仅有两户。乔沟自然村原名“西丘村”，后来因为西乔沟与东乔沟中间有一沟，沟上架有桥，故名桥沟，后来人演写为乔沟。据传，巨兴自然村早年该村曾出过举人，村民想要该村兴旺发达，故名举兴，后演写为巨兴。

乔沟村的教育文化。（一）学校。乔沟村自中华人民共和国成立就有小学教育，当时学校校址位于东乔沟村的东沟，有土窑洞4眼。1969年学校迁址东沟崖上，大队集体投资修建了土木结构瓦房6间；1988年，村焦阳公路路北建设新的校舍，位居乔沟村北、巨兴村南，村里投资建起了两层14间教学楼；2006年，学校撤并，村中学生在万渡小学就读。（二）业余剧团。20世纪60至70年代的“文化大革命”中，乔沟大队也随着形势成立了毛泽东思想宣传队，排演了革命歌曲、革命舞蹈和八大革命历史样板戏《红色娘子军》《智取威虎山》《红灯记》等，且常常受邀到其他大队义演，得到周围社员的称赞。(三)锣鼓队。乔沟村的锣鼓队组建于20世纪90年代，全村每个村民组都配置了一架锣鼓，并有专门的鼓手，每到村民的红白喜事和古会上庙期间，便组织起来热闹助兴。(四)民间工艺。民间艺术有第四村民组刘莲朋，从事刺绣业，以此为一项致富门路手艺。

农业、畜牧养殖业及果业。乔沟行政村自古以来就是个以传统农业为主的乡村，主要农作物有小麦、玉米、谷子、棉花、红薯等。1985年至1990年，开始大面积种植苹果，面积达53.3公顷，约占村中总面积106.7公顷的二分之一。到了2000年，随着苹果品种的老化，其产品价格很快下滑，村民开始利用更新果园、高位嫁接等措施对苹果树进行品种的更新换代。后随之出现了刨树热，大面积果园开始挖树复耕。2010年后，随着农业结构调整，村民致富项目开始转向小杂水果的栽植、商贸业、菌业和其他产业。2016年，乔沟村有桃20公顷、梨6.67公顷、提子13.3公顷、柿子1.3公顷、核桃4公顷。其中桃种植以中晚熟品种为主。另外发展香菇种植20余户，每年可生产袋装香菇50余万袋。村中青年人大多出外务工，成为村民主要的一项经济收入途径。村中畜牧业发展，在人民公社化的集体时期，各生产队都有牛、驴、骡、马等大家畜10头至20头，主要用于生产劳动，如耕地、下种、拉套、运输等。体制改革、经济开放后，随着农业机械的发展，大家畜逐渐减少以至几近绝迹。20世纪90年代到2014年，村中的生猪养殖发展规模逐渐壮大，最鼎盛时期村上有养殖户90余家，每户平均生猪存栏60头至100头。畜牧业的发展带动了沼气的发展，村中有80余户都建起了沼气池，绿色节能又环保。2016年，乔沟村有9个养猪专业户，其中第四村民组陈高波存栏300余头。有一个养牛专业户，以养肉牛为致富项目。

基础设施建设。(一)电力。乔沟东村电力发展始于1969年，社员从此结束了点煤油灯照明、用牛拉磨磨面的历史。大队办起了集体加工厂，有各种粉碎、磨面、榨油等业务，用于服务本大队社员的日常生活。1984年体制改革以后，村民自己办的电力加工业替代了集体的加工业，村民也根据自己的条件和环境，办起了属于自己的商业、企业，村民生活水平日益提高。2010年，乔沟行政村实施第一次农网改造，电力设施得到提高和完善。2016年，实施第二次农网改造工程，更换了电杆、电线、变压器、电表，规范了村民用电、管电的秩序。至当年底，村中共有变压器6台，其中3台用于生活用电、3台用于农田灌溉。(二)水利。1972年，乔沟大队第二生产队在老天沟流域上游修建了一座提灌站，用于解决生产队里的农田灌溉问题；1974年，第五生产队组织社员在老天沟流域下游也修建了一座提灌站,用于解决生产队里的农田灌溉问题。当时共埋设地下水利管道3000余米。1991年4月25日窄口水灌工程在李家山村设置了出水口,彻底解决了村中耕地灌溉问题,受益面积达66.7公顷。2006年,村集体打造了第一眼机井,用于解决全村人畜饮水问题;2009年,第一村民组村民杜广军在焦阳公路南投资凿造了机井一眼,用于农田灌溉;2012年,村集体投资打造了深机井一眼,用于完善全村人畜饮水;2013年,第四村民组打造机井一眼,用于农田和果园灌溉。(三)道路建设。2005年,实施村村通工程,硬化了焦阳公路至西乔沟进村主路,全长600米,路基宽3.5米;硬化了焦阳公路至巨兴第四村民组进村主路1500米,路基宽3.5米。2006年,硬化了焦阳公路至东沟第一、二村民组主要交通要道3000余米,路基宽3.5米。2007年,硬化了焦阳公路到巨兴第五村民组交通要道500米,路基宽3.5米。2011年实施巷道硬化工程,解决了第三村民组的交通道路问题。至2016年,乔沟村的主要交通要道和主要巷道全部实施了硬化工程,解决了村民出行难和农产品运输困难的问题,为乔沟村的经济腾飞打下了良好的基础。(四)新型农村合作医疗。早在1958年人民公社化初期,乔沟村就办起了卫生室。到了1972年,乔沟大队根据形势,开办起了农村合作医疗。在上级医疗卫生部门的指导下,把卫生室改名合作医疗站,集体出资,社员每个药方只出5分钱,就可以享受常见病的治疗。大队合作医疗室贯彻“三土”(即土医、土药、土办法)“四自”(即自采、自种、自制、自用)的方针,办起了针灸治疗室、土法制药厂,成为当时灵宝县合作医疗的典型。合作医疗站承担辖区群众的卫生防疫、妇幼保健。上级对乡村医务人员分期分批轮训学习医学知识,提高乡村“赤脚”医生的医疗水平。后因经济不济自行停止,依旧实施自负盈亏的营业方式。1984年以后,集体医疗机构解体,个体医疗机构相继兴起。乔沟行政村自2006年开始创办新农村合作医疗,本村居民全部参加合作医疗,村中有村级新农合定点卫生所一家,任英刚担任新农合定点卫生所医生。卫生所根据要求实行四室分开,即诊断室、治疗室、预防保健室、药房,主要业务特色为农村常见病、多发病的治疗,同时承担全村的医疗保健和卫生防疫,解决了村民大病支付不起医疗费的困难,保障了村民身体健康、安全养老问题。

2016年,乔沟行政村的文化大院和文化活动中心落成,面积0.3公顷,文化大院地面全部水泥硬化,建起了新的舞台、篮球场、乒乓球台等活动场所。大队部里面设置有村两委办公室、党员活动室、远程教育播放室、计生学校、科技文化学习室、新农村书屋等。院里到了晚上,村里妇女在村妇联的组织下去跳广场舞。村民在农闲和晚上可以去村里的远程教育播放室学习新的农业科技知识,也可以从新农村书屋借阅相关的书籍回家学习,提高自身的文化素质和农业科技素质,以此提高自身科技致富能力。20世纪90年代,乔沟村小学已故教师李雅维的先进事迹被中央电视台制作成四集电视连续剧在中央四套、八套播放,李雅维成为当时教育界的模范人物。多年来,乔沟行政村先后被焦村镇党委政府授予畜牧养殖先进村、全面工作先进村等荣誉称号。

2017年为了村民出行、上地方便,铺水泥路2100米;在巨兴自然村打机井一眼,完成配套设施。2018年温氏扶贫小区投资300万元在乔沟村建成,投资15万元为养殖小区打机井一眼。2019年打违治乱改变村环境,投资2万元进行村部环境更新;2019年年底土地流转300亩给高山果业,增加集体经济收入。2020年春季植树300棵,对村环境进行美化亮化;为改变村人畜饮水,新打机井一眼,压管道300米;村投资3万元给每个组建立公厕一个,方便人民生活所需。

李家山

李家山行政村。位于灵宝市西南10公里、焦村镇政府南8公里处的小秦岭北侧,东与张家山行政村、滑底村行政村南(老天沟东)接壤,西与罗家村行政村毗邻,南靠秦岭至山脊与五亩乡岭坪行政村相连,北与乔沟行政村衔接,南北长7公里,东西宽2公里,总地域面积约14平方公里。

行政村党支部下设2个党小组,有党员42名。行政村下辖上李家山、下李家山两个自然村,下设4个村民小组,居住160户,600口人。村中主要姓氏为李姓,因居住在秦岭山脚下,李姓为主,故名李家山村。行政村共有耕地面积73.3公顷,其中果园面积16.7公顷。

解放初期(1950年至1951年)为破胡区李家山小乡;1952年至1953年隶属乔沟乡;1954年至1957年为初级农业生产合作社、高级农业生产合作社时期,依旧隶属乔沟乡;1958年8月成立人民公社,李家山隶属西章人民公社罗家生产大队,李家山村列序为第9、第10两个生产队;1960年后隶属乔沟生产大队;1980年从乔沟大队分出来成立了李家山生产大队,后为李家山行政村至今。

李家山村系浅山区,原是一个以种植传统农作物的村子,主要农作物有玉米、棉花、谷子及各种豆类杂粮。1986年开始苹果树栽培至今,面积达20公顷。2005年,响应政府号召发展牲畜饲养业,村中现有12个专业养殖户,每户规模为100头左右。2010年,实施产业结构调整,开始发展食用菌生产,村中食用菌专业户有5家,每家平均一万袋,年收入一共可达80万元。

村境域里有村村通水泥硬化路一条，长3.5公里，宽4米；水泥硬化田间道路2条，一条是小寺峪口至月石庙，长700米，宽3米；另一条是下村会家坪至柳树坪，长800米，宽3米，方便村民出行及生产。

村原有小学一所，1950年创办，设备简陋，曾搬迁3次。1987年，村集体投资2万余元，建起一层10间砖木结构房屋，建筑面积达350平方米。2004年被撤销。后来村集体又在原基础上加盖一层，作为村两委会办公所用。水利设施有小型水库、提灌站两处，均为老天沟上游土坝结构水库，高30米，上宽3米，因经常缺水，终没有利用；第二村民组有一级提水站一座，配套设施齐全，提水扬程50米，可灌溉26.6公顷土地；上李家山村提水站已建成，利用窄口西干渠水源，可浇地23.3公顷，目前未投入使用。

1982年，行政村架起高压电路1条，村民开始生活用电。2016年，村中有变压器3台，解决群众生活用电及提水灌溉用电，运输负荷为300千瓦。

行政村有企业华新奥建材责任有限公司(李家山砖厂)，投资金额1亿元，占地总面积1万平方米，车间面积4000平方米，日产量30万块，年产值3000万元，生产启用机井1眼。1985年矿山开发，上李家山村经济变活跃，人从石坡上移迁楼子门以外，两个村民组共建起新居；下村因交通不便的原因，从寨子里及沟边窑洞里迁移到村西平地，从此形成了新的两个自然村。

李家山村卫生室为新农合定点卫生所，是村民治病、防病和卫生保健、合作医疗的场所。李家山村被焦村镇党委、政府多次评为先进单位。

马　村

马村行政村位于焦村镇政府驻地西南9公里处，东与罗家行政村接壤，西和南上行政村毗邻，南依小秦岭过娘娘山与五亩乡交界，北与万渡行政村衔接。行政村下设7个居民小组，298户，1178口人。整个地域面积200公顷，其中耕地面积134.4公顷。村民姓氏以赵姓居多，其他有张、王、李、周、陈、杨、郭、朱、刘、武、岳等10余个姓氏。马村行政村是个以传统农业为主的山村，主要农作物有小麦、玉米、谷子、棉花、红薯及豆类杂粮等。20世纪80年代发展苹果产业，成为村民的主要经济支柱，年产苹果五百万斤。自2010年以来，新发展其他果业主要有樱桃53.3公顷、桃20公顷、核桃13.3公顷。

村中的古文化有古景点、古树。古树：马村村中巷西头路边，有棵皂角树，估测树龄500年，栽植于明代，树高8米，冠幅10米，胸围4.1米，由于树龄较长，主杆下部形成大朽洞。主杆顶端有三大主枝，西枝朽坏，东、南两枝直插云天，树根形如龙爪，由于长在古庙旁,年老杆粗,态势雄伟,树荫浓密,老人、孩子常在树下歇息玩耍。此树2012年初录入《灵宝古树名录》。古景点:马村村南小秦岭山顶,自然生成一簇柏树林,群众称其为"唐僧取经东归图",从远处望,柏树组成四人一马向东赶路姿态,前面一树,极像一手遮阳、一手前指眺望的孙悟空,中间是唐僧骑马,后面是沙僧挑担、八戒在后弯腰奔走。现在是娘娘山旅游景区景点之一。

基础设施建设。(一)电力。马村村从1969年自筹资金,购买变压器,群众开始用上了电,结束了煤油灯照明的历史,生产生活条件得到初步改善。到了20世纪70年代开始使用电办设备加工,有榨油、粉碎、磨面等。近几年经过多次农网升级改造,修建电房,更换变压器、电线、设备,村中用电设备进一步完善,村民生活逐步提高。(二)道路。马村行政村原来村北有深沟阻隔,村民出行与产品外销需绕道到罗家村西,耗力费工,极不方便。2000年,经过焦村镇政府主持协调,与万渡村达成换地协议,拉运土方20000立方米,垫沟平壑,修成新路,2006年实施硬化工程,硬化路面厚度18厘米、宽度4米,使本村道路状况得到改善。2015年实施村村通工程,修通了行政村东至罗家村的道路2000米,硬化路面厚度18厘米、宽度4米;同时修通村西至南上道路3000米,硬化路面厚度18厘米、宽度4米,交通道路焕然一新,村民生产生活条件得到较大改善。(三)医疗卫生。马村村从1967年建起卫生室,并在上级有关部门指导下,办起合作医疗,由生产队统一交给卫生室合作医疗费用,至1982年解散。后来形成个体化经营的个体诊所。2006年,在上级党委和政府关怀下,实施新型农村合作医疗,由村委组织各户交纳合作医疗金,使村民病有所医。2009年,建起了新农合定点卫生所,实施四室(诊断室、治疗室、观察室、药房)分开,主管村民的卫生防疫、医疗保健及新农合定点业务。

文化体育活动。(一)剧团。马村村在中华人民共和国成立初期的20世纪50年代,即建有农民业余剧团,用郿户剧、蒲剧演唱。20世纪60年代初,排演的古装剧有《如意壶》《铡美案》《拜土台》《退兵》等,20世纪60年代后期,排演时装剧《社长的女儿》《沙岗村》等。20世纪70年代初的文化大革命时期,大队组成了毛泽东思想宣传队,排演有革命样板戏《红灯记》《沙家浜》《智取威虎山》等,到邻近乡村演出,普遍受到好评。(二)篮球。马村村群众普遍喜爱体育活动,尤其喜爱篮球运动。20世纪60年代即建有篮球场,最多时全村一千余口人建有六个篮球场(每个生产队一个),古会日、节假日便组织篮球比赛。到了20世纪70至80年代活动鼎盛时期,马村有村级篮球队3个,由中年人组成的"农英队",青年人组建的"青英队",少年学生组建的"少英队”,马村村的篮球活动被《河南日报》和《郑州晚报》报道。

2010 年 9 月,灵宝市财政局干部张菊红(女,1969 年生,2010 年 9 月至 2013 年 8 月任马村村第一书记)在担任马村村第一书记期间,针对苹果生产形势滑坡及马村村具体情况,组织果农栽植樱桃、核桃等果树,为马村村的经济发展找新的增长点。2012 年至 2013 年,在驻村第一书记张菊红、村书记赵自法主持下,取得上级支持,投资 15 万元,在村北建成硬化地面篮球场一座,改善了体育活动环境,硬化面积 120 平方米,并配套篮球栏杆和乒乓球台等体育设施。同时投资 70 万元,在村南打 200 米深机井一眼,并配套输水管道,解决了全村 290 余户自来水问题,群众从此告别了饮用浅层水时代。

2014 年,上蒙党恩,下顺民意,在村书记杨卫华主持下,村集体开始筹建以舞台为中心的文化活动中心,至 2015 年 7 月舞台建成,古会日进行剪彩,洒鸡血、奠吉酒,开台演出。2016 年 7 月,文化大院全面完成,把西边土崖改砌水泥墙,建起棚栏围墙,安装大门,共投资 46. 8 万元,其中财政奖补 15 万元、文化局奖补 3 万元、社会捐资 11. 47 万元、村集体投资 17. 33 万元,为铭记捐款之厚德,功之社稷,立碑纪念。村文化活动中心的建立,不仅方便了村民自娱自乐、强身健体,还使村民从远程教育、新农村书屋、科技培训班中学得更多的致富信息,使村民在享受物质食粮的同时享受到精神食粮。

塔　底

塔底行政村位于焦村镇政府驻地西南 10 公里处,东与西仓、东仓村接壤,南眺娘娘山与万渡村毗邻,西与贝子原村隔沟相望,北与常卯村、秦村有一水库之隔。相传,在很久以前,这里曾有一座佛塔(佛塔是随着佛教的传入而出现的一种新的建筑类型,源于印度,塔也是从印度传来的。塔是用来保存埋葬舍利的建筑物。舍利是梵文(古印度文)的音译,佛祖释迦牟尼涅槃后,弟子们将其火化,得到许多五光十色、晶莹剔透且击打不碎的珠子,称为舍利子。以后,凡是德高望重的僧人圆寂后的骨齿遗骸,也称为舍利),有人在佛塔周围安居,繁衍生息,逐渐形成一个村落,人们称这个村落叫塔底村。塔底行政村下设 7 个村民小组,居住 285 户,898 口人。行政村原是一个种植传统农业的乡村,共有耕地面积 1500 亩,主要农作物有小麦、玉米、谷子、棉花、红薯及各种豆类杂粮。从 20 世纪 80 年代开始栽植苹果,在全灵宝县普遍发展苹果的形势启迪下,塔底村人紧抓商机,在栽植苹果的同时,开始育植苹果树苗,到 2000 年,又随着果农思想意识的改变,村民又开始育植核桃树苗、葡萄树苗等苗圃。近年来,苗木生产成了塔底的一个品牌产业,也是村民发家致富的一条主要途径。

居住环境的改变。从人们记事的清末到民国,塔底村居住的地理位置十分特别,在北、南、西三个方向临沟的地方,建了互不相连又相互紧挨着的四座古寨。从东往西依次为东寨子、中寨子、大寨子、西寨子,且每一座寨子与每一座寨子之间都隔着一条南北方向的小沟。到了中华人民共和国成立初期的合作化时期,才把四座寨子的城墙各挖两个东西洞门,使其互通,方便生产。东寨子的寨门面向东,中寨子、大寨子寨门面向南,西寨子的寨门面向东。四座寨子中,中寨子居住着李氏家庭,故名又称李家寨子。其余三座寨子居住的都是刘氏族人。据说刘氏家庭有五门人,建了 5 座祠堂,分别位于东寨子、沟底(二座)、崖上、南村。一直到 20 世纪 70 年代,一是由于北面建水库的原因,二是鉴于生产、生活条件的不方便,大队开始规划新村,逐渐将寨子里的居民迁居南村周围。东寨子的住户迁居在寨子东边,建筑住房也由原来的土木结构瓦房向砖木结构瓦房、混凝土现浇平房、楼房迈进。

基础设施建设。(一)道路建设。2014 年投资 68 万元,其中国家投资 51 万元、行政村投资 17 万元,修筑硬化了村中间至西仓行政村道路,长 1200 米,路基宽 4.5 米;硬化了村鸡场至宜村行政村沟边道路,长 700 米,路基宽 4.5 米;硬化了村部至鸡场长 640 米、路基宽 4.5 米的水泥路,解决了农户出行难的问题。2015 年,村集体投资 15 万元,拓宽、加固了鸡场至村部门前水泥路,长 500 米,路基宽 4.5 米。(二)水利设置和人畜安全用水。早在人民公社集体化时期的 20 世纪 60 年代至 70 年代,塔底大队领导班子就带领社员在村南修建了小豆沟水库和南沟水库,利用机械和电力建办提灌站,可就近灌溉耕地数百亩。2016 年,塔底村共有机井四眼,分别位于村东、村南,主要用于农田灌溉和果园灌溉,2013 年,投资 33 万元,其中国家投资 19.8 万元、行政村投资 13.2 万元,打机井一眼,安装自动供水罐,铺设饮水管道,彻底解决了村中 898 人的人畜用水问题。(三)河南水利灵宝市焦村镇抗旱应急提水工程。灵宝市焦村镇抗旱应急提水工程位于焦村镇塔底村,主要建设内容为:新建提灌站一座,扬程 27 米,铺设提、通水管道 750 米,新建蓄水池 2 座;挡水堤坝加宽加高,新建泄水渠等。工程总投资 322 万元。主要解决焦村镇塔底村 1500 亩果树和小麦生长关键时期的最基本用水。(四)灵宝市土地管理局焦村镇土地整理项目塔底片项目。项目区土地总面积 223.3 公顷,投资 633 万元,土地为行政村所有。

行政村学校自中华人民共和国成立以后一直在南村的娘娘庙,到了 20 世纪 70 年代,大队曾投资对学校的教室和教师办公设施进行修缮。2004 年,村中小学撤并,村中儿童读小学多在万渡中心学校,读初中多在焦村中学。

塔底村是个戏剧文化名村,自民国就有业余蒲剧团,多在冬春农闲时节排演剧目,为邻近村民娱乐,为古庙会助兴。中华人民共和国成立初期,为宣传党的方针政策,配合土改运动、互助合作,排演了时装剧《梁秋燕》《穷人恨》《小二黑结婚》等。到了“文化大革命”时期,大队成立了毛泽东思想文艺宣传队,排演了《智取威虎山》《红色娘子军》《白毛女》等八大样板戏。改革开放后,村里的新老艺人联合贝子原、宜村、梨湾塬村的艺人,排演了大量的历史古装剧和时装剧,主要剧目有《九连珠》《白花庵》《借尸案》《打金枝》《花田错》等,形成一定影响。塔底剧团早期负责人为刘宏印、刘财娃,后期负责人为刘平选,剧团人员大都在 40 人左右。

塔底村文化大院。2015 年,行政村新一届两委班子顺民意、应民心,经村三委成员及村民小组长、全体党员充分讨论,多方考察论证,本着好事办实,高标准、高质量的办事原则,决定筹建塔底村文化大院综合工程,整个工程占地面积 2861 平方米,主要建设项目有文化舞台、村务办公场地、篮球场、大门楼、功德墙、文体活动中心等配套设施工程,此项目总投资 73.6 万元。塔底文化大院于 2015 年农历八月十六日凌晨破土动工。于 2016 年农历二月初五剪彩竣工。此项工程投入使用后大大改善了村容村貌,提升了广大村民的精神风貌,为响应党和政府新农村建设的号召增添了一道美丽的风景,为丰富广大村民精神文化生活、强身健体、凝聚人心营造了良好的环境,从而感召广大村民遵纪守法、爱村爱家,发家致富,共建美好丰收乐园。

巴　娄

巴娄行政村位于焦村镇政府驻地西南方向约 10 公里处,东与焦村镇南上行政村毗邻,南靠秦岭山与五亩乡盘龙行政村接壤,西与阳平镇东常村隔河相望,北和焦村镇贝子原行政村连接。巴娄村一面靠山,三面环水,山上草木繁茂,植被完好,山下林园青翠,果子飘香。两条河流清澈甘甜,两条渠道水流潺潺,村中池塘绿水荡漾,夹道绿柳左右环绕。全村面积约 20.2800 平方千米,村中 X009 县道横贯东西,交通便利,环境优美,辖巴娄、槐树岭 2 个自然村,下设 17 个村民小组,630 户人家,2568 口人,耕地面积 366.6 公顷,其中果园面积 233.3 公顷,靠南面的山区有槐树岭、柏树岭、王山 3 座山梁,是天然林和野生植物、野生动物滋生的家园。

巴娄村历史悠久,人杰地灵。据传,元末明初,巴娄村是阌、灵两县相交的重镇。其村庄居住布局合理,错落有致,各种设施配套健全,青山绿水相映成辉,共有南城子、北城子、西寨子、辛家城子、前道、后道、李家巷、郭家巷、武家巷、巴家巷10个巷道居民住点,巷道横贯东西,井井有条,南北主要街道商业店铺、染坊、绸铺、吃食铺,铺铺林立。各城寨有城门寨门、各巷道有老门、二道门,城寨巷道之间既相通又独立,城门、寨门、巷道门打开,全村自成一体,城门、寨门、巷道门关闭,城寨巷道各自独立,八条主要道路呈八卦形分布,每条路上都有一座过楼,楼门关闭,外来车马皆不得进入。八个过楼上的楼阁四周悬挂风铃,风吹铃响,传到数十里,因此人称巴娄村叫八楼镇。后随着时间的斗转星移,荒灾兵灾,村民生产难以将息,八座楼阁也被岁月磨蚀得风采尽失,当初的"八"字在人们意识里荡然无存,随即将"八楼"写成"巴娄",成村名至今。

1966年5月为焦村公社巴娄生产大队,1983年12月为焦村乡巴娄村民委员会,1993年6月为焦村镇巴娄村民委员会至今。民国时期,巴娄村隶属西章乡到1949年6月。中华人民共和国成立后的1950年,巴娄村隶属灵宝县破胡区,曾成立小乡,下辖南上村、贝子原两个自然村。1956年1月巴娄村隶属万渡乡。1958年8月,巴娄成立了生产大队,隶属西章人民公社,下辖贝子原、宜村两个自然村。1966年5月,西章人民公社改为焦村人民公社。1980年,贝子原、宜村从巴娄大队分出,成立了贝子原大队。1984年1月,行政体制改革,焦村人民公社改称焦村乡。1993年3月,灵宝县改市;6月,焦村乡改镇。巴娄行政村隶属焦村镇至今。

1949年至1953年土改时期,冯成贵任村农会主席。村农民协会在中国人民解放军土改工作队的领导下,带领着村里的贫苦村民斗地主分田地,当时提出的口号是"一切权利归农会"。到了1951年,开始了镇压反革命运动,巴娄小乡先后镇压43人。从1950年12月至1952年12月,掀起了抗美援朝保家卫国的高潮,当时积极报名参加中国人民志愿军的有第一村民组的王法子、辛虎宦,第三村民组的郭家戌,第四村民组的张丰仪,第五村民组的段文华,第八村民组的魏进才、杨荣森,第十一村民组的冯宏治,第十二村民组的王勤刚,第十三村民组的郭海森,第十四村民组的武景仪、郭天德,其中,郭海森牺牲在朝鲜战场上。

从1952年至1958年7月,巴娄村先后成立了互助组、初级农业生产合作社、高级农业生产合作社,把村民的耕地、农具、牲口全部收归合作社统一管理,实施按劳取酬、统一分配的原则,进行口粮和现金的年终分红。1958年8月,巴娄村所属的高级农业生产合作社转归人民公社化管理,巴娄连隶属西章人民公社,时任连长王勤刚。与此同时,大队成立了集体公共食堂,实行凭票就餐,不允许社员家中立灶生火冒烟。还成立了托儿所，建起了养猪场，以此解放更多的劳动力：(一)参加了窄口水利工程；(二)组织男女劳动力一百余人到三角地、陕县铁芦沟参加大办钢铁；(三)组织男女劳动力参加万渡水库的建设。当时，村里利用山间溪水带动水磨进行油料和面粉加工。

基础设施建设。(一)电力设施。巴娄村开始用电始于1967年。随着电力发展，大队集体加工厂由1966年的机械加工转变为电力加工，加工项目有轧花、弹花、榨油、磨面、粉碎等，方便了社员的生产生活，厂长郭平顺。2000年，随着电力设施的更新换代，巴娄村开始实施农网改造工程，改造项目包括：(1)把高耗能变压器换成低耗能变压器；(2)把人工操作的配电盘换成了智能操作配电盘；(3)把木质电杆和不规则的水泥电杆换成标准化的圆形水泥电杆；(4)改换残次线路为合格标准化线路；(5)把高耗能电表换成智能电表，并上杆上墙。2008年以来，通过实施农网改造，增添两台变压器，改造线路，满足了全村生产生活用电。(二)水利工程。巴娄村南依秦岭山脉，常年有山涧流水，最早村民多修渠饮水灌溉良田。人民公社化后，巴娄大队参与的水利设施建设有：(1)1958年上马的窄口水利工程，到1972年重新上马修建，巴娄大队每年为窄口焦村水利兵团投入劳动力60人左右，成立巴娄连，在修建窄口水利工程过程中，第五村民组的郭让治、贝子原村的王绪子、宜村的焦来学先后为水利工程献出了自己的生命；(2)1965年，巴娄大队修建了沙坡水库，用于蓄水灌溉良田，施工人员主要有李建勋等；(3)1976年后，巴娄大队为了扩展灌溉面积，先后修建了东峪大渠、邱家峪大渠、车仓峪大渠，负责人郭有顺，三条大渠的修建可增加灌溉面积40公顷；(4)从1971年开始，先后凿建机井3眼，用于农田和果园灌溉。(5)2016年以来，通过实施高标准农田整治，"三块地"整治，又打机井5眼，埋设管道5000余米，极大改善了农业水利条件。(三)道路建设。巴娄村最早的道路为土路，每逢雨天泥泞不堪，给村民出行和生产劳动带来诸多不便。20世纪60至70年代，巴娄大队先后对几条乡间通道给予修缮，一条是巴娄至万渡的"子弟路"，主要的修缮人员是巴娄大队的地富子弟；另一条是巴娄至宜村的"四不清路"，主要修缮人员是社会主义教育运动以后被划成"四不清"分子；还有一条是巴娄至裴张的"分子路"，主要修缮人员是巴娄大队的"地富反坏右"五类分子，这些人在史无前例的文化大革命中，他们白天除了参加生产队的集体劳动外，还要参加学习班批斗会，修路是他们晚上的额外任务。1994年，巴娄村参与了焦阳二线公路的拓宽和修缮建设工程。2005年至今，实施村村通工程，对村中的主要通道和主要巷道进行了水泥硬化，方便了村民出行。生产道路建设方面，通过实施高标准农田整治，硬化生产道路8000余米，极大方便了群众生产劳动和农业特产的销售，为经济建设奠定了坚实的基础。(四)桥梁建设。俗话说,隔山不算远,隔河不算近。巴娄村地处小秦岭山下,境域内从秦岭山上自上而下的东峪、邱家峪、车仓峪的溪流,形成的东河、后河、西河等,直接影响着村民的出行和生产劳动。1967 年,在时任大队两委班子的带领下,在村东东河修建石桥,施工员郭象森;1976 年,大队集体投资修建了后河桥,施工员郭有顺;1987 年,村两委班子带领村民修建了西河桥,主要施工人员有任振、王天森;2000 年,村领导班子再次投资修建了村南石桥。2018 年,实施省道 312 线改建,在村北修建 2 座大桥。随着交通道路设施的不断完善和更新,巴娄村所有的河道桥梁全部为钢筋混凝土结构,方便了村民的出行和车辆运输。

农业基础设施建设。有史以来,巴娄村就是一个以传统农业种植为主要生活来源的山村,从 1949 年至 1984 年,土地制度的改革从私有制变为公有制,相继走过了互助组、初级农业生产合作社、高级农业生产合作社、总路线、大跃进、人民公社。村中的主要农作物有小麦、玉米、谷子、大豆、棉花、红薯、油菜、芝麻及各类豆类杂粮。在耕作上,主要依靠大家畜拉套和驮运,大家畜的种类有牛、驴、骡、马,各生产小队都建有饲养室,配备有 1~2 名饲养员。1972 年,巴娄大队为了提高农业生产效率,组建了巴娄大队拖拉机站,负责人郭平顺,拖拉机站的主要任务是为各生产小队耕地。到了体制改革、经济开放,随着农业机械的普及,各种大家畜逐渐减少乃至行踪灭迹。后来的农业生产机械主要有拖拉机带动的旋耕犁、秸秆粉碎耕作下种联合机,收割庄稼主要有小麦收割机,包括小型收割机和大型联合收割机。为了农业生产改革不断地提高,早在 20 世纪 60 年代至 70 年代,巴娄生产大队就成立了农业科研站,主要任务是良种培育和优良品种的推广种植,科研站有耕地 1.3 公顷,配备男女青年劳动力 12 人,余双治担任站长,时至 80 年代结束。在果品种植方面,主要是苹果的栽植和发展。中华人民共和国成立初期,巴娄村只有极少数的苹果园,到了人民公社化后,面积逐渐扩大,成为集体经济收入的主要组成部分。当时的苹果品种有大国光、小国光、倭巾、青香蕉、金冠等,与此同时巴娄大队还组建了园艺队,园艺队有果园 6.7 公顷,主要负责果树育苗、修建、病虫害防治等技术性培训,园艺队的经济收入成为巴娄大队支柱经济,时任园艺队队长王敏,配备男女劳动力 80 余人,到实行联产承包责任制后,园艺队自行解散。巴娄村的苹果生产从 20 世纪 80 年代到 90 年代,形成了一个生产高峰,种植面积基本上达到了每人一亩、一亩一猪的种植养殖良性循环模式,成为村民家庭的一项主要经济收入,加快了致富奔小康的步伐。2000 年后,随着苹果价位的下滑,巴娄村民开始实施品种更新和高位嫁接换头,主要品种有红富士、花冠。2018 年,新栽“一村一品”矮砧苹果 220 亩,主要品种有蜜脆、鸡心果。与此同时,开始发展小杂水果,形成多种经营的经济发展模式。小杂水果主要有核桃、葡萄、桃等,其中核桃为主要特产,巴娄村靠近秦岭,有史以来核桃树繁衍不断,到了80年代后,村民开始大量发展核桃树的新品种种植,另外还有柿子,同样是传统的水果品种之一。巴娄村的食用菌生产起始于2000年后,近年来形成了一个生产高峰,生产户达到了总农户的40%以上。2015年,巴娄村50万袋香菇生产示范基地建成,基地占地面积4公顷,年可实现产值400万元,利润180万元。以上这些特色农业为巴娄村经济腾飞和村民生活的提高打下了坚实的基础。

文化教育卫生事业。(一)早在清末时期,巴娄村就有私塾教育,到了民国二十五年,成立了巴娄村国民初小,变私塾教育为国民教学。1945年至1947年,国民党第四十军曾驻扎在这里,并在此设立了"巴娄战校",为国民党军队和抗日救国组织培养了一大批年轻的军事指挥官。在台湾的军官还曾给村来信来函咨询过。《灵宝教育志》也有详细记载。中华人民共和国成立后,国民初小转换名称为巴娄小学,校址位于村中古庙宇内。到了20世纪70年代,大队集体投资为小学建设土木结构瓦房数十间。1970年,设立小学戴帽,实施初中教育,到了1976年,又增设了高中班,1979年,初、高中停办。1994年,巴娄村在新校园投资修建了教学楼一座,改变了学生的学习环境。2011年,随着学校布局的改变,巴娄小学撤并,村中学生到万渡小学就读。(二)巴娄村是个文化历史悠久的村落,从清朝到民国,村里就有用于服务古庙会的戏楼、舞台,同时有村办业余剧团排演历史古装剧,以活跃村民文化生活。中华人民共和国成立后的1952年,村业余蒲剧团为庆祝中华人民共和国的成立和土地改革剿匪反霸工作的胜利,结合妇女翻身的解放,恋爱自由婚姻自主,排演了时装剧《梁秋燕》《小二黑结婚》《穷人恨》等。到了60年代的无产阶级文化大革命时期,村蒲剧团改名为毛泽东思想宣传队,排演了革命歌曲、舞蹈及相声小品等,同时排演了八大革命样板戏《智取威虎山》《红灯记》等。到了1987年,村集体投资新建了舞台剧场,当时的施工人员有张虎来、任自尚、郭会群、武沉苗等。(三)1963年,巴娄大队就办起了卫生所,有医生和司药人员6人,到了1970年,开始实施合作医疗,卫生室改称巴娄大队合作医疗站。两年后,因资金不足,合作医疗停办,大队卫生所依旧采用自负盈亏的办法经营。行政体制改革,实行联产承包责任制后,大队卫生所也随之解体,成为个体卫生室。2003年非典时期,巴娄村党支部和卫生所医务人员为防治非典,制横幅,做宣传,并在入村主要路口设立检查点,在村学校设立隔离区。2004年,村办卫生所实行一体化管理。2006年,实施新型农村合作医疗,巴娄村每年的参合率为98%以上,村里的卫生所也被定为新农合定点诊所,定点卫生所实行四室分隔,有诊断室、治疗室、观察室、卫生防疫保健室,为巴娄村村民的疾病预防和身心健康履行了应尽的义务。2019年,新建村级标准化卫生所,进一步改善了群众就医条件。

2018年来,巴娄村改造提升了村部大队和舞台剧院、文化大院,包括党支部办公室、村委会办公室、远程教育播放室、计划生育康检室、党员活动室、新农村书屋;还安装配备了体育健康活动器材。同年,通过开展打违治乱,拆除旧房屋480间、4600余平方米,疏通大小巷道20多条,硬化巷道1360米,建设公厕4座,修建长廊2处、凉亭4个,修建花池800米,种花1500平方米,安装太阳能路灯48盏,改善提升了村貌村容,美丽乡村建设迈上新台阶。

贝子原

贝子原行政村位于焦村镇西南10公里处,东与塔底行政村相连,西与阳平镇裴张村毗邻,南与巴娄行政村衔接,北与西阎乡贾村行政村、焦村镇常卯行政村接壤,是焦村、阳平、西阎三乡镇交汇之地。行政村下辖贝子原、宜村2个自然村,下设5个村民小组,共计275户,931口人。地域面积为113.3公顷,耕地面积为98.6公顷。主要居民为陈、焦、王姓;宜村有姚、刘两姓。

贝子原行政村在秦岭山脉北方3公里处,南山北塬,东西丘陵,四周高中间较平,形如贝壳。相传古时是一大湖泊。从现在地层结构也完全可以证明,村民打井,四五米深处是黑色淤泥和泥沙,随处可见。由于古时山洪频发,泥沙沉积,水面上涨,常常危及周围村庄。大禹治水时,从北方开豁口,积水退去,形成平地。山谷流水形成三个河流,在本村村西一公里处交汇而往北流去,形成有名的三汊河,也是历朝各代,阌乡县与灵宝县的交界之处。由于特殊的地理环境,形如贝壳,山环水抱,形成了风水上的宝地。所以盛唐以前,此地便是一个大型村庄,东西五里多,南北四里余,水资源丰富,中间有古官道通过,交通方便,物产丰富,经济发达,颇具盛名。

相传唐僧西天取经归来后,全国形成了一股建寺热潮。皇帝下旨建造少林寺与洛阳白马寺。唐开元年间,从印度进贡来了四尊如来佛像,佛像为铜质铸造,面部镀金,底座高一米左右、直径一米左右,周围铸有小铜佛像一千有余,大佛为坐莲佛,高低约一米五左右,加上底座、神坛、总高丈余,十分壮观。其中一尊,奉旨运往少林寺安放,途径贝子原村时,送佛劳工将佛像落地休息片刻,再动身重新抬时,不论多少劳工,却丝毫抬她不动,佛像如同扎了根一样。无奈上奏朝廷,朝廷勘验后批准,就地建寺。相传是圣佛看中此地，不愿离去之故。据传此寺院当时位于村中心，占地五亩左右，名为开元寺，因为铜像而闻名天下，至今北京和少林寺均有记载。因为地形如贝壳，中间又有开元寺，村名就改做了贝元村，后称贝之元村。由于历朝战乱，瘟疫、大旱，致使人口大幅度下降，村庄面积急剧缩小，原来的盛况也一去不返。"贝之元"村，被人们逐渐写成了贝子原村（取意贝壳中平安意愿之意）。寺院后来被拆除盖了学校，佛像也于 1958 年砸毁卖了烂铜。

贝子原村和宜村两个自然村，1949 年 6 月隶属破胡区；1956 年 1 月隶属万渡乡；1958 年 8 月隶属西章公社巴娄生产大队；1966 年 5 月隶属焦村公社巴娄生产大队；1980 年与巴娄分开，成立贝子原生产大队隶属焦村公社；1983 年 12 月行政体制改革，贝子原村民委员会，隶属焦村乡；1993 年 6 月焦村撤乡立镇，贝子原行政村隶属焦村镇至今。

贝子原行政村自古以来就是个以传统农业种植为主的乡村，主要农作物有小麦、玉米、谷子、棉花、红薯等。1990 年以后，开始大面积种植苹果，面积达一千余亩，占总面积的三分之二。后随着苹果价格的下滑，2013 年大面积果园开始挖树复耕，多数农户开始转向香菇生产。2016 年至 2019 年，该村参与香菇生产的有 98 户，年产量约 70 余万袋，每户年收入可增加 5 万元至 8 万元。村里年轻人以外出打工为主要经济来源。

行政村境内主要交通要道有 3 条。第一条是焦村至阳平的二线公路从村边通过，修建于 1997 年，灵宝至阳平班车天天往返，方便了村民出行。第二条是贝子原村至宜村、连接常卯村的村村通公路，修建于 1995 年，宽 4 米，长 3890 米。第三条宜村连接塔底村道路，宽 4.5 米，长 680 米，修建于 2013 年。2016 年又修了田间道路 5 条，分别是村东至沟畔、村西至李家崖、贾村峡、宜村至贾村峡、宜村至尖角道路。

村文化建设。2019 年对村舞台进行翻建，舞台下的广场全部硬化，使村民有一活动场所，新的村部正在修建，2020 年 10 月投入使用。

电力设施。2016 年，村内共有变压器 7 台，其中居民用电变压器 160 千瓦 2 台；抽水站 3 座，各安装 50 千瓦变压器 1 台；居民安全饮水工程，安装 80 千瓦变压器 1 台；机井抽水，安装 80 千瓦变压器 1 台。

水利设施。该村有中小型水库三个，分别为东沟水库、西沟水库、宜村水库；机井三眼，分别为姚家地机井、东埝机井和宜村机井，可灌溉该村百分之九十五以上农田。东沟水库和宜村水库初建于 1958 年，于 2014 年进行了加宽加高，并将原来的柴油机抽水改换成了电力潜水抽水泵；西沟水库建于 2004 年，由上级水利部门负责安装变电器及电力潜水泵抽水配套设施,6 吋塑管地埋 2500 余米长通向农田。2017 年在村东新打机井一眼,增加灌溉面积百余亩。

工商企业与医疗卫生。行政体制改革的同时开始了经济改革开放,村民们在党的富民政策的感召下,八仙过海,各显神通,各种小型商企业应运而生,富了村民,活跃了市场经济。2016 年,村民焦小黑、梁宝国、王瑞瑞分别建办的代销点,经营日用百货和糖、烟、酒及杂货;村民王肖阳 2002 年建办小型冷库,陈勤晓 2015 年建办一个冷库。食用菌生产的兴盛,引发了村中部分菇农的致富思想,2016 年,村中有香菇装袋场 2 个,一个是村民陈勤锁装袋场,建于 2013 年;一个是宜村村民姚暗换装袋场,建于 2013 年。2019 年,行政村新建卫生所 1 家,医生陈波波,自 2006 年合作医疗开始创办,本村居民 275 户 931 人全部参加合作医疗,解决了村民外出看病的问题,保障了村民身体健康,安全养老。

西　章

(一)概述。西章行政村位于焦村镇政府驻地西 2.5 公里处,东与焦村行政村接壤,西与坪村行政村隔沟相望,南过陇海铁路与乡观行政村衔接,北过 310 国道与尚庄村行政村、水泉源行政村毗邻。东西宽 2 公里,南北长 6 公里,总地域面积 12 平方公里。村名来历,据村中《吕氏族谱》记载:其光祖于明永乐年间由“山西芮邑西张村”迁至河南省灵宝县虢略镇,仍取祖籍“西张”为村名,后演绎为“西章村”。现村中主要姓氏有吕、梁、王、张四大姓。清朝到民国,西章村曾设区、乡,隶属灵宝县。1949 年 6 月至 1954 年西章村隶属破胡区,1954 年 6 月合作化时期至 1958 年 7 月隶属焦村乡,1958 年 8 月至 1966 年 5 月隶属西章人民公社,1966 年 5 月至 1983 年 12 月隶属焦村人民公社,1984 年 1 月至 1993 年 6 月隶属焦村乡,1993 年 6 月至今隶属焦村镇。西章行政村下设 14 个村民小组,居住 650 户,2328 口人。党支部共有党员 80 名。

(二)地坑院。地坑院也称为“天井院”“地窨坑”,为一种穴居(土窑洞)形式,也是西章村村民的一种独特的居住形式。早期,在人们没有能力建造土木结构的瓦房,又没有条件借助土崖挖掘窑洞建,一种新型的居住形式应运而生,这就地坑院。西章村地坑院建于何时无从考究,但从历史对地坑院文字记载中可知,南宋绍兴九年(公元 1139 年)朝廷秘书少监郑刚中写的《西征道里记》一书中记载,他来河南、陕西一带安抚时一路上的所见所闻。谈到河南西部一带的窑洞情况时说:“自荥阳以西,皆土山,人多穴居。”并介绍当时挖窑洞的方法:“初若掘井,深三丈,即旁穿之。”又说,在窑洞中“系牛马，置碾磨，积粟凿井，无不可者”。这些介绍为西章村地坑院的兴建历史提供了有力的文字佐证。地坑院的构造形式，就是在平坦的土地上向下挖6米至7米深，长12米至15米的长方形或正方形土坑作为院子，然后在坑的四壁挖8至14个窑洞。窑洞高3米左右，深8米至12米，宽4米左右，窑洞两米以下的墙壁为垂直，两米以上至顶端为圆拱形。其中一洞凿成斜坡，形成阶梯形弧行通道通向地面，是人们出行的通道，称为洞门，是地坑院的入口。在门洞窑一侧挖一个拐窑，再向下挖深二三十米、直径1米的水井，加一把轴辘用于解决人畜吃水问题。地坑院就形状而言，有正方形或长方形两种。二是清乾隆年间，村民依据西、南为深沟之势，在东、北掘壕成寨。南北各有一城门，有土桥连通内外，民国五年，寨堡重修，内有清代民居鳞次栉比，占地六七十亩，并有吕氏祠堂四座、梁氏祠堂一座，寨子周围亦散居有地坑院数十座。进入20世纪80年代改革开放以后，随着人们生活条件的改善，人类居住从地下走向地上。1983年在焦村乡房建的主持下做了住房统一规划，给住房建设打下了基础，村民们多是在新批宅基地上造房，没有人再挖造地坑院。90年代中期，本着“退宅还耕”的要求，开始填埋地坑院，使地坑院这一民俗居住文化成为了历史。

（三）鼓吹乐。鼓吹乐，俗称“乐户”，习称“唢呐”，是以吹管乐器为主的民间器乐合奏形式。中国历史上属于一种被人瞧不起的行当，用于婚丧礼祭等。西章村鼓吹乐始于明代中期，在灵宝县一带颇有名气。中华人民共和国成立初期村中就有三五十户是从事鼓吹乐行业的。民国时期至中华人民共和国成立初期，灵宝鼓吹乐的代表人物王元昭，就是西章村人，他生于光绪初年，出身富门大户，却毕生以鼓吹为业。经他整理的濒于失传的乐曲百余首，经他传授的门徒数以百计。鼓吹乐中曾流传有大量古老的曲牌，其中套曲有《望妆台》《翠盘秋》《汉东山》《清吹》《拿鹅》等10多首。据县志载，民间艺人王宏喜，20世纪六七十年代也是灵宝地区有名的唢呐表演艺人，曾参与省广播电台录制唢呐节目《百年朝凤》等，在西塬影响很大，均系1000余年传承下来的曲艺历史文化。改革开放后，鼓吹乐作为西章村的一项传统文化，还有为数不少的村民继承着祖上的事业，据2016年不完全统计，村中还有百十人参与鼓吹乐的演奏。

（四）农业与特色农业。西章行政村原是一个以传统农业为主要产业的乡村，从民国到中华人民共和国初期，村民主要种植的传统农作物有小麦、玉米、谷子、棉花、红薯及各种豆类杂粮。1958年8月，加入人民公社以后，西章生产大队相应也成立了农科站、园艺队，大队农科站，主要负责小麦、玉米、棉花优良品种的预选、推广和种植，大队园艺队主要以苹果的栽培、修剪、管理为主要业务，以此提高集体的经济收入。1984年

1月,实行体制改革和经济开放后,村民们八仙过海各显神通,在属于自己的责任田里,付出了辛勤的劳动,农作物单产比原来大集体时期提高25%到50%,初步解决了温饱问题。2000年以后,伴随着农业结构调整的普及推广,果业生产不再是以苹果为主的单一品种,增加了葡萄、桃、核桃等各类小杂水果。2010年,伴随着高效农业的兴起,村民们搞起了香菇生产和大棚蔬菜种植,以此成为村民经济收入的多元化发展。

(五)基础设施建设。(1)电力设施建设。西章行政村是焦村镇办电最早乡村之一。1968年就架设了高压线路,安装了变压器,建办了配电房、低压用电线路输送到生产队各家各户。到1975年村民家庭照明已普及,不但解决了社员们的生活照明,还办起了电力加工厂,主要加工项目有磨面、榨油、轧花、弹花、粉碎等。90年代,各类个体加工者应运而生,持续到2000年,村里经过几次农网改造,将不合格的木质电杆、方形水泥杆换成标准的圆形电杆,将残次线路换成规范的标准线路,将原电表更换为高能低耗智能电表,并有次序地上杆上墙,减少了用电事故发生和电能损耗。2016年,西章村共有变压器4台,分别用于村民生活用电和农田、果园灌溉用电。(二)水利设施建设。早在人民公社时期,毛主席就发出指示,水利是农业的命脉,农业八字宪法"水、肥、土、种、密、保、工、管"也把水放在第一位,1975年西章生产大队就修建了西章水库,并建办了四级提灌站,使部分旱地变成水浇田。90年代后,村里开始凿建机井,在改变农田水利设施的同时,实施了村民安全饮水工程。2016年,西章村现存有效机井2眼,1眼用于村民安全饮水,1眼用于农田灌溉。(三)道路建设。中华人民共和国成立初期至80年代前,西章行政村虽说拓宽了部分交通道路,但还没有实施硬化,村民出门晴天尘土飞、雨天两脚泥。2005年后,实施村村通工程,行政村的各交通道路基本上已经实施硬化,共计2400米。特别是2015年至2016年,实施了农田道路工程,方便了村民出行和生产劳动。

(六)教育文化与卫生。早在1932年9月,西章村就成立了灵宝县第五完全小学,校长吕士俊。1949年中华人民共和国成立后,党和各级政府对教育非常重视,西章小学历经了"大跃进"、人民公社、"文化大革命"各个运动,先从六年制教育变革为五年制,后又实施了初中带帽,至20世纪90年代。2000年后,学校撤并,村中学生到焦村中心小学就读。旧时,西章村有"文殊寺"和老爷庙,每年农历三月二十五是"文殊寺"和老爷庙的祭祀大会,届时都会邀请著名剧团演出助兴。1981年至1982年期间,在修建村部的同时修建了大型舞台剧场和重古楼。西章村的医疗卫生发展较早,1963年就有西章大队医疗室,1972年实施了农村合作医疗,服务于本大队社员的疾病诊疗、卫生防疫和妇幼保健,实行中西医结合和新法接生等。村中有名医吕英瑞,擅长西医外科,在焦村西阎一带颇有名气,先后就职于焦村公社卫生院、西阎公社卫生院。2006年开始实施新型农村合作医疗,每年参合率均为95%至100%。2016年,西章村有新型农村合作医疗定点卫生所1个、卫生室1个,分别位于村南、村北,担负着西章村民的卫生防疫、医疗保健和爱国卫生运动的实施。西章村紧靠310国道,交通便利,公路边有农村淘宝服务网站,可以网上代买代卖各种农资日杂百货。村内有两个代销点,方便群众日常所需。近年来,村集体还投资建办了西章村文化大院和文化活动中心,主要硬件设施有篮球场、棒球场、舞台剧场、健身器材场,文化大院里设置有村两委办公室、党员活动室、远程教育播放室、老年活动娱乐室、人口和计生学校、新农村书屋等,为村民提供物质生活的同时也丰富了他们的精神生活。

坪　村

坪村行政村位于焦村镇政府驻地西2公里处,下辖上坪村、下坪村、马沟三个自然村。东与西章行政村毗邻,西与卯屯行政村接壤,南过陇海铁路与乔沟行政村及巨兴自然村相接,北过310国道与水泉源村相望,东南与乡观行政村相连,西南与东仓行政村衔接,村域南北约3000米,东西约1100千米,总面积约3.3平方公里。行政村下设9个村民小组,530多户,近2000口人。坪村行政村中共基层党支部始建于1953年,当时党组织和农会带领村民热情投入到土地改革和镇压反革命运动中,村里镇压地主恶霸反革命分子7人。2016年行政村党支部现有党员59名,还有妇女组织、民兵组织、共青团组织。

坪村原名为“平村”。1980年前后,在文字记录中才演变为“坪村”,据村民世代口头相传,村名古称“鼎新村”,也称过“龙凤村”。从文字记载明朝弘治元年(公元1488年)至今,村名一直为平村。此村名为纪念528年前王姓立村之祖,明代中兴重臣吏部尚书王恕带兵为国平镇荆(州)襄(阳)民暴之事所改定。村中王姓皆为王恕后裔。马沟村自然村亦为王恕所领官军圈马放马之地名。村中姓氏主要为王姓,占百分之九十以上,另有李、马、刘、吕和少量茹、武、姚、严、卯等姓氏,王、李、茹、武、卯皆为同祠同宗亲缘姓氏。坪村为灵宝境内观头村、南阳村、古驿村等多处王姓人口及卢氏县城呼驼村、湖北均州(今老河口市)等地王姓人口之始祖村落。【坪村王姓始祖系明代弘治元年迁自陕西省华山北麓山门外第一村小张村(今小涨村),王氏族人墓地在上坪村正南,原占地0.66公顷(1973年修建抽水站时彻底平毁)】。

行政村所处位置交通便利，310 国道从村北穿过，陇海铁路从村南穿过，省道 312 线从村域南缘经过，乡村公路乔西线从村中间南北向经过。近年来，随着农村基础设施建设步伐加快，又整修水泥硬化主要乡间道路 3 条：一是 2013 年整修了下坪村至马沟自然村路，路基 4 米，长 600 米；二是 2015 年整修了坪村至东仓村路，路基 6 米，长 960 米；三是 2015 年整修了坪村至卯屯村路，路基 6 米，长 1800 米。道路的整修硬化，方便了村民的出行和农田耕作，为经济发展创造了条件。

行政村耕地面积 153.3 公顷，其中可灌溉面积 120 公顷。村民世代以农耕为主，农作物种植有小麦、玉米、油葵、花生、棉花、豆类、谷子、红薯等。村中原有枣园、梨园、柿树园，为明清民国时期官督民植。改革开放土地承包以来，大面积种植苹果、桃、核桃、杏、葡萄、梨等果树，现为村民主要经济收入来源。村中传统养殖业以牛、马、驴、骡、猪、羊、鸡鸭、蜜蜂为多，近年来主要发展了生猪、肉鸡、鱼类规模化养殖。从 2013 年开始，陆续有 10 余户村民发展了特色农业香菇种植，年入棚香菇 10 余万袋，收入可观。村中有水库、水塘 4 座，承包户近年来除养鱼外还向观光休闲产业方向进行了积极探索和发展。

特色手工业原有芦苇编织，是村中代代相传数百年的产业，高峰时从事芦苇编织的家庭占全村 80%，产品销至邻近县乡，曾为村民生活提供过长期的财源支撑。近年来因水库、水塘占用了村中湿地，芦苇资源枯竭，这一手工业几近消失。

手工加工红薯粉条，为村中流传久远的另一传统手工艺。因费力费时，现已被机器加工所代替。

20 世纪 80 年代之前，村（大队）党支部还组织带领村民整合开办过集体性质的农产品加工厂、砖瓦厂、蜜蜂养殖场、生猪养殖厂、建筑工程队等企业。改革开放以来，在村域内兴办、运营的有美菱水业、乐尔康保洁、好运来食品三家民营公司。也曾开办过规模较大的机械化砖厂 3 家，金矿石选厂 1 家，后停办。1989 年，苏村乡张广禄，租用村北平坦农田，租借小型飞机 1 架，购买农用微型飞机“小蜜蜂”1 架，办起全国第一家农民飞机场，轰动一时，运营两年后停办。

坪村是灵宝县兴修水利设施最早的村社之一。村（大队）党支部带领村民从 1957 年开始，利用村南沙河水资源兴修水利。先后建成小型水库 3 座，抽水站 4 座。第七生产队靠自身力量独立修成混凝土水塘 1 座。与此同时，从村中抽调 100 多青壮年组成民兵连，长年参加全县大中型水库“沟水坡水库”“小磨凹水库”“常卯水库”“窄口水库”工程建设，时间长达 20 多年之久。在修筑窄口水库时，民兵连 2 名青壮年献出了宝贵的生命,1 名留下终身残疾。在 1968 年未通电之前,大队集体建设水磨面坊 3 座,水磨油坊 1 座,服务本村和邻近村民时间达十余年。在这一工程建设中,参加领导和施工的村民显示了突出的组织能力和能工巧匠的智慧。

2014 年至 2015 年,村党支部、村民委员会现任干部积极争取国家支农惠农资金,对水库原有老旧抽水机、输水管道等设施全部进行了更新换代,提高了使用效率。村"两委"还多方筹措资金,为全村安装太阳能路灯 2000 米 63 杆盏,成为村中建村以来一大盛事。

坪村建村时间久远,历史文化积淀深厚。村中原有防匪御敌古城寨 2 座,炮楼 5 座,抗日时期避难地道地堡 2 座,地坑院 20 余座。古官道遗址 1 条,小庙数座,戏台 1 座。清嘉庆年修庙古石碑 1 块。数百年古松树两棵。古环保设施蓄洪水塘 2 座。解放战争前期战斗遗址 1 处。据县志记载,坪村古城寨在当时抵御李自成大顺军和此后的反清复明斗争中,是明代官军在豫西的主要据点之一。1959 年陇海铁路改线时,古城寨被毁。古官道曾是西安到洛阳间除函谷关主道外的唯一辅道,随着 1939 年抗日战争需要,民国政府新开汽车公路(今 310 国道)后萧落,但古道一直使用到 20 世纪 70 年代初。后因连接西章村、卯屯村两处被水冲断遭废弃。村中原有两棵数百年古松于 1949 年解放前夕被保长王维汉主事砍伐,其参天松树为灵宝西塬目测之高点,据传黄河北岸山西芮城一带尚能望见,被称为"树神",树之周遭蕴罩灵气。古戏台于 2013 年被修缮。祠堂与关爷庙已严重坍塌,但轮廓尚存。古村址为 1556 年(明嘉庆三十四年)汾渭大地震后遗弃。古环卫设施蓄水塘因近年房屋建设被占用。村南解放军遇难地遗址"老天沟",地貌基本未变,当时国民党地方民团包围枪杀解放军一个班十几人,仅一名战士突围成功。

村中设有祭拜山神、祈求风调雨顺的古庙会,时间为农历正月二十三,为坪村和相邻的孟村、罗家、乔沟、东仓、西仓、李家山村等十二社村民轮流主办,轮流协办。此民俗传承至今已数百年。村中流传下来的还有锣鼓、戏剧、社火、皮影、刺绣、面塑等多种艺术。村剧社排演过蒲剧、秦腔、眉户剧种的许多传统剧目,也编演过样板戏等新剧目。但随着老艺人的相继去世和时代变迁,艺术传承多数已不可延续。

文化教育,村民一直都很重视,村中学校开办很早。1904 年清末光绪帝废除旧科举实施"癸卯学制"后,村中即始办小学堂。1912 年"壬子学改后",当时村中生员王品秀与王之汉、王省三等乡绅在王氏祠堂兴办民国新式小学。民国时期,村中培养出国民党黄埔军校(后为国民党陆大)分校学生 2 人,共产党延安抗大学生 1 人,旧河南大学学生1人,师范学生1人。中华人民共和国成立后至1978年1月,村中培养出大学生2人,师范学生9人。1975年开始,村学校增设初中部,开办3届后停办,村学校仍为小学。在所办的3年初中教育和1990年后的数届小学教育,教育质量在当时的全县名列前茅,多次受到过县乡奖励表彰。老师王灵佑、王笃生、王灵瑞、姚满积等对中华人民共和国建立以后村中教育事业贡献突出。1978年至2015年,村中培养出大学学生50余名,其中重点大学28名,大中专学生100多名。村学校校舍1970年以前一直完全借用王氏祠堂和关爷庙、戏台以及附近窑洞。人民公社时期,村中集体投资于1970年增建土木结构校舍10间,1975年又增建土木结构校舍12间(初中部)。改革开放后的1990年,村中集体筹资和村民捐资,在村小学原址修建砖混结构教学楼1座12间及围墙、门楼。2006年村小学停办后原校舍变为村部,成为村"两委"办公地,现是村文化大院。

村中开展体育运动较早,特别是篮球运动曾经普遍和兴盛。村中安装有健身器材1套,篮球架1副。女子健身舞蹈在村中流行兴起。

村中卫生医疗事业代有延承。民国时期有中医大夫3人。中华人民共和国建立后,村上办有集体性质的卫生所1个,赤脚医生5人。人民公社时期实行农村合作医疗,当时王志义、王灵轩等村医克服资金短缺、医疗条件简陋的困难,积极巡诊,为全村开展了很好的卫生防疫、妇幼保健、防病治病服务。改革开放后,村卫生所解散,设个体西医诊所3个。2000年以后只剩1个私人诊所,医生诊病治病方式为坐诊,不再巡诊。2006年以来,村民普遍参加了新型农村合作医疗和大病保险,医疗费用大部分得到报销,村民因病致贫、因病返贫现象明显减少,实现病有所医、老有所养。

卯　屯

卯屯行政村位于焦村镇政府驻地西4公里处,东与坪村行政村毗邻,南与东仓行政村连接,西同东常册行政村接壤,北与水泉源行政村相邻,310国道自东向西穿村而过,村总面积3.52平方千米,系丘陵坡打泉地段,黄土层深厚,适宜于各种农作物种植和果树栽植。行政村为一个自然村,下辖12个村民小组,居民540户,人口有1980人,其中男1030人、女950人,村主要有梁、卯、冯、臧、李五大姓氏。

据传,战国时期,卯屯村曾是兵家囤兵、养马、存粮草之地,故而叫囤。明清时期称囤里。清代末年,村里有一姓卯的财主,在陕西省潼关贩运粮食时登记住店名称,因在陕西省潼关当时也有一村名叫囤里,为了与其区别,财主在住店登记村名时便在前面添个自己的姓氏"卯"字,叫卯囤里,后世人也以此为村名,官方简写称其为卯屯里。卯屯行政村1949年6月隶属破胡区卯屯乡。1954年至1958年7月先后隶属焦村中心乡、焦村乡,并先后成立了初级农业生产合作社、后合并为高级农业生产高级社。1958年8月成立了卯屯生产大队,隶属西章人民公社。1968年8月成立了卯屯生产大队革命委员会。1979年10月恢复生产大队管委会体系。1983年12月行政体制改革,卯屯行政村隶属焦村乡。1993年6月,撤乡改镇后,卯屯行政村隶属焦村镇至今。

卯屯行政村自古以来以传统农业为主。耕地面积213.3公顷,农作物主要以小麦、玉米、谷子、棉花、豆类杂粮、红薯等为主。1986年至1990年开始大面积种植苹果,面积达到146.6公顷,占耕地面积2/3。后来苹果价格下滑,2013年大面积果园开始挖树复耕。随着农业结构调整,村民致富项目开始转向发展葡萄、桃、食用菌等其他产业。

随着社会的发展进步,卯屯的交通道路基础设施比原来大为改观。2008年开始,累计硬化村内6条南北路、1条东西路,共计3800米,贯通全村。修建配套排水渠1500米。2016年8月完成田间生产道路6条,计7800米,宽3米,方便了村民田间生产。

行政村2006年开始创办新农村合作医疗,本村居民540户1980人全部参加合作医疗,村中有定点新农合卫生室2所,解决了村民大病支付不了医疗费的困难。行政村于2011年按照国家政策开始办理农村居民养老保险业务,养老保险覆盖整村。

卯屯行政村对教育事业也是相当重视,民国时期就有国民初小,到了解放初期,民国初小变成卯屯小学。1996年,村民集资建成两层教学楼一座,占地面积2800平方米,建筑面积460平方米。

电力。卯屯村办电于1966年开始,通过村民自筹资金,电源线路从西章村东引入村内,结束了煤油灯时代。随着经济发展,村先后安装6台变压器,满足村民用电需求。

水利。1990年修建三支大渠窄口倒虹吸,1992年,村民集资修建三支大渠配套灌溉斗渠6800米,1993年投入使用。2015年国家高标准农田打机井两眼,2018年国家投资灌溉机井一眼,可灌溉3000余亩。村民安全饮水工程:村中自来水开始于1995年,之前是各家各户在自家院子里打水井打水吃,1995年,梁宁双、臧占瑞各打机井一眼,村民自己接水管入户,1996年投入使用,安全饮水覆盖全村,结束了全村人畜打水吃的时代。

文化体育。卯屯村有业余蒲剧团一个,成立于1950年。卯福进、梁志会为负责人,主要演员有卯有社、卯甲卫、梁英芳、李黑娃等30余人。演出的剧目有古装历史剧,也有时装现代戏,很受周围老百姓的喜爱。卯屯村从20世纪70年代就成立了篮球队,历时十余年在焦村公社一直保持着名列前茅的位置,队员张洛灵、梁勤学曾参加过灵宝篮球队。1992年,卯屯村首次举办园林杯篮球赛,在党支部村委会负责人梁永正领导下,由梁仕会、梁向森、梁建民、冯犬仕、梁金牛等人承办,获得良好的社会影响,多次在央视、河南省电视台、灵宝电视台报道。截至2020年,卯屯村已先后举办26次园林杯篮球赛,2002年荣获全国群众体育先进基层单位,2006年荣获河南省体育先进村,2008年荣获灵宝市体育先进村,2018年承办省级春节篮球赛,并获得优秀赛区殊荣,2019年承办县级春节篮球赛。

卯屯行政村的公共设施有文化大院、文化广场、舞台剧场、篮球场、体育活动中心等。它们的设立丰富了村民的物质生活和精神生活,文化大院内设有村两委办公室、便民服务中心、党员活动中心、多媒体教室、图书阅览室等。村民可以利用晚上和农闲季节参加农业科技培训班,观看远程教育致富节目,阅读与自己生产生活相关的科技文化书籍,提高自己的科技致富能力,使卯屯村经济更上一个台阶。

东常册

东常册行政村(简称东册村)坐落在焦村镇政府驻地西5公里处,东连卯屯行政村,南与东仓行政村、西仓行政村毗邻,西与西常册行政村、西阎乡涌泉埠村、小常村衔接,北与西阎乡大常村、涧南村接壤。行政村北高南低,东西长约1.5公里,南北长约5.2公里,总地域面积7.8平方公里。行政村南有陇海铁路、北有310国道东西穿行,交通十分便利。在行政区域划分上,1958年至1960年,东常册村、西常册村、秦村、常卯四个行政村为一个生产大队,称秦常大队;1961年1月至1961年12月,东常册村与西常册村为一个生产大队,称常册大队;1962年分为东常册村与西常册村。相传1741年,由山西省洪洞县迁来刘常册一家,就此地定居而得名常册。后又分东、西两村,居东的村名曰东常册,居西的村名曰西常册。行政村有耕地面积234.1公顷,其中果园面积占耕地面积的95%。行政村党支部下设4个党小组,有党员56名。行政村下设9个村民小组,居住412户,1670口人。居民姓氏多以李、刘为主,两姓约占总人口的85%以上。每年农历10月18日,是东册村古庙集会。

行政村的支柱产业有苹果、桃、葡萄、香菇等。主要农作物有小麦、玉米、棉花、谷子、红薯、豆类等。1963年,大队园艺队长李怀让,首次在村中规模栽培苹果树32公顷,结果盛期的1970年到1983年,苹果生产量达百万斤以上。1983年至2007年,东常册村苹果园面积扩大到占耕地面积的95%,盛果期平均每年纯收入1869万元。2007年以后随着苹果树龄老化、品种没有更新,开始大面积栽植桃树,盛果期平均每年纯收入 1800 万元。2000 年,村民李照业、李月增同时引进葡萄树栽培 0.8 公顷,2016 年的葡萄面积已扩大到 8 公顷,平均亩年纯收入 110 万元。2000 年,村民李国强栽植核桃树 2.5 亩,2016 年村中核桃树面积已扩大到 12 公顷,平均年收入 54 万元。1998 年,村民李灵云开始种植香菇,到 2016 年全村香菇已发展到 35 户,种植量达 56 万余袋,年可得纯收入 196 万元。

电力。1970 年,东常册村就用上了电,结束了点煤油灯照明的历史,并开始有电力加工粮食、油料等。截至 2014 年,进行了 3 次农网改造,变压器由原来 1 台增加到 3 台,满足了村民用电需求。

村村通工程与巷道硬化。铺设了 310 国道至村部道路全长 640 米,路面宽 4 米;2007 年铺设 310 国道至村东、村南、村西环村道路,全长 2300 米,路面宽 3.5 米;2010 年铺设村中部、村东至村西道路,全长 600 米,路面宽 3.5 米;2013 年铺设 310 国道途经第 4、第 3、第 2 村民组道路,全长 500 米,路面宽 3.5 米;2013 年村两委领导向上级申报国家投资,铺设农田主道村南 2 条、村北 4 条,全长 7500 米,路面宽 3 米,其中包括村北钻机井 2 眼的规划,2016 年全部实施。行政村水利设施有机井 5 眼,其中 3 眼机井系村民李志高、李跃恩、李孝生个人投资,村补贴,位于村东、村西、村北,基本上解决了村民生活用水和村南、村北农田灌溉问题。

教育建设。民国时期,东册小学原有教室 1 间 15 平方米,占居在庙堂之中。中华人民共和国成立后,曾多次扩建占地面积 6352 平方米。1989 年前,有简陋的土木结构教室 20 间,教师住室 15 间。1990 年建成了二层 18 间教学大楼,建筑面积 582 平方米。1999 年土木结构教室改造成钢筋砖混教室 8 间。1978 年,常卯村、秦村、西常册村、东常册村、卯屯村、坪村 6 个村联合在东册村与卯屯村之间建起了东册中学(以后改名为焦村镇第四中学、焦村镇第四小学),占地面积 1.53 公顷(其中占东册村 0.93 公顷、卯屯村 0.6 公顷)。1992 年至 1993 年联办各行政村筹资 50 万余元,建起了三层 45 间 1380 平方米教学大楼,添置教材,更新设备,美化校园……受到河南省教委表扬。2016 年 6 月国家投资 64 万元,建起了餐厅 210 平方米,学生宿舍 307 平方米,门卫 20 平方米,围墙 180 米,路面硬化 1977 平方米。2011 年国家投资 40 余万元硬化操场、改造厕所,翻新教学大楼,更新校门,下拨教学器材、健身器材等。

文体及民间艺术。东常册村从 1955 年开始就成立了业余剧团,每至农闲时多服务于本村及周边村民。到了 70 年代,又成立了毛泽东思想文艺宣传队,排演了顺应潮流的小节目和样板戏,多次受到市、镇表扬和奖励。2010 年后,该村又成立了锣鼓队和村妇联组织的广场舞，有队员 100 余人，每逢集会和婚庆喜事，便进行盛装助兴演出。1963 年，东常册大队就成立篮球队，多次出外与兄弟村篮球队员互相切磋，提高球艺，赛出了水平，赛出了友谊，数次获得各村举办的篮球赛冠军、亚军，是焦村篮球之镇的强队之一。东常册村的皮影戏承传于车窑村，曾出国演出。皮影艺人有刘新华、刘金财、李崇喜、苏茂德等；面塑艺人有李普楞、杨月亲、李会荣、赵月亲等；剪纸艺人有吕瑞宁、王线营等；张彩霞、李锐丽、杲亚梅的布料刺绣多次到焦村镇、灵宝市、三门峡参赛，受到各级领导表扬与肯定。2010 年杨月亲、李锐丽被三门峡市文化局评为三门峡市级非物质文化遗产代表传承人。65 岁高龄的张彩霞，13 岁就学会布料刺绣，多年来经她传帮带的妇女有 150 人左右。

行政村文化大院的建设。村文化大院占地面积 6300 平方米，大院南部是舞台（1964 年建造，系当时西章公社第一个建造起的大型舞台），中部剧场，北部灯光篮球场。2009 年，地平全部水泥硬化，总面积 1800 平方米。东部房屋，北部大楼，设置有村委办公室、老年活动室、读书室、报刊阅览室、党员活动室、文体娱乐室、远程教育播放室。西部是神灵古庙。大院里还有多种健身器材。文化大院的建立，活跃了村民文化、体育生活，解决了多年来个别村民之间难以化解的矛盾，构建了邻里和谐的新农村。

村民生活。1978 年前，东常册村民多居住在狭小的土木结构的房中，有的院落住三四户人家。现在的东册村成了长寿村，据统计 85 岁以上老人有 16 人，四世同堂屡见不鲜，五世同堂也大有人家。1994 年该村李高军创办的“宇龙食品厂”，招收了部分老年人就业，逐渐脱贫，多次受到灵宝市委表扬。2006 年河南省办汽车站落户东常册村村北国道边，对东册村经济发展起到了一定作用。2006 年开始，行政村居民 100%都参加了新型农村合作医疗。

2015 年 5 月，陈妍同志进驻东常册村任第一书记，向上级申报国家投资 20 万元用来改造修缮党员活动中心。现在的东常册村正在实施巷道硬化项目、村容村貌设施建设、创建市级生态文明村。

西常册

一、基本情况

西常册行政村（简称西册村）位于焦村镇政府驻地西 5.6 公里处，东与东常册行政村相毗邻，南跨越陇海铁路与东仓行政村相交于沙河支流，西与秦村行政村接壤，北过 310 国道与西阎乡小常行政村相连畔，交通地理优势明显。整个村庄东西距离短，南北距离长,总地域面积约 1. 54 平方千米(合 130.8 公顷)。行政村下辖上城子、下城子、刘家崖三个自然村,下设六个村民小组,202 户,700 余口人。人口结构主要是汉族。

西常册村的来历。相传康熙五十三年(公元 1741 年),山西省洪洞县刘常珊一家迁居住于此,故名常册村,后随着居住人口的逐年增多,分为东、西两村,该村位于西侧,取名西常册村。上城子、下城子自然村主要以李姓为主,刘家崖自然村以刘姓为主。

1949 年 6 月至 1955 年,西常册村隶属破胡区,并先后成立了互助组、初级农业生产合作社;1955 年到 1958 年 7 月,西常册村先后隶属焦村中心乡、焦村乡、西章乡;1958 年 8 月至 1966 年 5 月,西常册大队隶属西章人民公社;1966 年 5 月至 1983 年 12 月,西常册行政村隶属焦村人民公社;1984 年 1 月至 1993 年 6 月,西常册行政村隶属焦村乡政府;1993 年 6 月至今,西常册行政村隶属焦村镇人民政府。

二、村基础设施建设情况

2015 年国家高标准农田建设,新建机井一眼,铺设管道 2500 余米,全村人畜安全饮水问题全面解决的同时,解决了 66.6 公顷土地的浇灌问题,同年在美丽乡村建设中,村"两委"筹资 100 余万元,新建村级卫生室、文化大院、篮球场、乒乓球场、门球场和健身器材等。2016 年投资 160 万元,全部拓宽硬化村主路和巷道,栽植各类花木 2 万株,铺设道牙 2500 米,喷涂墙壁 2 万平方米,墙壁绘画 600 平米。2017 年投资 40 余万元,建设高标准公厕 3 座,配备垃圾箱 20 个,在 3 个自然村建设高标准垃圾池 4 个。2018 年,投资 10 万元新建村庄小景观、文化长廊等,在主路两旁新栽广玉兰、红叶石楠等 3000 余株,安装监控摄像头 12 个;投资 48 万修建老年关爱中心、新时代文明实践站。2019 年,投资 120 万元将进村主路拓宽至 10 米,铺设柏油路面;投资 21. 6 万元,修建路田分离美化城墙 1800 米;投资 16 万,新修长 500 米、宽 3. 5 米水泥路;投资 500 余万元,安装台区四个,高压线路 2000 余米,低压线路 1500 余米(400 伏),入户 220 户;天然气入户 160 户;户厕改造 155 户;投资 50 万元建设游客服务中心及高标准公厕等基础设施。积极引导村民利用房前屋后的隙地、空心院,开展小苗圃、小竹园、小花卉等进行庭院绿化建设,村庭院绿化户数达到 60%以上,村里建成 8 公顷的常乐植物园,各家各户房前屋后能绿则绿,宜花则花,逐步形成家家有花池、村中有花园的美丽景象,村容村貌大为改观。近年来,先后被确定为河南省省级生态示范村,妇联"四组一队"示范村、三门峡市级美丽乡村精品村(示范村),三门峡市级乡村振兴(四美乡村)示范村、三门峡市乡村旅游特色村、三门峡市级党建示范点、三门峡市级文明示范村、三门峡市巾帼创业先进单位、灵宝市食用菌生产先进村、灵宝市平安建设先进单位等荣誉称号。

2019年以来先后申报了全国乡村治理示范村，河南省卫生先进村、森林乡村、“美丽庭院”示范村、乡村旅游特色村、文化产业特色乡村、党建示范村，三门峡市五星标兵农村党支部，灵宝市村级集体经济发展试点等。

三、产业发展情况

西常册村自古以来就是个以种植传统农作物为主的乡村，从民国到中华人民共和国成立前后，种植的主要农作物有小麦、谷子、棉花、玉米、红薯、大豆（黄豆）、绿豆、小豆、碗豆等，油料作物有油菜、芝麻等，水果类有苹果、灰子、梨、桃、杏、葡萄等。农业土地历经了解放初的土地改革、互助组、合作化到1958年的“大跃进”、人民公社，土地的经营权一直属于集体所有制。1979年三中全会以后，土地经营模式来了个划时代的改革，从开始的小段承包到后来的联产承包责任制，以至再后来的土地流转和责任田确权。西常册村的农业种植业也随着科技的进步发展在发生着变化，先是20世纪80年代到90年代，紧随着胡耀邦总书记来灵宝写下的“发展苹果和大枣，人民富裕生活好”，开始形成了一种植树热潮，主要品种为委金、大冬青、小冬青、青香蕉、秦冠等，后逐渐形成以秦冠、红富士为主的发展趋势，伴随着苹果产量的增加，大多数村民都有自己的苹果储藏窖，到1990年，苹果树面积约占总耕地面积的80%以上，苹果产业成了村民致富奔小康的主要经济来源。2000年左右，随着中国加入世贸组织，苹果的品种质量差异让其价格出现了大幅度的回落，社会上出现了一种刨树热，西常册村民审时度势，开始苹果品种改良，一是栽植新果园，二是高位嫁接换头，主要发展的品种是红富士，还有少量的花冠。与此同时在发展小杂水果的同时发展食用菌生产，其中以袋料香菇为主，主要品种有香菇、灵芝、金针菇、杏鲍菇、茶树菇等，后随着技术及市场的不断更新淘汰，主要以香菇生产为主。如今的西常册村是远近闻名的“一村一品”香菇生产专业村，香菇生产入户率达到80%以上。2018年“三变”改革以来，逐步向乡村旅游、观光农业转型发展，注册成立西册农业综合开发有限公司、股份经济合作社，采取“村+合作社+公司”的经营模式，壮大村集体经济，以土地股、人口股、资金股、人才股“四种形式”，围绕乡村旅游，全力发展常乐田园综合体项目。

四、新农合情况

从2006年1月，国家实行农村合作医疗以来，西常册村两委积极宣传动员，使这一惠农政策落实到家家户户村民手中。2016年，西常册村有新农合定点卫生所一家，是西常册村民卫生防疫、医疗保健、传染病防治的唯一场所。随着新农合规定的不断变化，西常册村每年的参合率均在95%以上。

五、学校建设

西常册村在 1958 年至 1976 年办过西常册小学，地址在下城子自然村。1958 年，学校设有教室 5 个、教师住房 4 间；到 70 年代，由于学生生源增加，1976 年在旧址上翻新，建立教室 6 个、教师住房 6 间。

六、旅游景点及大型企业、商业名称概况

2010 年西常册村成立灵宝市兄弟食用菌专业合作社、2012 年西常册村成立灵宝市鑫联菌业有限责任公司，两大龙头企业带动周边乡镇、村 1000 余户群众发展食用菌产业，有力地促进了食用菌产业的飞跃发展。

2018 年西常册村注册成立了西册农业综合开发有限公司、股份经济合作社，以土地股、人口股、资金股、人才股“四种形式”，全村 719 口人全部参与股份认筹，实施西册常乐田园综合体项目，现已投资 3000 余万建成常乐舞牛桥、常乐蹦床主题公园、常乐彩虹滑、儿童乐园、农耕体验园、常乐植物园、真人 CS、大型旱冰场、自助农家乐等 10 余个项目正在运营。二期项目截至目前，已完成常乐农耕体验园、农耕文化园、乡悦农舍、花田久地项目建设，常乐枫香产业园等项目正在建设中。截至目前，已累计接待游客达 30 万人次，集体收入超过 100 余万元。

秦　村

一、地理位置

焦村镇秦村行政村位于镇政府驻地西行约 7 公里处。按行政村，东与焦村镇西常册村接壤，西与焦村镇常卯村毗邻，南跨沙河东支流与焦村镇塔底村隔沟相望，北穿 310 国道与西阎乡永泉埠行政村相衔接。行政村北边有 310 国道东西而行，村南边有沙河东支流缓缓向西流淌，村中间有陇海铁路穿村而过，还有正在修建中的灵宝绕城高速公路从村后自东向西穿过。

二、村情村名

秦村处于灵宝恒岭塬西端，其地形地貌属丘陵沟坡地带，且北高南低、沟壑纵横。鸟瞰全村地形，由于自东向西受四条长短不等的深沟分割，使全村地形自北向南呈“m”状分布。全村土壤系黄绵土质，且土层深厚，加之光照充足，自古以来适宜于各种农作物生长和果树栽植。全村地域面积约 1.66 平方千米，共有农业耕地面积 93.3 公顷，其中果园面积 66.6 公顷。

由于地形地貌限制和历史的形成，秦村行政村的人员居住比较散乱，全村共由大小

六个自然村组成，自东向西分别是东寨子、后城子、刘家嘴、北边村、西寨子，和近二十多年来新迁建的岭上新村。村部现设在北边村的原秦村小学，全村共有五个村民组，204户居民，总人口802人，其中男性440人、女性362人。民族除两户回族外，均系汉族。姓氏除少数几户他姓外，主要由庞、赵、刘三大姓氏组成。

秦村村名由来悠久。相传古时，由于该村村民辛勤耕作，取名"勤村"。又传，该村最早时由秦姓和陈姓所居，且秦姓家族兴旺，便渐渐易名"秦村"。后来随着斗转星移、岁月更替，加之战乱和瘟疫等因素，不知在多少年前，秦姓家族渐渐衰败移迹，秦村先民仅剩陈姓家族。到中华人民共和国成立时，全村陈姓家族也仅剩一户，而庞、赵、刘三大姓氏，谁也说不清从什么年代开始，则成了秦村的主姓，而"秦村"的村名沿用至今。

三、体制隶属

秦村在民国时期隶属于灵宝县破胡区；中华人民共和国成立后，先是隶属于破胡区的常册乡；1956年至1958年7月即农业合作化时期，又隶属于焦村乡；1958年8月，随着高级农业社转为人民公社，村级行政改为生产大队，秦村生产大队隶属于灵宝县西章人民公社；1966年5月随着西章人民公社改称焦村人民公社，秦村生产大队仍隶属于焦村人民公社；1983年12月，又随着人民公社体制改为乡体制、生产大队改为行政村，秦村行政村仍隶属于焦村乡；1993年6月后，随着灵宝县改市、焦村乡改镇，秦村行政村一直隶属于灵宝市焦村镇至今。

四、为村争光

秦村，虽然村小且村形散落，但村风淳朴，村民善良厚道、人文气习浓厚，广受四乡八里老乡称道。用老人们的话说就是，秦村风水好，是一个钟灵毓秀、人杰地灵、人才辈出的地方。

中华人民共和国成立后抗美援朝时，秦村就有庞天兴、庞均续、陈朝生等热血青年，积极响应党中央和毛主席号召，踊跃报名参军赴朝作战。其中陈朝生因表现突出，后被部队提拔，直至河南省军区信阳军分区司令员任上退休。

在社会主义革命和建设时期，秦村先后走出了刘森茂、刘鸿义、赵鸿飞、庞振亚、刘法舜、刘宏吉、刘自荣、赵勤生、赵则英、赵清智、刘崇吉、刘成吉、刘效琨、庞根年、赵广森、赵启胜、庞庚午、庞庚戌、刘冬青、刘月争、刘必胜、庞天性、刘相奇、庞根忠等，他们分别在不同时期、不同地方、不同岗位、不同战线上，有的从事国家安全、有的从事公安警察、有的从事石油开发、有的从事科学研究、有的在政府部门、有的在教育岗位，不一而足，不论是官至厅局级的，还是县处级、乡科级的，甚或大多是无级无品的，他们在各自岗位上都为国家、为人民做出了应有的贡献。作为一个秦村人，他们一个个都是朴实低调、平易近人，为秦村争了光，成为深受秦村人尊敬的人。

改革开放以来，以刘少民、刘民超等为代表，从秦村先后跳出“农门”走进校门，又继而走向各种工作岗位上的年青一代大有人在。恢复高考第二年，初中毕业的刘少民，刻苦学习一举考中清华大学，成为全灵宝“文化大革命”后考上清华第一人，名噪一时，让多少人羡羡不已。作为秦村的好儿女、好后生，先后有刘少民、刘民超、刘霞青、赵灵霞、赵民祥、刘仙灵、刘润峰、刘民选、刘瑞林、庞锁牛、刘金泽、赵鹏举、崔勋风、庞国孝、庞竹楞、刘宏恩、刘晓革、刘晓庆、刘建革、刘少茹、刘民革、刘清斌、刘怀关、刘卫华、刘少刚、赵敏生、庞强强、赵彦举、刘苏斌、赵建东、庞建超、赵育忍、刘文权、庞东朝等众多年青人走出秦村，有的后来成为教授、高工，有的成为各级领导，有的是火车司机，不论什么职业，他们都在为国家努力工作和成就个人的同时，也成为秦村人口中的骄傲。

特别值得一提的是，随着全国“务工潮”的兴起，秦村有数以百计的年青人，走向北京、上海、苏州、深圳等地，以一技之长大显身手，不仅支援了城市建设，而且都务工致富，在大城市安下身扎了根，同样成为秦村年青一代的佼佼者。庞宝龙是一位体育健将，身残志坚，2015 年他参加了云南赛区全国残疾人体育比赛，获得铅饼第一名的好成绩，其后这几年，多次参加全国残疾人体育比赛及国际赛事，均取得良好成绩，其坚韧精神和获奖情况也屡屡见诸报端。

五、铁路车站

1959 年，陇海铁路的修建从秦村穿村而过，从占地、拆迁到援建，秦村人是付出了巨大的牺牲和奉献，但是这条大动脉的修建，也在很大程度上改善了全村当时的道路通行状况，同时，随着铁路建成通车，也是秦村这个祖祖辈辈名不见经传的小村子，一度名扬陇海。因为，铁路通车后，国家在秦村东寨子南、刘家嘴东修建了秦村车站，配套修建的有铁路养护工区，地方政府还在秦村北边村南配套修建了秦村煤场。

1987 年秦村车站被撤销，期间 27 年里，客车每天四趟停车，极大方便了周边十里八村农民的交通出行。应运而生的秦村煤场，也极大地方便和缓解了周边农民的“燃煤”之急。仅此，作为秦村人，在亲戚朋友面前也感到很有面子。

如今，陇海铁路仍然畅通，而秦村车站作为历史已成为经历过那个年代的秦村人津津有味的回忆。20 世纪末，随着铁路不断提速，陇海铁路成为秦村人看得见却全封闭的美丽风景线，秦村也因铁路的提速和发展，使村南刘家嘴通往村北及村部的道路上，从此有了一座跨越铁路的天桥。

六、文化教育

20 世纪 50 年代后期，秦村利用西寨子赵家祠堂的六间木瓦房，办起了秦村初小。

“文化大革命”期间，教育体制发生重大变化，原辅导区完小裁撤，各行政村都普遍办起了五年制的小学校。秦村小学到 1992 年，其校舍已由原来的 6 间土木结构房改建为 9 间砖混结构房，几年后又改建为 12 间砖混平房。2004 年，秦村小学被撤销，村里孩子都转到焦村镇第四小学就读。

现在全村五个村民组，每组都有锣鼓队，村里组织的女子锣鼓队数次参加市里每年一度的“庆元霄”社火表演。

2015 年，秦村“文化大院” 建设并通过验收，硬化场地修建了标准篮球场、乒乓球台及各种健身器材，村两委办、党员活动室、远程教育播放室、科技文化学习室、新农村书屋等一应俱全。

七、卫生医疗

秦村最早的村级卫生室建于 20 世纪 60 代中期，位于老村部院里，三间西房。20 世纪 80 年代解体。

秦村新农村合作医疗卫生室正式创办于 2006 年，是秦村村民卫生防疫、医疗保健、传染病防治的唯一场所。随着新农合规定的不断变化，秦村每年的参合率均在 95% 以上。

八、基础建设

秦村目前有五条硬化出村道路、三条村里衔接道路，以及几条主要的生产路和村巷道。

饮用水有机井三眼，基本保障全村人畜用水。20 世纪 70 年代初期常卯水库和电灌站建成投入使用，秦村大多土地旱地变水田。2009 年，随着黄河小流域治理，秦村在村南沙河上拦河筑坝，架线接电，建起一座小型提灌站。2016 年，焦村镇实施高标准农田水利节能工程，秦村共计埋设 2000 米地下塑料管道，解决水利灌溉明渠引水问题。

秦村的用电起始于 1969 年，1996 年和 2008 年进行两次农网大改造。全村当前供生产生活用电的变压器共五台。

秦村可耕地面积 93.3 公顷，主要农作物有小麦、玉米、谷子、红薯、棉花等。2010 年开始农业结构调整变化，村民开始转向栽植小杂水果，经营商贸业、养殖业、菇菌业和其他产业。

2019年,村里先后筹措41.7万元,绿化美化净化环境,改善村容村貌;筹措70万元,对进村主干道进行整治,投资118万元,对村南沙河水库进行加固维修;通过土地流转,建成一个面积26.6公顷的阳光玫瑰葡萄标准化示范基地。

常　卯

常卯村位于焦村镇政府西10公里处,东与秦村接壤,南接塔底宜村水库,西过沙河与西阎乡北贾村遥河之望,北与西阎乡永泉埠村、乾头寨毗邻。东西长3公里,南北长4公里,总面积约12平方公里。常卯村名的来历:据传上古时候村南面,东起东村原,西至铸鼎原,中间这块小盆地是一个平静的小湖,因历史的沧桑巨变,湖水从村西不远处破湖而下流入黄河。古时候,人们称平静的小湖叫“泖”,音mao。常卯村古时候就是泖边一个村落,故名“常泖”村。明嘉靖初年,即公元1520年前后,灵宝许氏家族九世传人许迪的五个儿子从梁村迁到常卯村,因原来的村址已无法居住,就在距原村子北500米处建立村庄,安家乐业,将村名改为“常浒坡”村。浒,水边,指离水稍远的岸上平地。此村名一直沿用到民国时期。虽然村名已改为常浒坡,但喊了数百年“常泖村”的周边乡民还是用这个村名来称呼,本村人就更是情不自禁地呼唤“常泖”村这个名词。1949年解放后,为了顺应民意,将比较绕口的“常浒坡”改为“常卯”村。

村辖常卯、常卯原两个自然村,下设8个村民小组,居住365户,1365口人。村党支部下设4个党小组,有党员53名。村中主要的姓氏以许居多,约占总人口的70%,其余有王、汤、张、刘、赵、候、南、卯、杜、景、李等10多个姓氏。行政村共有耕地面积158.7公顷,其中果园占112公顷。常卯村原是一个以传统种植为主的乡村,主要农作物有小麦、玉米、谷子、棉花、红薯及各种豆类杂粮等。从1996年开始发展食用菌种植,2016年村中有一半以上农户种植香菇,数量达350万袋,年可增加村民纯收入1000余万元。

村中的道路交通设施主要有三:(一)1963年修建的铁路桥,此桥是在村中在外工作人员王景瑞同志的亲自帮助下,给村北铁路上架起了一座钢结构大桥,解决了村民、学生的过路安全,2013年进行加固拓宽建成宽7米钢筋水泥桥。(二)2005年实施村村通工程,硬化了北接310国道干头坡顶,南过常卯水库溢洪道,总长达3公里、路基宽4米的乡间通道。(三)2009年和2011年,硬化了村桥北、穿过常卯原自然村至关帝庙门前,再向北直通310国道,此路长1.8公里、路基宽3.5米。

行政村于1957年成立了卫生室。1959年与秦村、东常册、西常册合并为常册大队,大队卫生所设立在秦村村,并将村原卫生室的中药柜等设备和医生全部合并到秦村卫生室。1968 年秦村卫生所解散。1969 年,常卯村成立卫生室,到 1981 年卫生室解体,村医各自在家里办起了小诊所行医治病。2010 年政府补贴投资,医务人员许赞昌在村文化大院左边建起了一所标准化的农村卫生室,现在为常卯村新型农村合作医疗定点卫生所,主要业务是管理行政村的卫生防疫、妇幼保健和新农合业务。

20 世纪 30 年代,国民政府实施国民教育,常卯村利用天王庙作校舍,搬掉泥塑,加以修整,添置桌凳办起了常浒坡村国民学校。1949 年后,农民得到了翻身,文化上也得到了彻底解放,男女儿童都基本入学就读,教育事业得到了大力发展。1958 年政府提倡集中办学,常卯村师生以及桌凳全部集中到西章公社学校办学,当年又从西章搬到该村老爷庙和秦村合办为秦常小学。1964 年秦常小学改办灵宝县九中,常卯村小学搬回到大队部即现在的文化大院,盖起了四座瓦房和一个戏台子供教学使用。1978 年知青升学招工或回原单位,小学又搬到知青院内,院内有六座瓦房和操场供学校使用,由于原知青院房屋年久失修,于 2004 年经在外工作人员王建生筹措资金在村桥北另建了一幢教学楼(现改建为村部),七间两层,占地近 200 平方米。2009 年,因学校缺乏生源停办。

行政村境域内有水利设施四处:(一)常卯水库,1966 年规划,1968 年建成,坝高 24 米,库容 260 万立方米,修建时由常册片(常卯村、秦村、西常册、东常册、卯屯村、西章村、坪村)加沟东八个村共同修建,库底土地大部分是塔底村的,当时人民公社政府定水库所有权归常卯,库内养殖归塔底。2012 年经国家投资 500 万元资金对水库进行除险加固。(二)常卯电灌站,位于村北与西阎乡干头村交界处,始建于 1971 年。由三级提水引水到沟东村。一级站建在干头村南湾,水源从常卯水库引水,穿过铁路,配高扬程泵 3 组,直径 0.4 米管子两道,管道坡长 300 余米,扬程 174 米。二级站位于西常册,三级站位于卯屯。计划受益 1000 亩,但因抽水费用太大,90 年代废弃。(三)陈家沟提灌站。始建于 1971 年,系两级提水灌溉的抽水站,一级配 40 马力柴油机和 30 马力电机 4 吋管道扬程 30 米通过涵洞到后沟,二级西崖三套、东崖两套扬程 25 米 3 吋管道均为机电双配套,东西两崖共收益面积 26.6 公顷,直至 1976 年胭脂河抽水站建成该站停用。(四)胭脂河抽水站,始建于 1976 年,6 寸管道,75 电机,扬程 55 米到陈家沟送过导洪系上南埝浇地。2002 年在时任村支部书记屈纪民、村主任许泽林的倡导下,村在外人员王建武(时任水利局副局长)多方筹措资金,恢复胭脂河抽水站正常浇地功能。2004 年在外工作人员王英民引资 40 万元,资助胭脂河大提灌站修建管道长 2000 米,垂直扬程 90 米直达岭头最高的抽水站,浇溉受益面积约 133.3 公顷,辐射周边的村民用地浇灌。2002 年开始实施安全饮水工程,在村中在外工作人员王建武同志的帮助下,在村南坪打了一眼 160 米水深的机井,供全村人畜用水;2008 年,村筹措资金 8 万元又在村文化大院内打了 210 米深的一眼机井,彻底解决了村民安全用水问题。

1968 年,行政村开始了生活用电,50 千瓦的变压器安装在村北加工厂;1998 年转到文化大院西边;2003 年增容到 100 千瓦;2012 年铁路桥重建变压器增容到 160 千瓦,此为第一台区。2003 年,在常卯原庙门口安装一台 20 千瓦的变压器,2013 年增容到 50 千瓦,此为第二台区。2014 年,后地新居民区,在王伟的帮助下安装了一台 100 千瓦的变压器,定为第三台区。

文化大院的建设。村中原文化大舞台因经济条件差,修建的舞台特别简陋,1982 年,在书记王道六、大队长许建富、会计许伴治的亲自策划组织下建成了现代化的新舞台。2003 年,工程设计师梁景文带人重新整修。2014 年再次投资进行整修装置,建成了一流的常卯村文化大院,整个文化大院占地面积 0.24 公顷,内设舞台一座、篮球场一座、体育健身器材 10 件,另有党员活动室、村委办公室、计划生育学校、新农村书屋、远程教育播放室等。文化大院的建立,大大地活跃了村民文化体育生活,同时为村民提供了生产科技信息学习场地,增加了村民的科技致富能力。2018 年,村新一届两委班子成立,在书记许海卫、村主任许才军的带领下,筹措 8 万元从基督教会将原有的学校又买回,归集体所有,投资 50 余万元,对原学校内外进行规划装修,达到五星级村部标准,提高了常卯村整体形象,全村安装 85 盏路灯、6 处监控摄像头,覆盖全村,提高了村民的安全保障。2019 年以来,天气大旱,为保证农业灌溉投资 10 万余元,对陈家沟、胭脂河抽水站进行修复,更换了人畜吃水机井水泵管道;2019 年,投资 10 万余元对全村墙体喷漆;2020 年春,投资 4 万余元,购买了 400 余棵风景树;6 月份再次投资 3 万余元,修建了花池、花台,为改善村民人居环境卫生,村又投资一部分资金,购买了 35 个垃圾桶,建成一座垃圾回收点,增设八个环卫人员,改善了村容村貌。

南安头

(一)地理综述。南安头行政村位于灵宝市区西,衡岭塬东南,距灵宝城区 4.5 公里,距焦村镇政府与 310 国道 2.5 公里。北与辛庄、姚家城为邻,西与纪家庄相连,南与焦村村毗邻,东与城关镇五龙村接壤。南安头行政村地属黄土丘陵地带,南北长 4 公里,东西宽 1.5 公里。整个村呈西北高、东南低之势。历年夏季暴雨来临,雨水汇集沟边,沿沟槽冲刷而下,从南到北形成宽窄不同、深浅不一的六条大沟,把塬头分割成四道塬,俗称“沟边村”。

(二)基本概况。南安头行政村现有党员70名,三个党小组,按照党章要求组织党员学习,开展“两学一做”等教育活动,做群众先锋带头致富人。党支部连年获镇“先进党支部”称号。行政村下设14个村民小组,由南城子、东村、西村、寨子、岭上和新文村6个自然村组成。居住875户,3200人。主要姓氏有常、张、姬、刘、贾、何、冯、任等,常姓人口占全村70%左右。

(三)自然村概况。明代初年,常姓三兄弟从山西夏县水头村经洪洞县迁徙到河南后,将一口铁锅砸成三片,兄弟三人各持一片,分别到西阎乡常家湾、焦村镇南安头和卢氏宜川一带立村。砸锅为盟,永不分离。因南安头村始建于一尼姑庵南边,“庵”与“安”谐音,故叫南安头,村名由此而来。中华人民共和国成立前,在封建保甲制度下,南安头行政村被设为灵宝县第十一保,由坡头乡管辖。1947年随着人民解放军太岳兵团过黄河、入豫西,南安头村首次解放,成立了农民协会。1949年底,人民解放军彻底推翻了国民党残余政权,先后镇压了灵宝匪首残余、原保甲制度下首领等人。

南安头寨子原名邱家寨。据说明末清初,邱姓一家修寨为王。寨子四面环沟,沟深数丈,仅开南门和北门,易守难攻。寨子面积2.7公顷。因邱姓一家大搞邪门妖道,咒骂朝廷,后被朝廷满门抄斩,无留后嗣。常姓二门部分村民从东村枣树园迁到寨子内居住。

南安头行政村的新文村,据说文姓和贾姓立村,因建立在岭头上叫文贾嘴,后又叫文家嘴,1958年改为新文村,归南安头行政村管辖至今。该村有7个生产组,310户,1200多口人。中华人民共和国成立前后,该村种植小麦、玉米及各种杂粮,是一个以农业为主的小村子。从1980年起先后成为南安头村苹果、葡萄两大果品产业发源地。新文村姓氏有张、姬、贾、何、冯、樊等,其中张姓和姬姓占本村70%。中华人民共和国成立前后新文村人靠吃井水生活,井深60余米,两头挂桶,须二人合作方可取水。现在全村有二眼机井,村民吃上了自来水。新文村也是出人才的地方,何长有(原在县银行工作)五个儿子和贾印朝二个孩子,因其教子有方,孩子们经过上学、当兵,均已在不同岗位上为社会努力工作。

(四)传统农业。南安头行政村自古以来是一个农业村。现在仍然以农业经济为主,不断调整农业结构,改善农业生产条件,增加农民收入。从中华人民共和国成立前一直到改革开放前后,村民种植以耐旱农作物为主。夏粮是小麦,秋粮是玉米、谷子、红薯等,经济作物是棉花。由于土地干旱贫瘠缺水,小麦亩产65公斤左右,棉花亩产30

公斤左右，籽棉、玉米碰到干旱之年有时绝收是常有的事。从 1978 年 12 月分配自留地开始，到 1983 年底土地生产责任制改革完成，村民大面积推广种植小麦优良品种“百农 3217”，加上化肥广泛使用，小麦亩产均在 300 公斤以上，部分水浇地亩产达到 500 公斤。从此以后，结束世世代代村民“吃不饱”的时代。

（五）特色农业。南安头行政村自改革开放以来，把种植业作为农业经济发展一个重要支柱。1980 年春，新文村姬喜旺率先在自留地上种植 0.057 公顷金冠苹果。该品种结果早、品质好、效益高，对后来全村发展苹果产业起到了示范带动作用。1985 年 6 月中共中央总记胡耀帮视察灵宝后，题词“发展苹果和大枣，家家富裕生活好”。在各级政府倡导和支持下，广大村民迅速掀起了种植苹果热潮。主栽品种有秦冠和金冠。安头寨子雒川武 1985 年从山东瓦房店引进红富士苹果枝条 200 余条，对村边 0.126 公顷青香蕉、国光等高接换头，很快取得效益。截至 1993 年全村果树种植面积 133.3 公顷，亩产在 10000 斤上下，1990～1995 年秦冠单价每斤 1 元左右，金冠单价 0. 7 元左右，家家成为种植苹果专业户。虽然秦冠、金冠苹果结果早、易管理、产量高，但品质差，不受市场欢迎，1995 年以后变成了“加工果”。苹果产业难以继续发展，逐步被葡萄产业所代替。

面对市场需求，2001 年冬，新文村姬固牢从山东菏泽又率先引进红提葡萄进行种植。该品种一年种植，二年结果，三年见效，亩均净产值上万元，加上红提葡萄品质佳、耐贮藏等特点，深受生产者和消费者欢迎。截至 2016 年，全村葡萄种植 233.3 公顷。2009 年被灵宝市确定为“农业科技示范基地”。2010 年被三门峡市确定为“特色农业科技示范基地”。近年来，每到葡萄收获季节，省、市等多家媒体都前来南安头村现场采访报道红提葡萄的生产情况。樱桃种植是南安头村经济发展又一新兴特色产业。该品种市场稀缺，易管理，价格高，每市斤能卖 15 至 20 元。2008 年南城子常改娟和寨子上王留庄看到樱桃发展商机，在塬上种植 1.3 公顷。2010 年常改娟等人充分利用荒沟荒坡地，在村东水沟种植 3.3 公顷，栽植有红灯、红蜜、先锋等 8 个品神。修路 1 公里，打窑 2 孔，安装水电等配套设施。由于樱桃个大、肉厚、汁多等特点，深受市场欢迎，果品远销省内外。邱家寨水沟已成为灵宝市绿色果品樱桃沟采摘观赏基地。采摘时间从每年 5 月 1 日起至 6 月 1 日结束。

（六）农业科技。南安头行政村种植业发展如此迅速，规模如此之大，是与先后成立专业合作社分不开的。合作社成立的宗旨是：服务社员，面向社会。无偿为社员提供技术服务，帮助联系产品销售。定期免费开办学习班，随时解决生产管理中的技术难题,提高果品品质,增加市场价值。

灵宝市育农果品专业合作社:1989 年成立,服务场所位于南城子,常开国任理事长。合作社举办果树管理学习班近百次,聘请河南、山西、陕西等著名苹果生产专家近 20 余人为果农授课。

灵宝市供销社焦村果树技术协会:1994 年成立,常开国任副会长,负责苹果从生产到销售一体化服务,带动了焦村镇苹果产业发展。因协会“以人为本、科学为根、诚实守信、服务一流”,曾受到各级领导关怀和支持。中华全国供销合作总社副主任王茹珍多次对协会进行视察指导。

灵宝市新文葡萄专业合作社:2011 年 11 月 8 日在工商部门登记注册成立,办公及服务场所在新文村,理事长姬选革,现有社员 268 户。该专业合作社从事葡萄新品种研究、培育、栽培、销售和基地建设等,依托于郑州果树研究所、中国葡萄病虫害防治协会,先后引进红提、美人指、户太等新品种 10 多个。现有红提葡萄示范基地一个,该基地 2010 年被三门峡科技局确定为科技示范基地,带动六个乡镇、20 多个村发展葡萄 5800 亩,使 800 多农户通过从事葡萄生产走上了致富路。姬选革同志也于 2014 年被灵宝市人民政府授予“灵宝市果品生产技术能手”。

灵宝市宏达樱桃专业合作社:成立于 2015 年,理事长常改娟。该合作社建有占地 200 余亩樱桃沟采摘园,位于南安头邱家寨东水沟。水、电、路配套设施正在逐步完善中,每到樱桃成熟时间,近千余人进园采摘观赏,产品远销省内外各大超市,带动周围村民已发展 66.7 公顷樱桃。

(七)畜牧养殖。发展多种经济是市场化的需求。养殖业一直是南安头村一项长久不衰的产业。改革开放前农户以养猪、鸡、羊为主,形式是散养,未形成规模。2008 年南城子常宝龙在村西北建立占地 20 亩蛋鸡养殖场,存栏 30000 只,年产蛋 40 万公斤,基本实现了现代化养殖,具有防疫和抗击市场风险的能力。东村常拾命利用废弃砖场养猪,存栏量 500 余头。养羊未成规模,个别村民以家养为主,据统计全村养羊存栏 2000 余只。因离城较近,运输业是部分村民一项补充经济收入,全村共有运输汽车 20 余辆进城搞运输。

(八)水利及人畜饮水。南安头村的水资源,在相当长的历史时期可用一句话来概括:“滴水贵如油”。“宁给要饭一块馍.不给要饭一口水”,可见水的弥足珍贵。村民用水问题成了世世代代发展的主要矛盾。立村伊始,先民们从寨子水沟取泉水,夏秋季靠天饮用旱窖水,冬季吃各村有限的井水,井深均 50 至 60 米,二人合作,方可取水。春季不够吃时,人挑、牲口驮到水沟取水,路窄、坡陡取水十分困难。为了解决村民饮水难题,1972 年在村东水沟修建“向阳”小型抽水站,从沟底抽水扬程 100 多米,在塬上修一个蓄水池,仅能解决全村人畜用水不足的问题。农业生产用水问题仍未彻底解决。1975 年,村领导常茂林、常吉祥等人开始测量施工从五龙头跃进渠抽水,修建三级抽水站,安装配套设施。三级抽水站全长 7. 5 公里,扬程 130 余米,各自然村修蓄水池一个,硬化主干渠和支干渠 2 万余米。经过三年艰苦努力,1977 年终于把涧河水引上了西塬。南安头村三级抽水站建设,引起当时县、社各级领导高度重视,时任县委书记崔宽心亲自到工地搬砖参加劳动。三级抽水站建成仍未彻底解决农业用水问题,全村土地都是旱板地,十年九旱,靠天吃饭。1991 年窄口灌区倒虹吸工程建成,只能解决南城子、新文村、寨子部分土地灌溉。南安头行政村 60%以上土地农业用水仍然十分困难。

2016 年,全村共有机井 6 眼。1995 年后,姬固牢等四户、常增计、常普建、姬学胜、常发祥等人先后自筹资金,打机井 5 眼。2011 年,时任村第一书记兼村党支部书记王保刚同志,不辞劳苦争取项目。宁夏军分区给水团按中央军委要求千里长途跋涉,在南城子东北方向历时 15 天打机井一眼。从 2009 年至 2016 年,在市、镇两级政府支持下,省水利厅等有关部门大力支援下,在倒虹吸灵函 3 号井建立提灌站,先后投资 1000 余万元,安装每小时 300 吨水泵,铺设管道 12000 米主管道,节能滴水管道 4000 余米,建清滤池 50 立方米,全村灌溉面积基本全覆盖。

2011 年常保春和许庆妮夫妻俩人自筹资金十多万元,在纪家庄窗口倒虹吸四支渠口建立提灌站,南安头村受益面积达 66.7 公顷,彻底改变了农田水利建设的面貌,使千年的旱塬变成了水上江南。

(九)电力设施。南安头村用电历史较早。从 20 世纪 60 年代开始用上电后,先后在南城子办起面粉加工厂、轧花厂、带锯厂、轧油厂。各自然村都办有面粉加工房。从此开始了“点灯不用油,磨面不用牛,轧花、轧油不外出”的历史。进入 2 1 世纪,国家先后对农村三次农网改造,对村主要线路进行调整,电杆进行更换,现在全村共安装 18 台变压器,减少电损,节约能源,供提灌、照明、生产等用。

(十)道路建设。行路难,难于上西塬。南安头村村民住在沟边,出门进城就下沟,回家就上坡。南安头村五个自然村民进出走五龙沟和营田沟,新文村村民走寒眼沟。路又窄又陡,碰到雨雪天,人们根本无法行走。1974 年冬,焦辛(焦村—辛庄)二级公路修建,硬化和村村通工程实施,各自然村之间及村间主要道路拓宽和硬化,改变了晴天出门一脚土、雨天出门一脚泥现象。2008 年市公交公司开通了灵宝至坡寨专线班车,每小时一趟,彻底解决了村民生产、生活出行难问题。

(十一)教育。南安头村素有尊师重教的优良传统。中华人民共和国成立前孩子上私塾,后以庙为学。在祖先上殿祠堂、马王庙学习。中华人民共和国成立后先后办起了南安头小学和新文村小学,学制为四年。为了优化教育资源,20 世纪 50 年代新文村三、四年级在南安头小学学习,一、二年级在本村学习。为了改善办学条件,1995 年群众集资 5 万元,村里出资 15 万元,对南安头小学整改扩建。西村常增平夫妇带头捐资 2000 元。学校占地 0.6 公顷,建成二层 30 间 720 平方米砖混结构教学楼及办公室 13 间。在校学生 300 余人,10 个教学班,学生入学率 98%。中华人民共和国成立后对新文村小学进行多次修缮,保障师生教学顺利进行。由于计划生育政策实施,入学儿童逐年减少,新文村小学和南安头小学 2000 年前后分别停办。学生就近入辛庄小学、焦村小学和市区部分小学学习。

(十二)医疗卫生。人食五谷杂粮生百病,医疗卫生工作发展至关重要。以前村里没有一所正规医疗机构,均靠村里在治病方面有某些特长的人给人把脉看病。中华人民共和国成立前南城子常寿义开了一个中药铺为群众治病。中华人民共和国成立后南城子常崇高的针灸外科、西村常继生的儿科、新文村樊拴森的西医和东村常彦星西医,多以家庭为主,就近为群众看病。2007 年常彦星开办的诊所被市卫生局确定为新农合定点单位,负责全村公共卫生、防疫、慢性病和常见病等治疗和管理。常彦星自幼酷爱医学,早在 1978 年曾拜师原焦村镇卫生院名医吕英瑞。1999 年又在三门峡市卫生学校进修学习,取得就诊资格。2014 年荣获灵宝市"农村最美乡村医生"称号,获奖金 15 万元,在村文化大院建成 120 平方米南安头卫生所,改善了医病环境和医疗条件。新农合制度建立后,全村 98%村民参保,解决了群众看病难和看病贵的问题,做到小病不出村就近治疗,保障了村民健康。

(十三)传统文化和文体活动。南安头村素有灯笼村之称,每年进入农闲后,部分村民以竹子、白纸等为原料在家里制作以象征连年有余的莲花灯笼,为来年春节和元宵节之用,这一传统文化既环保,又能增加村民收入。手工制作的灯笼,享有声誉,远销省内外。近年来,省市多家媒体曾多次来村进行采访报道。2016 年 2 月央视新闻直播间和灵宝电视台联合采访报道,称南安头村为"灯笼村"。

为了加强精神文明建设,2017 年以来,村两委在制订村规民约的同时,大力开展群众性的评选"文明家庭""好媳妇""好公婆"等活动,使村民的精神面貌发生了很大的变化。在常育贤、常治军、常孝民和常倩霞等人的带动和组织下,先后成立了"合唱团"

“夕阳红乐队”“广场舞队”和“书画协会”，利用农闲排练节目或书画作品展示，大大丰富了村民的精神文化生活，连年来，每逢春节或元宵节村里都举办大型的联欢演出或书画展览活动。

（十四）国家实行的兵役制对外抵抗侵略，对内保护人民胜利成果。1951 年朝鲜战争爆发后，南安头行政村掀起踊跃报名、送子参加中国人民志愿军的热潮。西村人常广义（常天邦），岭上村常志英（常冠玲）、常增高（常串子）、常振祥（常随玲）、东村常三财、许培元，新文村赵朝等赴朝作战，均无伤亡。1954 年国家颁布《兵役法》规定，服兵役是每个公民应尽的义务。经过每年征兵，严格选拔，全村已有 200 多青年应征入伍，戍守边疆，保家卫国。1972 年东村常会远在新疆阿尔泰服役期间不幸因公殉职，后被追认为烈士。在服役期间，西村常随群，岭上常成成，新文村贾汉波、贾少波、何选森等先后考入军校，毕业后他们在不同岗位上为部队建设贡献力量。

（十五）居住变迁。只有安居，才能乐业。南安头行政村大部分村民解放前居住的是土木结构的房屋。只有东村五组大部分村民居住在岸边半沟，穴居窑洞。新文村 3 组村民居住在数十丈深沟，寨子 4 组村民居住在四面环沟的寨子里，生产生活极不便利。20 世纪 80 年代后东村 5 组村民告别窑洞，在塬上盖起新房。新文村 3 组村民逐批从深沟搬到南塬上。寨子 4 组村民 70 年代走出寨子另建新村。

改革开放以后，房屋建筑均以砖木结构为主，从 2000 年以后是以砖混框架结构，既防震又坚固。2012 年国家实施危房改造工程以来，全村 40 余户村民房屋得到政府 30 余万元补贴，建起新房。据统计，人均住房面积在 50 平方米以上，家家户户独立成院。

为了活跃村民文化生活，1998 年 5 月，南安头村建起了占地面积 2600 平方米农村文化院，内设 306 平方米的舞台、村委办公室、篮球场、乒乓球场、健身器材场等，设置远程教育播放室、新农村书屋、党员活动室、计生学校。文化大院的建立，大大活跃了村民文化体育生活，同时也为村民提供了科技信息学习场地，提高了村民科技致富能力。

为了尊重村民信仰自由，2007 年 8 月村西修建了占地 600 平方米的基督教堂。教堂建筑面积 200 平方米，内设住室、办公室等，曾被焦村教会确定为南安头堂点。2011 年被灵宝市三自教会审批为正式堂点，现有基督教徒 100 人左右。

（十六）戏剧演出。南安头行政村业余剧团曾在整个西塬名噪一时，锻炼成就了一批戏剧表演导演、乐器演奏和剧本创作人员。东村常满胜酷爱板胡，解放初期组织排演古装剧《花庭会》《张连卖布》等剧目。常项瑞具体负责任导演。“四清”运动时期，新文村姬丑旺任团长、寨子常锁盈任副团长，排演《白毛女》。常锁盈饰杨白劳，尚蜜绒、常焕丽共同饰喜儿。该剧在辛庄片汇演时获一等奖。由于该剧演出时受到观众好评，先后到西闫稠桑村、焦村村等周边村进行多次演出。文革时期成立了毛泽东思想宣传队，排演了《红灯记》。姬丑旺饰李玉和，常亚霞饰李铁梅，常知红饰李奶奶。导演是岭上村常增茂，打击乐负责人雒川武，管弦乐负责人姬随旺，团长是姬丑旺。该剧在焦村汇演中获二等奖，先后到窄口水库为民工慰问演出多场。1976年由常育森老师及三名学生常琐文、许湖水、姬普学自编自演的剧目《站上风云》，反映修三级抽水站时两种思想、两个阶级的斗争，主演岭上村李玉霞饰剧中常根红。该剧贴近生活，颇受群众欢迎，先后在南田村、上村塬等村进行演出。业余剧团主要以眉户为主。

辛　庄

辛庄行政村位于焦村镇政府所在地东北4.84公里处，距灵宝标志性建筑金属雕塑三仙鹤6公里。行政村东与北安头行政村衔接，西与姚家城行政村接壤，南与南安头行政村毗邻，北与高家庄行政村相连。村境域面积1.9平方公里。1949年6月隶属破胡区；1956年1月隶属焦村乡；1958年8月成立辛庄生产大队，隶属西章人民公社；1966年5月隶属焦村人民公社；1984年1月，行政体制改革，辛庄行政村隶属焦村乡；1993年6月，焦村撤乡建镇，辛庄行政村隶属焦村镇至今。

明代末年，外地符氏人家迁移至本地建村，后有李姓、许姓人家陆续搬迁至此，遂取名辛(新)庄。后符氏家族衰败，现仅符氏兄弟二人。李氏、许氏家族均在村中建有祠堂。村里的“三义庙”即为许氏祠堂，始建于清嘉庆年间(有碑文为证)，20世纪60至70年代的“文化大革命”期间，经修缮做为辛庄大队部和大队卫生所使用，改革开放后停用，后于2016年由许氏族人牵头，筹资重新进行了翻修。李氏祠堂是现在辛庄小学院内的老房，民国时期是辛庄村的私塾院所，解放后一直做为辛庄小学的教室使用，现仍在继续使用。清代末年，北安头村有高姓人家迁入本村，现在是仅次于李姓、许姓之后的第三大姓。清末及民国时期又有郭、田、杨、赵、刘等外出穷困人家来辛庄村帮工，后定居于辛庄村；20世纪50年代国家兴修水利工程，建设三门峡水库大坝，淹没区的灵宝老县城有荆、王、闫、亢、焦姓和西闫乡西稠桑村包、李、焦三姓人家迁移到辛庄村。因此，现在的辛庄村是一个多姓氏融合的村庄，所有姓氏的人都能和睦相处，和谐生活。至2016年12月，辛庄行政村下设8个村民小组，300余户人家，1300余口人。有耕地面积146.7公顷。

有史以来，辛庄村就是一个以种植传统农业为主的乡村，主要农作物有小麦、谷子、棉花和各种豆类杂粮。民国末年有少数人家从焦村李工生家引种苹果。中华人民共和国成立后至人民公社时期,各生产队种植的苹果面积不是很大,改革开放后的20世纪80年代村民开始大量栽种苹果树,90年代至2000年,达到鼎盛时期,面积达到100公顷,产量达到1000多万斤,年产值达到500万元至600万元,一度成为辛庄村的支柱产业,为辛庄村的经济发展和面貌改变做出了巨大贡献。随着改革开放的不断深入发展和农业结构调整,村民开始种植高效农业,先后引种了名贵葡萄品种:美国红地球(红提)和桃、核桃、美国大杏仁(巴旦木)等,其经济效益以红提葡萄最为突出。至2016年底,全村红提葡萄种植面积超过80公顷,产量达到240万公斤,年产值接近1000万元。传统的粮食种植业被边缘化,棉花产业近零。苹果栽种面积13.3公顷,产量50万公斤,产值80万元;鲜桃栽种面积20公顷,产量90万公斤,产值180万元。

随着经济的不断发展,村基础设施建设,村民居住条件、交通都有翻天覆地的变化。20世纪50年代末,辛庄村全部土木结构住房不足百间,村民大都居住在地坑窑院中。从改革开放到现在,随着经济的腾飞,居住环境也发生了翻天覆地的变化,辛庄村现在已经全部搬出地坑院,房屋大部分为砖混结构,人均住房面积达30平方米以上。20世纪80年代环乡公路开通,焦函线从村中央直接通过,环乡公路紧靠村西,初通时为砂石路面,进入21世纪铺设为柏油路面。

2013年,在高运孝任书记期间,村两委干部经多次考察论证,开始带领全体村民兴建新农村建设,建成了有60余套门面房的商贸一条街,街道宽10米至13米,长度约400米,整齐划一,统一修建。2015年开始设立集市,农历十日、十六日为首个集市日,以后每逢星期六为固定集市日,集市引来了四乡八村商户前来经商,农闲时赶集人数超过万人,不仅繁荣了行政村的商贸业,还增加了村民经济收入。

随着国家惠农政策的不断推出,到2016年底,辛庄村60岁以上老人领国家养老金的人数超过230人,参加新型农村合作医疗的人数达到99.6%,村中有符合国家标准的新农合村级卫生所两家,卫生所设立诊断室、治疗室、观察室、药房,有医生执业资格证书的中西医结合医生2名,做到小病治疗不出村,大病治疗有保障。

2014年,卢氏县经济能人王建宏租村中土地4000平方米,投资700多万元,建成具有省级一流标准的现代化教育理念双语幼儿园一座,解决了本村及邻近十余村学龄前儿童入园受教育的困难,2016年入园儿童已超过300人。

辛庄村历来重视文化教育,民国时期就有私熟,中华人民共和国成立后改为辛庄小学,1966年改为中心小学,1969年实施初中戴帽教育,1980年被撤销。2016年,辛庄小学已成为具有现代化教学设施、现代化教育理念全日制小学。教育设施建设方面，2008年开始扩建校舍，占地面积达到0.47公顷，2012年建成了具有建筑面积达1000平方米的三层教学楼一座，可容纳邻近10余个村一至六年级6个班级的适龄学生就读。2016年，辛庄小学有教职工20余名，就读形式可选择走读或寄宿两种。在教育事业兴盛发达的同时，体育工作也轰轰烈烈。20世纪70年代至80年代，辛庄大队的篮球队办得有声有色，不但有篮球场，也有篮球队员10多人，带队的队长先后为许书泽、许少波，每至农闲和春节，他们常去参加临村举办的篮球赛，争得了荣誉的同时，增强的体质，也带动了村中的青少年参加体育活动。

除教育环境的改善外，村民的生产、生活条件也有了巨大改善。早在1995年至1996年村里凿造了两眼深水机井，一是解决了村民的农村安全饮水问题，除保障人畜日常用水外，尚可灌溉部分农田，使原来的旱田变成了现在的旱涝保收田。窄口灌区、焦函灌溉函洞从村西地下通过，加之2015年至2016年国家出巨资建设了高标准农田，修建了配套庞大的灌溉管道网络，天旱时村民可提取地下函洞水灌溉农田。行政村现在有深水机井两眼，深度达到300米，单井配套电力、变压器80千瓦，总装机容量为160千瓦。在用电方面，从1966年通电时四个自然村的一台50千瓦发展到现在一个自然村四台共900千瓦，村民烧水做饭可选用沼气、电、煤多种能源。1999年至2001年，在畜牧业发展的同时，村民修建沼气池150多个，既节能省时又环保。

2018年，投资15万元新建卫生室一座，投资51万元建设文化舞台。2019年，积极争取上级资金，总投资46万余元，新建村部一座7间两层办公楼，建筑面积460平方米，整体建筑内外装修已全部竣工，现已投入使用。投资80余万元建设3000平方米文化广场。投资2.5万元，植树廊道绿化3公里，其中银杏160棵、雪松500棵。打违治乱，拆除违建153处面积4万余平方米，复耕土地30余亩。2020年，安装路灯60盏，流转土地4.7公顷，发展养殖产业。

多年来，辛庄村受到灵宝市政府和焦村镇党委政府的表彰和奖励，多次被授予“五好农村党支部”“经济工作先进村”荣誉称号。

柴家原

一、地理位置和自然条件。

柴家原村位于灵宝市区西塬，焦村镇正北5公里处。东与高家庄连接，南和辛庄毗邻，西与西上村塬接壤，北临塬边，基本呈正方形，东西长约0.8公里，南北长约0.6公里,总地域面积4.8平方公里。村西、北、东北三面环沟,地处衡岭塬头,冬天易招风,夏天多干旱,号称"招风板""十年九旱"。据老人讲,很早以前这里是"四十里荒草岭地带",土质脊薄,人烟稀少。从历史上查阅,1640年中原豫西一带发生严重旱灾、蝗灾。1644年初,明代农民起义领袖李自成率领大军从西安出发,向北京进军,各地人民杀牛备酒,欢迎起义军。可是路过此地,竟然不见一人,于是就在地上"丢元宝",以此探人,结果地上的好些元宝还是无人问津。1648年,清朝政府号召人口往河南迁入,柴姓人氏到此地安家落户,故得名"柴家原村"。由此可知,柴家原村从清朝至今,大约四百多年的历史。老上辈人还一直传说着"李闯王丢元宝"的故事。

二、村容村貌和基本情况。

1949年以前,柴家原村有56户人家,约230多口人,1500多亩耕地,由11个姓氏家族组成,即柴家、王家、肖家、董家、赵家、高家、祖家、张家、李家、白家、雒家。门前沟两边有19户,村南地坑院有24户,都住的是窑洞,只有村中间13户住的是房子,穷人多,富人少。那时村里有"八多":一是讨饭的多;二是给人扛长工的多;三是出去卖壮丁的多;四是趟土匪的多;五是吸大烟的多;六是盖不起房子的多;七是娶不起媳妇打光棍的多;八是睁眼瞎子不识字的多。当时人都说柴家原村是个"鬼祟窝",是被人瞧不起的一个贫穷落后的"烂杆村"。

村子中间有个大波池,又叫"饮马池"。旧社会柴家原村不仅贫穷落后,还特别缺水,一年四季要有一半多时间到村北五里坡下面的东上村去担水吃,有钱人使牲口驮水。大部分村民缺吃少穿,度日如年,饱尝艰辛。

中华人民共和国成立后初期,农村实行生产互助组,后转向初级农义社。1955年又转向高级农义社,到了1958年"大跃进"时期,变成了"人民公社",公社下设生产大队,大队下设生产小队,辛庄、柴家原、高家庄、北安头4个自然村联合组成"辛庄大队"。党支部书记高天申、大队长高福天、副大队长高有福。1965年"四清运动"后,大队书记换成白天治。张永春1956年入党,长期担任辛庄大队支部委员、会计、副书记、大队长等职。1980年柴家原村从辛庄行政辖区划分出来。

1999年,村上几个老年人柴增劳、赵起云、张永春等自发组织起来,号召村民捐款,求告在外工作人员资助,于8月开始将残垣断壁破烂不堪的马王庙进行简单修建,重新恢复马王爷古庙。随后又成立了"庙委会"组织,每逢初一、十五,都有人在庙上值班,接应前来求神的敬拜者。时日庙上香烟缭绕,鞭炮震天,人来人往,好不热闹。

截至目前,柴家原行政村下设6个村民小组,有192户居民,人口746人。主要由汉族人员构成。

三、村民安全饮水。

中华人民共和国成立后，在中国共产党的领导下，50年代开始是打旱窖蓄天水，但毕竟还是靠天吃饭，不能从根本上彻底解决问题。1982年随着改革开放的继续深入发展，在张项森同志担任村党支部书记、张治业任村委主任、赵胜慈任会计期间，发扬团结拼搏、求真务实、敢想敢干、勇于创新的精神，一是在1994年发动群众，自筹资金60多万元，克服重重困难，首次在北塬边上打出有史以来的第一眼机井，彻底解决了全村人畜用水问题（期间一共打了两个机井，报废了一个）。2003年在张治业任党支部书记兼村委主任、赵胜慈任会计期间，铺设水管引自来水送水上门入户，解决了群众的吃水问题。又接通大电，使村东竖井发挥更大效益，同时引用窄口水库的水来浇地。2005年，在张项锋同志任党支部书记兼村委主任期间，国家扶持专业队施工，在村南又打了一眼机井，另外在村东竖井北边还建造了一个大蓄水池（直径6.5米，高4米）。现在村里两个机井加一个竖井，保证了全村人畜用水以外，还浇灌了占总耕地面积五分之四的田园果树，为村民致富奠定了良好的基础。修田间道路8条（6600平方米），地埋管道8000米，引水阀门送至田间地头。二是在镇党委、政府的大力支持下，旧宅还田，推平村原有地坑院，整出耕地3.3公顷。三是村建提灌站，打竖井86米深引窄口地下渠水灌溉果园。四是经多次申报将村列入“黄河移民村”，期间，得到了相关领导的大力支持。

四、农业。

中华人民共和国成立后，在党的正确路线指引下，20世纪六七十年代一直是传统性农作物种植，即小麦、谷子、玉米、红薯、各种豆类等粮食作物。到1966年后，才开始发展苹果。早抓苹果早致富，开始以秦冠、青香蕉、大小国光等品种为主，后才发展红富士。几十年来，随着市场经济形势的发展变化，柴家原村广大村民也在不断地更新种植项目。近八九年来由苹果栽植逐渐转向葡萄种植，全村总面积约80公顷，葡萄、核桃、桃种植面积占总耕地面积的三分之二。

五、畜牧业。

柴家原村早年养猪的农家不多，大多是一头或两头，用作过年、过节或红白喜事。人民公社时生产队饲养的大家畜有牛、驴、骡、马等，到了体制改革联产后，随着农业机械的普及，大家畜减少。2000年左右开始发展规模养猪，在数名共产党员的影响和带动下，村上不少农户都行动起来。发展高峰是2003年，70%的农户都积极养猪，全村最多圈栏数高达 7000 多头,全镇上有名。近几年来,由于猪价行情随着市场经济的变化不断调整,使大部分养猪户停了下来。2015 年至 2016 年,猪价又开始上涨,凡是有经济后盾,克服困难,坚持下来的十几个户,都赚了不少辛苦钱,如白清泽、赵振国、柴宝生、李项伟、陈永鑫等,平均年纯收入都在十万元左右。

六、道路建设。

要想富先修路,这一点柴家原村是深有教训的。2004 年以前,全村所有的道路都是土路,只要下大雨就泥泞难行,路面窄,不少地方还坑坑凹凹。有一年苹果客商不论苹果贵贱都不到柴家原村来,说是“柴家原村路不好,把苹果给颠坏了”。村民听了后纷纷议论,迫切要求修路。当时张治业任党支部书记兼村委主任,赵胜慈任会计,干急没办法,到处寻客商,就是叫不来。第二年,眼看都到农历二月底了,各户的苹果还没有动静,于是就赶紧往市黄河河务管理局跑,三番五次写申请,打报告,要求国家扶持修路。2015 年初冬,修路指标下来后,专业队施工立马给村南到辛庄修建了一条水泥路,宽 3.5 米,长约一公里,才算是把客商引了进来。2009 年,张项锋任党支部书记期间,多方联系、积极争取,得到上级主管部门的大力支持,一连硬化三条路,一条是村东南北主道,宽 4 米,长 400 多米;第二条是上高家庄路,宽 3.5 米,长 1000 多米;第三条是村南住机井一条路,宽 3.5 米,长 500 多米。2016 年 11 月,几经努力,不仅把村北高换生门前一条东西路补起来(宽 5 米,长 300 米),又把村东一条南北大路加宽至 5 米,让车辆通过互相能避开。紧接着就是加宽柴家原村南至辛庄一条大路,在原来基础上再加宽 3.5 米,共宽 7 米,长约 2 公里。硬化村南柿树行道路 400 米。这样一来,柴家原村所有道路全部变成水泥路,任何时候车辆都是畅通无阻,柴家原村的农副产品和猪牛羊,再不发愁卖不出去了。有时候,焦村以西 310 国道修桥补路通车遇阻时,大小车辆包括班车都绕道而行,柴家原村的路反而变成“交通要道”。

七、教育。

旧社会柴家原村就没有学校地址,学校就在门前沟东半坡窑里。焦墨林、张守信和李荣堂教学时间最长。解放后搬到了上边赵德忠的院子里(没收地主的房子),有三座房子,上房、东房、西房。年头长了,房子质量也不太好,只是地方宽展点,光线比窑洞里强。1966 年“四清运动”后,在白天治任辛庄大队党支部书记兼柴家原村分支书记、柴有福任辛庄大队副大队长兼管柴家原村村务期间,他们征求四个生产队同意,每队抽出一亩地,开始正式建校,在村东南角盖了三座六间教室,算是有了正儿八经的校舍。1996 年,张项森任党支部书记、张治业任村委主任、赵胜慈任会计期间,给群众摊派款加贷款总共花了20多万元,把原来的房子推倒,盖了一座两层楼房,一共6个教室,6个老师住室,使学校面貌焕然一新。当时共有5个班级,110多名学生,教师5人,分别是白贵层、高胜团、赵建国、毛会升、赵水盈,一人一个班。白贵层任校长,还兼一个班级的课,大家齐心协力,团结奋战,1979年至1983年连续五年被评为焦村乡"红旗单位"。1984年,白贵层被中共灵宝县人民政府授予记功奖励。2002年由于教育结构进行调整,柴家原初小取消,学校就变成柴家原村村部。

随着社会形势的发展,各家各户对儿女上学都非常重视,截至2019年,全村共有大学生50多人(其中留学生2人,研究生8人)。

八、电力。

柴家原村于1965年"四清运动"后,在四清工作队的帮助下开始通电。以前照明全是煤油灯,做饭全是烧柴火。随着电的发展和利用,磨面也不用石头磨了,有了电磨,磨面很方便。当时因为经济条件关系,开始用电户仅占一部分,以后逐年增多,不几年家家户户都用上了电器,煤油灯再也不见了。目前电器化已普遍到各家各户,例如电磁炉、电冰箱、电冰柜、洗衣机、电暖气、空调、电视机、电脑等,电已成了人们生活中离不了的东西。电也给村民们带来了欢乐和幸福。

九、医疗卫生。

柴家原村诊所1982年办起。在此以前李光星同志开办个体诊所,他诊病准确,医疗技术高超,在灵宝西塬边一带很有名气。2000年,在上级有关精神的指示下开始盖了一座新诊所,面积130多个平方米,里面设有注射室、诊断室、观察室、健康教育室、防保医疗室、病房等,共有病床8张。截至2019年,全村参加合作医疗率达99%以上。

姚家城

姚家城行政村位于焦村镇镇政府驻地西北4.51公里处,位居灵宝市西塬最北边,东与辛庄行政村、柴家原行政村为邻,南与纪家庄行政村接壤,西与李家坪行政村大闫原自然村衔接,村下五公里坡与西闫乡西上村行政村毗邻。境域面积约2.95平方公里,地貌多姿,半山半塬,黄土层深厚,适宜于果树种植。行政村下辖姚家城、西上塬两个自然村,下设6个村民小组,有213个住户,832口人,其中男425人,女407人。主要由汉族人员构成。1949年6月至1955年12月姚家城村隶属破胡区;1956年1月至1958年7月,姚家城村先后隶属于焦村中心乡、焦村乡、西章乡;1958年8月至1966年4月,姚家城村隶属西章公社李家坪生产大队,村中有八、九、十3个生产小队;1966年

5 月至 1982 年 1 月，西章人民公社改称焦村人民公社，姚家城村隶属焦村公社李家坪生产大队；1982 年 2 月，成立了姚家城生产大队，隶属焦村公社；1984 年 1 月，实施行政体制改革，焦村人民公社改称焦村乡，姚家城生产大队改称姚家城行政村，生产小队改称村民小组，姚家城行政村隶属焦村乡；1993 年 3 月，灵宝县撤县立市，6 月，焦村乡撤乡立镇，姚家城行政村隶属灵宝市焦村镇至今。

据传，360 多年前，姚氏族人早居于此，为防匪患，建一城寨做为居住，后人称其姚家城至今。西上村塬的来源于 200 多年前，董氏族人从衡岭塬下的西闫乡西上村迁居到塬上居住，故称西上村塬至今。姚家城村姚姓先祖是明末从山西洪桐县大槐树下迁移原阌乡县大字营村，后姚氏家族一分支系从大字营迁移到衡岭塬西边建村立家，后人称其姚家城，成村至今 400 年左右。2016 年，姚家城行政村以姚姓为主，另有焦、张、李、杨、杜、董、何、常、宁、许、徐、崔、赵、乔、袁、陈、解、吕、王等 20 多个姓氏。

姚家城村还是一个有革命历史的村庄。1947 年 9 月，中国人民解放军陈谢大军横渡黄河，挺进豫西解放灵宝县、阌乡县。为了配合攻打灵宝县城的战斗，解决军三十八军十七师于 9 月 11 日诱国民军队一营兵力至西上塬村，并迅速包围，战斗异常惨烈，国民军队负隅顽抗，中国人民解放军英勇进攻，枪炮声闻数里。战斗一天，回姚家城村休整，解放军不入民宅，露宿巷道，姚家城村村民送水送面，支援子弟兵。9 月 12 日拂晓，展开总攻。中国人民解放军三面夹击，炸开城门，冲入敌城，短兵相接，喊杀声震天作响，国民军全军覆没。解放军 37 名勇士壮烈牺牲，忠骨葬于姚家城村西南榆树林中。

中华人民共和国成立后，党和人民为了纪念为革命牺牲的先烈，于 1966 年 4 月在姚家城村修建烈士陵园。每逢清明时节，姚家城干群以及周边干部群众、学校师生都会组织起来到陵园扫墓，以慰忠魂。然时光流转，星转斗移，风扫雨浸，墓碑残破。为安英灵，焦村镇人民政府于 2009 年 9 月 18 日迁烈士陵园于姚家城东南，重建的陵园占地 10 亩，敬立墓碑，勒石铭文。现在烈士陵园，墓碑、亭台、花廊交相映辉，已成为姚家城村民和附近学校师生的爱国教育基地，牢记幸福生活来之不易的道理。

姚家城行政村位居衡岭塬西北边沿，自古水源缺乏，是个靠天吃饭的穷村子。中华人民共和国成立后，经历了土地改革、剿匪反霸，成立了互助组，继而加入了初级农业生产合作社、高级农业生产合作社，再到后来的人民公社，姚家城村主要靠传统的农业种植维持生计，主要的传统农作物有小麦、谷子、棉花、红薯及各种豆类杂粮。十一届三中全会的春风开创了历史新纪元，体制改革、责任制承包，以至后来的经济开放，姚家城村首先从温饱问题上打了翻身仗。到了 1985 年，全体村民紧跟着大好形势的发展，开始栽植苹果树，在村民勤劳的劳作耕耘下，苹果生产成为村民的主要经济来源，村民的生活因此有所改善和提高。2000 年后，伴随着苹果产业趋势的低落和生产值下滑，村民在行政村两委班子的带领下及时做好农业结构调整，由苹果产业转型到发展小杂水果，主要有桃、红提葡萄、核桃及其他果树。2016 年，姚家城行政村有耕地面积 106.7 公顷，其中果园面积 66.7 公顷，品种类型主要是苹果、桃、葡萄三大项，种植业年纯收入 450 余万元。

水利是农业的命脉，也是村民赖以生存的生命之源。1995 年，姚家城村在上级有关部门的大力支持下，集体村民共同集资打机井两眼，解决了人畜安全饮水问题。2011 年，建办安装配套提灌站一座，可灌溉耕地 100 公顷。2015 年，铺设安装输水管道 1500 米，筑建蓄水池 3 个，同时铺设灌溉软管 12 万米，可滴灌农田果园 33.3 公顷。现在的姚家城村成了旱涝保收的宝贝田。依托水利资源的丰富，村里的村民开始多业并举，建香菇大棚两个，蔬菜大棚一个，年纯收入达 10 万元左右。村中养殖业也兴旺发达，2016 年有养猪专业户 5 家，养羊专业户 6 家，年纯收入达 10 余万元。

从 2006 年开始，姚家城村村民全部参加了新农合，建成标准化卫生室一所，负责着村里的卫生防疫、医疗保健。村中的主要巷道全部硬化、绿化，至 2016 年，两个自然村共植雪松 410 棵、柏树 1700 棵、花木 3500 余株，美化了村容村貌，陶冶了村民情操。全村共安装路灯 80 盏，硬化田间道路 6000 米，建成 200 吨冷库一座，2017 年底建成 300 千瓦村级光伏发电站一座，村里的公用设施如文化大院、舞台和群众活动广场一应俱全，群众活动广场有蓝球场、体育器材，健身器材，使村民健身娱乐有去处。文化大院有远程教育播放室、党员活动室、计生学校、新农村书屋等，村民可在农闲和休息的时间去学习党和国家的法律法规，学习实用的农业科技知识，提高自身的文化素质。现在的姚家城村，春有花，夏有荫，秋有景，冬有绿，初步建成了村民宜居的美丽村庄。

李家坪

李家坪行政村位于灵宝市西郊西北 5 公里处，距焦村镇政府驻地 4. 3 公里。东与纪家庄行政村相连，南同尚家庄行政村毗邻，西和水泉源行政村相接，东北与姚家城行政村接壤。行政村境域南北约 5000 米，东西约 3000 米，总面积约 15 平方公里。行政村下辖大闫原村、东头、西头三个自然村，下设 8 个村民小组， 365 户，1087 口人。李家坪因李姓早居，且在一个地势平坦的地方建村，故称李家坪，后因居住地理位置不同，又形成东头、西头两个自然村；大闫塬自然村原属西阎乡大闫行政村，由于部分居民迁居东边衡岭塬上，故称大闫塬，后因居住环境和行政管理的方便，划归李家坪行政村管辖。1949 年 10 月，中华人民共和国成立，李家坪村隶属破胡区；1953 年至 1958 年 7 月农业合作化时期，李家坪隶属焦村乡；1958 年 8 月至 1966 年 4 月人民公社化时期，李家坪生产大队隶属西章人民公社；1966 年 5 月至 1983 年 12 月，李家坪生产大队隶属焦村人民公社；1983 年 12 月至 1993 年 5 月李家坪行政村隶属焦村乡；1993 年 6 月至今李家坪行政村隶属焦村镇。

村中有解放战争时期的战斗遗址一处，位于行政村的后沟。后沟是由桃源沟、尖嘴沟、后坡沟，门前沟、西头沟、野大沟六个自然原始沟组成的，现沟中树木繁茂，空气清新，远远望去一片绿洲，景色如画。沟中原有抗日战争时期修筑的地道数十米、地堡 3 座、防御入侵的古桥 1 座，现已坍塌，但轮廓尚存。解放战争时期，解放军与国民党某部曾在后沟发生激烈战斗。村中原有戏台 1 座，沟中有旧时的环保设施蓄水塘 1 座，现在尚存。

行政村所处位置交通便利，县级 Y010 线公路从村境域东、南绕行，东北起于姚家城行政村，南行与 310 国道相连。2005 年由李冲孝和李治宝为带头人，组织群众，修建了南北路，路基 4 米，长约 100 米。2010 年至今，随着新农村基础建设步伐加快，村集体投资整修、硬化了村中主要交通道路 8 条，大大方便了村民的出行，为村里的经济发展和村民生活提供了有利的条件。

行政村地貌多姿，半山半塬，黄土层深厚，村民经济收入主要靠农产品种植。行政村耕地面积 173 公顷，其中可灌溉面积 133 公顷。传统农作物有小麦、玉米、油葵、花生、豆类、谷子、红薯等。1984 年体制改革后，村民以土地承包的形式耕作，各种农作物产量比集体化提高了 30%至 50%。1985 年，胡耀邦来灵宝视察，写下了“发展苹果和大枣，家家富裕生活好”的题词，村中的苹果园面积在短时间内大幅度增加，每人平均一亩以上，苹果产业成为村民经济收入的主要来源。20 世纪 90 年代至 2000 年，随着苹果价格的滑坡和品种的老化，村民跟随着农业结构调整的步伐，开始大面积种植桃、葡萄、核桃、梨、杏等各种小杂水果，特别是桃、核桃现为村民主要经济收入来源。2015 年开始陆续有 10 余户村民发展特色红提葡萄种植，其收入颇为可观。

从上古到农业集体化时期，村中传统的畜牧业以牛、马、驴、骡为主，主要用于农作物耕种和运输出行，家畜家禽以猪、羊、鸡、鸭为多。20 世纪 80 年代，伴随着农业机械的迅速发展，大家畜已无人饲养。生猪、肉鸡的规模化养殖成为畜牧业的发展趋势，也成为村民经济收入的一部分。

从古到今,李家坪村民一直都很重视教育事业,村中学校开办得早。清代时期,有李氏族人在村中创办私塾。到了清末光绪年间(公元1907年),村中废除旧科制,兴办新学堂。中华人民共和国成立后,村中学校一直在破旧的古庙中。改革开放后,村中筹资,在学校原址修建砖混结构平房3间及门楼。2006年,村小学停办,原校舍变成村部,一度为村“两委”办公办事地点,与村文化大院相连。

村中的卫生医疗事业代有延承。民国时期,有中医大夫2人,为村民诊疗疾病。20世纪70年代,李家坪大队办有集体性质的卫生所,有赤脚医生1人,曾经实行农村合作医疗,当时村中医生克服资金短缺、医疗条件简陋的困难,积极巡诊,为全村开展了很好的卫生防疫,接生治病服务。改革开放后,村卫生所解体,有个体西医卫生所2家。2000年后,村中只剩下1个个体诊所,医生诊治疾病多为坐诊,不再巡诊。2006年至今,李家坪村民普遍参加了新型农村合作医疗和大病保险,每年参合率都在96%以上,医疗费用大部分报销,村民因病致贫、因病返贫的现象明显减少,身体健康得到了保障。

李家坪行政村位于衡岭塬头,过去十年九旱,靠天吃饭,村民饮水主要依靠水窖蓄水。体制改革后,村里的水利建设也随着经济建设的飞跃发展而更新。1995年,行政村先后投资40多万元为两个自然村凿建机井2眼,任命赵英佑为上村井长,李治宝为下村井长,使全村家家户户吃上了干净放心的水。2016年,党支部书记赵治民、村委主任纵三江与会计李军孝多方筹措资金39万元,为村中建成了文化大院,成为建村五百年一大盛事。文化大院包括舞台剧场、篮球场、健身娱乐场地等,内设办公室、党员活动室、新农村书屋、远程教育播放室、人口与计生学校等,给群众提供了文化活动场所,使村民提高物质生活的同时,也享受到精神文化生活,在提高科技致富能力的同时,也提高了村民的经济水平。

李家坪村自李姓始祖立村五百年来,村中历代子孙秉承李家正心修身、发奋图强、敢于担当的家风,在社会发展的不同时代,均出现过名垂青史、口传百年的历史人物。李金霞,为灵宝县有名的青衣演员,演出动作一招一式无不显露出不凡的功底,出口字正腔圆,为观众喜爱,参加的陕西省延安汇演获得一等奖,其演出剧照曾刊登在《延安报》上。李生荣,在20世纪六七十年代,为灵宝县的篮球运动员,为灵宝开展篮球运动的总动员之一,在他的带动下,本村成立了篮球队,常在农闲时参加邻村举办的篮球赛,本村因此被称为“篮球之乡”。

纪家庄

纪家庄行政村位于焦村镇北 2 公里处，南和沟东行政村相连接，东与南安头行政村相接壤，西与水泉源、李家坪行政村相衔接，北与姚家城行政村相毗邻。地域面积 3.5 平方公里。行政村下辖双目峭、东地两个自然村；下设 13 个村民小组，居住 600 余户，3000 多口人。纪家庄村因纪氏家族于明代洪武年间从山西迁移至此而得名。村中主要姓氏有纪、李、张、关、王等，其中纪、李、张占 80%以上。

1958 年至 1961 年，纪家庄村隶属西章乡沟东生产大队，1961 年分离，成立纪家庄生产大队。纪家庄村原是一个以传统农业为主的村庄，主要农作物有小麦、谷子、玉米、棉花、红薯及各种豆类杂粮，主要果业为苹果。20 世纪 90 年代后，伴随着改革开放联产责任制的实施和水利设施的建设普及，特别是窄口水利二期工程的修建，使原来的旱地变为旱涝保收的风水宝地。纪家庄村耕地面积 4500 多亩，从 2000 年开始经营特色农业项目，现在以桃、葡萄、樱桃为村中主导产业。2016 年，村中有桃园面积 200 公顷，葡萄园面积 66.7 公顷，樱桃、核桃及玉米等 500 亩。从 2002 年开始发展桃种植业，主要有品种秦王、红不软等，桃的种植特点为生产周期短、劳动强度小，较适合群众大面积种植，仅此一项，每年可为村群众增收 450 余万元。

1985 年，修建了长 3 公里、宽 6 米的焦村至纪家庄路；2001 年，修建了长 1.5 公里、宽 5 米的纪家庄至姚家城路，现均为混凝土硬化路面。

1966 年“文化大革命”前，村中有小学一所，1969 年后，相继成立纪家庄小学、初中、高中为一体的九年一贯制学校，1982 年辅导区成立了联办初中、纪家庄小学。1985 年，村民筹资投资 240 万元，建立了纪家庄小学三层教学楼一幢，建筑面积达 3000 余平方米，当时有教学班 12 个。

1975 年，纪家庄大队集体办有木工厂、铁器厂、轴承厂、山楂食品厂，80 年代的体制改革、经济开放使村中的个体商业发展迅速，2016 年，村有个体商店 6 个，淘宝服务站 1 个。

2016 年，纪家庄村有机井两眼，分别位于村东、村西；有供电变压器两台，供村民生活用电；村东的窄口倒虹吸出口可供村民抽水灌溉，村建提灌站 5 个，有变压器 3 台，埋设地下提灌水管 21000 米，全村 95%的耕地均为水浇田。

2006 年，行政村开始实行新型农村合作医疗，每年的参合率均达 100%，村中的新农合定点卫生所在村中舞台前面，主治医生纪保平、薛晓妮。

水泉源

水泉源行政村位于焦村镇政府驻地西北方向4.08公里处,东至焦村镇李家坪行政村接壤,西至焦村镇卯屯行政村连接,南至焦村镇西章行政村毗邻,北至西阎乡水泉头村相衔接。面积约1.54平方公里,地貌多姿,半山半塬,黄土层深厚,适宜于果树种植。房屋结构为砖混结构。水泉源行政村下辖1个自然村,下设4个村民小组,有197户居民。人口764人,男420人,女344人。主要由汉族人口构成。1949年6月至1955年12月水泉源村隶属破胡区;1956年1月至1958年7月,水泉源村先后隶属于焦村中心乡、焦村乡、西章乡;1958年8月至1966年4月,水泉源村隶属西章公社李家坪生产大队;1966年5月至1982年1月,西章人民公社改称焦村人民公社,水泉源村隶属焦村公社李家坪生产大队;1982年2月,成立了水泉源生产大队,隶属焦村公社;1984年1月,实施行政体制改革,焦村人民公社改称焦村乡,水泉源生产大队改称水泉源村,生产小队改称村民小组,水泉源村隶属焦村乡;1993年3月,灵宝县撤县立市,6月,焦村乡撤乡立镇,水泉源村隶属灵宝市焦村镇至今。村中主要姓氏以杨姓为主,村中很早就建有杨家祠堂,另有百、张、刘、许、任、郎、王、周等10余个姓氏。

水泉源村西沟下有泉水,距塬顶的垂直高度197米,泉水所在区归西阎乡水泉头村,水泉源村村名的来历与其有着密切的关联,传说在5000年前的新石器时期,轩辕黄帝定居铸鼎原后,在这里曾与炎帝臣子刑天进行了一场殊死搏斗。那天,刑天与黄帝打着打着,突觉天昏地暗,云雾弥漫,一时竟辨不出东西南北。黄帝见状心中暗喜,知道是巨子应龙已经赶到,趁刑天摸不着头脑,黄帝避过板斧,绕过盾牌,看准时机向刑天劈去,只一剑便把刑天的头砍了下来。刑天急忙蹲下身去摸自己的头颅。他那巨大的手掌所到之处,造成了极大的破坏,参天的大树在他的手下被折断,衡岭塬上的土丘在他的手下崩塌,只见烟尘滚滚木石横飞,真难想像刑天被割了头还有如此大的能量。黄帝这时有些害怕,他怕刑天摸到了头,再重新安到脖子上。如果真的那样,一场殊死的恶战又将重新开始,这时他冲上前去,飞起一脚,把刑天的头踢到衡岭塬下,只见硕大的人头沿着衡岭塬咕咕噜噜滚下去,一直滚到塬下的一眼大水泉里,只听咕咚一声响,刑天的头不见了。所以衡岭塬下有一个村庄叫水泉头,传说村头大水泉里埋有大力神刑天的头。水泉源村原是水泉头村的一部分,分迁移到塬上居住,故名水泉塬。后人们盼水心切,将塬字改为源字。

水泉源村位居衡岭塬西沿,自古水源缺乏,是个靠天吃饭的穷村子。中华人民共和国成立后 20 世纪 50 年代至 80 年代,主要靠传统农业的种植维持生计,主要的传统农作物有小麦、谷子、棉花、红薯及各种豆类杂粮。在以粮为纲,全面发展的年代,奉行毛主席提出的农业八字宪法,即"水、肥、土、种、密、保、工、管",水首当其冲,当初在耕地的地头挖了好多土井,用于蓄水抗旱,但收效甚微。只能以抗旱能力强的农作物红薯来作为社员的一年的主食,因此有"一年红薯半年粮"之说。其经济来源更是贫乏。到了 1985 年,行政村紧跟着全县的形势,开始栽植苹果树,在村民勤劳的劳作耕耘下,苹果生产成为村民的主要经济来源,村民的生活因此有所改善和提高。2000 年后,伴随着苹果产业趋势的低落和产值下滑,村民在行政村两委班子的带领下及时做好农业结构调整,由苹果产业转型到发展小杂水果,主要有桃、红提葡萄、核桃及其他果树。近年来,村中的桃村种植面积大约在 300 亩左右,年纯收入达 180 余万元;红提葡萄栽植面积 66.7 公顷,年纯收入达 600 余万元;其他小杂水果 6.67 公顷,年纯收入达 40 余万元。2014 年,在灵宝市人大的大力支持下,由金源公司及三门峡市慈善总会出资 10 万元,解决了行政村果品销售场地问题,以此增加和拓宽了村民的经济收入渠道。

行政村的基础设施建设也发展迅速。2005 年,实施村村通工程,修筑硬化了进村道路 730 米,宽 3.5 米;2011 年,投资修筑硬化了村中主巷道 7 条,路基宽 4 米,总长度 1.3 公里;2016 年,建设了高标准农田基础设施,对行政村田间生产路进行了硬化,总长度达 3600 余米,宽 3 米。方便了村民出行、田间生产和农产品的运输销售。水是农业的命脉,也是人类的生命之源,1972 年为了解决当时人畜吃水问题,村里投资建立了东、西沟以柴油机为动力的小型抽水站;1980 年,又将原来的小型柴油抽水站改为以电为动力的二级抽水站;1994 年,为了彻底改变村中缺水的困境,在灵宝县水电局农水股的大力支持下,由国家地质四队洛阳耐森公司直接勘探,投资 50 万元,在村西凿挖了西塬上第一眼 350 米的深机井,解决了村民以往吃水难的一大问题;2003 年市财政拨款十万元,解决了节水灌溉问题;2008 年,在灵宝市黄河河务移民管理局的大力支持下,在村东凿挖了村中第二眼深 330 米的机井,解决了部分耕地灌溉问题;2009 年,在灵宝市水务局的关怀下,投资 35 万余元修建了一座三支渠提灌站,解决了村中耕地灌溉问题;同一年,灵宝市水利局为解决村民安全饮水问题,投资 13 万余万,对全村地下饮水管道进行更新安装,使村民用上环保安全的自来水,几代人的梦想终归变为现实。2016 年,在村南凿挖了 300 米深水机井一眼,更好地完善了人畜吃水和灌溉问题。

行政村从 2006 年开始实施新型的农村合作医疗,每年的参合率都在 98% 到 100%,有新农合卫生所一家,占地面积 200 余平米,投资 15 万元,有基础设施房屋四大间,所内设诊断室、治疗室、观察室、药房等,是水泉源村实施村民医疗保健、卫生防疫和各种常见病、多发病防治的唯一场所。

水泉源村的教育、文化、体育事业也随着经济的发展和提高在逐渐完善,村中的小学原在杨家祠堂,20 世纪 70 年代后期,村里投资在村南建了三栋 18 间 6 个教室的土木结构房屋。90 年代,由集体筹资,群众捐资,总投资 35 万元左右,修建了一座占地达 2500 平方米,建筑面积达 260 平方米的 2 层 11 间教学楼,美化了学校环境,改变了学校面貌,提高了基础设施建设和教学质量,方便了村中孩子的就读。焦村镇是一个历史久远的篮球之乡,鉴于水泉源村原来的体育设施陈旧,2014 年,村中投资 8 万余元,硬化篮球场地,安装健身器材,丰富了村民的业余体育生活;2015 年,再次投资 8 万余元在村中建造了老年文化活动中心,购买了部分娱乐设施,在提高村民物质生活的同时,提高村民精神文化生活,从而提高村民素质。多年来,水泉源行政村在村两委班子和广大村民的共同努力下,村中的面貌日新月异,村民经济飞跃发展,多次受到灵宝市市委、市政府,焦村镇党委、政府的表彰和奖励。2014 年,三门峡市政府授于水泉源村"三门峡市级文明村"荣誉称号。

沟　东

沟东行政村位于焦村镇政府驻地西北方向 1. 63 公里处,东至焦村行政村接壤,南过 310 国道与乡观行政村鸭沟自然村相连,西与尚庄行政村毗邻,北至纪家庄行政村衔接。行政村下辖沟东、沟西、汉头三个自然村,下设 6 个村民小组。有 394 户居民,1234 口人,其中男 594 人,女 640 人。主要由汉族人员构成。农业耕地面积 120 公顷,其中果园面积 106.7 公顷。1949 年 6 月沟东村隶属破胡区;1956 年 1 月至 1958 年 7 月,实施农业合作化时期,沟东村隶属辛庄乡;1958 年 8 月,人民公社化时期,沟东、纪家庄、尚家庄成立了沟东生产大队,隶属西章人民公社;1961 年 3 月,纪家庄村从沟东大队分出,成立了纪家庄生产大队;1966 年 5 月沟东生产大队隶属焦村人民公社;1981 年,尚家庄村从沟东大队分出,成立了尚家庄大队;1983 年 12 月沟东村民委员会隶属焦村乡;1993 年 6 月沟东村民委员会隶属焦村镇至今。

村中主要姓氏有杨、程、张三大姓,另有田、韩、黄、王、徐姓等分散居住各村民小组。其中杨姓主要分布在沟东自然村;程姓主要分布在沟西自然村;张姓主要分布在汉头自然村。沟东村西边有一条沟,当初村址建在沟的东边,故名沟东村至今。汉头自然村原名旱塬头,后人演变为汉头。沟东行政村古文化、名胜古迹和旅游景点较多,主要的古庙宇有碧霞娘娘庙、关帝庙、文昌阁、碑楼、祠堂、古槐、古寨等。碑楼:位于村南 500 米处,有石头碑楼和砖碑楼各一座,修建于清朝,系村中杨氏家族所建,现已毁。祠堂是族人每年烧香叩拜祭祖的地方,村中的两座祠堂分别位于沟东和沟西。沟东是杨家祠堂,在沟东村正中,座西向东,有两座房屋;沟西是程家祠堂,在沟西村东头,有三座房屋,座东向西。古槐:沟东行政村有古槐两棵,一棵位于沟东自然村村中,其树圆周长 4.5 米,现尚存;另一棵位于沟西自然村村中,其树圆周长 3.6 米,现尚存。古寨:据传说,古寨系杨氏家庭所建,位于村中关帝庙北,古寨内占地面积约 1 公顷,目前古寨围墙尚存,民国时期,是杨氏家庭居住地。古寨往北,另有一个小古寨,再往北,还有一个更小的古寨。中华人民共和国成立后 1950 年 12 月至 1953 年,沟东村响应党中央毛主席的号召,积极参加抗美援朝战争,先后有第一组村民杨增超、第二组村民杨虎森、第三组村民程明寅(属三级残废)参加了中国人民志愿军。

民间艺术是沟东村的特色,以剪纸、刻纸、布艺制作、面塑、皮影等为主要表现形式,其艺术传承已有近百年历史,涌现了一系列艺术代表人物,主要有第三村民组的杨仰溪(剪纸、皮影)、杨恩平(杨仰溪之子,剪纸、皮影)、杨秋霞(布艺)、张小曼(布艺、面塑);第二村民组的崔荣清(刺绣、布艺);第四村民组的杲转娥(面塑、刺绣)、陈沉香(面塑、刺绣)、张秀云(布制);第五村民组的尚水灵(剪纸、布艺)等。1999 年江泽民总书记来灵宝参观函谷关时,观看了沟东村民间工艺展览,村中的民间艺人现场表演,受到江总书记称赞。他们的作品在日本、新加坡,北京、郑州、台湾等国内外博物馆都有珍藏。沟东村民国时期就有村民自发组织起来,成立业余蒲剧团,排演历史古装戏,曾有著名蒲剧演员杨天心。20 世纪 50 年代为庆祝解放和中华人民共和国成立,村民曾再次排演了历史剧目,活跃了村民的文化生活。到了"文化大革命"时期,沟东大队也根据形势成立了毛泽东思想宣传队,排演了革命歌曲、革命舞蹈和革命历史样板戏,常常受邀到其他大队义演,得到周围社员称赞。2019 年,沟东村重建舞台,11 月 15 日(农历十月十九)隆重举行文化舞台落成仪式。这次舞台搭建,是在原址重建。村两委聚集全村人智慧,凝聚全村人力量,共收到全村村民和在外工作人员、社会爱心人士等各方捐款 30 余万元,历时 6 个多月,建成了 200 余平方米的设计新颖、古朴厚重、一台多用、独一无二的文化舞台。舞台采用 10 根钢管水泥浇铸成柱;顶梁屋脊,二龙戏珠;四角翘起,12 只吊挂铃铛迎风叮当;头覆琉璃瓦,阳光下金碧辉煌;正面两侧木质窗棂,尽显古朴;室内上方,东、西、南卷扬落下帷幕唱大戏,扬起四方通透,大有一种四面玲珑、八面来风的雄奇俊秀。舞台左右两侧,悬挂灵宝名人赵景谋老师挥毫撰文、陈正老师泼墨誊写的楹联，上联“家山履旧尘，澍雨凯风凭凤举”，下联“古壑荫新翳，摛文扬武看龙兴”，正上方苍劲有力的台名“衡惠瑶台”。

沟东行政村自古以来就是个以传统农业为主的乡村，主要农作物有小麦、玉米、谷子、棉花、红薯等。1986 年至 1990 年，开始大面积种植苹果，面积达 66.7 公顷，占总面积的四分之三。后随着苹果价格的下滑，2013 年，大面积果园开始挖树复耕。而后随着农业结构调整，村民致富项目开始转向小杂水果的栽植、商贸业、菌业和其他产业。2016 年，沟东村栽植桃 46.7 公顷、樱桃 13.3 公顷、提子 20 公顷、柿子 3.3 公顷、核桃 3.3 公顷。其中桃种植以中晚熟品种为主，秦王桃占总面积 70%左右，阿慕白 15%，甘宁、中华寿桃量少。中早熟品种以春美、凤凰王为主，占 10%。近几年新引进优良品种有中秋红 3 号、映霜红等晚熟品种。

沟东村电力发展较早，1965 年从焦村大队接高压线路，村民从此结束了点煤油灯照明、用牛拉磨磨面的历史。大队办起了集体加工厂，有各种粉碎、磨面、榨油等业务。后来还办起了焦村公社面粉厂，地址就是村南的娘娘庙里，时任厂长许学齐。2016 年，村里实施农网改造工程，更换了电杆、电线、变压器、电表，井然了村民用电、管电的秩序。至年底，村中共有变压器 5 台，其中 2 台用于生活，3 台用于农田灌溉。

沟东村地处焦村旱塬，自古以来靠天吃饭。1972 年，随着常卯水库和常卯电灌站的竣工，焦村公社规划引水到村里解决农田灌溉问题，组织社员修建了四座蓄水塘，当时的沟东村四个生产队，每个生产队一个。后由于渠道线路过长，仅放过一次水。1991 年 4 月 25 日焦村倒虹吸竣工，水灌工程在沟东村设置了 3 个出水口，可灌溉村中耕地 66.7 公顷。2005 年，第三村民组杨选康个人投资凿造了沟东村第一眼机井，用于解决农田灌溉问题；2015 年，第四、五村民组在沟西投资凿造了机井一眼；2016 年，村集体投资在第一村民组凿造了深机井一眼，用于村民人畜饮水和农田灌溉。沟东村历史上的吃水问题，一是凿造深土井，3 个人用轱辘取水；二是打旱窖蓄积下雨水。后来随着机井的凿造，村民吃水问题彻底解决了。目前村上一、二、三村民组用杨选康机井，四、五村民组用沟西机井。2014 年，村集体对全村的人畜饮水工程进行了改造，更新设埋饮水管道，更换水表、水龙头。

沟东村早在 1959 年人民公社化初期，就办起了卫生室。到了 1972 年也曾办过农村合作医疗，后因资金不足自行停止，依旧实施自负盈亏的营业方式。1984 年以后，集体医疗机构解体，个体医疗机构相继兴起。沟东行政村自 2006 年开始创办新农村合作医疗，本村居民全部参加合作医疗，村中有村级新农合定点卫生所一家，第三村民组杨项勤担任新农合定点卫生所医生。卫生所位于 310 国道边,主要特色业务为骨科和农村常见病、多发病的治疗,同时承担全村的医疗保健和卫生防疫。解决了村民大病支付不起医疗费的困难,保障了村民身体健康、安全养老。另有第二村民组杨孟茂办有家庭诊所,同时承担本镇塔底行政村的新农合业务。

沟东村教育教学历史悠久,民国时期就办有国民初小,校址在关帝庙。中华人民共和国成立后至今,学校一直位于此处。1964 年生源增多,学校迁址寨子里,大队在寨子里修建土木结构瓦房 6 间。1972 年又修建房屋 4 间。同年,沟东大队同尚家庄大队在汉头村口建联办中学,占地面积 0.67 公顷,有房屋 24 间,1982 年撤销。2006 年,沟东小学撤并,村里的孩子在焦村小学就读。

2015 年,沟东村的文化大院和文化活动中心落成,内有混凝土结构平房 13 间。里面设置有村两委办公室、党员活动室、远程教育播放室、计生学校、科技文化学习室、新农村书屋等。院里有篮球场、乒乓球台、各种健身器材活动场所。到了晚上,村里妇女在村妇联的组织下跳广场舞。村民在农闲和晚上可以去村里的远程教育播放室学习新的农业科技知识,也可以从新农村书屋借阅相关的书籍回家学习,提高自身的文化素质和农业科技素质,以此提高自身科技致富能力。

尚 庄

尚庄行政村地处焦村镇政府驻地西北方约 2 公里处。东与沟东行政村相接壤,西临 Y010 乡道与西章行政村相连,北与水泉源行政村及李家坪行政村相毗邻,南跨越 310 国道与西章行政村相衔接。全村地貌西北高、东南低,东西宽约 1.5 公里,南北长约 2 公里,地域面积约 3.2 平方公里(约合 3000 亩左右),其中可耕地面积 140 公顷。尚庄行政村 1943 年至 1949 年 6 月隶属灵宝县西章乡;1950 年至 1954 年隶属破胡区常册乡;1956 年 1 月隶属灵宝县焦村乡;1958 年 8 月隶属灵宝县西章人民公社沟东生产大队;1966 年 5 月隶属灵宝县焦村人民公社沟东生产大队;1982 年从沟东大队分出成立尚庄生产大队,隶属灵宝县焦村人民公社;1983 年 12 月,行政体制改革,尚庄行政村隶属灵宝县焦村乡;1993 年 6 月,焦村撤乡建镇,尚庄行政村隶属灵宝市焦村镇至今。行政村下设 7 个村民小组,有 302 户居民。人口约 1029 人,其中男 600 人,女 429 人。主要由汉族人员构成。

据尚氏族谱记载,尚氏先祖自明末清初由山西洪洞迁来,四百余年,中经十余代,瓜瓞绵延,枝分叶布,至今全村 1100 余口,尚姓占全村总人口 85%以上;其他姓氏有张姓,约占 8%；姜姓，约占 2%；另有刘、行、薛、史、赵、杨等姓氏约占 5%左右。

尚氏先祖初居“枣园”，后移“旧皇村”，几经迁徙，至清朝中叶由第六世族人在两沟交汇处修建城寨，七世族人又在寨前修建祖宗祠堂。城寨宽 50 米、长 600 米，占地 3000 平方米。当时绝大部分村民居住其内，寨内布局规整，道路全部用青石铺地，排水功能良好，又有防匪患及狼害之保安功能，城墙及寨门直至 1949 年解放前夕仍保护完好。中华人民共和国成立后由于人口剧增又欠保护，自然坍塌加人为拆建，至今城寨仅余两垛残角，寨内村民亦剩无几，大部已往外扩建而新居。

和众多的农村一样，下坡头尚庄村也是个以种植传统农业为主的乡村，也是依靠耕种土地赖以生存的。从中华人民共和国成立到现在，土地的形式从解放前的封建土地所有制，历经了土地改革、集体所有制（包含人民公社化时期和联产承包责任制时期）、联产承包责任制三个时期，后逐步完善了农村土地使用政策，使土地在手中能够发挥更好的生产作用和经济效益。传统种植的农作物有小麦、玉米、谷子、棉花、红薯及各种豆类杂粮。20 世纪 80 年代，村民跟随着经济发展的浪潮，大力发展苹果种植，大多数农户因为种植苹果走上了小康之路。到了 90 年代至 2000 年，随着全国苹果面积的急剧增加，和苹果品种老化，苹果产业的收益迅速下降，村民在农业结构调整的指导下，改变苹果产业为新型的小杂水果产业，桃、葡萄、梨、樱桃、核桃种植等成为村民再次经济崛起的新型产业。

尚庄村的基础设施建设也随着社会的发展和进步，发生着新的变化。尚庄村小学原用本村祠堂，1985 年由村民集资新建一栋 200 平方米的二层教学楼，使学生有了好的学习环境，到了 2000 年以后，教育结构调整，村中小学被撤销，现为村两委办公用房。村南有 310 国道纵贯东西，方便了村民的出行和村民土特产的运输和交易。村中的道路也随着 2006 年村村通工程的实施逐步硬化，现在全村硬化道路近 4000 米。电力设施有变压器四台，其中两台为机井专用，两台用于村民生活。2016 年，村中电路进行第二次农电改造。水利设施，除了机井以外，村北还有窄口灌区的水渠通过，基本上做到了旱涝保丰收，从根本上解决了农田灌溉和人畜安全饮水问题。

尚庄是个传统的医疗卫生村，从解放初到改革开放，尚友仁、尚良田叔侄二人先后供职于尹庄卫生院，外科手术医术精湛，他们一生从医，誉满灵宝县域；尚兵波兄弟二人从以儿科为主业的兄弟诊所，经过 10 多年的艰苦创业，勤劳奋斗，如今发展为灵宝市 12 家成规模的综合医院“仁爱医院”。还有退休以后在城关镇开业的尚良田诊所、位于西章村 310 国道边的尚庄村诊所，他们都以自己独特的医疗风格和优质的服务赢得了患者的认可。2006 年,行政村开始筹办新型农村合作医疗,如今每年的参合率都在96%以上。尚庄诊所是本村的新农合医疗定点单位,诊所设有诊断室、治疗室、观察室、药房和简易病床,方便村民就医的同时,还适时地做好全村的卫生防疫、医疗保健和新农合便民的各种服务。

解放初期的 1950 年村里成立有"尚庄业余剧团",配合土改排演了大型现代戏《白毛女》,配合婚姻法宣传排演了《小二黑结婚》《梁秋燕》等。20 世纪 60 年代至 70 年代无产阶级"文化大革命"中,沟东大队成立了"毛泽东思想宣传队",排演了大型样板戏《红色娘子军》《智取威虎山》等,并到朱阳、五亩、川口等公社以及卢氏县城演出。80 年代至 2000 年改革开放后,又排演了《土炕上的女人》等时装戏,还有《邻里风波》《妯娌》《乔老板》等现代戏,参加乡镇文艺会演且取得较好名次。

尚庄村村民一向继承先民吃苦耐劳的精神,解放初即有脚户数十人,常年奔走于老灵宝县城与卢氏、南阳一带驼运棉花、食盐、木料及其他生产生活物资。今天村中仍有相当一部分青壮劳力外出打工,成为他们经济来源的一部分。改革开放后,经济发展,让更多的村民因为经商走上了致富路。其中,村民尚亚周从一台农用拖拉机搞运输开始到拥有相当规模的固定资产;尚继华拥有吊装等设备十数台;尚中国开发合金建材门业,为浙闽供应商在三门峡的总代理;村中间有两个小超市;在焦村街道有敏学超市、尚文革不理包子铺;另有以尚科民、尚赞民、尚波民、尚海江等为骨干的四个建筑承包工程队。尚庄村人在为社会做贡献的同时,也在努力奔向自己的幸福生活。

南　上

南上行政村位于焦村镇政府驻地西南 10 公里处,东与马村行政村接壤,南依小秦岭翻越娘娘山与五亩乡交界,西和巴娄行政村毗邻,北与塔底行政村连接。行政村下设10 个居民小组,全村共有 414 户,1416 口人。整个地域面积 900 公顷,其中荒山面积733.3 公顷,可耕地面积 168 公顷。村民姓氏以朱、寇、陈为主,其他有王、刘、金、李、杜、吕、余、许等 10 余姓氏。南上村农业产业以果品、香菇为主。从 2010 年以来,新发展桃树 20 公顷、核桃树 13.3 公顷、花椒 38.6 公顷,2020 年春栽植高品质果园 33.3 公顷,20余户家庭从事食用菌香菇生产,年发展香菇 80 万袋。在果树更替过程中,土地以种植传统农作物小麦、玉米、油葵等为主,以保证村民生产生活所需。在农业生产转型中,相当一部分村民外出务工,增加经济收入。在 1950 年 12 月至 1953 年,抗美援朝战争中,中国成立志愿军抗美援朝,村民朱焕臣、陈更戌、寇跃武踊跃报名参军作战,为后辈们树立了光辉的榜样。

村名的由来：相传在很早以前，王母娘娘在西瑶华山修道，听说在秦岭东端，李家三姑娘和老君争山，她就驾祥云东行，在云头俯视，见山间田园禾苗生长旺盛，树木郁郁葱葱，百花争艳，村庄呈莲花形状，王母娘娘飘下祥云，来到村庄，受到村民的热情招待，于是她由村庄向南而上，登上山顶。王母娘娘居高环视，众览群山，川梁聚首峰，性情大悦，便收李家三姑娘为义女，封此山为娘娘山。她又特意将向南而上经过的山庄赐名为"南上村"。当今，游客经过此村，都会顺口而言："南上，南上，就到娘娘山上；南上，南上，游山牧赏。"

古文化设施：行政村东头有两棵千年古槐，树身直径均在两米以上，由于年代久远，树体中空，部分树枝枯死。1956 年，一场罕见的暴风雨将两棵树树身折断，而后长出新芽。现在两棵古槐树身直径又在 1.5 米以上，树高 20 余米。南上的山坡上也留存着两棵五百年以上的皂角树，树上鸟筑巢，树下人乘凉，风景宜人。另外，南上村至今还保留着民国时期修建的两处古炮楼遗址。2013 年，南上村被评为河南省省级民俗村。

基础设施建设：(一)道路建设。1998 年硬化村北大道，全长 1300 米，宽 6 米；后在村主道、大巷道形成的基础上，逐年不断硬化，截至 2019 年，水泥硬化长度达 7070 余米，全村基本达到主道全部硬化。截至 2020 年，田间道路硬化 4580 米，极大改善了农业生产条件。(二)村公共设施建设。1992 年，村建起教学楼，满足日益发展的文化教育需求；2002 年，筹资重建南上村舞台剧场；2012 年，修建文化长廊，充分满足人民群众的精神文化生活；2016 年，修缮、扩建南上村文化大院；2019 年实施村部提升工程，添置办公用具，修缮房顶，实施亮化工程。(三)电力发展。1970 年，南上村首次购买变压器，架设电线，将照明引向千家万户，逐步走向电力加工深入化；1998 年，实施第一次农网电力升级改造工程；2015 年，实施第二次农村电力农网改造，电力业的发展，给村民的生活带来了质的飞跃；2018 年至 2020 年，新增变压器 3 台，安装路灯 66 盏。(四)医疗卫生。1967 年，南上大队建起了卫生室，在上级有关部门的指导下，办起了合作医疗，由生产队统一交给卫生室合作医疗费用，社员免费看病吃药，后因经济不力，至 1982 年解散。2006 年，重新办理新型农村合作医疗，由村委组织各户交纳农合医疗费用，2009 年创建甲级卫生所，2019 年新建村级卫生所一处，各项指标均达到上级要求。(五)水利设施建设。水利是农业的命脉，只有发展好水利事业，才能保证农业快速发展。2016 年以前，南上村共打机井 8 眼。截至 2020 年 6 月，南上村新打机井 2 眼，埋设管道 3200 米，基本上实现农田灌溉全覆盖。水是人民群众生存的最基本保证，它的好坏直接关系着村民的幸福安康。原来南上村民吃的都是人工打的比较浅层的土井水。1993 年,第七村民组建起了第一个由深井构成的配套设施,解决人畜吃水问题;1995 年,第二村民组和第三村民组又分别建起了人畜吃水配套设施;2008 年第五村民组和第八村民组由国家出资完善两处人畜吃水配套设施。2016 年,南上村基本达到村民人畜安全用水全覆盖。

旅游开发:南上村两委,班子团结,群众奋进。为了致富奔小康,牢记"要想富,先修路"的谚语,1993 年将二线公路至本村的道路拓宽并硬化,同时盖起了引人注目的大门楼;1995 年在行政村中央又建起了泰来亭,使异乡人踏入南上村,便有耳目一新的感觉。纯朴的民情、民俗,再加上丰富的文化底蕴,使旅游部门选择由该村进行娘娘山旅游景区的开发。2010 年再次对进村道路拓宽至 10 米,培植花草,不断改善人文环境,进而在山上又修建了望河亭、凤凰亭。2018 年,修建长 2000 米、宽 15 米的景观大道,修建尚德桥、尚善桥 2 座,促进了旅游事业发展。

村民生活:根据美丽乡村建设的基本要求,实行统一规划,由村统一放线,无论是新宅或者是老宅不在规划线上,不准修建,因此,基本形成新农村规划格局,村主道和巷道布局合理,全村新建、改建、扩建的家户达 80%以上。20 世纪 80 年代后,村民开始用蜂窝煤火炉,烧蜂窝煤可做饭,能取暖,卫生又方便。90 年代,村民开始使用煤气灶和电磁炉。2000 年后,随着厨房革命的推进,电饭锅、高频电磁灶、微波炉、微波烤箱等也开始大量进入家庭。2019 年春,通过开展"打违治乱",拆除违建房屋 200 余间、1800 平方米,解决宅基地占新不丢旧问题,村内按村庄规划要求,巷道通畅率达 95%以上。

高家庄

高家庄行政村,简称高庄。位于焦村镇政府驻地东北方向 6.24 公里处,东与函谷关镇的马寨行政村、长安寨行政村接壤,南与焦村镇北安头行政村、焦村镇辛庄行政村毗邻,西与焦村镇柴家原行政村相连,北与函谷关镇梨湾源行政村衔接。地域呈东北、西南长,东南、西北窄的不规则长条形,地域面积约 1 平方公里。高家庄村在明清时代系北安头村的一部分,清代末期从北安头村移居此地,因地势高于北安头村而得名高家庄村。村中主要姓氏有高、张、许等,其中高姓居民占全村总人口的三分之二。1949 年 10 月中华人民共和国成立后至 1955 年 12 月,高家庄村隶属破胡区辛庄小乡;1956 年 1 月至 1958 年 7 月农业合作化时期,高家庄先后隶属焦村中心乡、焦村乡辛庄高级农业生产合作社;1958 年 8 月至 1966 年 4 月,高家庄村隶属西章公社辛庄生产大队;1966 年 5 月至 1983 年 12 月,高家庄隶属焦村公社辛庄生产大队;1984 年 1 月,行政体制改革,高家庄村从辛庄大队分离,成立高家庄村民委员会,隶属焦村乡至1996年5月;1993年6月,焦村乡撤乡建镇,高家庄行政村隶属焦村镇至今。

高家庄行政村耕地面积45.3公顷,其中果园面积40公顷,下设3个村民小组,居民100户,计346口人,其中有黄河三门峡库区移民40余口人。

高家庄自建村以来,一直以农业经济为主。由于土壤贫瘠,干旱少雨,村民长期处于贫困之中。中华人民共和国成立后,虽经土地改革、互助组、合作化,人民公社,生活有所好转,但始终未能解决温饱问题。种植的传统农作物有小麦、谷子、棉花、玉米、各种豆类杂粮。从20世纪80年代改革开放,实行土地联产承包责任制后,群众纷纷栽果树,搞养殖,很快富裕起来,不仅解决了温饱问题,而且陆续从地坑院的窑洞里走了出来,住上新盖的平房、楼房,还添置了各种农机、家电。从此,村民不再大面积种植粮食,而是以果树种植为主。近几年又以红提葡萄栽植为主要务植对象。截至2016年,葡萄栽植已成规模,栽植面积约200亩,经济效益可观,成为村民致富奔小康的主要途径。

村内外道路原来都是土路。晴天尘土飞,下雨一身泥,凹凸不平,不但影响村民的出行,而且还严重制约了村中经济的发展。要想富,先修路。2006年8月,在上级政府的支持下,首先修通了一条长1000余米、宽4余米的连接辛庄行政村和梨湾源行政村的水泥路;2015年,又修通了长1500米、宽4米的连接北安头行政村的水泥路;2016年到2020年,硬化了村里主巷道1000余米;2016年,完成连接辛庄行政村和梨湾源行政村的水泥路拓宽工程,它为村中的经济插上一对腾飞的翅膀。2018年6月投资14万元,对村部进行提升改造,2019年,投资1.2万元实施亮化工程。现在,村民出行,道路平坦,四通八达,风雨无阻,公交班车、外地客商的拉货车、小轿车、三轮车川流不息,它绘就了一副朝气蓬勃、欣欣向荣的新农村的七彩画卷。

高家庄村民历来重视文化教育。1949年,村里就成立了一所小学,有教师1人,学生10余人,采用复式教学,因种种原因,不久停办。1964年,小学复办;2004年,由于全市中小学布局调整,学校被撤销。四十年间,学校规模几经变化,最兴盛时期有40余名学生,3名教师。恢复高考后,仅1978年,就有4人被大学本科录取;80年代至90年代,村里共有数十名大中专毕业生,他们被分配在祖国建设的各条战线上,为国家的繁荣富强和民族复兴的中国梦在努力奋斗着,奉献着自己的青春。

高家庄村民原来缺医少药,看病非常困难。后相继从辛庄村和北安头村分离出来,形成独立的行政村,恰逢国家提倡合作医疗,村民响应政府号召,踊跃参加。从2006年开始,村民全部参加新农合,每年的参合率都在 100%。行政村内建有新农合定点医疗诊所一家,医生高灵瑞,负责村民医疗保健,联系镇卫生院定期为村民进行体检。新农合定点卫生所设备先进,医疗器械齐全,内设诊断室、治疗室、观察室、药房。负责着全村的卫生防疫、妇幼保健和多发病、常见病的诊疗。

2005 年后,随着国家重大经济建设项目的实施,兰(州)—郑(州)—长(沙)成品油输送管道、西气东输二期工程先后开工,两道输送管道自西向东穿村而过,其中天然气管道工程在村西另建有 101#阀室一座,由本村村民专人看护,另有一村民在管道沿线 5 公里以内每日巡护。管道的铺设虽然对本村的原有道路、农田排水等有些影响,但滚滚的清洁能源源源不断地流向华中、江南和华东地区,村民从心里为国家的繁荣昌盛而高兴。

北安头

相传在村庄南面有一个比较有名的姑姑庵,村庄建在姑姑庵的北头,故取名为"北庵头"。后取其长治久安,岁岁平安之寓意,改村名为"北安头"延续至今。据族谱记载,北安头建村 300 余年,当时从山西省洪洞县大槐树下一同迁居高、李、许三个族氏的人,共同在此建立新家园,地址选在一个三面环沟(东硷沟西,梨树沟北,东沟以东)进出只有北面一条路的地方,建成寨子(现在的北安头老村老寨子),后又在北面修有城墙,保护寨子安全(现留有遗址)。从此三个姓氏的人们在这里和谐相处,繁衍旺盛,人口迅速增长,小寨子已居住不下。于是三个族长协商,决定高氏族人留在原址,李姓和许姓两个族人迁到西北一公里多的地方重建新村(现在的辛庄村)。高氏族人居住了若干年后,因各种原因,整体由北迁到东沟以西的一块更大的地方,重新建寨(现北安头寨子留有遗址),新寨与老寨地理特征几乎一模一样,也是东南西三面环沟,进出只有北面一条路,村民又在北面修筑了横垮东西沟边高 3 丈、宽 9 尺的城墙,城墙中设置有双重大门,分别高九尺,宽六尺,有专人轮流看守,每到天将黑时,村人全部入寨,关第一道大门,但门缝隙还可以让人通行,带东西便不得出入。天黑后再关上第二道大门,任何人彻底不得再出入。所以当时历年战乱,土匪盗贼均没有对北安头村民形成很大的威胁和伤害。村里从南往北,东西走向共七条巷道,一排一排院子大小一样,巷道整齐,南北有三条道路,以村中间一条为主,最直最宽。村里以从南数第一、第二排房屋建的最好,四合院有客厅、中堂、分前后院,木格子门窗,院大门外有影壁墙,拴马桩,村中有石磨、石碾等供生产、生活器材。村北建了一座高氏祠堂,按高氏老弟兄四人,分别称为东门、南门、西门、北门至解放前夕。1950 年前后,才迁入了一户杨姓,一户马姓,近几十年来又陆续迁入刘、李、赵、尤、孙、张等一些姓氏，但至今还以高姓人口占多数。1980年，村庄为适应现代生活生产需求，又整体搬出寨子，依次往北排开居住。

1950年1月至1958年7月，北安头村从互助组、初级社、高级社，先后隶属于破胡区辛庄小乡、焦村中心乡、焦村乡管辖。1958年8月成立了西章人民公社期间，改为辛庄大队（共四个自然村，16个生产队），直到1996年从辛庄大队分出，成立北安头行政村。全村共6个村民小组，247户，949口人，106.2公顷耕地，以农业及果品生产经营为主，辖区内分别有北沟、南沟、西沟等12条自然形成的沟壑。东北隔沟与函谷关镇长安寨相望，东与城关镇牛庄、北田行政村隔沟相望，东南与城关镇五龙行政村连接，西南与南安头行政村相邻，西北与辛庄行政村连接，北与高家庄行政村连接。行政村下设一个党支部，有党员32人，村两委有支部委员3人，村委委员5人。

水利建设：本行政村属西北系黄土高原，土质以白沙土、白壤土、黄壤土、红土为主，受西北东南暖湿气候控制，常年降水量不超过600毫升，十年九旱，人畜饮水以储水为主，又加本地地理位置特殊，有效耕地面积都分布在九沟八凸之上，一遇旱年基本绝收。1958年前，这里能储水的旱窑又很少，基本上每年春末夏初人畜用水都到一公里之外、沟深百米、路陡崎岖的险沟担水，水源极其短缺。1958年后这里曾打了很多储水旱窑（旱井），但还是解决不了根本。1969年在灵宝县政府统一领导下，灵宝第一座水库（窄口水库）建设开始动工，村里每个生产队都投入了大量的人力和物力。1973年春，在上级支持下，本村在南塬险沟沟边建造了一个小型抽水站，解决人畜饮水。1974年，为解决农田抗旱用水，在灵宝县水利部门大力支持协助下，辛庄大队开始建造历史以来人们从未敢想过的大型抽水站，抽水站设计四级上水，从五龙村边跃进渠抽水，经地下洞渠与地上渡槽，把水送至柴家原村边，全长5公里有余，扬程高180余米，管道粗30厘米，上水量每小时可达百余吨，当时建此抽水站震动全县，县长崔宽心带领县直机关人员亲自送砖。于1975年基本建成，水送到柴家原村里。但由于续路太长，又四级上水，不是没水，就是没电，有水有电，机子不转，见效甚微。科学技术是推动发展生产的主动力，随着国家科学技术水平的提高，打深层机井，取地下水已成现实。1995年初，辛庄大队四个自然村16个生产队，第一眼机井在国家扶持下首先打成投入使用。在当年基层干部换届选举中，高新年同志被选为辛庄大队主任，在会上他向群众承诺，在他在任期间一定要让每一个自然村打一眼机井，他的承诺相继兑现。在同年，高庄村机井、辛庄村机井相继打成投入使用。北安头村机井打成最晚，由于上级打井拨款资金有限，北安头村机井只有自筹资金。当时正赶上北安头村从辛庄行政村分出，为了使机井早日建成，高新年（当时任村第一书记）给当时每个村委(3 人)和各村民组组长(6 人)下达筹资任务,每人两万后又以高息(2.4%)借贷数十万,总投资 28 万余元,使机井于 1996 年春建成投入使用。2006 年,国家实行饮水工程,又给各用户铺设了自来水主、分管道,使各家用上了透明、纯净的自来水。机井建成后,除供人畜饮用水外,又铺设了数千米农田灌溉管道,使部分农田得以灌溉。从此以后,村彻底告别了水源短缺,嗜水如油年代。2013 年在国家"彻底解决农村干净饮用水"惠民工程的政策扶植下,又给该村打了一口专供人畜用水的自供供水的机井,原机井用作农田灌溉。2015 年,村委领导班子争取"国家投资项目"申请,国家又给该村投资一个"千亩农业科技滴灌工程示范区"的项目,硬化道路三条,同时又在路两边铺设了数千米滴灌主、分管道,使规划区内几百亩农田得以灌溉。近年来,北安头村 80%的农户都装上了太阳能热水器,每个村民喝着纯净的自来水。

电力发展:北安头村用电比较早,1965 年至 1966 年期间就用上了电,和辛庄村同用一个变压器,低压线从辛庄架设,仅供磨面和照明。80 年代后由于用电逐年猛增,于 1995 年春,高压线送到北安头村中,安装了第一台变压器,1998 年实行农网改造,2009 年又增添了一台变压器。村现在有变压器 4 台,两台专供机井灌溉,两台用于居民生活。

道路交通:2008 年前,北安头交通非常不便,特别是遇着雨雪天,污泥半尺,污水横流,难以出行,2008 年,利用土地承包款(80 余亩承包 20 年)20 余万元硬化了南北两条、东西一条村中主道;2013 年又硬化了一条村中主巷道;2015 年国家路路通工程又硬化了一条通向村北、一条通向南原(与城关镇五龙行政村硬化路接通)两条生产主道;同年,村北"农业科技滴灌工程示范区"中,硬化了通向高庄村高标准硬化路面(四米宽)一条,基本上解决生产生活出行需求。

文化教育:北安头村原有小学一所,共有 4 个班级,教师 10 人,学生 185 人,学校建在村西南角,面积 2000 余平方米,教室(砖瓦房)20 余间,操场一个,篮球场一个。2006 年后,由于生源不足被撤销。北安头村自 1976 年恢复高考后,本科以上毕业的学生有 20 余人,其中研究生 5 人;在校大学生 10 人,其中研究生 3 人。

合作医疗及文化体育设施:北安头村 2006 年参加合作医疗,十年来参合人数逐年递增,2015 年参合 890 人,2016 年参合 939 人,近三年来,受益人数达 60 余人,国家补助金额将近十万元。2016 年的 1 月至 8 月底,补助人数 17 人,补助金额 247960 元。2009 年,行政村建设了村部,硬化了一个篮球场,增加了乒乓球台,使村民体育活动和文化活动有了场所。

各行政村历任党支部书记、村委会主任(含大队长等)一览表

表 15-1

名称	职务	姓名	性别	任职时间(年、月)	备注
一、焦村行政村					
党支部	支部书记	李　邦	男	1956. 1—1958. 7	东村人
	支部书记	李怀相	男	1958. 8—1961. 12	
	支部书记	李湖水	男	1962. 1—1968. 8	
	支部书记	李怀记	男	1968. 9—1977. 12	
	支部书记	张明山	男	1978. 1—1985. 12	
	支部书记	李建强	男	1986. 1—1993. 11	
	支部书记	张长有	男	1993. 11—2019. 3	
	支部书记	常赞慈	男	2019. 3—2020. 1	
	支部书记	张天民	男	2020. 2—至今	
村政权	主　席	李晓晨	男	1947. 9—1947. 10	村农民协会
	主　席	李永春	男	1949. 6—1953. 12	村农民协会
	主　席	张恒录	男	1949. 6—1953. 12	村农民协会
	主　席	张三旺	男	1949. 6—1953. 12	村农民协会
	社　长	李永春	男	1956. 1—1958. 7	农业生产合作社
	大队长	张久有	男	1958. 8—1968. 8	生产大队
	革委主任、大队长	李忠乐	男	1968. 9—1984. 12	生产大队
	村委主任	张芳兴	男	1986. 1—1993. 11	
	村委主任	张天民	男	1993. 11—1997. 3	
	村委主任	姚芒科	男	1997. 11—2002	
	村委主任	张长有	男	2002—至今	
二、东村行政村					
党支部	支部书记	闫小正	男	1950—1951	
	支部书记	杜项劳	男	1951—1952	
	支部书记	孙有时	男	1952—1955	
	支部书记	杜守国	男	1955—1956	

续表 15-1

名称	职务	姓名	性别	任职时间(年、月)	备注
党支部	支部书记	杜牢子	男	1956—1957	
	支部书记	孙有时	男	1957—1965	
	支部书记	杜翻身	男	1965—1976	
	支部书记	杜虎祥	男	1976—1979	
	支部书记	杜翻身	男	1979—1984	
	支部书记	杜英学	男	1984—1994	
	支部书记	杜根有	男	1994—1998	
	支部书记	杜万鹏	男	1998—2006	
	支部书记	杜创英	男	2006—至今	
村政权	主　席	杜新华	男	1949—1950	村农民协会
	主　席	杜云玉	男	1950—1951	村农民协会
	主　席	孙有时	男	1951—1952	村农民协会
	主　席	李育龙	男	1952—1955	村农民协会
	社　长	杜牢子	男	1955—1956	初级农业合作社
	社　长	杜法子	男	1956—1957	高级农业合作社
	大队长	杜牢子	男	1957—1965	生产大队
	大队长	张　法	男	1965—1976	生产大队
	大队长	杜守国	男	1976—1979	生产大队
	大队长	杜牢子	男	1979—1984	生产大队
	村委主任	杜根有	男	1984—1994	村民委员会
	村委主任	杜贯兴	男	1994—2005	村民委员会
	村委主任	杜创英	男	2005—2009	村民委员会
	村委主任	孙富生	男	2009—2020.6	村民委员会
三、史村行政村					
党支部	支部书记	翟应立	男	1964—1966	
	支部书记	翟金柱	男	1966—1970	
	支部书记	张长法	男	1971—1981	武家山村人
	支部书记	严金祥	男	1982—1995	

续表 15-1

名称	职务	姓名	性别	任职时间(年、月)	备注
党支部	支部书记	翟光照	男	1995.8—1998.4	
	支部书记	翟民权	男	1998.5—1999.9	
	支部书记	严金祥	男	1999.10—2001.6	
	支部书记	翟榜兴	男	2001.7—2019.5	
	支部书记	杜亚琴	女	2019.9—2020.6	
村政权	革委主任	翟金柱	男	1967.1—1970	革命委员会
	村委主任	翟增明	男	1983—1990.12	
	村委主任	翟光照	男	1991.1—1995.10	
	村委主任	翟榜兴	男	1998.3—2004.12	
	村委主任	程宪民	男	2005.1—2008.12	
	村委主任	翟光哲	男	2011.1—2018.5	
	村主任	杜亚琴	女	2019.9—2020.6	
四、杨家行政村					
党支部	支部书记	刘治法	男	1959—1986	
	支部书记	杨建儒	男	1986—2014	
	支部书记	谢许吉	男	2014—2020.6	副镇长兼任
村政权	主　席	任登科	男	1950.1—1952.12	村农民协会
	社　长	刘治法	男	1953—1955	农业初级合作社
	社　长	赵智元	男	1956—1958.7	农业高级合作社
	大队长	刘智法	男	1958.8—1960.12	生产大队
	大队长	闫虎仕	男	1961.1—1966.8	生产大队
	大队长	王世杰	男	1966.9—1967.12	生产大队
	革委主任、大队长	闫虎仕	男	1968.1—1985.12	革命委员会
	村委主任	王保群	男	1986.1—1987.12	村民委员会
	村委主任	常汉民	男	1988.1—1999.12	
	村委主任	杨东民	男	2000.1—2004.12	
	村委主任	杨建儒	男	2005.1—2007.12	
	村主任	杨赞波	男	2018.1—2018.6	
	村主任	常增强	男	2018.6—2019.5	

续表 15-1

名称	职务	姓名	性别	任职时间(年、月)	备注
五、赵家行政村					
党支部	支部书记	张学盈	男	1961.1—1987.2	
	支部书记	赵甲超	男	1987.3—1996.9	
	支部书记	赵广超	男	1996.10—1998.3	
	支部书记	赵奔牛	男	1998.4—2002.10	
	支部书记	赵军榜	男	2002.11—2018.4	
	支部书记	屈庆阳	女	2018.05—2020.6	
村政权	主　席	赵起印	男	1949.6—1953.12	村农民协会
	大队长	赵俊朋	男	1961—1986	
	村委主任	许志群	男	1986—1991	
	村委主任	赵奔牛	男	1991—2000	
	村主任	张泽民	男	2000—2020.1	
六、王家村行政村					
党支部	支部书记	张五奎	男	1975—1979	
	支部书记	张向奇	男	1980—1981	
	支部书记	何育森	男	1982—1984	
	支部书记	李宗瑞	男	1985—1992	
	支部书记	张益民	男	1993—1995	
	支部书记	陈邦民	男	1996—2002.8	
	支部书记	张文浜	男	2002.8—2003.7	
	支部书记	张茂奇	男	2003.8—2005.8	
	支部书记	张文波	男	2009.1—2020.6	
村政权	村主任	张文波	男	2018.1—2020.6	
七、乡观行政村					
党支部	支部书记	屈知有	男	1957.1—1964.12	
	支部书记	闫春民	男	1965.1—1970.12	
	支部书记	屈财顺	男	1971.1—1973.12	
	支部书记	闫春民	男	1974.1—1981.12	

续表 15-1

名称	职务	姓名	性别	任职时间(年、月)	备注
党支部	支部书记	屈启华	男	1982.1—1984.12	
	支部书记	闫发民	男	1985.1—1987.12	
	支部书记	屈天周	男	1988.1—1994.12	
	支部书记	闫榜治	男	1995.1—2002.6	
	支部书记	闫赞超	男	2002.6—2005	
	支部书记	屈继民	男	2005—2008	镇政府下派
	支部书记	闫赞超	男	2008—2020.6	
村政权	主　席	李恒原	男	1950—1953	村农民协会
	社长、大队长	闫生伟	男	1954—1961	农业合作社
	大队长、主任	屈启华	男	1962—1974	生产大队
	主任、大队长	金虎山	男	1974—1982	革委会、村委会
	主任、大队长	闫发民	男	1982—1984	革委会、村委会
	村委主任	金虎山	男	1985—1994	
	村委主任	闫春民	男	1994—1999	
	村委主任	闫榜治	男	1999—2004	
	村委主任	闫树森	男	2004—2006	
	村委主任	屈战国	男	2006—2009	
	村委主任	闫虎运	男	2009—2011	
	村委主任	闫赞超	男	2011—2013	
	村委主任	闫景民	男	2011.3—2019.4	
八、张家山行政村					
党支部	支部书记	张兴强	男	1980—1986.3	
	支部书记	李月英	女	1986.3—1996.3	
	支部书记	张文佐	男	1996.3—1998	
	支部书记	张群榜	男	2001.7—2002.12	镇政府下派
	支部书记	李肖刚	男	2005—2020.6	
村政权	村委主任	张恩恒	男	1986—1989	
	村委主任	张怀民	男	1989—1991	

续表 15-1

名称	职务	姓名	性别	任职时间(年、月)	备注
村政权	村委主任	李增超	男	1991—1995	
	村委主任	张群邦	男	1995—1999	
	村委主任	张忠民	男	1999—2000	
	村委主任	李栓子	男	2001—2002	
	村委主任	张群榜	男	2002—2005	
	村委主任	李肖刚	男	2005—2020. 6	
九、武家山行政村					
党支部	支部书记	张长发	男	1981. 3—1985. 3	1958 年 7 至 1964 年 1 月隶属杨家大队；1964 年 1 月至 1981 年 3 月隶属史村大队；1981 年 3 月成立武家山大队
	支部书记	赵云生	男	1989. 9—1994. 11	
	支部书记	王立中	男	1994. 11—2000. 8	
	支部书记	赵雷生	男	2000. 8—2011. 10	
	支部书记	赵革民	男	2011. 10—2020. 6	
村政权	村委主任	武仁旭	男	1983. 3—1988. 2	
	村委主任	赵云生	男	1988. 2—1993. 10	
	村委主任	杨万有	男	1993. 10—1996. 3	
	村委主任	赵天赦	男	1996. 3—2000. 7	
	村委主任	赵慎丰	男	2000. 7—2005. 4	
	村委主任	赵革民	男	2005. 4—2009. 1	
	村委主任	王立中	男	2011. 11—2014. 11	
	村委主任	李民生	男	2014. 11—2019. 12	
十、滑底行政村					
党支部	支部书记	刘克俭	男	1981. 8—1995. 7	
	支部书记	冯随超	男	1995. 8—1997. 7	
	支部书记	冯启芳	男	1997. 8—2000. 7	
	支部书记	冯来法	男	2000. 8—2005. 7	
	支部书记	冯吉丁	男	2005. 8—2009. 11	
	支部书记	冯泽生	男	2009. 12—2020. 6	
村政权	大队长	冯随超	男	1981. 8—1985. 11	

续表 15-1

名称	职务	姓名	性别	任职时间(年、月)	备注
村政权	村委主任	冯化民	男	1985. 12—1988. 11	
	村委主任	冯军星	男	1988. 12—1991. 11	
	村委主任	冯赞军	男	1991. 12—2006. 11	
	村委主任	冯泽生	男	2006. 12—2014. 11	
	村委主任	冯文宗	男	2014. 12—2020. 6	
十一、万渡行政村					
党支部	支部书记	周天顺	男	1960—1962	
	支部书记	任正印	男	1962—1963	
	支部书记	任英才	男	1963—1966	
	支部书记	赵双明	男	1966—1972	
	支部书记	任正印	男	1972—1981	
	支部书记	杨世荣	男	1981. 2—1993	
	支部书记	杨孝泽	男	1993—1997	
	支部书记	杨生意	男	1997—2009	
	支部书记	杨建雄	男	2009—2020. 1	
	支部书记	曲海东	男	2020. 3—2020. 4	镇政府下派
	支部书记	尚选伟	男	2020. 5—2020. 6	镇政府下派
村政权	主　席	杨玉珍	男	1949. 6—1950	村农民协会
	主　席	任自强	男	1950—1952	村农民协会
	第一社社长	任新文	男	1953—1957	金星农业生产合作社
	第二社社长	周天顺	男	1953—1957	金星农业生产合作社
	第三社社长	杨会科	男	1954—1957	金星农业生产合作社
	营　长	杨表山	男	1958—1959	马村人
	大队长	任正印	男	1960—1962	生产大队
	大队长	周天顺	男	1963—1966	生产大队
	革委会主任	周天顺	男	1966—1979	生产大队
	革委会主任	任登立	男	1980—1983	生产大队
	村委主任	任登立	男	1983—1989	村民委员会

续表 15-1

名称	职务	姓名	性别	任职时间(年、月)	备注
村政权	村委主任	任贤才	男	1989—1993	村民委员会
	村委主任	王川东	男	1993—1997	村民委员会
	村委主任	杨万森	男	1997—2007	村民委员会
	村委主任	杨建雄	男	2007—2019. 9	
	村委主任	杨泽锋	男	2019. 10—2020. 6	
十二、东仓行政村					
党支部	支部书记	赵满行	男	1979. 1—1986. 3	
	支部书记	赵增润	男	1986. 3—1997. 2	
	支部书记	赵少威	男	1997. 3—2000. 1	
	支部书记	薛宝国	男	2000. 1—2020. 6	
村政权	大队长	赵增润	男	1979. 1—1986. 3	
	村委主任	赵启明	男	1986. 3—1997. 2	
	村委主任	赵玉林	男	1997. 3—2005. 12	
	村委主任	赵锁祥	男	2006—2013	
	村委主任	赵喜仕	男	2014—2020. 6	
十三、罗家行政村					
党支部	支部书记	王红卯	男	1958. 2—1966	
	支部书记	韩顺虎	男	1967—1970	
	支部书记	王纪卯	男	1971—1986	
	支部书记	巴金升	男	1987—1990. 10	
	支部书记	罗密岐	男	1991—1994. 6	
	支部书记	李云生	男	1995. 4—2002. 1	
	支部书记	罗增顺	男	2002. 1—2014	
	支部书记	王登波	男	2014—2020. 6	
村政权	农会主席	韩文明	男	1949. 6—1951. 4	村农民协会
	主席、社长	王双卯	男	1951. 5—1952. 12	村农会、初级农业合作社
	社　长	王扬明	男	1953. 1—1955. 3	农业生产合作社
	乡　长	罗俊谋	男	1955. 4—1958. 7	农业生产合作社

续表 15-1

名称	职务	姓名	性别	任职时间(年、月)	备注
村政权	大队长	吴文斌	男	1958. 8—	
	村主任	王登波	男	2000—2020. 6	
十四、乔沟行政村					
党支部	支部书记	李引娃	男	1956—1976	李家山村人
	支部书记	刘更益	男	1976—1984	
	支部书记	翟文学	男	1984—1993	
	支部书记	王普选	男	1993—2006	
	支部书记	唐孝田	男	2006—2008	
	支部书记	王高泽	男	2008—2020. 6	
村政权	大队长	杜宝宪	男	1958—1980	
	村委主任	杨海瑞	男	1980—1990	
	村委主任	张海参	男	1990—1994	
	村委主任	杨海瑞	男	1994—2000	
	村委主任	杜增刚	男	2000—2005	
	村委主任	王高泽	男	2008—2015	
	村委主任	王革卫	男	2015—2020. 6	
十五、李家山行政村					
党支部	支部书记	李项明	男	1981—1990	1958 年 8 月至 1981 年隶属乔沟大队
	支部书记	胡群虎	男	1990—1992	
	支部书记	李项明	男	1992—1995	
	支部书记	李建朝	男	2001—2010	
	支部书记	李建升	男	2010—2013	
	支部书记	李江锋	男	2014—2020. 6	
村政权	大队长	陈印娃	男	1981—1985. 5	
	村委主任	李高益	男	1985. 6—1992. 6	
	村委主任	胡虎群	男	1992. 6—1995. 11	
	村委主任	李建朝	男	2001—2010	
	村委主任	李建升	男	2010—2013	

续表 15-1

名称	职务	姓名	性别	任职时间(年、月)	备注
村政权	村委主任	李江锋	男	2014—2018. 5	
	村委主任	李锁慈	男	2018. 6—2020. 6	
十六、马村行政村					
党支部	支部书记	赵　森	男	1955. 1—1957. 12	万渡乡(大队)党总支马村分支部
	支部书记	周振民	男	1958. 1—1958. 5	
	支部书记	李振业	男	1958. 5—1960. 12	
	支部书记	杨春山	男	1961. 1—1962. 3	
	支部书记	周振民	男	1962. 4—1983. 12	
	支部书记	赵庚申	男	1984. 1—1986. 12	
	支部书记	赵益民	男	1987. 1—1991. 12	
	支部书记	赵项明	男	1992. 1—1997. 12	
	支部书记	赵有胜	男	1998. 1—2008. 5	
	支部书记	赵尚学	男	2008. 6—2010. 8	
	支部书记	赵自法	男	2010. 9—2012. 2	
	支部书记	杨卫华	男	2012. 3—2019. 3	
	下派第一书记	宋　昆	男	2019. 5—2019. 9	
	支部书记	南彦博	男	2020. 03—2020. 6	
村政权	村　长	赵国峰	男	1949. 6—1950. 3	1949 年 6 月 1958 年 12 月隶属万渡乡；1958 年 1 月至 1960 年 12 月隶属万渡大队
	互助组长	赵振峰	男	1950. 3—1951. 6	
	互助组长	张治军	男	1951. 7—1954. 12	
	农业社长	杨春山	男	1955. 1—1958. 12	
	马村片长	赵法治	男	1958. 6—1960. 12	
	大队长	赵庚申	男	1961. 1—1962. 3	
	大队长	杨春山	男	1962. 4—1977. 3	
	大队长	赵庚申	男	1977. 3—1983. 12	
	村委主任	王炳奇	男	1984. 1—1985. 12	
	村委主任	张丙戌	男	1986. 1—1986. 12	
	村委主任	赵让民	男	1987. 1—1987. 12	

续表 15-1

名称	职务	姓名	性别	任职时间(年、月)	备注
村政权	村委主任	陈彦士	男	1998.1—2004.1	1949 年 6 月 1958 年 12 月隶属万渡乡；1958 年 1 月至 1960 年 12 月隶属万渡大队
	村委主任	赵尚学	男	2008.8—2010	
	村委主任	赵尚学	男	2014—2020.6	
	村委主任	赵项明	男	1987.12—1991.12	
	村委主任	赵治森	男	1992.1—1997.12	
十七、塔底行政村					
党支部	支部书记	李红仕	男	1957—1963	
	支部书记	刘印科	男	1964—1971.5	
	支部书记	刘焕旺	男	1971.6—1991.11	
	支部书记	刘增周	男	1992.3—1997.5	
	支部书记	刘振杰	男	1997.6—1999.4	
	支部书记	刘汉杰	男	1999.5—2001.2	
	支部书记	刘孝义	男	2001.5—2007	
	支部书记	钟彦森	男	2008—2009	
	支部书记	刘焕森	男	2010—2011	
	支部书记	刘有民	男	2012—2020.6	
村政权	大队长	刘运资	男	1965—1975	
	革委会主任	刘平选	男	1968—1970	
	村委主任	刘孝义	男	2000—2001	
	村委主任	刘汉杰	男	2003—2007	
	村委主任	刘应成	男	2015—2020.6	
十八、巴娄行政村					
党支部	支部书记	郭欠珠	女	1950—1954.12	
	支部书记	冯玉臣	男	1955.1—1960.12	
	支部书记	周振民	男	1961.1—1962.12	马村人
	支部书记	焦印科	男	1963.1—1972.12	
	支部书记	王勤刚	男	1973.1—1986.12	
	支部书记	毛自胜	男	1987.1—1995.12	

续表 15-1

名称	职务	姓名	性别	任职时间(年、月)	备注
党支部	支部书记	武亮东	男	1996. 1—2014. 2	
	代支部书记	王世宁	男	2014. 3—2014. 6	
	支部书记	温振民	男	2014. 6—2020. 6	
村政权	主　席	郭向森	男	1947. 9—1947. 10	村农民协会
	主　席	冯成贵	男	1949. 6—1951. 12	巴娄乡农民协会
	主　席	廖俊德	男	1949. 6—1953. 10	村农民协会
	村长、社长	冯成贵	男	1952. 1—1958. 7	初级农业合作社
	连　长	王勤刚	男	1958. 8—1959. 12	巴娄连
	大队长	焦印科	男	1960. 1—1966. 12	
	主　任	郭有顺	男	1967. 1—1969. 1	革命委员会
	大队长	王立治	男	1969—1975	
	大队长	张向明	男	1975—1986	
	村委主任	魏宏斌	男	1986—1995	
	村委主任	温振民	男	1995—1998	
	村委主任	王世宁	男	1998—2014	
	村委主任	温振民	男	2014—2020. 6	
十九、贝子原行政村					
党支部	支部书记	王明军	男	1980—1981	
	支部书记	焦晓辉	男	1982—1993	
	支部书记	陈勤晓	男	1994—1998	
	支部书记	焦应斌	男	1999—2020. 6	
行政村	大队长	焦印科	男	1980—1981	
	村委主任	王勤劳	男	1982—1993	
	村委主任	陈赞红	男	1994—1999	
	村委主任	王选祥	男	1999—2002	
	村委主任	焦应斌	男	2002—2005	
	村委主任	刘宝森	男	2005—2008	
	村委主任	陈秋森	男	2008—2014	

续表 15-1

名称	职务	姓名	性别	任职时间(年、月)	备注
行政村	村委主任	焦坤芳	男	2014—2018.5	
	村委主任	王肖阳	男	2018.6—2020.6	
二十、西章村行政村					
党支部	支部书记	吕增哲	男	1959.1—1964.12	
	支部书记	梁启群	男	1965.1—1970.1	
	支部书记	梁启群	男	1970.2—1989.12	
	支部书记	吕翻身	男	1990.1—1992.12	
	支部书记	纪斌强	男	1993.1—1997.2	
	支部书记	吕秋照	男	1997.3—2002.7	
	支部书记	吕继忠	男	2002.8—2006	
	支部书记	吕选录	男	2006—2011	
	支部书记	王红太	男	2011—2019.6	
村政权	主　席	李生月	男	1949.3—1954.12	村农民协会
	社　长	梁启群	男	1955.1—1955.12	初、高级农业合作社
	大队长	吕随发	男		
	大队长	吕湘福	男		
	村委主任	吕　勇	男		
	村委主任	吕建革	男		
	村委主任	梁战芳	男	2016.1—2020.6	
二十一、坪村行政村					
党支部	支部书记	王根兴	男	1950—1965	
	支部书记	王品谋	男	1965—1983	
	支部书记	王有治	男	1983—1986	
	支部书记	王继牢	男	1986—1988	
	支部书记	茹保学	男	1988—1989	
	支部书记	王顺红	男	1989—1993	
	支部书记	王拴仕	男	1993—1996	
	支部书记	王英瑞	男	1996—1999	

续表 15-1

名称	职务	姓名	性别	任职时间(年、月)	备注
党支部	支部书记	张书理	男	1999—2001	镇党委下派
	支部书记	王敏刚	男	2002—2005	镇党委下派
	支部书记	王孝民	男	2005—2009	
	支部书记	常赞慈	男	2010—2019. 2	
	支部书记	王建宇	男	2019. 3—2020. 6	
村政权	农会主席	王育民	男	1947. 9—1947. 10	村农民协会
	农会主席	王来生（王守申）	男	1949—1950	卯屯乡农民协会
	农会主席	李乐子	男	1950—1954	村农民协会
	农会主席	王廷佐	男	不详	村农民协会
	农会主席	王志合	男	1950—1954	村农民协会
	农会主席	王灵高	男	1950—1954	村农民协会
	大队长	王品谋	男	1955—1965	农业合作社、生产大队
	大队长	王灵高	男	1965—1968	生产大队
	大队长	王增录	男	1968—1975	生产大队
	大队长	王有治	男	1975—1983	生产大队
	村委主任	王灵学	男	1983—1986	
	村委主任	茹保学	男	1986—1988	
	村委主任	王会哲	男	1988—1990	
	村委主任	王田刚	男	1990—1993	
	村委主任	王军锁	男	1993—1998	
	村委主任	王景权	男	1998—2001	
	村委主任	王孝民	男	2002—2012	
	村委主任	王广照	男	2015—2018. 4	
二十二、卯屯行政村					
党支部	支部书记	周绍通	男	1957—1961	
	支部书记	卯更未	男	1962—1965	
	支部书记	周绍通	男	1966—1970	

续表 15-1

名称	职务	姓名	性别	任职时间(年、月)	备注
党支部	支部书记	卯新仕	男	1973—1976	
	支部书记	周绍通	男	1977—1981	
	支部书记	臧永才	男	1982—1993. 4	
	支部书记	卯新仕	男	1993. 5—1997. 5	
	支部书记	卯寅生	男	1997. 6—1999. 5	
	支部书记	梁永正	男	1999. 6—2020. 6	
村政权	主　席	苏正春	男	1949—1952	村农民协会
	主　席	王俊民	男	1949—1952	村农民协会
	大队长	冯坛有	男	1965—1975	
	村主任	梁学旺	男	1984—1990	
	村主任	梁永正	男	1992—1998	
	村主任	梁仕会	男	1999—2008	
	村主任	卯奎朝	男	2008—2020. 6	
二十三、东常册行政村					
党支部	支部书记	李增录	男	1961—1965	
	支部书记	李天福	男	1965—1984	
	支部书记	李锁子	男	1985—1995	
	支部书记	李锁森	男	1996—2014	
	支部书记	李春孝	男	2015—2020. 6	
村政权	主　席	李新谋	男	1950. 1—1950. 12	村农民协会
	主　席	李鸿运	男	1951. 1—1951. 12	村农民协会
	社　长	李增胜	男	1952—1956	初级农业合作社
	社　长	李国强	男	1957. 1—1957. 12	高级农业合作社
	大队长	李春发	男	1958—1960	
	大队长	李天福	男	1961—1964	
	大队长	席栽吉	男	1965—1966	

续表 15-1

名称	职务	姓名	性别	任职时间(年、月)	备注
村政权	大队长	李怀忠	男	1967—1971	
	大队长、村长	李怀旺	男	1972—1986	
	村委主任	李增相	男	1987—1995	
	村委主任	李瑞杰	男	1996—1998	
	村委主任	李春孝	男	1999—2014	
	村委主任	郑世伟	男	2015—2020. 6	
二十四、西常册行政村					
党支部	支部书记	刘三榜	男	1962—1964	
	支部书记	刘金邦	男	1964—1976	
	支部书记	王彦学	男	1976—1984	
	支部书记	李　怀	男	1984—1992	
	支部书记	李选齐	男	1992—2000	
	支部书记	王怀强	男	2000—2002	
	支部书记	李运孝	男	2003—2009	
	支部书记	李选齐	男	2009—2018. 4	
	支部书记	张志强	男	2018. 5—2020. 6	
村政权	大队长	王友林	男	1962—1964	
	大队长	王彦学	男	1964—1976	
	大队长	孟春山	男	1976—1984	
	村委主任	王军才	男	1984—1992	
	村委主任	李选齐	男	1992—1998	
	村委主任	李运孝	男	1998—2009	
	村委主任	李选齐	男	2009—2012	
	村委主任	王勤劳	男	2012—2014	
	村主任	张志强	男	2014—2018. 5	
	村主任	王怀强	男	2018. 6—2020. 6	
二十五、秦村行政村					
党支部	党小组长	赵南勋	男	1953. 2—1955. 2	村党小组

续表 15-1

名称	职务	姓名	性别	任职时间(年、月)	备注
党支部	党小组长	庞天喜	男	1955.3—1957.7	小乡党小组
	支部书记	庞更虎	男	1957.8—1959.6	
	支部书记	许建富	男	1959.7—1961.6	常卯村人
	支部书记	庞天喜	男	1961.7—1963.6	
	支部书记	赵南勋	男	1963.7—1965.11	
	支部书记	赵尚学	男	1965.12—1987.9	
	支部书记	崔雷风	男	1987.10—2001.12	
	支部书记	赵来顺	男	2001.12—2002.11	
	支部书记	赵英杰	男	2002.12—2018.4	
	支部书记	赵建东	男	2018.5—2020.6	
村政权	主　席	庞魁章	男	1950—1953	村农民协会
	大队长	庞军绪	男	1959—1980	生产大队
	村委主任	赵敏赞	男	1987—1998	
	村委主任	赵金祥	男	2000—2001	
	村委主任	赵英杰	男	2002—2014	
	村委主任	刘少博	男	2014—2019.3	
二十六、常卯行政村					
党支部	支部书记	许建福	男	1956—1966	
	支部书记	许天仕	男	1966—1969	
	支部书记	李建英	男	1969—1972	
	支部书记	许红绪	男	1969—1972	
	第一书记	许学岐	男	1973—1975	
	支部书记	许项学	男	1972—1980	
	支部书记	王道六	男	1980—2000	
	支部书记	许正华	男	2001—2002.7	
	支部书记	屈继民	男	2002.7—2005	镇政府下派
	支部书记	王道春	男	2015—2018.4	
	支部书记	许海卫	男	2018.5—2020.6	

续表 15-1

名称	职务	姓名	性别	任职时间(年、月)	备注
村政权	农会主席	王汉江	男	1947. 9—1947. 10	
	农会主席	陈清先	男	1949. 6—1950. 1	
	农会主席	许红烈	男	1950. 1—1952. 12	
	村　长	卯克忍	男	1949—1953	
	初级社社长	许顺士	男	1954—1955	
	高级社社长	许建福	男	1955—1958. 7	
	连长、大队长	许红绪	男	1958. 8—1963	
	大队长	许学岐	男	1964—1965	
	大队长	许红绪	男	1965—1979	
	村委主任	许选民	男	1980—1986	
	村委主任	许发运	男	1987—2000	
	村委主任	王道春	男	2010—2011	
	村委主任	许泽林	男	2002—2008	
	村委主任	王道春	男	2014—2018. 5	
	村委主任	许才军	男	2018. 6—2020. 6	
二十七、南安头行政村					
党支部	支部书记	常项明	男	1958. 1—1968. 12	
	支部书记	张定祥	男	1969. 1—1969. 12	
	支部书记	常茂林	男	1970. 1—1982. 12	
	支部书记	常天吉	男	1983. 1—1983. 12	
	支部书记	常生祥	男	1984. 1—1990. 12	
	支部书记	常致君	男	1991. 1—1996. 12	
	支部书记	常赞慈	男	1997. 1—2005. 6	
	支部书记	任玉芳	女	2005. 7—2007. 7	
	支部书记	熊净和	男	2007. 8—2008. 12	镇政府下派
	支部书记	常广民	男	2009. 1—2011. 12	
	支部书记	王保刚	男	2012. 1—2014. 12	第一书记兼任
	支部书记	常国武	男	2015. 1—2020. 6	

续表 15-1

名称	职务	姓名	性别	任职时间(年、月)	备注
村政权	主　席	常宗汉	男	1949.6—1950.12	村农民协会
	主　席	常胜旺	男	1951.1—1953.12	村农民协会
	社　长	常项明	男	1954.1—1957.12	初、高级农业合作社
	大队长	常天吉	男	1959.1—1962.12	
	大队长	常随祥	男	1963.1—1966.6	
	村委主任	常吉祥	男	1983.1—1990.12	
	村委主任	冯书敬	男	1991.1—1992.7	
	村委主任	常锁文	男	1992.8—2000.12	
	村委主任	常育坤	男	2001.1—2004.12	
	村委主任	常国武	男	2015.1—2018.5	
	村委主任	吴成功	男	2018.6—2020.6	
二十八、辛庄行政村					
党支部	支部书记	高天申	男	1961.1—1965.12	
	支部书记	白天治	男	1966.1—1968.10	柴家原村人
	支部书记	李红杰	男	1968.11—1970.12	
	支部书记	高运时	男	1971.1—1994.12	
	支部书记	闫雪丽	女	1995.1—1996.4	高家庄村人
	支部书记	高运孝	男	1996.5—2020.6	
村政权	社　长	高振合	男	1953—1955	北安头村人，初级农业合作社
	社长、大队长	高天申	男	1956.3—1965.12	高级农业合作社、生产大队
	大队长	李宏儒	男	1966—1982	
	村委主任	高福谦	男	1983—1993	北安头村人
	村委主任	高新年	男	1994—1995	北安头村人
	村委主任	许编行	男	1996—2012.3	
	村委主任	高运孝	男	2012.3—2014.12	
	村委主任	荆江林	男	2015.1—2020.6	
二十九、柴家原行政村					
党支部	支部书记	柴有福	男	1953—1960	

续表 15-1

名称	职务	姓名	性别	任职时间(年、月)	备注
党支部	支部书记	白天治	男	1961—1982	
	支部书记	赵安慈	男	1983. 12—1985. 12	
	支部书记	高焕生	男	1986. 1—1990. 12	
	支部书记	张项森	男	1991. 1—2001. 12	
	支部书记	张治业	男	2002. 1—2005. 12	
	支部书记	张项峰	男	2006. 1—2020. 6	
村政权	主　席	赵连根	男	1950—1952. 12	村农民协会
	社长、大队长	柴有福	男	1953—1982	农业合作社、生产大队
	村委主任	白天治	男	1983—1985	
	村委主任	张项森	男	1986—1990	
	村委主任	张治业	男	1991—2005	
	村委主任	赵振国	男	2018. 6—2020. 6	
三十、姚家城行政村					
党支部	支部书记	杨顺牛	男	1981. 3—1984. 3	
	支部书记	姚继军	男	1984. 5—1985. 5	
	支部书记	杨继续	男	1985. 6—1990. 4	
	支部书记	杜更左	男	1990. 4—1992. 5	
	支部书记	姚梧林	男	1992. 6—2020. 6	
村政权	村主任	姚继军	男	1980. 3—1984. 3	
	村主任	杨继续	男	1984. 5—1985. 5	
	村主任	董振华	男	1985. 6—1986. 5	
	村主任	杜更左	男	1986. 6—1989. 4	
	村主任	焦振锋	男	1989. 5—1990. 4	
	村主任	董学强	男	1990. 5—1992. 5	
	村主任	焦锁成	男	1992. 6—1998. 4	
	村主任	张建治	男	2003. 3—2003. 8	
	村主任	董银学	男	2006. 4—2009. 3	
	村主任	董银学	男	2013. 4—2020. 6	

续表 15-1

名称	职务	姓名	性别	任职时间(年、月)	备注
三十一、李家坪行政村					
党支部	支部书记	李根锁	男	1954—1955	
	支部书记	李新年	男	1955—1958	
	支部书记	孙有时	男	1959—1963	
	支部书记	李根锁	男	1963—1964	
	支部书记	杨向伸	男	1964—1968	
	支部书记	李新年	男	1968—1975	
	支部书记	李根锁	男	1976—1978	
	支部书记	李新华	男	1979—1983	
	支部书记	李根锁	男	1985—1986	
	支部书记	李新华	男	1987—1989	
	支部书记	赵继宋	男	1990—1998. 4	
	支部书记	谢许吉	男	1999—2000. 3	
	支部书记	赵继宋	男	2000. 10—2002. 7	
	支部书记	谢许吉	男	2003—2006	镇政府下派
	支部书记	赵本参	男	2006—2012	
	支部书记	吕春师	男	2012—2015	镇政府下派
	支部书记	赵治民	男	2015—2020. 6	
村政权	农会主席	李敏奇	男	1953—1954	村农民协会
	社　长	李根锁	男	1954—1955	初级农业合作社
	社　长	李新年	男	1956—1958. 7	高级农业合作社
	村委主任	纵三江	男	2018. 1—2020. 6	
三十二、纪家庄行政村					
党支部	支部书记	纪发相	男	1961—1982	1958 年至 1961 年隶属西章公社沟东大队；1961 年成立纪家庄大队
	支部书记	张拴民	男	1983—1999	
	支部书记	纪拴鱼	男	2000—2010	
	支部书记	张军锋	男	2010—2016	
	支部书记	纪赞革	男	2016—2020. 6	

续表 15-1

名称	职务	姓名	性别	任职时间(年、月)	备注
村政权	大队长	张映荣	男	1961—1965	生产大队
	大队长	关有志	男	1966—1973	生产大队
	大队长、村主任	张胜旺	男	1974—1986	
	村委主任	张文治	男	1986—1991	
	村委主任	雒占强	男	1992—1995	
	村委主任	纪兴盈	男	1995—1998	
	村委主任	李文泽	男	1998—2007	
	村委主任	张军锋	男	2008—2016	
	村主任	纪赞革	男	2016—2018. 5	
	村主任	张迎春	男	2018. 6—2020. 6	
三十三、水泉源行政村					
党支部	支部书记	杨向坤	男	1982. 2—1987. 7	
	支部书记	杨自强	男	1987. 7—1993. 6	
	支部书记	杨英格	男	1993. 6—2019. 12	
	支部书记	张拴智	男	2020. 02—2020. 6	
村政权	村委主任	杨自强	男	1980—1983	
	村委主任	杨英格	男	1983—1986	
	村委主任	杨英仕	男	1986—1989	
	村委主任	张发旺	男	1993—1996	
	村委主任	杨英仕	男	1996—1999	
	村委主任	杨金斗	男	2008—2014	
	村委主任	杨英格	男	2015—2017. 12	
	村委主任	张拴智	男	2018. 6—2020. 6	
三十四、沟东行政村					
党支部	支部书记	张振国	男	1956. 3—1958. 7	
	支部书记	尚翻身	男	1958. 8—1960. 12	尚家庄村人
	支部书记	韩有才	男	1961. 1—1985. 11	
	支部书记	杨赞育	男	1985. 12—1991. 1	

续表 15-1

名称	职务	姓名	性别	任职时间(年、月)	备注
党支部	支部书记	程增辉	男	1991.2—1997.11	
	支部书记	杨彦林	男	1997.12—1998.12	
	支部书记	杨选康	男	1999.1—2001.11	
	支部书记	杨继时	男	2001.12—2009.3	
	支部书记	程金仓	男	2009.3—2011.12	
	支部书记	杨项勤	男	2012.1—2020.6	
村政权	农会主席	杨长茂	男	1949.6—1953	村农民协会
	社　长	杨茂荣	男	1954—1955	第一初级农业合作社
	社　长	杨运时	男	1954—1955	第二初级农业合作社
	社　长	尚翻身(尚家庄)	男	1956—1957.10	高级农业合作社
	社　长	韩有才	男	1957.10—1958.8	高级农业合作社
	大队长	纪发向(纪家庄)	男	1958.8—1960	生产大队
	大队长	韩有才	男	1961—1963.12	
	大队长	尚翻身	男	1964.1—1967	
	大队长	杨跃春	男	1968—1986	
	村委主任	张项群	男	1987—1990	
	村委主任	杨启高	男	1991—1996	
	村委主任	杨宗孝	男	1997—2000	
	村委主任	杨继时	男	2001—2009	
	村委主任	程金仓	男	2010—2011	
	村委主任	杨海森	男	2012—2015	
	村委主任	杨项勤	男	2015—2020.6	
三十五、尚庄行政村					
党支部	支部书记	尚邦慈	男	1978—2001	1978年2月从沟东大队分出,成立尚庄大队
	支部书记	尚志强	男	2002—2003	
	支部书记	尚敏学	男	2004—2005	
	支部书记	赵益民	男	2006—2007	焦村镇政府下派书记

续表 15-1

名称	职务	姓名	性别	任职时间(年、月)	备注
党支部	支部书记	尚永强	男	2008—2016	
	支部书记	尚中国	男	2016. 4—2020. 6	
村政权	大队长	尚继续	男	1978—2004	
	村委主任	尚永强	男	2005—2008	
	村委主任	尚敏学	男	2008—2010	
	村委主任	尚永强	男	2010—2016	
	村委主任	尚中国	男	2006. 4—2017. 12	
	村委主任	尚建设	男	2018. 1—2020. 6	
三十六、南上行政村					
党支部	支部书记	朱相同	男	1960—1963	
	支部书记	朱育定	男	1964—1966	
	支部书记	朱育定	男	1967—1969	
	支部书记	朱相力	男	1969—1974	
	支部书记	朱育定	男	1969—1974	
	支部书记	寇支友	男	1974—1975	
	支部书记	朱育定	男	1975—1980	
	支部书记	杜铁固	男	1980—1992	
	支部书记	朱自安	男	1992—2015	
	支部书记	陈荣刚	男	2016—2017. 12	镇政府下派
	支部书记	李战超	男	2018. 1—2020. 6	
村政权	主　席	朱随子	男	1950—1951	村农民协会
	主　席	朱振帮	男	1952—1953	村农民协会
	社　长	朱相同	男	1954—1958	金星高级农业合作社
	社　长	朱育定	男	1953—1958	金星高级农业合作社
	大队长	杨正印	男	1958—1959	生产大队
	大队长	寇志有	男	1968—1974	生产大队
	大队长	杜铁固	男	1978—1980	大队长
	大队长	寇水渠	男	1981—1984	生产大队

续表 15-1

名称	职务	姓名	性别	任职时间(年、月)	备注
村政权	村委主任	刘金旺	男	1985—1992	村民委员会
	村委主任	李守业	男	1992—2017.12	
	村委主任	寇建民	男	2018.1—2020.6	
三十七、高家庄行政村					
党支部	支部书记	高清明	男	1999.3—2018.4	
	支部书记	高晚生	男	2018.5—2020.6	
村政权	村委主任	高清明	男	1999.3—2014.1	
	村委主任	高晚生	男	2015.1—2020.6	
三十八、北安头行政村					
党支部	支部书记	高新年	男	1996—2000	1958 年至 1996 年北安头村隶属辛庄大队
	支部书记	高犬盈	男	2001—2008	
	支部书记	高泽民	男	2008—2020.6	
村政权	村委主任	高安启	男	1996—2005	
	村委主任	高建辉	男	2005—2008	
	村委主任	高更超	男	2008—2010	
	村委主任	高建龙	男	2010—2013	
	村委主任	高泽民	男	2013—2020.6	

第十六章　群团组织

第一节　农　会

农会又称农民协会,是解放初期各级人民政权建设中的重点村级政权组织建设。焦村镇境域在1947年9月灵宝县获得第一次解放时隶属破胡乡,当时大多数乡村都成立了村农会,历时20余天,解放军东进大别山,国民党灵宝县地方势力趁机反扑,对当时的农会干部和解放军工作队进行大肆搜捕毒杀,村农会这个共产党在灵宝县焦村镇各村的基层组织也因此解散。

灵宝县第二次解放后,焦村镇境域仍旧隶属破胡区。各村农会组织大体经历了三个阶段。第一阶段时间为1949年6月至7月。在这一阶段,中共灵宝县人民政府基于刚刚解放,部分群众担心时局反复,对新政权能否生存下去存有疑虑,同时由于解放战争仍在全国其他地区进行,支前和恢复社会生产生活秩序任务繁重等实际情况,采取新建与利用和改造相结合的办法,建立村级人民民主政权。即在广大人民群众思想觉悟高、发动充分的村率先废除保甲制,成立农会;在条件不成熟的村,暂时保留保甲制,并吸收个别能被大多数群众所接受的保长、甲长到村级政权中来,在工作中予以严格监控,在此基础上采取调整、撤换、掺“石子”的办法,逐步补充新生力量,淘汰原来保甲人员,为废除保甲制、建立农会组织创造条件。

第二阶段时间为1949年8月至1950年5月。这一阶段的主要任务是自下而上、全面建立起各级农会组织。1949年8月,中央人民政府颁布命令,废除保甲制,实行行政村制。根据政务院、省政府和陕州署关于行政体制变革的指示精神,焦村镇境域在当时中共破胡区领导下,结合本地实际,制定了建立村级人民民主政权的指导思想、原则和方法,即宣传、发动和依靠广大贫雇农群众,在自觉自愿的前提下,把除地主、富农以外的劳动人民最大限度地吸纳到农会中来,为土地改革顺利开展奠定基础。

村农会由村民选举产生,办法有两种。第一种方法是分自然村或片推荐选举,主要有四个步骤:先由村民推举历史清白、思想先进、办事公道、吃苦耐劳的5至7人组成选举委员会;根据一定人口比例推选若干名群众代表;召开群众代表会议,选举产生农会组成人员;农会组成人员选举农会主席、副主席。采用这种选举方法的村占绝大多数。第二种选举方法是直接选举,两步到位,即先成立选举委员会,而后直接召开村民大会选举农会组成人员、主席、副主席。采用这种选举办法的通常是人口相对较少的村。

经过层层召开会议,广泛宣传发动,至1949年10月,各村农会组织基本健全,并于1950年初,破胡区和所辖各乡先后召开农民代表大会,成立了区农会、各乡农会及村农会,并参与了安排部署农村主要工作,选举产生出席县农民代表大会的代表等事宜。1950年4月23日,灵宝县委发出《目前情况的估计及今后工作意见》,其中就农会工作指出:"没有农会的村庄,可通过代表会去组织农会,领导的责任在于审查和掌握。"

第三阶段为完善、巩固阶段,时间为1950年6月到1952年底。1950年6月,中央人民政府颁布《中华人民共和国土地改革法》。这一法案规定:"乡村农民大会,农民代表会及其选出的农民协会委员会,区、县、省各级农民代表大会及其选出的农民协会委员会,为改革土地制度的合法执行机关。"7月15日,政务院发布的《农民协会组织通则》规定:"农民协会是农民自愿结合的群众组织,凡雇农、贫农、中农、农村手工业工人及农村中贫苦的革命知识分子,自愿入会者,经乡农民协会批准后,即可成为农民协会会员。"农会的任务是:团结雇农、贫农、中农及农村中的一切反封建的分子,遵照人民政府的政策法令,有步骤地实行反封建的社会改革,保护农民利益;组织农民生产,举办农村合作社,发展农业和副业改善农民生活;保障农民的政治地位和民主权利,参加人民民主政权建设工作。《土地改革法》和《农民协会组织通则》明确了农会的性质、作用和任务,为进一步发展壮大农会组织指明了方向。

当时提出的一切权力归农会,是由农村特定的历史条件所决定的。各级农会特别是村级农会实际上起到了基层政权的作用,是带领全体农民进行农村革命和生产建设的主力军。

1952年5月,土地改革基本结束,农业互助合作运动快速发展起来,农业合作社逐渐取代农会承担起党在农村的各项工作任务。

1953年10月,灵宝县政府宣布撤销农民协会组织的同时,破胡区、各乡、村农民协会也终止活动。

第二节　青年团

中华人民共和国成立初,焦村乡、万渡乡共青团组织建立后,在破胡区党委的领导下,青年团员积极参加民兵组织,参与土地改革,响应党的号召,踊跃加入中国人民志愿军,进行抗美援朝战斗。1955 年后,广大青年团员积极参与农业生产合作社的建设。1958 年,西章公社团委带领全公社青年投入了社会主义大跃进行列,修水利,大办钢铁,在各条战线上起到了模范带头作用。1959 年,西章公社团委董锁柱获得河南省园林先进代表。

1979 年后,焦村人民公社团委在广大青年中开展“争当新长征突击手”活动,继而又开展了“学雷锋、树新风”活动。

20 世纪 80 年代末 90 年代初,焦村公社团委采取形势报告会、知识竞赛等形式,对广大青少年进行党史、国情知识教育,并根据社会上有不少人一度产生了信仰危机这一现实,结合不同历史时期广大青少年思想动态变化的实际状况,有针对性地开展各种思想政治教育活动,激发了广大青少年爱党、爱国家、爱社会主义的热情,坚定了跟党走、干四化的信心。1982 年,开展了“文明礼貌月”活动,焦村公社团委在县团委的领导下,召开了青年“三优一学”动员大会,参与了治理城区“脏(市容)、乱(秩序)、差(服务质量)”活动。1984 年至 1986 年,焦村公社团委按照团中央、教育部、农牧渔业部、林业部联合发出的“关于组织青少年支援甘肃省采集草种树种的通知”文件要求,积极组织社会青年、各学校学生,采集了核桃、椿树籽、杏核、桃核等树种近万斤。1987 年,焦村乡团委响应灵宝县团委“创办一个经济实体,带动十个村团支部,帮助百名青年致富”的号召,在所辖区域的沟坡荒山植树造林。

1990 年,组织基层团组织普遍成立了学马列小组,广泛开展了“学马列、读好书、育新人”活动,并组织青年团参加了全国青年国情知识竞赛。

1991 年,借纪念中国共产党建党七十周年之际,号召青年团员学党史、唱党歌、做党的人、跟党走,并组织开展了“党在我心中”演讲比赛活动。1992 年至 1994 年,以贯彻《爱国主义教育实施纲要》为中心,在共青团系统大力创建两个跨世纪青年工程(跨世纪青年文明工程、跨世纪青年人才工程),在各部门分别开展了具有本部门特色的“倡导敬业精神、争创岗位一流”的青年文明创建活动,并针对商业经济带来的利己主义不良习气,举办了“学习英雄徐洪刚,弘扬正气树新风”演讲比赛。1994 年 6 月,灵宝市公安局故县分局青年民警严东方勇斗歹徒英勇牺牲,镇团委在广泛宣传发动的基础上,开展了“远学徐洪刚、近学严东方”活动。1995 年 10 月,镇团委组织优秀青年,举办了“迎国庆青春风采”报告会,受教育青少年达 90%。1996 年,党的十四届六中全会做出《中共中央关于加强社会主义精神文明建设若干重要问题的决议》后,焦村镇团委坚持把“三德”教育作为精神文明建设的基础工程来抓，组织各行各业制定了职业道德规范和行为准则，并使其经常化、制度化、规范化。在学校，教育中小学生树立远大理想，从小事做起，争做“四有”（有理想、有道德、有文化、有纪律）新人。

1997年，举办迎香港回归祖国系列纪念活动，培养了广大青少年爱国主义热情，提高了民族自豪感。1998年5月，镇团委组织开展了向希望工程献爱心有奖义卖活动。此外，每逢重大节日、纪念日，团组织都要举行各种宣传教育活动，每次活动都使每一个人的心灵受到震憾，道德情操得到进一步升华。

2000年，焦村镇团委号召全体团员在高效农业、香菇生产、企业建设等活动中积极发挥带动作用。

2001年，镇团委以“三个代表”为主导思想，以青少年思想教育为主线，突出“青年文明工程”“青年人才工程”重点工作的实施，增强了共青团组织的凝聚力和战斗力。同时大力倡导农村节俭新风尚，继续实行婚丧嫁娶一口锅、一碗菜、一碗汤“三个一”节俭制度，深受群众欢迎。在春节期间，先后组织举办了卯屯村园林杯、东仓村花冠杯、东村花木杯农民篮球赛，吸引镇内外参赛队伍100余支，观众达2万人以上，受到省、市体育局领导肯定；在广大团员的积极参与支持下杨家村组织了社火表演，坪村、纪家庄等8个村组建了业余剧团，自编自演，丰富群众文化生活。

2002年，全镇团员开展科学文明入农户活动。成立了镇果树协会、东村布尔山羊协会、乡观养猪协会、西章养鸡协会，送科技到田间地头，培训群众1.25万人次，当年评出致富能手266个，致富状元10个。7月，焦村镇团委响应市团委“学习英雄张英才，争做优秀青年”的活动号召。同时在全镇青年中开展了“三级团建联创”和“五四红旗团委”创建活动，推行了“3+X”考核制，实施基层团委书记“三个一”（撰写一篇理论文章、创建一项特色活动、领办一个实体）工程和基层团组织“118”（撰写1篇调研文章、帮扶1个村、为帮扶村办8件实事）工程，增强了团组织的战斗力。

2003年至2005年，镇团委以团的“十五大”精神为指导，以团干部和青年骨干为重点，以培训班、研讨会、知识竞赛、座谈会等形式学习党的理论，开展以“戴团徽、举团旗、唱团歌、上团课、交团费”的思想教育活动，培养青少年典型、引导青少年学习先进，争当优秀共青团员。

2007年，镇团委领导全体青年团员把学习胡锦涛总书记的“八荣八耻”作为学习重点内容，学习文化知识，学习科学理论，为构建和谐新农村做出新的贡献，搞好各个方面的新时期社会主义建设。

2008 年,以创建"平安焦村"为主题,焦村镇团委进一步健全镇、村团组织;以"法律六进"活动为载体,深入开展普法教育活动;配合镇党委完善矛盾纠纷排查调处机制,扎实开展"大下访、大接访、大包案、大解决"活动,解决群众信访问题和矛盾纠纷,有效维护了全镇政治社会稳定。

2009 年至 2011 年,一是开展创建争当"青年岗位能手"活动,树立典型并评选表彰;二是建立和完善管理、监督、检查机制,让"投诉电话、服务承诺、监督内容"三上墙,通过团员自检、互检、抽检,确保工作任务圆满完成;三是组织团员青年开展特色文体活动,丰富文化生活。

2012 年至 2013 年,镇团委组织团员开展了"党在我心中"大型演讲比赛和党的知识竞赛等主题活动,积极开展基层组织建设年活动,加强团组织建设。

2014 年,为加强全镇精神文明建设,镇团委牵头组织,开展全民健身、全民阅读、书香焦村、文化科技卫生"三下乡"、电影下乡、科教文体法律卫生"四进村"活动,参与了河南省第六届万村千乡农民篮球总决赛暨河南省第十二届春节农民篮球赛。

2015 年,镇团委带领全镇团员先后开展了"灵宝要发展,我们怎么办""四问四做起""我为三门峡发展做贡献"等解放思想大讨论活动。围绕讨论主题,制订活动方案,通过开展集中学习、座谈讨论、征求意见建议等方式,确保大讨论活动顺利开展。在活动中,组织集中学习 12 场次,观看远程教育 8 次,撰写笔记 2.5 万字,提出意见建议 7 大类 62 条。

2019 年 9 月 23 日上午,共青团灵宝市焦村镇第十九次代表大会隆重召开。焦村镇机关、教育、企业以及各村团代表和青年团干等 55 余人参加会议,共青团灵宝市委副书记常蒙楠到会进行指导。与会代表表决通过了选举办法,以无记名投票方式选举产生了共青团焦村镇第十九届委员会委员 9 名。选举结束后,共青团焦村镇第十九届委员会召开第一次全体委员会议,会议选举产生了共青团焦村镇第十九届委员会书记、副书记人选。张晓珊当选为共青团焦村镇第十九届委员会书记。

第三节　妇联会

一、组织机构

中华人民共和国成立初期,焦村乡称西章乡,妇女组织随着乡党委、政府的建立而成立。自妇联会成立以来,共召开 11 次妇代会,2011 年 10 月,第十一次妇代会召开,选举产生了焦村镇第十一届妇女联合会执行委员会，选举耿浩英为妇联会主席，2013年7月，吕巧霞任妇联会主席。镇妇联会下设36个村妇代会。

焦村镇妇联主席更迭表

表16-1

姓名	职务	任职时间(年、月)	政治面貌	籍　贯
常秀云	党委委员、妇联主席	1976—1999	党员	灵宝市焦村镇
严江菊	党委委员、妇联主席	1999—2003. 12	党员	灵宝市尹庄镇
薛玉荣	副镇长、妇联主席	2004. 1—2011. 9		灵宝市阳平镇
耿浩英	妇联主席	2011. 10—2013. 6	党员	河南省新郑市
吕巧霞	妇联主席	2013. 7—2017. 5	党员	灵宝市焦村镇
王艳华	妇联主席	2017. 6—2019. 6	党员	灵宝市尹庄镇
吕巧霞	妇联主席	2019. 7—至今	党员	灵宝市焦村镇

二、妇女工作

(一)1949年10月至1978年10月妇女工作

1949年10月，中华人民共和国成立后，西章乡广大农村妇女，摆脱了封建礼教的束缚，走出家门，加入翻身农民组织，学习党的有关政策，参加农业生产和政治运动。1951年，巴娄村妇女郭金英等4人去10公里远的山上拾柴，回来每人担25公斤以上，在群众中影响很大，下地干活的妇女越来越多。在土地改革、镇压反革命运动以及抗美援朝宣传活动中，广大妇女也发挥了重要的作用。

1953年，按照县妇联会的通知要求，开始宣传贯彻“婚姻法”，成立有妇联会、民政所等单位参加的贯彻婚姻法领导小组。培训了一批宣传骨干，组织了宣传队伍，利用广播、板报、专栏和文艺表演等形式大造舆论。妇联干部深入家庭，并召开家庭成员的会议，解决思想认识问题。万渡村青年赵世杰，思想进步，学习婚姻法后，自由恋爱订了婚，对象思想也很开放，结婚时坚持移风易俗，节俭办婚事，结婚第二天就下地干活，在群众中影响很好。

1954年，国家实行粮食统购统销政策，号召农民卖余粮。万渡村合作社女副社长董月仙，发动妇女积极主动交售自己家的余粮，女社员李玉仙应交售余粮26.5公斤，实际交售了 31.5 公斤,全社共交售余粮 2500 公斤。万渡寨子有农户 40 家,经过妇女干部耐心细致宣传动员,有 30 多家主动卖了余粮,全寨子共卖余粮 3500 公斤,超额完成了任务,支援了国家建设。

1956 年,乡妇联会在全乡组织开展了勤俭建国、勤俭持家、勤俭办一切事业的教育活动,教育妇女提高管理水平,改善持家能力,创造了许多节约的办法。饮食上做到饭菜花样多、搭配好、吃得饱又节省粮食;穿衣服提倡新三年、旧三年,缝缝补补又三年。

1958 年,农村实行人民公社化,出现了“大跃进”的热潮,广大妇女劳力与男劳力一样参加农田基本建设、兴修水利以及大办钢铁运动。

1959 年,农民兴修水利的热情越来越高。西章公社妇女社长董月仙,率领妇女专业队,大战一个冬春,修成了万渡水库,扩大浇地 88.67 公顷,为农业发展做出了很大贡献。董月仙被评为劳动模范,受到表彰奖励。

(二)1978 年 10 月至 2013 年妇女工作

(1)开展“双学双比”活动。1980 年,公社妇联会为给妇女寻找生产门路,举办了 5 期裁剪、3 期刺绣培训班,选聘 4 名技师讲课,共培训 477 人次。许多妇女掌握了新的裁剪技术后,在全社 28 个大队办起了缝纫组,做的衣服款式新颖,很受群众欢迎。全社还有 80 多名妇女利用刺绣技术创收 1.8 万余元。1980 年开始,西章大队妇女发挥印制窗花传统技艺优势,参与农户 100 余户,都是妇女从每年阴历十月开始在家印制,到腊月初十以后,全家人拿到市场上去卖,每年用纸约 1000 令,卖窗花一项可为农户增收 10 万余元。坪村大队妇女赵香倩、焦村大队妇女孙敏霞、纪家庄大队妇女金凤仅绣花一项月收入 700 元左右。同年,焦村公社帆布皮件厂女副厂长解密亭,带领 6 名妇女,沿铁路车站缝补帆布棚,外出 91 天,创收 13819.80 万元,获净利润 9000 元。

东常册村妇女张彩霞、张秀云、王拽丝 1990 年生产刺绣产品初具规模,2000 年左右达到高峰期。灵宝市场的刺绣批发市场大部分是东常册的产品,全市的肚兜、鞋垫、床单、被罩、戏衣等几十个品种的刺绣工艺产品大多在东常册村完成,多次获省市大奖,仅此一项村里年收入达百万元。所录制的电视节目曾在中央电视台致富栏目播出,河南省妇女干校专门组织其他县市妇联干部前来东常册村参观学习。

2000 年至 2003 年,镇妇联会连续 4 年组织、出资,带领 120 余名妇女去南阳、西峡、镇平、卢氏等地参观学习食用菌生产技术,通过不断地学习、钻研、试验,食用菌生产在全镇逐步开展,形成规模。先后出现了杨家村、西常册村为龙头的香菇生产加工基地,解决了农村女青年的就业问题,使许多农户依靠食用菌生产走上了致富奔小康的道路。

杨家村妇代会主任冯淑凤带头发展食用菌生产，坚持走“基地+农户+市场”模式之路，组织村妇女到泌阳、西峡学习技术。全村85%的妇女投入到食用菌生产行列，年栽植食用菌约100万袋，仅此人均增收1600元。

2006年后，西常册村妇女生产、销售食用菌规模较大，在食用菌生产中的装袋、养菌、刺孔、采菇，以及销售前的验级、分装等环节上，安排全村120余名、周边500余名妇女就业，仅此每人年收入9000元左右，实现在家门口就业，达到家庭、农活、务工全面兼顾，成为新农村建设中巾帼不让须眉的一支不可或缺的重要力量。

2010年以后，为了进一步开拓妇女的就业渠道，焦村镇成立了妇女就业服务中心，通过宣传发动、分类培训、岗位推介和树立典型等方法，边培训边竞赛边推介，形成培训就业一条龙服务，让更多的妇女从培训基地直接走上就业岗位。全镇共举办各种实用技术、上岗就业技能培训班150多期，培训妇女劳动力7000余人次；3000余名妇女经过培训转移南方沿海地区常年务工，成了离开土地的城里人；4000余名妇女经过短期培训，在当地谋到了职业，有了稳定的第二产业收入。一些以妇女为主要劳动力的生产村在焦村镇逐渐形成，以东村等村为龙头的蔬菜大棚生产基地、以南安头村为主带动周边村的葡萄生产基地等已经形成规模经营，产品不但供应灵宝市场，而且大部分运往大中城市。

(2)文明创建活动。2010年后，以创建“学习型家庭”为载体，提高妇女素质，积极倡导妇女树立终身学习理念。根据村民所需所求，围绕提高村民素质举办各种形式的培训班。利用节假日为丰富村民文化生活自编自演节目，开展“人人讲学习，家家树新风”“宣传婚育新风”等方面的文艺演出，改善了村风村貌，促进了妇女整体素质的提高。以创建“文明家庭”为载体，全面开展“文明家庭创建”活动，至2019年，全镇申报“文明家庭”100户，起到了很好的示范带动作用；以敬孝为主题，开展“好婆婆”“好媳妇”“孝子贤媳”评选活动，大力弘扬文明和谐新家风；以“弘扬美德、爱我家园”为主题，开展“巾帼绿色家园”“美丽庭院创建”行动，引导妇女积极投身生态城镇建设，增强家庭成员保护环境的公德意识和责任意识；以家庭教育为阵地，切实加强未成年人思想道德建设教育，深入开展“争做合格家长，培养合格人才”实践活动，引导家长树立正确的人才观、亲子观、育人观；倡导家校共育理念，依附全镇各中小学校成立了相应的家长学校，每年“六一”节前夕，邀请家庭教育专家在各家长学校举办“双合格”家庭教育知识讲座，组织各中小学校及幼儿园开展了以宣传“如何关注孩子的心理健康”等为主题的家庭教育会。

(3)维护妇女儿童合法权益。2000 年以来,镇妇联会切实履行职能,全力维护妇女儿童合法权益。加大宣传力度,提高依法维权意识,通过印发宣传资料、制作版画、举办专题培训等形式,引领妇女学法、知法、懂法、守法,不断提升妇女自我维权能力;加大《未成年人保护法》的宣传力度,广泛开展宣传,发放《未成年人保护法》《中华人民共和国预防未成年人犯罪法》等宣传资料 1 万多份;加强对中小学生进行爱国主义教育,弘扬爱国主义精神;成立镇村妇女儿童维权站,受理和制止发生的家庭暴力案件,认真接待妇女群众来信来访,依法处置家庭暴力行为,切实维护妇女儿童权益。

2000 年以来,镇妇联会开展送温暖关爱行动,关注弱势儿童发展方面,以"春蕾"女童为重点,开展结对帮扶活动;以"关爱女孩"为主题,宣传男女平等的生育观;以"敬老爱幼"为主题,开展送温暖活动。真正体现党和政府对弱势儿童的体贴和关怀。2013 年 4 月,在全镇开展了留守儿童情况摸排,对 1000 余名留守儿童的家庭情况和监护情况进行全面了解和走访,建立留守儿童信息库,成立了留守儿童之家,关心、教育、引导留守儿童健康快乐成长。

(4)开展各类文化活动,活跃妇女文化生活。2001 年、2002 年,镇妇联会组织参加了灵宝市妇联会举办的工艺品展览,展出面塑、剪纸等作品,获得三等奖、组织奖等好成绩;2009 年,在市举办的庆"三八"秧歌舞大赛中,获乡镇组第一名;在 2012 年庆"三八"妇女运动会比赛中获乡镇组两个第一名。镇妇联会除组织参加市比赛活动项目外,每年还组织召开全镇妇女代表座谈会、表彰会等。焦村、西章等村妇代会,还组织开展以健身、娱乐为目的健身操、民族舞、锣鼓队等多项群众活动。杨家村妇代会,发动本村妇女为子弟兵做鞋垫 80 余双。

几十年来,焦村镇妇女工作取得了很大成绩,涌现出许多先进集体和先进个人,受到了各级党政部门和妇联组织的表彰奖励。1984 年,纪家庄村幼儿园被洛阳地区妇联会授予"儿童少年工作先进集体"。2003 年,东常册村、东村村妇代会被三门峡市妇联会授予"三级联动、争先创优"活动先进妇联组织。2010 年,焦村镇被全国妇联会授予"全国妇联基层组织建设示范乡镇";被省妇联会授予"省妇联基层组织建设示范镇"。2011 年,焦村镇杨家村被全国妇联会授予"全国妇联基层组织建设示范村"。2013 年,焦村镇焦村村、姚家城村被三门峡市维护妇女儿童权益协调组授予"平安家庭"创建活动示范村。妇女干部解密亭、常秀云荣获"全国三八红旗手"、董月仙荣获河南省劳动模范、冯淑凤荣获全国妇女"双学双比"女能手荣誉称号。

(三)2013 年至 2019 年妇女工作

（1）妇联改革。2017 年村妇代会改建村妇联，从原来妇代会主任 1 人变成妇联主席、副主席、执委会等 10 余人组成的妇联队伍，开展妇女工作，并于 2017 年 5 月焦村镇妇联代表灵宝市举行了“灵宝市乡镇妇联换届观摩会”，三门峡市各县市区妇联主席都来观摩学习。

（2）“四组一队”开展情况。2019 年后，焦村镇妇联按照试点先行、全面推广的工作思路，先在西常册、乡观 2 个村级妇联组织推行“四组一队”（发展组、权益组、宣教组、家风组和巾帼志愿者服务队）工作模式，随后在其余 36 个行政村全面推广。让更多的妇女群众加入‘四组一队’组织中，着力增强村级妇联组织的政治性、先进性、群众性，真正让基层妇女工作热起来、强起来、活起来。

（3）巾帼创业工作。2017 年以后，镇妇联以帮助农村妇女增收致富为重点，积极响应“大众创业、万众创新”号召，组织 38 个行政村农村妇女多次举办“巾帼创业技术培训”活动。“巾帼创业技术培训”已开办了电子商务、月嫂、食用菌栽植、葡萄管理、樱桃采摘等 30 期农业技术和创业技能学习班，培训妇女 3600 余人次。通过培训，80 余名妇女开辟了自己致富之路，其中南安头村常改娟、乡观村闫艳丽、纪家庄村刘爱芬等 10 余名优秀妇女不仅自己创业成功，而且还带动了 600 余名青年妇女大力发展樱桃和葡萄采摘等休闲旅游农业、温室大棚果业以及圈养羊产业，年为群众增收 650 余万元，成为镇区远近闻名的经济能手、致富能手。目前全镇三门峡巧媳妇基地是灵宝市南安头樱桃合作社和贝子原村的春雨合作社，灵宝市巧媳妇基地是灵宝市阳光产业有限责任公司和灵宝市鑫联菌业有限公司。

（4）创建美丽庭院。2017 年后，焦村镇坚持“家和、院净、人美”的原则，镇妇联一是每年组织各村妇联主席到省外或兄弟乡镇外出参观学习；二是各村妇联在人居密集区域筛选一条巷道，集中人力、物力对厕所、垃圾堆、柴草、死角进行清理整理，打造一条巾帼示范巷道；三是组织团结带领广大妇女和家庭在自觉整理自家庭院、美化环境的同时，积极参与到乡村环境整治和美丽乡村建设当中，形成了人人拥护环境整治、爱护家园的良性循环；四是在全镇树立培养一批有影响的美丽庭院示范村、示范户，以典型促发展，共同推进美丽庭院建设工作。目前全镇共创建省级示范村 1 个（西常册村）；三门峡市级示范村 2 个（西常册村、乡观村）；三门峡市级美丽庭院示范户 8 户，灵宝市级 38 户，镇级 106 户。

（5）两癌筛查和孕前筛查工作。组织农村妇女和孕妇到市妇幼保健院进行妇科常见病及宫颈癌检查、乳腺癌筛查和孕前优生优孕免费筛查共计 3000 余人；及时向上申报患癌妇女基本情况,积极为5户困难家庭妇女申请贫困母亲两癌救助金5万元。

(6)巾帼“好家训、好家风”宣讲活动。从焦村镇评选表彰出来的助人为乐、见义勇为、孝老爱亲等典型事迹中,精挑细选了7个感人故事,组建了有7名优秀巾帼宣讲员的宣讲队伍,由专人组织在各村进行巡回集中宣讲活动。受益人数10000余人,社会反响良好。

(7)成绩与荣誉。2013年至2019年,焦村镇妇联连续7年被三门峡市妇联授予“三门峡市先进基层妇联组织”;2017年,“灵宝市第五届妇女运动会”比赛,全市总积分三等奖;2019年焦村镇乡观村被三门峡市妇联授予“三门峡市和睦家庭创建示范村”;2020年,西常册村被省妇联授予“河南省示范四组一队”。

第四节　贫下中农协会

1963年5月20日,中共中央向全党发出《关于目前农村工作中若干问题的决定(草案)》(《前十条》,简称《决定》)。《决定》列举了中国社会出现的严重的阶级斗争情况,强调“不可忘记依靠贫农、下中农”,“依靠贫农、下中农是党要长期实行的阶级路线”,并指出:“社会主义教育的工作,必须同农村的贫下中农的组织工作结合起来”,“为了巩固无产阶级专政,为了巩固集体经济,发展农业生产,在农村集体经济组织中建立贫下中农的组织,是完全必要的”。文件还就建立贫下中农组织的问题做了具体的规定,要求各地“要在阶级教育,社会主义教育的基础上,创造条件,有领导、有计划、分期分批地建立”贫下中农组织。

1965年10月4日,中共洛阳地委为加强对“大四清”社教运动工作的领导,印发《关于地委农村“四清”总团党委组织和领导成员的通知》,灵宝县四清工作团由2884人组成,分别来自孟津县、临汝县、伊川县、汝阳县、灵宝县和省、地与武汉军区各部队干部。西章人民公社由地委驻灵宝县工作团伊川县分团负责。进驻西章公社的“四清”工作队员有290人。“四清”工作队员进驻各生产大队后,首先是确定“根子”,成立组织,先是开好党员、团员骨干会、干部会和家庭会,宣传毛泽东的指示和“双十条”精神,武装思想。接着在全体社员中开展村史、队史、家史的阶级教育,教育社员群众认识到开展“四清”运动的重要性和必要性。在此基础上,确定苦大仇深、立场坚定、政治纯洁的贫雇农为“根子”,再串连发动贫下中农,组织起阶级队伍。办法是生产队成立贫下中农协会小组,生产大队成立贫下中农委员会(简称“贫下中农协会”)。贫下中农协会的主要职责是配合工作组和大队党支部搞好各队的“四清”工作，同时协助和监督大队、小队干部搞好生产管理工作。大队设贫协主席、副主席，生产小队设立贫协小组，贫协小组成员3—5人不等，设贫协组长1人。大队贫协主席和生产小队贫协组长，同大队干部、小队干部一样参政议政。

当年，在大队干部和生产队干部中全面开展了社会主义教育运动，展开了“四清”（清思想、清政治、清经济、清组织）工作。运动后期，一部分贫下中农代表和社教运动积极分子加入了中国共产党。各大队贫下中农协会组织一直存在到“文化大革命”后期，在当时“以阶级斗争为纲”的年代做了大量的工作，起着必不可少的作用。生产队许多事情（如推荐学习上大学、申批宅基地、管理学校等一些事务）都要经过贫协小组讨论通过，方可进行实施。

第十七章　武装政法

第一节　武装建设

一、民国末年的服役

中华民国二十七年至三十八年(公元1938年至1949年),正值抗日战争和解放战争时期,村民把服兵役称为“壮丁”。武家山村隶属破胡乡,乡里设有警卫股,其警卫主任兼任国民兵队副,主管征兵事宜。每次有征兵的任务时,乡警卫股把壮丁名额分派到各保,保里设有壮丁委员。名额少时,保里摊壮丁款到各保,利用壮丁款买壮丁。有些穷苦人家多依此为生计,寻求生活上的温保,村民称之为“卖兵”。壮丁名额多时,由保里将名额下分到有壮丁(年满十八岁以上的男性公民)的户,强行逼迫当兵,必要时捆绑送到队伍,村民称之为“抓壮丁”。有钱的富裕人家可掏钱买别人顶替自己的孩子当兵,村民称之为“买兵”。

二、志愿军服役

1950年9月15日,美军从朝鲜中部的西海岸仁川港登陆,全线进抵“三八线”。金日成向中国提出出兵援助的请求。10月4日和5日,毛泽东主持召开中央政治局会议,决定组成中国人民志愿军赴朝参战。中共中央做出“抗美援朝、保家卫国”的战略决策后,中国人民抗美援朝保家卫国志愿部队,即中国人民志愿军入朝作战。从1951年1月至1952年12月,武家山村民张广录、李贯军先后参加志愿军。

三、义务兵服役

1954年9月9日,中央人民政府政务院发布征集补充兵员的命令。命令决定:为了补充人民解放军退伍兵员的缺额及逐步推行义务兵役制,规定在兵役法未公布前,从1954年11月1日到1955年2月28日,在年满18周岁到22周岁的男性公民中,征集补充兵员45万人,服现役的期限从1955年3月1日算起。应征公民入伍前需由国家卫生机关进行体格检查,凡符合规定应征年龄的公民,如果是家庭中唯一劳动力或独子,经地方人民政府审查批准,可予缓征,不得征集依照法律被剥夺政治权力的人入伍。

1955年7月30日,第一届全国人民代表大会第二次会议通过并正式颁布了第一部《中华人民共和国兵役法》(亦称“五五兵役法”)。兵役法规定,中国人民解放军由志愿兵役制改为实行义务兵役制。至此,中国开始实行义务兵役制。每年冬季为征兵时间,县、乡(镇、原来的人民公社)设立了征兵办公室,通过宣传活动、报名应征、政治审查、集中交接、欢送入伍的程序,才能应征参军。第一部兵役法规定义务兵服役期限:陆军、公安军为3年,空军、海岸守备部队、公安军舰艇部队4年,海军舰艇部队5年。

1965年,服役期限经第三届全国人民代表大会决定改为陆军4年,空军5年,海军6年。

1967年,中共中央、国务院、中央军委、中央文革小组决定,服役期限改为陆军2年,空军、海军陆勤部队和陆军特种技术部队3年,海军舰艇部队和船舶分队4年。

1978年3月7日,第五届全国人大常委会第一次会议讨论并批准国务院提出的《关于兵役制问题的决定》。决定指出,实行义务兵役制,对于加强军队建设,加强民兵建设,为中国军队积蓄后备力量,均发挥了积极的作用。同时决定,为了加速军队革命化、现代化建设,实行义务兵与志愿兵相结合的兵役制度。征兵条件限定为初中以上文化程度,村民对服兵役有了新的认识,每年征兵时,村中青年踊跃报名应征。同时又恢复了1955年的规定。服役年限分别为:陆军部队的战士3年,空军、海军陆勤部队和陆军特种技术部队的战士4年,海军舰艇部队、陆军船舶分队的战士5年。

1984年5月31日,第六届全国人民代表大会第二次会议审议通过了重新修订的《中华人民共和国兵役法》(1984年10月1日起施行),规定中华人民共和国实行以义务兵役制为主体,义务兵与志愿兵相结合、民兵与预备役相结合的兵役制度。兵役法第二条规定:“中华人民共和国实行义务兵役制为主体的义务兵与志愿兵相结合、民兵与预备役相结合的兵役制度。”每位公民,都有依照法律服兵役的义务,超期服现役满5年的义务兵,根据军队需要和本人自愿可改为志愿兵,继续服现役。从此,“志愿兵”这一士官雏形被以法律的形式确立下来。第二部兵役法又将士兵的服役年限规定为陆军3年,空军、海军4年。

1998年12月29日,第九届全国人大常委会第六次会议审议通过了《中华人民共和国兵役法修正案》(1998年12月29日颁布施行)。新兵役法删掉了原1984年通过的兵役法中的“义务兵役制为主体”的提法,保留了“两个结合”的基本制度,即“中华人民共和国实行义务兵与志愿兵相结合、民兵与预备役相结合的兵役制度”,既体现了兵役制度的特色,又适应了军队建设发展的需要。新颁布的兵役法将陆、海、空军义务兵服现役期限一律改为2年。取消了超期服役的规定。跟随着时代前进的步伐,应征入伍成了村中青年人所追求的一种时尚,参军入伍是每个青年人的荣耀。

第二节　公安与行政司法

一、焦村派出所

焦村派出所新建在焦村镇街,独院办公。属农村派出所。

辖区范围:东连城关、尹庄两镇,西临西闫、阳平两乡镇。南接五亩乡,北依西阎、函谷关两乡镇。总面积110平方公里,38个行政村,71个自然村,310个村民组,总人口52645人,其中非农业人口2638人。

全所截至2000年底有民警18人(其中正式警6人,联防队员12人);大专文化5人,中专文化6人,高中7人。

辖区16个内部单位,217名职工,建立档案16份,保卫组织发挥作用好,全部实现"四无"单位(无刑事案件、无治安案件、无灾害事故、无职工违法犯罪);37个行政村的治保委员会,全都达到"四落实"(人员、制度、办公、报酬),并组建37支192人专职巡逻组织,对变压器85个,苹果库170个,机井房48个,采取技术防范32处,其他还组织了436人专职看护,死看硬守,至1998年底,已创建"安全文明村"18个,覆盖面达全辖区50%。

1994年2月28日晚7时许,焦村机械厂副厂长李某某骑摩托车行至新文村附近,被一持枪歹徒开枪击伤,实施抢劫,焦村派出所迅速出警,仅用1小时就将犯罪嫌疑人古某某(男,42岁,南阳市乡镇企业委职工)抓获。8月1日,焦村派出所、市看守所、市消防中队、市武警中队等单位被灵宝市委、市政府授予文明单位称号并举行了挂牌仪式。

1995年10月7日晨6时许,焦村镇巴娄村村民陈某某因对与自己发生地垄界线纠纷的汪某某、张某某两家怀恨在心,先窜入汪某某的果园,拿起地边镢头,将在果园小房熟睡的汪某某砸死。后提着镢头又窜入张某某果园小房将张砸死,尔后返回村,翻墙入汪家小院,用石头将汪妻寇某某砸死。后又窜入张某某之弟张某某家,将其妻王某某砸伤。后经派出所协同公安人员侦破此案。

2000年3月26日晚,焦村镇罗家等地发生大面积山林火灾。27日凌晨,灵宝市公安局接报案后,局长张长廷、副局长喻洪欣即带领150余名民警赶到现场,与林业局及附近群众进行全力扑救,于28日下午3时将大火扑灭。此年,派出所在局、镇党委的领导下,坚持"一手抓队伍,一手抓工作,抓队伍,促工作,保平安"和"服务大局,求实创新、重点突破、整体推进"的总体思路,坚持以"发案少、秩序好、社会稳定、群众满意"为目标,把进一步维护辖区稳定放在首位,提高对敌斗争水平,坚持"严打、严管、严防、严治”相结合,努力提高侦破攻坚能力和对社会治安的防控能力,进一步加强公安队伍建设,强化政治、业务技能的培训,提高了队伍的整体素质和战斗力。针对工作实际,主抓以下几个方面的工作:(1)继续抓好民警的政治、业务学习,通过开展“一学两争”“创优评差”“读书活动”和开展“队、所评比”活动,强化公仆意识和争创一流派出所的竞争意识,深入开展“创人民满意派出所”活动,积极开展便民、利民活动,实行“警务公开、阳光作业”增加了工作透明度,从人民满意的地方做起,从人民不满意的地方改起,赢得了广大群众的理解和支持;(2)积极开展“严打”“严防”专项斗争,有效遏制了严重刑事犯罪,维护了辖区治安大局平稳;(3)积极开展各项公安保卫工作,较好地完成了全年各项工作任务。

2003 年 6 月 14 日下午 2 时许,犯罪嫌疑人侯某某、王某某在市老区邮电局附近以租车去焦村镇辛庄村为名,对车牌为豫 MT9569 的绿色夏利出租车车主张某某实施抢劫杀人。6 月 22 日下午,张某某的尸体在焦村镇柴家塬村北一苹果园内发现。死者身上多处锐器伤、现场周围有车辆碾轧印痕,后经办案人员走访、勘查及尸检等情况综合分析,认定该案为一起特大抢劫杀人案。最后将嫌疑人侯某某、王某某抓获。9 月 11 日上午,国家重点工程华北背靠背环流变电站工程队与焦村镇南安头村群众发生纠纷,数百名工人、村民手持械具,群殴一触即发。市委副书记任晓云接访后,立即组织焦村镇政府、市优化办、政法委、政府办、公安局、信访局等单位负责同志赶赴现场,亲自做工程队民工和群众的思想工作。在紧张局面得以缓解后,工作组现场主持召开协调会,拿出了双方都比较满意的处理意见,使一起可能酿成重大群体性事件的棘手问题圆满解决。

2016 年加强社会治安防控力度,强化信访排查调处和稳控,扎实开展禁毒和司法调解工作。当年,共开展矛盾纠纷大排查 12 次,处理社会矛盾纠纷 7 件,处理成功 7 件,镇村调解纠纷 76 件,成功 76 件,接待咨询 350 人次。

2017 年,实施平安建设工程。(1)加强社会治安防控力度,增强群众安全感。派出所强化治安重点区域的巡逻盘查力度,落实技防和人防措施,强化打击违法犯罪行为力度。(2)强化信访排查调处和稳控力度。对信访重点案件和人员,严格落实包案领导和稳控责任,实行 24 小时监控,积极处理,解决所反映的问题。(3)扎实开展禁毒工作。层层明确禁毒责任,落实办公场地、设备和人员,广泛宣传全国禁毒方针及政策,激发和调动广大群众积极参与禁毒斗争,健全了禁毒硬件设施,摸清全镇涉毒人员及家庭基本情况,规范了对涉毒人员的社区管理。

2018 年,焦村派出所紧紧围绕维护政治安全、制度安全和社会稳定总任务,牢牢把握巩固提升、稳中求进工作总基调,以改革创新为引领,以科技信息化为支撑,以提升维稳、打、防、管、控效能为核心,以规范执法根本,以队伍建设为保障,持续推进战斗力倍增计划,保稳定、护安全、促和谐,全力提升人民群众安全感和满意度,强力推进扫黑除恶、打盗抢、涉枪暴等违法犯罪打击工作。全体民警通过努力提升侦破攻坚和社会治安的防控能力,在各项工作中取得了骄人的成绩。主动作为,坚决打好维稳工作主动仗、矛盾排查化解主动仗,打好舆情管控主动仗、严密防范主动仗、持续深化维稳能力建设。突出打击重点,创新打击手段,加强基础建设,持续深化打防犯罪,质效提升。抓好巡逻防控“三结合”、视频监控联网建设,常态化开展大检查、大清查行动,深化提升治安防控能力,提高街面见警率,打压违法犯罪空间。全年共立刑事案件 83 起,与 2017 年发案 122 起同比,发案率下降 32%,破获刑事案件 30 起(其中破获“三电”案件 2 起),刑事处罚 24 人【其中已移送起诉 22 人(盗窃 10 人)】,逮捕 2 人。受理治安案件 103 起,查处 103 起,结案 45 起,治安处罚 66 人。

2019 年,焦村派出所紧紧围绕“六个坚决不发生、两个确保”目标,恪尽职守,严防密控,成功打赢了“国庆七十周年”、全国“两会”等安保维稳硬仗,北京、郑州等没有发生来自焦村的干扰。协助焦村镇党委政府圆满完成了焦村“葡萄采摘节”“打违治乱”“绕城高速重点项目建设”“环境污染治理”等工作,不稳定因素预警及时,应对迅速,处置有效得力。在“打违治乱”“农村标准化卫生室建设”行动中,依法处置了 2019 年 4 月 15 日灵宝市梁某某故意损毁财物案,2019 年 7 月 1 日灵宝市李某某、李某某故意损毁财物案,2019 年 7 月 27 日灵宝市王某某、赵某某扰乱公共场所秩序案等案件,治安拘留 4 人。通过依法果断处置,有效维护了行动的正常开展,打击了违法犯罪苗头,净化了辖区社会治安环境。

2019 年派出所共逮捕 11 人,移送起诉 24 人(盗窃 8 人、抢劫 2 人、诈骗 2 人、故意伤害 3 人、容留吸毒 1 人、寻衅滋事 1 人、强奸 1 人、非法吸收公众存款 1 人、传销 5 人),抓获网上在逃人员 3 人,破获刑事案件 45 起。治安案件受理 96 起,查处 96 起,结案 37 起,治安拘留 25 人,罚款 39 人,强制戒毒 1 人。查办市公安局等其他单位转交黑恶线索 20 条,办理涉黑恶性刑事案件 1 起,逮捕 4 人,移送起诉 4 人。成功破获了 2018 年 9 月 25 日灵宝市陈某某、赵某某、刘某某等人系列盗窃案,连带破盗窃案件 13 起。侦破在群众中影响较大的 2019 年 5 月 3 日灵宝市李某某寻衅滋事、2019 年 4 月 10 日灵宝市张某某持刀抢劫等案件,以及 2019 年 3 月 10 日成功在焦村镇东仓村一土塬抓捕犯罪嫌疑人李某某。

2020年新冠肺炎疫情爆发后，焦村派出所迅速动员部署，主动担当作为，全员放弃一切假日，第一时间进入战时状态，全员上岗、全时在位、全域覆盖，冲锋在前、连续作战，以最坚决的态度、最坚决的决心、最扎实的措施筑牢疫情防控阻击堡垒。强化全力动员，在焦村派出所小区设立了党员先锋岗，每日两名民警在小区坚守值班。全力配合焦村镇党委政府开展对辖区外出务工人员进行排查隔离，成立应急处置工作小组，配备防化服、防化面具等专业装备，对拒不服从隔离治疗、拒不配合医疗部门工作的疑似病人进行强制隔离。抽调专人在市隔离点长青山居隔离点值守，维护隔离点正常秩序。疫情防控工作中，全体民辅警发扬连续作战的工作作风，不怕苦、不怕累、不怕牺牲、勇于担当，成功打赢了疫情防控攻坚战。

在金盾1号、金盾2号、金盾3号系列打击竞赛活动中，焦村所发扬连续作战精神，在金盾2号、金盾3号活动中均取得了派出所序列第一名的好成绩。

加强政治见警不放松。在金盾竞赛活动同时，焦村派出所按照上级公安机关要求，开展了政法教育整顿活动，活动紧扣理论教育、纪律教育、警示教育、宗旨教育、法治教育、英模教育、业务教育"七项教育"，促进全面推进正风肃纪反腐强警。全体民辅警认真学习习近平等领导重要讲话、相关法律法规，全警营造了刮骨疗毒式的自我革命，开展了一次激浊扬清式的延安整风运动。

焦村派出所历任领导更迭表

表17-1

职务	姓名	性别	任职时间(年、月)	籍贯	备注
所长	曹建新	男	1989.12—1992.1.1	河南巩义	
所长	卫军武	男	1992.1.1—1997.10.16	灵宝城关	已故
所长	王可立	男	1998.3—	灵宝程村	
所长	林宝平	男	2000.7—2003.6	河南信阳	
所长	袁灵杰	男	2003.7—2006.6	灵宝市	
所长	马新平	男	2006.7—2007.8	灵宝市	
所长	杨民强	男	2007.9—2013.6	灵宝市	
所长	徐向泽	男	2013.7—2019.8	灵宝市阳平镇	
所长	亢自法	男	2019.9—至今	灵宝市	

二、焦村司法所

2002 年 6 月,焦村镇司法干警为万渡村救灾扶贫储金会提供优质高效的法律服务,调解 83 宗借贷纠纷。

2008 年,焦村司法所围绕市委、市政府重点工作,积极为国家投资 20 亿元的重点项目“背靠背换流站”建设工程提供服务,促进了该工程在焦村镇辖区内顺利实施。该所组织有关人民调解委员会,启动了矛盾纠纷预警及信息反馈机制,与该镇群众工作站、土地、农业、电业等部门联合组成纠纷排查调处小组,进村入户,向群众宣传国家有关土地征用补偿政策,解答群众疑问,化解矛盾纠纷。同时,深入田间地头,协助清查人员依法有序清点登记地面上的附属物、附着物,从根本上消除了农民群众种种顾虑,既有效地维护了国家利益,又保护了辖区群众的合法权益。

2009 年 5 月 6 日,省司法厅副厅长黄庚倜到灵宝市调研“五五”普法和“三五”依法治市以及“法治灵宝”创建工作。调研期间,黄庚倜还深入到焦村镇实地查看了“法制灵宝”创建工作,对焦村镇“五五”普法和“三五”依法治市以及“法治灵宝”创建工作给予了充分肯定,同时希望焦村镇通过“法治灵宝”创建活动的深入开展,有力推动灵宝的依法行政工作,进一步加快和谐社会建设进程。

2010 年 10 月,焦村镇司法所通过了河南省司法厅组织的规范化司法所创建活动检查验收。申报焦村镇南上村为全省 2011 年度“民主法治村”。

2019 年,焦村镇司法所共解决矛盾纠纷排查 14 次,调处 160 起;建成 39 个规范化调委会,其中镇级 1 个村级 38 个。组织开展法制宣传 11 次,解答法律咨询 200 余人次,发放宣传材料 30000 余份,受教育人数 20000 余人。对 2015 年以来的 116 名刑释解教人员进行了回访。高标准建成 30 个村级公共法律服务室。

第三节　综合治理

一、机构设置

1987 年 3 月,焦村镇成立社会治安综合治理领导小组,设组长,副组长和有关单位领导成员,下设办公室。后改为焦村镇社会治安综合治理委员会,是乡党委、政府维护社会治安和社会稳定的职能部门,于 1996 年单独设立。

二、综治办工作职责

综治办主要职责:(1)积极推进平安建设和社会管理创新工作;(2)认真排查化解

矛盾纠纷,消除不安定隐患,及时妥善处置不稳定事件;(3)深入开展治安混乱地区、突出治安问题排查整治,及时解决群众反映的突出治安问题;(4)组织群防群治,推进人防物防技防相结合的治安防控体系建设;(5)加强流动人口、常住人口和重点人口的服务和管理,落实以房管人措施;(6)统一组织开展刑释解教人员安置帮教和吸毒人员,"法轮功"等邪教人员,艾滋病人、精神病人等重点人员和特殊群体的帮教管控;(7)加强对闲散青少年、服刑在教人员未成年子女、流浪儿童、农村留守儿童等青少年群体的教育、服务、救助和管理工作,预防和减少违法犯罪;(8)做好法制宣传教育、国家安全宣传教育工作,开展法律援助、安全生产监管、交通管理、消防管理、食品安全监控等工作;(9)定期分析研判、全面掌握社会治安和社会稳定形势,及时采取针对性措施,推进多种形式的平安创建活动。

三、工作措施

(一)加强领导,明确责任。焦村镇党委、政府把平安建设和社会管理创新工作纳入全乡经济社会发展的总体目标,成立了焦村镇平安建设工作领导小组,与各行政村、各单位签订平安建设目标责任书,层层明确责任人,健全责任制,形成主要领导亲自抓,班子成员具体抓,乡、村干部各负其责,相关单位紧密配合的工作机制。

(二)夯实基础,抓好基层。为方便群众办事、提高工作效率,在原综治服务中心基础上建立了社会管理服务中心,下设三个中心,即社会治安防控中心、群众诉求服务中心、行政便民服务中心,整合综治办、派出所、司法所、信访办以及民政、建委、农林、社保等部门资源,实行联合集中办公。2011 年,三大分中心接待群众 2883 人,受理业务 8893 起,涉及金额 249.9 万元,极大地方便了群众办事。各村在一委两会一小组的基础上建立社会管理服务站 31 个,成立治保会、民调会 31 个,设立治安保卫员、民事调解员、情报信息员、法制宣传员、安全监督员共 155 名;档案管理和制度建设方面,在原来五本九档基础上又建立起六套专项工作档案,31 套村情档案,并配齐电脑、沙发等各项硬件设施。

(三)依靠科技,稳步推进治安防控体系建设。至 2019 年底,已完成技防投资 165.3 万元,在全乡初步建成人防、物防加技防的治安防控体系,技防覆盖率达 100%以上。在 6 个出入境主要路口、8 个重点单位、38 个行政村安装监控镜头 398 个。乡建立专职巡防队 3 支,配备专职巡防队员 20 人;各自然村建立组级义务巡逻队 191 个,每晚义务巡逻人员 286 人;落实重点设施专人看防 306 处。

(四)突出重点,提高排查整治效果。根据上级对"社会治安大排查、大整治、大防控、大创新、大宣传活动"的实施意见,全乡建立健全了排查整治工作情况分析研判、成员单位定期例会、定期报告、滚动排查、滚动挂牌、滚动整治、工作台账、工作责任、督查指导、奖惩等10项制度和台账资料。坚持“打防结合,预防为主,专群结合,依靠群众”的方针,对10类重点地区和9类重点问题坚持经常性排查。始终保持全乡无黑网吧、电子游戏厅和易燃易爆剧毒危险品,无非法传播色情、迷信的图书报刊及音像制品。

(五)多方协作,搞好特殊群体管理。(1)加强对刑释解教人员、吸毒人员、精神病人的服务管理,建立乡、村、单位、亲属、家庭联合帮教管理和有效安置的工作机制;(2)重视对“呼喊派”等邪教组织人员的管理,加强教育引导,积极帮助转化,解决生活困难,有效预防和减少个人极端事件的发生;(3)加强对流动人口管理,建立健全协管员队伍和双向管理协作机制,完善公共服务网络体系,安装流动人口社会版软件5套,已录入管控流动人口71人。近年来,全乡没有发生一起因特殊人群引发的不稳定事件。

焦村镇综治办自建立以来,强化信访排查调处和稳控力度,共接待上访67起150余人次;接上级网转信访35起80人次,已办结30起,正在受理5起;处理市长、市委书记电话、短信访12起,已全部结案;立项督办案件4起,已全部办结。扎实开展“防风险、除隐患、保平安、迎大庆”专项行动,对全镇3座水库、26个淤地坝、2家尾矿库、100余家企业及商户进行高密度巡查监管,及时整改安全隐患,全镇未发生安全事故。对登记在册的23家散乱污企业进行排查,无死灰复燃现象;省交办的25个环保问题案件已全部通过验收并销号。

焦村镇综治办在2002年、2004年、2008年、2009年、2010年、2018被灵宝市委、市政府评为政法综治及平安建设工作先进镇;2002年10月,被三门峡市委、市政府命名为“市级治安模范乡镇”;2005年、2008年、2009年度被三门峡市委、市政府评为政法综治及平安建设工作先进镇。

第四节　焦村镇革命烈士

(以出生年月为序)

李麟彩

(详见第二十三章)

杜云乐

杜云乐,男,1927年生,东村村人。1949年8月参加中国人民解放军,后转志愿军,参加了抗美援朝战争,任志愿军1军2师5团1营战士,1953年4月牺牲于朝鲜黄海道黄洲郡。是年26岁。

张满行

张满行,男,1928年生,张家山村人。1947年9月参加中国人民解放军,任解放军云南省军区192团2营副班长,1950年9月牺牲于云南省。是年22岁。

张长新

张长新,男,1929年生,辛庄村人。1951年6月参加中国人民志愿军,任志愿军67军199师595团战士,1953年7月牺牲于朝鲜金城。是年24岁。

杜建胜

杜建胜,男,1929年生,东村村人。1949年8月参加中国人民解放军,后转志愿军,参加了抗美援朝战争,任志愿军11师33团炮兵连战士,1951年8月牺牲于朝鲜宁定。是年22岁。

杜　有

杜有,男,1930年生,东村村人。1951年6月参加中国人民志愿军,任志愿军67军199师595团3机枪连战士,1953年6月牺牲于朝鲜金城。是年23岁。

李雪振

李雪振,男,1930年生,罗家村人。1951年6月参加中国人民志愿军,任志愿军67军199师595团战士,1953年7月牺牲于朝鲜金城。是年23岁。

杨玉强

杨玉强,男,1931年生,水泉源村人。1948年参加中国人民解放军,任陕州军分区独立8团战士,1949年牺牲于焦村镇杨家村。是年18岁。

王海森

王海森,男,1931年生,巴娄村人。1952年10月参加中国人民志愿军,任志愿军1军2师5团1营战士,1953年2月牺牲于朝鲜黄海道黄洲郡。是年22岁。

许学发

许学发,男,1932年4月生,常卯村人。1951年6月参加中国人民志愿军,任志愿军67军199师596团1营3连战士,1953年7月牺牲于朝鲜江原道昌道郡。是年21岁。

许英才

许英才,男,1933年3月生,常卯村人。1951年6月参加中国人民志愿军,任志愿军67军199师595团6连战士,1952年7月牺牲于朝鲜金城。是年19岁。

罗海玉

罗海玉,男,1933年生,罗家村人。1951年6月参加中国人民志愿军,任志愿军67军199师595团侦查员,1952年8月在朝鲜加入中国共产党,1953年7月牺牲于朝鲜金城。是年20岁。

郑林汉

郑林汉,男,1934年生,万渡村人。1951年1月参加中国人民解放军,任解放军中南军区后勤部战士,1954年4月牺牲于广东省广州市黄花岗。是年20岁。

常会远

常会远,男,1950年7月生,安头村人。1971年1月参加中国人民解放军,任解放军7977部队25分队战士,1973年3月牺牲于新疆阿勒泰。是年23岁。

第十八章　文化旅游

第一节　文化服务中心(文化站)

一、组织沿革

1963年至1965年的人民公社化时期,西章乡各生产大队建立了农村文化室。1968年后的"文化大革命"中,各生产大队搞"六大办"(大办毛泽东思想宣传站,大办阶级教育展览馆,大办文艺宣传队等)。1973年以后逐渐恢复文化室名称。1980年1月,建立焦村公社文化站,有了辅导群众文化活动的基层组织,并配备一名文化专干。文化站是乡的文化事业管理机构,它的主要任务是发展乡镇文化设施建设,组织乡镇文化活动,指导村文化室、文化大院的建设和活动,培训文化骨干,举办展览,开展文体活动,组织文艺演出,继承发展优秀的传统民间艺术,做好文物保护管理,繁荣文化事业,搞好图书阅览,开展阵地宣传和科技信息咨询等。主要设施有舞台、影剧院、体育场、图书室、游艺室、阅览室、科普室、少儿活动室等。根据时代发展,新增添了歌舞厅、卡拉OK演唱厅、电子游戏厅,以及集文化娱乐与健身健美等体育活动于一体的现代化、多功能的文化活动场所。

2005年12月,焦村镇文化站归镇文化服务中心,主要职能是研究制定全镇文化、广播电视、教育等方面的规划,并组织实施;抓好精神文明建设,加强文化市场管理,丰富群众文化生活;做好广播、电视及有线电视推广。

2019年7月,灵宝市进行机构改革,依据灵办文〔2019〕62号文件,撤销文化服务中心等5个事业单位,成立文化旅游办公室。

二、文化旅游工作

1984年,焦村乡办起了图书馆、室,焦村乡公私联办图书室有房屋3间,存书2.1万册,管理员2人。各村的文娱活动有图书室、体育场、电视室、广播室等,焦村乡东村图书室,存书1000册。农村文化室办得较好,得到灵宝县的表扬。

2006年,配合豫西文化长廊建设,灵宝市对各乡镇文化专干进行了集中培训,并抽调专业人员实地指导,先后对焦村镇区的文化设施进行了完善。在沟东、南上等村新建了高标准的文化大院，推荐上报焦村等 4 个乡镇为省级先进文化乡镇，焦村等 2 个乡镇的文化站为省级示范文化站，沟东等 3 个村为省级特色文化村。10 月 26 日，经省专家组检查验收全部合格通过。

2012 年的镇综合文化站建设中，为镇文化服务中心配备了电脑、图书、柜子和桌椅，充实完善了基础设施，年底创建为省级达标综合文化站，达到了“三室一厅一房”（培训室、文体活动室、图书阅览室、多功能厅、办公用房）标准。农家书屋和村级文化大院建设使焦村镇杨家村成为规模大、档次高、功能全的灵宝市先进典型。当年，组织参加灵宝市剪纸大赛并荣获一、二、三等奖；申报罗门婚纱摄影基地并荣获三门峡市优秀文化产业基地；成立焦村女子腰鼓队、罗家男子盘鼓队等民间文化团队组织；投资 31 万元，在马村、塔底、焦村、南安头等 9 个村建成农家书屋。

2016 年的文化旅游服务工作：（一）春节期间，组织 20 余村举办丰富多彩的春节文化活动。（二）组织参加灵宝市第二届戏曲大赛，荣获三等奖。（三）组织参加灵宝市百姓直通车焦村镇演出活动。（四）指导和配合弘农书院做好清明节的文化活动。（五）参加灵宝市工会庆祝五一国际劳动节健排舞大赛，并荣获乡镇组第一名的成绩。（六）组织参加全民健身日灵宝市广场舞大赛，获得乡镇组第三名。（七）组织参加灵宝市太极拳第一期培训工作，全镇参与培训 100 余人。

2017 年对镇综合文化服务中心进行提升改造，投资 40 余万元对文化广场进行改造，铺设了广场地坪、标准化塑胶篮球场、标准化舞蹈教室，重新安装了广场高杆灯等。主要活动是组织十余名书法家到西常册村进行对联义写二百幅。完成焦村镇境内的文物普查工作。当年灵宝市蒲剧团送戏下乡 4 次 28 台。

2018 年成绩卓著。（一）参与河南电视台对南安头灯笼的拍摄，并帮村民销售灯笼四百余只。（二）组织各村搞好节庆文化活动，全镇 38 个村都开展春节群众文体活动。（三）南安头村连续几届举办村民文艺汇演，同时进行手工灯笼展示，使灯笼村名副其实，灵宝市的文艺骨干如常淑丽、常育贤等纷纷回村献艺。（四）收集民俗作品参加苹果花节的展示。（五）接待外地老年体协一行到杨家、西常册两个村的文化大院观摩学习。（六）沟东村举办庆三八暨“知恩感恩孝老爱亲”联欢会。沟东村民文化名人杨靖组织市文艺表演者到村里献艺，举办了一场高水准的文艺演出。（七）罗家村举办了纪念介子推传统古庙会活动。（八）姚家城村科技文化卫生三下乡活动举办两次。（九）邀请三门峡市缤纷鸟少儿美术基地举行游学写生活动，到焦村镇红亭驿、风情园等地体验民俗文化。（十）协助搞好全市旅游红亭驿推介会工作。(十一)组织“省歌舞团送艺术下基层”走进焦村活动。在焦村舞台及红亭驿举办两场演出,观众达5000余人次。(十二)娘娘山景区成功举办首届千人水兵舞比赛活动。来自山西、陕西、北京等团队二十余只,参演队员500余人,观众3000余人次。(十三)申报中国民间文化艺术之乡项目,完善资料、进行视频宣传片拍摄等工作。(十四)完成焦村镇“十佳幸福家庭”资料收集及评选活动。(十五)协助红亭驿举办灵宝小吃——卤肉大赛活动。(十六)组织秧歌队参加中国首届农民丰收节灵宝分会场方阵表演。(十七)组织举办焦村镇首届“焦村葡萄采摘季,衡岭塬上话丰年”红提葡萄采摘活动。(十八)组织参加灵宝市首届“众手浇开幸福花”广场舞比赛,焦村镇参赛队获得三等奖。(十九)组织美丽乡村文艺骨干参加三门峡老年体育协会广场舞培训。(二十)邀请市文化馆专业教练对贫困村尚庄村进行广场舞培训,参加人员50余名。

2019年的文化旅游活动主要开展了:(一)春节及元宵节期间各村举办广场舞、秧歌、篮球活动等200余场次;各村古庙会演大戏100余场次;各村组织妇女跳广场舞800余场次。(二)组织开展焦村镇首届广场舞大赛、首届马村樱桃采摘节、沟东村庆“三八”孝爱老亲活动,举行了巾帼基层宣讲团焦村分会成立仪式暨报告会。(三)举办焦村镇第二届葡萄采摘节活动。将焦村镇的各种名优特产进行展销,举行文艺演出,精心策划开展“葡萄真甜、我来代言”人气王评选活动,有105人参加,访问量达到196700人次。开展“金秋最美、灵宝焦村”抖音大赛活动。(四)开展“脱贫感党恩、文艺进乡村”演出活动。演出队走进各行政村开展文艺演出,宣传党的扶贫政策,在扶志扶智方面通过宣传引导困难群众积极投入到脱贫工作中。(五)成功举办焦村镇庆七一“砥砺奋进新时代、不忘初心跟党走”歌唱比赛活动。(六)组织镇女子花样锣鼓队参加三门峡市元宵节社火表演,获得了网络人气奖。(七)组织参加灵宝市第二届苹果花节锣鼓大赛,获得第二名成绩。参加了寺河山第二届苹果采摘节开幕式活动。(八)参加灵宝市“庆祝建党70周年剪纸大赛”。尚水玲的剪纸作品《家风代代传》荣获二等奖,焦村镇荣获组织奖。同时镇面塑作品参加了灵宝市非遗面塑评比活动。(九)认真准备、组织群众300余人配合中央电视台《乡村大舞台》栏目在红亭驿拍摄《文化大集》民俗文化录制任务。完成了河南电视台在风情园录制皮影戏节目,组织群众观众30余人配合节目录制。

第二节　文化事业

一、广播电视站

焦村镇广播电视站始建于 1958 年，当时名叫西章公社广播放大站，机房设在公社北边小院，占房 1 间，有上海产 TY-250/100 型扩大机 1 部，工作人员 2 名。利用电话线传送广播信号。后不久因电力不足而停办。1965 年大办广播，全公社 25 个大队，基本都通上了广播，并开始架设专杆专线。1966 年，广播站随西章公社更名为焦村公社广播放大站。机务人员成功设计、安装了自动开关机，除在公社广播站使用外，还在东村等 3 个村开始使用。1966 年到 1967 年，全公社广播有了较大的发展，将万渡片和东村片的木杆改造成为水泥杆。公社机房也安装了电源配电柜、输出配电柜和控制台。1967 年末，全公社喇叭入户率达到 30%。1968 年，机务人员又在纪家庄村试验成功用电灯零线传送信号，随后在 12 个大队推广使用了这项技术。1978 年，又试验成功了 YC-1 型半导体自动开关控制器，全乡喇叭入户率为 45%。1987 年焦村乡成立了“三化”建设指挥部，投资 3. 9 万元，购置了铁丝、铁横担等广播“三化”器材。灵宝县广电局支持焦村乡有线广播“三化”建设款 27150 元。年末，全乡喇叭入户率达到 80%。

1988 年春，广播室迁至乡政府办公楼 3 楼，占房 3 间。在焦村街安装音箱 6 只，喇叭 20 余只。焦村镇是全市最早发展电视事业的乡镇之一。1985 年 8 月，乡政府投资 15 万元，在镇政府 3 楼建起差转台，在楼顶竖立 30 米高三角塔 1 座，发射机为 50 瓦，覆盖全乡大部分用户，转播中央 1 套、3 套节目和灵宝台节目。1996 年 11 月，马村山电视转播台建成，镇广播电视站协助市农村有线台，一年间发展用户 2700 余户。2002 年，市光纤网络中心在焦村村铺设光纤，发展光纤电视用户 400 余户。2005 年末，焦村镇电视普及率达到 99%，其中有线电视村 1 个，用户达 474 户。2006 年 1 月合并焦村镇文化服务中心。

二、文化活动中心

焦村镇综合文化中心成立于 2003 年，总投资 80 万元，占地面积 6000 平方米，硬化面积 1200 平方米，建筑面积 400 平方米。图书室 80 平方米，藏书 5000 册，文体活动室 240 平方米，科技培训室 80 平方米，高标准硬化灯光球场 400 平方米。内设图书阅览室，文体活动室，科技活动室，乒乓球、羽毛球活动中心，多功能厅以及电脑、投影仪等设备，拥有高标准化篮球场以及设计新颖的现代化舞台，硬化广场3000平方米，广场四周安装多套群众性健身器材，全天候向群众开放，同期配置万元以上的音响、电视、活动设备供全镇农民活动。同时按照镇区统一规划，拓宽硬化了工生路、文化街3300平方米，视野开阔，交通便利，可供万人以上活动在此举行。焦村镇综合文化中心已经成为全镇开展宣传，进行文化活动的重要阵地，达到了有场所、有器材、有人员，活动正常开展。

在镇综合文化服务中心的辐射带动下，全镇先后建成36个高标准文化大院，38个篮球场，36个农家书屋，27个广场舞活动点，10个业余文化剧组，1个乒乓球俱乐部。

三、弘农书院

灵宝市弘农书院，位于灵宝市焦村镇罗家村小学。于2013年4月12日，在焦村镇罗家村揭牌。弘农书院由焦村镇罗家村委会、焦村镇民间12社团、江苏吴江众诚实业有限公司、中国人民大学乡村建设中心、中国农业大学农民问题研究所等五个单位发起。弘农书院作为弘扬中华文化的民间人士自愿组成的非营利性民间社团组织，以落实党中央提出的“建设生态文明、建设美丽中国、实现中华民族永续发展”伟大战略目标为指导思想，整合一切有利资源，探索生态文明背景下的农民农业农村可持续发展之路。

弘农书院既以老子《道德经》中的“人法地、地法天、天法道、道法自然”为指导，也以孔子的“孝悌忠信、礼义廉耻”为指导，整合儒道两家的教育精华，提出“尊道贵德、和合生态”的理念，拟发展以下业务：(1)中华文化道德培训：远承传统文化，近化道德人心，旨在治离土断根之精神文化问题。(2)养生保健培训：礼仪装扮、太极、食疗、卫生常识等，旨在治留守群体身体之病。(3)生态农业技术培训：结合自然农法、传统农耕技术和民间农艺知识，旨在治土壤破坏和农业安全之严重问题。(4)农民合作培训：综合政策法规、市场知识和乡土管理知识，发展农民合作组织，旨在探索解决小农散沙之社会经济问题。(5)在条件具备的情况下，其他与生态农业、农民合作、传统文化教育相关的研究、培训、推广业务。弘农书院的发展展望是：希望有条件做一个5至10年的发展规划，先把弘农书院做好，做扎实；然后，以之为示范点，以灵宝所辖村庄为腹地进行采用式推广；逐步辐射豫陕晋等地的乡村文明建设示范区，以与中国的东南、西南、中原、东北等地的生态文明建设示范点相呼应。

四、村文化大院

1963年至1965年，各大队建立农村文化室。1968年后的“文化大革命”中，各大队搞“六大办”(大办毛泽东思想宣传站,大办阶级教育展览馆,大办文艺宣传队等),一哄而起,不久也有名无实。1973 年以后逐渐恢复文化室名称。20 世纪 80 年代后,各村的文娱活动有影剧院、图书室、体育场、电视室、广播室等,东村的农村文化室办得较好,得到灵宝县的表扬。焦村乡东村图书室,存书 1000 册。

2001 年,杨家村在春节期间组织了社火表演;新建高标准文化大院 5 个,创办了焦村镇民间艺术展厅,剪纸、面塑、布制工艺等民间艺术产品在三门峡市妇联的支持下,顺利走向市场。

2002 年,实施千册书架进农村工程。全镇农村图书室总数达 16 个,其中图书在 2000 册以上的村级图书室 6 个,西章、万渡、焦村 3 个村图书达 4000 册。

2003 年 10 月 31 日,焦村镇农民科技文化体育活动中心竣工落成并举行剪彩仪式。中共三门峡市委常委、宣传部长李立江,中共灵宝市委副书记、常务副市长高永瑞,副市长成居胜出席剪彩仪式。该中心由焦村镇和市供销社投资 80 余万元兴建,占地面积 6000 平方米,是全市功能最全、规模最大的农民科技文体活动场所,可容纳万人举行各类活动。

2004 年,全年新建村级文化大院 11 个;投资 30 万元建成了卯屯村农民文化体育活动中心。

2005 年,投资 80 万元,建成了焦村镇区群众文化大院。2006 年,加强农村文化阵地建设,建成了秦村村、武家山村标准化文化大院。

2007 年,全镇建成三星级文化大院 4 个,二星级文化大院 5 个,民间文化中心户 41 户。

2008 年,焦村镇申报国家文化资源共享工程 8 个和农家书屋项目 2 个。加强对民间艺人的培养,当年全镇有 5 人获三门峡市民间文化杰出传承人称号。全镇建成大型科技文化活动中心 4 个,建成三星级文化大院 2 个、二星级文化大院 6 个,共有民间文化中心户 41 户。

2009 年,新建和维修活动室 10 个、舞台 7 座,硬化、维修篮球场 5 个,硬化活动场地 3000 余平方米,购置健身器材 27 件。建设新农村书屋 8 个,新增图书 16800 余册。

2010 年,筹资 84 万元,建成新农村书屋 10 个,完成 3 个村的文化大院维修改造任务,购置健身器材 27 套,新建文化墙 800 平方米。

2015 年,焦村镇文化体育事业。举办了庆国庆文艺晚会、广场舞比赛等群众文化活动;开展送电影下乡 350 余场次;完成马村、万渡、水泉源、西常册、杨家、贝子原、卯屯村文化大院升级以及舞台建设、翻新改造工作；完成30个村老年体育活动中心建设任务；完成4个村的国家农民体育健身一场两台项目，实现一场两台项目全覆盖。

2019年村级文化大院统一命名为"某某村综合文化服务中心"，全镇38个行政村全部建成文化大院，其中36个行政村达到"七个一建设标准"（文化活动室、文化活动广场、有简易戏台、有一个宣传栏、有一套文化器材、有一套广播器材、有一套体育设施）。

五、电影

1968年11月，灵宝县将8个影队下放到各公社管理，焦村公社从此有了电影队。1971年1月收回，1975年4月再次下放到公社。

2009年，在农村开展"送电影下乡"共450场。

2012年，全年放映电影400余场，送戏下乡23场。

2013年，全年放映电影400余场，送戏下乡28场。

2014年，全年放映电影450余场，送戏下乡120场。

2016年，送电影下乡活动，全年放映300余场次。

六、电视

（一）发展过程

焦村镇电视广播始于20世纪80年代末，当时多为黑白电视机。

1985年，全乡拥有电视机3000台。其中彩色电视机100多台。在电视机总量中个人购买电视机率占80%。进入20世纪90年代，电视在全镇迅速普及。这个时候的电视机，由黑白过渡到彩色。至2000年后，电视机数量以每年300至600台的增长速度逐年攀升。2016年，焦村镇拥有电视机4.8万台。每户家庭拥有量为1.6台。在电视机数量发展过程中，电视机的技术含量也发生了巨大变化。20世纪90年代前，灵宝市家用电视机大多数是14吋和17吋黑白电视机，品牌以熊猫、北京、凯歌等居多。之后，彩色电视机逐渐普及开来。从屏幕尺寸上分有14吋、21吋、25吋、29吋、34吋、35吋等，其中以21至29吋占多数；从屏幕类型上分有凸面、超平、纯平、液晶。最初为凸面，后来被超平和纯平所替代；每台价格在1000元至8000元之间；从信息处理技术上分模拟和数字两种，由于数字电视机价格多在万元或万元以上，所以，大多数家庭仍使用模拟电视机；在品牌上，主要有长虹、创维、TCL、康佳、北京、松下、索尼、三星等。

电视机接收设施：电视机一般都配有室内接收天线，远离电视转播台的地区在收看电视节目时,通常还要自备室外天线。随着电视技术进步,有线电视技术和卫星地面接收设施的出现,室内天线和室外天线的使用者在逐年减少。2016 年,全镇有线电视用户发展达到 4 万多户。

(二)电视转播

"七二·一"差转台:1971 年 4 月,县广播站购买回三门峡地区仅有的两台电视机。为了解决信号问题,10 月,由县站技术人员张贵泽、王土旺负责电视差转机的装配工作。同年底,组装成 1 台 50 瓦差转机,安装在海拔 1500 多米高的娘娘山上。1972 年 1 月 1 日开始转播,取名"七二·一"差转台,系豫西第一家县办差转台。是时,差转台除自己组装的差转机外,还有 1 台小型柴油发电机,1 部 14 吋天津产的"北京"牌黑白电视机,机房为搭建的帐篷。1974 年 4 月,"七二·一"差转台搬到焦村公社安头村大队部。11 月,又从内蒙古呼和浩特电视设备厂购买 1 台 DCH50 型 50 瓦黑白电视差转机。1976 年 4 月,因信号受同频干扰的原因,陕西、河南电视台信号转播均不理想,"七二·一"差转台又搬迁到焦村人民公社东南的衡岭塬(西华村岭)上,机房借用西华大队抽水站机房。9 月,架起 60 米高桅杆式天线塔,同时,新盖了 3 间瓦房。由此,正式建台转播节目。1985 年,增添了 1 部 10 瓦差转机。1995 年 2 月,"七二·一"电视差转台停播。

焦村镇电视差转台:焦村镇电视差转台始建于 1994 年 6 月 30 日,由镇政府投资 15 万元兴建,同年 10 月 6 日建成投入使用。差转台位于镇政府院内,有机房 3 间,面积 60 多平方米,有工作人员 3 人,成都产的发射机 1 台,功率 50 瓦,30 米高铁塔 1 座,电视信号覆射全镇 38 个村。差转台自建成运行以来,每天转播 20 个小时,主要转播中央一、二台节目信号。1999 年 12 月停止转播。

马村山电视转播台:灵宝市马村山电视转播台位于焦村镇马村村南。台址坐标:东径 110°46′47″,北纬 34°28′59″,海拔高度 791 米,发射塔高 65 米。1995 年 1 月建成试播,当时为农村有线电视台的发射部。主要为农村有线电视台提供信号,转播中央一、二、五、七、八套和河南、陕西、贵州、浙江、山东卫视节目。1996 年 2 月,在市人大会议上,代表反映市南部、西部群众收看不到灵宝电视台节目并作为提案办理。6 月,市广电局决定成立马村山电视转播台,配有工作人员 3 名,与市农村有线电视台发射部合署办公,实行统一管理、统一安排值机。灵宝市马村山电视转播台主要职责是:转播灵宝电视台节目,负责 MMDS 信号发射工作。

娘娘山广播电视发射台:灵宝市娘娘山广播电视发射台始建于 2004 年,台址座标为东经 110°47′31″,北纬 34°26′56″,海拔高度 1556 米。当年 2 月,娘娘山广播电视发射台工程被列为市政府为民所办的 6 件实事之一。同年 11 月建成广播。安装全固态 1000 瓦电视发射机 1 台、全固态数字 1000 瓦调频立体声广播发射机 1 台,抛物面卫星接收天线 1 套,专业卫星接收机(数字),广播级专业信号监视器 2 台,KU 波段卫星数字广播接收系统 1 套,电视发射天线 1 套,调频广播发射天线 1 套,并竖 28 米高电视广播发射塔 1 座,总投资 130 万元。信号传输采用 10 吉赫微波传输方式,双向四路系统。灵宝市女郎山(娘娘山)广播电视发射台主要职责是:转播发射灵宝电视台和灵宝人民广播电台节目。

第三节　文化艺术

一、舞台、戏剧

(一)舞台与剧场

对于古戏台(楼),县志俱无记载。明代以前,民间演戏均为“地摊子”,即在庙中空地用布圈围为前后两部分,前部分演出,后部分供演员化妆和放置戏箱等。演出时,观众站立四周观看,因拥挤常常出现伤亡事故。最早的戏楼多建于明初,戏楼楼基 2 米以上,下有通道供人通行,上为演出楼台。

据载,明朝初年,常卯村、沟东村各建造戏楼一座。沟东村戏楼因年代久远,遭兵火焚烧,失修,已不复存。明末清初,巴娄村建造坐南朝北两座并排戏台。

中华人民共和国建国初期,各行政村大都有修建砖木结构舞台。

20 世纪 60 年代,随着灵宝影剧院落成后,焦村人民公社也相继建起较为现代化的演出场所。东常册、万渡等村集资修建了砖木结构舞台,前台宽敞,兼有演员化妆室、住宿、伙房等设施。

到了 80 年代,纪家庄、西章、卯屯、常卯、武家山、巴娄等村先后建起了新式的舞台,均有化妆室、伙房、宿舍等设施,剧场面积多在 2500 平方米至 3000 平方米,可容纳 3000 人至 5000 人,有的还特意建造了观众座位。

2000 年后,焦村镇各行政村均建造了造型新颖的舞台剧场,设施设备比较新潮的有焦村、武家山、杨家、东仓、罗家、西章等村。

2018 年尚庄村新建了标准化舞台,西常册、史村、李家山、水泉源、张家山五个村新建了简易舞台,对全镇 36 个行政村统一了标牌。

2019 年,沟东村、辛庄村建成标准化舞台,王家、滑底、柴家原三个村新建了简易舞台。

(二)常卯关帝庙乐楼、戏楼

常卯关帝庙,位于市西五公里的焦村乡常卯原东南 200 米处。庙宇分三殿:献殿、正殿、后殿。献殿前面是乐楼,全为座南向北,乐楼前广场两侧东、西各一戏楼,相距三百米,台面相对。据传,东戏楼为秦村建,西戏楼为常卯村建。每年农历二月初十至十三日,两村各据一楼对台演戏,互不相让,盛况空前。今乐楼尚存,戏楼已毁。此庙(含乐楼、戏楼),兴建于明代万历年间,清代两次翻修,民国十三年重建。戏楼毁于 1941 年。乐楼砖木结构,面宽 9 米,进深 6 米,高 10 米,台口呈人字形,两侧砖面雕刻牡丹花纹,楼两旁与中间各有一门,故亦称"三门楼"。

(三)剧种

蒲剧:蒲剧又称乱弹,是焦村镇村民最喜爱的剧种之一。始于清代中期。蒲剧的唱腔慷慨激昂,擅长表现古典历史剧。镇区各行政村的古庙会多聘请蒲剧团助兴演出,主要历史剧目有"八大本":《阴阳树》《红梅阁》《麟骨床》《十五贯》《乾坤鞘》《蝴蝶杯》《明公断》《八件衣》。中华人民共和国成立后,镇区成立了民间蒲剧团,如常卯村蒲剧团、万渡村蒲剧团、焦村蒲剧团等。改编整理排演了一批蒲剧传统剧、现代剧,主要现代剧目有《焦裕禄》《土炕上的女人》等,丰富了焦村镇群众文化生活。

眉户:眉户又名迷胡、曲子,曲调缠绵动人,其音乐使人入迷,"迷胡"之称由此而来。该剧种源于陕西省的眉县和户县,清末流入焦村镇境域。眉户曲极其丰富,有岗调、五更、流水、高调、尖尖花、扭丝、长城、色调等大小曲牌百余种。眉户唱词通俗,表演自由活泼,适合表现民间的生活故事、男女爱情、家庭琐事等。焦村镇少数农村业余剧团、中小学校的宣传队、民间唢呐班,多采用眉户曲调演出。

道情皮影戏:皮影,是道情戏的表演形成,尹庄镇民间叫它"戳皮儿"。皮影戏源于汉武帝,《汉书 · 外戚传》说:汉武帝的妻子李夫人死后,汉武帝时常思念,手下人李少翁设法让武帝能见到李夫人,在夜间设一帏帐,请武帝在远处观看,不久帐中出现李夫人形影,其实是用皮刻人物造型,得用光源反射而成。后人改用厚纸或皮革剪影借光照射,演变成影子戏,流传后世。道情皮影戏的布景和人物用牛皮制作,人物均为侧面形象,操作用的签子三、四寸高。用布帐围成平台,台宽约六、七尺,用油灯或汽灯、电灯射在白色纱幕上,艺人双手操纵竹签,一边完成剧中人物文作武打,一边道白唱词。在焦村镇道情皮影主要散布在沟东村、东常册村。沟东村主要代表人物杨仰溪，主要是对皮影人物的制作有着传承和发展，1991年8月，法中友协艺术委员会主任吉莱姆夫妇一行8人曾到焦村镇沟东村考察灵宝皮影艺术。东常册的道情皮影流传自尹庄镇车窑村，主要艺人有刘新华、刘金财、李崇喜、苏茂德，多次参与灵宝市皮影剧出国演出。

（四）历史戏窝

赵老三戏窝：创建于民国十九年（1930年）。窝主赵老三（焦村镇东仓人），演员刘喜顺（二净，尹庄人）、张良生（小旦，大王镇北朝人）、许长生（小生，焦村镇常卯人）、王五九（正旦）等，收徒30余人。1933年解体。

张秉义戏窝：创办于民国二十四年（1935年）。窝主张秉义（焦村人），聘请艺人王存才（小旦）、杨天心（二净）等为师，收徒30余人。“七·七”事变后，晋南沦陷，蒲剧老艺人三、五结伙渡河南逃，多投该班行艺，一时该班名震豫西。抗日战争后期解散。

韩老六戏窝：韩老六戏窝创办于民国二十五年（1936年）。窝主韩老六在安头村招徒40余人，邀聘张良生（小旦）、张怀变（须生）等为师。一年后较有名气的角色有黑娃子、王五九等。该班三年后解体。

（五）民间戏剧团体

2001年，坪村、纪家庄等8个村组建了业余剧团，自编自演，丰富了群众文化生活。

2002年，焦村镇群众文化活动丰富多彩，全镇文化艺术团发展到20个，演员人数达350人，义务演出60多场。

2004年8月，由灵宝市委宣传部、市文化局联合主办的灵宝市“黄金股份杯”首届农民戏剧大赛拉开序幕。通过层层筛选，全市17个乡镇精选出16台节目参加决赛。决赛从8月18日拉开帷幕，9月25日圆满谢幕。焦村镇选送的常卯村业余剧团的《恋花梦》（编剧许足平）获一等奖，演员许刚赞获优秀演员奖。

2016年，焦村镇有业余剧团10个。

（六）部分业余剧团介绍

塔底村农艺蒲剧团：是一个村级民间艺术团体，现有演职人员32人，乐队8人，演员24人。2010年剧团团长刘平选自己花费15000余元，为剧团到西安市戏剧服装店购置了剧团演出古装戏服、幕布、道具等。自2010年以来，共在灵宝市范围内演出300余场次；在周边陕西、卢氏县、大庄等地区演出50余场次，观众达13万人次，活动范围覆盖灵宝市16个乡镇和陕西、陕县、卢氏县，受到广大观众和有关领导的高度评价。目前演出大型历史古装本戏有:《打金枝》《薛刚反朝》《火焰驹》《大登殿》《金水桥》《花田错》《风筝缘》;现代时装戏《打碗记》;古装折子戏有:《断桥》《杀狗》《教子》《舍板》《路遇》《三对面》《杀府》;现代折戏有:《掩护》《扒瓜园》《卖女》等。曾经获得的荣誉有:2010年灵宝市举行第一届农民戏曲大赛获得二等奖、焦村镇举行农民戏曲大赛获得一等奖;2012年焦村村委举行全市农民戏曲大赛获得一等奖;2016年灵宝市文广新局举行第二届农民戏曲大赛获得三等奖。在灵宝市文广新局组织举行的各届农民戏曲大赛中取得了优异成绩。

卯屯村蒲剧团:卯屯村的戏剧排演始于解放前,先为眉户剧种起始。1949年,为庆祝中华人民共和国的成立成立了卯屯村剧团,由眉户改为蒲剧,村上先后有五六十人参加,自筹资金,初始全为男演员,没有女性参与,主要成员有卯三寅、梁福娃、卯绪娃、卯更申、梁发屯等。排演的剧目有时装剧《梁秋燕》《小二黑结婚》等;历史古装剧目有《三对面》《打金枝》等。到了"文化大革命"时期,遂改为毛泽东思想宣传队,排演革命样板戏和革命歌曲、舞蹈等。

万渡村业余剧团:成立于1950年,业余剧团前期的团长为阳宝国,后期的团长为孙增义。在20世纪50年代,排演了《十大恨》《幸福家庭》等节目,提高了村民的思想觉悟,激发了村民对共产党和新社会的热爱。60年代,排演的剧目有《社长女儿》《擦亮眼睛》《文风帕》《张连卖布》等,在周围村庄首屈一指。在"文化大革命"时期成立的毛泽东思想宣传队,经过著名蒲剧导演(当时被下放)和三门峡市著名乐器导演阳光普和任丙居两位先生的精心指导和编排,所演的样板戏《红灯记》《沙家滨》等革命样板剧目在邻近乡和窄口水库演出,均受到很高评价。

罗家村文艺队:于2012年12月由何慧丽发起,樊栓社组建,并于2013年春正式成立。文艺队的前身是盘鼓队,由最初的罗家自然村的21人现在发展为罗家行政村的100余人。表演种类由盘鼓表演增加至秧歌、腰鼓和盘鼓等多种表演形式。现有孟村的腰鼓队20余人、罗家村盘鼓男队40余人、罗家村秧歌女队20余人以及寨子沟的秧歌队20余人。每年大年初一村里都会举办"迎新年"春节联欢汇演。村民自发编排的三句半,蒲剧《双官诰》、《三对面》,手语《生命之河》,眉户剧《村官》,以及各种形式的舞蹈,给人留下深刻的印象。

焦村镇村主要业余剧团一览表

表 18-1

名称	剧种	团长	人数	成立时间(年、月)	主要剧目
常卯剧团	眉户	许满成	55	1949. 11	《穷人恨》《三世仇》《恋花梦》
塔底剧团	蒲剧	刘天福 刘民选	42	1950. 1	《打金枝》《薛刚反朝》《火焰驹》《大登殿》《梁秋燕》《穷人恨》《小二黑结婚》《智取威虎山》《红色娘子军》《白毛女》等
尚家庄剧团	蒲剧		40	1949. 11	
贝子原剧团	蒲剧 眉户	杨晓峰	40	1996. 1	
东村剧团	蒲剧		30	1967	《红灯记》《沙家浜》《智取威虎山》《杜鹃山》等
赵家业余剧团	蒲剧	赵甲丰 张学盈 赵铁礼 赵俊茂 等	40	1951	《打金枝》《破华山》《游西湖》《白蛇传》《大登殿》
万渡村业余剧团	蒲剧	阳宝国 孙增义	50	1951	《十大恨》《幸福家庭》《社长女儿》《擦亮眼睛》《红灯记》《沙家浜》等革命样板剧目
马村业余剧团	蒲剧 眉户		40	1952	《如意壶》《铡美案》《拜土台》《退兵》《社长女儿》《沙岗村》《红灯记》《沙家浜》《智取威虎山》
巴娄业余剧团	蒲剧		60	1952	《梁秋燕》《小二黑结婚》《穷人恨》《智取威虎山》《红灯记》等
东常册剧团	蒲剧	刘虎臣	40	1950. 1	《梁秋燕》《白毛女》《红灯记》《沙家浜》
南安头业余剧团	眉户	常项瑞 姬丑旺	50	1953	《花庭会》《张连卖布》《白毛女》《红灯记》

二、文学创作与通讯报道

文学创作：文学创作是一种特殊的复杂的精神生产，是作家对生命的审美体验，通过艺术加工创作出可供读者欣赏的文学作品的创造性活动。以语言文字为工具形象化地反映客观现实，表现作家心灵世界的艺术，包括诗歌、散文、小说、剧本、寓言童话等，是文化的重要表现形式，以不同的形式（称作体裁）表现内心情感再现一定时期和一定地域的社会生活。从1949年中华人民共和国成立后到如今的盛世之年，焦村镇文学创作不乏佼佼者，在灵宝市乃至豫西地区具有一定的实力和影响力。20世纪80年代进行报告文学创作的有焦足才；进行小说创作有东常册村的刘泉锋、马村的岳竹玉（也有诗歌作品）；进行诗歌创作的有西常册村的李少民；古体诗创作具有一定水平的代表人物有武家村的赵景谋、西常册村的李效民；历史故事和古文化创作的有张焕良；戏剧创作的有常卯村的许足平等。其中刘泉锋、李少民、张焕良系河南省作家协会会员；赵景谋系中国诗词学会会员，河南诗词学会理事；岳竹玉、李孝民系三门峡作家协会会员。

通讯报道：中华人民共和国成立后，1956年7月1日灵宝县创办了《灵宝县报》，同年12月改为《灵宝报》，先后为五日刊、三日刊、二日刊。1961年3月停办。由当初的《灵宝报》开始至1987年底，焦村（前期为西章）人民公社在通讯报道方面的工作人员主要有刘文忠、焦足才（贝子原人）。1988年至2000年焦村镇新闻报道主要成员先后有：郭英朝（巴娄人，政府机关）、康廷献（大王人、政府机关）、卢瑞格（政府机关）、贺天性（西章人）、岳竹玉（马村人）、王学青（女，乔沟人）等，先后发表的媒体有河南人民广播电台、三门峡市广播电台、灵宝县广播站、《灵宝晚报》、《三门峡日报》、《河南日报》等。2000年至2016年焦村镇新闻报道工作主要由焦村镇党政办公室通讯报道人员负责撰写，并发表在各大小报刊媒体。

三、民间故事传说

从2006年开始，文化服务中心组织人员开始挖掘搜集整理焦村镇民间故事传说，共收集民间故事稿50多篇，谚语30多条；2007年搜集整理的《娘娘山的传说》被列入三门峡市非物质文化遗产项目；2008年搜集整理的《十二社的传说》被列入灵宝市非物质文化遗产目录；近几年又整理出神话故事《铁角神庙》《天皇阁的传说》《老天沟的传说》《岳飞庙宇演变史》，谚语《滚过的传说》等共70条目。

四、唢呐

唢呐的综合表现形式叫鼓吹乐，俗称“乐户”，习称“唢呐”，是以吹管乐器为主的民间器乐合奏形式。中华人民共和国成立前，焦村镇鼓吹乐用于婚丧祭礼等。中华人民共和国成立后,鼓吹艺人常活动于节日集会,并多次参加省市文艺汇演和器乐比赛。

西章村鼓吹乐始于明代中期,在灵宝县一带颇有名气。中华人民共和国成立初期村中就有三五十户是从事于鼓吹乐行业的。民国时期至中华人民共和国成立初期,灵宝鼓吹乐的代表人物王元昭,就是西章村人,他生于光绪初年,出身富门大户,却毕生以鼓吹为业。经他整理的濒于失传的乐曲百余首,经他传授的门徒数以百计。鼓吹乐中曾流传有大量古老的曲牌,其中套曲有《望妆台》《翠盘秋》《汉东山》《清吹》《拿鹅》等10多首,均系1000余年传承下来的曲艺历史文化。改革开放后,鼓吹乐作为西章村的一项传统文化,还有为数不少的村民继承着祖上的事业,据2016年不完全统计,村中还有数十人参与鼓吹乐的演奏。

五、社火

相传明末清初社火已流传灵宝区域,民国时期遍及城乡山寨。每年春节各地都有“耍社火”活动,元宵佳节大闹三天,官民同乐,祈求风调雨顺,国泰民安。中华人民共和国成立后,该活动达到鼎盛时期。特别是改革开放后,伴随着居民生活的提高,社火形式花样翻新。

社火为一种群众性的综合民间歌舞活动。社火队中以高跷、芯子为主体,最前面是三眼铳、独眼龙(土炮)开路,接着是彩色龙旗列分两行,唢呐队随后,锣鼓队、鞭炮队位居中央,神头、族长、绅士、富豪簇护香案神位,接下来是芯子、高跷、旱船、跑驴、海螺、狮子等表演节目,最后还有一对“后坠子”。浩大的社火表演,少则几百人,多则数千人,系老少妇孺皆参与的群体娱乐活动。2005年,元宵节期间,焦村镇组织了金鸡报春大型社火表演,出动彩车、锣鼓车40余辆,表演节目120个,参加群众5000多人。2008年,元霄节期间,焦村镇组织了金鼠迎春大型社火进城表演。2011年,焦村镇组织举办了“玉兔迎春”大型社火表演、“魅力焦村”摄影大赛。

第四节　民间艺术

一、剪纸与纸扎

纸扎是民间祭奠用品。一般是用竹篾草秆绑扎成骨架,用五色彩纸裱糊,装饰成堂屋、厢房、门屋、客厅、牌坊等,另配纸人、纸马、金山、银山等。20世纪90年代,纸扎制作不断增添新内容,如汽车、电视机、沙发等。同时,纸扎突破了专用于丧事的局限,被广泛用于婚庆场所与居室、会堂装点,如花篮、花环、花瓶、插花、胸花等。焦村镇沟东村村民杨仰溪，是把纸扎与剪纸工艺完美结合的能工巧匠。他撰写的论文《漫谈灵宝纸扎的前景与2000年现状》，在中国民间美术学会河南分会第三届研讨会上获一等奖。同时，他本人被授予河南省民间剪纸艺术家称号。1997年7月1日，是香港回归祖国的大喜日子，尚水玲精心剪成了庆祝香港回归的剪纸作品，并在全国举办的庆七一迎回归民间剪纸艺术大赛中获得一等奖；在纪念老子诞辰举行的民间剪纸艺术展览活动中，她的剪纸作品又多次在函谷关古文化风景区进行展出，受到文化界知名人士以及游客的连连称赞。2001年，她的剪纸作品在由河南省民政厅、省劳动人事厅、省总工会、省残联共同举办的河南省残疾人技能竞赛中荣获剪纸专业特别奖。焦村镇剪纸艺术主要分布在沟东村，代表人物先后有杨仰溪、崔荣青、尚水玲、杨建录等。东常册村的剪纸艺人有品瑞宁、王线营。卯屯村的剪纸艺人杲转娥。

南安头村是附近远近闻名的“灯笼村”，村民制作的纸制灯笼均是纯手工完成。灯笼制作的材料有白纸、纱布、颜料、竹子、浆糊等。根据需要剪裁纸张，制作灯花、灯笼用纸，再用颜料给白纸上色，然后将竹子劈成细竹篾进行绑箍，并将金纸、灯花等装饰作品粘上去，灯笼就基本上完成了。莲花灯还需要把纸挤出宽窄不同的褶皱。灯笼种类主要有传统纸张荷叶灯、石榴灯、四柱转灯、喜庆纱灯等。南安头村孙雪层从其母许亮净处所传承，带动周边村民学习制作，拓宽了群众致富的道路。每年10月底进入农闲时节，村里家家户户便开始制作灯笼，有些村民更是全家老小齐上阵，做多少卖多少。元宵节前，周边十里八乡乃至山西、陕西的商户也都会来该村采购灯笼。小小的灯笼成为该村群众致富增收的一大亮点。

二、刺绣

传统刺绣前必须要剪好花样置于布下做底图才能开始织绣。因此，焦村镇民间刺绣与剪纸艺术一样，是历史比较久远的传统工艺，当地民间称为“扎花”，无论人物、花鸟虫鱼或图案都统称为“花”。扎花在旧社会是青年妇女必学的一项技能或本领，早在唐宋时期已普遍流行。明清以后，作为女孩出嫁前的嫁妆准备，更为盛行。女孩一般要自己动手为自己刺绣嫁衣、枕套、裹肚、头巾、绣鞋、坐垫等，其图案多系花鸟虫鱼之类。当地有一首民谣描写女子为自己刺绣嫁衣的情况：“王小姣，作新娘，赶做嫁衣忙又忙：一更绣完前大襟，牡丹富贵开胸膛；二更绣完衣四角，彩云朵朵飘四方；三更绣完络衫边，喜鹊登枝送吉祥；四更绣完并蒂莲，早生贵子喜洋洋；五更绣完龙戏凤，比翼双飞是鸳鸯。”民国初年，婚嫁绣品又增加了小孩衣帽、马肚、斗蓬，老年人的烟袋包、钱包以及牲口身上的搭裢、布袋等。中华人民共和国成立后，刺绣工艺除人们衣着外，各式门帘、被单、床罩以及电视机、电扇、洗衣机、缝纫机外套也都刺绣了各种花色图案，装饰现代生活，具有一定的艺术观赏性。焦村镇沟东村的崔荣清、陈沉香刺绣的床罩、枕头都具有一定的艺术欣赏价值。东常册村的张彩霞、李锐丽、杲亚梅的布料刺绣多次在焦村镇、灵宝市、三门峡参赛，受到各级领导表扬与肯定。2010年杨月亲、李锐丽被三门峡市文化局评为三门峡市级非物质文化遗产代表传承人。

三、面塑

面塑又称面花。焦村镇面花由来已久，早期叫“窝窝花”，是当地人们正月十五赶庙会用来敬神的祭品，后来被沿用作儿女婚嫁、小孩百日、老人祝寿的礼品，俗称糕花、枣糕、礼馍或花馍。面花的制作原料是小麦面和鸡蛋，制作方法是先捏成型，蒸熟染色，最后涂油而成。面花种类很多，最好的要数婚嫁用的糕花，当地风俗，婚嫁吉日男女双方都要请四五个“巧巧”妇女捏糕花，相互馈送。男方给女方的糕花是“平花”，面花直接做在糕上，不染色，寓意男方朴素、结实。女方回送男方的糕花是“高花”。把捏好的面花染上各种颜色，用竹签插在面糕上。糕花中间一组中主花，内容多为“二龙戏珠”“龙凤呈祥”“凤凰戏牡丹”“连生贵子”等，主花四周是飞禽走兽、花鸟虫鱼等。寓意女方美丽能干、婚后幸福，生儿成龙、生女成凤。焦村镇面塑艺术分布在各个行政村。

四、编织

传统编织工艺可分为四类：(1)芦编。从古到今，沿沙河流域的乡观、坪村、秦村等行政村旧时多有成规模型芦苇生长，村民根据特殊的地理环境和生活所需，用芦苇编织成炕席、锅盖、粮囤、炕围子等。(2)竹编。在靠近秦岭脚下的巴娄、南上等行政村，多有竹园种植，竹编制品包括竹筐、竹篮、塵、竹爪、笊篱、筛子、蒸笼等，多为生活日用品和劳动工具。(3)麦秆编织。有扇子、提包、板围子、锅圈等，上面通常编有花、鸟、虫、鱼或人物图案，工艺精细。(4)紫穗槐条。20世纪90年代，随着苹果产业的普及和发展，村民多用紫穗槐条编织成果篓，方便苹果的销售和运输。(5)蒲叶、玉米皮编织。多为草墩、草垫子、果篓衬袋等，还可以作为供人们欣赏的艺术品。

五、布艺

布艺是以布为原料，通过缝、贴、拼、叠、绣、缀等方法制作的工艺品。这样制品大都有填充物，一般采用荞麦皮、绿豆皮、高粱壳、棉花、锯末以及海绵等，创造出立体艺术形象。布艺品种繁多，艺人经常做的在百种以上，最著名的有动物玩具和香包。最常做的有虎、猪、猫、蛙、狮、龙、凤、龟、鱼、鼠、马、鹿、麒麟及五毒百虫等。艺人们发明的双头娃娃枕、猪猫鞋稚拙可爱、别具特色。这些布艺的共同特点：(一)具有实用、观赏和娱乐的功能，可看、可用、可玩，用作孩子的保护神，亲友互赠的礼品。(二)造型夸张、生动、形象，儿童十分喜爱，具有直观的教育意义。(三)色彩艳丽、装饰性强，亦具收藏价值。

香包即香草包，学名香囊。内装雄黄、桂皮、苍术、白术、朱砂、冰片等香料，外包丝绸，再以五色锦线绣、结、扣、束成所要表现的物体，端午节小孩佩带香包避邪驱瘟，清香四溢，点缀服饰，还能让儿童受到启蒙教育。布艺种类几乎无所不包：动物类常表现的是鸟、鱼、狗、兔、牛、猪、羊、蝙蝠、蝴蝶、鹿、龙、凤等。瓜果类有桃、石榴、柿子、西瓜等。蔬菜类有红辣子、绿豆角、萝卜、白菜、茄子、莲菜、金瓜、南瓜等。另外还有神话人物及绣球、花篮、粽子、菱角、金葫芦等。

第五节　旅　游

一、旅游业发展概况

娘娘山旅游区于1993年开始筹建。1994年12月7日，由河南省旅游学会地理专业委员会编制的《灵宝市娘娘山游览区总体规划》，经灵宝市有关部门评审通过。之后，市旅游局和焦村镇政府及周边村等单位共同投资100多万元，重建了娘娘庙，修建了山门、牌楼，整修了登山步道，修通了专用公路。1997年5月举行首游式。

2002年，焦村镇加大娘娘山旅游资源开发力度，投资30余万元，拓宽整修进山主路5公里，修筑木、石小道3000米，完善了公厕、垃圾池、景点介绍牌等各项配套服务设施，初步建成娘娘山风景区一期工程——石瀑布景区。9月，通过河南省旅游局验收。9月29日，娘娘山风景区正式向游人开放。三门峡市旅游局局长张跃珍及灵宝市委书记王跃华、副书记张社平等有关领导出席了开游仪式。市委书记王跃华为娘娘山名胜风景区揭牌。10月，正式对游客开放。石瀑布景区飞瀑流泉，奇石罗列。其中1号石瀑布宽500米、高160米，2号石瀑布宽300米、高200米，国内罕见。当年年底，累计接待游客1.5万余人次，成为该镇经济增长又一新亮点。

2004年4月，娘娘山风景区获得“省级地质公园”称号，其知名度和影响力进一步扩大。同时，对景区投资体制进行了重大改革。

2005年4月18日，娘娘山地质公园开工建设。娘娘山自然风景区总面积60平方公里，主要地质遗迹面积3平方公里，包括地质遗迹保护区4处、地质游览区4个、生态保护区4个及特别景观区4个。娘娘山风景区，文化底蕴深厚，河南省旅游学会、旅游地理专业委员会为其编制了东线旅游建设总体规划。自2002年3月起，焦村镇进一步加大了开发建设力度，开始了西线旅游线路建设。2004 年 5 月，娘娘山又以其典型完整的科迪勒拉型变质核杂岩被批准为省级地质公园。娘娘山地质公园开工建设后，新的旅游开发规划由企业家张长有投资建设并经营正式实施。计划 3 年建成，投资 1000 万元。至年底，建成景区大门、地质博物馆、登山步道、办公楼等工程。

2006 年 9 月 29 日，省级小秦岭地质公园开园仪式在灵宝市娘娘山风景区举行。省人大常委会原副主任郑增茂、省国土资源厅副厅长李志民、三门峡市副市长史增田等为小秦岭地质公园开园剪彩。“省级小秦岭地质公园”位于灵宝市焦村镇的娘娘山风景区，总面积 60 平方公里。景区山高峰险谷深，自然风光独特，地质遗存丰富，文化底蕴深厚。2004 年，娘娘山风景区申报省级地质公园获准后，当地政府将景区开发经营权转制，交由民营资本投资开发。2005 年以来，共投资 1180 万元，先后拓宽改造了 310 国道至景区 15 公里道路，完成了景区内水、电、路、服务区、停车场等基础设施建设，修砌硬化了长 7.6 公里、宽 1.5 米的旅游登山步道，景区游览条件得到极大改善。同时，新增地质博物馆、地质广场等地质景点 40 余处，新开发太平湖、月亮湾、步云洞等旅游景点景观 30 余处，并开发了水上 1 公里漂滑项目，使该景区成为集地质科普观光、自然风光观赏和生态休闲娱乐于一体的自然人文风景区。开园仪式上，李志民为小秦岭地质公园授牌，郑增茂、史增田等为地质公园开园揭牌，并参观了小秦岭地质博物馆。

2007 年，焦村镇的旅游业发展，按照打造灵宝市西花园的旅游业发展总体目标和定位，以娘娘山旅游开发为龙头，当年投资 300 万元建成玉女湖等骨干工程。全年接待游客 4 万人次。

2008 年，按照打造城市西花园的旅游业发展总体目标和定位，以娘娘山旅游开发为龙头，砌筑棋盘石至娘娘庙登山步道 1500 米，在景区绿化植树 10 万株，年内景区接待游客 4 万人次。乡村休闲旅游业蓬勃发展，信达生态园、万菌苑、神泉山庄等旅游景点，吸引了大批游客观光游玩。此外，年内还在坪村整修休闲垂钓水库 2 个，并成功举办了焦村镇首届钓鱼大赛。

2009 年的娘娘山旅游开发建设。围绕山、水区位优势，积极打造城市西花园。娘娘山景区续建工程，当年计划投资 500 万元，实际投资 610 万元。其中，投资 240 万元，治理河道 2500 米，打深井 1 眼，修建引水渠 1000 米，安装简介牌 20 块；投资 172 万元，换土植树 120 余万株；投资 25 余万元，制作路牌广告 20 余块；建设旅游饭店 1 家，农家饭店 3 家；投资 8 余万元，与保险公司续签了景区责任险，年接待游客 4 万余人次。同时完善整修坪村、乡观、常卯、滑底休闲垂钓水库 4 个。

2010年的旅游业，投入资金500余万元，修建沿河步道2000余米，栽植柏树13万棵、刺槐10万余棵，安装标识牌200块，刷新护栏3000余米，装修3星级厕所2座，完善了游客服务中心，提高了景区的接待能力。整修坪村、乡观、常卯、滑底休闲垂钓水库4个，成功举办了万渡村钓鱼大赛，提高了焦村旅游的知名度和影响力。

2011年，投资450万元，对娘娘山景区基础设施进行建设；投资100万元在景区增设"激情大冲关"和"真人CS"拓展训练游乐项目。

2013年的景区建设投资1300万元，主要完成民俗别墅区、游客接待中心、15公里盘山公路建设等二期基础服务设施工程。至年底，完成投资1500万元，民俗展馆已布展，游客接待中心建成使用，15公里盘山公路建设工程完工，景区宾馆建设完工并投入使用。

2014年，总投资3600万元的娘娘山景区续建工程，紫云阁、玉皇殿、压山石、五指槽等景点完工。

2015年，焦村镇旅游工作制定旅游计划，以打造"一个目标、两大龙头、三个看点、三条主线"为重点，即以打造豫西文化旅游强镇为目标，以娘娘山景区、阳光产业为龙头，做好神山、秀水、美食三篇文章，发展自然山水游、民俗文化游、乡村休闲游三条主线，着力创建焦村特色旅游品牌，努力构建"大旅游、大市场、大产业"新格局。6月开工建设红亭驿民俗文化村，总占地面积26.7公顷。该年，焦村镇获得"河南省乡村旅游示范乡镇"荣誉称号。

2016年，开工建设娘娘山景观大道，全程2.6公里，路基宽15米，提升景区硬件设施，完成生态养生园、生态公园规划、设计、征地等工作。

2017年，红亭驿民俗文化村非公党建宣传展览基地建设，提升了焦村镇党建宣传力度。举办河南省"三山同登"灵宝分会场群众登山活动。

2018年，(一)开工建设焦村镇西常册常乐田园综合体项目，主要包括休闲娱乐、观光采摘、农耕体验等功能。举办首届"焦村普泰采摘季，衡岭塬上话丰收红提葡萄采摘活动"；(二)建设娘娘山高空水晶玻璃观景台工程、总投资916万元，建设内容为观景台、玻璃滑道等。垂直高度60米，高空玻璃观景平台面积200平方米。整体工程结构以航天钛金材料、合金钢、高强度特种玻璃为主，基础部分采用架空钢筋混凝土结构，表面进行蓝天白云仿生装饰，上部采用圆形或半月形钢结构与多层夹胶钢化玻璃相结合的施工方案又有绝对的安全保障。

2019年，招商引资灵宝市品宿·隐心居民宿旅游项目，位于红亭驿民俗文化村南，总投资1200万元,其中一期投资650万元,规划建设6座民宿院落,每座院落建筑面积130平方米,小院面积60平方米。二期计划投资550万元,再规划建设6座民宿院落。品宿·隐心居源自唐·祖咏《苏氏别业》:“别业居幽处,到来生隐心。”和清·胡其毅《偕王雪蕉先生诣碧峰寺访桔木师不遇》:“即此问山路,自然生隐心。”品宿·隐心居以老子《道德经》为根文化,融入灵宝农耕文化、民居建筑文化、纺织文化、手工艺、习俗文化等,整体风格干脆利落、简洁自然,根据各院不同主题,用不同制作工艺将《道德经》体现出来。

二、国家AAAA娘娘山景区

(一)娘娘山

娘娘山,又称女郎山,夫家山,属小秦岭山脉。位于市城区西南,15公里处,海拔1556.9米,山上土层较薄,植被复盖率较低。山顶原有娘娘庙一座,现已倒塌。1998年,当地群众又建新庙一座,并立碑纪念。女郎山娘娘庙,据有关史料记载,始建于西汉末年,明代万历三年复修,清代道光十八年重新修葺。根据调查和遗址中文物标本判断,与史料记载相吻合。娘娘的传说在焦村镇及灵宝市境域妇孺皆知,流传甚广。相传2000多年前,山下有一李姓人家,有二女,长女玉真,年方十九,次女妙真,年方十七。二女貌如天仙,秀丽可爱,勤劳善良,且做的一手好针线活,左邻右舍无不知晓,很多青年十分爱慕,争相求婚,使媒求亲者络绎不绝。但封建礼教,父母之命,媒妁之言,束缚二女不能自择婚配。母对其女说,女应以夫为家,没有终身不嫁的。二女不愿,即指南山为夫家。姊妹俩相携出走,奔往南山,依洞为室,以野果为食,凿石泉眼为盆,磨石为具,自耕其食,相依为命,闲时以石子相戏,过着自由自在、无忧无虑的生活。二女结伴,相居久之,偕其母归山。自始母女三人同居山顶,相度成仙。从此,往来天上人间,助人消灾,拯救贫苦百姓于苦难中。看到天旱歉收,百姓饥荒,就施雨润田。大旱年,若有人求雨,则有求必应。由于娘娘恩惠百姓,人们遂以香火供奉。后来在娘娘升仙的地方留有石洞室,庙中有娘娘全身像,中为其母,左右两侧为玉真、妙真像。

灵宝境内传有“娘娘戴帽(云雾)百姓睡觉”之说,其意为娘娘施雨了,庄稼将有好收成,不愁吃喝。每当天旱时,人们皆望娘娘山头之天气变化,盼望下雨。旧《灵宝县志》载:“县南(指老灵宝县城)百余里,传闻汉时山下李姓二女,年及笄,父母为择配,辄不允。母曰,妇人以夫为家,未有终身不嫁者,二女指山曰,此即吾夫家也。”遂逃之山巅。后偕其母羽化而去,因名夫家山,俗称为娘娘山。

(二)小秦岭地质公园娘娘山风景区

小秦岭地质公园娘娘山风景区，西北坡位于焦村境内，距灵宝市区 11 公里；东南坡位于五亩乡境内，距灵宝市区 11 公里。娘娘山，又名女郎山。相传远古之时，太上老君为铸炉炼丹选中了秦岭东端的这座山峰，将拐杖插在山头作为证据。后来王母娘娘为普度众生也看中了这座山，将绣鞋埋于老君杖下。二人为此山争执不下，玉皇大帝派司山之神察断，以鞋先杖后为据，把此山判属王母娘娘。王母娘娘驻跸此山，点化纪家庄一李姓人家所生三女登山羽化成仙，并分别赐任其"天母娘娘""地母娘娘""人母娘娘"封号，之后，人们将三位娘娘所居之处称为"娘娘山"。

娘娘山风景区属小秦岭山脉，呈花岗岩地貌，完整保存着距今 30 亿年至 25 亿年拆离断层构造的地质遗迹。2004 年 5 月被批准为省级地质公园。2011 年 4 月，被批准为国家 AAA 级旅游景区。娘娘山春天百草含芳、春意盎然，夏季青峰翠谷、潭瀑相连，秋季各种花草依次开花、果实累累，冬季山坡白雪皑皑、谷底琼冰玉瀑，一年四季春花秋实，夏瀑冬冰，让人陶醉。娘娘山风景区总面积 28 平方公里，主峰娘娘山海拔为 1555.9 米。风景区风景优美、人文景观丰富。地表林木葱笼，地下藏金埋银。娘娘山分黄天墓、娘娘庙、马跑泉、砥石峪、苍龙岭、石撞飞瀑、石瀑布 7 大景区，有五子石、望乡崖、金井、坐佛、十八盘、入云阁、石瀑、芳草甸等 34 个景点。依其地形地貌特点分的瀑布峪（百尺瀑）景区、石瀑布景区、娘娘庙景区和黄天墓景区。对外开放的主要是瀑布峪景区和石瀑布景区。瀑布峪景区里芳草凄凄，溪流潺潺，百尺瀑磅礴壮观，地质拆离断层尽显岁月沧桑，北国第一漂滑惊险、刺激；石瀑布景区水体景观多变，自然秀丽，原生节理形成的山体壁立千仞，让人望而生畏；娘娘庙景区以三娘娘的传说故事为主题，常年香火不断，紫烟缭绕。黄天墓景区位于武家山上，山体主要景点有青龙岭、凤凰岭和上天梯等。

（三）娘娘山高空水晶玻璃观景台

2018 年 10 月景区在石瀑布区域启动了高空水晶观景平台及游乐滑道建设项目。娘娘山高空水晶玻璃观景台工程总投资 916 万元，工程建设期 5 个月，完成期限 3.5 个月，建设内容为观景台、玻璃滑道等。

该项目位于娘娘山景区精华景点石瀑布之顶峰，总面积 200 余平方米，垂直离地高度为 80 米，视觉落差约 300 米，登临高台脚踏悬空，前方石瀑布美景尽入眼底，即可高空俯瞰，尽情拥抱壮阔天蒙秀色，更能体验"会当临绝顶，一览众山小"的豪迈情怀。

游乐滑道全长 280 米，置身其中，如入时光隧道，从山顶腾空而下，瞬间时光飞逝，四周美景呼啸而过，惊险刺激。一惊一瞥间，阅尽世间繁华，让人感慨人生，更加珍惜时间的宝贵。

整体工程结构以航天钛金材料、合金钢、高强度特种玻璃为主,基础部分采用架空钢筋混凝土结构,表面进行蓝天白云仿生装饰,上部采用圆形或半月形钢结构与多层夹胶钢化玻璃相结合的施工方案又有绝对的安全保障。

三、旅游文化产业

(一)灵宝风情园

“豫西风,灵宝情”,灵宝风情园,是灵宝市又一地标性景观建筑,是集村寨旅游观光、地方特色风味餐饮、民俗文化展览、商务、娱乐、商业店铺、住宿为一体的休闲度假胜地。2008 年 7 月 30 日,市风情园项目在焦村镇开工建设。该园坐落于灵宝西出口南侧的焦村老寨子,占地 3 公顷,计划总投资 1300 万元,将其建成集住宿、餐饮、旅游观光为一体的休闲娱乐场所。为充分展现古寨文化底蕴,风情园整体建筑效果将以仿古建筑为主。

灵宝风情园是集村寨旅游观光、民俗展览、休闲娱乐、餐饮为一体的服务性产业,园内建有豫西风情民间院落、地坑天井院、民俗展览中心、餐饮中心及复古寨墙、原古寨门、景观中心、关帝庙、樱桃园、枣园等设施,主要经营灵宝特色羊肉汤、茶艺、棋牌、住宿等项目,拥有 6—20 人台各类豪华包间 9 个,宴会中心可同时接待 200 人就餐,是旅游观光、回乡省亲、生日宴寿、各类庆典、小型会议、商务洽谈的理想选择,金城灵宝政务、商务、文化中心,是灵宝市又一地标性景观建筑。

(二)东村红亭驿

红亭,也称虢州西亭。是唐代虢州(今河南灵宝)的著名建筑,为当时文人墨客、黎民百姓往来游寓饮饯之所。旧址在灵宝西华九柏台,毁于 1960 年。红亭驿民俗文化村项目拟占地面积 200 亩,总投资 8000 万,建成集豫秦晋三省特色精品地方民俗小吃、非物质文化遗产、农耕文化、人文景观,是豫秦晋黄河金三角地区首家以地方特色民俗旅游文化为主题的豫西印象体验地,项目建设完成共包含红亭驿站(标志建筑 6000 平方米建筑面积)、老子书院、青牛观、民俗村文化广场、豫西民俗风情小吃街、儿童水上乐园、大型室外游乐场、卡丁赛车馆、旅游产品展示、百果林采摘园等功能区。

红亭驿民俗文化村一期工程占地 6.7 公顷,2016 年已完成投资 3500 余万元,已建成设施包括阳光大道一条、鱼塘两座、民俗村城门楼二座、停车场 8000 余平米、地面房屋 130 余间、百米红亭长廊一处、百尺红亭长廊 2 处、茶水广场小戏台、民俗广场大戏台、青牛观(雏形)一座、200 余米深生活用水井一口,收购老旧传统物件磨盘、石碾等

1000 余件,移栽大型树木 200 余棵。一期传统小吃作坊街小吃街(第一、二条小吃街)已于 2017 年 1 月试营业,商铺入驻 40 余家,另有戏台广场、评书、皮影、茶摊、水上游乐园、儿童文化娱乐广场以及烧烤夜市等功能区。红亭驿二期项目 2018 年 1 月正式营业,同时另外三条民俗风情小吃街(商铺 100 余间)、茶馆、酒吧、咖啡馆、客栈以及大型室外卡丁车赛车馆、大型室外游乐场,青牛观庙会、啤酒广场等。

(三)西常册常乐田园

它是由党支部引领、村股份经济合作社主导、全体村民参股的集体经济项目。项目总投资 3600 万元,主要分为休闲娱乐、观光采摘、农耕体验三大功能区。一是休闲娱乐区,于 2018 年 10 月开始建设,2019 年 1 月利用原废弃水池,由支部书记张志强兜底建设的首个项目——网红桥投入运营,营业首日盈利 2 万元,截至 2019 年底共建成彩虹滑道、碰碰车、旱冰场等游乐项目 14 个。二是观光采摘区,结合休闲娱乐项目,利用周边 13.3 公顷土地种植了甘蔗、柿子、桃等小杂水果 10 余种;新栽植美国红枫林 2.7 公顷,并在红枫林下建设香菇采摘大棚 16 个,大力发展观光采摘和乡村旅游。三是农耕体验区,包括农耕文化园、农耕体验园、花田久地紫藤长廊、香悦农舍以及猪栏茶吧。目前农耕体验园已完成 110 块土地的领养;香悦农舍已建设投用;全长 400 米的花田久地紫藤长廊,是省内面积最大、长度最长的的网红打卡地;利用废弃猪圈打造的猪栏茶吧,已投入运营。2020 年新建了儿童乐园、复古小火车、勇士拓展训练营、孔雀园等 4 个娱乐项目。

(四)工生果园

为打造集苹果栽植、苹果文化展示、苹果产业发展示范、苹果采摘游于一体的产业融合新亮点,带动全镇苹果产业高质量发展,焦村镇以“灵宝苹果之父”李工生先生的名字命名,高标准建设了工生果园。果园总投资 1200 万元,共分 4 个区域:工生纪念区,即工生广场。主要建设灵宝苹果之父李工生塑像、工生广场、灵宝苹果百年赋透景文化墙、游园步道等,为举办各类节会活动及周边群众健身休闲提供场所。老果园展示区。栽植各个年代的老苹果树 14 个品种 700 余棵,全方位展示灵宝苹果及其产业的发展历程。新品种示范区。栽植秦脆、维纳斯黄金等 5 个品种 3850 株矮砧苹果树,建设以新模式、新品种、新技术为引领的试验推广示范区。辅助休闲区,也叫工生游园。修铺游园步道,绿化栽植油松、贴梗海棠、垂丝海棠、小叶景观女贞、红叶石楠、紫薇植被,铺设景观草坪。工生果园的建设,为焦村乃至全市人民提供了一个致富思源、富而思进的精神家园,也为我市开展研学旅游观光、灵宝苹果文化展示、苹果产业发展示范工作提供了一个重要基地。

第六节　古庙与古庙会

一、古庙

东村关帝庙：位于东村村西，焦阳公路拐角南方。传说明清嘉庆年间修建，于清同治四年翻修。当时院内分布房屋较多，其中有官邸殿、药王殿、参天松柏数十棵，梧桐树十棵，现存留有关帝庙大殿、二殿各一座。

万渡村关公庙：是万渡村现存唯一的古庙宇，位于万渡村北崖最高处，始建何时不祥，1845年曾进行了修缮。关公庙原分前后殿，为斗拱型建筑，前殿是村里的议事大厅，门前悬挂铁铸大钟，重约二吨左右。每逢村内大事鸣钟，村内族长、贤达即刻集中商议，并制订严厉的奖罚措施：三次未到便罚银五两。前殿内西山墙壁彩绘关公月下斩貂婵的故事；东山墙书文"立秋十八日，种谷一十八亩，秋收一十八石，诫勉农事"。前殿向南五十米便是高台戏楼，楼下是进庙院过道。后殿供奉关公七尺威严坐像，周仓、关兴分站两边，令人肃然敬畏。整个庙院占地0.07公顷有余。解放后，前后殿及戏楼均学校占用，由于年代久远，风蚀雨淋，前殿及戏楼已不复存在。2007年随着经济形势的发展，由阳满增出资，集全村之力重新修缮关公庙，建了门房，安了庙门，又请西安美院艺师敬塑关公神像，重续香火。

巴娄村牛王庙、马王庙：位于村中，两座庙并排而立，各为3大间。又分前殿、中殿、后殿3排，皆雕梁画栋，斗拱结构。木料以柏木为主，气势雄伟，正对面是东西两座大戏台，中间为炮楼、钟楼。巴娄村清明庙会最为著名，规模宏伟，来此赶会的商家众多，庙会持续三天，清明庙会多为对台戏，三天三夜不停戏，输家班主要受重罚。据庙宇梁记上记载，该庙始建于明万历十年，可见历史之繁荣与久远。

常卯村关帝庙，俗称老爷庙，位于常卯原自然村东南约200米处，早年属于秦村和常卯村合建，时间约为明朝中晚期。原关帝庙占地面积0.33公顷，主要建筑有后殿五间，正殿三间，五间前院房，厢房、僧房各四间，山门戏楼一座。山门楼两旁各有三人合抱的古槐一棵。正殿内的关公塑像坐姿高八尺余，雄姿威武，两旁战神也都在八尺开外，东边战神是水战庞德，献殿山墙两壁全是关公一生活动的漫画，约四十余幅。出山门东、西各150米处有戏台一座，供在庙会期间演戏。每年从二月初十晚开始演到十三早上日出前不杀戏，日出后锣鼓上庙献福开始演戏结束，庙会整天规模宏大，热闹非凡，会场占地将尽百亩，因此闻名山西、陕西、河南三省。该庙建成后一直到清朝乾隆年间第一次修缮;民国二十八年(公元 1939 年)由村中财主许连登负责牵头实施第二次修缮,当时没有修山门楼。庙外的戏台和后殿毁于民国三十三年(公元 1944 年)抗日战争时期,驻扎在东常册村的国民党炮兵团拆除用于盖碉堡使用。20 世纪 60 年代提倡集中办学,常卯村和秦村村在老爷庙办学拆了正殿,搬了塑像,毁了壁画,把献殿隔成教室。1963 年,县政府又在老爷庙办县立八中学校,“文化大革命”时期又改为农中,一直到 1970 年后农中解散,当时的老爷庙门楼子塌了,献殿漏了,古槐死了,当年宏伟壮观的老爷庙已是面目全非。2008 年,由村民许治育和许伴治等人的带头下,募捐九万余元建了正殿,塑了福像,维修了山门楼子。

沟东村碧霞娘娘庙:位于沟东村南进村处,建于明代中期,庙院占地面积 0.17 公顷,有前殿、后殿各三间至今保存尚好,舞台一座(毁于 20 世纪 80 年代的一场火灾),每年的农历八月十五为碧霞娘娘古庙会日,届时村里会聘请著名戏剧团来助兴演出。

二、古庙会

在焦村镇历史上名气较高、规模较大的有罗家等行政村十二社的古庙会;常卯、秦村行政村的二月十三日的关公庙会;巴娄村的清明节古庙会等。

庙会是民间交易的一种重要方式,古时于祀神日在寺庙或寺庙附近举行。庙会日一般为寺庙祀日,一年四季常有,比较集中的时间在农历十一月、腊月至次年正月到四月之间,春季尤盛。一般庙会为三天,第一天称“起会”,各地客商和当地做小生意的相继来到会场摆摊设点,安扎炉灶。第二天为“正会”,是旧时举行祭祀仪式的日子,各种娱乐活动和贸易活动达到高潮。第三天为“末会”,客商摊贩先后撤摊,赶会者也渐渐离去。有的庙会只有一天,还有的多达十天半月。

第七节　姚家城烈士陵园

姚家城烈士陵园位于焦村镇姚家城村西部。该处为焦村塬的一个制高点。北为东西向的深沟,是自北向南的一道天然屏障。1947 年,解放军渡过黄河后,向南挺进,受到国民党军队的阻击,有 38 位指战员光荣牺牲。战斗结束后,当地群众将烈士遗体集中掩埋于此。1966 年 9 月,该村群众为纪念阵亡烈士而修建此陵园。陵园为东西院落,长 27 米、宽 11 米,四周有 1.5 米的土墙。南墙中部有一砖砌门楼,内中部有一砖砌碑楼。碑楼高 2.5 米、宽 1.2 米、厚 0.50 米,三层台阶,递减 0.16 米。碑楼为砖混结构,白灰砌碑,正面用红漆书写“革命烈士永垂不朽”,“一九六六年九月建”。背面用红漆书写了战斗经过。园内植柏树38株,象征38位烈士永远活在人民心中。1979年被灵宝县革命委员会公布为重点文物保护单位。

解放后,人民为纪念先烈,于一九六六年四月在姚家城修建烈士陵园,星转斗移,时光流转,风扫雨浸,墓碑残破。为安英魂,焦村镇人民政府于2009年9月18日迁坟于姚家城东南,重建陵园十亩,再立墓碑,勒石铭文。现在的烈士陵园,墓碑、亭台、花廊交相映辉,雪松、花木、青草互为展美,已成为姚家城村民及周边学校师生、干群,清明时节到陵园扫墓,瞻仰纪念先烈的唯一场所。

附:烈士碑文

壮哉神州,多历磨难。救国拯民,英雄辈出。史册煌煌,彪炳优秀儿女,丰碑巍巍,铭刻志士仁人。缅怀奠,以励爱国之心,饮水思源,敢忘打井之人?此乃人伦之根本,道德之原则,国脉之所系也!焦村镇姚家城村,修有烈士陵墓一座,乃祭奠革命先烈忠魂之所。

一九四七年,中国人民解放军陈谢大军太岳兵团强渡黄河,挺进豫西,建立根据地,歼敌四万余,孤立豫西洛阳,威逼陕西潼关。为阻击进攻延安之敌,炸毁铁路,诱敌一营兵力至西上原村,迅速包围。战斗异常惨烈,敌军负隅顽抗,我军拼死进攻,枪炮声闻数里,硝烟遮天日。战斗一天,回村休整。姚家城村民送水送面,支援子弟兵。

次日拂晓,展开总攻,我军三面夹击,炸开城门,冲入敌阵,短兵相接,杀声震天,敌军全军覆没。我三十七名勇士壮烈牺牲,为国捐躯,忠骨葬于姚家城村南榆树林中,坟前树木牌,上书烈士籍贯姓名。解放军东移后,反动势力返乡,平乐坟茔,烧毁木牌,仅记大队长陈振东乃山西人。其余英烈姓名,荡然无存。

解放后,当地人民为纪念先烈,于一九六六年四月在姚家城修建烈士陵园,栽植松柏,树石勒碑,上书"革命烈士永垂不朽"八个大字。清明时节,干部职工、军人学生、络绎不绝,前来扫墓,红旗猎猎,长歌声声,誓词铿锵,洗礼心灵,烈士遗志,代代传承。

然星移斗转,时光流转。风雨相侵,墓碑残破。为安英魂,焦村镇人民政府于二零零九年九月十八日迁冢于姚家城东南千亩果园之中,重建陵园,墓枕秦岭,足蹬黄河,英灵永垂,哀思长托。

呜呼,一代英魂,长卧横岭芳草萋萋,白云悠悠,勒石铭文,流芳千古,烈士无名,精神永存。与日月同辉,与祖国同在!

焦村镇人民政府敬立

二零零九年十月一日

第八节　文化艺术人物

（按出生年月为序）

杨天心

杨天心，1884 年生，男，焦村镇人，工二净。十岁时入沟东村戏窝学艺。天资聪颖，才华出众，刻苦好学，技艺精湛。饮誉灵宝、陕县。“竿子功”“鞭子功”在当时蒲剧界可称一“派”，且身怀绝技能演出“鞭花子”“锏花子”。青年时期曾活动于山西晋南一带，广泛接触各路名角，南路戏与西路戏都能适应，尤以南路“八大本”最受群众欢迎。毕生专攻张飞戏，素有“活张飞”之美称。代表剧目有《闯辕门》《苟家滩》《瑞罗帐》《过巴州》《射彀》等。其唱腔富有特色，以结合胸腔、头腔共鸣运用到须生唱法中，声音浑厚而清亮。1954 年灵宝县蒲剧团成立应聘入团，时农村业余剧团以高薪聘请，他毅然拒绝，并言传身教，亲自带徒，为灵宝戏剧界培养了许多新生力量。1957 年去世。

许宝才

许宝才，1914 年，焦村镇常卯村人。21 岁时跟随灵宝五亩乡邢老五戏窝学艺。曾先后拜蒲剧老艺人王继友（二净）、刘随旺（正旦）、李并子（小生）等为师。他勤学好问，上进心强，天生一个好记性。他“戏道”宽，素有“戏包袱”“大肚子”之称。毕生专攻生角戏，尤以靠架生戏而拿手。如《截江》中饰赵云、《伐子都》中饰子都；《辕门射戟》中饰吕布等舞台形象，栩栩如生，形象逼真，《和氏璧》饰张义，《周仁回府》饰周仁，他唱、念、作、打、喜、怒、哀、乐完整的呈献在广大观众面前。1954 年灵宝县蒲剧团成立，他应聘入团献艺。除演戏外，还兼导戏、教徒，为灵宝蒲剧事业的振兴发展做出了贡献。

尚克义

尚克义，1918 年生，男，焦村镇尚家庄人。1938 年 8 月在灵宝乡村师范上学，并参加了中国共产党地下组织，后与党组织失去了联系。1941 年到开封师范体育班、音乐班学习，曾在宛属十三县田径运动会上获四项第一（一百米 11. 4 秒、二百米 21. 9 秒、跳远 6. 14 米、撑杆跳高 3. 98 米），编写的《木球规则》曾被列为体育课教材。1945 年回灵后，曾在焦村小学、灵宝师范教书，任西章中心小学校长。中华人民共和国成立后，曾任县人民文化馆长及灵宝师范、灵宝三中教导主任。1965 年加人中国民主同盟,曾任县政协委员。创作发表了《春华秋实》《美丽富饶的灵宝》《迎新年》等 112 首歌曲。1961 年在县蒲剧团协助工作,曾参加《闯王进京》《刘三姐》谱曲工作。1964 年春,调陕县师范工作,于 1980 年离休。1984 年任三门峡市政协常委。

阎鸿顺

阎鸿顺,1919 年生,男,小名准。蒲剧琴师,焦村镇乡观村人。自幼喜爱板胡音乐,勤学苦练,自学成才。1935 年搭班从艺,专攻板胡,精益求精,技巧高超。能伴奏南路、西路多数剧目,尤以伴奏南路戏拿手。由于长期从事这项工作,即或是在伴奏中出现突然断弦等事故,也能在五秒钟内将弦续好,不影响演出。关键时刻,能一根弦伴奏,故在戏曲界享有崇高名望。1954 年,应聘入灵宝县蒲剧团,仍从事板胡伴奏,并先后培育出琴师刘发仕、焦绍仁、焦绍烈、尚发祥、屈奇英等一批人才,为灵宝蒲剧艺术的繁荣和发展做出了贡献。1968 年过世。

王佑民

王佑民,1929 年 4 月生, 男,中共党员,焦村镇巴娄村人。系离休干部。1951 年 8 月到西北民族歌舞团工作,任行政秘书。1956 年 1 月西北民族歌舞团在北京汇演期间,王佑民随团,受到毛泽东主席的接见。后到西北民族歌舞院工作,任院长办公室秘书。1963 年回到灵宝,在宣传部工作,先任文化馆馆长,后任灵宝乌兰牧骑宣传队指导员兼队长。1980 年参加恢复组建灵宝豫剧团。于 1980 年 12 月任灵宝豫剧团书记。

张景云

张景云,男,1933 年 4 月生于焦村镇赵家村。1958 年毕业于河南艺术学院。先后在三门峡四中教书和灵宝电影院、影剧院工作。1992 年退休,在城区开办个人书画社。他从少年时期就酷爱书画艺术,执着地追求了 30 余年。书法以隶书、行书见长,美术以国画领骚,

作品多次参加地、省、国家展出并获奖。他本人先后加入了中国民间美术学会和书法家协会河南分会,1995 年 11 月任中国书画家协会理事,并被聘为研究员,本人简介被《中国书画艺术百科全书》录入,另有两幅书法作品分别被《中国书画艺术大典》和《世界书画家艺术大辞典》选用。

杨仰溪

杨仰溪,男,1934 年 5 月生于焦村镇沟东村。1950 年初中毕业后学医,1957 年开始在焦村医院门诊部担任主任,1962 年回家务农。剪纸是他家祖传的艺术,他是第四代传人,又下传两代。他的作品内容有花鸟动物、英雄人物、十二生肖、戏剧人物、传统故事等,其作品特点是继承了传统的剪纸功夫,加上现代的刻纸刀法,其作品既有传统的手法,又有现代的工艺,装饰性强。从 20 世纪 60 年代开始,他的作品在《中国青年》《河南日报》《地方戏艺术》《传奇故事》等报刊杂志发表,并多次在县、市、国家展出,各大博物馆多有收藏,还远销法国、新西兰、日本、美国、台湾、新加坡等国家和地区。90 年代,他先后加入了中国科学专门协会、中国剪纸学会、中国工艺美术学会、民间工艺美术专门学会、中国民间美术学会、河南分会任常务理事、中国剪纸研究会、豫西剪纸皮影研究会(任副会长),他本人简介还被《中国现代艺术人才大集》《中国名人录》等录入。河南省民间美术学会称他为“民间美术家”“剪纸彩扎艺术家”。2008 年 6 月,被列入中国民间剪纸河南省非物质文化遗产代表性项目代表性传承人名单。

崔荣青

崔荣青,女,1935 年出生,焦村镇沟东村人,系中国民间美术学会河南分会会员,中国剪纸研究会豫西剪纸皮影研究会会员。1990 年《布制老虎》在第二届河南民间艺术精品展中荣获二等奖,1992 年国际少林武术节中原文化大展中获优秀奖,同年被载入《中国民间名人录》上卷。1994 年作品《布狮》被入选为中国民间艺术一绝大展,作品《回头老虎》被河南省博物馆作为精品珍藏,作品《布鱼》《布蛇》等作品在日本、新加坡,北京、郑州、台湾等国内外博物馆都有珍藏,受到中央、省市电视台的多次采访,并邀请参加展出。

李金霞

李金霞,1938 年生,女,焦村镇李家坪人。1954 年被县蒲剧团招收为学员,拜蒲剧艺人齐中和为师,逐步成长为灵宝蒲剧新秀。她唱腔激昂悠长,喷口有力,吐字清楚,做戏大方,表演细腻,形神兼备,往往一出场或一句唱就会使台下观众鸦雀无声,在观众中威望很高,曾一度成为灵宝蒲剧团领衔人物和头牌演员。演出的主要剧目有《劈山救母》(饰圣母)、《大登殿》(饰王宝钏)、《三娘教子》(饰三娘)、《三上轿》(饰崔氏)、《焚香记》(饰敫桂英)、《骂殿》(饰太后)、《窦娥冤》(饰蔡婆)等,其《破华山》等戏久演不衰,1965 年 10 月李宗仁、溥仪到灵宝观光,李金霞为其演出《谈不拢》。1976 年到陕西省宜川县蒲剧团,同年参加延安地区戏剧会演,获特等演员奖,《延安报》刊登其剧照。2007 年过世。

许足平

许足平,男,1941 年农历 7 月 14 日生,焦村镇常卯村人。1949 年至 1953 年在常卯初小就读;1953 年至 1955 年在破胡完小读书;1956 年至 1959 年在灵宝县第一中学读书;1966 年至 1978 年在常卯电管站工作;1978 年至 1983 年在常卯小学任教,期间,业余创作剧本和歌曲,有的被中央广播电台播放;1983 年至 1991 年先后在灵宝县文化局剧目组任编剧、《农村信息》编辑部任编辑。1986 年,在河南省举行戏剧创作评奖会上,他创作的剧本《桃花盛开的地方》获河南省群艺馆丰收奖。2004 年 8 月,常卯村业余剧团的《恋花梦》(他编剧)在灵宝市委宣传部、市文化局联合主办的灵宝市"黄金股份杯"首届农民戏剧大赛中获一等奖。2017 年 1 月病逝,享年 73 岁。

任丙均

任丙均,1942 年,男,原籍焦村镇万渡村人。中共党员,国家三级作曲,河南省音乐家协会会员。1964 年毕业于河南省陕县师范学校。1967 年调入三门峡市豫剧团任音乐设计兼伴奏、指挥。曾为多部大、中型古装、现代戏谱曲、指挥、伴奏。其中《十景图》获 1979 洛阳地区戏曲大赛优秀音乐设计奖。1983 年应邀为伊川县豫剧团参加全国现代戏年会调演《舞台上下》一剧写配器,1984 年《同窗三友》获洛阳地区汇演音乐设计一等奖,1985 年《齐桓公之死》获河南省第一届戏曲大赛音乐设计三等奖,1990 年《试用丈夫》获河南省第三届优秀音乐奖,1996 年《小安人》获 1996 年三门峡市"五个一工程"一首好歌一等奖,并担任《三门峡市戏曲志》《三门峡市曲艺志》音乐编辑。

张秀云

张秀云,又名张小蛮,女,焦村镇人,生于 1946 年,自幼跟随外婆、母亲学习布艺技术,1987 年其作品曾风行法国、日本、美国、加拿大等国家。1998 年作品被河南省博物馆收藏,荣获各种奖项 20 个。2007 年被评为三门峡第一批民间非物质文化遗产传承人工艺美术师称号,其代表作有:娃娃枕、狮子枕、老虎枕、猴子一家、小猪、猪娃鞋、虎头

鞋、虎头帽、五毒等。

张焕良

张焕良，男，汉族，焦村镇焦村村人，1947年10月生，中共党员。1969年参军入伍，1969年7月入党。在部队历任战士、文书、班长、团政治处书记、宣传干事、宣传科长（副团职）。1987年12月转业，历任灵宝市政府办副主任、寺河乡乡长、乡党委书记、市政法委副书记、综治办主任、文化局副局长、宣传部副部长、市广播电视局局长、市文联主席、《灵宝晚报》社总编等职。他喜爱文学，坚持业余文学创作不断，先后在省级报刊发表小说、散文30余篇。1989年参加河南团省委、《河南日报》等单位联合举办的“难忘的红领巾时代”征文，所写《智驱狼群》一文获奖，被收入《火炬颂》一书。1990年所写小小说《为官者说》，在《河南日报》等单位举办的“皇后杯”小说大奖赛中获三等奖。1993年散文《猎山猪》在《三门峡日报》举办的“汉山杯纪实散文”有奖征文中获奖。

岳竹玉

岳竹玉，男，汉族，1949年5月生，焦村镇马村人，中共党员，三门峡市作家协会会员。20世纪80年代开始写新闻报道，在灵宝广播站、《灵宝晚报》、《河南日报》、河南广播人民电台发表多篇新闻报道，连续多年受到灵宝市委宣传部表彰。多年坚持不懈搞文学创作，在省内外报刊发表诗歌、小说七十多篇（首），其中在《洛神》发表诗歌《等》，荣获灵宝三中全会以来优秀作品奖；在《郑州晚报》发表的诗歌《黎明，一个洗衣的姑娘》获灵宝优秀文学奖；在《灵宝晚报》发表的小说《金蛤蟆》获优秀文学奖；在《三门峡日报》发表的小说《剪树》被《小小说选刊》转载。

尚水玲

尚水玲，女，1952年生于焦村镇沟东村，剪纸研究会会员，河南民间美术协会会员，她自幼聪明，喜欢剪纸，跟随母亲和姐姐学习剪纸技术，现剪纸技术熟练，作品多反映农村生活和人物故事内容，主要作品有：组图童子闹春，以农为本（组图），耕作、收割、牧羊、居家快乐、清正廉明等以人物故事为主的创作。

杲转娥

杲转娥,女,1956年7月生于焦村镇卯屯村,自幼跟随母亲学习剪纸艺术,不断摸索尝试,每逢过年过节给自家和邻居剪贴窗花,受到大家好评,多次参与公益活动(社火剪纸表演等)。2012年灵宝剪纸艺术大赛获"三等奖",主要作品有西厢记、蝶恋花、福扇、奥运福娃、喜庆腰鼓、舞剑、放羊娃、玉兔偷菜等。

赵景谋

赵景谋,男,1965年8月生,焦村镇武家山人。毕业于洛阳师专英语专业。曾任陕县高中教师,灵宝县蒲剧团业务团长,计生委副主任科员,在卫计委任上退休。业余爱好诗词楹联,是中华诗词学会会员,中国楹联学会会员,河南省楹联协会原理事,三门峡楹联协会原副会长,灵宝市诗词楹联协会原会长。现任三门峡楹联协会顾问,灵宝市诗词楹联协会名誉主席。2018年荣获对联中国"联艺之星"称号,2020年被中国楹联学会对联文化研究院授予"当代优秀联家"光荣称号。诗、联、词、赋、记散见灵宝部分景区和公园刻石,主编多部志书,著有《梦阳斋诗草》。

李少民

李少民,男,汉族,1957年10月生,焦村镇西常册村人,中共党员,副研究员,高级会计师,注册会计师。中南财经大学会计专业毕业,经济学学士。1980年11月至1990年5月在灵宝县商业局从事财会工作;1990年5月至2002年9月在三门峡市财政局从事文秘工作;2002年9月至今任三门峡市财政科研所所长。《三门峡财会》主编,河南省财政学会及会计学会理事,河南省作家协会会员,三门峡市财政学会、会计学会秘书长和市珠算协会副会长。多年以来,已有数百首(篇)写农民的诗歌、散文在《诗刊》《诗选刊》《中国财政》《中国财经报》《河南日报》《青春诗歌》《少年月刊》《金色少年》《郑州晚报》《洛神》《洛阳日报》《三门峡日报》等国内数十家报刊公开发表。

刘泉锋

刘泉锋,男,1962年生,焦村镇东常册村人。1980年高中毕业,在本村任教多年,后被灵宝市枪马金矿聘用。2006年借调到灵宝市地质矿产局工作,2010年灵宝市地矿局与土地局合并为灵宝市国土资源局。2016年,就职于灵宝市金城冶金有限责任公司。

1986 年公开发表作品。小说处女作《生命》被多家刊物转载,后经著名作家吴若增和著名编剧、导演许瑞生改编,被天津电影制片厂电视部拍成电视剧《马鲁他》。后来十多年间,先后在《青年文学》《时代文学》《莽原》《北方文学》等全国诸多文学期刊上发表小说百余万字。2000 年后,在《今古传奇故事版》《故事会》等诸多故事刊物发表大量故事作品。1990 年加入河南作家协会。1991 年就读于北京鲁迅文学院作家班。2012 年加入中国国土资源作家协会。曾兼任三门峡市作家协会理事、灵宝市作家协会副主席。作品多次获奖。

杨建录

杨建录,男,生于 1966 年 6 月,焦村镇沟东村人,自幼酷爱艺术,学习刀刻纸艺,别人能剪的,他就能刻,作品曾多次获奖,获得"河南省民间工艺美术家"称号。代表作品有金玉满堂、锦绣春色、勤和家兴等。

刘亚娟

刘亚娟, 女,1968 年生,焦村镇塔底村人。中国民族管弦乐会会员,河南省戏剧家协会会员,三门峡市戏剧协会会员,国家四级伴奏员。1989 年 7 月毕业于河南省洛阳文化艺术学校音乐系后进入灵宝市蒲剧团,担任首席二胡和眉户板胡伴奏。同年参加三门峡市举行的演奏员大赛,获优秀伴奏奖。她伴奏的主要剧目有《风流父子》《好年好月》《孝顺儿女》等。近年来,她利用业余时间,搞好"传、帮、带",为剧团、为社会培养了一批优秀的二胡演奏人才。

第十九章　教　育

第一节　教育宗旨暨发展概况

民国时期，焦村乡各个行政村自筹资金兴办学校，聘请教师，教学生学习国语、算术、礼仪常识、珠算、书法等，焦村、西章、东村、万渡、纪家庄5所国民小学的设立，便利了学生就近接受高小教育。

1949年10月，中华人民共和国成立后，灵宝县执行《共同纲领》第五章中规定“中华人民共和国的文化教育为新民主主义的，即民族的、科学的、大众的文化教育，人民政府的文化教育工作，应以提高人民文化水平，培养国家建设人才，肃清封建的、买办的、法西斯主义的思想，发展为人民服务的思想为主要任务”的文化教育宗旨。中央人民政府于11月颁布全国教育工作总方针，对新解放区的中小学提出：“着重恢复与安全、逐步实行整顿和改进。”

1950年3月，中央人民政府文教委员会颁布过渡时期教育工作总方针：“教育必须为国家建设服务，学校必须向工农开门”。

1951年3月，国家教育部颁布全国教育工作总方针：①向师生进行抗美援朝保家卫国的爱国主义教育，肃清帝国主义在中国的文化侵略影响；②继续贯彻执行“五爱教育”“教育为国家建设服务，学校向工农开门”的方针；③贯彻执行毛主席提出的“健康第一、学习第二”的指示。

1952年教育部颁布教育工作方针，规定中小学教育必须紧密配合抗美援朝，增产节约，思想改造三大中心任务进行。

1953年1月，教育部颁布“整顿巩固，重点发展，提高质量，稳步前进”的文教工作方针。11月河南省人民政府制订了《河南省小学整顿方案》。破胡区对辖区所有小学于1954年依照方案进行了整顿。

这一时期，地方政府调整了完小布局，集中办学，提高质量，招收学生不受年龄限制，很多学习成绩优异的大龄小学毕业生入灵宝乡师学习，充实了教师队伍，成为50年代焦村教育事业的中坚力量。与此同时，扫盲教育普遍开展，在政府的倡导下，各村办了妇女班、成人班、识字班等。

1956 年,灵宝县第六初级中学在焦村小学院内开办,为辖区学生上初中提供了方便。1957 年,县教育科又从各校初中二年级学生中挑选一批优秀学生入灵宝师训班学习,以适应小学教育发展的需要。

1957 年 3 月,毛主席在《关于正确处理人民内部矛盾的问题》中提出:“我们的教育方针,应该使受教育者在德育、智育、体育几方面都得到发展,成为有社会主义觉悟的有文化的劳动者。”

1958 年 1 月,西章公社在中小学教师中开展反击右派分子的斗争。11 月,全公社掀起“万人教,全民学”的扫盲运动。同月,在全公社教师中开展“反右倾,拔白旗”运动。9 月,中共中央、国务院发布《关于教育工作的指示》,正式颁布:“教育为无产阶级政治服务,教育与劳动生产相结合。”

1961 年,根据中共中央“调整、巩固、充实、提高”的八字方针,小学教育步入正轨。

1963 年 4 月,西章公社各小学贯彻中共中央制定的《全日制小学暂行条例〈草案〉》(四十条)和县委的有关指示,以焦村小学为试点总结经验,然后在全县推广,使小学教学质量有了显著的提高。

1966 年 6 至 8 月,全公社的小学教师集中县城三个月,学习《关于无产阶级文化大革命的决定》(即十六条),很多教师被打成“资产阶级权威”“牛鬼蛇神”。10 月,全公社小学学生根据毛主席“造反有理,革命无罪”的指示,相继成立“红小兵”组织。

十年“文化大革命”动乱期间,实行“贫下中农管理学校”,教师回原籍接受贫下中农再教育,全县教师队伍大乱,致使全公社小学停课。

1969 年,焦村公社根据省委、灵宝县委指示精神,实行“村村办小学,队队办初中,社社办高中”。

此为人民公社化后至“文化大革命”时期,西章乡农中、五七中学、民办中学等多种办学方式应运而生。1968 年《人民日报》发表了山东省侯振民、王庆余的一封信(简称侯王建议),焦村公社所有农村公办学校教师回乡,由贫下中农推选,所有教师由大队记工分,国家不再发工资。焦村公社教师多,教师队伍的格局发生了巨大变化。在此新形势下,于 1970 年焦村公社在现焦村一中院办起了本地区第一所高中,焦村籍的灵宝县著名教师魏相廷、陈孝忠、荆雨水、张虎贤、张伟之、梁敏烈、王道彰、朱正新、王笃生、郎秉元等在校任教,公社党委派杜云煌任校长。学校培养了一大批优秀人才,谱写了焦村镇教育史上辉煌的一页。

1970年后，小学数量成倍增长，师资匮乏，加上初、高中的迅猛发展，严重影响了小学质量。直到1973年贯彻了周总理“关于加强基础理论工作”的指示，各小学才重新注重文化课的学习，但好景不长，10月又大批“智育回潮”，一时间，无政府主义思想泛滥成灾，使小学教育事业遭到了前所未有的破坏。

1978年，焦村公社贯彻教育部指示，对普及农村五年制小学工作进行了检查，采取切实可行的办法，注意吸收适龄儿童入学，减少流动，巩固学额，争取做到进得来，留得住，学得好。

1979年8月，全公社小学教师认真学习人民日报《抓好普及小学教育》的社论，并联系实际贯彻执行，使小学教学质量稳步提高。

1980年9月，根据教育厅《关于切实作好普及小学教育工作的通知》精神，县委要求办好小学，努力提高学生的入学率、合格率和普及率，全公社小学教育事业又前进了一步。

1981年，中国共产党第十一届三中全会重申了“德、智、体全面发展”的教育方针。中共中央提出：“要把学生培养成为有理想、有道德、有文化、有纪律的一代新人。”

1983年9月8日，邓小平为北京景山学校题词：“教育要面向现代化，面向世界，面向未来”。提出了社会主义建设新时期的教育战略指导思想。

1985年国家教委提出：“小学教育要贯彻德、智、体、美、劳全面发展”的指示。5月27日中共中央发布的《中共中央关于教育体制改革的决定》中指出：“教育必须为社会主义经济建社服务，社会主义建设必须依靠教育。”

1987年10月25日，中共十三大指出：“百年大计，教育为本。”

1989年10月10日，邓小平同志为全国少年先锋队组织题词：“培养有理想、有道德、有文化、有纪律的无产阶级革命事业接班人。”

1995年3月18日，通过了《中华人民共和国教育法》（简称《教育法》，1995年9月1日起施行）。教育法的第五条指出：“教育必须为社会主义现代化建设服务，必须与生产劳动相结合，培养德智体等方面全面发展的社会主义事业的建设者和接班人。”

这一时期，焦村乡（镇）的中小学教育一直居于全县前列。“文化大革命”前，坪村小学是全县的红旗学校，1963年河南省实施小学五年制的实验班在该校开设。改革开放后，初中班在镇区普遍开设，几经调整，现在仅保留焦村镇第一初级中学。该校自创建以来，教学质量载誉金三角，全县乃至外地区学子慕名前来就学，教学成绩在全县同类学校中一直领先，多次受到省、市政府的嘉奖，是三门峡市的示范性中学。该校试行的“指导自学,以练促能”教学模式,受到上级和教育专家的肯定,其经验在全省推广。焦村镇中心小学也是三门峡市的示范性小学和文明学校。

2002 年 11 月 8 日,中国共产党第十六次全国代表大会上,江泽民代表党中央从全面建设小康社会、实现中华民族复兴的全局出发,进一步明确了新时期党的教育方针,即“坚持教育为社会主义现代化建设服务,为人民服务,与生产劳动和社会实践相结合,培养德、智、体、美全面发展的社会主义建设者和接班人。”

2003 年,全年累计投入科技经费 20 万元;办学条件继续得到改善,教学成绩喜人,全镇中招上线率达 2. 4%,市重点高中上线人数位居各乡镇之首。12 月,为西章小学、东仓小学、卯屯小学赠送小篮球架、羽毛球拍,促进了农村小学体育活动的开展。

2004 年 7 月,焦村镇根据灵宝市全面启动了农村学校布局调整工作的指示。镇政府成立了学校布局调整工作领导小组,进一步加强了对学校布局调整工作的领导。当年,全镇全年用于科学技术推广经费达 20 万元以上;投资 50 万元建成了镇五中学生宿舍楼和镇一中学生食堂。同年,灵宝市编委行文确定市职业中等专业学校为正科级单位。

2005 年,在教育方面,投资 180 万元,建成镇一中学生公寓楼,建筑面积 3300 平方米。3 月,焦村镇农村义务教育阶段贫困学生“两免一补”(免费发放教科书、免杂费,补助困难寄宿生生活费)工作全面展开。

2006 年,争取学校危房改造资金 50 余万元,实施改造工程 4 个。

2007 年 10 月 15 日,胡锦涛在中共十七大报告指出,“要坚持育人为本、德育为先,实施素质教育,提高教育现代化水平,培养德智体美全面发展的社会主义建设者和接班人,办好人民满意的教育。”当年,全镇上重点高中统招线 117 人,名列全市乡镇之首。

2008 年,全镇上重点高中统招线 108 人,名列全市乡镇之首。12 月,灵宝市职业中等专业学校计算机专业学生许兵兵、杜璐、张欣、李豆 4 人在第四届全国信息技术应用培训教育工程就业技能大赛河南赛区复赛中获得国家级大奖。

2009 年,筹资 400 万元,建成镇一中综合楼、中心小学公寓楼等工程。

2010 年 5 月 5 日,国务院总理温家宝主持召开国务院常务会议,审议并通过《国家中长期教育改革和发展规划纲要(2010—2020 年)》,明确提出了今后一个时期我国教育事业改革发展的指导思想:(一)高举中国特色社会主义伟大旗帜,以邓小平理论和“三个代表”重要思想为指导,深入贯彻落实科学发展观,实施科教兴国战略和人才强国战略,优先发展教育,完善中国特色社会主义现代教育体系,办好人民满意的教育,建设人力资源强国。(二)全面贯彻党的教育方针,坚持教育为社会主义现代化建设服务,为人民服务,与生产劳动和社会实践相结合,培养德智体美全面发展的社会主义建设者和接班人。(三)全面推进教育事业科学发展,立足社会主义初级阶段基本国情,把握教育发展阶段性特征,坚持以人为本,遵循教育规律,面向社会需求,优化结构布局,提高教育现代化水平。当年,焦村镇教学成绩再攀新高,重点高中统招上线78人。

2011年,争取项目资金550余万元,完成了镇一中、纪家庄小学等学校餐厅和教学楼改造工程,年内,重点高中统招上线78人。

2012年,加大教育基础设施建设,累计投资1000余万元,先后完成焦村一中餐厅、办公楼续建工程和杨家教学楼、餐厅建设工程及东村小学教学楼建设工程;投资150万元的西章惠民幼儿园建成运营。

2013年,加大教育基础设施建设,累计投资1600余万元,先后完成焦村一中教学楼加固、塑胶跑道、下水道工程、厕所工程、学生餐厅、教师办公楼工程和杨家小学迁建工程及纪家庄小学、第四小学、东村小学、焦村中心小学、万渡小学等基础设施建设工程。

2014年,投资70余万元,完成了万渡小学宿舍楼、教师宿舍楼建设工程。

截至2016年,全镇学校的建筑面积达39993平方米。现有1所初中和7所小学,教学设施全部达标。职业教育、远程教育、幼儿教育迅速发展。

焦村镇学校一览表

表19-1

学校名称	位置	始办时间(年)	撤并时间(年、月)
焦村镇第一初级中学	焦村镇东街	1978	
焦村镇第二初级中学	东村村	1970	2009.7
焦村镇第三初级中学	纪家庄村	1966	2009.7
焦村镇第四初级中学	卯屯村和东常册村交汇处	1975	2009.7
焦村镇第五初级中学	万渡村	1970	2009.7
焦村镇中心小学	焦村村	1940	
东村小学	东村村	1937	
杨家小学	杨家村	民国时期	

续表 19-1

学校名称	位置	始办时间(年)	撤并时间(年、月)
纪家庄小学	纪家庄村	1947	
辛庄小学	辛庄村	民国时期	
第四小学	卯屯村和东常册村交汇处	民国时期	
万渡小学	万渡村	1937	
赵家小学	赵家村	1948	2000. 7
西常册小学	西常册村	1978	2001. 7
常卯小学	常卯村	民国时期	2002. 7
张家山小学	张家山村	民国时期	2003. 7
王家小学	王家村	民国时期	2003. 7
姚家城小学	姚家城村	民国时期	2003. 7
塔底小学	塔底村	民国时期	2003. 7
东仓小学	东仓村	民国时期	2003. 7
乔沟小学	乔沟村	民国时期	2003. 7
西仓小学	万渡村西仓	1965	2003. 7
史村小学	史村村	1947	2004. 7
柴家原小学	柴家原村	民国时期	2004. 7
坪村小学	坪村村	民国时期	2004. 7
李家山小学	李家山村	民国时期	2004. 7
滑底小学	滑底村	1948	2005. 7
鸭沟小学	鸭沟村	1948	2005. 7
武家山小学	武家山村	民国时期	2005. 7
北安头小学	北安头村	民国时期	2005. 7
李家坪小学	李家坪村	民国时期	2005. 7
尚庄小学	尚庄村	民国时期	2005. 7
秦村小学	秦村村	民国时期	2005. 7
乡观小学	乡观村	1946	2006. 7
沟东小学	沟东村	1933	2006. 7
东常册小学	东常册村	民国时期	2006. 7

续表 19-1

学校名称	位置	始办时间(年)	撤并时间(年、月)
贝子原小学	贝子原村	民国时期	2006.7
马村小学	马村村	民国时期	2006.8
罗家小学	罗家村	民国时期	2009.7
南安头小学	南安头村	民国时期	2009.8
南上小学	南上村	民国时期	2010.7
西章小学	西章村	民国时期	2011.7
巴娄小学	巴娄村	民国时期	2011.7

第二节　焦村镇中心学校

民国三十八年(1949年)5月,灵宝县政府并入"灵宝后备兵团司令部"。教育由政工处第一科主管,西章乡设文化干事1人。

1949年6月,灵宝县解放后,建立破胡区人民民主政府,区政府配文教助理1人,负责全区教育工作。

1956年1月至1957年3月,在焦村、万渡中心乡,以及后来的西章乡均配备文教助理1人。

1959年,西章人民公社配文教助理1人,下分设辅导区,由完全小学校长负责各辅导区全面工作。

1968年,"文化大革命"期间,教育工作实际处于瘫痪状态。

1971年6月,灵宝县恢复文教局设置,政工组负责人事。焦村公社配教育专干1人。

1978年,焦村公社设教育组,配专干1人,属员2人。

1994年,焦村撤乡建镇,焦村教育组改为教育办公室,配主任1人,干事3至5人。

2003年11月,撤销焦村镇教育办公室,原镇教办正、副主任职务自行免去,同时设立焦村镇中心学校(简称"中心校"),焦村镇教办主任更名为焦村镇中心学校校长至今。

焦村镇中心学校历任领导

表 19-2

机构名称	职务	姓名	性别	任职时间	籍贯
焦村乡文教	干事	孙　刚	男	1956. 10—1958. 7	
西章公社文教	干事	李增高	男	1958. 8—1960. 12	
西章公社文教	辅导员	杜建国	男	1961—1962	
西章公社文教	辅导员	马定武	男	1962—1966	
焦村公社教育	负责人	刘文忠	男	1966—1969	
焦村乡教育	专干	王灵瑞	男	1970—1974	
焦村乡教育组	组长	张立屯	男	1974—1982	
焦村乡教育组	组长	赵省山	男	1982. 12—1994. 4	
焦村镇教育组	组长	刘焕森	男	1994. 4—2001. 12	焦村镇塔底村
焦村镇中心学校	校长	杨好勇	男	2001. 12—2008. 7	
焦村镇中心学校	校长	王生芳	男	2008. 7—2013. 7	焦村镇坪村村
焦村镇中心学校	校长	李增民	男	2013. 7—2016. 6	
焦村镇中心学校	校长	李　戈	男	2016. 7—至今	

第三节　幼儿教育

一、发展概况

1958 年 8 月，西章人民公社成立的同时，各村在“大跃进”的形势激励下，纷纷办起了公共食堂，解放出了更多的男女劳动力参加社会主义建设，在这一时期，各村都相应办起了托儿所，托儿所的负责人主要管理好幼儿的吃饭和休息，开展一些唱歌、游戏一类的启蒙教育。

到了 20 世纪 70 年代中期，各大队的学校亦开始招收幼儿学生，称作育红班。大都附设在学校里，另设班级，后改名称为学前班。主要教幼儿一些简单的数字和拼音。

90 年代初期，个别行政村出现了村民个体或在自家院内，或租用房屋建办幼儿园，此时期的幼儿园，一般设小、中、大三个班，课程设置没有统一规范。

1997年8月,蓝天幼儿园在镇区租地方开始招生。

2002年2月,春蕾幼儿园在镇区开始招生。至此后各村学校附设的学前班取消,幼儿教育主要以民办幼儿园为主。

2012年8月,焦村镇第一个公办幼儿园在西章村(原西章小学)成立并开始招生。

截至2016年8月,焦村镇现有幼儿园9所(其中公办幼儿园一所),在园幼儿1699人,67个教学班,教师172人。

二、幼儿园简介

惠民幼儿园

灵宝市焦村镇惠民幼儿园,是焦村镇唯一一所公办幼儿园,该园于2012年投资160余万元在灵宝市焦村镇西章村(原西章小学)建园,园长臧江丽,涵盖8个行政村。全园占地面积5770平方米 ,建筑面积1300多平方米。现有7个教学班,190余名幼儿,拥有一支实力雄厚的教师队伍,师资配备合理,全园教师20名,其中有5位是在编教师,三位中共党员。该园环境优美,布局合理,设施齐全。有标准幼儿校车3辆,伙房餐厅符合国家卫生标准,大、中、小型玩具应有尽有 ,消防安全设施一应俱全。

春蕾幼儿园

灵宝市焦村镇春蕾幼儿园创办于2002年2月,是一所民办幼儿园。园所位于灵宝市焦村镇310国道西出口200米,幼儿园占地面积3400平方米,建筑面积1700平方米,现有10个教学班,在园幼儿300余人,教职工30余人。2002—2013年杜会平任园长,2014年至今园长为张永红。2007年幼儿园投资350万建设三层新教学楼。2012年投资180万对全园进行了全面装修,率先引进远程监控,家长无论在哪里,只要有网络就能看到孩子在幼儿园一日情况,做到家园工作透明化。2014年幼儿园又投资160万元购买标准校车,同时也将幼儿的生活用品、玩具、教具……进行了全面更换。春蕾幼儿园办园15年来,在全园教职工的共同努力和社会各届人士的支持、关注下,幼儿园多次获得荣誉,2008年1月被灵宝市教育体育局评为“先进单位”,2009年11月在幼儿集体游戏大赛活动中荣获“二等奖”,2009年1月被灵宝教育体育局评为“先进单位”,2010年6月在焦村镇艺术节文艺汇演荣获“二等奖”, 2011年9月被灵宝教育体育局评为“先进单位”, 2011年1月焦村镇庆元旦文艺汇演荣获团体“三等奖”,2011年5月焦村第三届艺术节获“优秀节目奖”,2012年1月被灵宝教育体育局评为“先进单位”,

2013 年 2 月被灵宝教育体育局评为“先进单位”。

新《幼儿园指导纲要》颁布以来，春蕾幼儿园以坚持高标准、高起点、高要求。应聘入园老师全部具有教师资格证，大专学历占 94%，本科占 10%，为了提高老师的整体素质，园里每年定期安排老师去外地参加蒙氏培训，幼儿园每周还要进行教研，培养幼儿的同时也培养出了一批有爱心、有耐心、有责任心、乐于奉献的教师队伍。

金英幼儿园

焦村镇金英幼儿园于 2007 年 5 月开始建园，8 月分投入使用，园长王英丽。幼儿园地处焦村街政府西，属民办幼儿园。总投资 300 万元，幼儿园占地面积 700 平方米，建筑面积 780 平方米，园内环境优雅，设备齐全。幼儿园开设班级有大班、中班、小班，共 10 个班级，可容纳 300 余名幼儿。每个教室铺设木地板，做漂亮的墙裙，并配备了 42 吋液晶电视、立式空调、电钢琴、饮水机、玩具架等教学生活设备，且每个教室安装了高清监控设备。幼儿园师资力量雄厚，共有教职工 30 余人，本科文凭 6 人，大专学历 20 人，其余都是幼师专业毕业，是一支团结、勤奋、敬业、诚信的教师队伍。2014 年暑假幼儿园派 15 名教师外出学习蒙氏课程，提高教师业务水平。

2015 年暑假，投资近 20 万扩建幼儿园校舍，同时实施全园蒙氏教育课程。扩建图书室，可供幼儿及家长借阅。2016 年暑假，投资近 10 万元，扩建二楼、三楼楼梯，购置攀爬玩具等。本着“一切为了孩子，为了孩子的一切，为了一切的孩子”的宗旨，以培养孩子活泼、健康、自信、友爱、勇敢。

蓝天幼儿园

焦村镇蓝天幼儿园建于 1997 年 9 月，位于焦村镇焦村街。于 2016 年 9 月重新整修开园，目前开设小、中、大三个班，园内共有 8 名教职工，58 名幼儿，是一所往精品路线发展的民办幼儿园。幼儿园的办园目标是：建设一所具管理科学、队伍精良、质量一流、设备先进、独具特色的示范性、开放性、现代化的幼儿园，力争跨入全市幼教先进行列。园内环境净化、美化、儿童化浑然一体，全园有配套齐全、符合幼儿健康发展要求的活动室、午睡室。有培养幼儿兴趣与能力的舞蹈室；有功能多样的大型玩具。先进、环保、卫生的设施设备，丰富适宜的活动空间，平等关爱的人文气氛，处处体现着以幼儿发展为本的教育理念。

微笑面对家长，精心呵护孩子，宽容对待同事，善于挑战自我。认真开展工作，平和看待名利,勇于战胜困难,服务家长,服务社会,争取做到更好。

镇中心幼儿园

灵宝市焦村镇中心幼儿园位于焦村镇东村村原东村中学院内。始建于1999年,属于民办幼儿园,2009年由法人王英丽接手后搬迁至东村村。占地面积3600平方米,房屋建筑面积1400平方米,绿化面积2200平方米。可同时容纳300名幼儿入园。幼儿园环境优美、设施齐全、师资优良。每间教室面积达60平方米,配有立式空调、42吋液晶电视、电钢琴,毛巾架、杯子架确保人手一杯一毛巾。园内有大型活动室一间,室外大型滑梯两个,蹦蹦床一个,小型玩具若干,地面铺有人工地毯。现在园幼儿120名,分为大班一个,中班二个,小班二个,共5个班级,园内有14名教职工,其中专业教师11人,保育员1人,炊事员1人,门卫1人。幼儿园曾先后被评为镇先进幼儿园、优质民办幼儿园。故事表演《曹冲称象》在镇六一儿童节汇演中荣获二等奖。

幼儿园承诺:一切为了孩子,为了孩子的一切,为了一切的孩子。办园宗旨:家长放心,孩子开心的乐园。办园目标:个性发展,共同进步。办园特色:动手动脑学蒙氏,动口用心学口才。幼儿园园训:微笑面对家长,精心呵护孩子,宽容对待同事。

阳光双语幼儿园

灵宝市焦村镇阳光双语幼儿园始建于2014年1月,是经灵宝市教育体育局批准建立的一所高规模、高起点、高标准的现代化的新办农村普惠性幼儿园,园长王建宏。该园位于灵宝市焦村镇辛庄村,周围拥有天然的大自然氛围,被众多参观人士称为天然氧吧中的生态型幼儿园,幼儿园周围是田园村庄,安静舒适,园内空气清新,日照充足,建筑极具儿童化,教学楼共建有两层,目前全园占地面积4219.8平方米,生均占地面积20.6平方米;建筑面积3000平方米,生均面积14.6平方米;园内绿化面积1235平方米,生均绿化面积4.12平方米。现开设11个班级,现有3—6岁幼儿280人。该园现有教职工32人,教师22人,有80%达到国家规定专业合格学历,教师大专以上占55%。2015年幼儿园被评为“灵宝市先进管理单位”,连续2年保持了“先进管理者”的光荣称号;2015年焦村镇庆国庆节目比赛中,幼儿园节目被评为“镇级优秀节目”。

红缨幼儿园

灵宝市红缨幼儿园是一所加盟北京红缨教育的连锁幼儿园。幼儿园创办于2014

年 8 月，现有幼儿 350 人，教职工 53 人，幼儿园的建设标准和教玩具配备完全按照现代化幼儿园的标准设计，全园建筑面积 6000 平方米，总投资 460 万，配有 16 个标准教室，并设有多功能厅、舞蹈室、图书资料室、食堂等。幼儿园为了加快教师队伍的建设，提出力争近年内教师 95%达大专学历，实现教师队伍大专化。北京红缨灵宝幼儿园的目标是打造一所高标准的幼儿园，让灵宝的孩子享受和北京孩子同等的幼儿教育。幼儿园始终以幼儿健康发展为宗旨，以家长满意为基础，形成了以“让幼教赞美生命”为灵魂的独特文化管理体系，以传递幼儿“动力系统、能力系统、知识系统”三者和谐建构的“3S”系统为教育理念的课程体系，以提供便捷、规范、安全、温馨、科学的幼儿教育服务为使命的家长服务体系，全面培养具有“好身体、好习惯、好脑瓜”的三好阳光儿童。并且根据“三好”培养目标，开设了阳光体育、好习惯养成法、发现相似等一系列配套的特色教育课程。2015 年 9 月并被评为“灵宝市学前教育先进单位”，2015 年 10 月被洛阳师范学院和灵宝市中等专业学校授予“学前教育实训基地”，2015 年 12 月被红缨总部授予“全国优秀幼儿园”。

2014 年 8 月至 2015 年 8 月，伍晓红任园长；2015 年 8 月至今，何芳芳任园长。

金儿乐幼儿园

焦村镇金儿乐幼儿园，位于灵宝市焦村镇万渡村，开办于 2013 年 1 月，幼儿园法人党军，先后投资 150 万元，努力打造一所孩子喜爱的幼儿园。金儿乐幼儿园紧紧围绕喜爱教育为特色，思孩子所思，做孩子所想的教育。喜爱教育四部曲：“食中养、玩中学、孝中思、礼中立”，奠定孩子一生成功的财富。

第四节　小学教育

一、发展概况

民国二十一年（1932 年）9 月，在西章村成立了灵宝县第五完全小学，校长吕士俊。

民国二十九年（1940 年），国民政府实行新县制，推行国民教育制度，将原有灵宝县第五完全小学改为西章乡中心国民学校。同时在纪家庄、万渡、东村、焦村等地增设中心国民学校。

至解放前夕，灵宝县国民政府在西章乡设国民完全小学 5 所，即西章小学、焦村小学、万渡小学、东村小学、纪家庄小学。其他各个村庄大都设有初小，校址多设在祠堂或庙宇中。

1949 年 6 月,灵宝县彻底解放,建立县人民政府,破胡区区政府有文教助理 1 人,负责各小乡、村教育工作。灵宝县人民政府根据中共中央关于“维持原有学校,逐步进行改造”的精神,对原有的全日制公、私立小学做了适当的调整。将西章、纪家庄、万渡、焦村中心国民学校合并为焦村、万渡两所完全小学。焦村完小第一任校长李崇让,焦村人,毕业于开封师范;万渡完小第一任校长屈自清,焦村乡磨窝村人,毕业于洛阳师范。当年,全焦村境域内有初小 76 个班,学生 3040 人,高年级 8 个班,学生 412 人;有在校学生 3452 人,教师 88 人。

1954 年增设纪家庄完全小学,并在东村、辛庄增设了高年级班,每年招收 1 个班。1959 年王家大队(含王家、张家、赵家、滑底、武家、杨家六个自然村)为方便本大队学生入学办高年级班 1 个。是年焦村公社共有初小 120 个班,学生 5400 人;高年级 31 个班,学生 1200 人;初中 12 个班,学生 700 人。全乡共有在校学生 7855 人,教师 187 人。

1956 年,因灵宝六中成立占用焦村小学校舍,焦村小学高年级班并入西章、东村小学。当时的焦村乡、万渡乡共设三个辅导区:西章辅导区、万渡辅导区、纪家庄辅导区,对辖区小学进行教学管理。每个辅导区又分 2—3 个片,每片设片长 1 人,负责本片教学活动。

1958 年“大跃进”时期,全乡初中、完小实行“四集体”,学生一面学习,一面劳动,吃饭、住宿、学习、劳动都在学校。

1965 年,为了尽快普及小学教育,县人委根据“确保重点,根据条件,适当分散”的原则,对小学布局做了调整,西章公社增设了东村完全小学。

1976 年,小学教育事业才得以逐步恢复。

1986 年“六一”儿童节期间,焦村乡妇联会掀起为孩子募捐的活动,专业户张长有、姚安有分别捐赠人民币 6000 元和 5000 元,积极支持家乡的幼教事业。

1987 年,焦村乡有小学 36 所,基本普及了小学教育。在群众集资办学热潮中,焦村村资助焦村学校 1.18 万元;西常册村资助西常册学校 2.5 万元。东村杜贯兴集资办学捐资 31 万元;东村杜高兴集资办学捐资 2 万元。

2000 年末,全镇拥有小学 37 所,在校学生 6511 人;适龄儿童入学率达 100%。

2000 年 7 月,赵家小学被撤销。

2001 年 7 月,西常册小学被撤销。

2002 年 7 月,常卯小学被撤销。

2003年7月,张家小学、王家小学、姚家城小学、塔底小学、东仓小学、乔沟小学、西仓小学被撤销。

2004年7月,史村小学、柴家原小学、坪村小学、李家山小学被撤销。2004年底,焦村镇共有学校32所,204个班级,7809名学生,448名教师。其中小学27所,148个班,4463名学生,245名教师。

2005年7月,滑底小学、鸭沟小学、武家山小学、北安头小学、李家坪小学、尚庄小学、秦村小学被撤销。

2006年7月,乡观小学、沟东小学、东常册小学、贝子原小学、马村小学被撤销。

2009年7月,罗家小学、南安头小学被撤销。

2010年7月,南上小学被撤销。

2011年7月,西章小学、巴娄小学被撤销。

2011年8月至今,焦村镇有一所中学(焦村镇第一初级中学),7所小学(焦村镇中心小学、东村小学、杨家小学、纪家庄小学、辛庄小学、焦村镇第四小学、万渡小学)。现有教学班73个,在校学生2251人,教师262人。

二、学校简介

镇中心小学

民国时期(1942年前),村民李崇义、李子儒等自行筹备基金在离家祠堂东边建焦村国民小学,当时有教师10人,有房屋约30余间。课程设置有国语、算术,另外设置大楷、小楷书法课程。民国三十三年(1944年),焦村国民初小改制焦村高小,校长李崇义,教务主任李崇让,开设六个年级,课程有语文、算术、自然、历史。

中华人民共和国成立初期,学校教育仍沿旧习。1958年8月“大跃进”时期,焦村高小改制灵宝三中,小学保留初小(1—4年级),五、六年级学生去西章高小就读。三年自然灾害过后的1961年,灵宝三中迁至农中,焦村初小更设置为一至六年级,学校更名为焦村完小,增添珠算课程。五、六年级学生从西章迁回本村就读。1966年8月,“文化大革命”开始,学校停课。1967年8月,遵照上级革命委员会“复课闹革命”的指示,学生开始重返校园。此时期,改小学六年制为五年制。1969年,学制为7年(小学5年,初中2年),校长李智林。1978年乡政府在焦村小学设两个初中重点班(校长尚云波),1982年,焦村村书记张明山为学校捐献桌椅。1992年,联办中学与焦村九中合并,焦村小学更名为焦村镇中心小学。

1989 年,村投资 20 余万元,改建中院,建成一座三层 6 个教室的教学楼。1996 年,村投资 160 万元建教学楼、教工楼。同年,刘增旺同志任焦村镇中心小学校长。2000 年,小学学制由五年制改为六年制。2001 年,被评为灵宝市课堂改革先进单位。2001 年,根据教学改革,焦村镇中心小学实施一人主备、众人修改的备课模式,在此基础上,由教研组长依据主备人的教案质量打出 A+1、A、B、C 四个等级;对于修改人的教案,也要依据修改质量优劣、修改力度,分别记 0.5、1、2 分。2002 年,学校根据实际情况自编教材,编成心理健康教育校本教材《让阳光照亮孩子的心房》。2006 年 8 月,学校被三门峡市委市政府评为三门峡市文明学校。2007 年,学校语文教学模式"自主学习,因势利导"在全灵宝市推广。同年,村里投资 24.8 万元建起新的食堂和操作间,一举解决了学生吃饭场地问题。

2007 年 8 月,学校多方筹措资金 3.6 万元,先后两次赴西安购买图书 2137 本,目前图书馆藏书已达 19371 册,人均图书 20.2 册,有效解决了学生阅读需求的问题。2008 年 11 月、12 月,学校先后被上级教育部门评为三门峡示范性普通小学、三门峡远程教育示范校;同年,学校多方筹措资金 20 万元,购进液晶电脑 30 台,并通过光纤建立了绿色网吧;同年 9 月,灵宝市首次农村寄宿制学校现场会在学校召开;是年,学校建立了网站,展示学校的教育风采,聚焦教师的课堂亮点。截至 2015 年,网站资源库收录了一至六年级完整的教学设计和教案、课件。

2009 年 8 月,村投资 150 万元的公寓综合楼落成投入使用。2010 年 8 月,成立学校心理咨询室,每天下午 5:00—6:00 心理咨询室对学生开放;9 月,有关学校绿色网吧的新闻——《从绿色网吧,看灵宝教育均衡发展》分别在三门峡教育信息港和灵宝电视台进行报道,引来各大媒体和社会各界的高度关注。2014 年 8 月,李少强同志焦村镇中心小学校长。

2020 年,焦村镇中心小学现有 18 个教学班,在校学生 880 余人。学校占地面积 8088 平方米,校舍建筑面积 6203 平方米。学校共有教师 63 人,合格学历人数百分之百,大专以上学历 58 人,占总人数的百分之九十一。

近年来,学校以"让农村孩子享受最好的教育"为目标,强化规范管理,提升教师素质,培养合格人才。在课堂改革工作中,以"惜时增效,轻负高效"为最高追求,激发学生学习兴趣,培养学生自主学习的能力,创建了"自主学习,因势利导"课堂教学模式,受到了上级部门及同行的高度评价。

学校先后荣获三门峡示范小学、三门峡远程教育示范校、灵宝市德育工作先进单位、灵宝市首批特色学校、灵宝市书香校园等称号。

东村小学

焦村镇东村小学位于310国道南2公里处的东村村，是一所寄宿制完全小学，它始建于1937年，原名灵宝第四中心小学，1949年改名焦村镇东村小学，新校舍改建于2013年8月，担负着东村、乡观、滑底、赵家等几个行政村8000余口人的子女就读。学校占地面积6123平方米，建筑面积1600平方米；现有学生125人，教师16人；6个教学班，教学楼三层，1150平方米；餐厅200平方米，可容纳100多人就餐。学校功能室齐全，各功能室配备达国家二类标准。图书室有图书2429册，人均20册，实验室有实验操作台16张，计算机室有电脑20台，每个班级都配备有多媒体辅助教学，其中2个是电脑+白板+展台。学校有宿舍4间，男女生各两间，住宿生51人。近年来，在全体师生的努力下，2012年被焦村镇人民政府授予教育教学红旗单位。在2015“庆元旦”专刊展示活动中荣获镇二等奖，2015年在焦村镇第六届教育艺术节文艺汇演中荣获镇二等奖。

纪家庄小学

焦村镇纪家庄小学位于焦村镇北3千米处，始建于1947年，原属于纪家庄村村办小学。在历史发展中，为纪家庄村及周边村孩子上学提供了便利。1995年拆除了老旧校舍，新校舍经过重新规划和布局，建成了三层教学楼一栋，2002年又在校园西侧建成了一栋两层学生宿舍楼，学校占地面积11600平方米，建筑面积2513平方米。学校现有教学楼、学生宿舍楼各一幢，实验室、图书室、仪器室、体音美器材室、微机室、多媒体教室各一个，并实现了班班通网络全覆盖。现有图书4655册，生均63册，各类仪器器材均达二类标准。学校现有四个教学班，在校学生31人，教职工11名，其中中级以上职称教师4人，占在职教师人数36%，高于规定学历教师达100%。

近年来为改善办学条件，学校先后投资2万余元美化校园环境；投资3万余元对教学楼楼顶进行防漏修护，围墙维修，墙壁粉刷，给学生宿舍全部换上铝合金窗；2011年投资20万余元建成师生餐厅，极大地改善了师生就餐环境；2012年又投资21万余元硬化了学校后操场并为餐厅前铺设了彩砖；还投资1万余元增配体育、音乐和美术器材，为学生在宽松愉快的环境中快乐的学习奠定了基础。

镇第四小学

焦村镇第四小学(原焦村镇卯屯小学)始建于20世纪50年代初,2009年10月整体迁入新校址(原焦村镇第四初级中学),并更名为焦村镇第四小学。

焦村镇第四小学距焦村镇政府西直线距离6千米处卯屯村西,东面和西面与卯屯村相望,南面紧邻东常册村,北面紧邻310国道。学校占地面积9698平方米,建有教学楼(包含了学生教室、图书室、科学实验室、仪器室、美术室、多媒体室)、门卫室、教工学生宿舍楼、教室宿舍、餐厅、仓库等,建筑总面积2403平方米,教学设施齐全。属于全日制教育事业单位,人员编制数量13人,在校学生70人。

万渡小学

焦村镇万渡小学始建于1937年,原名万渡完全小学,后曾用名万渡小学、万渡中心小学等,1993年灵宝撤县设市后启用现名。学校原址位于万渡村北崖,1970年2月后与新开办的万渡中学共用一处校园,至1981年学校在紧邻北边另建校舍并迁入。2009年9月又搬迁至原焦村五中校园(焦村五中撤并),即现校址,位于万渡村东部。

学校现占地面积19200平方米,建筑面积3120平方米,绿化面积2800平方米,硬化的运动场面积5600平方米。学校主要建筑四座,分别为教学楼、教师宿舍楼、学生宿舍楼、食堂。教师宿舍楼可以安排16人办公住宿,学生宿舍楼可以安排160人住宿,学校食堂可以容纳180人就餐。

学校拥有基本现代化的全套教育教学设施设备。六个教室均配备电子白板设备,并连接互联网。有标准30个机位的微机室一个;俱备15台实验操作台的科学实验室一个;音乐室、美术室、舞蹈室各一个;图书室一个,藏书4200余册;体育器材室一个,存放体育器材600余件。安装数字式视频监控设备一套,包括摄像头6个,硬盘录像机的视频存储能力在30天以上。

2020年,学校有教师16人,学生166人(其中寄宿学生83人),6个教学班。开设国家规定的全部教育教学课程和地方课程。

杨家小学

焦村镇杨家小学,位于焦村镇政府南杨家村,是一所半山区农村完全小学。学校始建于民国时期，校址位于杨家村中。1949 年后，学校迁于老村委会西旧校址学习办公。1980 年又原村办中学改为杨家小学。1990 年杨家村两委集资办学，将原村大队部改建为杨家小学教学楼，学校迁于老校址，主要承担杨家村小学阶段教育。2003 年实行小学 6 年学制后，杨家小学服务范围扩大，主要承担杨家村、张家山、王家嘴、武家山、史村村小学教育教学任务。2009 年 10 月学校教学楼经河南省鼎盛建设工程检测有限公司鉴定，学校教学楼被定为 D 级危房，拆除重建。学校根据实际情况，学校选址新建。新校址位于焦村镇杨家村东，与村文化中心比邻，环境优美、交通便利。学校占地 6000 余平方米，建筑面积 1275 平方米，绿化面积 1000 平方米，运动场地 2400 平方米，是一座规范化、花园式学校。学校设有教室 6 个，计算机室、科学实验室、图书室、音乐教室、美术室、体育器材室、仪器室等的各种配备均达到国家《标准》的规定。各教室及办公室接入教育局域网，初步实现了办公网络化和资源共享。1500 平方米的操场，配有环形跑道、60 米直道、篮球场及其他活动设施。教室、餐厅、宿舍均配有空调，能够为学生提供良好的食宿条件，使学生快乐学习，健康成长。

学校现有学生 115 人，住宿学生 58 人。专任教师 14 名，其中，专科以上学历 12 人，教师高学历达标率 88%，小学高级教师 5 人；市级骨干教师 2 人；市级优秀教师 10 人。

多年来，我校在上级领导和杨家村两委大力支持下，学校教育教学工作取得了令人瞩目的成绩：学校连续多年被评为教育教学工作“红旗单位”“先进单位”，多次受到焦村镇人民政府的嘉奖和表彰，学校师生在镇中心校组织的教师赛课、解说教材、阳光大课间、元旦专刊、艺术节文艺展演等活动中也屡获殊荣。

辛庄小学

焦村镇辛庄小学，始建于 1956 年，学校从建校起至现在一直以辛庄小学为名，学校处在辛庄村北部，辐射姚家城、柴家原、南安头等 11 个自然村，服务人口 5000 余人，是焦村镇北部唯一一所完全小学。

学校现占地面积 4200 平方米，建筑面积 1200 平方米，绿化面积 960 平方米，硬化的运动场面积 2000 平方米。学校主要建筑有三层砖混的教学楼、一层彩钢瓦学生食堂、一层砖木结构学生宿舍 6 间以及普通教室 2 个。教学楼设有教室 5 个，实验室、微机室、图书室、音乐室、体育器材室各一个。学校食堂可以容纳 180 人就餐。

学校拥有基本现代化的全套教育教学设施设备。7 个教室均配备电子白板设备，并连接互联网。有标准 11 个机位的微机室一个,15 台实验操作台的科学实验室一个,各功能室均按国家二类标准配备,基本能满足教学需要。图书室藏书 3200 余册。体育器材室存放体育器材 200 余件。学校在校园的各个部位安装数字式视频监控设备一套,包括摄像头 6 个,硬盘录像机的视频存储能力在 30 天以上。

2020 年,学校有教师 18 人,学生 254 人(其中寄宿学生 145 人),7 个教学班。开足开齐国家规定的全部教育教学课程和地方课程。

重点小学历任校长更迭表

表 19-3

校名	姓名	性别	任职时间(年、月)	籍贯	备注
镇中心小学	李士奇	男	1940—1944		
	李崇义	男	1944—1947		
	李崇让	男	1944—1949		
	张　赞	男	1949—1953		
	董好楼	男	1953—1955		
	张伟军	男	1955—1957		
	冯克敏	男	1955—1957		
	闫友云	男	1957—1961		
	张海旺	男	1961—1963		
	王永治	男	1963—1965		
	常项瑞	男	1956—1967		
	李智林	男	1967—1976. 7		
	张双屯	男	1977. 8—1978. 7		
	李智林	男	1978. 8—1980. 7		
	藏京林	男	1980. 8—1985. 7		
	王月法	男	1985. 8—1996. 7		
	刘增旺	男	1996. 8—2014. 7		
	李少强	男	2014. 7—至今		
东村小学	谢洞生	男	1937—1949		
	翟宏飞	男	1949—1958	焦村镇史村	

续表 19-3

校名	姓名	性别	任职时间(年、月)	籍贯	备注
东村小学	卢天申	男	1958—1961	尹庄镇涧口村	
	张项群	男	1961—1968	大王镇老城村	
	杜根宝	男	1968—1976	焦村镇东村村	
	张德英	男	1976—1980	焦村镇东村村	
	姚继超	男	1980. 8—1994. 7	焦村镇姚家城	
	高均盈	男	1994. 8—2000. 7	焦村镇东村村	
	杨灵博	男	2000. 8—2009. 7	焦村镇杨南村	
	屈转照	男	2009. 8—2017. 7	焦村镇鸭沟村	
	王君成	男	2017. 7—至今	城关镇西华村	
纪家庄小学	张国运	男	1947—1952	灵宝县	
	尚文辉	男	1952—1955	灵宝县	
	古鹏飞	男	1955—1958	灵宝县	
	冯克敏	男	1958—1962	灵宝县	
	杜云煌	男	1962—1966	灵宝县	
	梁启录	男	1966—1970	灵宝县	
	程金生	男	1970—1976	灵宝县	
	纪运申	男	1976—1982	灵宝县	
	张群时	男	1982—1984	灵宝县	
	纪建学	男	1984—2014	灵宝市	
	常科科	男	2014—2018	焦村镇南安头村	
	杜向阳	男	2018—2019	焦村镇东村村	
	梁东强	男	2019—至今	焦村镇卯屯村	
第四小学	冯克敏	男	1953—1966	焦村镇卯屯村	
	臧景超	男	1966—1972	焦村镇卯屯村	
	梁应会	男	1972—1976	焦村镇卯屯村	
	梁相森	男	1976—1981	焦村镇卯屯村	
	卯来兴	男	1981—1984	焦村镇卯屯村	
	梁寅生	男	1984—1985	焦村镇卯屯村	

续表 19-3

校名	姓名	性别	任职时间(年、月)	籍贯	备注
第四小学	冯选民	男	1985—1989	焦村镇卯屯村	
	冯景旺	男	1989—1993	焦村镇卯屯村	
	梁惠民	男	1993—1996	焦村镇卯屯村	
	卯来兴	男	1996—2009	焦村镇卯屯村	
	杨好敏	男	2009—2013	焦村镇水泉源村	
	常科科	男	2013—2014	焦村镇南安头村	
	臧江丽	女	2014—2015	焦村镇西章村	
	冯莹妍	女	2015—2017	阳平镇文西村	
	刘娟辉	女	2017—至今	焦村镇秦村	
万渡小学	刘尚武	男	1937—1947	焦村镇塔底村	
	李云周	男	1948—1949	焦村镇李家山村	
	屈自清	男	1950. 1—1950. 12	焦村镇乡观村	
	高齐斋	男	1951—1952		
	卯德荣	男	1953—1954	焦村镇卯屯村	
	孟邦喜	男	1955—1960		
	陈增超	男	1961—1962		
	杨生春	男	1963—1970	焦村镇沟东村	
	杨天资	男	1971—1974	焦村镇万渡村	
	孙增义	男	1975—1980	焦村镇万渡村	
	赵双明	男	1981—1985	焦村镇万渡村	
	阳力行	男	1986—1991. 7	焦村镇万渡村	
	任榜孝	男	1991. 8—2006. 7	焦村镇万渡村	
	武胜智	男	2006. 8—2009. 7	焦村镇巴娄村	
	杨　威	男	2009. 8—2015. 6	焦村镇万渡村	
	兰建伟	男	2015. 7—2019. 7	焦村镇塔底村	
	李卫波	男	2019. 7—至今	焦村镇李家山村	
杨家小学	任满行	男	1976—1980	焦村镇张家山村	
	屈存生	男	1981—1984	焦村镇鸭沟村	

续表 19-3

校名	姓名	性别	任职时间(年、月)	籍贯	备注
杨家小学	翟社卫	男	1985—1990	焦村镇杨家村	
	杨宗文	男	1990—1992	焦村镇杨家村	
	刘平选	男	1992—1996	焦村镇塔底村	
	王朝东	男	1997—2000	灵宝市西闫乡	
	董永泉	男	2001—2003	焦村镇东村村	
	常晓阳	男	2003—2004	焦村镇南安头	
	李飞刚	男	2004—2007	焦村镇焦村村	
	王君成	男	2007—2017	城关镇西华村	
	冯莹妍	女	2017—至今	阳平镇文西村	
辛庄小学	刘虎旺	男	1956—1961		
	常俊荣	女	1962—1963	焦村镇南安头村	
	卢元申	男	1963—1967		
	尚启民	男	1968—1971	焦村镇尚庄村	
	李宏道	男	1972—1979	焦村镇辛庄村	
	高增录	男	1980—1986	焦村镇北安头村	
	郭长有	男	1987—1996	焦村镇辛庄村	
	许军孝	男	1997—2000	焦村镇辛庄村	
	李应龙	男	2001—2005	焦村镇辛庄村	
	周广文	男	2005—2006	灵宝市西闫乡	
	杨克江	男	2007—至今	焦村镇沟东村	

第五节　中学教育

一、发展概况

1956 年，随着经济的发展，焦村完全小学实行“戴帽”的办法，开始招收了初中班。就是灵宝县人民政府在焦村建立的本地区第一所初中——灵宝县第六初级中学，共 6 个教学班，学生 300 余人，教师 32 人，校址在焦村小学上院，1960 年与东村小学合并，在东村小学建教学楼 2 幢。1961 年又迁回焦村小学校址，1963 年学校被撤销，学生分流到娄下、下砦两所中学。

1958 年,人民公社成立,焦村公社在宜村、巴娄建立农业中学,校长闫虎士、宁增文。

1958 年“大跃进”时期,全乡初中、完小实行“四集体”,学生一面学习,一面劳动,吃饭、住宿、学习、劳动都在学校。

1963 年,焦村农中成立,校址在焦村村东(现焦村镇一中院内)。学制二年,设 4 个班,学生 200 余人,教师 23 人,校长张乐水。

1968 年至 1969 年,焦村公社根据上级“上高中不出公社,上初中不出大队”的指示,各大队都办起了戴帽中学。有些大队还办起高中班。

1970 年,焦村农中改为焦村高中,1971 年招生 4 个班(高一 3 个班,高二 1 个班)。校长杜云煌。

1970 年,灵宝县在秦村建高中一所,招收一年级新生 3 个班,校长梁学录,1971 年并入焦村高中。

1970 年,焦村公社将村办初中合并为焦村、东村、纪家庄、万渡五所联办初中。辛庄、巴娄保留村办初中。

1974 年,焦村公社在李家山建五七高中,招收 6 个班(高中班 2 个、卫生班 1 个、机械班 1 个,附设初中班 2 个)。校长刘焕森,教师 25 人。1980 年学校被撤销。

1977 年 5 月,工宣队、贫管会相继撤离学校。12 月 8 日至 10 日应届高中毕业生和一些社会青年参加全国高等院校统一考试。同年,中央提出以“调整”为基础的“八字”方针,教育局对各公社高中进行统一编号:焦村公社高中排序为灵宝九中。

1978 年,焦村公社在焦村小学办焦村乡中,招收学生 2 个班,校长尚云波。1979 年焦村乡中从焦村小学迁出并入灵宝九中。

1981 年,随着改革开放的不断深入,在新的历史时期,灵宝市的职业教育经过调整,逐步步入了正确的轨道。焦村公社建农业高中一所,招生 4 个班,186 人,教工 13 人。

1982 年,根据县委和县政府《关于加强和改革教育工作的决定》,教育局对 16 所普通高中做了进一步调整:焦村公社的灵宝九中改为农业职业中学。是年,辛庄、巴娄不再招收初中班。

1984 年,“灵宝九中”改为“焦村乡农职业高中”。

1986 年 10 月,县教育局改“焦村农职高中”为“灵宝县第一农业职业高级中学”。后相继开办服装学校、卫生学校、戏曲学校等,为各个行业培养了一大批有用人材。

1987 年,焦村乡有初中四所。在群众集资办学热潮中,焦村镇政府资助灵宝九中 2.04 万元;东常册村资助东常册联中 2.7 万元;纪家庄村资助纪家庄联中 1.9 万元。

1988 年,灵宝九中改为灵宝职专,初中部改为焦村乡第一初级中学。

1992 年,灵宝县人大宣布:在焦村乡实施八年义务教育。同年,焦村联中并入焦村乡第一初级中学。

1993 年,焦村乡有中学五所(焦村、万渡、东村、纪家庄、东常册),共有 46 个班级,2736 名学生,其中一年级 16 个班,945 人;二年级 15 个班,871 人;三年级 15 个班,920 人。同年 3 月经省教委验收审批,改"第一农职高中"为"三门峡市灵宝园艺职业中等专业学校"。同年 6 月焦村乡撤乡改镇,焦村乡第一初级中学改名为灵宝市焦村镇第一初级中学。焦村乡东村联办中学改名为焦村镇第二初级中学。焦村乡纪家庄联办中学改名为焦村镇第三初级中学。焦村乡东常册联办中学改名为焦村镇第四初级中学。焦村乡万渡联办中学改名为焦村镇第五初级中学。

1994 年,初等义务教育巩固提高工作,经三门峡市教委验收合格,并开始在全市实现普及九年义务教育;义务教育示范乡建设经省教委验收,焦村镇获合格证,奖金 5000 元。同年 3 月,经省教委检查验收,"三门峡市灵宝园艺职业中等专业学校"命名为"河南省示范性职业高中"。此年,焦村镇一中党支部书记为李崇孝,校长武新社,有教师 69 人,15 个班,1125 名学生。

2000 年末,全镇 5 所初中,在校学生达 3854 人;

2004 年,焦村镇共有学校 32 所,204 个班级,7809 名学生,448 名教师。其中初中 5 所,56 个班,3346 名学生,203 名教师。镇中心学校校长为杨好勇。焦村一中有 31 个班,2025 名学生,98 名教师,党支部书记为杨好勇,校长王生芳。

2009 年 7 月,焦村镇第二初级中学、焦村镇第三初级中学、焦村镇第四初级中学、焦村镇第五初级中学被撤销。

二、学校简介

焦村镇第一初级中学

灵宝市焦村镇第一初级中学位于焦村镇焦村村东街 310 国道北侧,创办于 1978 年 8 月,原名"灵宝县焦村乡焦村初中",招生 4 个班 200 余人,地址在今焦村小学上院。有教职工 21 人,校长尚云波。

1980 年灵宝一中招收初三插班生,78 级学生提前离校。

1981 年 7 月,灵宝县中学布局调整,焦村初中与焦村高中合并,成为一所全日制完全中学,更名“灵宝县第九中学”。高中 9 班,初中 6 班,在校生 850 余人,教职工 64 人。校长由教育局副局长何守定兼任。

1982 年 7 月,初中部首届学生毕业,共 2 班 105 人。

1985 年 8 月,灵宝县进行中等教育结构调整,高中部改为农职业高中,学校实行分部管理,初中部为三轨制,共 9 班 670 余人,教职工 32 人。

1987 年 8 月,职高正式挂牌,形成一院两校,灵宝县第九中学成为一所重点初中,校长李崇孝。

1990 年后,学校规模逐年扩大,每年在校生达 12 班 970 余人,教职工 48 人。

1992 年 3 月,灵宝县进一步调整中学布局,学校更名“灵宝县焦村乡第一初级中学”,8 月,焦村联中并入该校,学校发展为 15 班 1120 余人,教职工 62 人。

1993 年 8 月,灵宝市第一职业高级中学搬迁,两校彻底拆分。

1995 年更名为灵宝市焦村镇第一初级中学,是一所农村寄宿制初级中学。学校管理规范、校风严谨,教育教学质量享誉桃林大地,建校以来培养了 2 万余名合格毕业生。该校以课改促管理,以管理促质量,以质量创品牌,教育教学质量一直名列三门峡市、灵宝市同类学校前列,先后被三门峡市有关主管部门授予三门峡市示范性初中、管理规范化先进学校、普法暨依法治校先进单位、文明学校、绿色学校、园林学校、平安校园等荣誉称号,被灵宝市有关主管部门授予灵宝市先进基层党组织和先进基层工会组织、中小学生思想道德建设工作先进单位、卫生先进单位、教育部十五课题教育信息资源网络建设对策研究项目学校、五小公民思想道德建设先进单位、学校体卫艺工作先进单位、双合格和家庭教育先进集体、课堂教学改革竞赛活动先进单位、首批特色品牌学校、平安校园等荣誉称号,并连年被评为三门峡市、灵宝市教育教学工作和德育工作先进单位。

学校占地面积 3.73 公顷,建筑面积 22178 平方米,教室建筑面积 3989 平方米,学生宿舍建筑面积 4573 平方米,食堂建筑面积 2037 平方米。全校班级实现“班班通”网络教学全覆盖,学校微机教室现有微机 51 台,保证学生上课一人一机。各处室、办公室、备课室配齐微机打印机,教师台式、笔记本电脑达到 140 余台。全校实现光纤接入网,同时开通校园局域网,全面实现资源共享。学校建有 300 米的环形塑胶跑道,3 个标准化的塑胶篮球场,24 个乒乓球台,3 个标准排球场,2 个羽毛球场地,1 对足球门,10 余种健身活动器材,体育运动场面积 6992 平方米,生均体育运动场面积 6.85 平方米。学校少年宫建成图书阅览室、音乐教室、美术教室、舞蹈教室、心理咨询室、心理宣泄室、瑜伽教室、科技活动室、乒乓球室、书法教室、经典诵读室、棋牌室、电子琴教室、少年辩论厅、中华武术室、手工制作室等 16 个活动室，完全可以满足全校师生课外活动和文化娱乐的需求。学校教学辅助用房音乐室、美术室、实验室、计算机教室、图书室、电子阅览室、多功能室、体音美器材室、心理咨询室、卫生保健室十室齐全，各项设施配备到位。学校图书馆，现有图书 48113 册。音乐美术器材、体育器材、卫生器材全部达标，理化生实验室、理化生器材室仪器室里各种仪器配备达到国家二级标准。

焦村镇第二初级中学

焦村镇第二初级中学位于当时的东村大队，简称焦村二中，建于 1973 年，当时命名东村中学，1976 年改为联办高中，1981 年经县委又改为焦村乡东村联办初中，1990 年，焦村二中全校师生向在新乡求学的该校毕业生家庭经济极度困难的刘三定同学捐款 200 余元，奉献师生的爱心。1993 年改名为灵宝市焦村镇第二初级中学。当年，焦村二中全体师生寻伟人足迹、学雷锋，再次向在新乡求学的刘三定同学捐款 351. 13 元，解决了三定同学的燃眉之急。1994 年，焦村二中师生人人动手，为市林业会议在底石峪召开做义务劳动，镇林管所赠匾“绿我中华，功德千秋”，以示褒扬。全市教育战线到处都呈现出一派欣欣向荣的新气象。2009 年 7 月学校撤并停办。

焦村镇第三初级中学

焦村镇第三初级中学位于纪家庄村，始建于 1966 年，原名纪家庄中学，与纪家庄小学为同一所学校，1982 年和纪家庄小学分离，更名为纪家庄联办中学，招收纪家庄、李家坪、水泉源、姚家城、沟东、尚庄、南安头、辛庄、柴家原等村学生；1993 年更名为灵宝市焦村镇第三初级中学，2009 年 7 月被撤销。

焦村镇第四初级中学

焦村镇第四初级中学位于东常册村，始建于 1975 年 5 月，原名焦村乡东常册联办中学，简称东常册中学。1993 年改名为焦村镇第四初级中学。2009 年 7 月，焦村镇所有中学合并，焦村镇第四初级中学被撤销，焦村镇卯屯小学整体迁入，学校改名为焦村镇第四小学。

附：焦村四中集资办学纪念碑文

正面：

尊师重教泽被后世

筹资办学功垂千秋

河南省教育委员会

一九九三年

背面：

致天下之治者在人才，成天下之才者在教化，教化之所本者在学校，故国以教为本，民以教为源。焦村乡党委政府法古察今，以办学为千秋基业，视教育为万古根本。全片干群，献策群囊，竭诚尽力，矗一千三百八十平方米三层教学楼一栋。砌墙修门，添置教材，更新设备，美化校园，共投资五十余万元。工程于一九九二年五月奠基，同年八月竣工。从此校园清新典雅，英才济济，可谓心血浇灌聪明才智，汗水凝成学子乐园。特勒石铭志。以赞干群运筹之馨德，群众卒劳之美行，激后昆进取之心志，励缘定治学之精神。

灵宝县焦村乡东常册片

焦村镇第五初级中学

焦村镇第五初级中学位于万渡村，简称焦村五中，曾用名万渡初中、万渡中学等，旧校址在万渡村北崖。1970 年春，万渡初中在万渡完小校园内开办（最初与万渡小学共用一处校园，至 1981 年小学迁出并分离）。1993 年灵宝撤县设市，学校正式更名为灵宝市焦村镇第五初级中学。2000 年 9 月学校搬迁到万渡村东部的新校址。2009 年 7 月学校撤并停办。

各初级中学历任校长更迭表

表 19-4

学校	姓名	性别	任职时间（年、月）	籍贯	备注
第一中学	尚云波	男	1978. 8—1981. 7	焦村镇尚庄村	
	何守定	男	1981. 8—1986. 7	灵宝市大王镇	兼任
	吴凤君	男		焦村镇东常册村	
	段虎民	男		焦村镇张家山村	
	杨生春	男	1986. 8—1991. 7	焦村镇沟东村村	
	李崇孝	男	1986. 8—1994. 7	焦村镇焦村村	

续表 19-4

学校	姓名	性别	任职时间(年、月)	籍贯	备注
第一中学	武新社	男	1994. 8—1996. 7	焦村镇武家山村	
	杨好勇	男	1996. 8—2001. 12	焦村镇沟东村	
	王生芳	男	2002. 1—2008. 7	焦村镇坪村村	
	李亚刚	男	2008. 8—2011. 7	阳平镇苏南村	
	建艳红	女	2011. 8—2015. 6	阳店镇西水头村	
	李民强	男	2015. 7—至今	函谷关镇西留村	
第二中学	李忠来	男	1973. 8—1975. 7	焦村镇焦村村	
	冯克敏	男	1975. 8—1981. 7	焦村镇卯屯村	
	尚云波	男	1981. 8—2000. 7	焦村镇尚庄村	
	李少强	男	2000. 8—2005. 7	焦村镇塔底村	
	屈转照	男	2005. 8—2009. 7	焦村镇鸭沟村	
第三中学	梁启录	男	1966—1970	焦村镇卯屯村	
	程金生	男	1970—1976	焦村镇沟东村村	
	纪运申	男	1976—1982	焦村镇纪家庄村	
	李剑秋	男	1982—1988	焦村镇纪家庄村	
	尚继奎	男	1988—2004	焦村镇尚庄村	
	杨好敏	男	2004—2009	焦村镇水泉源村	
第四中学	冯克敏	男	1975—1988	焦村镇印屯村	
	李成玉	男	1988—1997	焦村镇东常册村	
	闫发佐	男	1997—1999	焦村镇乡观村	
	张高伟	男	1999—2006	焦村镇滑底村	
	梁江丰	男	2006—2009	焦村镇卯屯村	
第五中学	冯克敏	男	1970. 2—1972. 1	焦村镇卯屯村	
	李忠来	男	1972. 2—1981. 7	焦村镇焦村村	
	刘焕森	男	1981. 8—1990. 7	焦村镇塔底村	
	赵明旺	男	1990. 8—1994. 7	焦村镇马村村	
	杨卫华	男	1994. 8—2009. 8	焦村镇马村村	

第六节　成人教育

一、扫盲教育

1949年12月,国家教育部印发《关于开展农民冬学的工作指示》,要求开展识字运动,扫除文盲(简称“扫盲”)。破胡区所辖的焦村各小乡及自然村随即成立了冬学,结合开展的土地改革运动,开办农民夜校。至1950年3月,破胡区农村共开办冬学50余班,配备业余教师60余人,入学人数3280人。到1950年底,在大多数村都办起了农民夜校的基础上,并办有妇女识字班、扫盲班。1952年到1953年,办起了以各小乡村基层干部为主、全脱产学习的速成学校10个班,入学人数200人,业余教师8人。当时的教材为《识字》和《计算》,收到了明显的效果。

1956年至1958年,西章乡结合农业生产合作化,继续开办以识字和掌握农业生产、生活为主的识字班。1959年至1961年,国民经济困难时期,农村扫盲教育基本处于停滞状态。1966年后,“文化大革命”运动开始,农村扫盲教育依旧未能很好地开展。

1976年至1981年,焦村人民公社所辖的各大队,均开办了扫盲班,配备专职人员教学,学习的形式主要利用学校教室,以晚上开班为主,起到了很好的教学作用。到了1984年冬,经上级有关部门验收,达到了规定的标准,基本实现了无文盲公社、大队。1988年12月12日,焦村乡成人教育委员会成立。1990年是国际扫盲年,国务院颁发了《扫盲工作条例》,焦村乡成人教育学校采取包教包学、学校办夜校的方法,使焦村乡所辖各行政村300余人脱盲。

1991年,灵宝县政府下发了《关于限期扫除文盲的通知》,全县各乡(镇)以此为契机,举办培训班、专题讲座等,焦村乡脱盲人数逐步增加。1992年,焦村乡遵照灵宝县政府的指示精神,采取“一堵二扫三提高”(一是堵新文盲产生;二是扫除现有文盲;三是对正在脱盲人员进行培训、提高文化知识和科技水平)的措施,使扫盲工作取得了显著成绩。当年灵宝县被国家教委命名为全国扫除文盲工作先进单位。1993年,为抑制新文盲抬头的趋势,采取与高等院校、科研单位联姻的办法,使更多青壮年农民成为“土专家”“小能人”。1995年4月,焦村镇顺利通过省政府扫盲验收。

1996年,焦村镇成人教育围绕农村产业结构调整,先后对各行政村农民进行果树、蔬菜、烟叶、畜牧、家庭养殖和农产品加工、食用菌生产等技术进行培训,共举办培训班100余期,培训青壮年农民2000人次。当年,灵宝市教委编写发行了《苹果栽培技术实用手册》一书,作为职业学校、农村成人学校与全市广大果农的实用教材,在焦村镇得到了推广和学习。1998 年 7 月,焦村镇扫盲工作通过国家验收。1999 年 2 月,焦村镇成人教育委员会在各行政村和镇政府举办了扫盲成人教育骨干培训班,巩固扫盲成果,为迎接国家复验作准备。

2003 年,焦村镇根据"'两基'攻坚计划"的要求(基本普及九年义务教育、基本扫除青壮年文盲)。2004 年至 2007 年焦村镇青壮年非文盲率巩固提高到 99%以上,全面扫除了青壮年文盲。2007 年,扫盲攻坚计划顺利完成。

二、科技教育

焦村镇科技教育主要形式是成立了焦村镇成人学校。成人学校以实用技术培训为切入点,强力实施"科技兴镇"战略,通过产业调整,形成了果、菌、牧、旅游和乡镇企业持续发展的格局。2009 年至今,已成功举办培训班 237 期,培训学员 88875 人次。

(一)果树管理培训。苹果生产是我镇的第一支柱产业。但果农的管理观念较为落后,跟不上形势的发展。因此,果树管理的技术培训显得尤为重要,安排每季度在政府礼堂举行一次大型的果树管理技术讲座,邀请专业人士就果树的嫁接、修剪、病虫害防治、水肥管理、贮藏等方面对果农进行培训。2009 年 2 月邀请河南农科所司亮等四位老师对全镇 38 个行政村巡回传授有关果树知识,听讲人数达 5300 人次。2010 年 4 月果树专家谢基终来焦村进行果树讲座。2011 年 2 月 17 日至 18 日,镇成人学校联合镇果树协会特邀日本果树专家花岗要男深入到杨家、焦村果园,对果树如何实现丰产增效及果树管理等方面知识进行了系统的讲座。专家与果农进行了长时间的交流,并逐一解决果农在果树管理过程中的疑难问题,使广大果农受益匪浅。据统计,焦村镇 4200 公顷苹果的优质果比例以每年 5%的增产不断提升,亩均增多 150 斤;333.3 公顷小杂水果成为群众增收亮点,初步形成南安头的优质葡萄,纪家庄秦王桃、马村的樱桃等几个"一村一品"示范村。

(二)菌类种植培训。食用菌生产是继苹果生产之后新兴的又一产业,近年来发展迅猛,成为提高农民收入的第二支柱产业。在菌类种植方面,发展较快的是杨家、西常册、东村、万渡、贝子原等 10 个村达 10 万袋以上规模,新增 5 万袋以上种植大户 6 户,新建 50 万袋食用菌生产基地 4 个。以这几个村为龙头,邀请有丰富经验的杨建儒等专业户,从菌种管理、采摘、烘干、销售等方面对菇农进行培训。先后举办食用菌技术培训班 10 多期,积极引进新品种并大力发展了香菇、金针菇、平菇、灵芝、木耳、银耳等菌类产业。目前,食用菌生产基地已具相当规模,并辐射带动全镇 20 余村的食用菌生产,年销售鲜菇800吨,逐步形成产、供、销、加工一条龙,经济效益可观。

(三)养殖业培训。确定养殖业技术培训的重点在于疫病防治、饲养技术、优良品种的选择和繁育。目前,乡观村已成为优良品种繁殖基地,全镇38个行政村在乡观等几个村的辐射带动下,养殖户已达3000户,农民从养殖业上得到了实惠,养殖业也成为农村又一大支柱产业。

第七节 境域内县市级学校

灵宝县巴娄战校

中华民国三十三年(1944年)冬,洛阳师范学校卸任校长李明章,得到国民党第八战区司令长官胡宗南支持,在巴娄村创办战校1所,当年招生100余人,领来捷克式步枪200余支,经费由胡宗南部支付,粮食由卢氏县供应,当时准备连续办10个班,但中途因经费不足学生离校,于第2年冬停办。

灵宝市职业中等专科学校

灵宝市职业中等专科学校简称灵宝职专。位于焦村镇焦村村310国道(营田坡顶)北侧。创建于1986年,原为灵宝市第九中学(焦村乡)高中部,是由教育局、农业局、园艺局等15个局委联合创办的一所综合性职业高中。当年10月,与灵宝九中二校合一,招生2班58人。分设农学、果学两专业,农学20人(三年制),果学38人(一年制)。同时配备教职工21人,住房21间,教室5个。专业教师从园艺局借调,专业教材为教师自编乡土教材,有《土窑苹果贮藏》《旱产、丰产矮化密植》《果树修剪》等。校长由原灵宝县副县长雒魁虎兼任。

1987年8月,定名"灵宝县第一农职业高中"。1989年,领导班子和管理方面与灵宝九中彻底分开,同时改名"灵宝县第一职业高级中学"。为外地培养果树技术人才54名。

1991年学校被省教委、计委、财政、劳动人事厅授予"职教先进单位",同时增开财会、采矿两专业。在校生352人,教职工28人。县政府拨款20万元、县教育局自筹资金32万元于新址建教学大楼一幢。

1992年学校增开机电、教师专业。在校生393人,教职工36人。同时县政府拨款

50 万元,县教育局拨款 10 万元于新址建学生宿舍楼一幢。

1993 年灵宝县教育局自筹资金 103 万元,于新址建办公楼一幢,3 月经省教委验收,审批为“三门峡市灵宝园艺职业中等专业学校”。5 月撤县设市,原学校遂更名“灵宝市第一职业高级中学”,学校增开电子专业,在校生 423 人,教职工 42 人。8 月迁新址焦村镇营田坡上,占地 1.87 公顷。同时兼用“灵宝市第一职业高级中学及三门峡市灵宝园艺职业中等专业学校”两个名称。

1994 年 3 月,经省教委检查、验收,学校列为河南省示范性职业重点高中。特聘请全国著名果树专家、山东省烟台果树研究所吕锡祯教授为名誉教授。学校同时增开化工、音乐专业。在校生 16 班 605 人,教职工 54 人。书记王英祥,校长李兴斌,副校长张育才、李栓慈。

1995 年正式更名为灵宝市职业中等专业学校。学校占地 4.3 公顷,建筑面积 3000 余平方米,建有综合教学大楼、办公大楼、学生公寓、教师公寓、图书大楼、实验大楼及礼堂、餐厅。建有 300 米环形跑道的运动场,配有阅览室、图书室、仪器室、语音室、汽修汽驾模具室、钳工操作室、多媒体电教室、电子电工和家电实验室、微机室和校园 CT 网。

2000 年暑假,筹资 10 余万元,在五龙开发区建成种植专业实习基地,并从中国农科院引进有机生态无土栽培技术,试种两年获得较大成功。

2000 年学校被教育部授予首批国家级重点职业学校,2001 年被省教育厅确定为省 10 所重点中等职业示范学校之一。2002 年 6 月,学校的电子技术应用专业被省教育厅确定为首批重点建设专业。2003 年被灵宝市委、市政府确定为实用人才培训基地。2004 年被灵宝市确定为青年培训就业服务中心。学校被确定为灵宝市实用人才培训基地后,在校内及北田分校举办实用人才培训班,组织农村富余劳动力进行实用技术培训。培训形式有长班、短班,长班 1 年、短班 1 个月。培训内容有种植、养殖、家电维修、计算机技术应用等。培训采取理论实践相结合的方法,理论课在课内上,实践课校内在微机室、计算机组装实验室、家电实验室、家电实训室、制冷制热实验室上;实践课校外在种植养殖专业实习基地、食用菌种植场、养鸡场等场所进行。两年来,基地培训农村富余劳动力 1000 人,安置外出就业 800 人。

学校先后荣获首批国家级改革发展示范学校、全国职业教育先进单位、全国教育系统先进集体、河南省职业教育教学研究工作先进集体、劳务输出先进单位、河南省示范性中等职业学校及县级职教中心、三门峡市教育教学工作先进单位、德育工作先进单位等荣誉称号。《中国教育报》《青年导报》《教育时报》《三门峡日报》等主流媒体对学校的办学成果进行了深入报道。

灵宝市华苑高中

灵宝市华苑高中位于焦村镇焦村村东街310国道北侧（营田坡顶），其前身是灵宝市华苑双语学校，是董雅青女士于1996年创建。学前、小学、初中部位于八一路中段；高中部位于新区金城大道18号。

1996年5月开始筹建学前、小学部，开4个教学班，聘请教职工15人，学生83名，1998年扩建初中部，占地面积6670平方米，建筑面积3000平方米，6个教学班，20位教职工，学生168人。首届五年级毕业生参加市区统一升学考试，取得第一名。

2000年6月筹建高中部，在新区租赁15层楼房1幢，占地面积33350平方米，建筑面积1.5万平方米。学校有标准教室26个，各科实验室、多媒体电教室，均按国家二级标准配置，学生宿舍60多间，舞蹈大厅、餐厅均在600平方米以上。2004年10月，在校学生20个班，1171人，其中高一8个班，530人，高二6个班，328人，高三6个班，313人，教职员工82人。

2003年8月，学校为140名贫困生免费、半减学费和书本费，受到社会好评。

2008年以来，华苑高中全体员工高度重视争创"中国民办百强学校"活动，学校及时成立了领导机构，制订了详细的争创方案，扎实地开展了一系列争创活动。

2009年，为改善办学条件、扩大办学规模方面，学校校长董雅青个人投资3000多万元，于2010年建成了新校区，并于当年秋季投入使用。新校区占地6.7公顷，建筑面积2万多平方米，建设项目包括教学楼、办公楼、公寓楼、餐厅、地下停车场、学校大门以及配套设施等。

多年来，学校获得了社会的好评和上级教育部门的表彰和认可。1997年、1998年两年分别被评为灵宝市、三门峡市"社会力量办学先进单位"。2000年12月，被河南省教委授予"社会力量办学先进单位"，并由校长董雅青代表河南省社会力量办学单位参加在广东省中山市举办的全国"双语教学研讨会"。2002年3月，董雅青校长又应邀代表三门峡市参加在北京举办的首届杰出女性创业成就"国际展览会暨女性创业与世界经济论坛会"。2003年7月首届高中毕业生200人参加高招考试，136人上大专分数线，其中2人上本科分数线。校长董雅青也荣获灵宝市"德育教育先进工作者"；灵宝市、三门峡市"优秀青年""十大女杰""三八红旗手"等光荣称号，被选为灵宝市政协十届常委。学校于2010年6月，被中国教育协会命名为"中国民办百强学校"荣誉称号。

第八节　教育名师

（以出生时间为序）

张明哲

张明哲，男，汉族，生于1924年12月。焦村镇张家山村人，大学文化，高级教师，中共党员。1990年离休后，担任河南省电大三门峡分校灵宝市委党校教学班班主任。1949年7月参加工作，任本乡初小校长。1950年2月到灵宝县文教科工作，1952年起任副科长，主持全面工作。1958年2月至1962年6月，先后在灵宝三中、灵宝中等农业技校任第一副校长、书记兼校长，1962年7月重返县文教科任科长。1964年10月到灵宝县蒲剧团及县宣传站工作，任支部书记，1970年1月到灵宝一中任支部书记兼校长，1976年5月任灵宝县新华书店支部书记，1978年9月调任灵宝师范支部书记，1982年7月开始任灵宝卫校书记兼校长。1985年8月任灵宝市委党校电大班班主任。在先后主持灵宝县文教科工作的十年里，率先士卒，一步一个脚印，对中华人民共和国成立后灵宝教育事业的恢复和发展，起到了较大的促进作用。小学由1949年的380所759班21925人增加到1958年的520所1230班48509人；初中规模亦扩大到解放时的2倍；同时办起了灵宝县第一所高级中学。教学质量及考取大学的升学率在原洛阳地区名列前茅，由他创办的灵宝中等农业技校，成绩显著。1960年被评为省、地、县先进单位，同年5月他代表全校师生出席了河南省文教战线群英会；学校团支部被评为全国先进团支部。粉碎“四人帮”后，他再度焕发青春，于1978年来到灵宝师范，克服师资不足经费短缺等困难，扩大招生，加强管理，使教学逐步纳入正轨。质量稳居原洛阳地区同类学校第一。1984年，灵宝卫校先后被评为原洛阳地区及省先进单位，同年8月，他代表全校师生出席了中国药学会在牡丹江市召开的全国中药职工教育学术经验交流会，并在会上作了经验介绍。1985年，他被调到灵宝党校，负责电大班工作。

他离休后不图安逸，把晚年奉献给教育事业。其先进事迹曾在《三门峡日报》以《桃林之野桃李芬芳》为题做了报道，并先后三次被评为河南电大三门峡市分校先进工作者。

赵省三

赵省三,男,出生于1936年11月17日,汉族,家住焦村镇滑底村,中共党员,中师学历,中学一级教师。1957年7月至1966年7月,在程村小学教书;1966年8月至1969年7月,在程村中学教书;1969年8月至1982年10月,在程村乡教育组任教育专干;1982年11月至1994年8月,在焦村镇教办工作,任教办主任。

1980年在程村任程村乡教育专干期间,坚持逐校调查研究,结合全乡教育实际,确定立足基础教育先行、努力办好勤工俭学的工作思路。由于勤工俭学成绩突出,洛阳地区教育局在程村乡召开了全地区勤工俭学现场会,并奖给该乡电影放映机一台,个人也受到表彰。1982年至1994年,在任焦村教办主任期间,狠抓教师队伍建设,注重教师素质提高,奠定焦村乡教育质量连年翻番的良好基础,中招工作连续五年在全县名列前茅,受到县教育部门表彰。个人也于1983、1984年连续两年被评为灵宝市先进教育工作者。1988年被评为三门峡市先进教育工作者。1989年9月被评为全国优秀教师并授予优秀教师奖章。2003年3月19日因病去逝,享年67岁。

李崇茂

李崇茂,男,汉族,1938年9月生于焦村村。1959年7月毕业于陕县师范。1984年毕业于河南大学中文系(函授)。先后在予灵中学、故县小学、灵宝十中、决镇二中、虢略镇五七中学任教。1979年8月调到灵宝十六中(后改名灵宝四高)任教导副主任。1980年9月加入中国共产党。1983年任副校长,1985年任校长,1989年兼任党支部书记。学校先后荣获县级文明单位、教育教学先进单位、体育卫生先进单位、三门峡市级民主管理先进单位。他本人在该校12次被评为镇局级先进工作者、优秀校长,6次被评为县级优秀党员,5次被评为县级先进工作者,两次被评为三门峡市级优秀教师。1989年被国家教委、国家人事部、教育工会全国委员会评为“全国优秀教育工作者”。并授予“全国优秀教师”奖章。

常育贤

常育贤,男,1941年10月生于焦村镇一个农民家庭,1961年肄业于河南省科学技术专业学校,1963年9月参加教育工作,先后在川口农业中学、川口小学、灵宝县文教局、灵宝县教研室工作。1981年8月任灵宝县(市)实验小学副校长,1984年8月任该校校长至 1997 年 2 月。任职期间在教育教学等方面取得显著成绩,曾两次被评为河南省优秀小学校长。在教思想品德课时能针对儿童心理特点采取丰富多彩的教课形式,深受学生欢迎。1984 年 10 月在原洛阳地区小学思想品德课教学经验交流会上作典型发言。1989 年 9 月被国家教委、人事部、中国教育工会授予"全国优秀教师"称号。

李智民

李智民,男,1951 年出生,焦村镇李家坪人,现任灵宝教研室小学数学教研员。他是首届感动灵宝教育十大新闻人物,三门峡教育十大新闻人物,三门峡市第二届至五届政协委员,河南省优秀基础教研工作者,中国教育学会小学数学教学专业委员会先进工作者。2001 年被河南省人民政府授予"特级教师"称号。

1969 年至 1997 年先后在焦村镇李家坪学校、灵宝师范工作、学习,其间先后到开封师专、河南教育学院进修,1997 年以来一直在教研室工作。1998 年起他主持小学数学"引导—自学"教学模式实验,提出"课堂是学堂"的观点,倡导"教勿越位、学要到位、引导自学"的教学策略,改革传统课堂教学,课题获灵宝市科学技术进步二等奖。该课题还被确定为教育部基教司课题"小学数学教材编写与实验研究"子课题,获小学数学课标教材实验课题研究一等奖,并获三门峡市、河南省义务教育课程改革优秀成果一等、二等奖。西南师范大学版新教材培训会及《课改实验园地》分别介绍了灵宝市的课改经验;《小学教学改革与实验》《教育时报》《河南教育》分别报道了该课题的研究成果和他的先进事迹。他指导青年教师八次在省优质课、省课改优秀示范课评选中获特等、一等奖,多次受邀为三门峡市教师作专题讲座,并担任西南师范大学版实验教科书《数学教案选》的编委。

赵明旺

赵明旺,男,1955 年 12 月出生,焦村镇马村村人,中共党员,研究生学历,高级教师,先后担任总务主任、生活主任、教务主任、小学校长、初中副校长等职,2004 年被河南省人民政府授予"特级教师"称号。他在 1986 年摸索出的"自学、议论、引导、变式、总结"数学五环教学法与新课程倡导的学习方式有异曲同工之妙。他倡导的"发散—集中—再发散—再集中"的思维循环训练模式,使学校教学成绩始终名列全市前茅,数学竞赛连年名列三门峡市第一名。在市一小任校长期间,他根据在初中任教、管理的体会,提出了高质量、轻负担、全面发展、不"揠苗助长"的办学理念,提出了"合格+特长"

的素质教育办学思路。在灵宝四中任副校长时根据校情提出“分层递进教学策略”，为四中近年来的发展打下了良好的基础。

赵治民

赵治民，男，1956 年出生，焦村镇人。中共党员，本科学历，中学化学高级教师，1991 年受到国务院、国家教委、人事部联合表彰，被授予“全国教育系统劳动模范”荣誉称号和人民教师奖章。1992 年被评为三门峡市“劳动模范”，并授予“五一劳动奖章”；1992 年 10 月，义马市委、市政府联合下发文件号召全市人民向优秀共产党员赵治民学习；1993 年随同优秀教师讲师团在各地巡回做报告；同年 10 月调到灵宝市城关一中任教务主任；1997 年 9 月被评为三门峡市“优秀教师”；2005 年 9 月被评为三门峡市“有突出贡献的教育工作者”；2008 年 9 月被评为三门峡市“优秀教育工作者”；2007 年和 2010 年被评为灵宝市优秀共产党员。从教 30 年来，他先后 14 次被评为地、市级“优秀共产党员”，5 次被评为国家、省、地市级“劳动模范”，多次被评为县市级“模范教师”和“先进教育工作者”，他的事迹被收入《园丁颂》《中流砥柱》《在那遥远的地方》等书中。

焦村镇硕士博士生(2002—2019 年)

表 19-5

姓名	性别	籍贯	毕业院校(学位)	毕业时间(年)
张一博	男	焦村镇	清华大学(博士)	2002
杜　萌	男	东村村	中国石油大学(硕士)	2003
吕碧瑶	女	西章村	法国国立力恩大学(硕士)	2000
毛　毅	女	焦村镇	美国圣路易斯华盛顿大学(硕士)	2003
王宇辉	男	坪村村	北京大学(硕博连读)	2005
张海东	男	焦村镇	郑州大学(硕士)	2001
张　莉	女	纪家庄村	郑州大学(硕士)	2004
王宾齐	男	坪村村	北京大学(博士)	2012
杨芳绒	女	坪村村	北京林业大学(博士)	2012
王婷婷	女	坪村村	第四军医大学(博士)	2019
王文琛	男	坪村村	中国刑事警察学院(硕士)	2019

续表 19-5

姓名	性别	籍贯	毕业院校(学位)	毕业时间(年)
王晓礽	女	坪村村	解放军总医院(博士)	2010
王守龙	男	坪村村	天津南开大学(博士)	2015
王亮节	女	孟村村	华东政法大学(硕士)	2018
姚远远	女	焦村村	上海理工大学(博士)	2019
李嗣煌	男	焦村村	上海同济大学(硕士)	2019
赵珍娜	女	柴家原村	航空光电研究所(硕士)	2019

焦村镇历年大学生(清末至 1994 年)

表 19-6

姓名	籍贯	毕业院校	姓名	籍贯	毕业院校
清末时期					
任三宝	万渡村	光绪二年(1876 年)丙子科(副榜)			
民国时期					
屈延敏	磨窝村	西北大学	赵宝俊	东仓村	西北师范学院
朱培基	南上村	河南大学	赵宝玄	东仓村	西北大学
梁全禄	卯屯村	西北师范大学	李晋生	焦村村	西北农学院
张超俊	王家嘴	河南大学	李工生	焦村村	北京高等筹边学堂
李固山	西常册村	北京高等学堂	李德风	西常册村	河南大学
李瑞芝	东常册村	河南大学	常文修	南安头	北京朝阳大学
李维勤	李家坪村	上海体院	常宽森	安头村	河南大学
陈承球	焦村村	黄浦军校			
中华人民共和国成立后重点大学生(1949—1994 年)					
吕小红	西章村	重庆大学	柴田生	柴家原村	广州外语学院
梁可夫	卯屯村	西北工业大学	沈恩荣	巴娄村	哈尔滨工业大学
李竹雪	焦村村	武汉政法大学	尚猛超	焦村镇	清华大学
常胜录	安头村	北京师范大学	许安平	常卯村	清华大学
杜思子	东村村	华中工学院	许广岁	常卯村	吉林工业大学
翟士刚	东村村	西北工业大学	梁宽正	卯屯村	东北工学院

续表 19-6

姓名	籍贯	毕业院校	姓名	籍贯	毕业院校
程运兴	沟东村	合肥工业大学	王增劳	刘家崖村	北京农机学院
李福胜	东仓村	西安交通大学	张恩士	焦村村	东北工学院
张启群	纪家庄村	西安冶金建筑学院	尚杰乐	尚庄村	南开大学
李云瑞	王家村	西北工业大学	赵新民	焦村镇	清华大学
翟建辉	史村村	华中师院	常文芳	安头村	华中师院
贺赞平	罗家村	兰州大学	李少佩	西常册村	华东化工学院
尚庆亚	尚庄村	中山医学院	李国栋	李家坪村	西北大学
尚跃思	尚庄村	北京化工学院	翟增高	史村村	西安交通大学
张相如	巴娄村	南开大学	周徽波	马村村	西北电讯工程学院
王海云	坪村村	华中师范大学	屈文格	武家山村	同济大学
杜卫琴	东村村	中南财经学院	李建民	焦村村	同济大学
朱正锋	南上村	西北轻工学院	武义风	巴娄村	同济大学
高相泽	高家庄村	兰州大学	郭赞超	巴娄村	天津大学
许天孝	赵家村	北京航空学院	朱朝斌	南上村	华东石油学院
程跃森	沟东村	兰州大学	纪建芳	纪家庄村	北京农业机械化学院
李当岐	张家山村	中央工艺美术学院	常治元	纪家庄村	西北轻工学院
苏学宾	卯屯村	北京地质学院	梁荣辉	卯屯村	兰州大学
张好理	焦村村	南开大学	魏小鹏	巴娄村	西安交通大学
王建新	坪村村	河南大学	赵冬生	武家山村	哈尔滨建筑工程大学
屈文革	东村村	同济大学	张宗超	王家村	东北重型机械学院
杨百奇	万渡村	西南交通大学	王当丽	坪村村	同济大学
王少江	坪村村	同济大学	杜文汇	东村村	兰州大学
尚华丽	尚庄村	兰州大学	王少宣	罗家村	河南大学
严秋娟	滑底村	信阳师范学院	尚津津	尚庄村	中国地质大学
李建波	李家山村	吉林大学	王高峰	西常册村	河南师范大学
纪淑亚	纪家庄村	中国地质大学	王军强	杨家村	中国矿业大学
何慧丽	罗家村	武汉水利电力学院	杨浪花	沟东村	中国人民解放军第二炮兵指挥学院
吕赞良	西章村	四川联合大学	李昭霞	杨家村	西北工业大学

续表 19-6

姓名	籍贯	毕业院校	姓名	籍贯	毕业院校
吕□□	西章村	留学法国	纪媛媛	西章村	留学德国
李新刚	纪家庄村	兰州大学	李旭兵	辛庄村	吉林大学
李跃东	东常册村	同济大学	何高波	南上村	中国矿业大学
王怀超	坪村村	河南大学	王洪彬	坪村村	解放军国防大学
王东方	坪村村	第三军医大学	黄娟苗	坪村村	西安交通大学
王登峰	坪村村	重庆后勤工程学院			

注:此资料原摘 1993 版《灵宝县教育志》。1994 年后,历年的大专、本科生因没有翔实、完整的资料,故未曾收录。

第二十章　体　育

第一节　发展概况

中华人民共和国成立后，焦村镇在毛主席关于“发展体育运动，增强人民体质”口号的引领下，一开始就有各种群众性业余体育运动和篮球比赛的优势。当时由于条件的限制，多是大队和生产小队自制的篮球架。逢年过节，社员自发组织，男的打，女的看，活动活跃了社员文化体育生活。1989 以后逐步发展有拔河赛、象棋比赛、跳绳比赛等项目。

20 世纪 80 年代后，体制改革、经济开放和发展，为体育活动注入了新的生机。每年由焦村乡组织各行政村进行有规模的各类体育项目比赛。另外还有村与村之间互送请帖、发邀请函，球赛面扩大到邀请周边村民组织参与。各行政村配备了乒乓球案、篮球所需物品，并建成了不同类型的露天球场，配备了老年门球场，配齐了健身器材等。焦村镇和各行政村体育比赛健身活动时间一般在正月初一到正月十五前后，以及一些比较重大的节日，如“三八”妇女节、“五一”劳动节、“十一”国庆节等。

2000 年前，在第八届全国农民体育运动会上，焦村镇被评为“全国群众体育活动先进乡(镇)”。

2001 年，春节文体活动丰富多彩，先后组织举办了卯屯村园林杯、东仓村花冠杯、东村花木杯农民篮球赛，吸引镇内外参赛队伍 100 余支，观众达 2 万人以上，受到省、市体育局领导表扬。

2002 年，灵宝市组织开展五个百万人群健身活动，主要以篮球、社火、秧歌、跳绳、拔河等传统体育项目为主。开展活动时间主要是春节农闲时节，活动遍及全镇。焦村镇卯屯村第十届“园林杯”春节农民篮球赛，参赛 32 支球队 300 余名运动员；焦村镇东仓村第二届“华冠杯”春节农民篮球赛，参赛 34 支球队 350 余名运动员；新华社、河南日报社、河南电视台、三门峡日报社等新闻单位对灵宝市春节百万农民健身活动相继做了报道。当年，在灵宝市第八届运动会上，焦村镇男女篮球队双双夺冠，并获特别贡献奖。焦村镇东仓村荣获省千万农民健身活动先进单位称号。

2003 年春节期间，焦村镇组织开展了以篮球、社火、秧歌、跳绳、拔河、乒乓球、象棋等传统项目为主的农民健身活动。焦村镇卯屯村第十一届“园林杯”春节农民篮球赛，参赛代表队 32 支，运动员 320 余名；焦村镇东仓村第四届“华冠杯”农民篮球赛，参赛代表队 34 支，运动员 350 余名，新华社、河南电视台、河南日报、三门峡日报等新闻单位和媒体对灵宝春节百万农民健身活动相继做了报道。7 月，为加强农村体育工作，推动农村精神文明建设，满足广大群众日益增长的体育文化需求，通过积极申请，为焦村镇卯屯村争取到体育扶持资金 13 万元(其中省体育局 10 万元、三门峡市体育局 3 万元)，帮助该村修建了一个总造价 30 万元，拥有 3000 个看台和一个标准化灯光球场的卯屯村群众体育活动中心，为群众开展体育活动搭建了广阔的平台。12 月，为西章小学、东仓小学、卯屯小学赠送小篮球架、羽毛球拍，促进了农村小学体育活动的开展。同年，河南省体育局副局长刘世东向焦村镇卯屯村体育活动中心发放扶持资金 10 万元。

2004 年，一是在春节期间，群众体育以农民篮球赛为龙头，在全镇广泛组织开展了灵宝市希望田野百万农民健身活动。主要有焦村镇卯屯村的第十二届“园林杯”农民篮球邀请赛，参赛代表队 40 支，运动员 400 余名；焦村镇东仓村的第四届“华冠杯”农民篮球赛，参赛队伍 38 支，参赛运动员 380 余名；卯屯村的乒乓球和象棋联赛，共有 200 余人参赛。河南日报、华商报、三门峡日报、三门峡电视台等新闻媒体对此都相继做了报道。二是 2004 年是中国“农村体育年”。农民篮球联赛，灵宝市体办以焦村镇为试点，以农村古庙会为载体，以各村古庙会时间为联赛时间，创办了灵宝市农民篮球联赛。焦村镇卯屯村、东仓村、东常册村、西章村等 8 个村、12 支球队参加了各主客场比赛，比赛场次达 100 余场。三是同年 5 月，焦村镇在农村体育设施建设方面，向省体育局申请扶持资金 4 万元，帮助东仓村建成灯光球场看台工程。

2005 年，成功举办了第一届农家乐戏迷擂台赛和“园林杯”“花冠杯”“畜牧杯”等篮球邀请赛。群体性自发组织的农民体育联赛，吸引了全市 110 支球队参赛，受到省体委的肯定，中央电视台、新华社、中国体育报等多家国家级新闻媒体对此进行了采访报道。

2006 年，春节期间，灵宝市体办在全市各乡镇组织开展了声势浩大的“希望田野”体育系列活动，掀起了农村体育活动高潮。农历正月初一到十六，焦村镇村村有活动，群众体育活动遍地开花，第五届“工生杯”、卯屯村第十届“园林杯”和东仓村第六届“华冠杯”春节农民篮球赛规模强大、影响广泛，有的参赛球队多达 40 余支。活动项目除篮球外，还有乒乓球、象棋、羽毛球、拔河、双升、秧歌等 10 余种。人民日报、新华社、中央电视台、中国体育报、河南日报、河南电视台、三门峡日报、三门峡电视台等多家新闻媒体记者，对春节农村群众体育活动进行了实地采访报道。

3月至9月，灵宝市举办第九届运动会。3月4日至7日，举行了九运会妇女项目比赛。设篮球、乒乓球、双升、拔河、负重、接力等6大项11小项。焦村镇摘取了乡镇干部职工组篮球、10人30米挑担接力、乒乓球个人单打桂冠。

4月25日至28日，举行了乡镇组男子项目比赛。比赛项目有篮球、乒乓球、象棋、拔河、双升、负重、挑担接力、门球等8个项目，焦村镇荣获农民组篮球比赛前三名、8人负重前三名；成年男子乒乓球团体前三名；象棋老年团体前三名；老年乒乓球团体前三名；象棋比赛成年团体前三名。焦村镇的常栓民荣获乒乓球成年男子单打前三名；梁占士、王民权、王项士荣获象棋老年个人前三名。焦村镇荣获九运会乡镇组金牌前三名、荣获奖牌总数前三名、荣获总分前三名。

这一年，焦村镇加强农村文化阵地建设，建成了秦村村、武家山村标准化文化大院，10个村硬化了篮球场，组织开展了春节系列农民篮球赛、“金源杯”盛夏休闲篮球对抗赛、“新农村、新生活”农民戏曲大赛和农民乒乓球晋级赛等大型群众性文化体育活动，得到省体育局的肯定。

2008年春节期间，焦村镇开展了“全民健身与奥运同行，百村农民体育健身活动”。新春第一天，就拉开了春节群众体育活动的序幕。卯屯村的第十六届“园林杯”农民篮球赛，东仓村的第八届“华冠杯”农民篮球赛，万渡村的第四届“飞达杯”农民篮球邀请赛，参赛队都在25支以上，吸引了十里八乡群众竞相观看。另外，武家山村的拔河、双升赛，卯屯村的乒乓球邀请赛也隆重热烈，式样新颖均创历史之最。

3月5日至8日，在灵宝市体办与市妇联联合在市人民广场和体育馆组织举办了灵宝市“景源果业杯”全民健身与奥运同行庆“三八”妇女运动会上，焦村镇代表队获拔河比赛前6名的好成绩。

3月12日至14日，根据国家体育总局体群字〔151〕号文件《关于开展第三次全国群众体育现状调查的通知》精神，灵宝市体办抽调12名工作人员走村入户，对焦村镇焦村村、南上村等3个乡镇、6个村的16—19岁、20—29岁、30—39岁、40—49岁、50—59岁、60—69岁及70岁以上等7个年龄段共计168人进行了调查访问。本次调查的目的是为全面了解全国城乡居民参加体育锻炼的状况，为进一步推动《全民健身计划纲要》的实施，为制定相关政策提供科学依据。调查内容包括：城乡居民在日常生活中的体力活动情况、体育锻炼情况，以及个人生活背景等47个问题。

6 月，在灵宝市体办的积极运作下，从三门峡市体育局申请到价值约 13 万元的体育健身器材，在焦村镇的杨家村、东仓村，修建了“健身路径”，配备了健身器材，改善了农民的锻炼健身环境条件。

10 月 21 日，2008 年河南省农民体育健身工程体育器材发放仪式在灵宝市人民广场举行。焦村镇等 11 个乡镇的 25 个村的群众领取了篮球架、乒乓球台案等价值 71 万元的体育器材。

2009 年 10 月 16 日，有豫西“民间萨马兰奇”之称的焦村镇卯屯村农民梁金牛在山东省济南市全国群众体育先进单位和先进个人代表、全国体育系统先进集体和先进工作者代表表彰大会上，受到中共中央总书记、国家主席、中央军委主席胡锦涛接见。同时，梁金牛还作为特邀代表之一，观摩了第十一届全运会赛事。

2010 年 3 月 1 日至 3 日，由三门峡市体育局、文明办、农业局主办的 2010 年春节“促和谐、奔小康”三门峡市第四届农民篮球赛在焦村镇东村村举行。东村生态园代表队荣获优秀组织奖。

9 月 26 日至 29 日，灵宝市第十届运动会集体项目比赛在市体育馆举行。经过 4 天紧张激烈地角逐，焦村镇荣获乡镇组金牌总数前六名、荣获团体总分前六名。

当年，焦村镇利用节日、庙会累计举办篮球比赛 200 余场。

2011 年，焦村镇实施了国家农民体育健身工程，多个行政村“一场两台”（一个篮球场、两个乒乓球台）建设工程全面完成。全年举办篮球比赛 200 余场。

2012 年 3 月 4 日至 6 日，在灵宝市体办在体育场举办的“庆三八”第四届妇女运动会中，焦村镇荣获乡镇组负重跑前三名、联腿跑前三名的成绩。当年，在西常册、赵家村建成 2 个标准篮球场。

2013 年 6 月至 8 月，市体办利用节假日与大型活动期间组织测试小分队到焦村镇东村村其他几个单位测试点，对 3—69 岁共计 17 个年龄段的人群进行身体形态、身体机能、身体素质测试，获取测试样本 1180 个，超额完成了省、三门峡市体育部门下达的测定任务。当年，焦村镇承办了第二届万村千乡农民篮球争霸赛。

2014 年 2 月，承办河南省第六届万村千乡农民篮球总决赛暨河南省第十二届春节农民篮球赛。5 月至 7 月，市体办利用节假日与大型活动期间组织人员到焦村镇东村村和其他城镇等测试点，对 3—69 岁共计 17 个年龄段的人群进行身体形态、身体机能、身体素质测试，获取测试样本 1100 个，超额完成了省、三门峡市体育部门下达的测定任务。

2016年,焦村镇组织开展春节期间卯屯村"双沟杯"农民篮球赛、乒乓球比赛,参赛队伍达20余支,参赛人数达300余人,观众达8000余人次;组织举办"庆三八 展风采"焦村镇职工运动会并取得圆满成功;组织开展焦村消夏农民篮球赛,参赛队伍20余支,赛程达20天,观众10000余人。

2017年,焦村镇一是组织开展焦村消夏农民篮球赛,参赛队伍20余支,赛程达20天,观众10000余人。二是组织参加灵宝市三八运动会和五一劳动节第一套戏曲广播体操比赛。三是在镇综合文化中心举办消夏篮球赛活动,赛程20天40场,观众达20000人左右。四是组织参加河南省"三山同登"灵宝分会场群众登山活动。五是邀请三门峡气功协会老师对焦村镇体育爱好者进行健身气功培训并组织参加灵宝市全民健身八段锦比赛,获得三等奖。

2018年,焦村镇西常册村举办的农民篮球赛和门球比赛等吸引了新华网、大河网等二十多家媒体记者的关注。同时在东村和卯屯村成功举办2018年河南省万村千乡农民篮球赛北部赛区决赛。还组织体育运动爱好者参加乡镇三级社会指导员健身气功八段锦培训。

2019年,焦村镇承办了2019年春节农民篮球赛事活动,焦村镇参赛队获得一等奖;举办娘娘山首届登高观瀑赏花节;组织开展"走进金色焦村 畅享绿色出行"徒步比赛活动。当年11月,在焦村镇东村村开工建设灵宝市体育公园,由灵宝市体委和焦村镇人民政府共同组织实施。该项目总投资3800万元,占地4.2公顷,2020年6月底建成,是一座集比赛、健身、休闲、娱乐于一体的大型综合体育场馆。主要建设有健步走环道(400米),多功能健身广场,太极广场,鞭陀广场,儿童乐园,门球场、笼式篮球场、毽球等球类标准化活动场所,老年人室内活动中心,以及棋牌长廊、曲艺长廊、宣传长廊、健身路径、鹅卵石按摩步道等,配套建设表演展示台、看台、停车场、卫生间及管理房等。

第二节　篮　球

一、焦村篮球运动始末

中华人民共和国成立后,经过土地改革、镇压反革命到成立互助组发展生产劳动,翻身农民和在校学生、教职员工都积极投入到体育运动中,特别是篮球运动普遍在农村和广大学校开展起来。1952年毛主席号召全民"发展体育运动,增强人民体质"。广大青少年对体育运动热情高涨,灵宝县先后帮助乡村组建了一大批篮球队,其中有焦村乡坪村村的“秦岭”队及其他好多村子自发组织了篮球队,利用打麦场作球场,自己用木材做球架球篮,自己出钱买篮球,开展活动。

1958 年 8 月,在党的总路线指引下,西章人民公社成立,党中央提出了“体育的根本任务是增强人民体质,为劳动生产和国防建设服务”。全公社基本达到队队有球队、有球场,有业余比赛。

战胜了 1959 年至 1961 年的三年自然灾害,人民生活水平逐渐有了提高,各村及各学校的篮球队得到基本恢复。到了 20 世纪 70 年代,群众性篮球运动的发展为鼎盛时期。1970 年春节东常册大队两个饲养员李节子、李全进自己出钱买锦旗,组织十多个篮球队参加比赛。坪村大队第一生产队 1973 年春节就邀请 27 个球队进行比赛。这样的集日、节日活动,观众常达千人以上,胜似古会、庙会的玩社火,形成了打球热。马村大队当时有 7 个生产队,1021 口人,就修了 9 个球场,组织了 18 个球队。1975 年,焦村公社 29 个生产大队共有篮球队 26 个,比较有实力的篮球队有焦村队、东仓队、万渡队、马村队、常卯队、卯屯队、东村队、常册队、李家坪队等,除县、社组织比赛外,每逢农闲以生产队、大队为单位的基层比赛更是频繁。

焦村镇位于灵宝“篮球之乡”中心地带。有高水平的地方,才有高水平的人群。据不完全统计,从 20 世纪 50 年代末至 80 年代初,焦村镇篮球精英占灵宝的半壁江山,先后涌现出张公田、姬永康、张灵有、王笃生、杨彪、李行斌、常育贤、梁勤学、王群劳、杨继强、张乐灵、巴金斗、赵三榜、赵彦慈、张项军、张忠学、杨犬民、杨志英、李怀珍、李建直、李守业、李海忠、李广佐、赵治民等一大批优秀的篮球运动员,他们中间大多数是灵宝县的老篮球队队员和灵宝县青年篮球代表队队员。

进入 2000 年,新的世纪涌现出了新的人才。焦村镇篮球运动也出现了前所未有的热潮。卯屯村举办的“园林杯”农民篮球赛,东仓村举办的“华冠杯”农民篮球赛,万渡村举办的“飞达杯”农民篮球邀请赛,焦村村举办的“工生杯”农民篮球邀请赛,武家山村举办的“黄金杯”篮球赛等,都在每年的春节前后举行。参赛球队多达 100 支以上,吸引了周边县市、乡镇、十里八乡群众竞相观看,不仅丰富了农民的业余文化生活,而且给焦村镇商贸业经济发展带来了更好的效益。

卯屯村的梁金牛,是一名农民,儿时患小儿麻痹,左臂落下终生残疾。但他从小热爱篮球,年轻时在篮球场上以投篮准确而著称。从 20 世纪 90 年代起,就积极投身于农村体育事业,尤其是篮球事业。在无经验、无资金的困难条件下,他毅然向村委会提出举办“园林杯”篮球邀请赛的建议。经过一年多的艰苦工作和精心筹备,1993 年春节,首届卯屯“园林杯”篮球邀请赛隆重举行。2009 年 10 月 16 日，被誉为豫西“民间萨马兰奇”之称的梁金牛在山东省济南市全国群众体育先进单位和先进个人代表、全国体育系统先进集体和先进工作者代表表彰大会上，受到中共中央总书记、国家主席、中央军委主席胡锦涛接见。同时，梁金牛还作为特邀代表之一，观摩了第十一届全运会赛事。

2010 年 3 月 1 日至 3 日，由三门峡市体育局、文明办、农业局主办的 2010 年春节“促和谐、奔小康”三门峡市第四届农民篮球赛在焦村镇东村村举行。河南省体育局彭德胜局长在 2009 年观看了球赛后，激动不已，挥笔为东村村写下了“篮球之乡，生机无限”的题词。

2013 年，焦村镇承办了第二届万村千乡农民篮球争霸赛。人民日报、新华社、中央电视台、中国体育报、河南日报、河南电视台、三门峡日报、三门峡电视台等多家新闻媒体记者，对春节农村群众体育活动进行了实地采访报道。

二、焦村乡荣获河南省农民“丰收杯”篮球赛亚军

1984 年 7 月，河南省举办农民“丰收杯”篮球赛。篮球赛分两个阶段进行。第一阶段选拔赛于 7 月 10 日至 17 日分别在周口地区的项城县和洛阳地区的灵宝县进行。第二阶段总决赛，各赛区的前 3 名于 8 月 2 日至 8 日到省会郑州西的荥阳体育馆进行。选拔赛灵宝赛区共 7 个地市男、女 13 支代表队，分别为安阳市、濮阳市、新乡市、洛阳市、新乡地区、南阳地区、洛阳地区（洛阳地区女子队未参加）。从 7 月 11 日至 17 日，分别在灵宝教育局、体育场、化肥厂三场地进行 36 场鏖战。焦村乡篮球队队员个个齐心协力，场场比赛全力以赴，历经 7 天 6 场，终于获得灵宝赛区第一名，授权代表洛阳地区参加比赛。

时任焦村乡党委书记高西安同志高度重视，并抽出副书记李好祥同志主抓此项工作，并按照规定组建最强的领导机构和球队队员。

领队：高西安（焦村乡党委书记）、刘随男（灵宝县西阎乡人，灵宝县体委工作人员）；

教练：李德润（川口乡闫谢村人，灵宝县体委工作人员）、尚保民（焦村镇尚家庄村人）；

队员：姬永康（焦村乡南安头村人，身高 1.93 米）、张项军（焦村乡柴家原村人，身高 1.86 米）、张忠学（焦村乡南安头村新文自然村人，身高 1.84 米）、杨犬民（焦村乡史村小南村自然村人，身高 1.78 米）、杨志英（焦村乡姚家城村东上村塬自然村人，身高

1.88 米)、李建直(焦村乡焦村村人,身高 1.78 米)、李怀珍(焦村乡焦村村人,身高 1.82 米)、李守业(焦村乡焦村村人,身高 1.78 米)、李海忠(焦村乡焦村村人,身高 1.81 米)、姬天未(焦村乡南安头村人,身高 1.84 米),平均身高 1.83 米,平均年龄 28 岁。

1984 年 8 月 8 日上午 8 时 30 分,荥阳体育馆彩旗飘扬,高手云集,人山人海,摩肩接踵,看台座无虚席。焦村乡篮球队代表洛阳地区和周口地区争夺亚军比赛正在紧张进行。上半场,洛阳地区焦村乡篮球队领先周口地区代表队 10 分。下半场,周口地区代表队顽强拼搏,奋起追击,迎难而上,离终场时间结束仅剩 53 秒时,反超洛阳地区焦村乡篮球队 1 分。在这种情况下,队员们毫不泄气,顽强拼搏,沉着迎战,最终以领先周口地区代表队 1 分取胜,获得全省农民"丰收杯"亚军。

三、篮球名人

姬永康

姬永康,灵宝市焦村镇南安头行政村新文村人。男,1941 年生,身高 1.94 米,初中学历,干部,是在省级运动会上为洛阳、灵宝争光的优秀队员。1958 年灵宝县举行春节农民篮球赛,他被选拔为县队队员,并于 1959 年至 1962 年在郑州市专业篮球队受训,1963 年回灵宝,曾先后在供销社和灵宝体委工作。他是"灵宝篮球之乡"的创建运动员。1964 年 8 月至 11 月河南省第二届全运会上,灵宝县青年篮球代表队受地区委托代表地区出席,在篮球竞赛中争得全省亚军,为洛阳地区和灵宝人民争得了荣誉。为灵宝被誉为"篮球之乡"立下了不可磨灭的功劳。他篮球技术较为全面,投篮、运球,防守技术最突出。组织能力强,是场内队员中的灵魂。中锋技术全面,战斗意志顽强。1972 年全国举行五项球类运动会,姬永康又代表洛阳地区,出席在南阳举行的篮球比赛,荣获赛区冠军,在省决赛中获得全省第四名。他是焦村镇篮球之乡的佼佼者,是灵宝县最优秀的运动员。

梁金牛

梁金牛,1950 年生,焦村镇卯屯村人。作为一名农民,儿时患小儿麻痹,左臂落下终生残疾。但梁金牛从小热爱篮球,年轻时在篮球场上以投篮准确而著称。从 20 世纪 90 年代起,梁金牛就积极投身于农村体育事业,尤其是篮球事业。在无经验、无资金的困难条件下,他毅然向村委会提出举办"园林杯"篮球邀请赛的建议。经过一年多的艰苦工作和精心筹备,1993 年春节,首届卯屯"园林杯"篮球邀请赛隆重举行。义马、新密等县(市)共40多支球队参加了比赛。在“园林杯”的带动下,灵宝市各乡镇相继涌现出“鼎原杯”“健康杯”“畜牧杯”等农村篮球赛。为扩大篮球影响,他积极组织举办灵宝市农民篮球联赛,2005赛季,联赛吸收阳平、西阎、焦村等乡镇以及城区、矿区的70多支球队参加,共在25个村的庙会期间举办比赛760余场,被誉为农民的“NBA”,观众达30余万人次。由于成绩突出,梁金牛先后受到省体育局、三门峡市体育局、灵宝市体委的表彰,并多次接受光明日报、河南日报、郑州日报、大河报、西部晨风等多家新闻媒体采访及国家领导人接见。

四、其他体育人物

庞宝龙

庞宝龙,男,1987年6月出生,焦村镇秦村村人。2001年,庞宝龙意外被火车轧断了左腿,做了截肢手术,成为一名残疾人。从2005年开始参加各种残疾人运动会和体育赛事,先后获得荣誉和奖牌20多项(个)。2005年获全国残疾人田径锦标赛铅球和铁饼铜牌;2007年获全国第七届残疾人运动会铅球第二名;2009年获河南省残疾人运动会铅球第一名;2011年获全国第八届残疾人运动会F42级铅球亚军、男子F42级铁饼第五名,并荣获“体育道德风尚奖”;2014年获全国残疾人田径锦标赛铅球第二名;2014年在河南省第六届残疾人运动会上被聘为田径项目裁判;2015年获世界残疾人田径锦标赛男子F42级铅球第五名;2016年获IPC国际田径大奖赛铅球第二名;在2018年全国残疾人田径锦标赛上,以13.81米的成绩获得F42级铅球冠军,并打破该项比赛的全国记录。

第三节　民间群众体育

民间群众体育活动,其种类繁多,丰富多彩,不受时间、场地、器材、人数等限制,茶余饭后,田间地头,适时适地都可举行。除下面介绍的几种民间群众体育活动外,还有踢毽子、掰手腕、踢瓦片、跳马(类似与体操运动中的跳马,不同的是以人为马,从低到高,依次跳过)等。这些在20世纪50年代随处可见的活动,随着正规的体育活动项目增设及各种文化娱乐活动的开展,已经逐渐在民间淡忘和消失。

(一)丢手帕

又叫猫儿拉碾子。参加人数7人以上,活动工具为一条小手帕。游戏方法是:除自报担任游戏开始的丢家外,其余人围成圆圈,蹴下头面朝圈内,不许偷看背后。游戏开始,丢家将手帕密藏起来绕着圈阵走动,悄悄将手帕任意丢在一个人的背后。然后快步再走一圈,拾起手帕,用手在被丢人背上拍打。被丢人连忙起来再跑一圈仍蹴在原位上,即不许再打。接着继续进行。如被丢的人提前发觉背后丢有手帕,立即拾起手帕追打丢家。而丢家忙跑至被丢人的位置蹴下,即不许再打。这样被丢的人就担任了丢家。如此,连续进行。凡担任丢家时,在丢手帕过程中,均须口唱儿歌:"猫猫儿拉碾子,谁偷看,十板子。"活动规则是手帕丢放位置必须准确,不许丢在两人之间;被丢的人,只许用手在背后摸索,不许回头寻找。

(二)抓子(儿)

活动的工具为圆滑的小石子。玩法通常有三子、五子和七子。现以七子为例:步骤从抓一到抓六,每次都须把7颗石子撒在地上,拿起其中一颗向上抛起,再抓起地上剩余的石子,同时接住抛出的石子。抓一即只能抓一个,抓二至抓三和抓六类推。抓四是先四后二,抓五是先五后一(也有抓起五子后,再将五子与另一子合放在一起,再抓六,俗叫搬)。抓六毕,把7颗小石子抓在手心,向上抛起,用手背全部接住;然后由手背抛起,用手掌全部接住。手掌向上接叫接,向下接叫砍,握成空拳接叫冲。

(三)打翘(儿)

活动人数不限。将长20厘米、直径30厘米的硬质木棒两头削尖,即成翘;用长65厘米、直径6厘米的木棒做成打翘棒。在阔地一端地面上画一直径3.6米的圆,俗称锅。打翘人首先将翘放在锅中心,朝箭头方向。然后用棒击打翘一端,使翘从地面弹起,在翘下落过程中用棒用力击打翘,使翘飞向远方。在翘的落点再击打一次,如此连续击打三次,谁打的远谁胜。若第一次击打翘时,翘没有弹起或弹起后没被击中,以及虽被击中但未出锅,均视为失败,由下一人开打。如果第一击翘已弹起,也被击中,但恰巧落在锅线上,此人只再击打一次。

(四)抵鸡(儿)

活动人数不限,可分为甲乙两方。游戏时,将一条腿向前提起至另一条腿膝盖以上(严禁向后提起,俗叫公鸡腿),然后从任意方向向对方进攻,可以一对一,也可以联合进攻一个人。双手离开提起的腿或腿着地即被淘汰。

第二十一章　卫生与计生

第一节　焦村卫生院

一、发展概况

焦村镇卫生院位于灵宝市区西部2公里处,坐南向北,面临310国道,背靠陇海铁路,交通方便。占地面积4100平方米,房屋面积4880平方米,业务用房4500平方米。

1983年,床位与总人口之比为1∶759,人员与总人口之比为1∶1078;2000年,床位与总人口之比为1∶852,人员与总人口之比为1∶1733。1983年至2000年,卫生院科室设置有内科、外科、儿科、妇产科、五官科、检验室、放射科、心电图室、急诊科、手术室、药剂科、口腔科、皮肤科、B超室。

1985年至1991年,先后被三门峡市卫生局、中共灵宝县委、县人民政府、县卫生局授予“文明卫生院”“文明单位”和“先进单位”荣誉称号。

1993年7月,焦村镇人民政府投资14万元,市卫生局拨款2万元,单位自筹10万元,借黄金大户杨建生5万元,合计31万元,建门诊楼一幢,面积为1200平方米。同时选派业务骨干18人分别到北京、西安、洛阳、新乡、三门峡等医院进修外科、儿科、妇产科、皮肤科、眼科、B超、心电图、口腔科等技术。

1994年4月,筹集资金10万元,购置医疗设施13台(件)。达到了无危房,房屋、人员、设备三配套的标准要求。通过开展农村卫生三项建设,促使改变了院容院貌,人员结构合理,设备配套齐全,社会效益明显提高,业务收入稳定持续增长。

1998年新购B超机、电子显微镜、722分光光度机、200MAX光机、拥有数字化X射线摄影系统(DR)、全新数字彩字彩超、十二导心电图、脑电图、最新全自动生化分析仪、多功能麻醉机等大中型检查治疗设备45台件。

1999年新增设精神病专科。千元以上医疗设备有10种13台(件),主要有手术床、产床、干燥箱、电冰箱、恒温箱、30mAX光机。

2000年12月底,全院共有职工66人,其中卫生专业技术人员61人。包括中西医主治医师5人,主管药师1人,中西医(药、护、检、技)师21人,西医(药、护)士11人,行政工勤5人。门诊累计489666人次,年平均门诊27203人次。住院累计10763人次,年平均597人次。累计业务收入5712905元,年平均317383元,年人均4808元。有偿服务累计收入1021071元。上级拨款总金额1191000元。拥有固定资产76.8万元。

2001年至2016年,科室设置有内科、儿科、妇科、五官科、检验科、放射科、心电图室、急诊科、手术室、药剂科、口腔科、皮肤科、B超室。

2004年,国债项目,卫生院建成砖混结构二层病房楼,总面积830平方米。

2005年,自筹资金建砖混结构二层病房楼736平方米。

2007年,灵宝市西出口改造,卫生院拆除原门诊楼,新建门诊楼,砖混结构二层,面积1305平方米;新建公共卫生办公楼,砖混结构二层,面积420平方米。

2009年,国债项目,建病房楼3、4层,面积823平方米,其中3层为砖混结构,4层为砖混加彩钢。

2010年,焦村镇卫生院成立灵宝市120急救中心急救站。

2013年,廉政风险防控工作开展以来,卫生院通过多种举措,取得了阶段性成效。2012年1月、2013年1月焦村镇卫生院被灵宝市卫生局评为先进单位。

2014年12月,被河南省卫生厅评为“执行基本药物制度先进单位”;在2014年护士节护理文明岗位服务展示活动中,被灵宝市卫生局评为第一名(护患冲突处理)。

2015年“廉政建设年”工作中,又以活动形式多样,活动载体多,多次得到市纪委及上级卫生行政主管部门好评。当年,被河南省爱国卫生运动委员会被评为“(2015—2018年)省级卫生先进单位”。

2016年,卫生院拥数字化X射线摄影系统(DR)、全新数字彩超、十二导心电图、脑电图、最新全自动生化分析仪、多功能麻醉机等大中型检查治疗设备45台件。

2016年12月,全院共有职工75人,其中卫生专业技术人员人。包括中西医主治医师1人,主管药师1人,初级43人,执业医师19人,助理医师11人,行政工勤5人。开设床位99张。十多年来,卫生院业务人员结构进行调整,累计派出专业技术人员到上级医院或外地医院进行学习70余人次。当年投资95万元,实施镇卫生院门诊楼改造续建工程,提高医疗服务水平。

2017年,一是投资19万元,在卫生院建设省级预防接种示范门诊部,面积125平米,于2017年7月中旬完工;二是投资15万元,对门诊楼一楼进行改建,面积达630平米,7月底完工使用。

二、医疗工作

1983年至2000年，西医内科由主治医师樊景民、医师薛惠芳应诊。对各种传染病、常见病和多发病能做出正确的诊断和处理。外科由医师吕英瑞、王金祥及聘请三门峡市人民医院外科主任刘双仕（退休）应诊。收治范围为外伤处理、胃次全切除、阑尾炎、肠梗阻、胃肠穿孔、子宫次全切除、剖宫产等下腹部手术，尤其在急腹症的诊断处理技术具有较高的水平。五官科由医师宁治华主诊，处理一些常见疾病。妇产科由主治医师岳宝珠负责，治疗妇科疾病及处理难产手术。医技功能检查已能开展生化、拍片造影等项目。1997年，本着“小而全”的原则，设了口腔科，由开封市口腔专科学校毕业的王树英应诊，所有仪器全部由个人投资购置，能开展拔、镶、补、造及畸形牙矫正，是一个拳头科室。

中医工作：1983年至1990年是中医事业发展的兴盛时期，中医药人员发展到9人，有中医内科主治医师赵根榜，医师李荣旺、张慧、焦少波、尚天民、韩成民、赵豫生等，技术力量雄厚，除设中医门诊外，专设中医病床10张，可收偏瘫、脾、胃、肝、胆及癫痫等病例。同时，在发展和继承祖国医学遗产，弘扬中医特色的基础上，采取中西医结合的办法，治疗咽炎、肝腹水、肾结石有显著疗效，尤其在治疗脑血管疾病，妇女不孕症方面有独到之处，形成了优势科室。1991年，由于退休、专业变更、人员调动和外出承包（停薪留职）等多种因素造成中医科只有1人坐堂应诊，面临着后继乏人的局面。

1994年8月，与郑州市第一人民医院协作联合办院，在焦村成立了灵宝分院，科室由原来的17个，新设置了口腔、皮肤、心（脑）血管、理疗、B超5个科室。

1998年分别在万渡、东村、安头、沟东、卯屯5个行政村设立了卫生院门诊部。

2001年，西医内科由业务院长何敏争带领三门峡卫校毕业学生王伟、祖美娟等开展工作，主要开展内科常见病及多发病的诊治工作。外科聘请灵宝市人民医院原外科主任、普外副主任医师张启明来院长期坐诊，同年新乡卫校麻醉专业杨登锋分配上班，外科工作人员有赵赞瑞、王小宾等；2006年后相继分配大专毕业学生王海生、王海良，主要开展阑尾、疝气、肠梗阻、胆结石、甲状腺等普外各种手术，尤其在急腹症的诊断及处理方面具有较高水平，同时配合妇科开展子宫切除、宫外孕等妇科手术。2013年9月开始，由于张启明主任离职及外科人员变动，外科业务开始出现下滑现象。妇科有主治医师宁应丽、执业医师杨项丽等，主要开展孕产妇保健、接生、妇产科手术及常见妇科病的诊疗工作，2006年、2007年接诊产妇300余人，年开展剖官产手术180台，妇产科技术力量及业务开展在全市乡镇名列前茅，2008年因政策原因，妇产科业务出现下滑。

中医科一直是卫生院的拳头科室，由名老中医主治医师赵根帮长期坐诊，2002年退休后单位返聘，中医人员有聂灵祥、赵予生、黄金刚等，技术力量雄厚，在治疗中风偏瘫、癫痫、冠心病、慢性肾炎、慢性肝炎、肝腹水、腰腿痛及男女不孕等方面有独到之处，形成拳头科室。2013年引进中医研究生崔建卓、中医副主任医师贠雨涝来院长期坐诊，同时成立中药房、理疗室、中医药综合服务病区，购置煎药机、理疗设备等，中草药单月收入突破8.5万元。

精神病专科：2001年以来，在各级党委政府的大力支持下，精神病专科发展迅猛，2009年灵宝市精神病院由灵宝道南搬迁至焦村镇卫生院院内，工作人员由过去的10余人增加到现在的80余人，住院人数由过去的20余人增加到现在的200余人。

2014年、2015年口腔科、耳鼻喉科因人员转岗及退休科室取消。

焦村卫生院历任院长更迭表

表21-1

姓名	性别	任职时间(年、月)	籍　贯
周哲定	男	1963. 1—1966. 12	河南省孟津县
张成波	男	1967. 1—1973. 12	河南省封丘县
常创业	男	1974. 1—1976. 12	山西省芮城县
许有章	男	1977. 1—1985. 12	灵宝市阳平镇东坡村
赵根榜	男	1986. 1—1992. 12	灵宝市焦村镇赵家村
段宝田	男	1993. 1—1994. 12	灵宝市尹庄镇尹庄村
王照文	男	1995. 1—1996. 12	灵宝市五亩乡
任臻恒	男	1997. 1—2000. 12	灵宝市五亩乡庄里村
张　岩	男	2001. 1—2008. 9	灵宝市焦村镇水泉源村
何社军	男	2008. 9—2013. 6	灵宝市函谷关镇梁村
李　伟	男	2013. 6—至今	灵宝市故县镇河西村

第二节　卫生防疫与妇幼保健

一、防保站

焦村镇卫生院妇幼保健站是为保障妇女儿童的健康而建立的,它是卫生事业的一部分,承担着预防和保健的双重任务,是为妇幼提供基础数据的重要部分;承担着孕产妇死亡,5 岁以下儿童死亡、生理缺陷的监测任务;为使政府投入的人力、财力得到充分利用;为主管部门制定妇幼卫生决策提供科学依据。

1992 年,按照全国统一时间、统一行动,焦村镇对 0—4 岁儿童在冬春季节普服糖丸各一次,达到了国家要求的 85%。1999 年乙肝接种 9800 人次,对接种疫苗的儿童做到登记造册、建卡、发证工作。

1993 年 4 月,防保体制改革,实行撤股建站。

1999 年,经评审考核验收,预防保健站达到二等防保站等级标准。下设计划免疫门诊部,预防接种采取单月冷链运转,每年 6 次。"四苗"接种分别为以预防结核病的卡介苗 12908 人次;以预防脊髓灰质炎的口服糖丸 48354 人次;以预防麻疹的麻疹疫 122652 人次;以预防百日咳、白喉、破伤风疾病的百白破三联疫苗 38724 人次。当年发生流行性出血热 1 例,其他各种法定传染病无暴发流行,常见传染病有所下降,其危害得到控制。

2000 年,防保站有工作人员 8 名。2001 年防疫站有工作人员 9 人,有业务办公用房。焦村镇境域主要地方病有:布鲁氏菌病已达到控制标准,碘缺乏病大部分在小秦岭下的李家山、马村、南上、巴娄一带,原监测病人 1456 人,经食盐加碘,加服碘油丸防治,已治愈 785 人,基本好转 671 人,病情稳定,没有复发现象。2000 年的 0—7 岁儿童人保 1532 人,占应人保儿童 2569 人的 59. 6%。

2003 年 11 月,成立规范化预防接种门诊,承担全镇适龄儿童的预防接种工作,截至 2015 年 8 月,居民建档 50111 份,达 97%;完成糖丸查漏补种应种 12 人,实种 12 人,补种率达 100%,建档率 95%以上;登记高血压患者 4204 人,管理率达 99%;登记管理乙型糖尿病患者 1007 人,管理率 99%;老年人体检率达 90%以上;登记重度精神病患者 299 人,控制 299 人。

2006 年始,妇保工作人员到上级医院进修学习,提高妇保技术。

2009 年,加强妇女儿童管理规范建设工作。自当年国家基本公共卫生服务项目启动以后,防保站增加至 13 人,办公用房 7 间,140 平方米,并配有电冰箱、照相机、体重磅、心电图机、尿检机、血压计、宣传器材一套。防保站始终坚持“预防为主”的卫生工作方针，以初级卫生保健为龙头，积极做好各项预防保健工作，承担传染病防治、慢性病防治、结核病防治、地方病防治及计划免疫，健康教育培训等工作。

2010年3月，开展公共卫生服务工作以来，首先成立了公共卫生服务管理中心综合办公室、儿童门诊、妇保门诊、卫生监督协管室。严格按照国家基本公共卫生服务规范的要求做好以下11项公共卫生服务管理工作：(1)城乡居民健康档案管理服务；(2)健康教育服务；(3)预防接种服务；(4)0—6岁儿童健康管理服务；(5)孕产妇健康管理服务；(6)老年人健康管理服务；(7)高血压患者健康管理服务；(8)乙型糖尿病患者健康管理服务；(9)重度精神病患者管理服务；(10)传染病及突发公共卫生事件报告和处理服务；(11)卫生监督协管服务。

从2001年至2016年，防保站主要是宣传和执行有关防保政策；组织开展业务培训工作；各种登记、统计、上报工作。(一)历年来，卫生院防保站，在加强队伍建设基础上，制定了一系列妇保工作制度；每月召开乡村医生例会，布置妇保工作，每季度对乡村医生开展妇保工作培训，每季对各社区服务站妇保工作进行考核。(二)每季对辖区内医院进行四网监测。(三)每半年对辖区的医院进行母婴保健工作监查。(四)开展两年一次的妇女病普查普治，对阳性患者追踪动员。(五)妇保资料的登记和核对，正确及时上报各种报表。

二、村级妇幼保健网

全镇37个行政村，配备了妇幼专干，建立管理档案，制定工作规划和工作制度，开展儿童系统管理10个行政村，对7岁以下儿童进行健康检查，查出先天性心脏病24例，经治疗后有18名儿童痊愈或基本痊愈。贫血、营养不良等疾病下降，龃齿人数上升。孕产妇系统管理，重点是加强对高危妊娠孕妇的管理，把孕妇死亡率控制在万分之四以下。同时，结合开展对60岁以下已婚妇女进行疾病普查，对查出的尿瘘，子宫脱垂现症病人给予及时的治疗。

卫生院为做好儿童保健工作，在推行新法接生同时，开展了新法育儿宣传指导工作，防疫部门推行各种儿童预防接种，举办妈妈课堂讲座，做好儿童卫生保健的示范、宣教，做好儿童的早期教育，进行儿童疾病防治和优生优育宣教等工作，重视集体儿童保健和早期教育。新世纪以来，卫生院深入开展儿童预防接种工作，2006年积极广泛开展儿童健康教育，落实预防保健工作，使预防保健工作更加完善，建卡率达100%；五苗接种率均达97%；三岁以下儿童系管率92%；高于市均90%。

儿童疾病的防治,卫生院分别对牛痘苗、卡介苗、小儿麻糖丸、麻疹疫苗等8种疾病进行了计划免疫,儿童传染病发病率大幅度下降。

三、改水改厕

2000年末,焦村镇饮用自来水受益人口42321人,占总人口51200人的82.6%。改厕工作,本着"因地制宜,形式多样"的原则,卫生厕所、水冲式厕所、沼气厕所、双瓮漏斗式厕所一齐上,改厕农户达到3200户,占农户的30%。其中,双瓮漏斗式厕所300户,沼气式200户,卫生厕所2700户。

2014年,对全镇38个村的水质进行了监测,确保居民全部饮用合格的水源。

2016年,焦村镇所辖38个行政村全部建有改水工程,防保站每年配合市疾控中心对镇区水质进行一次监测;农村改水以来,饮用水受益人口51000人,占总人口51733的98%;改水改厕工作15000户,其中沼气3000户,卫生厕所12000户。

第三节　村级卫生组织

1983年,焦村乡有大队卫生室28个,大队保健医生和卫生员112人。

农村初级卫生保健工作是落实"2000年人人享有卫生保健"战略目标的重要措施,经过三年的努力,国家规定的13项指标任务全部完成,室内资料齐全,档案管理有序。1995年12月,经三门峡市初级卫生保健委员会考核,顺利通过达标验收。

2000年12月,焦村镇有村办卫生室37所,乡村医生84人,保健员37人。个体开业诊所16所,从业医生24人。创甲级卫生所(室)4个。

2001年,基本药物零差率销售以来,各卫生所、室全部实行新型农村合作医疗制度,按照深化医药卫生体制改革,保健本、强基层、建基制的要求,推动基层医疗机构标准化建设,改善农村卫生服务条件,巩固和完善基本药物制度,落实补助政策,健全基层卫生人员培养培训制度,提高乡村医生服务水平,为农村居民提供安全、有效、方便、价廉的公共卫生和基本医疗服务。

2009年,开始建设标准化卫生所,现基本达到群众就医要求,各所、室承担着为广大农村居民提供公共卫生和基本医疗服务的重要职责,主要承担的任务有:预防保健、公共卫生项目、实行基本药物(新农合报销)。

2014年,焦村镇申报两家国债项目标准化卫生所,分别为南安头村卫生所、东村卫生所。

2016 年 12 月，焦村镇卫生院下辖村级医疗机构 50 家，其中卫生所 37 家，中医卫生所 2 家，卫生室 9 家，个体诊所 2 家。村级医务人员 95 名，其中医生 79 名，护士 6 名，医技人员 10 名；本科学历 1 人，大专学历 4 人，中专学历 75 人，高中学历 15 人；执业医师 6 人，执业助理医师 14 人，执业护士 5 人，乡村医生 50 人，无职称 20 人。

焦村镇村级卫生所一览表

表 21-2

所名	负责人	职称人员	占地面积（㎡）	建筑面积（㎡）	职员	业务
南上卫生所	朱菊玲	2	300	120	5	预防保健、西医内科、西医外科、中西结合
巴娄卫生所	李艳云	2	200	125	5	预防保健、西医内科、西医外科、中西结合
贝子原卫生所	陈波波	1	330	132	5	预防保健、西医内科、西医外科、中西结合
塔底卫生所	杨孟茂	1	150	120	5	预防保健、西医内科、西医外科、中西结合
万渡卫生所	张建庄	2	300	120	5	预防保健、西医内科、西医外科、中西结合
南安头卫生所	常彦星	5	280	150	5	预防保健、西医内科、西医外科、中西结合
辛庄卫生所	李协恩	1	200	140	5	预防保健、西医内科、西医外科、中西结合
高庄卫生所	高灵瑞	2	140	100	5	预防保健、西医内科、西医外科、中西结合
柴家原卫生所	李家林	1	320	150	5	预防保健、西医内科、西医外科、中西结合
姚城卫生所	姚锁元	1	250	140	5	预防保健、西医内科、西医外科、中西结合
李家坪卫生所	薛少科	2	300	150	5	预防保健、西医内科、西医外科、中西结合
水泉源卫生所	张江云	2	230	120	5	预防保健、西医内科、西医外科、中西结合
纪家庄卫生所	纪保平	2	300	135	5	预防保健、西医内科、西医外科、中西结合
北安头卫生所	李莲霞	1	250	180	5	预防保健、西医内科、西医外科、中西结合

续表 21-2

所名	负责人	职称人员	占地面积(㎡)	建筑面积(㎡)	职员	业务
沟东卫生所	杨项勤	4	180	160	5	预防保健、西医内科、西医外科、中西结合
尚庄卫生所	尚卓峰	2	350	300	6	预防保健、西医内科、西医外科、中西结合
东村卫生所	李爱英	1	100	90	4	预防保健、西医内科、西医外科、中西结合
焦村中医卫生所	姚丽辉	2	300	180	6	中医内科、中医外科、中西结合
南上中医卫生所	朱世峰	1	300	120	5	中医内科、西医外科、西医内科、中西结合
焦村卫生室	高麦平	1	250	150	5	内科、外科、中医、中西结合
西章卫生室	吕肖革	1	320	154	5	中医内科、西医外科、西医内科、中西结合
乡观卫生室	常晓波	1	100	89	4	中医内科、西医外科、西医内科、中西结合
万渡西仓卫生室	王锁花	1	200	120	4	中医内科、西医外科、西医内科、中西结合
巴娄卫生室	郭延民	2	100	70	4	内科、外科、中医、中西结合
卯屯卫生室	任秋苗	1	150	100	4	中医内科、西医外科、西医内科、中西结合
辛庄卫生室	孙雪玲	1	150	100	4	中医内科、西医外科、西医内科、中西结合
李健口腔诊所	李　健	2	120	90	4	口腔科
杨建泽口腔诊所	杨建泽	1	120	100	4	口腔科
合　计		46	6290	3705	134	

第四节　其他医疗单位

灵宝精神康复医院

灵宝精神康复医院是在灵宝县红十字医院的基础上，于 1988 年 11 月 16 日开始筹建创办的，命名灵宝县精神病医院。位于灵宝市火车站北尹溪路南端。1993 年，迁址火车站道南原二炮招待所。1994 年 10 月 7 日经灵宝市编制委员会〔1994〕19 号文件批复,同意列入编制,定编 20 人,隶属灵宝市卫生局。2009 年 6 月,由道南迁址焦村镇卫生院,正式命名为灵宝市精神病院,市编办核定编制 16 人,定性为国有公立、自收自支单位。2011 年 8 月,根据灵卫〔2011〕122 号文件设立灵宝市精神病医院,2014 年 10 月,根据灵卫〔2014〕143 号文件,更名为灵宝精神康复医院至今。灵宝精神康复医院位于焦村镇尚庄村 310 国道南,东至沟东村地界,南至西章村地界,西至西章村地界,北至 310 国道边。注册资金 5100 万元,经营范围包括内科、外科、精神科、医学检验科、医学影像科、中西医结合科、老年康复科。原灵宝市精神病院始建于 1999 年,按照国家鼓励民营资本投入卫生事业的有关文件精神,根据灵宝市卫生局灵卫〔2011〕122 号文件《关于新建灵宝市精神病医院有关决定》的要求,由院长马淑蓓牵头筹措资金,在灵宝市焦村镇尚庄村 310 国道南新建灵宝市精神病院,并于 2014 年 10 月正式更名为灵宝精神康复医院,共占地 4.12 公顷,目前一期已投资 5100 万元,新建完成门诊综合楼病房楼总面积 13000 平方米,其中业务用房约 10000 平方米,设计病床 500 张,目前开放床位 300 张。餐厅建设 380 平方米。配备有中央空调系统、全自动消防报警、全自动喷淋系统、雨水污水处理系统,24 小时热水供应。检查设备有 DR、B 超、自动生化分析仪、尿液分析仪、血球计数仪、心电图机、脑电图机、精神压力分析仪、心理 CT、颈颅磁仪共振等医疗设备。现有卫生技术人员 126 名,其中高级职称 2 名,副高级职称 4 名,中级职称 12 名,执业医师以上 27 名,执业护士 45 名,并由河南省及洛阳市精神疾病诊治专家提供技术支持,系豫陕晋金三角地区规模较大的治疗精神疾病及心理疾病的专科医院,是灵宝市城镇职工、居民医保定点医院,灵宝市精神残疾鉴定定点医院,精神病转诊定点医院。赵璐斌院长,河南省卫生协会常务理事,心理疾病及睡眠障碍是其研究方向,著有《临床心理治疗》等。

灵宝仁爱医院

灵宝仁爱医院位于焦村镇尚庄村,东至焦村镇沟东村,南至 310 国道,西至焦村镇西章村,北至尚庄村。有 310 国道路通于此。医院前身为原“兄弟诊所”,经三十余年拼搏发展,于 2015 年 1 月经灵宝市卫生局验收批准,正式命名为灵宝仁爱医院。医院占地 13 亩,建筑面积 2000 余平方米。2016 年 12 月,医院有员工 50 余人,医护人员 40 余人,其中中级以上职称 6 人,副主任医师 1 人,主治医师 2 人,执业医师 5 人,助理医师 6 人,药剂、放射、B 超、检验专业医师 4 人,执业护士 15 人。门诊设有:内科、儿科、外科、妇科、中医科、老年病科、急诊科、检验科、放射科、康复科等科室。住院部现有正规床位40余张，内设心脑血管科、老年康复科、儿科等专科病房。2015年6月20日经灵宝市新农合办公室批准为“新农合定点医院”。2015年9月被评为“灵宝市平安医院”。灵宝仁爱医院始终坚持患者至上的服务理念，努力提高医疗和服务水平。坚持不懈地深入开展“三好一满意活动”，为灵宝卫生事业做出应有的贡献。

第五节　计划生育

一、发展概况

中华人民共和国刚成立，就进入了20世纪50年代，我国进入第一次人口增长高峰后，人口加速增长与经济发展不相适应的矛盾渐显，引起了党和国家的高度重视。1953年3月，中共中央明确指出：“节制生育是关系到广大人民群众生活的一项政策性问题，在当前的历史条件下，为了国家、家庭和新生一代的利益，我们党是赞成适当地节制生育的。”

1963年国家计划生育委员会成立后，节制生育号召和提倡比20世纪50年代深入了一步，一些党员干部带头进行了节育，产生了比较良好的社会影响，但因“大跃进”“三年困难”和“文化大革命”的影响，节制生育号召中断。

1964年12月，灵宝县卫生局设立了计划生育办公室，卫生、妇联、共青团、学校等单位组织力量，利用街头宣传、演讲、黑板报、图片、广播、党政负责人作报告、召开群众座谈会等形式，向群众广泛宣传避孕知识，动员、鼓励多子女夫妻落实节育措施。但这些只限于号召和提倡，未能引起全社会的重视。

1979年4月，党的十一届二中全会胜利召开后，灵宝县计划生育办公室从卫生局分出，成了一个独立单位。灵宝县计生工作步入了一个新的历史发展时期。同年6月，焦村公社的党政领导开始把计划生育纳入议事日程，建立健全了计划生育领导小组，焦村公社计划生育办公室正式成立，同时确定了时任党委副书记高西安为分管领导，机关干部王宝学为计生办主任，计生委下派刘红霞为工作人员，至此焦村乡计划生育工作有人抓、有专人管，走上了正轨发展道路。在1979年秋季结扎、引产运动中，二孩以上（36岁以下）的一律结扎，怀孕的引产，并采取主抓领导包机关，工作人员包村的措施，从机关干部自身做起，不留死角，当时乡卫生院人满为患。

1980年9月25日，中共中央发表了《关于控制我国人口增长问题致全体共产党员、共青团员的公开信》。1981年3月，灵宝县计划生育办公室改为计划生育委员会。1982年，党和国家把计划生育提到国策的高度，中共中央、国务院发出《关于进一步做好计划生育工作的指示》文件，要求一对夫妇只生一个孩子。同年，党的十二大把实行计划生育规定为我国的一项基本国策并写入新《宪法》。1981年，灵宝县出台《灵宝县计划生育工作条例》并于1982年6月24日起执行，全县掀起了3次群众性的计划生育宣传高潮，把学习、宣传、贯彻《关于控制我国人口增长问题致全体共产党员、共青团员的公开信》作为推进计划生育的动员令，共产党员、共青团员纷纷带头落实节育措施，并动员其子女、亲朋好友和广大群众积极响应党的计划生育号召。

1984年开始，根据上级的要求，焦村乡把强化基层、夯实基础、分类指导作为推进计生工作的重要方法。根据省政府〔1983〕319号文件精神，计划生育办公室搬迁到乡兽医站院，并成立了计划生育宣传技术所，添置X光透视机、查环仪等设施，增强了服务功能，在乡党委、政府的强调下，各行政村计划生育服务室陆续成立。计划生育工作已由突击式逐步转入经常化、制度化。乡党委每月听取一次计生部门工作汇报，研究部署一次计生工作。

1987年，随着计生办工作的逐步正规化，焦村乡从计划生育积极分子中抽调7名人员组建了计划生育工作小分队，进村人户搞宣传教育、抓"一环二扎"(一孩上环二孩结扎)节育措施落实。同年2月建成计划生育办公楼。办公楼落成后，在灵宝县计生委的资助下，经专业设计、绘画和制做，在宣传教室里悬挂了组织领导、人口理论、人口政策、优生优育、规章制度等画板和专栏，购置了有关书籍报刊，使育龄群众一进屋，就能形象、直观的受到教育。焦村乡(镇)的计生学校分别于1988年、1992年、1995年、2000年、2005年、2010年得到河南省的表彰，镇人口学校质量一直保持在省里一流水平。此年，各村计生服务室建设完成，基本做到了孕检不出村，落实节育措施不出乡镇，为农村群众提供了方便、安全、有效的计划生育服务。

1990年7月《河南省计划生育条例》(灵宝县同时废除了1982年发布《灵宝县计划生育工作条例》)颁布执行，后随着社会的发展已修正4次，2001年12月国家《人口与计划生育法》颁布并于2015年12月27日修正，15年间国家和省颁布实施的人口与计划生育法律、法规、行政规章近10部。为使这些法律法规全面贯彻落实，焦村乡运用广播、出动宣传车、刷写标语、印制宣传彩页等各种有效形式，广泛、深人、持久地开展宣传教育活动，使其家喻户晓，深入人心，增强了群众的计划生育法制意识和执行的自觉性。规范了执法程序、执法文书、执法人员和管理服务项目，健全并实施计生执法错案责任追究制度，推动人口计生工作向制度化、规范化、法制化轨道迈进。

1991 年 4 月 7 日，中共中央第一次组织召开计划生育工作座谈会，要求各级党委、政府高度重视计划生育，一把手必须亲自抓、总负责。计划生育从此成为“一把手”工程。把抓计生工作的好坏与领导干部的“帽子”“位子”“票子”挂钩，实行“一票否决”，焦村乡主要领导对计生工作高度重视，向计生委争取下派专干两名，又招聘临时人员 25 名，保证了工作的正常开展。由于责任到位、措施到位、投入到位，焦村镇出生人口从 1992 年起稳步降低。

1993 年，灵宝撤县设市后，开展了全面实现“三为主”的达标升级创建活动，加大了经常性工作的考核力度。焦村镇从 1995 年开始制定了“三结合”工作的具体实施意见、结合实际，因地制宜，抓好典型，带动一般，推动“三结合”工作走向深入。当年创建的武家山示范点荣获全国计划生育协会工作先进单位，后又建立了南安头、杨家、贝子原三个小康工程基地，并多次召开现场会。从此年开始，坚持每年逢单月对已婚育龄妇女进行 6 次健康检查，预防或减少计划外怀孕。

1994 年，计生办搬迁到镇供销社二楼，同时动工新建办公楼。1995 年 2 月，焦村镇计划生育办公楼建成，设有综合服务大厅、流动人口办公室、协会办公室、档案资料室、微机室、多功能会议室、人口学校等，工作人员最多时达 50 余人。

1999 年，焦村镇执行市计生委下发的《关于在全市继续深入开展计生“三为主”活动的意见》（“三为主”，即以宣传教育为主，以避孕节育为主，以经常性工作为主）。至 2000 年底，焦村镇计生合格村达到 29 个，占行政村总数的 80%。

2000 年 3 月，中共中央、国务院做出了《关于加强人口与计划生育工作稳定低生育水平的决定》。焦村镇依中共中央决策为指导，以群众满意为宗旨，进一步转变工作思路和方法，将“依法管理、村民自治、优质服务、政策推动、综合治理”作为人口计生工作新思路。

2005 年机构体制改革，成立了焦村镇人口与计划生育服务中心，开始认真贯彻执行《农村部分计划生育家庭的奖励扶助》制度，符合条件的夫妇，每人每年可领到奖励金，直到终身。力求使计划生育家庭在政治上感到光荣，经济上得到实惠，生活上得到保障。同时，全面兑现独生子女父母奖励金，计划生育的利益导向进一步加强。全镇各级各部门围绕群众的生产、生活、生育，广泛开展计划生育。截至 2016 年焦村镇累计已为 544 人办理国家奖扶、430 人办理扩大奖扶、15 人办理特别扶助、146 人办理独女户、19 人办理半边户、7 人办理城镇奖扶。2015 年享受各项政策优惠数为 6358 人次，落实资金达 1243130 元。2016 年享受国家奖扶 463 人、扩大奖扶 110 人、特别扶助 15 人、独女户 132 人、半边户 18 人、城镇奖扶 7 人；居家养老 34 人；生育关怀 8 人；18 岁以下独生子女 647 户 1257 人，双女户 807 户 1594 人。

2006 年 1 月，焦村镇 9 名工作人员通过"一法三规两条例"考试取得了河南省行政执法证，规范了征收社会抚养费法定程序，彻底取消了一切没有法律法规依据的计划生育管理服务收费项目，废止了一孩生育证的审批，规范了生育证的使用，取消了通过算账给各村下达出生人口计划指标的做法，与此同时加大投入，购置了四台电脑，培训了微机员，健全了 MIS 信息化网络建设，拓展服务领域，提升服务水平。

2009 年，计划生育在提高人口出生素质上狠下功夫，实行避孕节育知情选择、生殖道感染疾病综合防治和出生缺陷干预三大工程，争取到了国家免费孕前优生健康检查项目医疗服务项目。焦村镇从 2009 年至今已为辖区 3406 对夫妇做了孕前检查，极大地提高了孕产妇的身心健康、新生儿的健康水平，群众满意度明显提高。

2010 年，焦村镇计划生育宣传技术所开始创建甲级乡所。同年 2 月 14 日人口与计划生育服务中心大楼破土动工，2010 年 7 月 20 日竣工，设有药具室、B 超室、妇科诊断室、妇科检查室、缓冲更衣室、手术室、康复室、检验室、咨询室、消毒室、悄悄话室、药房、男性诊室等 13 个科室，科室配备生殖健康知识、工作制度、工作人员职业道德标准等写真宣传版面 50 余块，配备有 B 超机 4 台、产床、波姆光治疗仪、紫外线消毒车、高压蒸汽消毒锅、显微镜、电动吸引器等医疗设备。可免费为育龄群众开展孕情环情、人流(12 周以内)、放置(取出)宫内节育器、优生优育咨询指导、避孕节育咨询、指导和随访、药具发放随访、常见妇女病普查普治等服务。2012 年 6 月，焦村镇计划生育宣传技术所顺利通过验收命名为甲级乡所。

截至 2016 年 7 月 31 日，焦村镇总人口 51290 人，已婚育龄妇女 8961 人，其中零孩妇女 549 人，一孩妇女 4820 人，二孩及以上育龄妇女 3592 人；其中上环 4711 人，结扎 2740 人，用药具 260 人，皮埋 231 人，全镇双女户 687 人，双女结扎 432 人；1—7 月累计出生 303 人，其中一胎 179 人，二胎 124 人，男 161 人，女 142 人；死亡 132 人；持 2016 年生育证 562 人，其中一孩证 340 人，二孩证 222 人；采取节育措施 230 人，其中女性结扎 1 人，上环 221 人，取环 4 人，皮埋 3 人；新婚 51 对；全镇流出 2639 人，其中未婚男性 1951 人，未婚女性 628 人，已婚男性 710 人，已婚育龄妇女 350 人，流入 13 人(其中未婚男性 4 人，已婚男性 6 人，已婚育龄妇女 3 人)；独生子女总户数 1672 户，其中 18 岁以下 647 户，1257 人，双女户 807 户，1594 人；国家奖扶 463 人，扩大奖扶 110 人，特别扶助15人,独女户132人,半边户18人,城镇奖扶7人,居家养老34人,生育关怀8人。

二、焦村镇人口与计划生育服务中心

1979年之前,焦村公社的计划生育工作由公社卫生助理代替,政府中没有专门管理计划生育工作的行政干部。

1979年6月,焦村公社建立健全了计划生育领导小组,焦村公社计划生育办公室正式成立,确定了时任党委副书记的高西安为分管领导,机关干部王宝学为计生办主任,计生委下派刘红霞为工作人员。至此,焦村公社计划生育工作有人抓、有专人管,走上了正轨发展道路。

1984年,成立了焦村乡计划生育宣传技术所。根据上级的要求,焦村乡把强化基层、夯实基础、分类指导作为推进计生工作的重要方法。根据省政府〔1983〕319号文件精神,计生办搬迁到乡兽医站院,办公用房6间,面积100平方米,并添置X光透视机、查环仪等设施,增强了服务功能;在党委、政府的要求下,各行政村计划生育服务室陆续成立。

1987年2月,自筹资金3万余元,在政府前院建成计划生育办公楼(现为焦村镇司法所办公楼)共2层8间,建筑面积200平方米。办公楼落成后,在县计生委的资助下,经专业设计、绘画和制做,在宣教室里悬挂了组织领导、人口理论、人口政策、优生优育、规章制度等画板和专栏,购置了有关书籍报刊,使育龄群众一进屋,就能形象、直观地受到教育。

1994年,计生办搬迁到镇供销社二楼,房屋20间,面积300平方米,工作人员20人。同时动工新建办公楼。1995年2月,总投资30余万元,位于焦村镇政府西南30米处、毗邻陇海铁路的焦村镇计划生育服务中心办公楼建成,砖混结构,共两层22间,建筑面积540余平方米,设有综合服务大厅、流动人口办公室、协会办公室、档案资料室、微机室、多功能会议室、人口学校等,工作人员最多时达50余人。

2005年,乡镇机构体制改革,成立了焦村镇人口与计划生育服务中心。

2006年,加大计划生育资金投入,购置了四台电脑,培训了微机员,健全了MIS信息化网络建设,拓展服务领域,提升服务水平。

2010年,焦村镇人口与计划生育服务中心创建甲级乡所。2月14日总投资49万元(其中国债项目投人34万元,自筹资金15余万元)的人口与计划生育服务中心大楼破土动工,2010年7月20日竣工,共两层12间,建筑面积400余平方米,设有药具室、B超室、妇科诊断室、妇科检查室、缓冲更衣室、手术室、康复室、检验室、咨询室、消毒室、悄悄话室、药房、男性诊室等 13 个科室，科室配备生殖健康知识、工作制度、工作人员职业道德标准等写真宣传版面 50 余块，配备有 B 超 4 台、产床、波姆光治疗仪、紫外线消毒车、高压蒸汽消毒锅、显微镜、电动吸引器等医疗设备。可免费为育龄群众开展孕情环情、人流（12 周以内）、放置（取出）宫内节育器、优生优育咨询指导、避孕节育咨询、指导和随访、药具发放随访、常见女妇病普查普治等服务。2012 年 6 月，顺利通过验收命名为甲级卫生所。

2015 年 12 月 18 日，灵宝市卫生局计生委合并成立灵宝市卫生和计划生育委员会。

2016 年 1 月 1 日，焦村镇人口与计划生育服务中心占地面积 1500 平方米，有 540 平方米办公楼一栋、400 平方米技术服务楼一栋。清退六名临时招聘人员，现服务中心设置主管领导 1 名，主任 1 名，有工作人员 6 人。

2019 年 7 月 29 日，中共灵宝市委办公室印发灵办文〔2019〕62 号文件《中共灵宝市委办公室　灵宝市人民政府办公室关于印发〈中共灵宝市焦村镇委员会　灵宝市焦村镇人民政府职能配置、内设机构和人员编制规定〉的通知》，据此焦村镇开始机构改革，2019 年 9 月 9 日完成，焦村镇人口和计生服务中心被撤销，其业务由灵宝市焦村镇便民服务中心承担。

历任主管领导、主任更迭表

表 21-3

姓名	性别	职务	任职时间（年、月）	籍贯
高西安	男	镇党委副书记	1979—1986	灵宝大王
马军法	男	副乡长	1987—1989	灵宝阳平
王战荣	男	副乡长	1990—1991	灵宝函谷关
董印栓	男	镇党委副书记	1991—1993	灵宝函谷关
张胜民	男	副镇长	1993—1994	灵宝大王
张建华	男	镇党委副书记	1995—1996	灵宝阳平
李选举	男	副镇长	1997—2001	灵宝五亩
索　磊	男	镇党委委员	2002—2004	灵宝阳平
李赞锋	男	副镇长	2005—2010	灵宝西闫
彭志民	男	副镇长	2010. 6—2013. 6	灵宝苏村

续表 21-3

姓名	性别	职务	任职时间(年、月)	籍贯
康廷献	男	副镇长	2013. 6—2015. 7	灵宝大王
赵娜娜	女	镇纪委副书记	2015. 7—2018. 10	灵宝焦村
王宝学	男	主任	1979—1985	灵宝尹庄
杨敏生	男	主任	1985—1992	灵宝焦村
王万康	男	主任	1992—1994	灵宝尹庄
纪战牢	男	主任	1995—1996	灵宝焦村
严江菊	女	主任	1995—1996	灵宝城关
索　磊	男	主任	1997—1998	灵宝阳平
陈榜森	男	主任	1998—2001	灵宝五亩
李赞锋	男	主任	2002—2010	灵宝苏村
耿浩英	女	主任	2010—2013. 6	河南郑州
王宏江	男	主任	2013. 7—2019. 8	灵宝函谷关

三、村级计划生育设施建设

1980 年前,各生产大队的计划生育工作由大队妇女主任负责,但是,她并不是计划生育专职干部。那时的计划生育工作以搞会战为主,搞会战时,大队的大小干部一齐上阵,该结扎的结扎,该上环的上环,把计划外怀孕流产掉。平常的工作由大队妇女主任管理。

1984 年,焦村乡下属各行政村没有设计划生育办公室。各行政村仅设置计生专干(多由妇女主任兼任)一名。村级妇联主任长期从事妇女工作,对本村妇女情况比较熟悉,因此,妇联主任非常适合做村里的计生工作。当时的村级计划生育工作是由以大会战为主的工作状态向规范化管理方面转化,除了很必要的会战,日常的工作也需要一个专人来做,像基础建设、统计报表、思想动员、宣传教育等。原来的村级妇联主任大多是年轻的农家妇女,她们一般具有小学到初中的文化程度,在村主管干部的指导下,她们基本能胜任村里的计划生育工作。与此同时,还在各村民小组设置组级计生员(也称育龄妇女小组长),这些计生管理员都是已婚家庭妇女,她们平时没事,只要村里有活动,她们就集中到村里。小组长的工作主要是协助村计生专干搞宣传、登记本组人口出生、落实避孕措施、化验等。同时,她们还负责了解本组的各种情况,组织本组育龄妇女到中心户参加活动。

1985 年,各行政村相继建起了计生专门服务室,配备了办公桌椅,并对办公室的墙面进行设置,布置了关于计划生育方面宣传壁画及文字。

1987 年各村计生服务室建设完成,基本做到了孕检不出村,落实节育措施不出乡镇,为农村群众提供了方便、安全、有效的计划生育服务。

1988 年,焦村乡根据上级主管部门的要求,各行政村配备了计生专干(计生管理员),建立"三室"(办公室、宣教室、技术室),并本着美观、实用的原则对室内进行了布置,使育龄群众一进屋就能感受到潜移默化的教育。村计生专干并不是固定不变的,随着工作标准的提高,对村计生专干的要求也越来越高,无论是文化程度、工作能力,还是工作热情。这样,就有一些人因不适应工作要求,完不成工作任务,被村委会调换或本人辞职。

1998 年至 2000 年,焦村镇共筹资 30 余万元统一为下属的 38 个行政村和"三室"配备了办公桌椅和 20 套会议桌椅,并更新了屋里院外宣传版面。

2008 年,焦村镇又自筹资金 25 万元为各行政村更换了办公及会议室桌椅、科室宣传版面,增添了饮水机、康检床、门牌、脸盆架等办公设施,并在国道及南安头制作两块 3 米×9 米的大型宣传栏。至 2015 年底,焦村镇建成了秦村、南上、乡观、万渡、西章、焦村、杨家、东村、罗家、南安头 10 个示范村室,其余的 28 个都达到了一类村室。并以建成的 13 个(巴娄、罗家、坪村、西章、秦村、焦村、南上、万渡、乡观、东村、杨家、南安头)三星级文化大院为契机,增加了计划生育的墙壁文化面积和宣传力度。

2016 年以来,焦村镇 38 个行政村的计划生育管理员大都是村党支部委员或村委委员,有一定的工作能力和相关的知识文化。村级计生干部的主要职责是:积极开展计划生育宣传教育工作;组织群众参加计划生育"五期"教育;协助已婚育龄妇女自愿到计生服务中心免费 B 超"三查",义务协助育龄夫妻自主选择计划生育避孕节育措施,预防和减少非意愿妊娠;准确掌握、及时上报新婚、婴儿出生、死亡、节育、流动人口等计生信息;协助有生育意愿的夫妇到灵宝市宣传技术指导站免费孕前检查,并做好怀孕后的随访工作;协助计生办查处违法生育;热情为群众提供"生产、生活、生育"服务,按时参加计生办每月的工作例会。

第二十二章　社会生活

第一节　焦村民政所

2005年,全年共发放救济款8121元,救灾物品折合7875元,为农村低保户、“五保户”发放救助金14万元。

2008年,完成了38个行政村第六届村民委员会换届选举工作。

2009年,根据省市、灵宝市民政扩大农村低保救助面要求,按人口百分之四点六比例,分配到各村,完成了扩面工作任务。2010年,社会救助工作,为158名“五保”户、41户62名城镇低保、885户2510名农村低保对象发放了救助,为140名困难家庭学生办理了困难证明手续,使困难学生得以完成学业。

2011年,因灾倒房重建25个村131户全部建成,全年发放救济款19万元、棉被90床、棉衣40套;全镇享受低保962户2694人;落实义务兵优待金50万元;落实90岁以上老人补助政策137人;完成38个行政村村委会换届选举任务。

2012年,依据各行政村低保、五保家庭与人员变化,完成了调整工作;完成了义务兵优待金发放工作。荣获“河南省村务公开先进乡镇”称号。民政救助资金等实行社会化发放。

2013年,全年发放救济款6.5万元,棉被190床,棉衣40套;享受农村低保2713人、城镇低保62人、重残低保137人;投资10万元对姚家城烈士陵园进行修缮。

2014年,全年发放救济款9万余元、棉被180床;38个行政村开展了第八届村民委员会换届选举工作;按上级统一安排,组织人员对农村低保开展为期三个月入户普查,走访3000余户,摸清低保家庭整体状况,经集体讨论后,共取消50%不宜继续享受低保政策的户,农村低保由三级审核审批制改为两级审核审批制,走向了公开、公平、公正的轨道。优抚工作持续健康发展。

2015年,抓好城乡低保动态管理,落实“应保尽保,应退则退”原则,结合脱贫攻坚工作,对符合条件的95户216人办理了低保救助;发放救济款20万元,特困临时救济11户,申请家庭失火救济3户,慰问困难户38户,为20名90岁以上高龄老人办理补贴档案，为68名残疾人办理了残疾申请，为136名困难家庭学生办理了助学贷款手续。

2016年，落实社会救助政策，办理困难临时救济10户2000元，家庭失火救济2户，对符合条件的132户266人（含扶贫对象）办理了农村低保救助，办理残疾人低保10人，办理农村五保7人，对43名城镇低保进行复核，为符合条件的15户20人建立了档案，为21名90岁以上老人办理了高龄补贴，为206名困难家庭学生办理了助学贷款手续，全面落实了残疾两项补贴政策。对农村低保、五保开展了全面复核。

2017年，农村低保，积极配合脱贫攻坚工作，对未脱贫的户开展入户核查，结合日常申请，办理84户175人低保，取消60户103人低保；特困对象核减4人、新办2人；办理城镇低保5人、重残低保4人；因灾救济1028户20万元，救助失火家庭5户；优抚工作，对516人进行年审，办理年满60岁退役士兵补贴19人，慰问29人；为26名90岁以上高龄老人办理补贴；经上报辛庄、高家庄、北安头3个行政村得到市政府批准分村。

2018年，完成了第九届村民委员会换届选举工作，农村低保开展入户复查工作，取消173户、新办90户，办理特困人员5人，核减8人；城镇低保取消4户；办理重残低保14人、办理残疾人两项补贴156人；因灾救济644户10万元；优抚政策落实，新办60岁退役士兵补贴30人，慰问31人，完成现役军人家属、退役士兵信息采集1102人，统一悬挂了“光荣之家”牌；行业扶贫，对未脱贫的183户每月开展一次爱心积分送温暖活动。

2019年，农村低保，配合脱贫攻坚，按应保尽保、应退则退动态管理原则，对13个村24户扶贫户开展入户调查，为7户办理了低保救助，全年新增共97户214人，取消了74户98人；特困供养对象核减12人，为16名特困对象办理了残疾证；重残低保办理11人，核减3人；因灾救济6万元发放到户；优抚工作，为年满60岁退役士兵14人办理了补贴档案，采集退役士兵信息108人，在19个村成立了退役军人服务站，对549名优抚进行了年审；行业扶贫，对未脱贫户每月开展一次爱心积分送温暖活动。

截至2020年6月，依据灵办〔2020〕8号文件，全镇实施了惠民殡葬政策，对亡故人员全部落实火化工作，镇公益性公墓建设选址于武家山村娘娘山上天梯；行业扶贫，扶贫户中低保户提级35户76人，扶贫户低保扩面2户4人；办理特困对象11人；优抚工作，办理12人抗美援朝纪念章申领档案，慰问12户，办理18名退役士兵信息采集并悬挂光荣榜；行业扶贫，对未脱贫户每月开展一次爱心积分送温暖活动。

第二节　焦村劳动保障事务所

焦村镇劳动保障所位于灵宝市焦村镇行政路镇政府大院里。成立于2003年12月，设立名称为：灵宝市焦村镇劳动保障事务所，实行焦村镇人民政府、市人事劳动和社会保障局双重管理，以市人事劳动和社会保障局为主。2005年12月，将名称更改为灵宝市焦村镇劳动保障民政所；2015年12月，根据灵政办〔2015〕43号文件要求，名称更改为灵宝市焦村镇劳动保障所。2017年，焦村镇劳动保障所，事业编制8名，设所长1名，副所长2名。

焦村镇劳动保障所主要职责：一是开展就业培训工作，开发就业岗位，拓宽就业渠道；二是为下岗失业人员提供"一站式"服务；三是加强农村及外来劳动力管理，搞好就业登记、职业介绍、征缴养老、医疗保险、养老保障金发放等社会保障服务；四是做好人力资源和社会保障统计调查工作；五是协助做好社会保险和劳动保障监察信访工作。

2019年8月，根据灵办文〔2019〕62号文件，将名称更改为灵宝市焦村镇便民服务中心（灵宝市焦村镇退役军人服务站、灵宝市焦村镇社会保障服务站）。公益一类事业单位，办公地点设在焦村镇政府大门东。核定全供事业编制8名，其中：主任一名，副主任一名。主要职责：承担行政审批事项办理、政务服务和公共服务等社会民生事务以及便民服务平台建设等工作；承担退役军人就业创业、优抚帮扶、权益保障、信息采集等相关事务性工作；承担辖区内人力资源开发、劳动力技能培训与转移、城乡居民养老保险、医疗保险、社会救助、最低生活保障、卫生健康和计生等服务性工作。

城乡居民养老保险：2010年是新型社会养老保险工作的开局之年，全镇累计缴纳保费324.6万元，其中16周岁至59周岁参保人数达到29689人，60周岁以上参保人数达7362人，整体参保率达到95%以上，全面完成市分配的目标任务。自2011年1月1日开始，所有年满60岁的参保人员开始按月领取养老保险，结束了农民无养老金的历史。2011年每人每月养老金为60元，之后逐年增加，至2020年每人每月基础养老金为100元，基本能解决老年人的温饱问题。2013年，新型社会养老保险更名为城乡居民养老保险。2011年至2020年城乡居民养老保险累计参保人次达250万，收缴保费累计达3260余万元。

城乡居民医疗保险：2011年至2017年开始办理城镇居民医疗保险，2018年开始城镇居民医疗保险与新型农村合作医疗合并,统称为城乡居民医疗保险。全镇居民参保率达到95%以上,居民看病住院可以按比例报销,解决了长期以来困扰普通居民的看病贵、看病难问题。2018 年 10 月由劳动保障所牵头办理 2019 年的城乡居民医疗保险业务,2019 年参保人数 43869 人,征收医保费用 965.118 万元。2019 年 10 月由便民服务中心牵头办理 2020 年的城乡居民医疗保险业务。2020 年参保人数 31482 人,征收医保费 787.05 万元。

劳动监察工作:对辖区内所有企业及在建工程,每月定期巡查检查,包括劳动合同签订情况、工伤保险购买情况、农民工工资支付情况等,进行严格督查,有效的维护了辖区劳动者的合法权益。

行业扶贫工作:(1)贫困劳动力转移就业工作,2018 年开始对全镇贫困劳动力 447 人进行全面入户调查,统计就业情况,并提供就业信息,帮助贫困户联系就业岗位,为就业人员提供政策咨询服务,确保贫困劳动力就业率达 95%以上。就业成为解决贫困户脱贫的有效途径。(2)公益岗,2018 年至 2020 年 6 月,共办理公益岗位 52 人,每人每月 950 元岗位补贴。

第三节　焦村镇敬老院

焦村镇敬老院建立于 1984 年。2008 年投资 120 余万元对敬老院进行了扩建,2012 年至 2013 年投资 240 余万元对敬老院老平房进行拆除重建,2018 年投资 200 余万元对厨房餐厅进行重建,完善房间消防设施、院落硬化绿化、安装太阳能路灯,建成了一流的敬老院。现敬老院位于镇政府西 500 米处,占地面积约 10000 余平方米,住房建筑面积 2500 余平方米,是一个集养老、休闲、保健、康复为一体的公益型养老机构。居住环境清净、优雅、卫生、整洁。内设单人间和双人间,各房间带有彩电、暖气、电扇。对能自理的老人,有专业服务人员照料衣食起居,对生活不能自理的老人,由专人照料,一日三餐,合理调剂,营养搭配,使入住老人吃的满意,住得舒心。服务宗旨:老人至上,亲情护理、热情服务、尽心竭力、全面照顾、无微不至,为入住老人营造一个温馨的家。让老人安享幸福美好的晚年,替天下儿女尽孝,为天下儿女分忧。2019 年被三门峡市人力资源和社会保障局授予“全市民政系统先进集体”荣誉称号。

第四节　灵宝市社会福利中心

灵宝市社会福利中心位于焦村镇西侧，紧邻310国道（原焦村花厂内），由灵宝市民政局承建，属民政局二级机构。于2009年10月开工建设，2011年6月竣工，2011年8月投入使用。工程历时一年零八个月，占地1.32公顷，建筑面积6113平方米，总投资1000万元。灵宝市社会福利中心是灵宝市政府2009年为民办“十件实事”之一的重点工程，作为全市唯一一所的综合性社会福利机构，社会福利中心肩负着收养灵宝市境内弃婴、孤残儿童和城镇“三无老人”的责任，按照以科学的知识和技能维护孤残儿童和“三无老人”的基本权益，帮助孤残儿童和“三无老人”适应社会，促进孤残儿童和“三无老人”自身发展的宗旨；倡导“微笑、爱心、耐心、诚信、专业”的服务理念，建有儿童生活楼、老人生活楼、综合楼，配备中心餐厅、公共浴室、学习室、阅览室、医疗室等服务设施；设立爱心接待室、温馨家园（孤儿部）、宝宝乐园（弃婴部）、临时救助部、医疗室、综合科等服务科室，担负起对收养人员在衣、食、住、医疗、教育等方面的服务工作。福利中心内儿童生活楼设有儿童房6套，房间内配备有卫生间、配奶室、热水器、衣柜、婴儿床、婴儿桌椅、电视机、空调等，每套可入住儿童30名，共可入住儿童180名；老人生活楼设有老人房36套，每间房间设2张床位，配备独立卫生间、衣柜等，共可入住老人72人；救助部设有房间6间，每间设床位3张，可接收18人。

福利中心以“扶老、助残、救孤、济困”为重点，以更加完美的生活设施和优质周到的服务让这些孤残儿童和“三无”老人得到更好的照顾，将社会福利中心办成入住老人的爱心家园、入住儿童的幸福乐园。在日常工作中，福利中心为了做好专项看护、专项康复、专项管理工作，福利中心根据集中看护孩子残疾程度的不同，大体划分了四个班级：（一）“太阳班”，以学龄前孩子为主，班级里孩子残疾的程度一般，能够部分完成日常生活活动；（二）“月亮班”，班级里孩子残疾的程度严重，完全不能或基本不能完成日常生活活动，但可以在护理工作人员的帮助下独立吃饭；（三）“星星班”，班级里孩子和“月亮班”类似，但是吃饭必须由护理工作人员帮助其完成；（四）“康复班”，班级里的孩子在精神上存在一定的问题或是聋哑孩子，难以进行正常的交流，护理工作人员主要以照顾和引导为主。

2014年7月，灵宝市社会福利中心管理、教育各类孤残孩子126名，其中集中供养70名（包括孤儿32名，弃婴38名），散居56名。2017年6月，灵宝市社会福利中心有管理人员 46 名,其中主任 1 名,副主任 3 名;管理、教育集中供养 82 名,包括孤儿、弃婴 74 名,孤寡老人 8 名。

第五节 人 口

1949 年中华人民共和国成立后,社会稳定、生产发展及医疗卫生条件改善,致使人口迅速增长,1953 年 12 月 30 日第一次人口普查时,社会人口出生率达 37‰,死亡率 14‰,自然增长率为 23‰。到了 1969 年,政府越来越深刻认识到:人口的过快增长对经济、社会发展不利,还会对居民的就业、住房、交通、医疗等方面造成极大困难,如果不能遏制人口的过快增长、不能缓解人口过快增长对土地、森林和水资源等构成的巨大压力,那么未来几十年后的生态和环境的恶化将不可避免,这无疑危及人民起码的生存条件和社会经济的可持续发展。于是中共中央宣称:国家大、人口多、底子薄、耕地少是基本国情,决定实行计划生育,控制人口增长的政策,以促进人口与经济、社会、资源、环境的协调发展。1978 年底,社会人口自然增长率第一次下降到 6. 55‰;1979 年人口出生率降到 11. 86‰,自然增长率降到 4. 23‰。1980 年 9 月 25 日,中共中央发表《关于控制我国人口增长问题致全体共产党员、共青团员的公开信》。1982 年,党中央、国务院把人口与计划生育工作规定为我国的基本国策,把推行计划生育写进了新《宪法》。同年,灵宝县出台《灵宝县计划生育工作条例》,并于 1982 年 6 月 24 日起执行,1990 年 7 月 1 日废除,执行《河南省人口与计划生育条例》。

1990 年至 20 世纪末,是控制人口过快增长的重要时期。也是人口与计划生育迈向法制建设的重要时期。1990 年 7 月出台《河南省计划生育条例》(灵宝县同时废除了 1982 年发布《灵宝县计划生育工作条例》)后随着社会的发展已修正 4 次,2001 年 12 月国家《人口与计划生育法》颁布并于 2015 年 12 月 27 日修正,15 年间国家和省颁布实施的人口与计划生育法律、法规、行政规章近 10 部。这些法律法规全面贯彻落实,广泛、深入、持久地推动了人口计生工作向制度化、规范化、法制化轨道迈进。

焦村镇人口发展也经历了五个大的阶段。

第一阶段是人口的快速发展阶段:中华人民共和国成立前,早婚、早育、密生、多生风气颇为盛行。中华人民共和国成立后,国民经济迅速恢复与发展,百姓收人增加,生活水平提高,医疗卫生改善,人口增长迅速加快,出现了高出生、低死亡、高增长的人口再生产类型。1953 年 3 月,中共中央明确指出:“节制生育是关系到广大人民群众生活的一项政策性问题,在当前的历史条件下,为了国家、家庭和新生一代的利益,我们党是赞成适当地节制生育的。”

第二阶段是停滞不前阶段:1963年国家计划生育委员会成立后,节育生育号召和提倡比20世纪50年代深入了一步,一些党员干部带头进行了节育,产生了比较良好的社会影响,但人口增长速度仍然很快。人口问题已经开始成为一个比较棘手的社会问题。计划生育活动在经历“大跃进”、三年困难时期和“文化大革命”,有所中断。人口增长依旧很快。

第三阶段是出生高峰阶段:1970年开始,党中央力排各种干扰,在全国城镇和农村全面推行计划生育。1979年4月,党的十一届二中全会胜利召开后,根据工作需要,经组织决定,成立了灵宝县计划生育办公室(从卫生局分出),焦村公社成立了计划生育办公室,标志着计划生育控制人口工作步入了一个新的历史发展时期。

第四阶段镇村计划生育队伍开始建设阶段:1980年9月25日,中共中央发表了《关于控制我国人口增长问题致全体共产党员、共青团员的公开信》。1984年焦村乡成立了计划生育宣传技术所。1987年,随着计生办工作的逐步正规化,焦村乡从计划生育积极分子中抽调7名人员组建了计划生育工作小分队,进村入户搞宣传教育、抓“一环二扎”(一孩上环二孩结扎)节育措施落实。1983年到1989年,焦村乡平均每年出生1360人。

第五阶段是计生法律法规完善、队伍稳定、完成人口再生产类型转变阶段:1990年到1993年期间,《河南省人口与计划生育条例》颁布执行;逐步建立起考核机制;“一票否决”开始执行;计划生育手工台账建立;焦村乡平均每年出生1230人。1994年到2001年期间,《计划生育技术服务管理条例》发布执行;《河南省人口与计划生育条例》第一次修正;计划生育月太管理系统运行,建全了辖区全员人口信息;计划生育服务中心办公大楼落成;焦村镇平均每年出生469人。2002年到2010年期间,《中华人民共和国人口与计划生育法》颁布执行;《计划生育技术服务管理条例》发布执行;《河南省禁止非医学需要胎儿性别鉴定和选择性别人工终止妊娠条例》通过实行;《流动人口计划生育条例》发布执行;2001年起开始农村独女户办理二孩生育证;MIS管理系统启用运行;国家人口宏观管理与决策信息系统运行;国家免费孕前优生健康检查项目医疗服务信息系统运行;流动人口管理系统运行;省利益导向管理系统运行;行政执法管理系统运行;生育证办证软件运行;计划生育服务中心服务楼落成;焦村镇平均每年出生424人。2011年到2016年期间,《中华人民共和国人口与计划生育法》修正;

《河南省人口与计划生育条例》经三次修正;《社会抚养费征收管理办法》发布执行;《灵宝市人口计生领导小组关于公职人员和党员干部违反计划生育法律法规的处理意见》公布执行;2015 年 12 月 18 日卫生计生合并成立卫生和计划生育委员会;2016 年 1 月 1 日起一孩二孩生育证登记办理,三孩生育证(生育两个非遗传性病残儿及再婚家庭无共同子女的符合办证条件)审批办理;焦村镇平均每年出生 523 人。

2016 年 8 月,焦村镇辖区总人口 51328 人,其中城镇常住人口 48688 人,城镇化率 94.85%。另有流动人口 2640 人。总人口中,男性 26527 人,占 51.7%;女性 24801 人,占 48.3%;14 岁以下 6274 人,占 12.22%;15—64 岁 37881 人,占 73.84%;65 岁以上 7173 人,占 13.94%。总人口中,以汉族为主,达 51278 人,占 99.9%。2015 年出生人口 497 人,出生率 9.76‰,死亡人口 368 人,人口死亡率 7.22‰,人口自然增长率 2.54‰。

焦村镇 1983 年至 2015 年出生人口统计表

表 22-1

年份	人口	出生人口	年份	人口	出生人口
1983		1223	2000		346
1984		1255	2001		350
1985		1310	2002		321
1986		1242	2003		352
1987		1458	2004		374
1988		1350	2005		350
1989		1688	2006		353
1990		1351	2007	51872	427
1991		1315	2008	52255	549
1992		1313	2009	52016	555
1993		1142	2010	51654	538
1994		767	2011	51618	500
1995		673	2012	51080	571
1996		486	2013	50641	486

续表 22-1

年份	人口	出生人口	年份	人口	出生人口
1997		408	2014	50798	565
1998		353	2015	51092	497
1999		371			

第六节　民族宗教

基督教是一种信仰神和天国的宗教,发源于中东地区。基督教提倡包容、进步精神。敬仰并感恩基督(指对基督教之父耶稣基督进行感恩,他为拯救人类的罪恶而死),基督教号召自由、民主、仁爱、诚实与道义。消除内心的不良欲望,对犯下的过错和自身的罪恶进行忏悔,净化心灵。基督教教义中关于上帝的概念可以归纳为七点:(1)上帝是有位格的独一真神;(2)上帝是天地万有的创造者;(3)上帝是圣洁、公义、慈爱、怜悯、信实、自有永有、不变的唯一真神;(4)上帝是历史的主宰;(5)上帝要拯救他的百姓,赦免他们的罪孽,呼唤他的儿女悔改,传福音,荣耀神;(6)上帝将于世界末日审判世人;(7)上帝、主耶稣、圣灵是三位一体的真神。《圣经》是基督教的经典,是其宗教信仰的最高权威,是其教义、神学、教规、礼仪等的依据。信仰者认为《圣经》各卷是在长达 1600 多年的时间里,由不同作者,在不同时间、不同地点、不同环境中陆续记录下来的上帝的启示,所以把它奉为宗教信仰和社会生活的准则。

基督教建立于公元 1 世纪,信奉三位一体(圣教、圣子、圣灵)的上帝,颂《新旧约全书》(圣经)。民国八年(公元 1919 年),基督教由瑞典牧师鲍耀渊传入灵宝。民国十二年(公元 1923 年),由瑞典牧师任东臣主持,在灵宝虢略镇城南租用民房建立会所,有信徒 70 余人,后分别在虢略镇东关、五亩、常家湾、阌乡建立了四个会所。中华人民共和国成立初的 50 年代,西章乡只有极少数人信仰了基督教。多大暗地里传教,诵读经文。1981 年 10 月,灵宝县人民政府建立了民族宗教事务科(后改为局),1982 年便开始落实宗教政策,培训教牧人员的同时开放了活动点。1986 年 4 月成立了灵宝县基督教协会和三自爱国委员会。

截至 2017 年 12 月,全镇共有已登记基督教活动场所两处:焦村教会和东仓教会。共有“以堂代点”教会三个:分别为焦村教会下辖的南安头教会,东仓教会下辖的东常册教会和南上教会。目前,全镇宗教信教群众共 2648 人,其中:基督教已受洗的信教群众共 2318 人(焦村教会 1277 人,东仓教会 1041 人),未受洗的信教群众共 322 人(焦村教会 190 人,东仓教会 132 人);佛教皈依的信教群众共 4 人;道教皈依的信教群众共 4 人。基督教教职人员共 12 人,其中,长老 1 人,传道员 11 人。

(一)教会

焦村教会:最早在 1995 年在沟南窑洞里进行礼拜活动。1996 年搬至沟东寨子场内,临时借用村三间老旧砖房。1997 年由焦村搬至焦村原果品站院内,信徒筹资 20240 元购买村 0.22 公顷土地(包括 12 间旧房)。当时屈建民管理教会,工人有杜金荣、杜华层、何俊青等十余人;1994 年开始建设,教堂总面积 0.22 公顷,室内总面积 600 平方米,东西长 25. 2 米、南北宽 24 米,南北共 14 间,面积 430 平方米;伙房、餐厅、住房共 9 间 300 平方米,诗班、电房、仓库 80 平方米。2016 年 12 月,教会有信徒 2500 余人,男 150 余人,受过洗 1654 人,未受洗 800 余人;班子堂委共 7 人,2 男,5 女。教会每年 12 月 25 日组织信徒过圣诞节活动。2016 年 6 月三门峡民族宗教局申春生局长来焦村检查指导消防安全检查。主会人员更迭先后为:屈建民,1997 年至 1999 年;杜金荣,1999 年至 2003 年;杜改草,2003 年至 2014 年;屈转宁,2014 年至今。

南安头教会:受焦村教会指导,陈彩霞负责,女,64 岁,住南安头村 12 组。教会建于 2007 年,由村规划土地 0.07 公顷,砖木结构,共 7 间,200 平方米;经常参加活动信徒有 100 余人,男信徒 5 人,女 95 人,青少年 3 人;管理人员 4 人,财务管理人员 2 人。

东常册教会:建于 2004 年,占地 3 亩,信徒捐资建砖木结构房 12 间,300 平方米。负责人王当学,女,61 岁,住卯屯村 9 组。教会信徒 200 余人,男 30 余人,女 170 余人,青少年 5 人;管理人员 5 人,财务管理人员 2 人。设有布施箱,礼拜日活动自我组织进行。

南上村教会:建成于 1995 年,砖混结构房 10 间,200 平方米。经常参加活动信徒 150 余人,男 20 人,女 130 人,青少年 3 人;负责人赵华楞,女,60 岁,住南上村人,管理人员 5 人,财务管理人员 3 人。

全镇 38 个村,有 29 个补课点,有些大村分两三个补课点,经常活动信徒有 3000 余人。补课点建筑工 126 间,2520 平方米,其中信徒捐资捐物出工建设共 10 处 51 间,1020 平米;信徒自己提供场所 16 处 67 间,1540 平方米;由村集体提供场所有 3 处 8 间 160 平方米。房屋结构主要为砖木、砖混。

大部分代课点有捐款箱,有管理人员,费用自理,多属于临时召集;聚会多由自发形成,以方便信徒参会为主要目的,其中规模比较大的代课点有 4 处。

辛庄点:建于 2010 年 8 月,总面积 0.7 亩,教徒捐资建砖混结构房屋 9 间,总面积 300 平方米,负责人李义谋,65 岁,住辛庄村 5 组,信徒 50 余人。

常卯村:2013 年 8 月租常卯村学校共 300 平方米,长期占用 120 平方米,教徒捐款年付租金 4000 元,负责人赵菊荣,住常卯村 1 组,共有信徒 60 余人。

东村点:1998 年教徒捐资建砖木结构 6 间,150 平方米,负责人毋引楞,住东村 10 组,信教群众 244 人,青少年 4 人。

巴娄村:1999 年教徒捐款建砖木结构房 3 间,100 平方米,负责人张明亮,住巴娄 11 组,共有信徒 100 人,青少年 2 人。

第二十三章　人　物

（以出生时间为序）

许　金

许金，男，清朝举人，焦村镇常卯村人。生于1802年（清嘉庆七年），1846年（清道光二十六年）中举，曾在林县、扶沟、固始等地任过知县，因为官清正廉明，没有落得什么家产。卒于1876年（光绪二年），享年74岁。

李工生

李工生，字广庭，号耀荣，乳名来功，焦村镇焦村人，清光绪十二年（1886）十月初五出生于一个没落地主家庭，因成年后主张靠自己力量工作生活，遂改名工生。1912年，26岁的李工生从北平高等筹边学堂蒙文系毕业，去过蒙古，在北平西部筹建过“香山慈幼院”并兼任院长，在山西太原、大同等地从事过高等教育工作。1921年，离开了故土十多年的李工生返回家乡。35岁的李工生不仅骑着一辆灵宝人没见过的三枪自行车，驰过去跑过来，令人大开眼界，而且还带回一个美丽漂亮的媳妇——受过高等教育的满族旗人小姐英宝珠。英宝珠女士先是担任了县立女子小学校长，后又被县政府委派为妇女放足委员，做一些宣传妇女解放的工作。1923年，李工生从县城回到老家焦村，根据灵宝盛产棉花的优势，决定先开办一个织布厂。但因种种原因，最后以失败告终。这之后，工生先生试养蜜蜂、养鸡，都没有成功。1927年，李工生从山东省的青岛、烟台引进国光、红玉等良种苹果树苗200株，栽植在村边自家的桃园里，这就是灵宝乃至三门峡地区栽苹果的开始。他按照自己的规划，集中连片扩大栽植面积。那时的地东一块，西一块，为了并到一起，土地面积最终扩大到1.33公顷，全部栽上了他自己亲手培育的苹果树苗，并命为“工生果园”。

李工生为了成为行家里手，他专门从外地购买了《土壤学》《果树鉴定学》《苹果栽培学》《果树病虫防治》等专业技术书籍，和两个儿子一起精心钻研，整理出一套苹果树育苗、嫁接、修剪、防治病虫害珍贵的技术资料。在他的宣传引导下，焦村原、虢镇川、西阎等地不少农民先后到工生果园引进栽植，到中华人民共和国成立前夕，灵宝苹果逐渐发展到3000多亩,被誉为“灵宝三大宝”之一。1942年冬,工生终于积劳成疾,卧床半年后,病逝在他的果园里,年仅56岁。

陈承球

陈承球,男,1917年生,焦村镇焦村村人,祖籍福建省福州市。黄浦军官学校第13期学员,曾任国民党某部炮兵团团长,1944年率部在灵宝县牛庄、五龙、焦村塬等地抗击日军,1949年中国人民解放军解放上海时起义投城,被安排在河北省石家庄市工作。离休后,定居于灵宝县焦村第十五村民组。曾任灵宝市第七届、第八届政协委员,受灵宝市统战部委托担任黄浦同学会联络组长。1987年参加电影《血誓》拍摄,在剧中扮演法官。1995年病故。

李麟彩

李麟彩,字林影,1920年4月生,焦村镇纪家庄人。父亲弟兄4个,四门中仅此一个独苗,故取名“麟彩”。1935年,李麟彩考入灵宝县简易乡村师范学校,在中共党员张俊杰的引导下,积极参加抗日救亡运动。1938年,李麟彩加入中国共产党组织,和杨朗樵、李绍英、王力行等编为一个组参加活动。期间,除积极为《我们的生活》撰写文章外,还有目的地进行越野、拼刺刀等军事训练,急切地想投入到抗日前线的战斗。1939年至1940年,灵宝简易乡村师范学校学生在学校中共党组织的领导下,爆发了更为激烈的“驺韩(效琦)逐刘(法僧)”运动,李麟彩、王力行等直接找到校长韩效琦家里,抓住其贪污公款的丑行,进行面对面的斗争。1940年2月22日(农历正月十五日)元宵节之夜,李麟彩和另一名中共党员王新吾(王仁著)带着中共灵宝县委的介绍信,乘火车直奔八路军洛阳办事处;3月,李麟彩被分配到皖北涡阳新兴集(龙王庙)新四军第6支队搞侦察工作。1941年初,皖南事变后,第6支队转入淮北,改番号为新四军第4师,彭雪枫任师长;7月,李麟彩受淮北区党委派遣,到涡阳东北区开辟工作,担任中共涡阳东北区委组织部长。又被派到津浦路东,先到邳南,后又调到铜山,先后任中共铜山中心区委书记、铜山县县长、县委书记。1946年7月18日,国民党军队向铜(山)睢(宁)地区大举进犯。李麟彩指挥地方武装配合华东野战军第9纵队进行作战,在双沟、朝阳集歼灭敌军一个整编旅。为争取战略主动权,保存革命武装力量,李麟彩奉命率领地方武装东撤,到单集、睢河和九顶山一带打游击;11月,李麟彩在战斗中为掩护战友被俘。11月24日,国民党凌城三区区长杜达春将李麟彩和一个匪徒邱小谍活埋于凌城郊外。牺牲时，年仅 26 岁。

袁金酌

袁金酌，男，1923 年 11 月生，汉族，焦村镇人。小学文化，中共党员。1947 年参加农会；1949 年 6 月在农会当民兵；1949 年 8 月至 9 月任万渡乡武装部长；1949 年 9 月至 1950 年 1 月任清匪工作队队员；1950 年 1 月至 1952 年 5 月先后担任区民兵护路队队长、陕州军区教导队民兵军训队员、焦村区土改复查队队员；1952 年 5 月至 1955 年 10 月先后担任焦村区组织干事、水泉城区组织委员、县财贸审干办公室负责人；1955 年 10 月至 1957 年 8 月先后在灵宝县公安局任股长、供销社任科长；1957 年 8 月至 1959 年 6 月先后任水泉城中心乡乡长、涧底河钢铁指挥部煤炭部长；1959 年 6 月至 1960 年 6 月任灵宝县粮食局副局长；1960 年 6 月至 1960 年 8 月任大王公社党委书记；1960 年 8 月至 1961 年 10 月任文底公社党委书记；1961 年 10 月至 1962 年 8 月任虢略镇公社党委书记；1962 年 8 月至 1963 年 10 月任灵宝县粮食局副局长；1963 年 10 月至 1966 年 10 月任大王公社社长、党委代理书记；1966 年 10 月至 1968 年 8 月任灵宝县粮食局局长；1968 年 10 月至 1974 年 8 月任五亩公社党委书记；1975 年 8 月至 1976 年 2 月在灵宝县生产指挥部工作；1972 年 2 月至 1977 年 10 月任灵宝县财政局局长；后病休。1986 年 9 月退休。

张发锢

张发锢，男，汉族，1924 年 3 月出生，焦村镇焦村村人，高小文化，1950 年 9 月参加革命工作，1954 年 4 月加人中国共产党，1980 年 8 月退休。1932 年至 1938 年 12 月在焦村小学学习；1938 年至 1950 年 11 月在家务农；1950 年 12 月至 1951 年 6 月在焦村乡工作；1951 年 7 月至 1953 年 8 月在破胡区公所工作；1953 年 9 月至 1955 年 9 月在川口区公所历任财务助理、副区长、区长；1955 年 10 月至 1956 年 1 月在灵宝县委工作队工作；1956 年 2 月至 1958 年 1 月在灵宝县拖拉机站任队长；1958 年 2 月至 1959 年 2 月在灵宝县农林水电部任副部长；1959 年 3 月至 1968 年 11 月任灵宝县农业局副局长；1968 年 12 月至 1971 年 7 月任灵宝县水电管理站革命委员会主任；1971 年 8 月至 1980 年 8 月任灵宝县拖拉机站站长。

魏象廷

魏象廷，男，中共党员，焦村巴娄村人，1924 年生。1945 年于省立第十一行政区联立师范毕业后，曾在破胡、万渡、西章等小学任教，因方法灵活，教学易于理解，倍受欢迎。中华人民共和国成立后，历任灵宝一中语文教师、教研组长、教导主任、副校长、校长、党支部书记等职。20世纪60年代初任一中教导主任时，他亲自制定并贯彻执行学校教学工作的"五主"原则（学校工作以教学工作为主，以课堂教学为主，以课本为主，以双基为主，以基础课程为主），教学质量显著提高，历年高考成绩在全省及洛阳地区名列前茅，为高等院校输送了大量合格新生。因此，在十年"文化大革命"期间被打成"黑帮"，多次受到批判，被排挤出一中。粉碎"四人帮"后，1978年灵宝一中恢复为洛阳地区重点中学，他又回到一中，任副校长。通过大力整顿，校风逐渐好转。他重视教师身体力行为人师表的作用，明确提出："凡是要求教师做到的领导必须做到，凡是要求学生做到的教师必须做到"。这样一层带动一层，在形成"严谨、勤奋、求实、稳健"的优良校风中发挥了重要作用。他还十分重视现代化教学设施和学校环境的建设。由于办学指导思想明确，治校有方，成效卓著，1982年被评为河南省先进工作者。他事业心强，有实干精神，有胆有识，把毕生精力献给了灵宝的教育事业。从教四十余载，呕心沥血，培育英才。1986年教师节历届毕业生40余人赠"泽蒙桃李"巨幅匾额。

魏象武

魏象武，男，1926年生，焦村镇巴娄村人，著名果树专家。1951年从西北农学院园艺系毕业后，在宁夏回族自治区从事园艺工作，曾任宁夏农林科学院园艺研究所所长、中国园艺学会第五届理事会理事、中国农学会理事、宁夏国艺学会第一任理事长、宁夏农学会林学会常务理事、宁夏农林科学院园艺研究所研究员。编著了《果树栽培》等书籍6部，发表论文68篇；拥有自主创新成果13项，获得宁夏回族自治区科技进步奖14项；曾多次被评为"先进工作者""劳动模范"；获得"五一"劳动奖章和"自治区有突出贡献专家"荣誉称号。被国务院授予"为我国科学技术事业做出突出贡献证书"，并享受国务院特殊津贴。2014年过逝。

孙宜生

孙宜生，字恒义，1929年生于焦村镇。著名画家、学者、艺术评论家，中国美术家协会会员，西安美术学院教授。1953年毕业留校任教，至1979年发表以油画为主，包括年画、组画、连环画等作品共计309幅。1986年出版《意象素描——意象造型教学·第一卷》专著，1988年"意象造型美学与教学"列入国家级科研项目，1989年5月在西安组织召开国家艺术科研项目“首届意象美学研讨会”。同年 8 月应邀赴美国参加“亚太地区艺术教育联合会议”,其后与马来西亚、新加坡的专家学者合作撰文《意(异)度无量的净土》,共同出席 1990 年敦煌国际会议,又共同策划 1991 年在西安召开的“国际意象艺术研讨会”。1994 年完成国家项目五年计划,出版 12 部论著及画册,构建“意象效应系统论”。专家会议鉴定其科研成果为跨学科、跨门派、跨地区、跨世纪的系统工程,被确认为中国“意象美学”学科带头人,1995 年获陕西省教育委员会科研成果二等奖。中国画作品《春牛图》《荷韵》《凤翔姑娘》《生生不息》被马来西亚、新加坡、澳大利亚收藏家、机构收藏。

解密亭

解密亭,女,汉族,1931 年 6 月出生,焦村镇东村村人,小学文化,中共党员。1951 年 5 月担任村妇女主任,组织带领妇女参加土改镇反、互助合作运动,建立棉花试验田。1960 年被全国妇联会授予“三八红旗手”荣誉称号。1962 年在全县各公社妇联主任会议上,东村大队妇代会主任解密亭介绍了如何发挥妇代会作用的经验,使与会人员受到了很大的启发。1974 年,焦村公社帆布皮件制品厂建立后,公社党委调任解密亭到该厂担任党支部副书记、副厂长。全厂 128 名职工,其中女职工 80 名,占 62.5 %,管理任务大,责任重。解密亭积极组织职工学习大庆工人艰苦创业的精神,开展劳动竞赛,克服困难,发展生产。在厂资金周转困难时期,她从家里拿出准备给儿子结婚用的 100 多元钱,并带动全厂职工捐款 1600 元,支持厂里购买原材料,扩大生产规模。到 1979 年,全厂固定资产达到 26.3 万元,流动资金 21.4 万元,上缴公社支农资金 7 万元,上缴国家税金 6 万元。当年,解密亭再次被全国妇联会授予“三八红旗手”荣誉称号。

辛庚西

辛庚西,男,1934 年 6 月 15 日生,焦村镇巴娄村人。1961 年天津大学毕业,分配在中国科学院长春应用化学研究所搞科学研究工作。1980 年调到西安热力研究所从事科学研究工作,任高级工程师,是新中国的第一代科研工作者。

刘高增

刘高增,1937 年 3 月生,焦村镇纪家庄村人,汉族,中专文化,中共党员,1957 年 7 月参加工作。灵宝市第九届人大常委会主任。

1957年7月,刘高增在陕县师范学校毕业后,留附小任教,历任学校团委书记、副校长、党支部书记。1963年7月,刘高增从陕县师范学校附小调回灵宝,先后在李村学校、焦村学校、县业余教育委、县革委会、县委组织部工作。1978年5月,任灵宝县劳动局副局长;1980年1月,任灵宝县人大常委会成员、办公室主任;1983年1月,任中共灵宝县委办公室副主任;1986年,任中共灵宝县委常委、办公室主任;1987年3月,任中共灵宝县委常委、常务副县长。1992年12月,任中共灵宝县人大常委会党组书记,1993年3月,当选为灵宝县第九届人大常委会主任,并兼任灵宝县黄金生产领导小组组长。1998年3月,任期届满退休。刘高增在任县委常委、县委办公室主任期间,紧紧围绕县委工作中心,积极为"上级、同级、下级"服务,充分发挥了办公室"参谋、组织、协调"作用。为改善县委机关办公条件,刘高增千方百计筹措资金,建成一座2500平方米的机要楼,成立了机要科,配备了传真机、电话总机,为县委、县政府主要领导安装了内部电话,使保密机要工作步入规范化的轨道,受到省委、三门峡市委的表彰,并在灵宝召开现场会,推广了灵宝的先进经验。刘高增在任县委常委、常务副县长期间,分管财贸、城建、政法等系统34个部门的工作,战线长、头绪多、担子重,但他勇于开拓,解放思想,积极出主意想办法,狠抓各项工作落实。刘高增组织工商部门积极筹措资金,克服各种困难,建成了2万多平方米的果品专业市场,并在朱阳、阳平、豫灵、大王、故县等乡(镇)建起了农贸市场,受到省,三门峡市的表扬,省委领导亲临视察,给予充分肯定。为了增加县级财政收入,刘高增从大力发展经济入手,积极开辟财源,建立激励机制,发动财税干部,依法组织收入,使全县财政收入由年5000万元增加到1亿元。在抓政法工作中,特别注重基础设施建设,多方筹资,建成了3000平方米的审判大庭,省法院系统在灵宝召开了政法基础设施建设现场会。1993年后的两年间,刘高增兼任涧东新区开发建设指挥长,在资金十分困难的情况下,敢于迎难而上,研究出台了一系列优惠政策,使涧东新区快速、优质、全面开发。刘高增在任市人大常委会主任期间,坚持党的领导,密切联系群众,依法实施监督,创新了"工作监督书""法律建议书"和"人大内参"等监督办法,建立了市人大常委会机关党总支,为加强社会主义民主政治和常委会自身建设做出了不懈的努力。刘高增在兼任灵宝市黄金生产领导小组组长期间,经常深入基层和矿区,多次采取集中整治办法,坚决取缔非法采矿,维护了矿山秩序,使生态环境进一步改善,促进了全市黄金产量持续增长。

常秀云

常秀云,女,汉族,1937年5月出生,焦村镇南安头村人,小学文化程度,1954年5月加入中国共产党,1956年4月参加工作。常秀云于1952年3月加入新民主主义青年团(后更名共产主义青年团),任辛庄小乡团支部副书记。1953年,南安头村发动组织17户翻身农民成立农业初级合作社,名为光明社,选举她担任妇女副社长,并参加了洛阳地区农业社骨干培训班。经过3个月学习培训后,继续发动农民参加合作社,走互助合作化道路。1956年4月,到灵宝县委组织部招干处报名,参加培训,经过考试后被录用为国家干部,留组织部办公室管理人事档案。根据工作需要,县委抽调她参加工作队,下乡开展中心工作,曾先后到破胡区、常家湾、大字营、东村等地帮助工作。1957年4月,县委组织部调她到当时全县条件最艰苦的寺河乡工作,任乡党总支委员、妇联会主任,组织发动广大妇女开展整地、兴修水利、植树造林等群众性大生产运动。1958年"大跃进"运动开始,寺河乡与川口乡合并为川口人民公社,常秀云担任公社妇联会主任,带领川口公社妇女到陕县观音堂铁路沟运矿石、建高炉、大办钢铁。后来一直在川口公社做妇女工作。1966年8月,农村"四清运动"结束后,调到五亩公社工作,担任妇联会主任;1974年,任五亩公社党委委员、妇联会主任,其间,组织带领200多名妇女参加灵朱公路大会战,修建"三八桥";1976年3月调到焦村公社工作,任党委委员、妇联会主任,分管妇女、计划生育等项工作,圆满完成了党委、政府分配的各项工作任务,为发展灵宝妇女事业做出了突出的贡献。1989年3月被全国妇联会授予"三八红旗手"光荣称号。1989年10月1日,灵宝县妇联会为其颁发了"工作三十年以上的优秀妇女干部"荣誉证书。1994年光荣退休,2016年12月病故,享年79岁。

陈朝生

陈朝生,男,1938年2月生,贫农,学生,汉族,大专文化。焦村镇秦村人,在中国人民解放军河南军区信阳军分区工作。1952年10月,陈朝生参加中国人民解放军,在河南省军分区暂编七团二营部任通讯员;同年11月部队整编为中国人民志愿军第一军二师四团通讯连任通讯员;1954年4月任守机员;1956年1月加入中国共产党,同年2月复原返乡生产。1956年8月,参加中国人民武装警察河南省灵宝县中队,历任警士、副班长、班长、给养员等职;1986年10月,调中国人民武装警察河南省三门峡市、陕县中队任司务长;1966年7月1日,武装警察转现役后,调卢氏县中国人民解放军河南省卢氏县中队任政治指导员；后调信阳市中队任政治指导员；1969 年 10 月，由信阳市中队调信阳市人民武装部政工科任政治干事；1970 年 5 月，由信阳市人民武装部调淮滨县人民武装部军事科任科长；1975 年 4 月，任淮滨县人民武装部部长；1976 年 9 月提任河南省军区信阳军分区副司令员；1978 年 2 月至 1979 年 7 月到北京军事学院学习，同年 7 月，学习结业后仍在信阳军分区任职；1982 年 2 月，由信阳军区调周口军分区任副司令员；1988 年 1 月，由周口军分区调信阳军分区任司令员。

赵鸿飞

赵鸿飞，男，1941 年 11 月生，汉族，焦村镇秦村村人，1964 年 9 月参加工作，1965 年 5 月加入中国共产党，高级政工师、高级经济师。1962 年 8 月至 1964 年 8 月在灵宝二中教书；1964 年 9 月至 1966 年 4 月参加灵宝县“四清”工作队；1966 年 5 月至 1966 年 7 月在灵宝县公安局预审股工作；1966 年 8 月至 1968 年 10 月任共青团灵宝县委副书记；1968 年 11 月至 1971 年 4 月在“五七”干校劳动；1971 年 5 月至 1973 年 11 月任灵宝县审干办公室支部委员；1973 年 12 月至 1977 年 8 月任灵宝县驻寺上、吴村、底董工作组副组长；1977 年 9 月至 1978 年 1 月任西阎公社党委委员；1978 年 2 月至 1978 年 6 月任共青团灵宝县委书记；1978 年 7 月至 1983 年 3 月任五亩公社革委会主任、五亩乡党委书记(期间，1982 年 12 月被省委省政府授予河南省“劳动模范”)；1983 年 4 月至 1984 年 7 月任灵宝县委委员、宣传部副部长，文化局局长、文化局党总支书记；1984 年 8 月至 1986 年 3 月任灵宝县经联社党组成员；1986 年 4 月至 1987 年 10 月任灵宝县水利局副局长，副书记；1987 年 10 月至 1994 年 4 月任灵宝县(市)委委员、市长助理，企业委总支书记、主任；1994 年 4 月起，任政协灵宝市委员会副主席，同时任中国乡镇企业协会跨世纪促进会副秘书长；河南省乡镇企业协会常务理事、副会长。2001 年 8 月病故，享年 60 岁。

王英民

王英民，男，小名道正，生于 1941 年，焦村镇常卯村人，祖籍邓县王氏家族二世人。家境贫赛，自小勤奋好学，1962 年从灵宝一高应征入伍，在部队多次受到嘉奖，逐步提干至师团级。1983 年转业河南省新华书店任总经理，统管全省新华书店，在岗位上兢兢业业，成绩卓越。王英民在外工作不忘家乡，曾先后为村中建抽水站、硬化道路、建文化大院等引资达100余万元。为村中孤寡老人捐款10000余元;多次为村二月古庙会捐款达10000元。

焦足才

焦足才,男,1942年12月出生,汉族,焦村镇贝子原村人,中共党员。1950年至1963年7月先后在贝子原初小、万渡小学、灵宝一中、灵宝师范和陕县师范就读;1963年考入河南大学政治系。1967年毕业后到河南省独立二师农场学军(带薪),1970年4月在灵宝县川口公社负责共青团工作;1973年至1982年在灵宝县委宣传部任通讯干事,1980年入党;1982年至1991年在河南日报社做编辑、记者工作,曾任河南日报洛阳市记者站副站长(正科级)、站长(副处级);1991年调任三门峡市委宣传部副部长(后任正处级),主管新闻宣传和新闻出版管理工作。2003年初退休。现任三门峡市关工委副主任。从事新闻宣传工作近10年中,先后获得全国好新闻二等奖、三等奖和河南省好新闻一等奖、二等奖,多次获得本报年度好新闻奖。共刊发稿件三千余篇。出版了个人新闻作品选集《伏牛旋律》。在三门峡市委宣传部主管新闻舆论工作期间,参与策划了全市多项大型文艺活动,主持创作了大型电视宣传片《黄河明珠三门峡》。先后主编出版了历史文化画册《三门峡神韵》,图文并茂的读物《我爱家乡三门峡》,个人诗词选集《天籁地韵》。同时,在省、市报刊上发表了多篇小说、散文、报告文学等。退休后主编出版了关心教育青少年的大型画册《面向未来》,2020年3月病故,享年78岁。

王仁升

王仁升,男,汉族,1946年8月生,焦村镇巴娄村人。1959年至1962年先后在焦村、阳店中学读书;1964年至1966年应征入伍后在长春军校学习,任航空机械师,正排级干部。1968年加入中国共产党,1970年任机械师、机关助理员、副连级干部;1971年任飞机车间指导员、副营级干部;1973年任武汉军区航空中心修理厂副厂长,副团级干部;1975年任修理厂场长,正团级干部;1984年任空军驻郑州地区军事代表室总代表(正团);1987年调入航空工程师;1988年授予空军上校军衔;1989年授予空军技术7级,副师级干部;1992年转业到地方工作。

姚梧林

姚梧林,男,1950年8月出生,汉族,中共党员,焦村镇姚家城村人。1957年9月至

1964 年 7 月在李家坪大队学习;1964 年 9 月至 1967 年 7 月在焦村农中学习;1967 年 8 月至 1968 年 1 月在村务农;1968 年 2 月至 1969 年 2 月参加窄口水库修建;1969 年 2 月至 1983 年 3 月任李家坪大队电工;1983 年 4 月至 1991 年 2 月任姚家城村会计;1991 年 3 月至 2020 年 1 月任姚家城村党支部书记。自担任姚家城村党支部书记,带领村委干部、村组长通过多年发展,全村形成了以种植苹果、葡萄、桃等为主的果品支柱产业,其中红提葡萄 650 亩,桃 500 亩,年产值 780 万元。2013 年村投资建成 200 吨冷藏保鲜库 1 座,解决群众果品储存和适时适价销售问题。先后争取资金 1370 多万元,用于基础设施和公共服务设施建设。主要有:建成 360 米深机井 3 眼;扬程 110 米提水站 1 座;铺设管道 9500 米;硬化村主干道 1800 米;硬化田间生产路 6000 米,并建设田间滴水灌溉工程;建设 130 平方米群众文化活动室、2 个篮球场,修缮烈士陵园,新建 2 个凉亭,120 米花架,350 米人行道、安装路灯 70 余盏;建设 300 光伏发电站 1 座;栽植各种景观苗木 8000 棵。落实小区养殖模式,杜绝农户散养家畜现象;大力发展沼气设施,让群众有一个洁净舒适的生活环境。制定村规民约,让群众红白事情有章可循,杜绝铺张浪费现象;每年组织开展评选"好媳妇""好婆婆""文明卫生户"活动;制定卫生保洁长效机制,安排保洁员专门负责村内保洁工作,同时定期开展义务卫生大扫除活动;加强平安建设,落实技防人防措施;成立由村主任牵头的民调服务组织,及时排查、化解群众之间的纠纷,村里连续 12 年没有出现上访事件。姚家城村先后获得了"河南省生态村""三门峡市生态村""三门峡市美丽乡村""三门峡市文明村""三门峡市平安建设先进村""灵宝市五好党支部""灵宝市脱贫攻坚先进村"等 20 多项荣誉,他本人多次获得"灵宝市优秀党支部书记"称号,2018 年焦村镇道德模范评选活动中获得"十佳乡贤"的殊荣,2018 年灵宝市道德模范评选活动中,被评为"市优秀支部书记",2019 年被评为灵宝市优秀支部书记并享受副科级待遇。

张虎民

张虎民,男,生于 1950 年,焦村镇焦村村人,中国党员。1967 年入伍,曾任解放军某部营参谋长,后转业任新疆省塔城地区党委副书记、政协主席。2020 年退休。

翟充民

翟充民,男,汉族,1951 年农历 7 月出生在焦村镇史村。本科学历,中共党员,副军职少将衔。1969 年 2 月入伍,1970 年 1 月入党。1971 年 8 月提干。在总后勤部管理局工作,期间历任战士、班长、助理员、秘书、教导员政治协理员(正团职)、办公室主任(副师职);1993 年任洪学智同志秘书(正师职);2001 年任中国人民解放军军事经济学院副院长(副军职);2003 年授少将军衔;2007 年任总后勤部基建营房部副部长;2009 年退休。

杨建儒

杨建儒,男,1951 年 11 月出生,中共党员,杨家村 6 组人,1958 年至 1968 年就读于东村中小学,高中毕业后回村,1969 年任乡供销社代销员,1947 年,村里进购两台拖拉机,成立了车队,他被任命为车队会计兼驾驶员。1980 年 4 月,任杨家村党支部书记。在任期间,杨家村发生了翻天覆地的变化。由一个名不见经传的小村变化成为远近闻名的香菇示范村,无公害苹果标准化生产示范村,治安模范村,巾帼科技星火技术示范村。在此期间杨建儒带领村干部做了以下事情:1986 年,发动群众积极完成窄口水库主干渠杨家段的倒虹吸工程,硬化渠道 1500 余米;1990 年筹资 12 万元兴建杨家村教学楼一座;1992 年拓宽村里主要交通道路 1300 余米;1995 年,筹资 23 万元为村里打了一眼深度达 200 米的水井,彻底解决了杨家村民吃水难的问题;1995 年村里投资 38 万元,村民集资 16 万元建成了 10 间两层建筑面积 800 多平方米的村部大楼;1997 年又投资 10000 余元为小南村村民埋设主水管道 900 余米,支管道 1500 余米;2007 年下半年,投资 140 万元建成食用菌工厂化栽培项目,实现食用菌工厂化生产;2008 年春投资 280 万元,建成了集农业观光、住宿餐饮、休闲娱乐为一体的万菌苑;2009 年积极争取项目资金投资 270 万元兴建 50 万袋香菇示范园,面积达 40 余亩,建多功能大棚 20 个,年产值将达 4700 万元,利润达 1500 万元,全面投产后可安排劳动力 150 人,促使了村食用菌走上规模化、标准化生产的路子。杨家村先后多年被灵宝市科协命名为“十佳”科技示范村,被三门峡市文化局命名为“特色文化产业村”。他自己先后被评为灵宝市第九至十二届人大代表;三门峡市第五届党代表;河南省食用菌协会理事。2006 年至 2008 年成为三门峡食用菌专家组成员;2009 年被评为河南省劳动模范并出席会议。

2013 年 12 月 7 日,杨建儒在去外地出差的途中不幸遇难,享年 63 岁。

薛英超

薛英超,男,1952 年 10 月出生,焦村镇武家山人。1959 年 9 月至 1972 年 7 月先后在岳渡村小学、武家山村小学、东村小学、灵宝县第一中学读书。1969 年 1 月从应征入伍,在部队先后担任战士、班长、排长等职。1973 年由部队选送,并参加全国统一招生考试,进入天津大学建筑工程系学习,1976 年 7 月毕业。大学毕业后,进入解放军总后勤部建筑工程设计研究院工作。在总后勤部建筑工程设计研究院,先后担任过技术员,工程师、高级工程师、专业主任工程师、军队工程消防验收专家组组长、北京市施工图审查专家委员会委员、审图中心公用设备专家组组长(正师职、文职 2 级、技术 4 级)。

陈灵胜

陈灵胜,1953 年 6 月生,焦村镇乡观村人,汉族,中共党员,高级经济师。河南凌冶(集团)股份有限公司首任董事长兼总经理,中国乡镇企业协会理事。1985 年,陈灵胜从事黄金资源加工生产。1989 年,创办灵宝第一家炼铅厂——南朝炼铅厂。1990 年,被河南省乡镇企业管理局评为一级企业。1992 年,企业管理工作迈上新台阶,被国家农业部评为基础管理工作一级企业、质量管理达标企业。1996 年 1 月,陈灵胜以南朝炼铅厂为骨干,组建了凌冶(集团)有限责任公司。1997 年,企业被国家农业部批准为全国性乡镇企业集团;同时,经河南省体改委和工商局批准,正式成立了河南凌冶(集团)股份有限公司。同年,陈灵胜荣获全国乡镇企业优秀厂长(经理)称号。经过 11 年的发展,至 2000 年底,由陈灵胜一手创办的河南凌冶(集团)股份有限公司,已发展成为一个注册资金 5185 万元,员工 400 余人,年可生产电解铅 6000 吨、粗铜 3000 吨,总资产 9000 万元,年产值 5000 万元,年利税 400 万元,并拥有 5 个经济实体、5 个控股子公司的省级百强企业集团。

张学军

张学军,男,1955 年 2 月生,汉族,焦村镇万渡村人,大学文化。1974 年 6 月参加工作,1984 年 6 月加入中国共产党。1974 年 6 月至 1978 年 5 月,在灵宝县焦村乡供销社门市部工作;1978 年 6 月至 1980 年 7 月,在洛阳林校上学,曾任学校团委组织委员;1980 年 8 月至 1983 年 1 月,在洛阳林校任教;1983 年 2 月至 1985 年 5 月,在灵宝县阳平乡工作,历任乡政府秘书、党委秘书;1985 年 6 月至 2000 年 3 月,在灵宝县(市)委组织部工作,先后任副科级干事、组织员,副部长兼知工办主任;2000 年 4 月至 2001 年 11 月,在朱阳镇工作,任党委书记;2001 年 12 月至 2006 年 5 月,任灵宝市窄口灌区管理局局长(副县级)、党委副书记;2006 年 6 月任灵宝市人大常委会党组成员;2006 年 7 月至 2012 年 4 月任灵宝市人大常委会副主任、党组成员;2012 年 4 月离任。

张长有

张长有,男,汉族,生于 1955 年 4 月 7 日,焦村镇焦村村人。1986 年 7 月 1 日加入中国共产党,1993 年担任集团公司董事长至今。历任灵宝市第九届、十届、十一届、十二届、十三届、十四届人大代表,三门峡第四届、第五届人大代表。现任灵宝市长青产业集团公司董事长。1984 年成立了灵宝县第一家民营建筑公司(焦村乡建筑建材工程公司),同年 10 月,张长有被灵宝县委、县政府授予"首批十大致富万元户"称号,常务副县长李兴民为其颁发荣誉证书、锦旗,并披红挂花,牵马游街,在当时引起极大社会反响与轰动。1985 年 2 月评为洛阳地区致富带头人。1996 年张长有任灵宝市鹏程建筑安装有限责任公司焦建分公司经理。2000 年至 2005 年先后成立灵宝市鸿苑置业有限责任公司、灵宝市长青园林绿化有限责任公司、娘娘山旅游有限责任公司。2005 年并购灵宝市金城市政建设工程有限责任公司和收购灵宝市鹏程建筑安装有限责任公司。2008 年收购灵宝天力混凝土有限责任公司。2015 年灵宝市娘娘山景区获得国家 4A 景区。2017 年成立宏远物业服务有限公司。后统称为长青产业集团公司。公司在张长有的带领下,获得过河南省质量、安全、招标先进企业;三门峡市优秀民营企业、诚信民营企业、AAA 信用企业,国家 ISO9001 质量认证体系;鹏程公司、市政公司连续十多年被评为河南省"先进招投标企业""先进施工企业""质量管理先进企业""安全生产管理先进企业";娘娘山旅游公司连年被评为省、市先进、优秀旅游景区。公司董事长张长有先后被评为河南省"先进旅游工作者",三门峡市、灵宝市"民营企业家"、灵宝市"十大环保人物",2008 年荣获三门峡市、灵宝市"劳动模范"称号。

李当斌

李当斌,男,汉族,1955 年 12 月出生,焦村镇罗家村人,中共党员。毕业于河南大学体育系。曾在国防科工委 823 部队学校工作,被国防科工委授予优秀工作者。1980 年调入河南林业职业学院工作至退休。曾担任教研室主任,高级讲师。曾担任学校办公室副主任、校长助理、副校长、校长、党委书记。曾被国家林业部授予教育先进工作者,被河南省政府授予劳动模范。

李当岐

李当岐,男,1955 年生,焦村镇张家山村人。清华大学美术学院教授,博士生导师,享受国务院特殊津贴。清华大学学术委员会副主任。中国美术家协会理事。1982 年 1 月毕业于中央工艺美术学院染织美术系；1986 年受国家教委派遣留学日本东京艺术大学；1985 年至 1999 年历任中央工艺美术学院服装艺术设计系副主任、染织服装艺术设计系副主任、基础部副主任；1999 年至 2011 年历任清华大学美术学院副院长、常务副院长、院长、党委书记；2005 年至 2012 年担任清华大学学位委员会艺术学分委员会主席；2010 年至 2012 年担任清华大学学位委员会副主席；2011 年至 2016 年兼任中国服装设计师协会第七届理事会主席；2008 年至 2017 年兼任中国美术家协会服装设计艺术委员会主任。编写的本科教材《服装学概论》被教育部列为"十一五""十二五"国家级规划教材，于 2005 年获北京市教育教学成果一等奖和国家级教学成果二等奖；本科教材《西洋服装史》被教育部列为"十五""十一五""十二五"国家级规划教材，2007 年获北京市高等教育精品教材，2009 年获北京市教育教学成果二等奖。另外，2000 年以来出版《17—20 世纪欧洲时装版画》《从灵感到贸易——时装设计与品牌运作》《世界民俗衣装》《西服文化》等学术著作。先后在《装饰》等核心期刊和专业报刊上发表论文和评论文章 200 余篇。

魏增亮

魏增亮，男，1956 年 2 月生，焦村镇巴娄村人。1978 年考入焦作矿业学院，1983 年焦作矿院毕业分到义马煤业集团石壕矿工作历任科长，总工，矿长。1997 年 11 月调任常村煤矿矿长，2000 年 12 月调任义煤安监局副局长，2002 年 6 月调任新安矿矿长，2003 年 9 月提任义煤副总经理主抓销售，2013 年调任河南能源化工集团副总经理。2016 年 6 月退休。

朱育生

朱育生，男，1956 年 8 月生，汉族，焦村镇南上村人。1974 年 4 月参加工作，先后毕业于洛阳师院化学专业、中央党校经济管理专业本科班、陕西师范大学研究生班，经济师、工程师。1985 年 4 月加入中国共产党。1974 年 4 月至 1982 年 7 月在灵宝九中任教；1982 年 7 月至 1984 年 7 月在洛阳师院学习；1984 年 7 月至 1988 年 4 月任灵宝市政府办公室科员；1988 年 4 月至 1994 年 3 月先后任故县镇副镇长、副书记、镇长、党委书记兼镇长；1994 年 3 月任灵宝市政府党组成员、办公室主任，同时兼任故县镇党委书记至 1994 年 12 月；1996 年 12 月任灵宝市委常委、市委办公室主任；2000 年 2 月任中共灵宝市委副书记。任职期间,先后在省、三门峡市级刊物发表文章20余篇,其中《灵宝市重点工作"月督查考评法"的做法和启示》发表于中办秘书局主办的《秘书工作》(2000年第4期),并在北京举办的第五届中国新世纪精萃文集代表作研讨会上被评为一等奖;《做好旅游开发大文章,创建中国优秀旅游城市》荣获"第三届重庆长江三峡学术交流研讨会"论文一等奖,入编《中华新纪元文典》。

李英超

李英超,男,生于1957年,焦村镇焦村村人,中共党员,本科学历。1981年参加工作,先后就职于洛阳地区供销社、洛阳市财政局。曾任洛阳财政局农业财务科科长、信托公司书记、国有资产经营公司经理、财税检查局局长、调研员(正处级)等职。2017年退休。

许立群

许立群,1958年6月25生,焦村镇辛庄村人。本科学历,高级工程师,历任焦作矿务局李封水泥厂副厂长(副处级),焦作建兴水泥集团总经理(正处级)。焦作筑王水泥总经理,焦作千业水泥总经理,大方永贵建材有限公司总经理,河南能源化工建设集团副总经理,焦作市第六届人大代表,河南省第四届水泥协会副会长,贵州省第六届水泥协会副会长,贵州省第一届建材协会副会长。曾获得河南省科技进步一等奖一次,三等奖两次,中国建材集团优秀党务工作者,"优秀党员"光荣称号。

许淑霞

许淑霞,女,汉族,1959年2月出生,焦村镇常卯村人。中共党员,大学本科,1981年9月参加工作。1981年9月至1982年10月,在河南省五零二粮库工作;1982年10月至1984年7月,在灵宝县粮食局工作,任局团委书记;1984年7月至1993年5月,任灵宝县妇联会副主任(其间,1985年9月至1987年7月,在省委党校妇联干部培训班学习);1993年5月至1996年7月,任灵宝市财委党组成员、副主任(其间,1993年8月至1995年12月,在中央党校函授学院经济管理专业学习);1996年7月至2007年8月,任灵宝市妇联主席、党组书记;2007年8月至2012年11月,任灵宝市科学技术局局长、党组书记。许淑霞先后在灵宝市妇联会工作长达20年,特别是1996年7月至2007年8月任市妇联会主席期间,团结带领全市各级妇联组织,紧紧围绕市委、市政府重大战略部署,结合妇女工作实际,正确履行职责,积极开展工作。组织引导全市广大妇女发扬“四自”“四有”精神，深入开展“双学双比”“巾帼建功”和“五好文明家庭”三大主题活动，不断加强对妇女的宣传教育，着力提高妇女整体素质，切实维护妇女儿童合法权益，认真制定、强力实施妇女儿童发展规划，努力开创灵宝妇女工作新局面，推动灵宝妇女事业实现新发展。其本人多次受到各级党委、政府和妇联组织的表彰奖励。2000 年，被省妇联会授予“全省巾帼建功标兵”“三八红旗手”；2001 年，被三门峡市妇女儿童工作委员会授予“实施‘两个规划’工作先进个人”；被三门峡市委宣传部、市妇联会、人事局等单位授予“十大杰出女性”；2008 年被省妇联会授予“优秀妇联干部”“三八红旗手”，并被三门峡市委、灵宝市委授予“优秀共产党员”称号；2013 年 1 月，被人力资源和社会保障部、科技部授予“全国科技管理系统先进工作者”光荣称号。

武移风

武移风，男，1959 年生，汉族，焦村镇巴娄村人。1985 年毕业于上海同济大学道路与交通工程系，硕士研究生并获硕士学位。同年在山西交通科学研究所工作，任课题组组长、科研所副总工程师；1995 年到山西省高速公路管理局工作，现任山西省高速公路管理局总工程师、教授级高级工程师、行政级别正处级，中国共产党党员，局党委委员。获省部级科技进步一等奖 2 项，二等奖 4 项，三等奖 5 项。荣获山西省科技工作者、优秀科技管理者荣誉称号，获专利 2 项。参与五项高速公路建设，提出高速公路边坡锚喷技术、桥梁伸缩缝施工技术、沥青路面铺筑技术等。现为交通部设计专家库专家，山西省科技部评审专家，省重点工程项目库专家等。现在山西省高速公路管理局负责技术、工程、安全和高速公路养护工作。

冯淑凤

冯淑凤，女，1960 年 8 月生，焦村镇杨家村人，中共党员，高中文化程度。曾任焦村镇杨家村妇女代表委员会主任。1981 年，冯淑凤 21 岁时进入村领导班子。26 年来，冯淑凤结合农村实际，认真落实党的路线、方针、政策，凭着一颗朴实善良的责任心，组织全村妇女学技术、学文化，使杨家村妇女工作、计生工作一直走在全镇和全市前列。近年来，在村“两委”的支持下，冯淑凤带领全村妇女坚持走生态农业发展之路，她多次外出联系树苗，帮助农户搞栽植规划，使全村新发展果树面积 60 公顷，同时冯淑凤积极聘请果树专家每年举办培训班 8 次以上，并组织成立了村“三八修剪队”“套袋专业队”等妇女服务队，经常活跃在田间地头。为让群众尽快富起来，冯淑凤在杨家村带头发展食用菌生产,并坚持走"基地+农户+市场"模式之路,组织妇女到西峡、泌阳学习技术。在冯淑凤的示范带动下,全村85%的妇女都投入到食用菌生产行列,全村年栽植食用菌100万袋左右,仅此项人均增收1600元。食用菌生产逐步成为杨家村的支柱产业,杨家村也成为豫西食用菌生产专业村。同时,冯淑凤还成功培育出"灵仙1号""灵仙玉针""灵仙白玉""杏鲍菇"和"灵仙黑丰"等新品种及灵芝盆景50余个花型。此外,冯淑凤还关心全村妇女的整体发展,她自己先后出资3万余元,帮助27名妇女搭建大棚,发展食用菌,走上了致富路。冯淑凤关心妇女生活,她走村串户耐心细致化解家庭矛盾,先后解决家庭纠纷18起,为促进农村和谐做出了贡献。冯淑凤热爱群众文化生活,组织妇女群众在每年的农历大年初一、元宵节举办文艺晚会、社火表演和灯展,其节目丰富多彩,并多次代表焦村镇参加市里表演,被誉为灵宝社火第一村。冯淑凤积极组织农村妇女开展文明户、好媳妇、好婆婆、"五好文明家庭"等文明竞赛评比活动,杨家村从未发生信访问题,全村呈现出家庭和睦、经济发展、生活和谐的新局面。冯淑凤扎根农村,立足本质,无私奉献,赢得了全体村民的一致好评,多次受到上级表彰。2008年1月,全国妇联授予冯淑凤全国妇女"双学双比"活动女能手荣誉称号。2013年12月7日,在外地出差的旅途中不幸遇难,享年53岁。

赵根尚

赵根尚,男,汉族,1962年4月出生,焦村镇东仓村人。主任医师,教授,硕士研究生导师,郑州大学教学督导。郑州大学第二附属医院外科党总支书记。中国医师学会心脏大血管病专业委员会委员,河南省心血管外科医师协会副会长,河南省激光医学会副主任委员,留美学者。从事心血管疾病基础及临床教学工作三十余年,1999年在河南省率先开展激光心肌血运重建治疗冠心病的系列研究,擅长先心病外科治疗,心脏瓣膜病和冠心病的外科治疗,先天性心脏病介入治疗,大血管的介入治疗,肺动脉高压的诊疗。近年发表学术论文50余篇,主编学术专著5部,主持省级科研项目6项,获得省级科技进步奖3项。参加卫生部12.5瓣膜疾病攻关项目。主持河南省豫西地区心血管疾病相关因素调查及干预措施的探讨研究。近年来,对国民健康教育及健康管理有深入研究。2017年被评为感动天鹅城十大年度人物,2018年被评为灵宝市焦村镇乡贤,2019年被评为灵宝市乡贤。多次被评为郑州大学优秀党员,郑州大学三育人先进个人,郑州市医德医风标兵,郑州市下乡义诊先进个人,河南省医德医风先进个人。

刘泽民

刘泽民,男,1962 年 9 月生,焦村镇塔底村人,中共党员。1969 年 9 月至 1975 年 7 月在焦村乡塔底小学就读;1975 年 9 月至 1977 年 7 月在焦村乡万度初中就读,任班级学习委员;1977 年 9 月至 1979 年 7 月在焦村乡万渡高中就读,任学校团总支副书记;1979 年 9 月至 1980 年 7 月在焦村高中(灵宝九中)就读;1980 年 9 月至 1984 年 7 月在郑州大学化学系学习,任学校团总支委员。1984 年 7 月至 1992 年 3 月在豫西农业专科学校任教,职称助教、讲师;1992 年 3 月至 2002 年 8 月在洛阳农业高等专科学校任教,职称讲师、副教授(其间,1991 年 9 月至 1993 年 8 月在华中师范大学有机化学研究生班在职学习);2002 年 8 月至 2017 年 1 月在河南科技大学化工与制药学院任教,职称一级副教授,任学院工会主席。

张旭升

张旭升,男,生于 1962 年 1 月 14 日,焦村镇焦村村人,1978 年入伍,1985 年从部队考入南京美术学院,1988 年毕业。回原部队股役,2002 年晋升为团级干部。2006 年转业后调至南京市委统战部任办公室主任至今。副处级干部。

孙觅博

孙觅博,曾用名孙海波,1962 年出生于焦村镇东村。1983 年 7 月毕业于郑州工学院水利系,并获得学士学位,2001 年 3 月武汉大学水利水电工程专业研究生班结业。教授级高级工程师,水利部专家库成员,河南省水利优秀专家,河南省水利学会首席专家,河南省水利学会水利工程质量管理专业委员会主任委员。1983 年 7 月起,在河南省陆浑灌区洛阳地区工程指挥部参加工作;1984 年 12 月至 2004 年 8 月,历任河南省陆浑水库灌溉工程管理局工程师、高级工程师,副科长、科长、副书记、副局长、法人代表主持行政工作;2004 年 8 月至今,任河南省水利水电工程建设质量监测监督站站长、副书记、教授级高级工程师。主持、参加的“碳纤维布(CFRP)加固钢筋钢纤维混凝土梁的实验研究”等 3 项科研项目荣获河南省科学技术进步奖、8 项荣获河南省水利科学技术进步一等奖。先后在《人民黄河》等核心期刊发表了《谈我省水利工程建设质量监督与管理》等论文 8 篇。主持起草了《水利工程质量监督规程》(DB41/T 1297—2016)等 6 部河南省地方技术标准。主持质量监督的国家重点项目燕山水库工程、河口村水库工程均荣获中国水利工程优质(大禹)奖和中国建设工程鲁班奖(国家优质工程),监督的多项工程荣获河南省建设工程“中州杯”。先后被授予“全国水利技术监督工作先进个人”“河南省重点项目建设先进工作者”等多项省部级荣誉。

骆育峰

骆育峰,男,1963 年 5 月 17 日生,焦村镇杨家村人,中共党员,本科文化。1981 年 7 月毕业于焦村九中;1981 年 9 月至 1984 年 7 月在豫西师范学习;1984 年 9 月至 1985 年 11 月在义马市千秋镇二十铺学校任教;1985 年 12 月至 1990 年 7 月任义马市财政局办公室主任;1990 年 8 月至 1992 年 7 月在义马市纪检委工作,副局级检查员,检查室主任;1992 年 8 月至 1994 年 7 月任义马市常村乡党委委员、乡人大副主席;1994 年 8 月至 1995 年 3 月任义马市乡镇管理委员会副主席;1995 年 4 月至 1995 年 11 月任义马市常村乡党委副书记、副乡长;1995 年 11 月任义马市千秋镇党委书记;1997 年 1 月兼任义马市千秋镇人大主席,连续两次被三门峡市委、市政府授予“有突出贡献的乡科级领导干部”称号,并记大功两次;2008 年至 2015 年任渑池县宣传部部长;2016 年任陕县县长。

李庆宇

李庆宇,生于 1963 年 5 月,焦村镇焦村村人,汉族,党员,大学学历,1982 年 10 月参加工作。曾任三门峡市、焦作市国税局办公室主任、纪检组长、副局长等职。2009 年 9 月任平顶山市国税局副局长、党委书记、局长。平顶山市第十届、第十一届人大代表,兼预算监督委员会副主任委员。

郭亚娟

郭亚娟,女,汉族,焦村镇巴娄村人,1963 年 10 月出生,大学文化,中共党员,农经师,1983 年 7 月参加工作,1983 年 4 月加入中国共产党,现任三门峡市科协党组书记、副主席。1980 年 9 月至 1983 年 7 月豫西农专学生;1983 年 7 月至 1986 年 10 月先后在卢氏县范里乡、卢氏县团县委、卢氏县档案局工作;1986 年 10 月至 1998 年 5 月任三门峡市农委工作,先后任办公室副主任、帮代办主任;1998 年 5 月至 2001 年 12 月任三门峡市农委总农艺师、党组成员;2001 年 12 月至 2010 年 1 月任三门峡市妇女联合会副主席、党组成员;2010 年 1 月至 2010 年 7 月任三门峡市农业局副局长、党组成员;2010 年 7 月至 2011 年 10 月任三门峡市农业局副局长、党组成员,三门峡市农业科学研究院党支部书记;2011 年

10 月至 2012 年 3 月任三门峡市农业局副局长(正县级)、党组成员,三门峡市农业科学研究院党支部书记;2012 年 3 月任三门峡市科协党组书记、副主席。

刘玉芳

刘玉芳,男,1963 年 11 月生,焦村镇滑底村人,博士,教授,博士生导师,现任河南师范大学副校长。1987 年毕业于河南师范大学物理系,1990 年四川大学获硕士学位,2004 年大连理工大学获博士学位。

严月旺

严月旺,男,汉族,1963 年 12 月 6 日出生,焦村镇坪村人。原宁夏回族自治区武警边防总队后勤部长,副师职,大校军衔。现退休银川市军人休养所。严月旺身为军人,时刻不忘家乡建设,改变家乡落后面貌,六组马家沟是坪村村一个自然村,生产、生活条件差,没有生产主干路,只有生活小道。面对这一问题,村两委及时申请建设道路项目,解决马家沟生产、生活出行问题。2006 年在严月旺的帮助下,通过交通局拨款,我们首先沿铁路边硬化了马家沟至坪村的生活道路,路宽 2.5 米,全长 1000 米。2019 年 10 月又建成生产主干道长 510 米,宽 4 米,改变了马家沟无生产道路历史。

骆雪峰

骆雪峰,男,1964 年 5 月 14 日生,焦村镇杨家村人,中共党员,本科文化。1981 年毕业于灵宝一中;1981 年 9 月至 1983 年 7 月在豫西师范学习;1983 年 8 月至 1984 年 7 月至灵宝市实验小学任教;1984 年 9 月至 1987 年 8 月先后任五亩乡政府秘书、党委委员;1987 年 9 月至 1989 年 7 月在三门峡市委党校大专班进修学习;1989 年 8 月至 1991 年 10 月任五亩乡党委宣传委员、政法委员;1991 年 11 月至 1994 年 11 月,先后任灵宝市第九届人大常委会委员、七届灵宝市委候补委员;1994 年 12 月至 2005 年先后任阳平镇党委副书记、人大主席、镇长,朱阳镇党委书记;2006 年先后任三门峡市信访局局长、群众工作部部长。2019 年 1 月,任三门峡市林业局局长。

王树茂

王树茂,男,汉族,1964 年 5 月生,焦村镇坪村人,大学学历,法律硕士,中共党员。现任河南省高级人民法院副院长、党组成员、审判委员会委员。2014 年春 ,村两委申请硬化主干道项目,进村主干道是90年代修建的,路面已是老化,坑坑洼洼,严重影响村民出行和经济发展,针对这一问题,村两委及时召开党员村民代表大会一致通过。多方筹资硬化进村主干道,项目立项,资金短缺,王树茂听说后,就利用闲时,跑有关单位帮助解决资金缺口问题。2015年7月硬化道路项目顺利实施,接着又安装了路灯实施了亮化工程。

赵金艺

赵金艺,男,1965年4月1日生,焦村镇东仓村人,中共党员,本科学历。1983年10月在武汉军区第36分部汽车55团服兵役;1985年8月至1988年8月在武汉军区军医学校学习;1988年9月至1990年9月在武汉军区后勤部第二后方基地门诊部工作;1990年10月调入解放军第370医院普外科任住院医师;1995年晋升主治医师;2004年370医院与477医院合并,2007年晋升副主任医师;2008年10月至今任解放军第477医院第一门诊部主任。技术6级(正师级),从业来,共发表医学论文20余篇,获中国人民解放军医疗成果三等奖两项、基地医疗成果奖一项、2055年荣获三等功一次、2013年获集体三等功一次。

赵玉刚

赵玉刚,男。1965年10月生,焦村镇东仓村人,中共党员,硕士研究生学历、高级经济师。1987年7月任河南省三门峡市邮电局报刊发行会计、发投科优化办检查员;1992年10月至1998年10月先后任河南省三门峡市邮电局政科检查员、副科长、邮政科科长、调度室主任;1998年11月至1999年12月任河南省三门峡市邮政局副局长、工会主席、工委主任;2000年1月至6月任河南省三门峡市邮政局副局长、党委书记(主持工作);2000年7月至2003年5月任三门峡市邮政局局长、党委书记;2003年6月至2006年11月任国家邮政局国际合作司副司长;2006年12月至2013年11月任中国邮政集团公司国际合作部副总经理;2013年12月至2015年12月任中共九江市委常委、九江市人民政府副市长、党组成员;2014年12月至2016年2月任中国邮政集团公司机关事务部总经理;2016年3月至今任中国邮政集团公司市场协同部总经理。

姚淑芳

姚淑芳,女,1966年生,焦村镇焦村村人。主任医师,三门峡市中心医院/脑病医院神经内科主任,三门峡市脑卒中防治中心副主任。专业方向:脑血管病(脑卒中)防治及神经康复。兼任中国心胸麻醉学会脑与血管分会委员,中国医药教育协会眩晕专业委员会委员,河南省脑卒中学会常务理事,河南省医学会脑卒中分会委员,河南省神经介入学组委员,河南省医师协会神经变性疾病学组委员,三门峡市脑卒中防控专家委员会主任委员,三门峡市医学会脑卒中专业委员会主任委员,三门峡市医学会神经内科专业委员会副主任委员,三门峡市医师协会神经内科专业委员会副主任委员。从事神经内科临床、教学工作26年,具有扎实的理论知识和丰富的临床经验,擅长各种类型的脑血管病,如各种脑梗死、短暂性脑缺血发作、脑出血、血管性痴呆等的诊治;偏瘫、失语、吞咽障碍的康复治疗。对痴呆、头痛、眩晕、帕金森病的诊治具有丰富的临床经验。曾在华西医科大学神经内科、中国康复研究中心附属博爱医院(北京)、北京宣武医院、天坛医院等进修、学习。主持了微创颅内血肿清除术、脑血管病急性期康复、脑超声溶栓治疗急性脑梗死、经皮超声消融治疗颈动脉粥样硬化斑块等多项工作,参与了脑血管病的介入诊断和治疗工作。于核心、国家级及省级等医学期刊发表专业论文20余篇。

张志强

张志强,男,汉族,中共党员,1967年12月生,三门峡市人大代表,灵宝市政协委员,焦村镇西常册村人。1990年10月至1996年8月,在灵宝市焦村镇企业委工作;1996年9月至2002年6月在灵宝黄河林场工作,担任副厂长职务;2002年7月至2010年8月经商;2010年9月至2011年12月在焦村镇西常册村大洋贸易有限责任公司工作,担任总经理职务;2012年1月至2014年9月成立灵宝市鑫联菌业有限责任公司,任总经理;2014年10月至2018年3月,被选为灵宝市焦村镇西常册村村委主任;2018年4月至今,被选为灵宝市西常册村支部书记。历年获得荣誉称号有2017年河南省食用菌行业先进个人;2019年1月被中共灵宝市委、灵宝市人民政府评为优秀村支部书记;2019年4月被中共河南省委、河南省人民政府授予河南省劳动模范;2019年12月被三门峡市总工会、三门峡市扶贫开发办公室命名为门峡市劳模助力脱贫攻坚“五大领军人物”;2020年9月被三门峡市精神文明建设指导委员会评为好支书。自担任支部书记以来,带领西常册村广大干群同心同德、真抓实干,西常册村取得了翻天覆地的变化,该村先后被评为:“全国综合减灾(安全)示范村”“河南省乡村旅游特色村”“河南省级生态示范村”“河南省森林乡村示范村”“河南省美丽庭院示范村”“河南省妇联四组一队示范村”“河南省巧媳妇创业就业工程示范基地”“三门峡市级美丽乡村精品村”“三门峡市级党建示范点”“三门峡市级文明村””“三门峡市四美乡村示范村”“灵宝市集体产权制度改革先进村”等荣誉称号。自2018年“三变”改革工作开展以来,他敢为人先,积极行动,在全镇率先完成改革任务,西常册村集体经济收入由原来的每年不足2000元到目前的每年100余万元,西常册村已成为灵宝乃至三门峡一个名副其实的明星村。

姚金波

姚金波,男,生于1968年,焦村镇焦村村人,1990年毕业于陕西财经学院,同年参加工作,1994年加入中国共产党,曾任青海省纪检委第四巡视组副处级、正处级巡视员,现任青海省纪委、省监委驻政协机关纪检监察副组长。

王海云

王海云,女,汉族,1969年1月出生,焦村镇坪村村人,2003年11月加入中国民主促进会,1990年8月参加工作,华中师范大学数学专业毕业,大学本科学历。现任河南省司法厅副厅长。1986年9月至1990年8月在华中师范大学数学系数学专业学习;1990年8月至1992年5月在河南省郑州四十二中任教;1992年5月至2002年6月在河南省郑州二中先后任教师、教务处负责人、年级组长;2002年6月至2007年12月任河南省郑州市教育局副局长;2007年12月至2008年10月任河南省郑州市新闻出版局副局长;2008年10月至2018年12月任河南省人民政府法制办公室副主任;2018年12月至今任河南省司法厅副厅长。

姚金柯

姚金柯,男,1969年生,焦村镇焦村村人。1993年毕业于西安冶金建筑学院,同年就职于中国建筑科学研究院建筑机械化研究分院。2011年任职研究员,2014年担任分院技术中心副主任。2020年就职北京建筑机械化研究院有限公司,任职创新研究院研发部部长。曾参与或主持多项国家及省部级科研项目,主编参编多项国家或行业标准,获得专利20多项。

王海学

王海学,男,汉族,1971年出生,焦村镇坪村村人,在职博士,主任药师。1989年9月至1992年7月在河南大学药学系学习。1995年9月至1998年7月任郑州大学医学院药理学硕士。1999 年 9 月至 2002 年 7 月任复旦大学医学院药理学博士。2002 年 8 月至 2004 年 7 月任加州大学旧金山分校药理学博士后。

何慧丽

何慧丽,女,1971 年 12 月生,焦村镇罗家村人,中国农业大学人文与发展学院社会学与人类学教授,硕导兼博导,中国农业大学农民问题研究所常务副所长、第十届中国社会学学会理事。曾于 2007 年获得北京大学社会学专业博士学位,当代三农问题研究者、乡村振兴实践者、从事乡村建设的知识分子代表之一。2013 年创始成立了豫西三门峡市首个乡村书院——弘农书院,培养以农村返乡青年为主的“弘农人”团队,服务于以村社为载体、以合作社为组织的综合性建设。2014 年至 2015 年,帮助罗家村开展综合性村庄建设的经济、文化、生态事业工作,主要作用是提供各种“请进来、走出去”的教育培训机会;对于罗家村的生态建设、文化建设、经济建设进行协助。2017 年,其团队帮助成立了巴娄的阜祺合作社、贝子原村的春雨合作社、西仓村的大道合作社、万渡村的太灵合作社、南上村的民生合作社。荣获 2008 年北京市教育教学成果(高等教育)一等奖,2009 年“十大农村治理创新人物”,2010 年获国家级农村社会学精品课程,2011 年“秀山特产杯”,2010 中国合作经济“年度十大人物奖”,2012 年河南省魅力女性“翡翠奖”十大人物,2012 年中国农业大学教学成果奖二等奖,2015 年中国农业大学社会服务突出贡献奖,2019 年“灵宝乡贤”等荣誉。

李雅玮

李雅玮,女,1974 年 5 月生,焦村镇乔沟村人,汉族,初中文化,共青团员,小学民办教师。1991 年 7 月,李雅玮从焦村一中毕业后,回到焦村镇乔沟村巨兴小学当上一名民办教师,与 12 个活泼可爱的孩子,在两间大集体时代留下的破旧仓库里开始了她的教学生涯。1992 年 8 月,巨兴小学并入乔沟小学,李雅玮担任五年级班主任。仅有一年教龄的李雅玮,勇敢地挑起了这副重担。备课、辅导、改作业、搞家访,凭着一腔真诚和勤奋,李雅玮把毕业班带得有声有色。班里有两名学生的作文入选《青年日记》,并分获一、二等奖。这一年,李雅玮被焦村镇评为优秀教师。1992 年 12 月,李雅玮因病住进了医院,当她偷看了护士的诊疗记录,得知自己身患白血病后,大哭了一场。哭过之后,李雅玮便振作精神,与病魔展开了顽强抗争。1993 年 7 月,李雅玮出院回到学校,拖着重病的身体,重新走上了讲台。李雅玮一如既往地工作,完全忘记了自己是一个身患绝症的病人。在课堂上,李雅玮认真地讲、仔细地写,不愿因为疾病而耽搁孩子们的课程。1996 年正月十七日下午二时,李雅玮这个不满二十二周岁的辛勤的园丁孤单地走了。李雅玮留下的 100 多页遗作中,一篇题为《如果有来生》的文稿,感人肺腑,催人泪下。文中写道:"如果轮回是真的,来生我一定毫不犹豫地选择教师这份职业,与孩子们共舞美好人生。"

1996 年 12 月 1 日,中共灵宝市委宣传部、共青团灵宝市委、灵宝市妇女联合会联合发出《关于在全市开展向李雅玮学习的决定》。1997 年 8 月 2 日,由中央电视台、河南省委宣传部、三门峡市委宣传部、焦村镇党委联合摄制的四集电视连续剧《如果有来生》,在灵宝市焦村镇乔沟村李雅玮的墓地前正式开拍。同年,10 月下旬和 12 月下旬该剧分别在河南电视台和中央电视台播出,引起了强烈的社会反响。

李江峰

李江峰,男,汉族,1974 年生,焦村镇焦村村人,1993 年至 1996 年在河南公安专科学校侦察系学习。1996 年至 2018 年,先后任省公安厅科长,支队长。2019 年任济源局政委。2020 年任省公安厅二处处长。

陈　琦

陈琦,男,焦村镇西常册村人。主任医师、教授、医学硕士、硕士生导师,主要从事小儿肿瘤与小儿肛肠疾病的诊治和研究工作。任外科主任及小儿普外科主任。兼任河南省医师协会外科医师分会常务委员、河南省第四届小儿外科学会副主任委员,第五、六届常委、郑州市小儿外科学会副主任委员、郑州营养学会第一届妇幼营养专业委员会副主任委员、河南省新生儿重症救护网络专家委员会委员、河南省抗癌协会小儿肿瘤专业委员会委员、河南省新生儿重症救护专家委员会委员等职。曾获 2005 年度郑州大学优秀党员;2006 年郑州大学第三附属医院(在"保持共产党员先进性教育活动"和"医院管理年"中)被评为先进个人;2011 年至 2012 年度郑州大学第三附属医院"创先争优"活动中,被评为优秀共产党员等荣誉称号。

冯启高

冯启高,男,焦村镇滑底村人。机械工程学科教授,留日学者。曾宪梓教育基金会全国优秀教师奖获得者,河南省优秀教师,河南省教育厅学术技术带头人,"新乡市文明教师标兵"。主讲《工程力学》课程为河南省优秀课程，主持的《机械类专业人才培养计划及主干课程教学内容和课程体系的改革与实践》《高等教育大众化趋势下地方本科教学质量保证体系研究与实践》《实行"双证书"制，培养机电类专业一体化职教师资研究与实践》等教育教学改革项目分获河南省教学成果一等奖和二等奖；作为主要完成人完成的《双岗实习：职教师资双技能培养新模式》《高等职业技术师范教育专业人才培养及主干课程教学内容计划和课程体系改革与实践》等教育教学改革项目分获国家级教育教学改革成果二等奖和河南省教学成果特等奖。作为主要参加人，完成国家科技攻关项目一项。近几年，发表研究论文20余篇。主持并通过省科技厅鉴定成果2项，主编《工程力学》等教材2部。

孙高芳

孙高芳，性别，男，民族，汉族，焦村镇人，本科学历。1984年10月入伍，1987年6月入党。入伍期间，先后任战士、班长、文书兼军械员、区队长、排长、指导员、教导员、通信站站长、武装部长等职务。2009年1月转业至今在郑州市人大监察司法委工作。

焦村镇在外工作人员一览表

表23-1

姓名	性别	职务	工作单位	备注
焦村行政村				
张高峰	男	军长	北京国防大学	
李江峰	男	科长	河南省安全厅	
李建民	男	副院长	四川西南设计院	退休
李应超	男	主任	河南省洛阳市经贸委	退休
张虎民	男	专员	新疆塔城地区行署	退休
李庆育	男		河南省焦作市国税局	
张世波	男	行长	三门峡中行	
张飞虎	男	顾问	灵宝市国土资源委员会	
张孝伟	男	正厅级	新疆巴音郭楞蒙古族自治州政协主席	
张松龄	男		塔城军分区	退休

续表23-1

姓名	性别	职务	工作单位	备注
张榜云	男	书记	洛阳矿山机械厂分厂	退休
王岚霞	女	主任	宁夏民族大学	
张发固	男	局长	灵宝农机局	已故
张昆士	男	主任	义马市政府	
张焕良	男	副部长	灵宝市委宣传部	已故
张卫超	男	工程师	灵宝市住建局	
李庆民	男	副教授	郑州航空工业管理学院	退休
李庆煜	男	局长	平顶山税务稽查局	
李英戈	男	教授	天津市高校	
姚金普	男	总工程师	灵宝黄河河务局	
姚伴科	男	局长	新乡物价局	退休
李超民	男	院长	灵宝市第一人民医院	退休
李竹雪	女	教授	中央人民广播电台	退休
张曼珊	男	局长	灵宝市水利局	退休
张新革	男	常委	灵宝市纪委	
东村行政村				
杜文会	男	助研	北京中国科学院半导体研究所	
屈文革	男	工程师	北京市利吉利乐科技有限公司	
孙海波	男		河南省水利厅	
杜淑芳	女	科长	河南省洛阳市液化气供应站	
杜永波	男	副所长	河南省耐火材料研究所	
孙润泽	男	教师	台中市西屯区天保街 19 号	
杜青云	男	中校	台中县后里乡仁里村	
杜胜学	男	原行长	三门峡市工商银行	退休
孙宜生	男	副教授	西安美院图画系	退休
邵雪娟	女	会计师	陕西省电影公司	
董世华	男	经商	台湾板桥市三民路二段	已故
杜雪琴	女		北京国防大学第二干休所	

续表23-1

姓名	性别	职务	工作单位	备注
史村行政村				
翟充民	男	少将	北京解放军总后经济管理学院	
翟世兴	男	主任	灵宝市经贸委	退休
翟宽来	男	书记	中原油田	已故
翟增高	男	厂长	洛阳矿山机械厂发电设备厂	正处级
杨家行政村				
杨增民	男	助理调研员	三门峡市政府办公室主任	
骆雪峰	男	副局长	三门峡市信访局	
骆玉峰	男	宣传部长	三门峡市渑池县	
杨祝祥	男	处长	新疆军区后勤部油料处	已故
杨希林	男	主任	新疆伊犁地区建筑设计室	已故
王灵宝	男	正科级干部	三门峡教育电视台	
张增岐	男	主任	洛阳轴承研究所机械工程部	
赵家行政村				
赵田超	男	书记	河南省洛阳市国税局	已故
许天孝	男		日本天一株式会社	
王家村行政村				
张献文	男	办公室主任	河南省新乡市税务局	
张献东	男	副书记	三门峡市直工委	
乡观行政村				
闫换中	男	政委	湖南军区,师级干部	
闫满刚	男	工程师	中国科学院研究员	
闫引霞	女		河南省郑州市粮食局	
闫文勇	男	处长	国家十一工程局、科长	
屈震东	男	将军级	台北县中和市国光街205巷20号	
闫顺录	男	党委书记、场长	河西林场	
屈战风	男	局长	义马地税局	
闫晓革	男	局长	灵宝运输管理局	

续表23-1

姓名	性别	职务	工作单位	备注
张家山行政村				
李当歧	男	院长	北京中央工艺美院基础课系	
张民举	男	局长	河南省洛阳市栾川县农业局	
张恩仕	男	助理调理员	三门峡市民族宗教局	
张增荣	男		台北市内湖巷	
张明哲	男	局长	灵宝县教育局	已故
张豹子	男	局长	义马市商业局	
李丙超	男	局长	陕县税务局	
张新阳	男	副局长	渑池县邮政局	
武家山行政村				
孙社强	男	主任	河南省洛阳银行总行	
赵月刚	男	局长	义马市物价局	退休
赵雨生	男	局长	灵宝市审计局	退休
武东民	男	工程师	北京市陆军学院	
滑底行政村				
刘玉芳	男	副校长	河南师范大学	
冯启高	男	副主任	河南省科技学院	
冯军录	男	副主任	灵宝市人大	退休
冯　华	男		地震局	退休
冯松权	男	纪委书记	建设银行郑州自贸区分行	
刘　实	男	处长	中国铁建电气化集团	
杜亚娟	女	处长	水利部黄河水利委员会水土保持局	
万渡行政村				
任敏录	男	校长	三门峡黄金技校	
蒋瑞斋	男		台北县中和市走城路144巷	
任翻身	男	局长	灵宝电业局	
杨景坤	男	党委委员	灵宝河西林场	

续表23-1

姓名	性别	职务	工作单位	备注
赵灵朵	女			
王项宾	男	局长	卢氏县卫生局	
杨学振	男	主任	三门峡减免办	
陈荣亮	男	总经理	紫金宫国际大酒店	
东仓行政村				
李福胜	男		北京国务院办公室	
赵玉刚	男	副司长	北京国家邮政局	
赵宝俊	男	教授	河南大学历史系	已故
冯亚娟	女	处长	河南省郑州市黄委会	
姚东阳	男	局长	河南省洛阳市伊川县卫生局	退休
赵　武	男		留学澳大利亚新南威尔士大学	博士
罗家行政村				
王向阳	男	总经理	河南省海星科技郑州分公司	
李当彬	男	党委书记	河南科技大学林业职业学院	退休
乔沟行政村				
张雷刚	男		北京市凯恩软件有限公司	
张建刚	男		北京市建工集团设备安装公司	
王　英	男		河南郑州照像机厂财务处	
陈少民	男	财务主任	广州深圳富美家装饰材料公司	
王　强	男	军代表	西安市向阳公司	
李家山行政村				
李国兴	男	副局长	辽宁大连市旅顺口区经济发展局	
李润生	男	原副主任	三门峡市政协提案委	
李俊英	男	副局长	三门峡市国税局	
李建波	男	博士	美国旧金山硅谷	
李天胜	男	局长	灵宝市工商局	退休
李高民	男	局长	灵宝市民政局	退休
李项虎	男	副局长	三门峡湖滨区税务局	退休

续表23-1

姓名	性别	职务	工作单位	备注
李秀峰	男	副局长	三门峡市湖滨区工商局	
马村行政村				
赵榜胜	男	副所长	北京郑常庄306号干休所	正师级
赵登峰	男	教授、硕导	西南科技大学	
塔底行政村				
庞建民	男	科长	山西晋城矿务局	退休
刘荃英	女	副教授	河南省商业高等专科学校图书馆	退休
杨大亮	男	副教授	河南大学	退休
钟彦祥	男	高工	三门峡市十一工程局	退休
刘泽民	男	校长	三门峡财校	
巴娄行政村				
武志远	男	主编	《中国文物报》驻郑	已故
武文峰	男	工程师	山西太原市桥梁工程队	
余广学	男	主任	河南省岩矿测试中心珠宝质检所	
郭赞超	男	科长	河南省郑州市房管所	
郭亚娟	女	副主席	三门峡市科协	
张鹏飞	男		留学加拿大国际贸易专业	
张相如	男	博士	美国伊利诺大学	
张朋怀	男		加拿大多伦多市人寿保险公司	
辛大欣	男	副校长	西安电子计算机学院	
杨亮茹	女	硕士生、教授	郑州财经学院	留学芬兰
郭赞超	男		加拿大多伦多	
魏增辉	男	总经理	河南省黄河印刷有限公司	
武杰风	男	副局长	灵宝市农业局	
武仪风	男	总工程师	山西省高速公路管理局	正处级
魏增亮	男	副总经理	河南能源	
余广增	男	外科主任	灵宝市第一人民医院	
王榜儒	男		广州市民营企业	

续表23-1

姓名	性别	职务	工作单位	备注
王佑民	男	团长	灵宝市蒲剧团	
王高风	男	部长	灵宝市委宣传部	
王亚丽	女		郑州市第四人民医院	
王仁升	男	工程师	中国人民解放军航空部队	副师级
王增博	男		武汉电力学院毕业	
张　磊	男	所长	河南省郑州市二七区马寨派出所	
赵正祥	男	办公室主任	河南省第一监狱	退休
武机智	男	局长	宁夏吴忠市邮电局	
辛庚西	男	高级工程师	西安热功研究所	
廖怀生	男	副局长	灵宝市国土资源局	
贝子原行政村				
杨华云	男	书记	重庆市科委	
陈印科	男		台湾高雄市旗津区北三里99巷10号	
武机智	男	局长	宁夏吴忠市邮电局	
焦林林	女	常务副部长	灵宝市委宣传部	
焦森森	女	主编	三门峡日报社	
杨军民	男	党委书记	中央七级部	
金国增	男	总经理	灵宝县医药公司	退休
西章行政村				
吕春峰	男	处长	河南省农业厅	
张建成	男	副教授	河南省郑州市政法干校	
吕邦增	男	副局长	三门峡市信访局长	退休
吕世峰	男	工程师	武汉地质大学科技总公司	
梁赞社	男	副局长	灵宝市民政局	
吕随民	男	主任	灵宝县教体局体委	退休
吕松子	男	主任	灵宝县科委	退休
王套群	男	宣传部长	平顶山市	退休
吕运周	男	常委委员	灵宝县政府	已故

续表23-1

姓名	性别	职务	工作单位	备注
坪村行政村				
王江波	男		北京国家计生委	
王建新	男	编辑	北京《中国消费者》报社	
王少江	男	助理工程师	北京中国建材研究所	
王斌齐	男	部长	河南省河农大宣传部	
王丰军	男	处长	河南省林业厅	
王海云	女	副厅长	河南省司法厅	
王树茂	男	副院长	河南省高级人民法院	
王建升	男	院长	三门峡市电力设计院	
王普进	男	副主任	三门峡市教委	
王登峰	男	副所长	西安第四军医大学西安二干所	
闫月旺	男	支队长	甘肃省公安厅边防局	
王仁斌	男	团长	新疆军区歌舞团	
王洪彬	男		新疆军区话剧团	
卯屯行政村				
卯建民	男	经济师	北京东大桥农丰里 5 号楼 1-123	退休
梁宽正	男	工程师	辽宁沈阳飞机制造公司	退休
梁寅生	男	书记	河南省洛阳市司法局	退休
梁超旺	男	科长	河南省洛阳市公安局	退休
许勤生	男	院长	河南省鹤壁市法院	
东常册行政村				
李建超	男	工程师	河南省水利厅	
李金波	男	工程师	河南省洛阳市大阳摩托车厂	
吴超英	男	教授	广州建筑技术学院	
李发祥	男	书记	河南省宜阳县委	退休
李增未	男	经理	北京解放军某部建筑工程部	退休
李选旺	男	指导员	解放军新疆某部	退休
李建峰	男	大队长	鹤壁市刑警大队	

续表23-1

姓名	性别	职务	工作单位	备注
周照泽	男	主任	三门峡教研室英语组	
李晓阳	男	工程师	中国石化海洋工程	
李柏林	男	工程师	中铁七局	
李雷森	男	工程师	郑州铝厂	
李培欣	男	讲师	郑州科技学院	
李中波	男	主任	上海药明康德新药开发有限公司	
李少泽	男	工程师	江苏招商重工工程师	
李卫江	男	教授	华东师范大学	
李跃东	男	高级工程师	上海市政工程设计研究院	
李晓辉	男	高级工程师	鹤壁市公安法医	
李转学	女	教授	广州建筑技术学院	
刘佩佩	男	工程师	中国电建公司	
李晓团	男		四川省峨眉市城建局	
西常册行政村				
许燕飞	男		河南省洛阳摩托车厂	
李霆云	男		河南省洛阳摩托车厂	
李运成	男	原副主任	河南省洛阳市科委	
李效民	男	局长	灵宝市档案局	退休
秦村行政村				
刘少民	男	教授	北京市清华大学	退休
庞东辉	男		内蒙古天坤有限公司	
刘鸿义	男	处长	云南省国家安全局	已故
刘民超	男	办公室主任	河南省林业厅	
刘森昌	男	副厅长	新疆乌鲁木齐公安厅	已故
赵民祥	男	副局长	三门峡市广电局	退休
刘晓革	男	党委书记	三门峡市河西林场	
刘民选	男	副局长	灵宝县交通局	退休
刘仙灵	女	党支部书记	三门峡市湖滨区法院	退休

续表23-1

姓名	性别	职务	工作单位	备注
常卯行政村				
王景瑞	男	副厅长	河南省教育厅	已故
汤碧泽	男	局长	灵宝市安监局	退休
许安平	男	高级工程师	福建省威海市机床厂	退休
王俊祥	男	副厅长	河南省教育厅	
王英民	男	书记	河南省新华书店	退休
许勤生	男	院长	河南省鹤壁市法院	
许卫革	男	工程师	洛阳中信重工机械股份有限公司	
许倩峰	女	律师	北京市鑫诺律师事务所	
南安头行政村				
何选森	男	少将	北京国防科工委	
常荣森	男	工程师	河南省交通科研所	已故
常胜录	男	主任	河南省郑州市教育学院办公室	已故
常三才	男	副行长	河南省南阳市人行	已故
贾少波	男	部长	银川市武装部	
常茂森	男	高工	四川成都市电子公司	退休
张宗超	男		河南省郑州白鸽集团进出口公司	
贾汉波	男	大校	宁夏军区	
常随群	男	教授	甘肃政法学院公安部教授	
常成成	男	上尉	十堰市武警支队	
贾晓辉	男	上校	中国人民解放军北京总政部	
辛庄行政村				
李晓波	男		江苏中国矿业大学	
高全余	男	教授	河南省委学校科文部	
李旭兵	男	记者	河南日报社政文新闻部	
王振安	男		河南省郑州新世纪住宅建筑公司	
李泽民	男	副教授	河南省洛阳师范学院	
许立群	男	董事长	河南省焦作市水泥公司	

续表23-1

姓名	性别	职务	工作单位	备注
荆柄录	男	科长	三门峡市委组织部	
胡书生	男	工程师	天津海洋地质勘探局	退休
李泽民	男	局长、大学教授	灵宝县教育局	退休
荆瑞林	男		三门峡市国税局	正科级
荆博松	男		三门峡市经济开发区	正科级
刘建民	男		灵宝市环境保护局	正科级
焦江伟	男	少校	甘肃省张掖市武警支队	
柴家原行政村				
赵栓慈	男	院长	河南省洛阳市社会福利院	退休
柴乾生	男		日本	
张项军	男	副厂长	三门峡市河西林场	退休
白小军	男	总工程师	河南省地质四队	
李　进	女	总经理	云南省华大科技	
白项泽	男	项目经理	上海绿地集团西北工程部	博士研究生
董邦柱	男	院长	灵宝市法院	退休
赵建新	男	镇长	灵宝市阳平镇	退休
董建伟	男	行长	中国农业银行三门峡支行	
赵天益	男	主任	河南省503棉花库	退休
高维军	男	总经理	云南省昆明市华大科技	
赵龙波	男	副厅长	河北省石家庄市中级法院刑一厅	
柴增旺	男	机械维修师	甘肃省天水市749(红旗厂)厂	
赵镇盈	男	副经理	灵宝市青化公司	
赵刊慈	男	党支部书记	灵宝市自来水公司	
赵当萍	女	主任	灵宝市民政局创业办公室	
赵帧帧	女	研究员	国防航空工业部洛阳613研究所	
李家坪行政村				
李　源	男	经商	台北市新生南路三段70巷13号	
李维俭	男		台北市大安路二段160号	

续表23-1

姓名	性别	职务	工作单位	备注
纪家庄行政村				
李增宽	男	总工程师	河南省洛阳拖拉机厂	
李军法	男	大队长	三门峡市公安交警支队	
李国哲	男	局长	灵宝市教育局	退休
纪志斌	男		上海市市政府	
纪景生	男	行长	卢氏县农业银行	
李新刚	男		三门峡市委督查办	
雷卫国	男	校长	三门峡市外国语学校	
纪裕盈	男		北京二级部	处级
关旺生	男	处长	武汉市行政处	团级
纪青卫	男		灵宝市司法局	团级
李飞江	男		三门峡市委督查办	副县
纪成学	男	党支部书记	蒲阳油田第三党支部	
纪海锋	男		三门峡市残联	副县
刘敏慈	男	局长	灵宝市国税局	
关江波	男		湖北省孝感市部队	司级干部
纪建芳	男		洛阳市发改委	
关云生	男	主任	中国船舶工业总公司第725研究所	
纪项鱼	男	副局长	灵宝市司法局	
纪广青	男	书记	河南黄金产业技术研究院	工程师
纪广超	男	副场长	三门峡河西林场	
李海勋	男	所长	灵宝市交通运输管理所	工程师
李永革	男	副支队长	三门峡市公安局特殊警务支队	正科
李永卫	男	主任	湖滨公安分局党委委员勤务综合室	正科
李晓东	男	副书记	灵宝金城冶金	正科
屈灵合	男	警长	三门峡市公安局政治部	正科
水泉源行政村				
杨建学	男	工程师、所长	河南省洛阳林科所	退休

续表23-1

姓名	性别	职务	工作单位	备注
杨剑波	男	书记	河南省栾川钼业公司	
杨增高	男	工程师	中南勘探设计研究院三门峡监理中心	退休
杨志民	男	高级工程师	国家地质勘探四队	已故
王教堂	男	导演、鼓师	灵宝县蒲剧团	已故
杨伟博	男	副校长	河南省劳动人事学校	
沟东行政村				
杨本渤	男	工程师	北京电力部电科院系统所	
杨宗信	男		北京	
张好政	男	教师	台中县太平乡中山路二段	
杨培森	男	行长	灵宝市农业银行	退休
张灵武	男	局长	灵宝市矿管局	退休
杨本池	男	科长	洛阳教育局财务科	
杨宗霄	男	所长	河南科技大学科研所	
杨宗弟	男	局长	灵宝市旅游局	退休
杨文科	男	高工程师	石家庄市国棉厂	退休
杨兆斗	男	党委书记	新疆国棉六厂	退休
杨浪江	男	少校	解放军某部	
杨发明	男	局长	三门峡市工商局	退休
杨晓鹤	男		美国某医科所	
杨赞鹤	男	副局长	灵宝市城建局	
杨虎时	男	行长	灵宝市工商银行	
杨海让	男	局长	甘肃省白银卢税务局	已故
程孝生	男	所长	洛阳市文物研究所	
程玉峰	男	总编辑	郑州晚报	
程跃森	男	局长	三门峡市湖滨区电业局	
程中兴	男	院长	陕县检察院	
杨项牢	男	所长	山西省科研所	
程运泽	男	副部长	灵宝市统战部	

续表23-1

姓名	性别	职务	工作单位	备注
张好英	男	主任	原武汉军区后勤部	退休
尚庄行政村				
尚克义	男	主任	三门峡市民主联盟	已故
尚良田	男	主治医师	虢略镇卫生院	退休
尚有军	男	主任	河南省政府驻天津联络办事处	退休
尚跃恩	男	处长	郑州市经济运行处	
尚　曾	男	党委书记	咸阳纺织学院	退休
南上行政村				
朱跃峰	男	博士	北京清华大学机械工程系	
朱超伟	男	高工	北京北方铁路局	
朱充义	男	党委书记	国防科委辽河试验场	退休
朱正峰	男	教授	河南省郑州工学院	
武建英	男	处长	河南省旅游局评审处	退休
朱建增	男	副厂长	河南省焦作水泥厂	
朱军祥	男	副主任	三门峡市计委	
朱超宾	男	高工	新疆哈密石油管理厅	
朱天才	男	部长	灵宝县县委组织部	已故
陈育成	男	处长	河南省公安厅纪检处	退休
陈荣亮	男	董事长	灵宝市城投公司	
朱春峰	男	局长	灵宝市档案局	
朱朝彬	男	高级工程师	中国石油公司	
朱培基	男	特级教师	洛阳地区偃师高中	已故
金银亭	女	军医	成都54陆军医院	退休
朱跃鹏	女	局长	灵宝市检察院预防职务犯罪局	
朱晓华	女		美国州立大学科研室	博士后
朱金戈	男		南京市中科院研究所	博士后
高家庄行政村				
高全余	男	副教授		退休

续表23-1

姓名	性别	职务	工作单位	备注
高进生	男	科长	河南省水利厅科技科	退休
高相波	男	处长	河南省黄委会基建处	
高金铭	男	副校长	三门峡技校	退休
高齐斋	男	教授	河南省教育厅	退休
高文波	男	副行长	中国银行三门峡分行	
高湘泽	男	处长	浙江财经大学	退休
北安头行政村				
高新愿	男	经理	四川省医药公司	厅级、退休
高胜灵	男	书记	河南偃师县委	退休
高志照	男	研究员、博导	水利部西北水土保持研究所	
高丰海	男	副主席	大连市工会	退休
高犁牛	男	局长	濮阳市林业局	退休
高晓博	男	工程师	某公司桥梁设计	博士
焦村镇(村名不详)				
张怀亮	男	工程师	北京市伟力公司	
刘晓伟	男	记者	北京中国建筑报社	
李应权	男	高工	北京中国建材研究院	
李国栋	男		北京中科院地理研究所	
李增伟	男	经济师	北京解放军总后工程总队二大队	
李　放	男	秘书	北京中国外企服务公司	
李随榜	男	经理	北京市中新荣集团房地产部	
刘　瑗	女	技师	北京中国测绘报社	
刘晓庆	女	项目经理	北京复兴路46号3-902	
杨榜行	男	队长	北京西城区交警大队	
郭根虎	男		河南省军区干休所	
王雅丽	女	医师	河南省郑州市第四人民医院	
王海学	男		河南省郑大医学院三附院	
王　栋	男	教师	河南省邮电学校	

续表23-1

姓名	性别	职务	工作单位	备注
巴　力	男	教授	河南省财经学院	
刘自荣	男		河南省环保设计研究院	
李淑亭	女	门诊主任	河南省职工医院	
张超年	男	原副教授	河南省冶金学校	
张建业	男		河南省郑州市财政局	退休
杨　红	女		河南省轻工学院	
赵　芳	女	护士	河南省郑大医学院一附院外科	
李花月	女		河南省洛阳市玻璃厂	退休
姚伴科	男		河南省辉县市人武部	退休
李建林	男	副行长	三门峡市工商银行	
赵玉刚	男	局长	三门峡市邮政局	
蔺建华	男	调研员	三门峡市中院	副科级
李建林	男	原副行长	三门峡市工商银行	
赵民祥	男	助理调研员	三门峡市广电局	
甲河海	男	教授	武汉测绘科技大学	
李竹雪	女	教授	武汉中南财经政法大学	
屈高登	男	主任	空军武汉房地产管理局	
张　智	男	指导员	空军武汉基础司令部通讯站	
杨哲义	男	工程师	武汉军械士官学校四系	
许正红	男	管理员	武汉一六一医院行政科	
武应田	男	科长	武汉市黎园医院动力科	
关旺生	男	副厅巡视员	武汉市委办公厅	
王东方	男		陕西电视台卫生所	
王玉石	女	科长	西安市物资局	
王建耕	女		陕西省广电厅政治处	
李富胜	男	高工	西安电视台电器修理部	
梁荣辉	男	教授	甘肃省兰州大学化学系	
李　红	女	会计师	西安第四军医大学西安二干所	

第二十四章 荣 誉

一、集体荣誉

国家级及国家部委级

表 24-1

时间(年)	单位	荣誉名称	授予单位
1995	焦村镇	全国亿万农民健身活动先进乡(镇)	国家体委
1998	焦村镇	全国群众体育活动先进乡(镇)	国家体委
2001	卯屯村	群众体育工作先进单位	国家体育总局
2015	焦村镇	中国乡村旅游金牌农家乐	国家旅游局
2016	焦村镇	全国科普惠农兴村先进单位	中国科协财政部
2017	焦村镇卫生院	群众满意的乡镇卫生院	国家卫计委

省级及省厅级

表 24-2

时间(年)	单位	荣誉名称	授予单位
1959	西章人民公社	水利乙等先进单位	河南省政府
1994	焦村镇	全省成人教育先进乡(镇)	河南省民政厅
1995	焦村镇	全省村镇建设先进乡(镇)	河南省民政厅
1995	武家山	中州新村	河南省政府
1997	焦村镇	全省信访工作先进乡(镇)	河南省信访局
1998	焦村镇	全省民间艺术之乡(镇)	河南省文化厅
1999	焦村镇	全省科技文化先进乡(镇)	河南省文化厅
2001	焦村镇	河南省伏牛山区护林防火先进单位	省伏牛山区护林防火领导小组
2001	焦村镇	河南省食用菌生产先进基地乡(镇)	省食用菌协会
2001	焦村香菇示范场	河南省食用菌行业先进单位	省食用菌协会

续表 24-2

时间(年)	单位	荣誉名称	授予单位
2002	焦村镇	第五次全国人口普查工作先进集体	省人事厅、统计局
2002	焦村供电所	规范化管理供电所	省电力公司
2002	东仓村	省千万农民健身活动先进单位	河南省体委
2003	杨家村	“五好”农村党支部	河南省委
2003	焦村司法所	省级文明司法所	省公安厅
2004	焦村一中	教研基地学校	河南省政府
2005	焦村镇	食用菌生产先进基地	省食用菌协会
2005	焦村镇	第一次全国经济普查先进集体	省统计局
2006	焦村镇	河南省示范文化站	河南省文化厅
2006	纪家庄小学	“节约从我做起”征文书画比赛先进集体	省关工委、教育厅
2007	焦村镇	第二次全国农业普查先进单位	省统计局
2008	焦村村	清洁家园行动先进村镇	省文明办
2010	焦村镇	先进统计办公室	省人民政府
2010	焦村村	民主法治村	省依法治省办、省司法厅、省民政厅
2011	焦村镇	先进基层党组织	省委
2011	焦村镇司法所	规范化司法所	省司法厅
2012	焦村村调委会	十星人民调解委员会	省司法厅
2012	焦村供电所	达标班组	省电力公司、省电力工会
2014	焦村镇司法所	指导人民调解工作先进集体	省司法厅
2014	灵仙食用菌振业合作社	五优农民专业合作社示范社	省供销合作总社
2015	焦村镇	省级旅游示范乡(镇)	河南省政府
2015	姚家城村	省级生态村	河南省政府
2015	焦村镇	河南省乡村旅游示范乡镇	河南省旅游局
2016	焦村镇	河南省民间文化艺术之乡	河南省文化厅
2019	焦村镇	河南省食用菌行业优秀特色乡镇	河南省人民政府
2019	西常册村	省级美丽庭院创建示范村	河南省政府

三门峡市级及市局委级

表 24-3

时间(年)	单位	荣誉名称	授予单位
1987	巴娄村	文明村	三门峡市委市政府
1991	焦村镇	三门峡市发展乡镇企业先进乡(镇)	三门峡市委市政府
1991	焦村水利站	“红旗渠精神杯”竞赛获奖单位	三门峡市政府
1992	武家山村	首批小康村	三门峡市委市政府
1999	焦村镇	文明镇	三门峡市委市政府
1999	巴娄村	文明村	三门峡市委市政府
2001	焦村镇政府	全市“四荒”开发先进单位	三门峡市政府
2001	焦村镇建委	先进单位	三门峡市政府
2001	西章村	科技示范村	三门峡市政府
2002	焦村镇建委	先进单位	三门峡市政府
2002	职业中专	先进集体	三门峡市政府
2003	杨家村党支部	“五好”农村党支部	三门峡市委
2003	焦村镇党委	防治“非典”先进基层党组织	三门峡市委
2003	杨家村	模范人民调解委员会	三门峡司法局
2003	安头综合服务社	甲级村级综合服务社	三门峡市供销社
2003	卯屯村服务社	乙级村级综合服务社	三门峡市供销社
2003	焦村镇	校园经济建设先进乡(镇)	三门峡市教育局
2003	焦村一中	体育、卫生、艺术先进单位	三门峡市教育局
2004	纪家庄	文明村	三门峡市委市政府
2004	史村	文明村	三门峡市委市政府
2004	焦一中团总支	先进团支部(总支)	三门峡市团委
2004	镇中心学校	初级中学教学工作先进单位	三门峡市教育局
2004	镇一中	教育管理年先进单位	三门峡市教育局
2005	镇财政所	文明单位	三门峡市委市政府
2005	灵宝地税局 焦村税所	文明单位	三门峡市委市政府
2005	东仓村	文明村	三门峡市委市政府

续表 24-3

时间(年)	单位	荣誉名称	授予单位
2005	焦村镇政府	红旗渠杯竞赛先进单位	三门峡市政府
2005	镇一中	普通初中教学管理工作先进单位	三门峡市教育局
2005	东村中心小学	管理规范化先进学校	三门峡市教育局
2006	镇民兵应急连	先进民兵连	三门峡市委组织部、军分区政治部
2006	焦村收费站	最佳干线收费站	三门峡市高速公路发展有限责任公司
2006	乡观养猪小区	"十佳"畜禽养殖小区	三门峡市农村工作领导小组
2006	焦村一中	示范性普通初中	三门峡市教育局
2006	镇中心学校	学校管理上台阶先进单位	三门峡市教育局
2007	杨家村	三星级文化大院	三门峡市宣传部、文明办、文化局
2007	焦村镇	2006 年度农田水利基本建设"红旗渠精神杯"竞赛奖杯竞赛奖牌	三门峡市政府
2007	焦村镇	特色文化产业镇	三门峡市政府
2007	杨家村	特色文化产业村	三门峡市政府
2007	杨家村	新农村建设先进村	三门峡市政府
2007	焦村镇	发展非公有制经济发展进步快的乡镇	三门峡市非公有制经济领导小组
2007	镇司法所	先进单位	三门峡市司法局
2007	杨家村人民调解委员会	优秀人民调解会	三门峡市司法局
2007	镇一中	普通初中教学先进单位	三门峡市教育局
2008	焦村村	新农村建设先进村	三门峡市委市政府位
2008	镇一中	普通初中教学先进单位	三门峡市教育局
2009	焦村镇	新农村建设先进乡镇	三门峡市委市政府
2009	东村村	新农村建设先进村	三门峡市委市政府
2009	焦村镇	"民主法治村"创建工作先进单位	三门峡市依法治市办、司法局、民政局
2009	南上村	"民主法治村"创建工作先进单位	三门峡市依法治市办、司法局、民政局

续表 24-3

时间(年)	单位	荣誉名称	授予单位
2009	西章村	“民主法治村”创建工作先进单位	三门峡市依法治市办、司法局、民政局
2009	镇一中	普通初中教学先进单位	三门峡市教育局
2010	焦村镇财政所	文明单位	三门峡市委市政府
2010	焦村镇	“红旗渠精神杯”竞赛先进单位	三门峡市政府
2010	焦村镇	年度铁路护路联防工作先进乡镇	三门峡市铁路护路联防工作领导小组
2010	华苑高中	普通高中教学先进单位	三门峡市教育局
2010	灵宝职专	中等职业学校教学工作先进单位	三门峡市教育局
2010	焦村镇派出所	优秀基层单位	三门峡市公安局
2011	焦村镇	食用菌生产先进乡镇	三门峡市委市政府
2011	焦村镇	先进基层党组织	三门峡市委
2011	华苑高中	普通高中教学先进单位	三门峡市教育局
2011	镇一中	绿色学校	三门峡市教育局
2011	灵宝职专	绿色学校	三门峡市教育局
2011	镇一中	“五五”普法暨依法治教先进学校	三门峡市教育局
2011	华苑高中	优秀民办学校	三门峡市教育局
2011	娘娘山景区	优秀旅游景区	三门峡市旅游局
2012	灵宝职专	文明学校	三门峡市教育局
2012	镇一中	文明学校	三门峡市教育局
2012	娘娘山景区	旅游项目建设先进单位	三门峡市旅游局
2013	杨家村	文明村	三门峡市委市政府
2014	焦村镇	平安建设先进乡镇	三门峡市委市政府
2014	灵宝职专2011秋现代农艺技术团支部	五好团支部	三门峡团市委
2014	焦村镇妇联	妇联基层组织建设工作先进集体	三门峡市妇联
2014	娘娘山景区	文明旅游景区	三门峡市文明办、旅游局
2014	焦村派出所	四项政治工作先进基层单位	三门峡市公安局

续表 24-3

时间(年)	单位	荣誉名称	授予单位
2015	焦村镇	2015 年度人口和计划生育工作先进单位	三门峡市委、市政府
2015	焦村镇妇联	2015 年度先进集体	三门峡市妇联
2015	焦村镇妇联	“姐姐解困团”解困组织示范点	三门峡市妇联
2015	西常册村鑫联菌业	三门峡引领妇女创业就业先进集体	三门峡市妇联
2016	焦村镇	三门峡市老年体育工作先进单位	三门峡老体协
2017	焦村镇	老年体育示范乡镇	三门峡老体协
2017	姚家城村	老年体育明星示范村	三门峡老体协
2017	西常册村	老年体育明星示范村	三门峡老体协
2017	焦村镇	三八红旗单位	三门峡市人民政府
2018	焦村镇	老年体育示范乡镇	三门峡老体协
2018	焦村镇农村信用社	农信系统度营销先进集体	三门峡市农信办
2019	焦村镇	三门峡农村垃圾治理先进单位	三门峡市人民政府
2019	焦村镇	基层工作先进单位	三门峡市人民政府
2019	焦村镇	灵宝苹果果王争霸赛	三门峡市人民政府
2019	焦村镇	政务信息工作先进单位	三门峡市人民政府
2019	焦村镇	先进基层妇联组织	三门峡市妇联
2019	焦村镇	农机化工作先进单位	三门峡市人民政府

灵宝市级

表 24-4

时间(年)	单位	荣誉名称	授予单位
1990	焦村乡农技站	河南省农牧渔业丰收奖	省农牧厅
1991	焦村乡农技站	灵宝市 37 万亩旱地小麦中高产开发技能三等奖	灵宝县人民政府
1992	武家山村	小康村	灵宝市委市政府
1993	焦村镇农技站	旱地小麦高产开发奖	三门峡旱作办
1994	焦村变电所	文明单位(铜牌奖)	灵宝市委市政府

续表 24-4

时间(年)	单位	荣誉名称	授予单位
1994	焦村镇	灵宝市目标考评先进单位	灵宝市委市政府
1995	水泉源村	小康村	灵宝市委市政府
1995	焦村镇农技站	灵宝市小麦规范化栽培技术三等奖	灵宝市政府
1996	西章村	小康村	灵宝市委市政府
1996	东仓村	小康村	灵宝市委市政府
1997	杨家村	小康村	灵宝市委市政府
1997	焦村变电所	文明单位	灵宝市委宣传部
1998	东村村	小康村	灵宝市委市政府
1999	焦村镇农技站	河南省农技推广先进集体	河南省农业厅
2000	焦村镇	目标考评先进单位	灵宝市委市政府
2001	焦村财政所	文明单位	灵宝市委市政府
2001	东仓村	文明村	灵宝市委市政府
2001	焦村镇党委	“六好”乡镇党委	灵宝市委市政府
2001	杨家村党支部	先进“五好”农村党支部	灵宝市委市政府
2001	南安头村党支部	先进“五好”农村党支部	灵宝市委市政府
2001	东仓村村党支部	先进“五好”农村党支部	灵宝市委市政府
2001	纪家庄村党支部	先进“五好”农村党支部	灵宝市委市政府
2001	焦村村党支部	先进“五好”农村党支部	灵宝市委市政府
2001	焦村镇	果品生产先进乡(镇)	灵宝市委市政府
2001	巴娄村	果品生产先进村	灵宝市委市政府
2001	焦村村	果品生产先进村	灵宝市委市政府
2001	东仓村	果品生产先进村	灵宝市委市政府
2001	焦村镇政府	畜牧业生产先进乡(镇)	灵宝市委市政府
2001	李家山村	畜牧业生产专业村	灵宝市委市政府
2001	南安头村	畜牧业生产专业村	灵宝市委市政府
2001	张家山村	畜牧业生产专业村	灵宝市委市政府
2001	焦村畜牧兽医工作站	标准化乡(镇)畜牧兽医工作站	灵宝市委市政府
2001	南安头小学	尊师重教工作先进学校	灵宝市委市政府

续表 24-4

时间(年)	单位	荣誉名称	授予单位
2001	镇一中	尊师重教工作先进学校	灵宝市委市政府
2002	焦村镇	党建经济重点工作达标单位	灵宝市委市政府
2002	焦村镇	计划生育工作先进单位	灵宝市委市政府
2002	焦村村	发展非公有制经济和中小型企业先进村	灵宝市委市政府
2002	焦村镇	食用菌生产先进乡(镇)	灵宝市委市政府
2002	杨家村	食用菌生产先进村	灵宝市委市政府
2002	西常册村	食用菌生产先进村	灵宝市委市政府
2002	南上村	食用菌生产先进村	灵宝市委市政府
2002	乔沟村	食用菌生产先进村	灵宝市委市政府
2002	纪家庄村	食用菌生产先进村	灵宝市委市政府
2002	杨家菌种场	食用菌生产先进企业	灵宝市委市政府
2002	焦村镇菌办	食用菌生产先进菌办	灵宝市委市政府
2002	焦村镇党委	驻村帮扶工作先进乡(镇)党委	灵宝市委市政府
2002	南上村	市级文明村	灵宝市委市政府
2002	焦村镇党委	“六好”乡镇党委	灵宝市委市政府
2002	杨家村党支部	先进“五好”农村党支部	灵宝市委市政府
2002	南上村党支部	先进“五好”农村党支部	灵宝市委市政府
2002	纪家庄村党支部	先进“五好”农村党支部	灵宝市委市政府
2002	卯屯村党支部	先进“五好”农村党支部	灵宝市委市政府
2002	巴娄村党支部	先进“五好”农村党支部	灵宝市委市政府
2002	焦村镇政府	畜牧业生产先进乡(镇)	灵宝市政府
2002	东仓村	畜牧业生产专业村	灵宝市政府
2002	塔地村	畜牧业生产专业村	灵宝市政府
2002	贝子原村	畜牧业生产专业村	灵宝市政府
2002	乡观村	畜牧业生产专业村	灵宝市政府
2002	焦村镇农技站	灵宝市科技推广先进单位	灵宝市政府
2003	焦村镇	计划生育工作先进单位	灵宝市政府
2003	焦村镇	党建经济重点工作达标单位	灵宝市委市政府

续表 24-4

时间(年)	单位	荣誉名称	授予单位
2003	李家山村	党建经济重点工作先进单位	灵宝市委市政府
2003	杨家村村	党建经济重点工作先进单位	灵宝市委市政府
2003	南安头村	党建经济重点工作先进单位	灵宝市委市政府
2003	焦村镇	食用菌生产先进乡(镇)	灵宝市政府
2003	杨家村	食用菌生产先进村	灵宝市政府
2003	西常册村	食用菌生产先进村	灵宝市政府
2003	南上村	食用菌生产先进村	灵宝市政府
2003	东常册村	食用菌生产先进村	灵宝市政府
2003	常卯村	食用菌生产先进村	灵宝市政府
2003	纪家庄村	食用菌生产先进村	灵宝市政府
2003	焦村镇政府	尊师重教先进单位	灵宝市政府
2003	西章村党支部	先进“五好”农村党支部	灵宝市委
2003	南上村党支部	先进“五好”农村党支部	灵宝市委
2003	纪家庄村党支部	先进“五好”农村党支部	灵宝市委
2003	卯屯村党支部	先进“五好”农村党支部	灵宝市委
2003	焦村镇	畜牧业生产先进乡(镇)	灵宝市政府
2003	乡观村	畜牧业生产先进村	灵宝市政府
2003	滑底村	畜牧业生产先进村	灵宝市政府
2004	焦村镇	党建经济重点工作先进单位	灵宝市委市政府
2004	焦村镇	科技进步工作先进单位	灵宝市委市政府
2004	杨家村	政法及社会治安综合治理先进单位	灵宝市委市政府
2004	西章村	政法及社会治安综合治理先进单位	灵宝市委市政府
2004	南安头村	政法及社会治安综合治理先进单位	灵宝市委市政府
2004	焦村镇	贯彻执行党风廉政建设责任制优秀单位	灵宝市委市政府
2004	焦村镇	实施宣传文化阵地建设“两抓一促”工程先进单位	灵宝市委市政府
2004	镇果树生产技术协会	科普工作先进集体	灵宝市委市政府

续表 24-4

时间(年)	单位	荣誉名称	授予单位
2004	焦村镇	食用菌生产先进乡(镇)	灵宝市政府
2004	杨家村	食用菌生产模范村	灵宝市政府
2004	西常册村	食用菌生产模范村	灵宝市政府
2004	常卯村	食用菌生产模范村	灵宝市政府
2004	水泉源村	食用菌生产模范村	灵宝市政府
2004	杨家村食用菌菌种场	食用菌生产模范菌种场	灵宝市政府
2004	杨家村食用菌生产示范场	食用菌生产龙头公司	灵宝市政府
2004	焦村镇政府	尊师重教先进单位	灵宝市政府
2004	镇中心学校	教育教学工作先进单位	灵宝市政府
2004	焦村小学	尊师重教先进单位	灵宝市政府
2004	镇二中	尊师重教先进单位	灵宝市政府
2004	焦村镇党委	先进“五个好”乡镇党委	灵宝市委
2004	卯屯村党支部	先进“五个好”农村党支部	灵宝市委
2004	杨家村党支部	先进“五个好”农村党支部	灵宝市委
2004	东仓村党支部	先进“五个好”农村党支部	灵宝市委
2004	常卯村党支部	先进“五个好”农村党支部	灵宝市委
2004	焦村镇	安全生产工作先进单位	灵宝市政府
2005	焦村镇	计划生育工作先进单位	灵宝市委市政府
2005	焦村镇	社会治安综合治理及维护稳定工作先进单位	灵宝市委市政府
2005	焦村镇	优化环境和服务经济发展先进单位	灵宝市委市政府
2005	焦村镇	科技进步工作先进单位	灵宝市委市政府
2005	焦村镇	党建经济重点工作达标单位	灵宝市委市政府
2005	南上村党支部	先进“五个好”农村党支部	灵宝市委市政府
2005	杨家村党支部	先进“五个好”农村党支部	灵宝市委市政府
2005	纪家庄村党支部	先进“五个好”农村党支部	灵宝市委市政府
2005	卯屯村党支部	先进“五个好”农村党支部	灵宝市委市政府

续表 24-4

时间(年)	单位	荣誉名称	授予单位
2005	焦村镇	政法及社会治安综合治理先进单位	灵宝市委市政府
2005	杨家村	政法及社会治安综合治理先进单位	灵宝市委市政府
2005	秦村	政法及社会治安综合治理先进单位	灵宝市委市政府
2005	南上村	政法及社会治安综合治理先进单位	灵宝市委市政府
2005	焦村村	发展非公有制经济先进村	灵宝市政府
2005	焦村镇	"两抓一促"工程工作先进单位	灵宝市政府
2005	焦村镇	食用菌生产工作全面先进乡镇	灵宝市政府
2005	灵仙菌业有限公司	食用菌生产工作龙头公司	灵宝市政府
2005	杨家菌种场	食用菌菌种生产先进单位	灵宝市政府
2005	镇中心学校	教育教学工作先进单位	灵宝市政府
2005	镇一中	教育教学工作先进单位	灵宝市政府
2005	镇中心小学	教育教学工作先进单位	灵宝市政府
2005	焦村镇政府	尊师重教工作先进单位	灵宝市政府
2005	焦村镇	公路建设优秀单位	灵宝市政府
2005	焦村镇	安全生产工作先进单位	灵宝市政府
2006	焦村镇	党建经济重点工作先进单位	灵宝市委市政府
2006	焦村镇	全面完成各项目标任务单位	灵宝市委市政府
2006	杨家党支部	先进基层党组织	灵宝市委市政府
2006	秦村村	市级文明村	灵宝市委市政府
2006	焦村镇	"四五"普法暨"二五"依法制市工作先进单位	灵宝市委市政府
2006	镇中心学校	教育教学工作先进单位	灵宝市政府
2006	镇一中	教育教学工作先进单位	灵宝市政府
2006	镇三中	教育教学工作先进单位	灵宝市政府
2006	镇中心小学	教育教学工作先进单位	灵宝市政府
2006	焦村镇	食用菌生产先进乡(镇)	灵宝市政府
2006	镇菌种场	食用菌生产先进单位	灵宝市政府
2006	杨家村	食用菌生产先进村	灵宝市政府

续表 24-4

时间(年)	单位	荣誉名称	授予单位
2006	东村村	食用菌生产先进村	灵宝市政府
2006	南上村	食用菌生产先进村	灵宝市政府
2006	水泉源村	食用菌生产先进村	灵宝市政府
2006	常卯村	食用菌生产先进村	灵宝市政府
2006	西章村	食用菌生产先进村	灵宝市政府
2006	东常册村	食用菌生产先进村	灵宝市政府
2006	武家山村	食用菌生产先进村	灵宝市政府
2007	焦村镇	党建经济重点工作先进单位	灵宝市委市政府
2007	东村党支部	先进基层党组织	灵宝市委市政府
2007	焦村供电所	文明单位	灵宝市委市政府
2007	东村村	市级文明村	灵宝市委市政府
2007	焦村镇	和谐社会建设先进乡镇	灵宝市委市政府
2007	万渡村	和谐社会建设先进基层单位	灵宝市政府
2007	武家山村	和谐社会建设先进基层单位	灵宝市政府
2007	水泉源村	和谐社会建设先进基层单位	灵宝市政府
2007	焦村镇	信访“百日整治”暨党的十七大期间稳定工作先进单位	灵宝市委市政府
2007	镇一中	教育教学工作先进单位	灵宝市政府
2007	镇中心小学	教育教学工作先进单位	灵宝市政府
2007	焦村村	尊师重教工作先进单位	灵宝市政府
2007	焦村镇政府	产品质量和食品安全专项整治工作优秀组织单位	灵宝市政府
2007	镇食、药品协管站	产品质量和食品安全专项整治工作先进单位	灵宝市政府
2007	焦村镇	食用菌生产先进乡镇	灵宝市政府
2007	灵仙菌业有限责任公司	食用菌生产龙头企业	灵宝市政府
2007	镇菌种场	食用菌生产模范菌种场	灵宝市政府
2007	杨家村	食用菌生产先进村	灵宝市政府

续表 24-4

时间(年)	单位	荣誉名称	授予单位
2007	西章村	食用菌生产先进村	灵宝市政府
2007	西常册村	食用菌生产先进村	灵宝市政府
2007	常卯村	食用菌生产先进村	灵宝市政府
2007	南上村	食用菌生产先进村	灵宝市政府
2007	焦村镇	沼气富民工程建设先进乡镇	灵宝市政府
2007	乡观村	沼气富民工程建设先进村	灵宝市政府
2007	辛庄村	沼气富民工程建设先进村	灵宝市政府
2007	焦村镇	科技进步目标考核先进乡镇	灵宝市政府
2007	焦村镇	市级特色文化产业镇	灵宝市政府
2007	杨家村	市级特色文化村	灵宝市政府
2008	焦村镇	党建经济重点工作先进单位	灵宝市委市政府
2008	焦村镇党委	先进“五个好”农村党委	灵宝市委市政府
2008	东村党支部	先进基层党组织	灵宝市委市政府
2008	东仓村	市级文明村	灵宝市委市政府
2008	杨家村	平安建设先进集体	灵宝市委市政府
2008	焦村村	平安建设先进集体	灵宝市委市政府
2008	水泉源村	平安建设先进集体	灵宝市委市政府
2008	焦村镇	奥运会期间信访稳定先进单位	灵宝市委市政府
2008	焦村镇	信访稳定先进单位	灵宝市委市政府
2008	镇中心学校	教育教学工作先进单位	灵宝市委市政府
2008	镇一中	教育教学工作先进单位	灵宝市委市政府
2008	镇中心小学	教育教学工作先进单位	灵宝市委市政府
2008	华苑高中	教育教学工作先进单位	灵宝市委市政府
2008	焦村镇政府	尊师重教工作先进单位	灵宝市委市政府
2008	焦村镇	沼气富民工程建设完成目标乡镇	灵宝市委市政府
2008	姚城村	沼气建设先进村	灵宝市委市政府
2008	焦村镇	家电下乡工作先进单位	灵宝市委市政府
2008	焦村镇	科技进步目标考核先进乡镇	灵宝市委市政府

续表 24-4

时间(年)	单位	荣誉名称	授予单位
2009	焦村镇	重点项目建设先进单位	灵宝市委市政府
2009	杨家党支部	先进基层党组织	灵宝市委市政府
2009	姚城党支部	先进基层党组织	灵宝市委市政府
2009	万渡村	文明村	灵宝市委市政府
2009	焦村村	平安建设先进基层单位	灵宝市委市政府
2009	南上村	平安建设先进基层单位	灵宝市委市政府
2009	水泉源村	平安建设先进基层单位	灵宝市委市政府
2009	焦村村	普法依法治理工作示范单位	灵宝市委市政府
2009	焦村村	信访工作"四无村"	灵宝市政府
2009	东村村	信访工作"四无村"	灵宝市政府
2009	史村村	信访工作"四无村"	灵宝市政府
2009	武家山村	信访工作"四无村"	灵宝市政府
2009	杨家村	信访工作"四无村"	灵宝市政府
2009	张家山村	信访工作"四无村"	灵宝市政府
2009	王家村	信访工作"四无村"	灵宝市政府
2009	滑底村	信访工作"四无村"	灵宝市政府
2009	北安头村	信访工作"四无村"	灵宝市政府
2009	辛庄村	信访工作"四无村"	灵宝市政府
2009	高家庄村	信访工作"四无村"	灵宝市政府
2009	柴家塬村	信访工作"四无村"	灵宝市政府
2009	姚城村	信访工作"四无村"	灵宝市政府
2009	水泉源村	信访工作"四无村"	灵宝市政府
2009	尚庄村	信访工作"四无村"	灵宝市政府
2009	沟东村	信访工作"四无村"	灵宝市政府
2009	西章村	信访工作"四无村"	灵宝市政府
2009	坪村村	信访工作"四无村"	灵宝市政府
2009	卯屯村	信访工作"四无村"	灵宝市政府
2009	西常册村	信访工作"四无村"	灵宝市政府

续表 24-4

时间(年)	单位	荣誉名称	授予单位
2009	李家坪村	信访工作“四无村”	灵宝市政府
2009	秦村村	信访工作“四无村”	灵宝市政府
2009	常卯村	信访工作“四无村”	灵宝市政府
2009	万渡村	信访工作“四无村”	灵宝市政府
2009	塔底村	信访工作“四无村”	灵宝市政府
2009	李家山村	信访工作“四无村”	灵宝市政府
2009	乔沟村	信访工作“四无村”	灵宝市政府
2009	罗家村	信访工作“四无村”	灵宝市政府
2009	东仓村	信访工作“四无村”	灵宝市政府
2009	马村村	信访工作“四无村”	灵宝市政府
2009	贝子原村	信访工作“四无村”	灵宝市政府
2009	焦村镇	食用菌生产先进乡镇	灵宝市政府
2009	灵仙菌业有限责任公司	食用菌生产先进企业	灵宝市政府
2009	焦村菌种场	食用菌生产模范菌种场	灵宝市政府
2009	杨家村	食用菌产业化发展示范村	灵宝市政府
2009	南上村	食用菌产业化发展示范村	灵宝市政府
2009	西常册村	食用菌产业化发展示范村	灵宝市政府
2009	常卯村	食用菌产业化发展示范村	灵宝市政府
2009	西章村	食用菌产业化发展示范村	灵宝市政府
2009	灵宝职专	教育教学工作先进单位	灵宝市政府
2009	华苑高中	教育教学工作先进单位	灵宝市政府
2009	镇中心学校	教育教学工作先进单位	灵宝市政府
2009	焦一中	教育教学工作先进单位	灵宝市政府
2009	焦村中心小学	教育教学工作先进单位	灵宝市政府
2009	焦村村	尊师重教工作先进单位	灵宝市政府
2009	焦村镇	科技进步目标考核先进乡镇	灵宝市政府
2009	焦村镇妇联会	妇女工作先进集体	灵宝市妇联会
2010	焦村镇妇联会	妇女工作先进集体	灵宝市妇联会

续表 24-4

时间(年)	单位	荣誉名称	授予单位
2010	焦村镇	党建经济重点工作先进单位	灵宝市委市政府
2010	焦村镇	党建经济重点工作先进单位	灵宝市委市政府
2010	焦村镇	党建经济重点工作目标考评全面完成目标任务的单位	灵宝市委市政府
2010	焦村镇党委	先进“五个好”乡镇党委	灵宝市委市政府
2010	焦村党支部	先进基层党组织	灵宝市委市政府
2010	万渡党支部	先进基层党组织	灵宝市委市政府
2010	焦村镇	信访工作先进单位	灵宝市委市政府
2010	东村村	信访工作“四无村”	灵宝市政府
2010	史村村	信访工作“四无村”	灵宝市政府
2010	武家山村	信访工作“四无村”	灵宝市政府
2010	杨家村	信访工作“四无村”	灵宝市政府
2010	张家山村	信访工作“四无村”	灵宝市政府
2010	乡观村	信访工作“四无村”	灵宝市政府
2010	王家村	信访工作“四无村”	灵宝市政府
2010	滑底村	信访工作“四无村”	灵宝市政府
2010	南安头村	信访工作“四无村”	灵宝市政府
2010	南上村	信访工作“四无村”	灵宝市政府
2010	北安头村	信访工作“四无村”	灵宝市政府
2010	辛庄村	信访工作“四无村”	灵宝市政府
2010	高家庄村	信访工作“四无村”	灵宝市政府
2010	柴家塬村	信访工作“四无村”	灵宝市政府
2010	姚城村	信访工作“四无村”	灵宝市政府
2010	水泉源村	信访工作“四无村”	灵宝市政府
2010	尚庄村	信访工作“四无村”	灵宝市政府
2010	纪家庄村	信访工作“四无村”	灵宝市政府
2010	沟东村	信访工作“四无村”	灵宝市政府
2010	坪村村	信访工作“四无村”	灵宝市政府
2010	卯屯村	信访工作“四无村”	灵宝市政府

续表 24-4

时间(年)	单位	荣誉名称	授予单位
2010	东常册村	信访工作“四无村”	灵宝市政府
2010	西常册村	信访工作“四无村”	灵宝市政府
2010	李家坪村	信访工作“四无村”	灵宝市政府
2010	常卯村	信访工作“四无村”	灵宝市政府
2010	万渡村	信访工作“四无村”	灵宝市政府
2010	塔底村	信访工作“四无村”	灵宝市政府
2010	李家山村	信访工作“四无村”	灵宝市政府
2010	乔沟村	信访工作“四无村”	灵宝市政府
2010	罗家村	信访工作“四无村”	灵宝市政府
2010	东仓村	信访工作“四无村”	灵宝市政府
2010	马村村	信访工作“四无村”	灵宝市政府
2010	贝子原村	信访工作“四无村”	灵宝市政府
2010	焦村镇	食用菌生产先进乡镇	灵宝市政府
2010	兄弟菌业有限公司	食用菌生产先进企业	灵宝市政府
2010	贝子原香菇街道示范基地	食用菌生产先进示范基地	灵宝市政府
2010	焦村菌种场	食用菌生产重质量守信用菌种场	灵宝市政府
2010	杨家村	食用菌生产先进村	灵宝市政府
2010	西常册村	食用菌生产先进村	灵宝市政府
2010	常卯村	食用菌生产先进村	灵宝市政府
2010	西章村	食用菌生产先进村	灵宝市政府
2010	南上村	食用菌生产先进村	灵宝市政府
2010	灵宝职专	教育教学工作先进单位	灵宝市政府
2010	华苑高中	教育教学工作先进单位	灵宝市政府
2010	镇中心学校	教育教学工作先进单位	灵宝市政府
2010	焦村中心小学	教育教学工作先进单位	灵宝市政府
2010	焦村镇	安全生产先进单位	灵宝市政府
2010	焦村镇	科技进步目标考核先进乡镇	灵宝市政府
2011	焦村镇	党建经济重点工作先进单位	灵宝市委

续表 24-4

时间(年)	单位	荣誉名称	授予单位
2011	焦村镇	重点项目建设管理先进单位	灵宝市委市政府
2011	焦村镇	平安建设暨社会管理创新工作先进单位	灵宝市委市政府
2011	焦村村	基层平安创建工作先进村	灵宝市政府
2011	姚城村	基层平安创建工作先进村	灵宝市政府
2011	东村村	基层平安创建工作先进村	灵宝市政府
2011	焦村镇党委	创造争优先进基层党组织	灵宝市委
2011	杨家党支部	创造争优先进基层党组织	灵宝市委
2011	南上党支部	创造争优先进基层党组织	灵宝市委
2011	东村村	信访工作“四无村”	灵宝市政府
2011	史村村	信访工作“四无村”	灵宝市政府
2011	杨家村	信访工作“四无村”	灵宝市政府
2011	武家山村	信访工作“四无村”	灵宝市政府
2011	乡观村	信访工作“四无村”	灵宝市政府
2011	王家村	信访工作“四无村”	灵宝市政府
2011	滑底村	信访工作“四无村”	灵宝市政府
2011	张家山村	信访工作“四无村”	灵宝市政府
2011	辛庄村	信访工作“四无村”	灵宝市政府
2011	柴家塬村	信访工作“四无村”	灵宝市政府
2011	姚城村	信访工作“四无村”	灵宝市政府
2011	北安头村	信访工作“四无村”	灵宝市政府
2011	西章村	信访工作“四无村”	灵宝市政府
2011	坪村村	信访工作“四无村”	灵宝市政府
2011	卯屯村	信访工作“四无村”	灵宝市政府
2011	高家庄	信访工作“四无村”	灵宝市政府
2011	沟东村	信访工作“四无村”	灵宝市政府
2011	尚家庄	信访工作“四无村”	灵宝市政府
2011	东常册村	信访工作“四无村”	灵宝市政府
2011	水泉源村	信访工作“四无村”	灵宝市政府

续表 24-4

时间(年)	单位	荣誉名称	授予单位
2011	西常册村	信访工作“四无村”	灵宝市政府
2011	秦村村	信访工作“四无村”	灵宝市政府
2011	常卯村	信访工作“四无村”	灵宝市政府
2011	纪家庄村	信访工作“四无村”	灵宝市政府
2011	万渡村	信访工作“四无村”	灵宝市政府
2011	塔底村	信访工作“四无村”	灵宝市政府
2011	乔沟村	信访工作“四无村”	灵宝市政府
2011	李家山村	信访工作“四无村”	灵宝市政府
2011	罗家村	信访工作“四无村”	灵宝市政府
2011	马村村	信访工作“四无村”	灵宝市政府
2011	南上村	信访工作“四无村”	灵宝市政府
2011	贝子原村	信访工作“四无村”	灵宝市政府
2011	焦村镇	畜牧工作先进乡镇	灵宝市政府
2011	乡观种猪场	标准化规模养殖场	灵宝市政府
2011	灵仙食用菌专业合作社	农民专业合作社示范社	灵宝市政府
2011	兴安葡萄专业合作社	农民专业合作社示范社	灵宝市政府
2011	焦村镇	食用菌生产先进乡镇	灵宝市政府
2011	兄弟菌业香菇规模生产示范基地	食用菌生产先进生产基地	灵宝市政府
2011	贝子原香菇规模生产示范基地	食用菌生产先进生产基地	灵宝市政府
2011	焦村镇菌种场	食用菌生产重质量守信誉菌种场	灵宝市政府
2011	杨家村	食用菌生产先进村	灵宝市政府
2011	西常册村	食用菌生产先进村	灵宝市政府
2011	西章村	食用菌生产先进村	灵宝市政府
2011	常卯村	食用菌生产先进村	灵宝市政府
2011	巴娄村	食用菌生产先进村	灵宝市政府

续表 24-4

时间(年)	单位	荣誉名称	授予单位
2011	塔底村	食用菌生产先进村	灵宝市政府
2011	焦村镇	人口和计划生育工作先进单位	灵宝市政府
2011	灵宝职高	教育教学工作先进单位	灵宝市政府
2011	镇中心小学	教育教学工作先进单位	灵宝市政府
2011	焦村镇	法治灵宝创建示范单位	灵宝市政府
2011	焦村村	法治灵宝创建示范单位	灵宝市政府
2011	李家山村	农村公路“好路杯”竞赛活动百佳村	灵宝市政府
2011	马村村	农村公路“好路杯”竞赛活动百佳村	灵宝市政府
2011	贝子原村	农村公路“好路杯”竞赛活动百佳村	灵宝市政府
2011	焦村镇	科技进步目标考核先进乡镇	灵宝市政府
2012	焦村镇	党建经济重点工作全面完成目标任务的单位	灵宝市委市政府
2012	焦村村	基层平安创建工作先进村	灵宝市委市政府
2012	万渡村	基层平安创建工作先进村	灵宝市委市政府
2012	姚家城村	基层平安创建工作先进村	灵宝市委市政府
2012	焦村镇	省级卫生城市创建复审工作优秀单位	灵宝市委市政府
2012	焦村供电所	文明单位	灵宝市委市政府
2012	焦村村	信访工作“四无村”	灵宝市政府
2012	史村村	信访工作“四无村”	灵宝市政府
2012	杨家村	信访工作“四无村”	灵宝市政府
2012	乡观村	信访工作“四无村”	灵宝市政府
2012	张家山村	信访工作“四无村”	灵宝市政府
2012	王家村	信访工作“四无村”	灵宝市政府
2012	赵家村	信访工作“四无村”	灵宝市政府
2012	滑底村	信访工作“四无村”	灵宝市政府
2012	辛庄村	信访工作“四无村”	灵宝市政府
2012	南安头村	信访工作“四无村”	灵宝市政府
2012	柴家塬村	信访工作“四无村”	灵宝市政府
2012	姚城村	信访工作“四无村”	灵宝市政府

续表 24-4

时间(年)	单位	荣誉名称	授予单位
2012	沟东村	信访工作“四无村”	灵宝市政府
2012	西章村	信访工作“四无村”	灵宝市政府
2012	北安头村	信访工作“四无村”	灵宝市政府
2012	坪村村	信访工作“四无村”	灵宝市政府
2012	卯屯村	信访工作“四无村”	灵宝市政府
2012	东常册村	信访工作“四无村”	灵宝市政府
2012	西常册村	信访工作“四无村”	灵宝市政府
2012	高家庄村	信访工作“四无村”	灵宝市政府
2012	秦村村	信访工作“四无村”	灵宝市政府
2012	常卯村	信访工作“四无村”	灵宝市政府
2012	万渡村	信访工作“四无村”	灵宝市政府
2012	塔底村	信访工作“四无村”	灵宝市政府
2012	李家山村	信访工作“四无村”	灵宝市政府
2012	乔沟村	信访工作“四无村”	灵宝市政府
2012	罗家村	信访工作“四无村”	灵宝市政府
2012	东仓村	信访工作“四无村”	灵宝市政府
2012	马村村	信访工作“四无村”	灵宝市政府
2012	水泉源村	信访工作“四无村”	灵宝市政府
2012	南上村	信访工作“四无村”	灵宝市政府
2012	巴娄村	信访工作“四无村”	灵宝市政府
2012	纪家庄村	信访工作“四无村”	灵宝市政府
2012	武家山村	信访工作“四无村”	灵宝市政府
2012	贝子原村	信访工作“四无村”	灵宝市政府
2012	焦村镇	畜牧业生产先进乡镇	灵宝市政府
2012	焦村镇	林业生态建设先进乡镇	灵宝市政府
2012	焦村镇	沼气推广先进乡镇	灵宝市政府
2012	兄弟食用菌专业合作社	农民专业合作社示范社	灵宝市政府

续表 24-4

时间(年)	单位	荣誉名称	授予单位
2012	兴安葡萄专业合作社	农民专业合作社示范社	灵宝市政府
2012	焦村镇	食用菌生产优秀示范乡(镇)	灵宝市政府
2012	灵仙菌业有限责任公司	食用菌生产优秀龙头企业	灵宝市政府
2012	灵仙菌业专业合作社	食用菌生产优秀专业合作社	灵宝市政府
2012	兄弟菌业专业合作社	食用菌生产优秀专业合作社	灵宝市政府
2012	焦村镇菌种场	食用菌生产重质量守信誉菌种场	灵宝市政府
2012	杨家村	食用菌生产先进示范村	灵宝市政府
2012	西常册村	食用菌生产先进示范村	灵宝市政府
2012	常卯村	食用菌生产先进示范村	灵宝市政府
2012	巴娄村	食用菌生产先进示范村	灵宝市政府
2012	南上村	食用菌生产先进示范村	灵宝市政府
2012	贝子原村	食用菌生产先进示范村	灵宝市政府
2012	焦村镇菌办	食用菌生产优秀服务单位	灵宝市政府
2012	灵宝职高	教育教学工作先进单位	灵宝市政府
2012	镇中心学校	教育教学工作先进单位	灵宝市政府
2012	镇中心小学	教育教学工作先进单位	灵宝市政府
2012	焦村镇政府	尊师重教先进单位	灵宝市政府
2012	焦村镇	安全生产工作先进单位	灵宝市政府
2012	焦村镇	果业发展先进乡镇	灵宝市政府
2012	燕飞果袋厂	果业发展先进企业	灵宝市政府
2012	信达果业专业合作社	果业发展先进专业合作社	灵宝市政府
2013	焦村镇	平安建设暨社会管理创新工作先进乡镇	灵宝市委市政府
2013	万渡村	基层平安创新工作先进村	灵宝市委市政府
2013	姚家城村	基层平安创新工作先进村	灵宝市委市政府
2013	罗家村	文明村	灵宝市委市政府
2013	焦村镇	信访工作先进乡镇	灵宝市委市政府
2013	乡观种猪场	农业产业化重点龙头企业	灵宝市政府

续表 24-4

时间(年)	单位	荣誉名称	授予单位
2013	灵仙菌业食用菌专业合作社	农业专业合作社示范社	灵宝市政府
2013	辛庄信达果业设施园艺示范园区	第一批市级特色农业示范园区名单	灵宝市政府
2013	新文村红提葡萄示范园区	第一批市级特色农业示范园区名单	灵宝市政府
2013	焦村镇	食用菌生产优秀示范乡(镇)	灵宝市政府
2013	灵仙菌业有限责任公司	食用菌生产优秀龙头企业	灵宝市政府
2013	兄弟食用菌专业合作社	食用菌生产优秀专业合作社	灵宝市政府
2013	焦村镇菌种场	食用菌生产重质量守信用菌种场	灵宝市政府
2013	杨家村	食用菌生产先进示范村	灵宝市政府
2013	西常册村	食用菌生产先进示范村	灵宝市政府
2013	常卯村	食用菌生产先进示范村	灵宝市政府
2013	巴娄村	食用菌生产先进示范村	灵宝市政府
2013	焦村镇菌办	食用菌生产优秀服务单位	灵宝市政府
2013	焦村镇	大旅游建设营销合作伙伴贡献奖	灵宝市政府
2013	灵宝职高	教育教学工作先进单位	灵宝市政府
2013	华苑高中	教育教学工作先进单位	灵宝市政府
2013	镇中心学校	教育教学工作先进单位	灵宝市政府
2013	镇一中	教育教学工作先进单位	灵宝市政府
2013	镇中心小学	教育教学工作先进单位	灵宝市政府
2013	焦村镇政府	尊师重教先进单位	灵宝市政府
2013	杨家村	尊师重教先进单位	灵宝市政府
2013	万渡村	尊师重教先进单位	灵宝市政府
2013	焦村镇	安全生产先进单位	灵宝市政府
2014	焦村村	平安建设工作先进村	灵宝市委市政府
2014	焦村镇	灵宝市大旅游先进单位	灵宝市委市政府
2014	焦村镇	2014 年度改善农村人居环境,建设美丽乡村工作先进乡镇	灵宝市委市政府

续表 24-4

时间(年)	单位	荣誉名称	授予单位
2014	万渡村	平安建设工作先进村	灵宝市委市政府
2014	焦村派出所	依法处置工作先进基层单位	灵宝市委市政府
2014	焦村镇	科技工作先进乡镇	灵宝市委市政府
2014	焦村镇	人口和计划生育工作先进乡镇	灵宝市委市政府
2014	镇一中	教育教学先进单位	灵宝市委市政府
2014	焦村镇政府	尊师重教先进单位	灵宝市委市政府
2014	万渡村	尊师重教先进单位	灵宝市委市政府
2015	焦村镇	“教你一招”优秀组织奖	灵宝市政府
2015	焦村镇	第二届龙舟大赛优秀组织奖	灵宝市政府
2015	东村村	“孝老爱亲”活动优秀组织奖	灵宝市政府
2015	焦村镇中心学校	先进单位	灵宝市政府
2015	焦村镇第一初级中学	先进单位	灵宝市政府
2017	万渡村	平安建设工作先进村	灵宝市人民政府
2017	姚家城村	平安建设工作先进村	灵宝市人民政府
2017	万渡村	文明村	灵宝市人民政府
2017	纪家庄村	文明村	灵宝市人民政府
2017	焦村派出所	依法处置工作先进单位	灵宝市人民政府
2017	焦村罗家基地	苹果矮砧发展示范基地	灵宝市人民政府
2017	焦村镇巴娄村郭彦杰果园	提质增效示范园	灵宝市人民政府
2017	焦村镇党政办公室	督查工作先进单位	灵宝市人民政府
2017	焦村镇党政办公室	信息工作先进单位	灵宝市人民政府
2017	焦村镇党政办公室	公文处理工作先进单位	灵宝市人民政府
2017	焦村镇综合办公室	政务信息工作先进单位	灵宝市人民政府
2017	焦村镇	新闻宣传及网络管理工作外宣贡献奖	灵宝市人民政府
2017	焦村镇第一初级中学	教育教学工作先进单位	灵宝市人民政府
2018	焦村镇	奋进杯夺杯单位铜杯(奖杯一个,奖励20万元)	灵宝市人民政府

续表 24-4

时间(年)	单位	荣誉名称	授予单位
2018	焦村镇	农业农村工作先进单位	灵宝市人民政府
2018	焦村镇	综合治税工作先进单位	灵宝市人民政府
2018	焦村镇	脱贫攻坚工作先进单位	灵宝市人民政府
2018	焦村镇	平安建设暨信访工作先进单位	灵宝市人民政府
2018	焦村镇	效能革命工作先进单位	灵宝市人民政府
2018	焦村镇	优秀微信公众号	灵宝市人民政府
2018	焦村镇	信访工作先进单位	灵宝市人民政府
2018	焦村镇	群众文化活动先进单位	灵宝市人民政府
2018	焦村镇	理论中心组述学先进单位	灵宝市人民政府
2018	焦村镇	统战工作先进单位	灵宝市人民政府
2018	焦村镇	先进基层党组织	灵宝市委、市政府
2019	焦村镇党委	先进基层党组织	灵宝市委
2019	北安头村党支部	农村五星级党支部	灵宝市委
2019	纪家庄村党支部	农村五星级党支部	灵宝市委
2019	滑底村党支部	农村五星级党支部	灵宝市委
2019	东仓村党支部	农村五星级党支部	灵宝市委
2019	南安头村党支部	农村五星级党支部	灵宝市委
2019	高家庄村党支部	农村五星级党支部	灵宝市委
2019	辛庄村党支部	农村五星级党支部	灵宝市委
2019	水泉源村党支部	农村五星级党支部	灵宝市委
2019	东村村党支部	农村五星级党支部	灵宝市委
2019	焦村镇	人才服务工作先进单位	灵宝市委市政府
2019	焦村镇	组工宣传工作先进单位	灵宝市委市政府
2019	焦村镇	外宣贡献奖	灵宝市委市政府
2019	焦村镇	群众文化活动先进单位	灵宝市委市政府
2019	焦村镇	“东风潮起涌金城”双节群众文化活动社火表演活动组织奖	灵宝市人民政府

二、个人荣誉

国家级及国家部委级

表 24-5

时间(年)	姓名	荣誉名称	授予单位	备注
1960	解密亭(女)	全国三八红旗手	中国妇联会	焦村帆布厂(东村人)
1979	解密亭(女)	全国三八红旗手	中国妇联会	焦村帆布厂(东村人)
1989	常育贤	全国优秀教师	中国教育部	安头村
1989	李崇茂	国家部级优秀教育工作者	中国教育部	焦村村
1989	赵省三	国家部级优秀教育工作者	中国教育部	滑底村
1990	吕佑民	全国科普先进工作者	中国科委	焦村乡西章村
1991	赵治民	全国优秀教师	中国教育部	东仓村
1991	闫海潮	全国初中应用物理知识竞赛一等奖		灵九中学生
1991	杨赞斌	全国初中应用物理知识竞赛二等奖		灵九中学生
1991	李要贤	全国初中应用物理知识竞赛二等奖		灵九中学生
1991	纪艳琴(女)	全国初中应用物理知识竞赛二等奖		纪家庄中学生
1991	汪飞飞	全国初中应用物理知识竞赛三等奖		灵九中学生
1991	李世森	全国初中应用物理知识竞赛三等奖		焦村中学学生
1991	李少岐	全国初中应用物理知识竞赛二等奖		灵九中学生
1991	钱　进	全国初中应用物理知识竞赛二等奖		东村中学学生
1993	汪宪波	全国初中化学竞赛一等奖		焦村五中学生
1993	汪宪波	全国初中数学竞赛一等奖		焦村五中学生
1994	李松林	全国初中迎奥赛物理知识竞赛三等奖		焦村一中学生
1994	高国伟	全国初中迎奥赛物理知识竞赛三等奖		焦村一中学生

续表 24-5

时间(年)	姓名	荣誉名称	授予单位	备注
1996	王怀超	“三育人”先进个人	中国教育总工会	坪村村
1996	马海成	论文《深化目标教学,提高学生读写能力》一等奖	国家级	焦村一中
1996	常竹红	全国中小学英语竞赛一等奖辅导教师	中国教育部	焦村一中
1996	常　霞	全国中小学英语竞赛一等奖辅导教师	中国教育部	焦村一中
1997	赵建国	论文《发挥“说”的作用》一等奖	国家级	焦村一中
1998	李建设	全国中小学化学竞赛一等奖辅导教师	中国教育部	焦村一中
2000	许革平(女)	全国中华古诗文诵读工程优秀辅导员	中国教育部	南安头村
2002	李智民	先进工作者	中国教育学会	李家坪村
2005	庞宝龙	铅球和铁饼铜牌	全国残疾人田径锦标赛	焦村镇秦村村
2006	杨建儒	2005 年度全国食用菌行业十大新闻人物	中国食用菌协会	
2007	庞宝龙	铅球第二名	全国第七届残疾人运动会	焦村镇秦村村
2009	翟金霞(女)	促进协调发展贡献奖	国家计生委	焦村镇
2010	董赞芒	全国初中应用物理知识竞赛辅导一等奖	中国教育部	焦村一中
2011	庞宝龙	F42 级铅球亚军;男子 F42 级铁饼第五名	全国第八届残疾人运动会	焦村镇秦村村
2014	庞宝龙	铅球第二名	全国残疾人田径锦标赛	焦村镇秦村村
2015	庞宝龙	男子 F42 级铅球第五名	世界残疾人田径锦标赛	焦村镇秦村村
2016	庞宝龙	IPC 铅球第二名	国际田径大奖赛	焦村镇秦村村
2018	庞宝龙	F42 级铅球冠军	全国残疾人田径锦标赛	焦村镇秦村村

省级及省厅级

表 24-6

时间(年)	姓名	荣誉名称	授予单位	备注
1953	纪文明	河南省第一届农业劳模会先进个人	河南省政府	焦村乡民政干事
1953	朱集成	河南省第一届农业劳模会植棉模范	河南省政府	焦村乡南上村
1954	杜守荣	河南省第二届劳模会畜牧业模范	河南省政府	焦村乡东村村
1954	董月仙(女)	河南省第二届劳动模范	河南省政府	焦村乡万渡村
1955	董月仙(女)	河南省第三届劳动模范	河南省政府	焦村乡万渡村
1955	常项明	河南省农业先进代表	河南省政府	安头农业生产合作社
1955	李玉龙	河南省农业先进代表	河南省政府	东村五一农业合作社
1956	李玉龙	河南省农业先进代表	河南省政府	东村五一农业合作社
1956	董月仙(女)	河南省第四届劳动模范	河南省政府	焦村乡万渡村
1956	李国哲	河南省优秀教师	河南省政府	纪家庄村
1956	纪建侠	河南省优秀教师	河南省政府	纪家庄村
1956	赵雨农	河南省优秀教师	河南省政府	万渡村
1957	董月仙(女)	河南省第五届劳动模范	河南省政府	焦村乡万渡村
1958	任登科	河南省先进代表	河南省政府	西章公社杨家村大队
1959	董锁柱	河南省园林先进代表	河南省政府	西章公社团委
1959	杜项劳	窄口水库建设中获得河南省水利先进代表	河南省政府	西章公社东村大队
1959	任登科	“红专工程师”荣誉称号	河南省政府	西章公社
1982	赵鸿飞	河南省小水电先进代表	河南省政府	五亩公社党委书记(秦村人)
1983	李志春	河南省科技成果三等奖	河南省政府	灵宝县医院
1986	许足平	剧本《桃花盛开的地方》获丰收奖	河南省群艺馆	常卯村

续表 24-6

时间(年)	姓名	荣誉名称	授予单位	备注
1987	刘焕森	河南省优秀教师	河南省政府	塔底村
1988	赵广镇	河南省回乡知青培训先进工作者	河南省政府	东仓村
1988	赵景谋	全省育龄妇女抽样调查优秀指导员	河南省计生委	灵宝县计生委武家山人
1989	张焕良	全省群众文化先进工作者	河南省宣传部	灵宝县文化局焦村人
1989	李崇孝	河南省优秀教师	河南省政府	焦村村
1990	孟庆升	河南省语文优秀辅导员	河南省政府	东仓村
1990	杨启祥	河南省物理优秀辅导员	河南省政府	万渡村
1991	廖群怀	河南省物理优秀辅导员	河南省政府	巴娄村
1991	阳学智	河南省数学优秀辅导员	河南省政府	万渡村
1991	吕巧绒(女)	河南省优秀教师	河南省政府	纪家庄村
1991	刘卫华	全国初中应用物理知识竞赛省级一等奖		焦村一中学生
1991	王建设	全国初中应用物理知识竞赛省级一等奖		焦村一中学生
1991	张赞红(女)	全国初中应用物理知识竞赛省级三等奖		万渡中学学生
1992	阳学智	河南省数学优秀辅导员	河南省政府	万渡村
1992	孟庆升	河南省语文优秀辅导员	河南省政府	东仓村
1992	王必学	河南省数学优秀辅导员	河南省政府	罗家村
1992	任成美	河南省化学优秀辅导员	河南省政府	西仓村
1992	李广佑	河南省数学优秀辅导员	河南省政府	东常册村
1993	王淑贞(女)	河南省数学优秀辅导员	河南省政府	罗家村
1993	王必学	河南省数学优秀辅导员	河南省政府	罗家村
1993	杨启祥	河南省物理优秀辅导员	河南省政府	万渡村
1993	阳学智	河南省数学优秀辅导员	河南省政府	万渡村
1993	朱自西	河南省数学优秀辅导员	河南省政府	南上村
1993	靳树基	河南省优秀教师	河南省政府	安头村

续表 24-6

时间(年)	姓名	荣誉名称	授予单位	备注
1993	张赞卫	全国初中第三届化学竞赛省级一等奖		焦村一中学生
1993	李江波	全国初中第三届化学竞赛省级一等奖		焦村二中学生
1993	朱刚刚	全国初中数学竞赛省级三等奖		焦村五中学生
1993	姚晓波	全国初中数学竞赛省级三等奖		焦村一中学生
1994	南永涛	全国初中迎奥赛物理知识竞赛省级一等奖		焦村一中学生
1994	杨星星	全国初中迎奥赛物理知识竞赛省级三等奖		焦村一中学生
1994	赵建国	河南省物理优秀辅导员	河南省政府	柴家原村
1994	阳学智	河南省数学优秀辅导员	河南省政府	万渡村
1994	张焕良	全省优秀乡(镇)长	河南省政府	寺河乡政府
1994	王必学	河南省数学优秀辅导员	河南省政府	罗家村
1995	屈吉瑞	优秀教师	河南省政府	乡观村
1997	赵建国	全省中学物理竞赛一等奖辅导教师	河南省教育厅	焦村一中
1997	李庆远	全省中学物理竞赛一等奖辅导教师	河南省教育厅	焦村一中
1997	耿永芳	全省中学物理竞赛一等奖辅导教师	河南省教育厅	焦村一中
1997	杨希培	全省中学化学竞赛一等奖辅导教师	河南省教育厅	焦村一中
1997	张志强	全省农村青年星火带头人	共青团河南省委	焦村镇果品公司
1997	赵建国	论文《发挥“说”的作用》一等奖	河南省教育厅	焦村一中
1998	王肇煊	优秀教师	河南省政府	坪村村
1998	赵建国	全省中学物理竞赛一等奖辅导教师	河南省教育厅	焦村一中
1998	李庆远	全省中学物理竞赛一等奖辅导教师	河南省教育厅	焦村一中

续表 24-6

时间(年)	姓名	荣誉名称	授予单位	备注
1999	翟美峰(女)	优秀青年教师	河南省政府	史村村
1999	任志东	优秀青年教师	河南省政府	万渡村
1999	王国宪	论文《电子专业教改一点尝试》一等奖	河南省教育厅	灵宝职专
1999	董站仕	论文《职校应突出实践教育》一等奖	河南省教育厅	灵宝职专
1999	李宽录	论文《职校电子专业改革与发展》一等奖	河南省教育厅	灵宝职专
1999	王高鸿	论文《职校学生能力培养的途径》一等奖	河南省教育厅	灵宝职专
1999	赵建国	全省中学物理竞赛一等奖辅导教师	河南省教育厅	焦村一中
1999	张孟祥	全省中学物理竞赛一等奖辅导教师	河南省教育厅	焦村一中
2000	熊跃珍	全省中学英语竞赛一等奖辅导教师	河南省教育厅	焦村一中
2000	常通霞	全省中学英语竞赛一等奖辅导教师	河南省教育厅	焦村一中
2000	王肇宣	全省中学英语竞赛一等奖辅导教师	河南省教育厅	焦村一中
2000	李建设	全省中学化学竞赛一等奖辅导教师	河南省教育厅	焦村一中
2000	常当丽	全省中学物理竞赛一等奖辅导教师	河南省教育厅	焦村一中
2000	张孟祥	全省中学物理竞赛一等奖辅导教师	河南省教育厅	焦村一中
2000	李宝勋	全省中学物理竞赛一等奖辅导教师	河南省教育厅	焦村二中
2000	王生芳	优秀教师	河南省政府	坪村村
2000	刘焕森	先进工作者	河南省政府	塔底村
2000	许淑霞(女)	全省巾帼建国标兵、三八红旗手	河南省妇联	灵宝市妇联
2001	李智民	特级教师	河南省政府	李家坪
2001	张长有	河南百名优秀农村科技致富带头人	省评选委员会	焦村村
2002	焦林林(女)	省保护母亲河行动先进个人	团省委	贝子原村
2002	焦林林(女)	河南省模范团干部	团省委	贝子原村
2002	吕白梅(女)	(省儿童科幻画)二等奖	河南省教育厅	焦村一中
2002	李晓芳(女)	首届教师书法大赛二等奖	河南省教育厅	焦村一中
2002	纪占牢	省第五次人口普查先进个人	省第五次人口普查领导小组	焦村村
2002	吕白梅	《信息间谍》获全国第二届宋庆龄少年儿童发明奖“省儿童科幻画”二等奖	省级	焦村一中学生
2003	焦林林(女)	河南省模范团干部	团省委	贝子原村

续表 24-6

时间(年)	姓名	荣誉名称	授予单位	备注
2003	王婉梅(女)	(省儿童科幻画)三等奖	河南省教育厅	焦村一中
2003	吕白梅(女)	少年科幻画二等奖	河南省教育厅	焦村一中
2003	王婉梅(女)	少年科幻画三等奖	河南省教育厅	焦村一中
2003	张亚芳	浅论汉语拼音教学省级二等奖	河南省教育厅	卯屯小学
2007	赵云生	水库移民后期扶持工作先进个人	省政府移民工作领导小组	武家山村
2007	熊净和	优秀人民调解员	省法院司法厅	镇司法所
2007	熊净和	优秀人民调解员	省司法厅	焦村镇
2007	亢文芳(女)	优秀教师	省人事厅、教育厅	镇一中
2008	王高风	省铁路护路联防工作先进个人	省铁路护路联防工作小组	巴娄村
2009	杨建儒	全省“劳动模范”	省人民政府	杨家村
2009	庞宝龙	铅球第一名	河南省残疾人运动会	焦村镇秦村
2010	闫帅帅	百优大学生村干部创业之星	团省委	滑底村
2010	李亚刚	《指导自学以练促能》立项课题	河南省教育厅	焦村一中
2010	许小娥	《地理教学中学生读图能力培养研究》立项课题	河南省教育厅	焦村一中
2010	余国英	《初中物理学习方式的研究》科研成果一等奖	河南省教育厅	焦村一中
2010	吕新花	《农村中学生课外有效阅读研究》课题结题	河南省教育厅	焦村一中
2012	何社军	基本药业先进个人	省卫生厅	焦村卫生院
2014	侯晚牢	优秀人民调解员	省司法厅	镇调委会调解员

洛阳、三门峡市级及市局级

表 24-7

时间(年)	姓名	荣誉名称	授予单位	备注
1959	魏象廷	洛阳地区双先会代表	洛阳地区政府	巴娄村
1959	常项端	洛阳地区双先会代表	洛阳地区政府	安头村
1959	张海旺	洛阳地区双先会代表	洛阳地区政府	焦村村
1960	张明哲	洛阳地区群英会代表	洛阳地区政府	张家山村
1980	杨生春	洛阳地区双先会代表	洛阳地区政府	沟东村
1982	魏象廷	洛阳地区双先会代表	洛阳地区政府	巴娄村
1982	段虎民	洛阳地区双先会代表	洛阳地区政府	张家山村
1982	张立屯	洛阳地区双先会代表	洛阳地区政府	焦村村
1982	赵广镇	洛阳地区双先会代表	洛阳地区政府	东仓村
1982	常育贤	洛阳地区双先会代表	洛阳地区政府	安头村
1982	张宽理	洛阳地区双先会代表	洛阳地区政府	焦村村
1982	冯　华	洛阳地区模范教师	洛阳地区政府	焦村村
1982	纪英佐	洛阳地区教育先进工作者	洛阳地区政府	纪家庄村
1983	武新社	洛阳地区劳模会代表	洛阳地区政府	武家山村
1985	纪英佐	洛阳地区教育先进工作者	洛阳地区政府	纪家庄村
1985	纪少岚	洛阳地区命名为“女能人”	洛阳地区政府	纪家庄村
1985	李崇孝	洛阳地区双先会代表	洛阳地区政府	焦村村
1985	任友山	洛阳地区双先会代表	洛阳地区政府	万渡村
1985	李剑秋	洛阳地区双先会代表	洛阳地区政府	纪家庄村
1986	纪英佐	三门峡市教育先进工作者	三门峡市政府	纪家庄村
1986	李崇刚	三门峡市教育先进工作者	三门峡市政府	焦村村
1986	刘增旺	三门峡市优秀教师	三门峡市政府	东仓村
1986	廖群怀	三门峡市优秀教师	三门峡市政府	巴娄村
1987	赵广镇	三门峡市优秀教师	三门峡市政府	东仓村
1987	赵广镇	成人教育先进工作者	三门峡市政府	东仓村
1987	李崇茂	三门峡市优秀教师	三门峡市政府	焦村村

续表 24-7

时间(年)	姓名	荣誉名称	授予单位	备注
1988	赵省三	三门峡市优秀教育工作者	三门峡市政府	滑底村
1988	张冠民	三门峡市优秀教师	三门峡市政府	焦村村
1988	李民选	三门峡市优秀辅导员	三门峡市政府	塔底村
1989	李崇茂	三门峡市优秀教师	三门峡市政府	焦村村
1989	鲍月敏(女)	三门峡市优秀教师	三门峡市政府	北安头村
1989	李成玉	三门峡市优秀教师	三门峡市政府	东常册村
1989	纪建学	三门峡市优秀教师	三门峡市政府	纪家庄村
1989	瞿晓明	三门峡市优秀教师	三门峡市政府	史村村
1989	瞿自治	三门峡市体卫工作先进个人	三门峡市政府	史村村
1989	赵广镇	三门峡市扫盲教育先进工作者	三门峡市政府	东仓村
1989	李崇孝	三门峡市优秀教师	三门峡市政府	焦村村
1990	瞿晓明	三门峡市优秀教师	三门峡市政府	史村村
1990	赵省三	三门峡市教育先进工作者	三门峡市政府	滑底村
1990	李巧绒(女)	三门峡市优秀教师	三门峡市政府	纪家庄村
1990	刘焕森	三门峡市优秀教师	三门峡市政府	塔底村
1990	王生芳	三门峡市优秀教师	三门峡市政府	坪村村
1990	许书泽	三门峡市优秀教师	三门峡市政府	辛庄村
1990	高更卫	三门峡市教育先进工作者	三门峡市政府	辛庄村
1990	李兴斌	三门峡市优秀教育工作者	三门峡市政府	纪家庄村
1990	廖群怀	三门峡市初级中学物理优质课赛讲一等奖		灵九中
1991	刘自锋	三门峡市优秀教师	三门峡市政府	塔底村
1991	王月法	三门峡市模范校长	三门峡市政府	王家村
1991	马云青(女)	三门峡市优秀教师	三门峡市政府	杨家村
1991	尚应民	三门峡市优秀教师	三门峡市政府	尚庄村
1991	杨好勇	三门峡市教育先进工作者	三门峡市政府	沟东村
1992	冯亚琴(女)	三门峡市优秀青年教师	三门峡市政府	滑底村
1992	王文庆	三门峡市优秀青年教师	三门峡市政府	坪村村
1992	王越发	三门峡市优秀中小学校长	三门峡市政府	王家嘴村

续表 24-7

时间(年)	姓名	荣誉名称	授予单位	备注
1992	高更卫	三门峡师训先进工作者	三门峡市政府	辛庄村
1992	李民选	三门峡市教育督导先进工作者	三门峡市政府	塔底村
1992	李民选	三门峡市爱国教育优秀组织者	三门峡市政府	塔底村
1993	张立屯	三门峡市教育先进工作者	三门峡市政府	焦村村
1993	李民选	三门峡市优秀教育工作者	三门峡市政府	塔底村
1993	李运忠	三门峡市劳动模范	三门峡市政府	东常册村
1993	李宗林	三门峡市优秀教师	三门峡市政府	焦村村
1993	李惠莹(女)	三门峡市德育工作先进个人	三门峡市政府	焦村村
1993	赵明旺	三门峡市优秀教育工作者	三门峡市政府	马村村
1993	赵明旺	三门峡市优秀校长	三门峡市政府	马村村
1993	李国栋	三门峡市优秀教师	三门峡市政府	焦村村
1993	屈转照	三门峡市优秀教师	三门峡市政府	东村村
1993	张彦朝	三门峡市勤工俭学先进工作者	三门峡市政府	西仓村
1994	李兴斌	三门峡市优秀中小学校长	三门峡市政府	纪家庄村
1994	张松哲	三门峡市优秀教师	三门峡市政府	焦村村
1994	许民行	三门峡市优秀教师	三门峡市政府	辛庄村
1994	刘冬青(女)	三门峡市优秀教师	三门峡市政府	马村村
2000	崔勋风	红旗渠精神杯竞赛先进个人	三门峡市政府	灵宝市委宣传部
2000	张长有	三门峡市四荒开发先进个人	三门峡市政府	焦村村
2001	李亚娟(女)	全市模范个体工商户	三门峡市政府	卯屯燕飞发泡网批发部
2001	梁金革	全市模范个体工商户	三门峡市政府	卯屯村果品包装批零部
2001	张长有	三门峡市优秀人大代表	三门峡市人大	焦村村
2001	耿浩英	群团系统先进个人	三门峡市政府	
2001	薛孝文	群团系统先进个人	三门峡市政府	
2001	杜创英	政府系统先进个人	三门峡市政府	
2001	马海成	有突出贡献的优秀教师	三门峡市政府	

续表 24-7

时间(年)	姓名	荣誉名称	授予单位	备注
2001	杨好敏	优秀教师	三门峡市政府	
2002	纪剑学	优秀教师	三门峡市政府	纪家庄小学
2002	彭绪民	农村税费改革先进工作者	三门峡市政府	焦村财政所
2002	李拴慈	优秀教师	三门峡市政府	焦村职专
2002	尚云波	教育系统表彰优秀教师	三门峡教育局	
2002	刘增旺	教育系统表彰优秀教师	三门峡教育局	
2002	张仙琴(女)	教育系统表彰优秀教师	三门峡教育局	
2003	李好阳	体育、卫生、艺术先进个人	三门峡市教育局	焦村一中
2003	赵建学	优秀共产党员	三门峡市委	焦村信达果业公司
2003	杨建儒	劳动模范	三门峡市政府	杨家村示范场
2003	赵建学	劳动模范	三门峡市政府	焦村信达果业公司
2003	王琳娟(女)	优秀教育工作者	三门峡市政府	焦村镇教办
2003	李小明	优秀教师	三门峡市政府	镇一中
2003	纪剑学	教育教学名师	三门峡市人事劳动局	纪家庄小学
2003	常通霞(女)	优秀教师	三门峡市人事劳动局	镇一中
2003	卢白琼(女)	优秀教师	三门峡市人事劳动局	焦村中心小学
2003	张　岩	抗击"非典"先进工作者	三门峡市卫生局	焦村卫生院
2004	马海成	有突出贡献的优秀教师	三门峡市政府	镇一中
2004	许敏行	有突出贡献的优秀教师	三门峡市政府	镇中心学校
2004	王文婷(女)	优秀共青团员	三门峡团委	镇一中
2004	曾欢丽(女)	三八红旗手	三门峡市妇联会	焦村镇
2004	赵少莹(女)	三八红旗手	三门峡市妇联会	焦村镇卫生院
2004	任宏旭	优秀教师	三门峡人事局教育局	镇一中

续表 24-7

时间(年)	姓名	荣誉名称	授予单位	备注
2004	吴海荣(女)	优秀教师	三门峡人事局教育局	镇中心小学
2004	张仙琴(女)	教育教学名师	三门峡人事局教育局	镇一中
2004	王生芳	十佳校长	三门峡市教育局	镇一中
2004	王肇煊	优秀班主任	三门峡市教育局	镇一中
2005	王金高	有突出贡献的优秀教师	三门峡市政府	镇一中
2005	王生芳	农村中小学危房改造工程先进个人	三门峡市政府	镇一中
2005	李少强	优秀教师	三门峡人事局教育局	镇二中
2005	杨英梅(女)	优秀教师	三门峡人事局教育局	镇中心小学
2005	吴海荣(女)	学科带头人	三门峡人事局教育局	镇中心小学
2005	武江萍(女)	骨干教师	三门峡市教育局	东村小学
2005	王青霞(女)	骨干教师	三门峡市教育局	万渡小学
2005	卢白琼(女)	骨干教师	三门峡市教育局	镇中心小学
2005	杨英梅(女)	骨干教师	三门峡市教育局	镇中心小学
2005	赵占齐	骨干教师	三门峡市教育局	镇三中
2005	闫玉柱	骨干教师	三门峡市教育局	镇一中
2005	张仙琴(女)	骨干教师	三门峡市教育局	镇一中
2005	李玉霞(女)	中小学学科带头人	三门峡市教育局	镇一中
2005	李选伟	中小学学科带头人	三门峡市教育局	镇四中
2005	常开国	先进工作者	三门峡市供销社	焦村供销社
2006	王生芳	有突出贡献的优秀教师	三门峡市政府	镇中心学校
2006	张选伟	有突出贡献的先进教育工作者	三门峡市政府	镇中心学校
2006	张孟祥	优秀教师	三门峡人事局、教育局	镇中心学校
2006	王娜娜(女)	优秀教师	三门峡人事局、教育局	镇中心学校

续表 24-7

时间(年)	姓名	荣誉名称	授予单位	备注
2006	卯来性	优秀教师	三门峡人事局、教育局	镇中心学校
2006	张腊梅(女)	优秀班主任	三门峡教育局	镇中心学校
2007	赵建国	有突出贡献的优秀教师	三门峡市政府	镇一中
2007	尚选伟	武装工作先进个人	三门峡市军分区	焦村镇
2007	尚选伟	优秀专武干部	三门峡市组织部	焦村镇
2007	李丽霞(女)	五好文明家庭	三门峡市妇联	柴家原村
2007	冯淑凤(女)	十大巾帼标兵	三门峡市妇联	杨家村
2007	熊净和	司法行政系统先进个人	三门峡市司法局	镇司法所
2007	师娟娟(女)	优秀教师	三门峡市人事局、教育局	镇一中
2007	纪晓伟(女)	优秀教师	三门峡市人事局、教育局	镇中心小学
2007	臧江丽(女)	优秀教师	三门峡市人事局、教育局	西章小学
2007	赵亚萍(女)	师德标兵	三门峡市教育局	东村小学
2007	蔡朝霞(女)	优秀班主任	三门峡市教育局	镇一中
2007	梁江丰	农村小学骨干教师	三门峡市教育局	东常册小学
2007	张江华	农村小学骨干教师	三门峡市教育局	东村小学
2007	赵蜜蜂(女)	农村小学骨干教师	三门峡市教育局	罗家小学
2007	尚飒飒(女)	农村小学骨干教师	三门峡市教育局	卯屯小学
2007	陈巧梅(女)	农村小学骨干教师	三门峡市教育局	万渡小学
2007	张金革(女)	农村小学骨干教师	三门峡市教育局	辛庄小学
2007	张巧巧(女)	农村小学骨干教师	三门峡市教育局	杨家小学
2007	吴海荣(女)	农村小学骨干教师	三门峡市教育局	镇中心小学
2007	赵风琴(女)	农村小学骨干教师	三门峡市教育局	镇中心小学
2007	刘晓红(女)	农村小学骨干教师	三门峡市教育局	焦村小学
2008	赵云生	2007 年抗洪抢险先进个人	防汛抗旱指挥部	灵宝黄河河务管理局

续表 24-7

时间(年)	姓名	荣誉名称	授予单位	备注
2008	杨会霞(女)	人口和计划生育工作优秀村级管理员	三门峡市委市政府	乡观村
2008	杜创英	新农村建设先进工作者	三门峡市委市政府	东村村
2008	李增寿	有突出贡献的优秀教师	三门峡市政府	镇一中
2008	杨好勇	有突出贡献的先进教育工作者	三门峡市政府	镇中心学校
2008	伍春生	关心支持民兵基层建设好书记	三门峡市委组织部、军分区政治部	焦村镇党委
2008	闫玉柱	优秀教师	三门峡市人事局、教育局	镇一中
2008	赵建宏	优秀教师	三门峡市人事局、教育局	镇一中
2008	吴万波	优秀教师	三门峡市人事局、教育局	镇一中
2008	冯宝仓	优秀教师	三门峡市人事局、教育局	镇一中
2008	李小明	优秀教师	三门峡市人事局、教育局	镇一中
2008	李红丽(女)	师德标兵	三门峡市人事局、教育局	镇中心小学
2009	张长有	劳动模范	三门峡市政府	焦村村
2009	伍春生	劳动模范	三门峡市政府	焦村镇政府
2009	李亚刚	有突出贡献的优秀教师	三门峡市政府	镇中心学校
2009	刘增旺	优秀教师	三门峡市人事局、教育局	镇中心学校
2009	杜湘瑜(女)	优秀教师	三门峡市人事局、教育局	镇一中
2009	李　娜	小学硬笔规范汉字书写大赛一等奖	三门峡市教育局	焦村学生
2009	张子宁	小学硬笔规范汉字书写大赛一等奖	三门峡市教育局	焦村学生
2009	张金龙	小学硬笔规范汉字书写大赛一等奖	三门峡市教育局	焦村学生

续表 24-7

时间(年)	姓名	荣誉名称	授予单位	备注
2009	薛涵溪	小学硬笔规范汉字书写大赛一等奖	三门峡市教育局	焦村学生
2009	马江涛	小学软笔规范汉字书写大赛一等奖	三门峡市教育局	焦村学生
2009	纪堃龙	小学软笔规范汉字书写大赛一等奖	三门峡市教育局	焦村学生
2009	张艺蓓	小学软笔规范汉字书写大赛一等奖	三门峡市教育局	焦村学生
2009	马琼萌	小学软笔规范汉字书写大赛一等奖	三门峡市教育局	焦村学生
2009	段泽成	小学硬笔规范汉字书写大赛一等奖	三门峡市教育局	焦村学生
2009	朱晓珊	小学硬笔规范汉字书写大赛一等奖	三门峡市教育局	焦村学生
2009	武京奇	小学硬笔规范汉字书写大赛一等奖	三门峡市教育局	焦村学生
2010	彭占辉	有突出贡献的优秀教师	三门峡市政府	镇一中
2010	梁晓啦(女)	优秀少先队辅导员	三门峡团委	镇中心小学
2010	翟喜民	治安联防工作先进个人	三门峡市公安局	焦村供电所
2011	张长有	新农村建设先进工作者	三门峡市委市政府	焦村村
2011	李旭波	有突出贡献的优秀教师	三门峡市政府	镇一中
2011	吴海荣(女)	优秀教师	三门峡市人社局、教育局	镇中心小学
2011	赵银生	优秀教师	三门峡市人社局、教育局	镇中心学校
2011	师娟娟(女)	百优班主任	三门峡市教育局	镇一中
2011	陈乖红(女)	旅游行业先进工作者	三门峡市旅游局	娘娘山景区
2012	李小明	有突出贡献的优秀教师	三门峡市政府	镇一中
2012	冯艳丽(女)	优秀教师	三门峡市人社局、教育局	焦村镇一中
2012	赵丽焕(女)	优秀教师	三门峡市人社局、教育局	焦村镇一中

续表 24-7

时间(年)	姓名	荣誉名称	授予单位	备注
2012	董赞芝(女)	优秀教师	三门峡市人社局、教育局	焦村镇一中
2012	李红丽(女)	优秀教师	三门峡市人社局、教育局	焦村镇中心小学
2012	陈乖红(女)	旅游行业先进工作者	三门峡市旅游局	娘娘山风景区
2013	杨晓飞	优秀教师	三门峡市人社局、教育局	镇一中
2013	刘晓红(女)	优秀教师	三门峡市人社局、教育局	镇中心小学
2013	亢文芳(女)	优秀教师	三门峡市人社局、教育局	镇中心学校
2014	王先层(女)	三八红旗手	三门峡市妇联	镇政府
2015	董赞芝	有突出贡献的优秀教师	三门峡市政府	
2015	李卫波	优秀教师	三门峡市人社局、教育局	
2016	杨晓辉	有突出贡献的优秀教师	三门峡市政府	
2016	杨英梅(女)	优秀教师	三门峡市人社局、教育局	
2017	闫玉柱	优秀教师	三门峡市政府	焦村一中
2017	曲海东	文明家庭	三门峡文明办	
2017	吕巧霞	妇联先进个人	三门峡市妇联	
2017	王宏江	计生先进个人	三门峡卫计委	
2017	刘亚平	优秀教师	三门峡人社局教育局	焦村中心小学

灵宝市级

表 24-8

时间(年)	姓名	荣誉名称	授予单位	备注
2001	张结义	果品生产标准化示范园	灵宝市政府	焦村村
2001	杨更士	果品生产标准化示范园	灵宝市政府	杨家村

续表 24-8

时间(年)	姓名	荣誉名称	授予单位	备注
2001	王树奇	果品生产标准化示范园	灵宝市政府	坪村村
2001	荆允哲	果品生产标准化示范园	灵宝市政府	东村村
2001	张长有	果品生产标准化示范园	灵宝市政府	焦村村
2001	孟庆华养猪场	畜牧业生产规模养殖场	灵宝市政府	史村村
2001	屈战国养猪场	畜牧业生产规模养殖场	灵宝市政府	乡观村
2001	屈雨牢养猪场	畜牧业生产规模养殖场	灵宝市政府	乡观村
2001	闫焕文养猪场	畜牧业生产规模养殖场	灵宝市政府	乡观村
2001	闫站超养猪场	畜牧业生产规模养殖场	灵宝市政府	乡观村
2001	闫榜治养猪场	畜牧业生产规模养殖场	灵宝市政府	乡观村
2001	常文兴养鸡场	畜牧业生产规模养殖场	灵宝市政府	安头村
2001	康英奶牛场	畜牧业生产规模养殖场	灵宝市政府	
2001	李照泽奶山羊场	畜牧业生产规模养殖场	灵宝市政府	焦村村
2001	张宾士奶山羊场	畜牧业生产规模养殖场	灵宝市政府	焦村村
2001	杜创英奶山羊场	畜牧业生产规模养殖场	灵宝市政府	东村村
2001	李建强	优秀党务工作者	灵宝市政府	
2001	杨英格	优秀党员	灵宝市政府	
2001	许正华	优秀党员	灵宝市政府	
2001	朱自安	优秀党员	灵宝市政府	
2001	武亮东	优秀党员	灵宝市政府	
2001	伍春生	优秀党员	灵宝市政府	
2001	熊静和	政法暨社会治安综合治理工作先进个人	灵宝市政府	
2001	马万军	政法暨社会治安综合治理工作先进个人	灵宝市政府	
2001	温振民	优秀人大代表	灵宝市政府	
2001	高运孝	优秀人大代表	灵宝市政府	
2001	王敏刚	发展非公有制经济暨中小企业先进个人	灵宝市政府	
2001	王固牢	发展非公有制经济暨中小企业先进个人	灵宝市政府	

续表 24-8

时间(年)	姓名	荣誉名称	授予单位	备注
2001	许竹楞(女)	发展非公有制经济暨中小企业先进个人	灵宝市政府	
2001	闫发佐	优秀校长	灵宝市政府	
2001	朗勤学	优秀教师	灵宝市政府	
2001	杨随东	优秀教师	灵宝市政府	
2001	李勤学	优秀教师	灵宝市政府	
2001	赵建生	优秀教师	灵宝市政府	
2001	张仙琴(女)	优秀教师	灵宝市政府	
2001	卢白琼(女)	优秀教师	灵宝市政府	
2001	薛辽野	优秀教师	灵宝市政府	
2001	赵蜜蜂(女)	优秀教师	灵宝市政府	
2001	李宗文	果品生产技术标兵	灵宝市政府	
2001	董全义	果品生产技术标兵	灵宝市政府	
2001	骆川午	果品生产技术标兵	灵宝市政府	
2001	薛孝文	果品生产技术标兵	灵宝市政府	
2001	郭彦杰	果品生产技术能手	灵宝市政府	
2001	武根苗	果品生产技术能手	灵宝市政府	
2001	王高泽	果品生产技术能手	灵宝市政府	
2001	张锁牢	果品生产技术能手	灵宝市政府	
2001	张建立	果品生产技术能手	灵宝市政府	
2002	张项锋养牛场	畜牧业生产规模养殖场	灵宝市政府	
2002	焦应斌养牛场	畜牧业生产规模养殖场	灵宝市政府	
2002	王建刚养羊场	畜牧业生产规模养殖场	灵宝市政府	
2002	魏振民养牛场	畜牧业生产规模养殖场	灵宝市政府	
2002	闫虎运养鸡场	畜牧业生产规模养殖场	灵宝市政府	
2002	赵纪宋养牛场	畜牧业生产规模养殖场	灵宝市政府	
2002	刘广俊养猪场	畜牧业生产规模养殖场	灵宝市政府	
2002	刘平安养鸡场	畜牧业生产规模养殖场	灵宝市政府	
2002	吴西来养鸡场	畜牧业生产规模养殖场	灵宝市政府	

续表 24-8

时间(年)	姓名	荣誉名称	授予单位	备注
2002	闫站坡养羊场	畜牧业生产规模养殖场	灵宝市政府	
2002	赵有胜养羊场	畜牧业生产规模养殖场	灵宝市政府	
2002	王续敏养牛场	畜牧业生产规模养殖场	灵宝市政府	
2002	赵玉祥养猪场	畜牧业生产规模养殖场	灵宝市政府	
2002	赵玉林养猪场	畜牧业生产规模养殖场	灵宝市政府	
2002	薛保国	优秀共产党员	灵宝市政府	
2002	常占慈	优秀共产党员	灵宝市政府	
2002	李建强	优秀共产党员	灵宝市政府	
2002	杨英格	优秀共产党员	灵宝市政府	
2002	张长有	优秀共产党员	灵宝市政府	焦村村
2002	伍春生	优秀党务工作者	灵宝市政府	
2002	杨建儒	优秀“双强”农村党支部书记	灵宝市政府	杨家村
2002	强自义	政法暨社会治安综合治理工作先进个人	灵宝市政府	
2002	赵建学	发展非公有制经济和中小企业模范专业户	灵宝市政府	
2002	卯奎朝	发展非公有制经济和中小企业模范工商户	灵宝市政府	卯屯村
2002	卯海龙	发展非公有制经济和中小企业模范工商户	灵宝市政府	卯屯村
2002	翟民生	食用菌生产先进工作者	灵宝市政府	
2002	李永奇	食用菌生产模范户	灵宝市政府	西常册村
2002	冯淑凤(女)	食用菌生产模范户	灵宝市政府	杨家村
2002	朱赞平	食用菌生产模范户	灵宝市政府	南上村
2002	朱自安	食用菌生产模范户	灵宝市政府	南上村
2002	李建朝	食用菌生产模范户	灵宝市政府	
2002	佐军士	食用菌生产模范户	灵宝市政府	
2002	杨英格	食用菌生产模范户	灵宝市政府	
2003	张项锋养牛场	畜牧业生产规模养殖场	灵宝市政府	

续表 24-8

时间(年)	姓名	荣誉名称	授予单位	备注
2003	新启养鸡场	畜牧业生产规模养殖场	灵宝市政府	
2003	耀军养猪场	畜牧业生产规模养殖场	灵宝市政府	
2003	焦村镇	农村劳动力转移工作先进单位	灵宝市政府	
2003	张榜泽	优秀共产党员	灵宝市政府	
2003	张长有	优秀共产党员	灵宝市政府	焦村村
2003	薛保国	优秀共产党员	灵宝市政府	
2003	杨英格	优秀共产党员	灵宝市政府	
2003	武东亮	优秀共产党员	灵宝市政府	
2003	王宝炜	优秀共产党员	灵宝市政府	
2003	伍春生	优秀党务工作者	灵宝市政府	
2003	闫赞超	优秀“双强”农村党支部书记	灵宝市政府	
2003	闫赞超	劳动模范	灵宝市政府	
2003	苏福敏	政法暨社会治安综合治理工作先进个人	灵宝市政府	
2003	张长有	政法暨社会治安综合治理工作先进个人	灵宝市政府	
2003	王宝炜	“创优”工作先进个人	灵宝市政府	
2003	张长有	非公有制林业先进个人	灵宝市政府	
2003	索　磊	食用菌生产先进工作者	灵宝市政府	
2003	翟民生	食用菌生产先进工作者	灵宝市政府	
2003	李永奇	食用菌生产先进工作者	灵宝市政府	
2003	杨建儒	食用菌生产先进工作者	灵宝市政府	
2003	张犬熊	食用菌生产模范户	灵宝市政府	
2003	杜顺兴	食用菌生产模范户	灵宝市政府	
2003	杨平芳	食用菌生产模范户	灵宝市政府	
2003	杨高谋	食用菌生产模范户	灵宝市政府	
2003	李永奇	食用菌生产模范户	灵宝市政府	
2003	李晓波	食用菌生产模范户	灵宝市政府	
2003	张宝星	食用菌生产模范户	灵宝市政府	

续表 24-8

时间(年)	姓名	荣誉名称	授予单位	备注
2003	阎有民	食用菌生产模范户	灵宝市政府	
2003	杨英格	食用菌生产模范户	灵宝市政府	
2003	张拴旺	安全生产先进个人	灵宝市政府	
2003	张建设	优秀教师	灵宝市政府	
2003	王赞恩	优秀教师	灵宝市政府	
2003	解菊冠	优秀教师	灵宝市政府	
2003	杨军波	优秀教师	灵宝市政府	
2003	李育锋	优秀教师	灵宝市政府	
2003	兰建伟	优秀教师	灵宝市政府	
2003	杨英梅(女)	优秀教师	灵宝市政府	
2003	苏旭阳	优秀教师	灵宝市政府	
2003	彭银奎	优秀教师	灵宝市政府	
2003	张亚芳(女)	优秀教师	灵宝市政府	
2003	武胜智	优秀教师	灵宝市政府	
2003	陈巧梅(女)	优秀教师	灵宝市政府	
2003	屈建革	优秀教师	灵宝市政府	
2003	卯来性	先进教育工作者	灵宝市政府	
2004	苏福敏	政法暨社会治安综合治理工作先进个人	灵宝市政府	
2004	杨英格	政法暨社会治安综合治理工作先进个人	灵宝市政府	
2004	伍春生	贯彻执行党风廉政建设责任制优秀个人	灵宝市政府	
2004	李知恒	贯彻执行党风廉政建设责任制优秀个人	灵宝市政府	
2004	苏福敏	贯彻执行党风廉政建设责任制优秀个人	灵宝市政府	
2004	李永奇	食用菌生产先进个人	灵宝市政府	
2004	杨建儒	食用菌生产先进个人	灵宝市政府	
2004	杨英格	食用菌生产先进个人	灵宝市政府	

续表 24-8

时间(年)	姓名	荣誉名称	授予单位	备注
2004	杨高谋	食用菌生产先进个人	灵宝市政府	
2004	翟民生	食用菌生产先进工作者	灵宝市政府	
2004	屈转照	优秀教师	灵宝市政府	
2004	肖丽萍(女)	优秀教师	灵宝市政府	
2004	杨欣欣	优秀教师	灵宝市政府	
2004	屈北龙	优秀教师	灵宝市政府	
2004	崔　洪	优秀教师	灵宝市政府	
2004	侯艳丛(女)	优秀教师	灵宝市政府	
2004	李惠萍(女)	优秀教师	灵宝市政府	
2004	冯莹妍(女)	优秀教师	灵宝市政府	
2004	李艺芳(女)	优秀教师	灵宝市政府	
2004	王宗胜	优秀教师	灵宝市政府	
2004	李卫波	优秀教师	灵宝市政府	
2004	周广文	优秀教师	灵宝市政府	
2004	杨克江	优秀教师	灵宝市政府	
2004	李增寿	优秀教育工作者	灵宝市政府	
2004	闫向生	优秀教育工作者	灵宝市政府	
2004	伍春生	优秀共产党员	灵宝市政府	
2004	王生芳	优秀共产党员	灵宝市政府	
2004	翟榜兴	优秀共产党员	灵宝市政府	
2004	强自义	优秀党务工作者	灵宝市政府	
2004	苏占谋	优秀党务工作者	灵宝市政府	
2004	杨建儒	优秀“双强”农村党支部书记	灵宝市政府	
2004	李知恒	安全生产工作先进个人	灵宝市政府	
2004	王宝炜	财源建设先进个人	灵宝市政府	
2005	强自义	政法暨社会治安综合治理工作先进个人	灵宝市政府	
2005	杨占强	政法暨社会治安综合治理工作先进个人	灵宝市政府	

续表 24-8

时间(年)	姓名	荣誉名称	授予单位	备注
2005	杨建儒	食用菌生产总技术员	灵宝市政府	
2005	朱赞平	食用菌生产总技术员	灵宝市政府	
2005	杨建波	食用菌生产总技术员	灵宝市政府	
2005	李永奇	食用菌生产大户	灵宝市政府	
2005	杨英格	食用菌生产大户	灵宝市政府	
2005	侯少锋	优秀教师	灵宝市政府	
2005	余国英	优秀教师	灵宝市政府	
2005	杨玉娥(女)	优秀教师	灵宝市政府	
2005	杨卫华	优秀教师	灵宝市政府	
2005	李晓阳	优秀教师	灵宝市政府	
2005	马晶晶(女)	优秀教师	灵宝市政府	
2005	李飞刚	优秀教师	灵宝市政府	
2005	常科科	优秀教师	灵宝市政府	
2005	王腊阳	优秀教师	灵宝市政府	
2005	李　华	优秀教师	灵宝市政府	
2005	王卫波	优秀教师	灵宝市政府	
2005	屈焕芳(女)	优秀教师	灵宝市政府	
2005	杨随冬	优秀教师	灵宝市政府	
2005	赵选泽	优秀教育工作者	灵宝市政府	
2005	强自义	优秀共产党员	灵宝市政府	
2005	李锁森	优秀共产党员	灵宝市政府	
2005	杜创英	优秀共产党员	灵宝市政府	
2005	赵向学	优秀共产党员	灵宝市政府	
2005	伍春生	优秀党务工作者	灵宝市政府	
2005	杨英格	优秀"双强"农村党支部书记	灵宝市政府	
2005	许竹楞(女)	安全生产工作先进个人	灵宝市政府	
2005	张拴旺(女)	安全生产工作先进个人	灵宝市政府	
2005	王　箐(女)	科学技术资励三等奖	灵宝市政府	

续表 24-8

时间(年)	姓名	荣誉名称	授予单位	备注
2006	伍春生	优秀党务工作者	灵宝市政府	
2006	伍春生	优秀共产党员	灵宝市政府	
2006	高运孝	优秀共产党员	灵宝市政府	
2006	王绪恒	优秀共产党员	灵宝市政府	
2006	杨好勇	优秀共产党员	灵宝市政府	
2006	赵丽焕(女)	优秀教师	灵宝市政府	
2006	亢文芳(女)	优秀教师	灵宝市政府	
2006	张　波	优秀教师	灵宝市政府	
2006	杨军波	优秀教师	灵宝市政府	
2006	刘　萍(女)	优秀教师	灵宝市政府	
2006	赵英华	优秀教师	灵宝市政府	
2006	李川歌	优秀教师	灵宝市政府	
2006	高杏丽(女)	优秀教师	灵宝市政府	
2006	李雪苗(女)	优秀教师	灵宝市政府	
2006	阳彩苗(女)	优秀教师	灵宝市政府	
2006	张妙阳(女)	优秀教师	灵宝市政府	
2006	杜会萍(女)	优秀教师	灵宝市政府	
2006	杨好敏	优秀教育工作者	灵宝市政府	
2006	屈和凤(女)	优秀教育工作者	灵宝市政府	
2006	李小明	优秀教育工作者	灵宝市政府	
2006	熊净和	“四五”普法暨“二五”依法治市工作先进个人	灵宝市政府	
2006	翟民生	食用菌生产先进工作者	灵宝市政府	
2006	杨建儒	食用菌生产模范技术员	灵宝市政府	
2006	张保兴	食用菌生产模范技术员	灵宝市政府	
2006	杨建波	食用菌生产模范技术员	灵宝市政府	
2006	阎战帮	食用菌生产模范技术员	灵宝市政府	
2006	李永奇	食用菌生产模范技术员	灵宝市政府	
2006	杨赞波	食用菌生产模范技术员	灵宝市政府	

续表 24-8

时间(年)	姓名	荣誉名称	授予单位	备注
2006	杨英格	食用菌生产大户	灵宝市政府	
2006	吕书杰	食用菌生产大户	灵宝市政府	
2006	杨高谋	食用菌生产大户	灵宝市政府	
2006	杨小妮(女)	食用菌生产大户	灵宝市政府	
2006	朱占平	食用菌生产大户	灵宝市政府	
2006	杨永奇	食用菌生产大户	灵宝市政府	
2006	常群增	食用菌生产大户	灵宝市政府	
2006	朱学刚	食用菌生产大户	灵宝市政府	
2006	杨建儒	食用菌销售大户	灵宝市政府	
2006	杨永奇	食用菌销售大户	灵宝市政府	
2006	曾焕丽(女)	安全生产工作先进个人	灵宝市政府	
2006	杨建儒	科学技术进步二等奖	灵宝市政府	
2006	杨晓妮(女)	科学技术进步二等奖	灵宝市政府	
2006	冯淑凤(女)	科学技术进步二等奖	灵宝市政府	
2006	杨建儒	科学技术进步三等奖	灵宝市政府	
2007	强自义	优秀共产党员	灵宝市政府	
2007	朱自安	优秀共产党员	灵宝市政府	
2007	闫帅帅	优秀共产党员	灵宝市政府	
2007	伍春生	优秀党务工作者	灵宝市政府	
2007	张焕霞(女)	优秀教师	灵宝市政府	
2007	张洁琼(女)	优秀教师	灵宝市政府	
2007	杜亚比	优秀教师	灵宝市政府	
2007	李彩芳(女)	优秀教师	灵宝市政府	
2007	尚海平	优秀教师	灵宝市政府	
2007	张秋丽(女)	优秀教师	灵宝市政府	
2007	夏　璟	优秀教师	灵宝市政府	
2007	杜军丽	优秀教师	灵宝市政府	
2007	吕晓莎(女)	优秀教师	灵宝市政府	

续表 24-8

时间(年)	姓名	荣誉名称	授予单位	备注
2007	王腊阳	优秀教师	灵宝市政府	
2007	赵蜜蜂(女)	优秀教师	灵宝市政府	
2007	李娟华(女)	优秀教师	灵宝市政府	
2007	张海茹(女)	支教模范	灵宝市政府	
2007	古引朋	优秀班主任	灵宝市政府	
2007	李艺芳(女)	优秀班主任	灵宝市政府	
2007	赵银生	优秀教育工作者	灵宝市政府	
2007	杨好敏	优秀教育工作者	灵宝市政府	
2007	强自义	和谐社会建设先进工作者	灵宝市政府	
2007	熊净和	和谐社会建设先进工作者	灵宝市政府	
2007	蔡　伟	信访“百日整治”暨党的十七大期间稳定工作先进个人	灵宝市政府	
2007	冯淑凤(女)	食用菌生产优秀技术员	灵宝市政府	
2007	朱赞平	食用菌生产优秀技术员	灵宝市政府	
2007	杨建儒	食用菌生产优秀技术员	灵宝市政府	
2007	杨赞波	食用菌生产优秀技术员	灵宝市政府	
2007	杨英格	食用菌生产大户	灵宝市政府	
2007	吕书杰	食用菌生产大户	灵宝市政府	
2007	杨冠兴	食用菌生产大户	灵宝市政府	
2007	李永奇	食用菌销售大户	灵宝市政府	
2007	杭润刚	沼气富民工程建设先进办公室主任	灵宝市政府	
2007	曾焕丽(女)	安全生产工作先进个人	灵宝市政府	
2007	王保国	产品质量和食品安全专项治理工作先进个人	灵宝市政府	
2008	杨民强	优秀共产党员	灵宝市政府	
2008	黄宝鸿	优秀共产党员	灵宝市政府	
2008	强自义	优秀共产党员	灵宝市政府	
2008	姚悟林	优秀共产党员	灵宝市政府	

续表 24-8

时间(年)	姓名	荣誉名称	授予单位	备注
2008	武亮东	优秀共产党员	灵宝市政府	
2008	伍春生	优秀党务工作者	灵宝市政府	
2008	赵英杰	服务重点项目建设向上争取资金先进个人	灵宝市政府	
2008	张　慧(女)	优秀教师、优秀班主任	灵宝市政府	
2008	李茂森	优秀教师、优秀班主任	灵宝市政府	
2008	冯艳丽(女)	优秀教师、优秀班主任	灵宝市政府	
2008	姜卫华	优秀教师、优秀班主任	灵宝市政府	
2008	赵占齐	优秀教师、优秀班主任	灵宝市政府	
2008	杜亚妮(女)	优秀教师、优秀班主任	灵宝市政府	
2008	赵少盈	优秀教师、优秀班主任	灵宝市政府	
2008	杜卫斌	优秀教师、优秀班主任	灵宝市政府	
2008	尚卫娜(女)	优秀教师、优秀班主任	灵宝市政府	
2008	尚旭东	优秀教师、优秀班主任	灵宝市政府	
2008	刘娟辉	优秀教师、优秀班主任	灵宝市政府	
2008	梁啦啦(女)	优秀教师、优秀班主任	灵宝市政府	
2008	李旭波	优秀教师、优秀班主任	灵宝市政府	
2008	张晓莲(女)	优秀教师、优秀班主任	灵宝市政府	
2008	熊耀珍(女)	课改优秀教师	灵宝市政府	
2008	吕丽萍(女)	课改优秀教师	灵宝市政府	
2008	王琳娟(女)	优秀教育工作者	灵宝市政府	
2008	王君成	优秀教育工作者	灵宝市政府	
2008	蔡　伟	奥运会期间信访稳定工作先进个人	灵宝市政府	
2008	陈荣刚	奥运会期间信访稳定工作先进个人	灵宝市政府	
2008	王固牢	奥运会期间信访稳定工作先进个人	灵宝市政府	
2008	彭　丹(女)	奥运会期间信访稳定工作先进个人	灵宝市政府	

续表 24-8

时间(年)	姓名	荣誉名称	授予单位	备注
2008	蔡　伟	干部大下放活动先进个人	灵宝市政府	
2008	强自义	信访工作先进个人	灵宝市政府	
2008	蔡　伟	信访工作先进个人	灵宝市政府	
2008	杭润刚	沼气富民工程建设先进办公室主任	灵宝市政府	
2008	曾焕丽(女)	安全生产工作先进个人	灵宝市政府	
2008	伍春生	人口和计划生育先进工作者	灵宝市政府	
2008	王宏江	人口和计划生育先进工作者	灵宝市政府	
2008	姚花层(女)	优秀村级计划生育管理员	灵宝市政府	
2008	杨建儒	科学技术奖励三等奖	灵宝市政府	
2008	冯淑凤(女)	科学技术奖励三等奖	灵宝市政府	
2008	杨晓妮(女)	科学技术奖励三等奖	灵宝市政府	
2008	王　菁(女)	科学技术奖励三等奖	灵宝市政府	
2009	闫赞超	优秀共产党员	灵宝市政府	
2009	李建雄	优秀共产党员	灵宝市政府	
2009	赵建学	优秀共产党员	灵宝市政府	
2009	伍春生	优秀党务工作者	灵宝市政府	
2009	张长有	“五个好”农村党支部书记	灵宝市政府	
2009	纪斌强	项目建设年活动先进个人	灵宝市政府	
2009	杨欣欣(女)	优秀教师、优秀班主任	灵宝市政府	
2009	任宏旭	优秀教师、优秀班主任	灵宝市政府	
2009	刘亚赞	优秀教师、优秀班主任	灵宝市政府	
2009	杨玮玮(女)	优秀教师、优秀班主任	灵宝市政府	
2009	李好阳	优秀教师、优秀班主任	灵宝市政府	
2009	肖丽萍(女)	优秀教师、优秀班主任	灵宝市政府	
2009	尚丽萍(女)	优秀教师、优秀班主任	灵宝市政府	
2009	李洁庆	优秀教师、优秀班主任	灵宝市政府	
2009	冯莹妍(女)	优秀教师、优秀班主任	灵宝市政府	
2009	纪晓晓(女)	优秀教师、优秀班主任	灵宝市政府	

续表 24-8

时间(年)	姓名	荣誉名称	授予单位	备注
2009	杜娟萍(女)	优秀教师、优秀班主任	灵宝市政府	
2009	藏起峰	优秀教师、优秀班主任	灵宝市政府	
2009	纪晓华	优秀教师、优秀班主任	灵宝市政府	
2009	纪帅军	优秀教师、优秀班主任	灵宝市政府	
2009	吴海荣	课改优秀教师	灵宝市政府	
2009	李红丽(女)	课改优秀教师	灵宝市政府	
2009	赵丽焕(女)	课改优秀教师	灵宝市政府	
2009	王文华	优秀教育工作者	灵宝市政府	
2009	王生芳	优秀教育工作者	灵宝市政府	
2009	王　晓(女)	师德标兵	灵宝市政府	
2009	冯秋红(女)	师德标兵	灵宝市政府	
2009	熊净和	平安建设先进工作者	灵宝市政府	
2009	杨民强	平安建设先进工作者	灵宝市政府	
2009	伍春生	普法依法治理工作先进个人	灵宝市政府	
2009	康廷献	信访工作先进个人	灵宝市政府	
2009	蔡　伟	信访工作先进个人	灵宝市政府	
2009	彭志民	食用菌生产先进工作者	灵宝市政府	
2009	杨建波	食用菌生产优秀技术员	灵宝市政府	
2009	闫战邦	食用菌生产优秀技术员	灵宝市政府	
2009	冯淑凤(女)	食用菌生产优秀技术员	灵宝市政府	
2009	李永奇	食用菌生产优秀技术员	灵宝市政府	
2009	杨赞波	食用菌生产优秀技术员	灵宝市政府	
2009	李永奇	食用菌生产示范户	灵宝市政府	
2009	杨建儒	食用菌生产销售大户	灵宝市政府	
2009	李永奇	食用菌生产销售大户	灵宝市政府	
2009	伍春生	人口和计划生育先进工作者	灵宝市政府	
2009	夏云草(女)	优秀村级计划生育管理员	灵宝市政府	
2010	焦应斌	优秀共产党员	灵宝市政府	

续表 24-8

时间(年)	姓名	荣誉名称	授予单位	备注
2010	王先层(女)	优秀共产党员	灵宝市政府	
2010	赵建学	优秀共产党员	灵宝市政府	
2010	索　磊	优秀党务工作者	灵宝市政府	
2010	杨建儒	“五个好”农村党支部书记	灵宝市政府	
2010	姚悟林	“五个好”农村党支部书记	灵宝市政府	
2010	王娜娜(女)	优秀教师、优秀班主任	灵宝市政府	
2010	董赞芝(女)	优秀教师、优秀班主任	灵宝市政府	
2010	张仙琴(女)	优秀教师、优秀班主任	灵宝市政府	
2010	李晓波	优秀教师、优秀班主任	灵宝市政府	
2010	李美茹(女)	优秀教师、优秀班主任	灵宝市政府	
2010	杜会萍(女)	优秀教师、优秀班主任	灵宝市政府	
2010	廖站革	优秀教师、优秀班主任	灵宝市政府	
2010	屈艳艳(女)	优秀教师、优秀班主任	灵宝市政府	
2010	常娜芳(女)	优秀教师、优秀班主任	灵宝市政府	
2010	尚少宁	优秀教师、优秀班主任	灵宝市政府	
2010	李芳芳(女)	优秀教师、优秀班主任	灵宝市政府	
2010	任艳丽(女)	优秀教师、优秀班主任	灵宝市政府	
2010	于红辉	优秀教师、优秀班主任	灵宝市政府	
2010	张海茹(女)	优秀教师、优秀班主任	灵宝市政府	
2010	杨柏莎(女)	优秀教师、优秀班主任	灵宝市政府	
2010	裴　晓(女)	优秀教师、优秀班主任	灵宝市政府	
2010	王青霞(女)	优秀课改教师	灵宝市政府	
2010	王娜娜(女)	优秀课改教师	灵宝市政府	
2010	李少强	先进教育工作者	灵宝市政府	
2010	焦发生	先进教育工作者	灵宝市政府	
2010	杜燕萍(女)	师德标兵	灵宝市政府	
2010	杨好敏	师德标兵	灵宝市政府	
2010	周小平	全市对口支教先进教师	灵宝市政府	

续表 24-8

时间(年)	姓名	荣誉名称	授予单位	备注
2010	索　磊	信访工作先进个人	灵宝市政府	
2010	蔡　伟	信访工作先进个人	灵宝市政府	
2010	翟民生	食用菌生产先进工作者	灵宝市政府	
2010	杨建波	食用菌生产优秀技术员	灵宝市政府	
2010	闫战邦	食用菌生产优秀技术员	灵宝市政府	
2010	冯淑凤(女)	食用菌生产优秀技术员	灵宝市政府	
2010	李永奇	食用菌生产优秀技术员	灵宝市政府	
2010	杨赞波	食用菌生产优秀技术员	灵宝市政府	
2010	李选奇	食用菌生产示范大户	灵宝市政府	
2010	吕书杰	食用菌生产示范大户	灵宝市政府	
2010	张建刚	食用菌生产示范大户	灵宝市政府	
2010	许少刚	食用菌生产示范大户	灵宝市政府	
2010	许彦民	食用菌生产示范大户	灵宝市政府	
2010	李永奇	食用菌销售大户	灵宝市政府	
2010	曾焕丽(女)	安全生产先进个人	灵宝市政府	
2010	彭志民	人口和计划生育先进工作者	灵宝市政府	
2010	耿浩英	人口和计划生育先进工作者	灵宝市政府	
2010	李冉草(女)	优秀村级计划生育管理员	灵宝市政府	
2010	王　菁(女)	科技技术进步二等奖	灵宝市政府	
2010	朱献辉	科技技术进步二等奖	灵宝市政府	
2010	杨建儒	科技技术进步三等奖	灵宝市政府	
2011	彭志民	创先争优优秀共产党员	灵宝市政府	
2011	王先层(女)	优秀党务工作者	灵宝市政府	
2011	张长有	优秀村党支部书记	灵宝市政府	
2011	杨英格	优秀村党支部书记	灵宝市政府	
2011	王保刚	优秀村党组织第一书记	灵宝市政府	
2011	索　磊	“万名干部进农家”活动优秀个人	灵宝市政府	
2011	杨占强	重点项目建设先进个人	灵宝市政府	

续表 24-8

时间(年)	姓名	荣誉名称	授予单位	备注
2011	索　磊	平安建设暨社会管理创新工作先进工作者	灵宝市政府	
2011	康廷献	平安建设暨社会管理创新工作先进工作者	灵宝市政府	
2011	熊静和	平安建设暨社会管理创新工作先进工作者	灵宝市政府	
2011	张洁琼(女)	优秀教师、优秀班主任	灵宝市政府	
2011	杨海霞(女)	优秀教师、优秀班主任	灵宝市政府	
2011	吕秋霞(女)	优秀教师、优秀班主任	灵宝市政府	
2011	杜军丽(女)	优秀教师、优秀班主任	灵宝市政府	
2011	寇肖娟(女)	优秀教师、优秀班主任	灵宝市政府	
2011	赵芳华	优秀教师、优秀班主任	灵宝市政府	
2011	卯珊珊(女)	优秀教师、优秀班主任	灵宝市政府	
2011	李雪苗(女)	优秀教师、优秀班主任	灵宝市政府	
2011	王啦啦(女)	优秀教师、优秀班主任	灵宝市政府	
2011	许春丽(女)	优秀教师、优秀班主任	灵宝市政府	
2011	焦军玲(女)	优秀教师、优秀班主任	灵宝市政府	
2011	吕晓莎(女)	优秀教师、优秀班主任	灵宝市政府	
2011	杜建录	优秀教师、优秀班主任	灵宝市政府	
2011	杨高辉	优秀教师、优秀班主任	灵宝市政府	
2011	冯亚亚(女)	优秀课改教师	灵宝市政府	
2011	董花莲(女)	优秀课改教师	灵宝市政府	
2011	兰建伟	先进教育工作者	灵宝市政府	
2011	巴巧宁	师德标兵	灵宝市政府	
2011	王卫波	师德标兵	灵宝市政府	
2011	熊静和	2006—2010 年度法制宣传教育及依法治理工作先进个人	灵宝市政府	
2011	索　磊	信访工作先进个人	灵宝市政府	
2011	罗蜜岐	农业技术推广先进个人	灵宝市政府	

续表 24-8

时间(年)	姓名	荣誉名称	授予单位	备注
2011	陈荣刚	防汛抗旱工作先进个人	灵宝市政府	
2011	翟民生	食用菌生产先进工作者	灵宝市政府	
2011	杨赞波	食用菌生产规模效益户	灵宝市政府	
2011	杨晓宁	食用菌生产规模效益户	灵宝市政府	
2011	赵恩行	食用菌生产规模效益户	灵宝市政府	
2011	李选奇	食用菌生产规模效益户	灵宝市政府	
2011	张蛮娃	食用菌生产规模效益户	灵宝市政府	
2011	李卫江	食用菌生产规模效益户	灵宝市政府	
2011	张建刚	食用菌生产规模效益户	灵宝市政府	
2011	许少刚	食用菌生产规模效益户	灵宝市政府	
2011	杨建儒	食用菌生产销售大户	灵宝市政府	
2011	李勇奇	食用菌生产销售大户	灵宝市政府	
2011	杨战强	安全生产先进个人	灵宝市政府	
2011	王先层(女)	人口和计划生育先进工作者	灵宝市政府	
2011	耿浩英	人口和计划生育先进工作者	灵宝市政府	
2011	姚花层(女)	优秀村级计划生育管理员	灵宝市政府	
2011	范川霞(女)	企业服务活动先进个人	灵宝市政府	
2011	李永奇	科学技术进步二等奖	灵宝市政府	
2011	李选奇	科学技术进步二等奖	灵宝市政府	
2012	熊静和	平安建设暨社会管理创新工作先进工作者	灵宝市政府	
2012	蔡　伟	平安建设暨社会管理创新工作先进工作者	灵宝市政府	
2012	朱兰兰(女)	平安建设暨社会管理创新工作先进工作者	灵宝市政府	
2012	彭志民	“万名干部进万家”活动先进个人	灵宝市政府	
2012	蔡　伟	信访工作先进个人	灵宝市政府	
2012	冯淑凤(女)	食用菌生产先进工作者	灵宝市政府	
2012	杨赞波	食用菌生产先进工作者	灵宝市政府	

续表 24-8

时间(年)	姓名	荣誉名称	授予单位	备注
2012	彭志民	人口和计划生育工作先进工作者	灵宝市政府	
2012	张志强	民营经济回乡创业先进个人	灵宝市政府	
2012	杜艳琴(女)	优秀村级计划生育管理员	灵宝市政府	
2012	王先层(女)	省级卫生城市创建复审工作先进个人	灵宝市政府	
2012	谢许吉	省级卫生城市创建复审工作先进个人	灵宝市政府	
2012	崔雷风	省级卫生城市创建复审工作先进个人	灵宝市政府	
2012	蔡朝霞(女)	优秀教师、优秀班主任	灵宝市政府	
2012	赵　圆(女)	优秀教师、优秀班主任	灵宝市政府	
2012	张正宝	优秀教师、优秀班主任	灵宝市政府	
2012	纪娜娜(女)	优秀教师、优秀班主任	灵宝市政府	
2012	吕静静(女)	优秀教师、优秀班主任	灵宝市政府	
2012	李赞阳	优秀教师、优秀班主任	灵宝市政府	
2012	藏江丽(女)	优秀教师、优秀班主任	灵宝市政府	
2012	冯丽娜(女)	优秀教师、优秀班主任	灵宝市政府	
2012	魏春艳(女)	优秀教师、优秀班主任	灵宝市政府	
2012	杨远妮(女)	优秀教师、优秀班主任	灵宝市政府	
2012	杨克江	优秀教师、优秀班主任	灵宝市政府	
2012	刘娟丽(女)	优秀教师、优秀班主任	灵宝市政府	
2012	杨巧丽(女)	优秀教师、优秀班主任	灵宝市政府	
2012	崔　洪	优秀教师、优秀班主任	灵宝市政府	
2012	刘永辉	优秀教师、优秀班主任	灵宝市政府	
2012	赵选择	先进教育工作者	灵宝市政府	
2012	杨占强	安全生产先进个人	灵宝市政府	
2012	陈荣刚	烟叶生产先进工作者	灵宝市政府	
2012	蔡　伟	烟叶生产先进工作者	灵宝市政府	

续表 24-8

时间(年)	姓名	荣誉名称	授予单位	备注
2012	许秋葵(女)	果业发展先进工作者	灵宝市政府	
2012	尚锁锋	果业发展示范户	灵宝市政府	
2012	范川霞(女)	企业服务活动先进个人	灵宝市政府	
2012	王国栋	科学技术进步三等奖	灵宝市政府	
2013	熊静和	平安建设暨社会管理创新工作先进工作者	灵宝市政府	
2013	吕巧霞(女)	信访工作先进个人	灵宝市政府	
2013	李　冰(女)	食用菌生产先进工作者	灵宝市政府	
2013	杨玮玮	优秀教师、优秀班主任	灵宝市政府	
2013	王　晓(女)	优秀教师、优秀班主任	灵宝市政府	
2013	张妙阳	优秀教师、优秀班主任	灵宝市政府	
2013	夏　璟	优秀教师、优秀班主任	灵宝市政府	
2013	冯莹妍(女)	优秀教师、优秀班主任	灵宝市政府	
2013	李慧军	优秀教师、优秀班主任	灵宝市政府	
2013	常江霞(女)	优秀教师、优秀班主任	灵宝市政府	
2013	纪晓阳	优秀教师、优秀班主任	灵宝市政府	
2013	武沛沛	优秀教师、优秀班主任	灵宝市政府	
2013	李英瑞	优秀教师、优秀班主任	灵宝市政府	
2013	王君成	优秀教师、优秀班主任	灵宝市政府	
2013	纪娇丽(女)	优秀教师、优秀班主任	灵宝市政府	
2013	任宏旭	优秀教师、优秀班主任	灵宝市政府	
2013	屈北龙	优秀教师、优秀班主任	灵宝市政府	
2013	马跃世	优秀教师、优秀班主任	灵宝市政府	
2013	赵芳华	优秀教师、优秀班主任	灵宝市政府	
2013	杨　威	先进教育工作者	灵宝市政府	
2013	梁江丰	先进教育工作者	灵宝市政府	
2013	张志强	劳动模范	灵宝市政府	
2013	王　菁(女)	科学技术进步三等奖	灵宝市政府	
2014	汪社层	平安建设工作先进工作者	灵宝市政府	

续表 24-8

时间(年)	姓名	荣誉名称	授予单位	备注
2014	吕巧霞(女)	平安建设工作先进工作者	灵宝市政府	
2014	王先层(女)	党管武装工作先进个人	灵宝市政府	
2014	崔巧站	优秀教师、优秀班主任	灵宝市政府	
2014	田转转	优秀教师、优秀班主任	灵宝市政府	
2014	梁　艳(女)	优秀教师、优秀班主任	灵宝市政府	
2014	王卫波	优秀教师、优秀班主任	灵宝市政府	
2014	纪晓晓(女)	优秀教师、优秀班主任	灵宝市政府	
2014	杜娅萍(女)	优秀教师、优秀班主任	灵宝市政府	
2014	屈转照	优秀教师、优秀班主任	灵宝市政府	
2014	宋翠珠(女)	优秀教师、优秀班主任	灵宝市政府	
2014	张卫娟(女)	优秀教师、优秀班主任	灵宝市政府	
2014	梁东强	优秀教师、优秀班主任	灵宝市政府	
2014	纪帅军	优秀教师、优秀班主任	灵宝市政府	
2014	尚晓晓(女)	优秀教师、优秀班主任	灵宝市政府	
2014	王红芹(女)	优秀教师、优秀班主任	灵宝市政府	
2014	彭秀萍(女)	优秀教师、优秀班主任	灵宝市政府	
2014	杨柏莎(女)	优秀教师、优秀班主任	灵宝市政府	
2014	刘　萍(女)	先进教育工作者	灵宝市政府	
2014	王　菁(女)	科学技术进步三等奖	灵宝市政府	
2015	李　娇(女)	优秀教师、优秀班主任	灵宝市政府	
2015	樊琼琼(女)	优秀教师、优秀班主任	灵宝市政府	
2015	侯艳丛(女)	优秀教师、优秀班主任	灵宝市政府	
2015	张正宝	优秀教师、优秀班主任	灵宝市政府	
2015	张金革	优秀教师、优秀班主任	灵宝市政府	
2015	李东苗	优秀教师、优秀班主任	灵宝市政府	

续表 24-8

时间(年)	姓名	荣誉名称	授予单位	备注
2015	梁少东	优秀教师、优秀班主任	灵宝市政府	
2015	屈艳艳(女)	优秀教师、优秀班主任	灵宝市政府	
2015	姚金华	优秀教师、优秀班主任	灵宝市政府	
2015	常科科	优秀教师、优秀班主任	灵宝市政府	
2015	王岚岚(女)	优秀教师、优秀班主任	灵宝市政府	
2015	梁啦啦(女)	优秀教师、优秀班主任	灵宝市政府	
2015	王啦啦(女)	优秀教师、优秀班主任	灵宝市政府	
2015	任占玲(女)	优秀教师、优秀班主任	灵宝市政府	
2015	王金丽(女)	优秀教师、优秀班主任	灵宝市政府	
2015	周小平	优秀教师、优秀班主任	灵宝市政府	
2015	赵建国	先进教育工作者	灵宝市政府	
2016	王　晓	优秀教师、优秀班主任	灵宝市政府	
2016	张海茹	优秀教师、优秀班主任	灵宝市政府	
2016	董花莲(女)	优秀教师、优秀班主任	灵宝市政府	
2016	张瑞亭	优秀教师、优秀班主任	灵宝市政府	
2016	王娜娜(女)	优秀教师、优秀班主任	灵宝市政府	
2016	纪晓伟	优秀教师、优秀班主任	灵宝市政府	
2016	杜向阳	优秀教师、优秀班主任	灵宝市政府	
2016	何江朋	优秀教师、优秀班主任	灵宝市政府	
2016	张秋丽(女)	优秀教师、优秀班主任	灵宝市政府	
2016	吕丽平(女)	优秀教师、优秀班主任	灵宝市政府	
2016	孙喜梅(女)	优秀教师、优秀班主任	灵宝市政府	
2016	李雪苗(女)	优秀教师、优秀班主任	灵宝市政府	
2016	杨菊霞(女)	优秀教师、优秀班主任	灵宝市政府	
2016	杨晓飞	优秀教师、优秀班主任	灵宝市政府	
2016	刘倩妮(女)	优秀教师、优秀班主任	灵宝市政府	

续表 24-8

时间(年)	姓名	荣誉名称	授予单位	备注
2016	杨远妮(女)	优秀教师、优秀班主任	灵宝市政府	
2016	杨军波	先进教育工作者	灵宝市政府	
2019	王方辉	优秀驻村干部	灵宝市委市政府	尚庄村驻村第一书记
2019	周惠军	优秀驻村干部	灵宝市委市政府	姚家城村驻村工作队员
2019	康媛媛	优秀组工干部	灵宝市委市政府	

后　记

《焦村镇志》的编纂工作始于 2016 年 6 月，最终脱稿于 2020 年 6 月，耗时四年，历时够长，究其原因，是因为工作的需要，镇领导班子的多次调整更换，原定的下限时间为 2016 年 12 月，后两次延长下限时间，第一次要求到 2017 年 12 月，第二次要求到 2019 年 12 月。在此期间，《焦村镇志》数易其稿，多次修订编纂，终成正果，完成了百年镇志之愿望。

为了保证镇志编写工作的顺利进行，焦村镇党委、政府先后多次成立了镇志编纂委员会，配备领导专抓此项工作，组织专人配合编纂人员搜集整理资料，同时得到了镇直镇办各单位、各科室，各行政村的鼎力相助，提供翔实无误的第一手资料，为志书编纂创造了良好的条件。

本志书上讫 1909 年（清宣统元年，灵宝县筹备城乡自治，在现焦村镇境域设置卯屯区，驻地卯屯村），某些章节向上延伸至事发年代，下限断至 2019 年 12 月，个别章节延伸至 2020 年 6 月。《焦村镇志》采用章、节、目的行文结构，主要内容除序、凡例、概述、大事记、后记外，共分 24 章、104 节，约 60 余万字，另配以图文、表格和照片，其中照片 60 余幅。

焦村镇历史久远，中华人民共和国成立 70 多年来，没有特别系统完整的档案资料依据可查，只能依靠一些相关志书和仅存的资料，以及各单位、各行政村提供的文字加以整理编纂。在整个编纂和校对审稿的过程中，得到了灵宝市党志办相关专家的指导和匡正，在此一并表示感谢！由于编纂人员的水平有限，志书中的错误和纰漏在所难免。敬请各位贤达、同仁志士、广大干群不吝赐教，多提宝贵意见！

是为后记。

编　者

2021 年 6 月